Laser in Technik und Forschung

Herausgegeben von
G. Herziger und H. Weber

Herbert Stafast

Angewandte Laserchemie

Verfahren und Anwendungen

Mit 86 Abbildungen

Springer-Verlag
Berlin Heidelberg New York
London Paris Tokyo
Hong Kong Barcelona Budapest

Professor Dr. Herbert Stafast
Institut für Physikalische Hochtechnologie e.V.
Helmholtzweg 4
07743 Jena

Herausgeber der Reihe:
Prof. Dr.-Ing. Gerd Herziger
Fraunhofer-Institut für Lasertechnik Aachen
52074 Aachen

Prof. Dr.-Ing. Horst Weber
Festkörper-Laser-Institut Berlin GmbH
10785 Berlin

ISBN 978-3-642-51141-7   ISBN 978-3-642-51140-0 (eBook)
DOI 10.1007/978-3-642-51140-0

Dieses Werk ist urheberrechtlich geschützt. Die dadurch begründeten Rechte, insbesondere die der Übersetzung, des Nachdrucks, des Vortrags, der Entnahme von Abbildungen und Tabellen, der Funksendung, der Mikroverfilmung oder Vervielfältigung auf anderen Wegen und der Speicherung in Datenverarbeitungsanlagen, bleiben, auch bei nur auszugsweiser Verwertung, vorbehalten. Eine Vervielfältigung dieses Werkes oder von Teilen dieses Werkes ist auch im Einzelfall nur in den Grenzen der gesetzlichen Bestimmungen des Urheberrechtsgesetzes der Bundesrepublik Deutschland vom 9. September 1965 in der jeweils geltenden Fassung zulässig. Sie ist grundsätzlich vergütungspflichtig. Zuwiderhandlungen unterliegen den Strafbestimmungen des Urheberrechtsgesetzes.

© Springer-Verlag Berlin Heidelberg 1993
Softcover reprint of the hardcover 1st edition 1993

Die Wiedergabe von Gebrauchsnamen, Handelsnamen, Warenbezeichnungen usw. in diesem Buch berechtigt auch ohne besondere Kennzeichnung nicht zu der Annahme, daß solche Namen im Sinne der Warenzeichen- und Markenschutz-Gesetzgebung als frei zu betrachten wären und daher von jedermann benutzt werden dürften.

Sollte in diesem Werk direkt oder indirekt auf Gesetze, Vorschriften oder Richtlinien (z.B. DIN, VDI, VDE) Bezug genommen oder aus ihnen zitiert worden sein, so kann der Verlag keine Gewähr für die Richtigkeit, Vollständigkeit oder Aktualität übernehmen. Es empfiehlt sich, gegebenenfalls für die eigenen Arbeiten die vollständigen Vorschriften oder Richtlinien in der jeweils gültigen Fassung hinzuzuziehen.

Satz: Reproduktionsfertige Vorlage des Autors

60/3020 - 5 4 3 2 1 0 - Gedruckt auf säurefreiem Papier

Geleitwort der Herausgeber zur Reihe

Die zunehmende Verbreitung des Lasers in Wissenschaft und Wirtschaft hat zur Folge, daß sich die Lasertechnik - ausgehend von den physikalischen Grundlagen - zu einer eigenständigen Disziplin entwickelt, ein Vorgang, wie er bereits in vielen Bereichen der Ingenieurwissenschaften stattgefunden hat. Das führt zu einer technologieorientierten Sprache und zu pragmatischen Definitionen und Begriffen. Der Anwender interessiert sich weniger für die fundamentalen, physikalischen Herleitungen, er fordert handliche Formeln, zuverlässige Zahlenwerte und technische Regeln, die sich in der Praxis bewähren.

In diesem Sinne wendet sich die vorliegende Buchreihe an Ingenieure und Wissenschaftler, die den Laser in der Praxis einsetzen wollen.

In einer Reihe von Monographien werden die verschiedenen Anwendungsbereiche behandelt. Der Reihe vorangestellt sind einführende Bände, die die Grundlagen der Laserphysik und der Laserkomponenten behandeln, gefolgt von Monographien, die die wichtigsten Laser als industrielle Systeme beschreiben. Jeder Band ist in sich abgeschlossen und verständlich, d. h. die wichtigsten Begriffe die benutzt werden, sind jeweils dargestellt.

Die Reihe wird fortgesetzt mit Monographien zu allen Bereichen der Laseranwendungen.

Der hier vorliegende Band "Laserchemie" ist ein gutes Beispiel für die Breitenwirkung der Lasertechnologie, denn die Laserchemie betrifft nicht nur die Chemiker, sondern in gleicher Weise Physiker, Fertigungstechniker und Materialwissenschaftler.

Aachen und Berlin, im Mai 1993   Prof. Dr. G. Herziger

Fraunhofer Institut für Laser-Technik
Lehrstuhl für Laser-Technik
der RWTH Aachen

Prof. Dr. H. Weber

Festkörper-Laser-Institut Berlin GmbH
Optisches Institut der TU Berlin

Vorwort

Das vorliegende Buch *Laserchemie - Verfahren und Anwendungen* - ist für Industriepraktiker, Ingenieure und Chemiker sowie fortgeschrittene Studenten der Physik, Chemie und Ingenieurwissenschaften geschrieben. Die Grundzüge und wesentlichen Merkmale der Laserchemie werden so knapp und anschaulich wie möglich dargelegt. Hierzu dienen Anwendungsbeispiele und Erläuterungen ihrer praktischen Vor- und Nachteile sowie ihrer Kosten.

Die Ausarbeitung der einzelnen Sachkapitel trägt dem jeweiligen Stand der Technik und Literatur Rechnung. Die vorliegende Darstellung macht auf technische Anwendungsmöglichkeiten der Laserchemie aufmerksam und hilft beim Einstieg in das breit gefächerte Gebiet. Die Literaturhinweise enthalten hierfür auch die Überschrift und den Umfang der Zitate, um dem interessierten Leser seine Literaturauswahl zu erleichtern.

Das vorliegende Buch entstand mit Unterstützung direkter und indirekter Helfer: Herr Prof. Dr. K.L. Kompa (Garching) begeisterte mich für die Laserchemie und unterstützte zusammen mit Dr. W. Fuß und Dr. W.E. Schmid meine ersten "Gehversuche" mit Rat und Tat. Herr Prof. Dr. J. Robert Huber (Zürich) half mir beim vertieften Einstieg in die Grundlagenforschung auf diesem Gebiet. Meine Arbeiten in der angewandten Laserchemie begannen bei Prof. Dr. F.J. Comes (Frankfurt) und wurden am Battelle-Institut (Frankfurt) wesentlich erweitert. Herrn Dr. W. Reiland und der Geschäftsleitung des Battelle-Instituts e.V. danke ich für die Möglichkeit, dieses Buch zu verfassen. Herr Prof. Dr. E.W. Grabner (Frankfurt) half mit seiner kritischen Durchsicht von Kapitel 7 (Laserelektrochemie) und Verbesserungsvorschlägen. Meine Kollegen am Battelle-Institut unterstützten meine Arbeit mit Hinweisen und technischen Hilfen. Frau F. Bölecke bewältigte den größten Teil der Manuskripterstellung.

Dem Springer-Verlag danke ich für seine verständnisvolle Zusammenarbeit.

Frankfurt, im April 1993   Herbert Stafast

Inhaltsverzeichnis

Umrechnungstabelle		IX
1	**Einleitung**	**1**
1.1	Was ist Laserchemie?	1
1.2	Laser für die Laserchemie	2
1.3	Laserchemie im Vergleich zu anderen Techniken	4
1.4	Anreize der Laserchemie	7
2	**Wechselwirkungen zwischen Laserlicht und Materie**	**10**
2.1	Festkörper	10
2.2	Flüssigkeiten	11
2.3	Gasphase und Plasma	13
2.4	Selektivität der Laserchemie	19
3	**Laserinduzierte Chemie in der Gasphase**	**23**
3.1	IR-Laserchemie	24
3.2	UV-Laserchemie	43
3.3	Hochanregung und Plasmabildung	48
3.4	Laserisotopentrennung	50
3.5	Verfahrensmerkmale und Anwendungen	65
4	**Laserinduzierte Chemie in Lösungen, Matrizen und Adsorbatschichten**	**72**
4.1	Laserchemie in Lösungen	73
4.2	Laserchemie in Matrizen	90
4.3	Laserchemie in Adsorbatschichten	98
4.4	Verfahrensmerkmale und Anwendungen	102
5	**Laserinduzierte Prozesse in kondensierter Materie**	**109**
5.1	Lokales Schmelzen und Kristallstrukturänderungen	109
5.2	Eindiffusion in Oberflächenschichten	118
5.3	Laserchemie in Oberflächenschichten	119
5.4	Dreidimensionale Strukturierung	129
5.5	Verfahrensmerkmale und Anwendungen	133

6	**Laserchemische Abscheidung von Festkörpern aus der Gasphase**	**139**
	6.1 Ultrafeine Pulver	139
	6.2 Abscheidung dünner Festkörperschichten	145
	6.3 Verfahrensmerkmale und Anwendungen	175
7	**Laserelektrochemie**	**188**
	7.1 Lasergalvanische Abscheidung	190
	7.2 Laserelektrochemische Auflösung	202
	7.3 Verfahrensmerkmale und Anwendungen	220
8	**Festkörperabtragung mit Lasern und Dünnschichtabscheidung**	**226**
	8.1 Laserverdampfung und -ablation	227
	8.2 Trockenes laserchemisches Ätzen	252
	8.3 Dünnschichtherstellung	262
	8.4 Verfahrensmerkmale und Anwendungen	268
9	**Wirtschaftlichkeit der Laserchemie**	**283**
	9.1 Quantenausbeute, Licht- und Materialkosten	283
	9.2 Produktionskosten der Laserchemie	291
	9.3 Zwischenbilanz	293
10	**Zusammenfassung und Ausblick**	**294**
	Literaturverzeichnis	**304**
	Sachverzeichnis	**384**

Umrechnungstabelle

Energieeinheiten

1 eV	= 8065,5 cm^{-1}	= 96,473 kJ/mol	= 23,047 kcal/mol
1000 cm^{-1}	= 11,96 kJ/mol	= 2,857 kcal/mol	= 0,124 eV
1 kJ/mol	= 10,36 meV	= 83,60 cm^{-1}	= 0,239 kcal/mol
1 kcal/mol	= 43,39 meV	= 350 cm^{-1}	= 4,186 kJ/mol

Druckeinheiten

1 bar	= 10^5 Pa	= 750 Torr	
1 Torr	= 1,33 mbar	= 133 Pa	

Konstanten

Allgemeine Gaskonstante	R	= 8,314 J/(mol K)	= 1,99 cal/(mol K)
Boltzmann-Konstante	k	= 1,38x10^{-23} J/K	= 0,69 cm^{-1}/K
Avogadro-Konstante	N	= 6,022x10^{23} 1/mol	

1 Einleitung

1.1 Was ist Laserchemie?

Die Chemie befaßt sich mit den Eigenschaften der chemischen Elemente in ihrem freien und gebundenen Zustand sowie den Reaktionen der Elemente und ihrer Verbindungen. Im Verlauf einer chemischen Reaktion werden Ausgangsstoffe (Edukte) direkt oder über Zwischenstufen in Produkte überführt, wobei die chemischen Einzelschritte Energie verbrauchen oder freisetzen können.

Die Energiebilanz einer vollständigen chemischen Reaktion ist durch den Energieinhalt der Endprodukte im Vergleich zu dem der Edukte bestimmt (Bild 1.1). Bei exothermen Reaktionen wird während der chemischen Umsetzung Energie freigesetzt wie beispielsweise in vielen Verbrennungsprozessen (Oxidationsreaktionen). In thermoneutralen Reaktionen ist hingegen der Energieinhalt des Systems vor und nach der chemischen Umwandlung gleich. Sind die Produkte energiereicher als die Edukte, dann muß dem Reaktionssystem insgesamt Energie zugeführt werden (endotherme Reaktion)

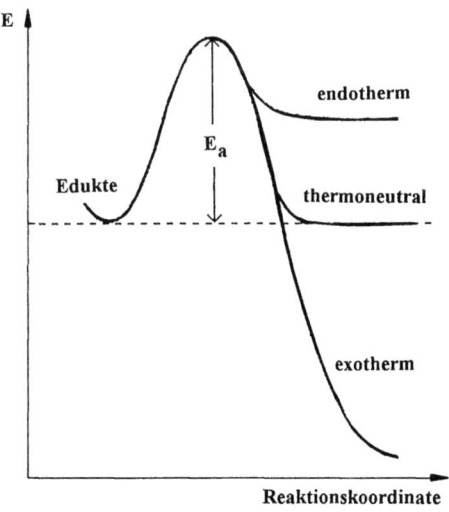

Bild 1.1. Qualitativer Energieniveauverlauf endothermer, thermoneutraler und exothermer chemischer Reaktionen entlang ihrem Reaktionsweg niedrigster Energie; E_a = Aktivierungsenergie

wie beispielsweise beim "Cracken" von Rohöl in verschiedene Raffinerieprodukte. In der Regel benötigen aber alle, auch thermoneutrale und exotherme Reaktionen anfänglich eine Zufuhr von Energie, der Aktivierungsenergie.

Die Zufuhr der Aktivierungsenergie in das chemische System kann auf vielfältige Weise erfolgen: Der Koch kocht seine Suppe durch Wärmezufuhr auf der heißen Herdplatte. Das Heizen ist die gängigste Art der Energiezufuhr (thermische Reaktionen). Die Reaktion eines Gas/Luft-Gemisches (Gasflamme) beginnt hingegen auch mit einem Zündfunken. Elektrischer Strom kann zur Metallabscheidung in galvanischen Bädern genutzt werden. Darüber hinaus läßt Sonnenlicht Farben ausbleichen oder Papier vergilben. Wann immer Licht eine chemische Reaktion verursacht, spricht man von Photochemie. Kommt dieses Licht aus einem Laser, dann spricht man von Laserchemie.

1.2 Laser für die Laserchemie

So vielfältig wie die laserchemischen Reaktionen, so unterschiedlich sind auch die Eigenschaften der Laser, welche in der Laserchemie eingesetzt werden. Ebenso wie der Schmied für seine Arbeiten zum Vorschlaghammer greift, der Uhrmacher hingegen eine Pinzette benutzt, genauso werden in der Laserchemie gepulste oder kontinuierliche Laser mit Emission im infraroten(IR), sichtbaren(VIS) oder ultravioletten(UV) Spektralbereich mit geringer oder extrem hoher Spitzenleistung eingesetzt, ganz nach den Erfordernissen der angestrebten Reaktion.

In diesem Buch wollen wir die Eigenschaften des Laserlichtes lediglich in groben Zügen und die Lichtquelle "Laser" als "schwarzen Kasten" betrachten. Die Literatur enthält bereits viele ausgezeichnete Beschreibungen der Laserprinzipien und -techniken in jeder gewünschten Anschaulichkeit und wissenschaftlichen Ausführlichkeit (vgl. z.B. [1.1] - [1.29]). Die detaillierte Beschaffenheit des Laserlichtes wird - soweit erforderlich - bei den einzelnen laserchemischen Reaktionen besprochen.

Grundsätzlich kommt für die Laserchemie jeder Laser in Frage, der leistungsstark genug ist, um das Reaktionssystem über die Aktivierungsenergieschwelle zu fördern. Der tatsächliche Laserleistungsbedarf hängt im konkreten Einzelfall von der Höhe der Aktivierungsenergie, der Energie der Laserphotonen und der Wechselwirkung des Laserlichtes mit der bestrahlten Materie ab. außerdem spielt die Geschwindigkeit der Energieverteilung in der bestrahlten Materie relativ zur chemischen Reaktionsgeschwindigkeit eine bedeutende Rolle. Auf diese Zusammenhänge wird später noch im einzelnen eingegangen. Aus der Vielfalt von Lasern, die schon für die Laserchemie genutzt wurden, wollen wir uns hier auf die Betrachtung der derzeit am häufigsten eingesetzten Typen beschränken. Im Fall der Infrarotlaser betrifft dies gepulste und kontinuierliche CO_2-Laser. Im sichtbaren und ultravioletten Wellenlängenbereich konzentrieren sich die Arbeiten auf Excimer-, Edelgasionen-, Metalldampf- und Farbstofflaser sowie die frequenzvervielfachten Linien des Nd-YAG-Lasers.

Der **CO_2-Laser** ist ein Gaslaser, in welchem typischerweise ein Gemisch von $CO_2:N_2:He = 1:2,5:10$ eingesetzt wird [1.13]. Seine Emission liegt ohne Wellenlängenabstimmung bei 10,6 µm (944 cm^{-1}, 0,12 eV, 11,3 kJ/Mol), kann aber auch zwischen 9 und 11 µm diskontinuierlich abgestimmt werden. Abstimmbare Dauerstrich-CO_2-Laser liefern je nach Wellenlänge bis etwa 100 W mittlere Lichtleistung, Laser ohne Abstimmung 0,1 bis 10 kW [1.30]. Gepulste CO_2-Laser sind meist vom TEA-Typ (TEA = Transversely Excited Atmospheric) mit 0,1 bis 2 µs langen Pulsen der Energie 1 bis 10 J/Puls ohne Abstimmung und bis etwa 1 J/Puls je nach abgestimmter Wellenlänge. Übliche Pulswiederholraten liegen bei 1 bis 100 pps (Pulsen pro Sekunde), ergeben also eine mittlere Laserleistung von 1 bis 10^3 W.

Excimerlaser sind in der Regel als Mehrfachgaslaser für Edelgashalogenide ausgelegt (vgl. auch [1.31] - [1.39]). Sie emittieren Lichtpulse von standardmäßig 10 bis 60 ns Länge je nach Betriebsgas auf den Wellenlängen λ=193 nm (ν=51810 cm^{-1}, hν=6,4 eV, ΔE=620 kJ/Mol) mit ArF, 248 nm (40320 cm^{-1}, 5,0 eV, 480 kJ/Mol) mit KrF, 308 nm (32470 cm^{-1}, 4,0 eV, 390 kJ/Mol) mit XeCl und 351 nm (28490 cm^{-1}, 3,5 eV, 340 kJ/Mol) mit XeF. Übliche Pulswiederholraten liegen im Bereich von 10 bis 10^3 pps, die mittlere Laserleistungen von 1 bis 10^2 W ergeben [1.39]. Seit kurzem stehen auch für die Wellenlänge von 157 nm (63690 cm^{-1}, 7,9 eV, 760 kJ/Mol) mit F_2 als Lasermedium Pulsenergien von 60 mJ und eine mittlere Leistung von 3 W kommerziell zur Verfügung [1.34].

Kommerzielle **Edelgasionenlaser** nutzen Argon und Krypton als Lasergase. Mit Argon werden verschiedene Emissionslinien zwischen 351 nm (28490 cm^{-1}, 3,5 eV, 340 kJ/Mol) und 529 nm (18900 cm^{-1}, 2,3 eV, 230 kJ/Mol) einzeln oder kombiniert genutzt, mit Krypton Linien zwischen 337 nm (29670 cm^{-1}, 3,7 eV, 350 kJ/Mol) und 753 nm (13820 cm^{-1}, 1,6 eV, 160 kJ/Mol). Mittlere Laserleistungen sind in den Größenordnungen 0,1 bis 20 W im sichtbaren Wellenlängenbereich verfügbar und bis 1 W im UV-Bereich. Modenkopplung erlaubt auch die Erzeugung kurzer Laserpulse (0,1 ns) mit Wiederholraten im MHz-Bereich (vgl. auch [1.13, 1.40]).

Von den **Metalldampflasern** kommen der Kupferdampflaser (511 und 578 nm) und der Helium-Cadmium-Laser (325 und 442 nm) häufig zum

Einsatz. Die Pulslängen des Cu-Dampflasers betragen 10 bis 60 ns, die mittleren Laserleistungen bei Wiederholraten im 10^4 pps-Bereich bis etwa 100 W (vgl. auch [1.41]). HeCd-Laser gehören zu den kontinuierlich emittierenden UV-Lasern mit Leistungen im Bereich von 75 mW (325 nm) und 200 mW (442 nm) [1.13, 1.41].

Farbstofflaser emittieren je nach Pumplichtquelle kontinuierlich oder gepulst und ihre Wellenlänge ist kontinuierlich abstimmbar. Ihr Abstimmbereich hängt vom eingesetzten Farbstoff und der Pumplichtwellenlänge ab ($\lambda_{Farbstoff} > \lambda_{Pumplicht}$) und kann im UV-, VIS- und nahen IR-Wellenlängenbereich liegen. Ihre spektrale Bandbreite reicht von einigen nm im einfachsten Fall bis zur Fouriergrenze von etwa 100 MHz bei Pulslängen von etwa 5 ns und herunter bis in den kHz-Bereich mit Dauerstrichlasern. Farbstofflaser mit extrem kurzen Pulsen im sub-ps-Bereich sind ebenfalls verfügbar (vgl. auch [1.42 - 1.44]).

Nd-YAG-Laser sind **Festkörperlaser** mit Neodym-dotiertem Yttrium-Aluminium-Granat(YAG) als Lasermedium und einer Grundwellenlänge von 1,06 µm. Durch Frequenzvervielfachung und -mischung kann mit etablierten Techniken auch (gepulstes) Licht der Wellenlängen 530, 350 und 266 nm erzeugt werden. Im Dauerstrichbetrieb werden bei 1,06 µm bis etwa 1 kW erreicht. Pulsenergien bis 500 J werden erzielt und mittlere Leistungen von 100 W. Andererseits sind auch Nd-YAG-Laser mit kurzen Pulslängen im ps-Bereich verfügbar. Teilweise kommen Laser- oder Leuchtdioden als Pumplichtquellen zum Einsatz sowie abstimmbare Titan-Saphir-Laser als Konkurrenz zum Farbstofflaser. Diese Aktivitäten zählen zu den Anstrengungen, leistungsfähige, möglichst abstimmbare Festkörperlasersysteme zu entwickeln ("all solid state", vgl. auch [1.45 - 1.55]).

1.3 Laserchemie im Vergleich zu anderen Techniken

Laserinduzierte Prozesse und damit erhaltene Produkte sind häufig ausschließlich mit Laserlicht zu erzielen. Ein anschauliches Beispiel hierfür liefert der "Eiffelturm" in Bild 1.2, der mittels laserchemischer Abscheidung von Aluminium aus der Gasphase erhalten wurde. In anderen Anwendungsfällen sind die Ergebnisse mitunter auch mit konventionellen Techniken erreichbar. Daher ist im Einzelfall abzuwägen, inwieweit der Einsatz des Lasers den einzigen Lösungsweg bietet oder sonstige Vorteile gegenüber Standardtechniken hat. Vorteile des Lasereinsatzes können beispielsweise in einer Verkürzung der Prozeßdauer, einer Verminderung der Anzahl an erforderlichen Prozeßschritten, einer Erhöhung der Produktqualität oder einer

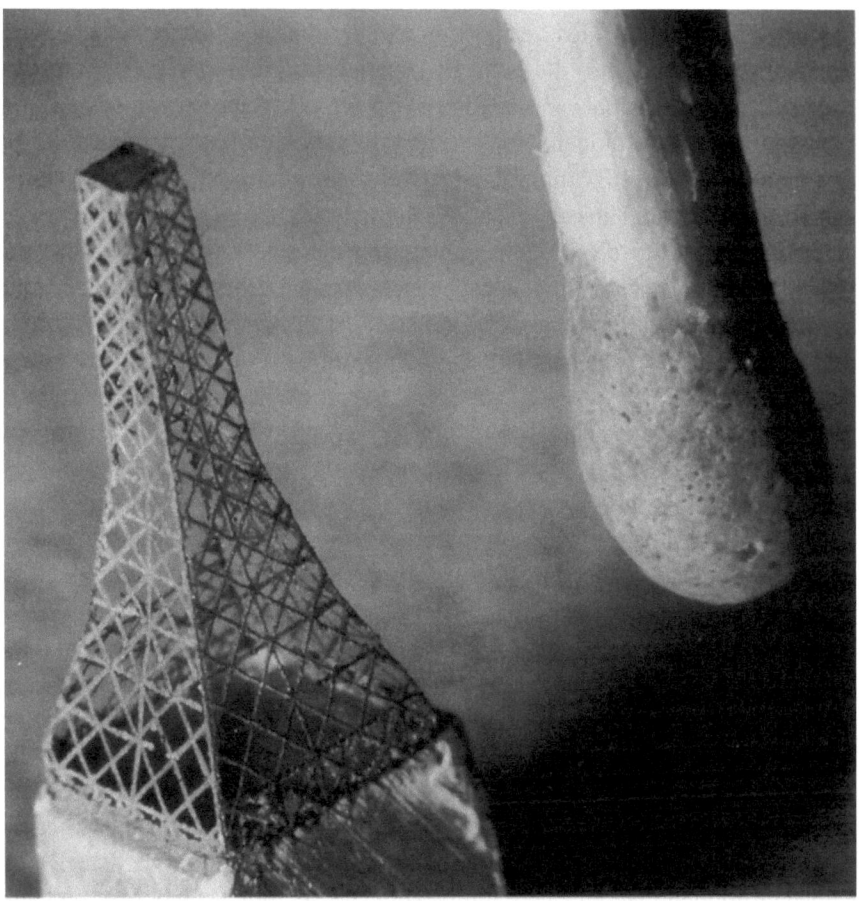

Bild 1.2. "Eiffelturm" mit 3 mm Basiskantenlänge und 7 mm Höhe bestehend aus 10 µm breiten Aluminiumstegen hergestellt mittels laserchemischer Abscheidung aus der Gasphase [1.56]. Das Bild wurde freundlicherweise von Dr. M. Stuke, Göttingen, zur Verfügung gestellt.

Vereinfachung des Verfahrens liegen. Ohne dem nachfolgenden Text allzu sehr vorzugreifen, seien hier bereits einige charakteristische Beispiele erwähnt.

IR-Laserlicht, insbesondere in gepulster Form, bietet eine Möglichkeit zur Aktivierung der schwingungsinduzierten Photochemie aus sehr hoch angeregten Schwingungszuständen des elektronischen Grundzustandes. Konventionelle IR-Lichtquellen verfügen nicht über die hierfür erforderliche Leistung. Insbesondere wird die hohe IR-Laserleistung in einem sehr schmalen Spektralbereich erbracht, so daß IR-Laserchemie bereits für mindestens 10 Elemente zur Laserisotopenanreicherung erfolgreich eingesetzt werden konnte, im Fall von $^{32}SF_6/^{34}SF_6$ und $^{12}CF_3I/^{13}CF_3I$ sogar mit makroskopischen Mengen von je 10 mMol Umsatz, d.h. 1,5 g SF_6 bzw. 2 g CF_3I (Kap. 3).

ArF-Laserlicht von 193 nm eignet sich zur selektiven Photoreduktion von Eu^{3+}-Ionen in einem Lösungsgemisch verschiedener Lanthaniden. Die Selektivität dieser laserchemischen Reaktion ist in Anbetracht der ansonsten sehr großen Ähnlichkeit im chemischen Reaktionsverhalten der Lanthaniden bedeutsam (Kap. 4).

Das "photochemische Lochbrennen" bietet grundsätzlich technische Möglichkeiten zur optischen Datenspeicherung. Dieser Prozeß nutzt das schmalbandige Laserlicht zum selektiven laserchemischen Umsatz einer spektral gut definierten Spezies innerhalb einer breiten Verteilung (spektralen Struktur) und die gute Fokussierbarkeit des Laserlichts zur dichten Packung der Daten auf dem Trägermaterial (Abschn. 5.1).

Die laserinduzierte Photopolymerisierung bildet die Grundlage kommerzieller Geräte zum schichtweisen Aufbau komplexer, 3-dimensionaler Bauteile aus Polymeren. Dieses Verfahren findet inzwischen häufige Anwendung z.B. im Modellbau der Kraftfahrzeugindustrie. Dank der rechnergesteuerten Prozeßführung können dort mit CAD-Systemen erstellte Entwürfe von Auspuffkrümmern, Zündverteilerkappen oder strömungsgünstigen Außenspiegelverkleidungen direkt in dreidimensionale Modelle umgesetzt werden. Diese Kunststoffmodelle lassen sich dann beispielsweise zum Maßnehmen einbauen und gegebenenfalls anpassen. Alle erforderlichen Änderungen, insbesondere auch das Aufskalieren von verkleinerten Modellen auf die Originalgröße, lassen sich hier per Eingabe in den Rechner erledigen. Die damit erzielten Entwurf- und Fertigungszeiten liegen meist (mehr als) eine Größenordnung unter denjenigen des konventionellen Modellbaus (Abschn. 5.4).

Die Erzeugung ultrafeiner Pulver mit durchschnittlichen Teilchendurchmessern von nur 10 nm und gleichzeitiger enger Teilchengrößenverteilung sowie einheitlicher Kugelgestalt gelingt mit der laserchemischen Fällung aus der Gasphase. Hier wirkt sich vorteilhaft aus, daß die Reaktion weitab von störenden Festkörperoberflächen stattfindet und zu einer sauberen Gasphasennukleation führt. Mögliche technische Anwendungen dieser "Nanopulver" sind beispielsweise hochdichte Präzisionskeramiken mit geringer Oberflächenrauhigkeit oder Katalysatoren mit sehr großer Oberfläche (Abschn. 6.1).

Das "Laserschreiben" sehr dünner Metallspuren gelingt aus der Gasphase (direkte Laser-CVD) mit stark fokussiertem Laserlicht und wird im

Fall der lokalisierten Nickelabscheidung aus Nickeltetracarbonyl zur Reparatur von Chipmasken inzwischen industriell erprobt (Abschn. 6.2).

Analog zum Laserschreiben mit direkter Laser-CVD gelingt auch mit der Lasergalvanik die Herstellung feiner Metallspuren im µm-Maßstab aus Elektrolytlösungen. Umgekehrt können mit laserchemischem Ätzen unter Ausnutzung von Lichtwellenleitereffekten enge und zugleich sehr tiefe Löcher in Halbleitern erzeugt werden (Kap. 7).

Die kontaktfreie, selektive Abtragung dünner Aluminiumschichten auch von empfindlichem Kunststoffträgermaterial gelingt mit Excimerlaserlicht durch die Verdampfung und die Oxidation des Aluminiums an der Luft. Dabei kann der Abtragungsprozeß sogar auf gekrümmten Flächen gut gesteuert werden. So gelingt die Oberflächenstrukturierung von Mikrowellenantennen für den Einsatz im Weltraum. Gegenüber konventionellen, mechanischen Strukturierungsverfahren erzielt das Laserverfahren beträchtliche Produktionszeitverkürzungen, Verfahrensvereinfachungen (z.B. relativ einfache Antennenhalterung beim berührungslosen Strukturieren) und Qualitätsverbesserungen (große Randschärfe der Strukturen). Wesentlich sind bei diesem Laserverfahren die kurze Wellenlänge und kurze Pulsdauer des Laserlichts (Abschn. 8.1).

Mit kurzen Laserpulsen gelingt nicht nur die kontaktfreie, selektive Verdampfung von Festkörpermaterial sondern unter geeigneten Prozeßbedingungen auch die Herstellung dünner Festkörperschichten mit definierter chemischer Zusammensetzung, Kristallstruktur und Kristallorientierung. Inzwischen werden bereits nach diesem Verfahren hergestellte, supraleitende Dünnschichten von $YBa_2Cu_3O_{7-x}$ kommerziell angeboten (Kap. 6 und 8).

Der industrielle Einsatz laserchemischer Methoden setzt nicht nur ihr einwandfreies technisches Funktionieren voraus, sondern muß sich auch wirtschaftlich auszahlen. Diese Randbedingungen bilden eine rechte Herausforderung für den Laserchemiker, der die immer noch vergleichsweise "teuren" Laserphotonen einsetzen will. Dieser Herausforderung wird die Laserchemie immer dann gerecht, wenn sie preiswerte Produktqualität liefern kann (Kap. 9).

1.4 Anreize der Laserchemie

Wie die vorangestellten Anwendungsbeispiele der Laserchemie veranschaulichen, ist ihr Anwendungsspektrum sehr breit gefächert und der Phantasie sind anscheinend keine Grenzen gesetzt. Für die geschickte Auswahl attraktiver Laseranwendungen, den Ideenreichtum bei der Nutzung geeigneter

Hilfstechniken sowie die Kombination von physikalisch-chemischen und fertigungstechnischen Prozessen besteht also ein großer Spielraum. Eine systematische Darstellung der Laseranwendungsmöglichkeiten gegliedert nach der Nutzung von Laserlichteigenschaften findet sich in Tabelle 1.1.

Die aktuelle Laserchemie bildet eine Nahtstelle zwischen Grundlagenforschung und technischer Anwendung. Einerseits sind viele laserchemische Prozesse noch nicht grundlegend verstanden. Andererseits gelingen schon technische Lösungen kniffliger Probleme auch ohne Grundlagenverständnis der Prozesse. Diese Situation bietet eine Herausforderung für grundlagen- wie für anwendungsorientierte Forscher. Hinzu kommt die Vielseitigkeit der eingesetzten Techniken angefangen von rein physikalischen Prozeßschritten

Tabelle 1.1. Morphologisches Schema für 31 Typen von Laseranwendungen in der Chemie nach [1.21], wobei jeweils eine von fünf Eigenschaften des Laserlichtes bzw. Kombinationen von zwei bis fünf dieser Lasereigenschaften genutzt werden

Typen der Laseranwendungen	Lasereigenschaften und ihre Kombinationen				
5	Intensität I Monochromasie M Kollimation K Pulsdauer T Polarisation P				
10	I+M M+K K+T T+P	I+K M+T K+P	I+T M+P	I+P	
10	I+M+K M+K+T K+T+P	I+M+T M+K+P	I+M+P M+T+P	I+K+T	I+K+P I+T+P
5	I+M+K+T M+K+T+P	I+M+K+P	I+M+T+P	I+K+T+P	
1	I+M+K+T+P				

wie der Laserstrahlführung gemäß der linearen, geometrischen Optik über die (isotopen)selektive Anregung einer ausgewählten Spezies in einem Reaktionsgemisch bis hin zur Steuerung chemischer Reaktionen über die chemische Gleichgewichtseinstellung gemäß dem Massenwirkungsgesetz. Diese Verknüpfung vieler Prozeßschritte führt mitunter zu einer Komplexität, wie sie für die heutige Spitzentechnologie typisch ist. Aber nur wer sie früh genug beherrscht, wird in Zukunft konkurrieren können und die Nase vorne haben.

2 Wechselwirkungen zwischen Laserlicht und Materie

Die Wechselwirkungen zwischen Laserlicht und Materie überspannen ein sehr weites Feld (vgl. z.B. [2.1 - 2.6]), angefangen von den Prozessen im aktiven Lasermedium und an den Laserspiegeln über die Strahlführung durch verschiedene optische Komponenten bis zur gezielten Wechselwirkung in einer Prozeßkammer. Ein kleiner, für die Laserchemie bedeutsamer Ausschnitt an Wechselwirkungen wird teilweise in diesem Kapitel und teilweise in den einzelnen Sachkapiteln betrachtet. Sowohl die Laser-Material-Wechselwirkung selbst wie auch die Folgeprozesse in der laserbestrahlten Materie hängen stark von den jeweiligen Materialeigenschaften ab. Aus diesem Grund sind die nachfolgenden Abschnitte nach dem anfänglichen Aggregatzustand der laserbestrahlten Materie eingeteilt.

2.1 Festkörper

Mit Laserlicht ist bei geeigneter Auswahl von Laserwellenlänge und optischer Strahlführung (Ausblendung, Fokussierung) eine selektive Wechselwirkung mit *einzelnen* Ionen von Dotierungen oder Verunreinigungen in einem Kristall möglich [2.7]. Im allgemeinen und insbesondere für technische Anwendungen ist allerdings die Lichtwechselwirkung mit vielen Festkörperbausteinen vorteilhaft und gewünscht, sei es beispielsweise in einem Festkörperlaser oder in optischen Komponenten wie Frequenzverdoppler, Polarisator oder Frequenzmischer. Die Bandbreite der Laser-Festkörper-Wechselwirkung reicht vom obigen "sanften" Prozeß mit einem individuellen Ion bis zu "heftigen" Wirkungen oberhalb der Zerstörschwelle des Festkörpers.

Die optischen Eigenschaften eines Festkörpers werden bei hohen (Laser-)Lichtintensitäten durch das Licht selbst beeinflußt. Zu derartigen Wirkungen zählen die sättigbare Absorption, Selbstfokussierung und die optische Bistabilität. Die optische Bistabilität, insbesondere in Dünnschichtsystemen, ist im Hinblick auf rein photonische Bauelemente und Systeme einschließlich optischer Computer [2.8] ein intensiv bearbeitetes Forschungsgebiet (vgl. z.B. [2.9, 2.10]). So führt die Temperaturabhängigkeit des optischen Bandabstandes von $ZnSe_x$-Dünnschichten bei Ar^+-Laserbestrahlung (514 nm) zu einer intensitätsabhängigen Transmission und bei geeigneter Wahl von Laserintensität und Schichtdicke zu einer Hysterese im Absorptions-/Transmissionsverhalten [2.10] (vgl. auch Abschnitt 2.3, Bild 2.5).

Die Lichtabsorption durch Festkörper ist eine wichtige Kenngröße beispielsweise für Laserspiegel und optische Vergütungsschichten mit hoher Leistungsbeständigkeit (hohe Zerstörschwelle). Ihre präzise Messung stellt teilweise hohe experimentelle Anforderungen. Die Absorption hängt unter anderem von der lokalen Laserintensität ab (räumliche Strahlinhomogenitäten), von der Oberflächenrauhigkeit (lokaler Einfallswinkel) und der Temperatur (Wärmefluß an die Umgebung). Eine technische Lösung dieser Meßaufgabe nutzt die thermische Ausdehnung der durch die Laserbestrahlung erwärmten Oberflächenschicht. Die Ausdehnung wird über die Ablenkung eines reflektierten He/Ne-Meßlaserstrahles erfaßt [2.11].

Laser-Festkörper-Wechselwirkungen spielen auch im Zusammenhang mit dem photophysikalischen und photochemischen Lochbrennen (Kap. 4), den lokalen Oberflächenschmelzen (Kap. 5), der direkten Laser-CVD (Kap. 6), der Laserelektrochemie (Kap. 7) und der Festkörperabtragung mit Lasern (Kap. 8) eine wichtige Rolle. Insgesamt betreffen Laser-Festkörper-Wechselwirkungen [2.12,2.13] auch viele Arbeitsgebiete außerhalb der hier betrachteten Prozesse. Zu den betroffenen Arbeitsgebieten zählen die Materialbearbeitung mit Lasern [2.14,2.15], Laseroptiken und ihre Vergütung für hohe Leistung [2.16-2.19] sowie die Nachrichten- und Lichtleistungsübertragung durch Lichtwellenleiter (Lichtleitfasern) [2.20,2.21].

2.2 Flüssigkeiten

Die Wechselwirkungen zwischen Laserlicht und Flüssigkeiten betreffen in der Laserchemie meist Lösungen. Die Wechselwirkung findet dann im wesentlichen zwischen der gelösten Substanz und dem Laserlicht statt (Abschnitt 4.1). Das Lösungsmittel als Medium für die laserchemische Reaktion beeinflußt oder bestimmt allerdings auch den Reaktionsablauf. Auf mikroskopischer Ebene betrachtet sind hierbei die Eigenschaften des Lösungsmittelkäfigs und die Diffusion von Reaktionspartnern wesentlich. Makroskopisch bilden Flüssigkeitsstrahlen Lichtleitsysteme. Bei gekreuzten Laser- und Flüssigkeitsstrahlen führen die Lichtbrechung am Flüssigkeitsrand und die Totalreflektion an der Innenwand zu einer hohen Lichtintensität im Flüssigkeitsstrahlrand (Abschnitt 4.1). Verläuft der Laserstrahl kollinear im Flüssigkeitsstrahl, so dient dieser als Lichtwellenleiter (Kap. 5 und 7).

Absorbierende Flüssigkeiten werden aufgeheizt und gegebenenfalls sehr schnell verdampft. Zwei Beispiele mit indirektem Bezug zur Laserchemie veranschaulichen dies.(1) Durch periodische laserindizierte Erwärmung einer Arbeitsflüssigkeit mittels Lichtleitfasern kann eine Mikropumpe mit 30 nl Durchsatz pro Zyklus betrieben werden [2.22]. Medizinische und biologische Prozesse in kleinen Volumina und auch an schwer zugänglichen Stellen sind so steuerbar. (2) Sonst kaum entfernbare Partikel von 0,1 bis 20 μm Durchmesser lassen sich mittels Excimerlaser von der Oberfläche empfindlicher Elektronikbausteine oder Lithografiemasken beseitigen [2.23]. Dabei wird zunächst eine etwa 1 μm dicke Wasserschicht auf die Oberfläche gebracht und mit dem Laser verdampft derart, daß der Dampfstrahl das Partikel mitreißt.

Auch ohne Laserabsorption können beträchtliche Laser-Material-Wechselwirkungen auftreten. So wird in vielen Forschungslaboratorien die "Laserpinzette" bereits praktisch genutzt (vgl. z.B. [2.24-2.31]). Der Grundgedanke zu dieser Laser-Materie-Wechselwirkung ist in Bild 2.1 veranschau-

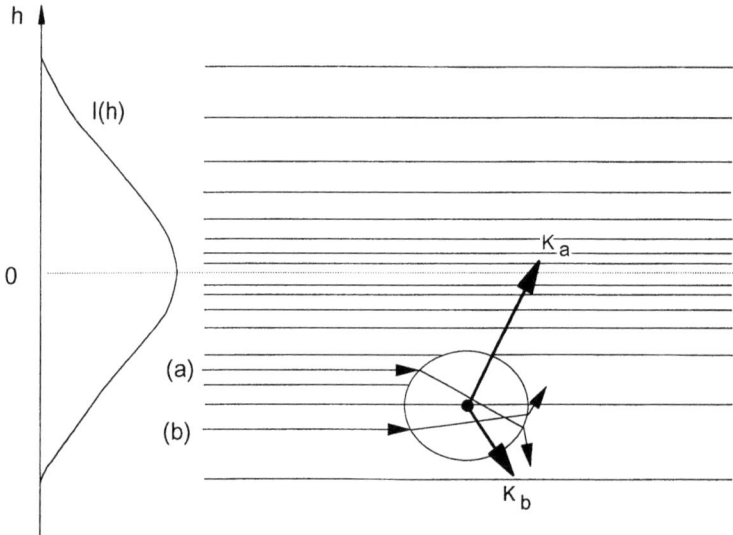

Bild 2.1. Ablenkung eines transparenten Körpers in einem inhomogenen Laserstrahlbündel mit dem Intensitätsprofil I(h); für zwei Strahlen (a) und (b) sind die Strahlwege und die auf den Körper ausgeübten Kräfte K_a und K_b durch Pfeile angedeutet.

licht: Ein transparenter Körper befindet sich in einem räumlich inhomogenen Laserstrahlbündel. Bei hohem Brechungsindex in dem Körper relativ zur Umgebung werden die einzelnen Laserstrahlen unterschiedlich abgelenkt. Unter Berücksichtigung der Impulserhaltung von Photonen und Körper ergibt sich für den Körper ein Nettoimpuls in Richtung zur höheren Lichtintensität. Im Fall eines fokussierten Laserstrahlbündels bewegt sich der Körper in den Fokus und wird dort festgehalten (optische Falle). Auf diese Weise können Latexkügelchen in Wasser fixiert und mittels Laserablation "angebohrt" werden [2.26]. Oder es lassen sich Versuche an lebenden Zellen durchführen [2.29,2.32].

Ist der Brechungsindex des Körpermaterials kleiner als derjenige der Umgebung (Beispiel: Wassertropfen in Paraffin) oder besteht die Kugel aus einem reflektierenden Material (Beispiel: Metallkugel), so übt der Laserstrahl eine abstoßende Wirkung auf den Körper aus. Die Abstoßung kann ebenfalls zur Bildung einer optischen Falle genutzt werden, wenn der Laserfokus auf einer Kreisbahn schnell (im Vergleich zur Diffusion) um den Körper geführt wird. Im zeitlichen Mittel bildet sich im Zentrum des Kreises eine Potentialmulde für den Körper aus [2.31]. Durch die Verwendung mehrerer, unabhängiger Laserstrahlen können auch Teilchen zueinander geführt und zur Reaktion miteinander gebracht werden (Verbindung durch Polymerisierung) [2.30].

2.3 Gasphase und Plasma

Besonders eindrucksvolle Wechselwirkungen zwischen Laserlicht und Atomen sind in der Laserspektroskopie dokumentiert. Stellvertretend seien die hochaufgelöste Spektroskopie an Wasserstoffatomen erwähnt (vgl. z.B. [2.3,2.33]), die Vakuum-Rabi-Aufspaltung [2.34] und der Ein-Atom-Maser [2.35]. Darüber hinaus kann die hohe Laserlichtintensität zur seitlichen Ablenkung von Atomstrahlen durch einen gekreuzten Laserstrahl genutzt werden (vgl. z.B. [2.36-2.38]) oder zum Abbremsen von Atomen mit einem kollinearen, antiparallelen Laserstrahl (vgl. z.B. [2.38-2.43]). Die "Laserkühlung" von Atomionen führt bei geeigneter Prozeßführung zur Kondensation der Ionen, also der Kristallbildung im mikroskopischen Maßstab von weniger als zehn Ionen (vgl. z.B. [2.44-2.46]). Diese Experimente betreffen die Grundlagenforschung und sind bislang noch ohne praktische Anwendung.

In der zustandsselektiven Photochemie ist die Schmalbandigkeit der Laser sehr nützlich für die selektive Besetzung eines ausgewählten Rotations-Schwingungs-Zustandes in einem elektronisch angeregten Molekülzustand (rovibronisch selektive Anregung). Diese hohe Anregungsselektivität mit Lasern, gegebenenfalls unter Zuhilfenahme von Überschallmolekülstrahlen zur Gasabkühlung (vgl. z.B. [2.3,2.47-2.54]), gehorcht den bekannten Auswahlregeln [2.55] und bedarf hier keiner gesonderten Abhandlung. Ähnliches gilt mit Einschränkungen auch für die schrittweise elektronische 2- oder 3-Photonenanregung mit und ohne Ionisierung des laserangeregten Moleküls bzw. Atoms (vgl. z.B. [2.3,2.36,2.54,2.56]). Es gilt auch noch für die selektive Besetzung hoch angeregter Schwingungszustände durch stimulierte Emission (SEP = Stimulated Emission Pumping). Hierbei wird mit einem Laser zunächst eine hohe Population in einem elektronisch angeregten Zustand hergestellt. Danach wird durch stimulierte Emission selektiv ein Rotations-Schwingungs-Zustand im elektronischen Grundzustand bevölkert (vgl. auch Abschnitt 3.1). Grundsätzlich neu und in den Einzelheiten über mehrere Jahre heftig umstritten ist die IR-Multiphotonenabsorption (IRMPA) von isolierten Molekülen.

Die ersten aufsehenerregenden Ergebnisse bei der gepulsten IR-Laseranregung von vielatomigen Molekülen betrafen die Chemilumineszenz von SiF_4 [2.57,2.58] und die Laserisotopentrennung von S^{32}/S^{34} aus SF_6 [2.59,2.60]. Besondere Aufmerksamkeit riefen die Tatsachen hervor, daß 50 und mehr IR-Laserphotonen von einem Molekül unter stoßfreien Bedingungen absorbiert werden können und daß dieser Anregungsprozeß isotopenselektiv ist. Die potentielle Anwendung von IR-Lasern zur Uranisotopentrennung stimulierte viele Arbeitsgruppen zu intensiver Forschung insbesondere auch mit SF_6, das für Modelluntersuchungen zum strukturgleichen UF_6 geeignet ist. Für die Laserphotochemie im elektronischen Grundzustand wurden zusätzlich Hoffnungen im Hinblick auf eine schwingungsmodenselektive Reaktionssteuerung geweckt [2.61,2.62] (vgl. hierzu Abschn. 2.4 und 3.1). So begann in den 1970-er Jahren eine rege experimentelle und theoretische Forschungsaktivität zur Aufklärung der IRMPA, wobei die Arbeiten mit gepulsten CO_2-Lasern den größten Raum einnahmen [2.5,2.63,2.64].

Der resonanten Absorption von mehr als einem IR-Laserphoton steht die Anharmonizität der Molekülschwingungen entgegen, wie dies in Bild 2.2 veranschaulicht ist. Erfolgt beispielsweise der optische Übergang vom Schwingungsgrundzustand ($v=0$) zum ersten angeregten Zustand ($v=1$) in Resonanz mit der Laserfrequenz, dann liegt die Frequenz für den nächsten Übergang ($v=2$) ← ($v=1$) wegen der Anharmonizität der Molekülschwingungen unterhalb der Laserfrequenz. Analoge Verhältnisse gelten entlang der aufsteigenden Reihe von Molekülschwingungszuständen, so daß die Schwingungsübergänge mit zunehmender Schwingungsanregung immer mehr "aus der Resonanz laufen". So können bei "normaler" optischer Anregung mit nie-

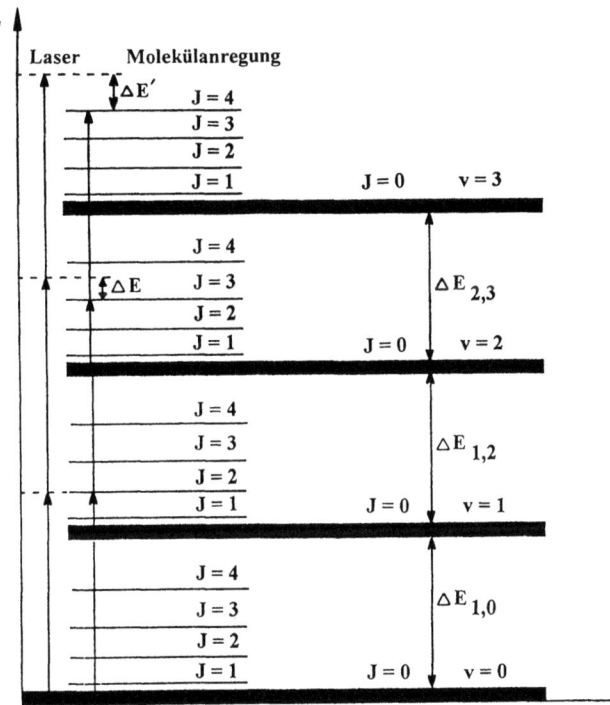

Bild 2.2. Vereinfachtes Termschema für energetisch tiefliegende Rotations-Schwingungs-Zustände eines Moleküls

driger Intensität Moleküle durch IR-Strahlung unter stoßfreien Bedingungen nicht hoch angeregt und schon gar nicht zur Moleküldissoziation getrieben werden.

Auch ohne direkte experimentelle Beweise wird inzwischen ein dreiteiliges IRMPA-Modell für die IR-Laseranregung vielatomiger Moleküle allgemein akzeptiert [2.5, 2.63, 2.64]. Danach erfolgt der Energieaustausch zwischen dem Strahlungsfeld des Lasers und den Molekülen in einer Reihe von stimulierten Absorptions- und Emissionsschritten, bei denen überwiegend jeweils ein Photon vom Molekül aufgenommen oder abgegeben wird. Dadurch besetzen die Moleküle eine Leiter von Anregungsstufen im Abstand der Photonenenergie $h\nu$ (Bild 2.3).

Teil I der IRMPA umfaßt die intensitätsabhängige Absorption im Energiebereich diskreter Schwingungs-Rotations-Zustände. Fehlende Resonanzen zwischen Laserlichtfeld und Molekül werden durch verschiedene intensitätsabhängige Effekte ersetzt oder kompensiert. Zu diesen gehören unter anderen

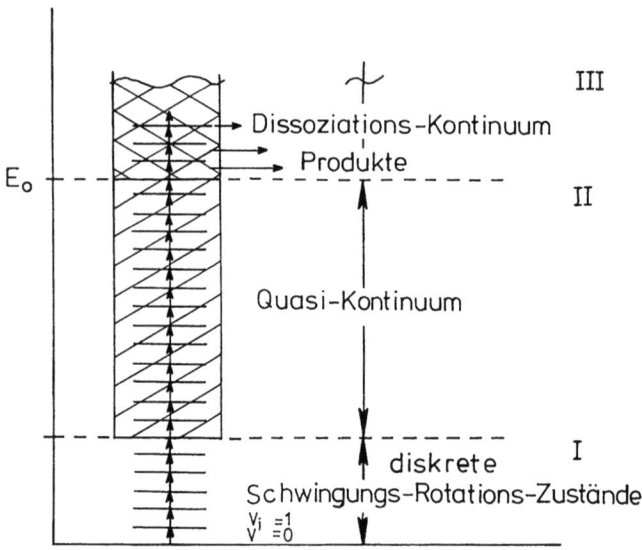

Bild 2.3. Darstellung der IR-Multiphotonanregung (IRMPA) vielatomiger Moleküle und der IR-Multiphotondissoziation (IRMPD) anhand eines Energieniveauschemas

die Intensitätsverbreiterung von Molekülzuständen, die gleichzeitige Absorption von zwei IR-Laserphotonen, der dynamische Stark-Effekt und die optische Anregung über die spektralen Ausläufer der Laseremission, die bei TEA-CO_2-Lasern im Bereich von 0,01 bis 0,03 cm^{-1} liegen können [2.65].

Je nach Anzahl und Frequenz der Molekülschwingungsmoden beginnt nach der Absorption von ein bis fünf IR-Laserphotonen das Quasi-Kontinuum (Teil II). Hier ist die Dichte der Molekülschwingungszustände so groß, daß sich innerhalb der spektralen Bandbreite des IR-Laserlichtes immer ein optisch erlaubter Übergang in einen energetisch höheren Molekülzustand findet. Ein solcher optischer Übergang hat nicht notwendigerweise eine große Oszillatorstärke (Übergangswahrscheinlichkeit). Dies zeigt sich unter anderem an den spektralen Strukturen im Quasi-Kontinuum, wie sie sich bei der IR-Laserabsorption durch bereits "vorgeheizte" Moleküle ergeben [2.66,2.67]. Im statistischen Mittel sind jedoch die Übergangswahrscheinlichkeiten im Quasi-Kontinuum ausreichend groß, so daß die Molekülanregung im Teil II durch den Laserenergiefluß kontrolliert und (nahezu) unabhängig von der Laserintensität ist.

Teil III der IRMPA liegt oberhalb der Energieschwelle für unimolekulare chemische Reaktionen. Hier konkurriert die weitere Molekülanregung durch

IR-Laserabsorption mit der (schnellsten) unimolekularen chemischen Reaktion. Die Verteilung der Moleküle auf Absorption und auf chemische Reaktion folgt dem Verhältnis der zugehörigen Geschwindigkeitskonstanten k_{abs} und k_c. k_{abs} ist abhängig von der Übergangswahrscheinlichkeit des optischen Überganges und der Laserintensität. k_c ist abhängig vom Reaktionstyp und der im Molekül vorhandenen Überschußenergie bezogen auf die Aktivierungsenergieschwelle. k_c steigt in der Regel exponentiell mit der Überschußenergie an und wird meistens sehr schnell dominant gegenüber k_{abs}.

Zur IRMPA von vielatomigen Molekülen existiert auch eine Reihe von Modellrechnungen unterschiedlicher Güte je nach theoretischem und numerischem Aufwand. Ihre quantitative experimentelle Überprüfung scheitert allerdings häufig an fehlenden Methoden zur quantitativen experimentellen Erfassung hoch-schwingungsangeregter Moleküle. In der Regel ist die Verteilungsfunktion von Molekülen über ihre Mannigfaltigkeit an Schwingungszuständen nicht bekannt, nicht einmal ihre Verteilung auf die einzelnen Energieanregungsstufen im Abstand der Laserphotonenenergie. Das Vertrauen in das oben beschriebene 3-teilige Modell gründet sich im wesentlichen auf die Übereinstimmung zwischen den Modellberechnungen und den laserchemischen Umsatzausbeuten (vgl. Kap.3). An dieser Stelle sei jedoch auf neueste, verbesserte IRMPA-Untersuchungen am Modellsystem CF_3I verwiesen [2.68.2.69].

Bei der IRMPA handelt es sich überwiegend um viele Ein-Photon-Absorptions- und Emissionsschritte. Synchrone 2- oder 3-Photon-Absorption ist jedoch nicht ausgeschlossen. Ihre Wahrscheinlichkeit sinkt nur sehr rasch mit der Anzahl der synchron absorbierten Photonen. Zwei- oder Mehr-Photon-Absorption im sichtbaren oder UV-Wellenlängenbereich wird bei hohen Laserleistungen ebenfalls beobachtet [2.56]. Sie führt wegen der hohen Photonenenergie leicht zur Ionisierung (MPI = Multi Photon Ionisation). Ihre Wahrscheinlichkeit steigt stark an, wenn einer der elektronischen Übergänge resonant oder beinahe resonant ist (REMPI = Resonance Enhanced Multi Photon Ionisation). Bei ausreichend hohen Laserintensitäten werden auch elektrische Gasdurchbrüche erzielt [2.70], teilweise unbeabsichtigt bei Laserfokussierung in der Luft, teilweise geplant zur Erzeugung eines synchronisierten Lichtblitzes.

Auch lineare Laser-Materie-Wechselwirkungen, führen bei hohen Lichtintensitäten zu besonderen makroskopischen Effekten, die bei der Diagnostik und Prozeßführung berücksichtigt werden müssen. Hierzu gehören Laserstrahlverformungen durch Absorption in inhomogenen Medien sowie thermische Linseneffekte, die zu Fokussierung des Laserstrahls und auch zur Strahlaufweitung führen können (Bild 2.4). Die Laserstrahlverformung spie-

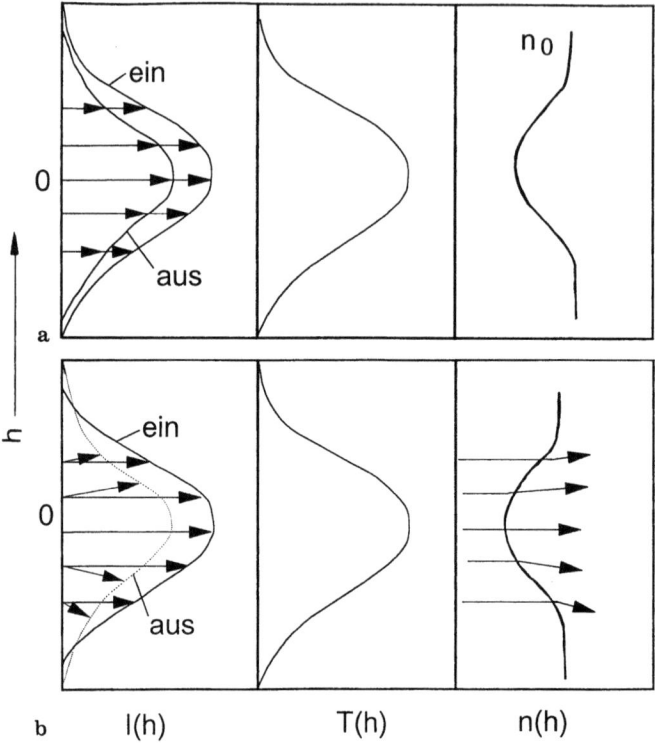

Bild 2.4. Schematische Darstellung von Laserstrahlverformungen anhand der Intensitätsprofile des ein- und austretenden Strahles (jeweils links), des Temperaturprofils (Mitte) und des Dichteprofils (rechts) dominant verursacht (a) durch Absorption und (b) durch Lichtbrechung

gelt Dichteinhomogenitäten wider, die durch die intensitätsabhängige lokale Aufheizung zustande kommen: Bei geringer Dichte im Strahlzentrum ist die Absorption relativ gering (Transmission groß). Am Strahlrand hingegen sind Dichte und Absorption relativ groß (Bild 2.4a). Bei denselben Temperatur- und Dichteprofilen sehen Laserlichtstrahlen außerhalb vom Strahlzentrum einen Dichtegradienten und werden nach außen (größere Dichte) abgelenkt (Strahlaufweitung in Bild 2.4b). Bei gepulster Laserbestrahlung eines Gases mit dem gezeigten Intensitätsprofil kann vorübergehend auch eine Temperaturabsenkung (Dichteerhöhung) im Strahlzentrum und eine Fokussierung des Laserstrahls auftreten (vgl. z.B. [2.71,2.72]). Die Laserkühlung erfolgt bei Schwingungsanregung eines Moleküls A und Energieübertragung auf das nicht-absorbierende Molekül B, wenn das Schwingungsquantum von A kleiner als das von B ist und das Energiedefizit aus dem Energiereservoir der

Rotations-/Translationsfreiheitsgrade ausgeglichen wird. Die vorübergehende Lasergaskühlung endet damit, daß die vom Laser absorbierte Schwingungsenergie teilweise in Rotations- und Translationsenergie relaxiert. Dann tritt je nach absorbierter Energie eine schnelle, lokale Gasaufheizung ein, die zu Stoßwellen führt. Die beschriebenen Laserstrahlverformungen und Stoßwellen können in Gasen [2.71] und in Flüssigkeiten [2.73] auftreten.

Intensitätsabhängige Laserabsorption kann auch in Gasen optische Bistabilität erzeugen wie im System $S_2O_6F_2 <=> 2\ SO_3F$ [2.74, 2.75]. Transmission und Absorption hängen davon ab, ob der aktuelle Wert der eingestrahlten Laserleistung von niedrigen oder von hohen Laserleistungen herkommend eingestellt wird (Hysterese, Bild 2.5). Die Wellenlänge des eingestrahlten Ar^+-Laserlichts ist so gewählt, daß nur das Monoradikal SO_3F. absorbiert. Bei tiefer Temperatur liegt SO_3F in geringer Konzentration vor. Mit steigender Laserleistung erwärmt sich das Gas und erhöht die lokale SO_3F-Dichte n. Damit steigt die Absorption $A = 1-\exp(-nl\sigma)$ mit der Laserleistung annähernd wie in einer Stufenfunktion (Bild 2.5). Mit sinkender Laserleistung bleiben bei hoher SO_3F-Dichte die Absorption und Gastemperatur auch unterhalb der Stufe im aufsteigenden Ast zunächst noch auf hohem Niveau (Hysterese).

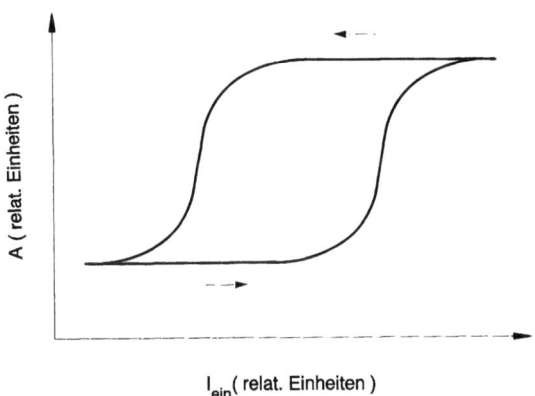

Bild 2.5. Relative Absorption $A = I_{abs}/I_{ein}$ als Funktion der eingestrahlten Laserintensität I_{ein} in einem System mit optischer Bistabilität

2.4 Selektivität der Laserchemie

Die Selektivität der Laser-Material-Wechselwirkung ermöglicht viele Effekte, die auf anderem Wege nur schwer vorstellbar sind, wie die kontaktfreie Zerstörung eines farbigen Luftballons eingeschlossen in einen transparenten Luftballon (Bild 2.6). Die laserinduzierte Reaktion erfolgt hier an einem Ort, der für einen mechanischen Eingriff unzugänglich ist. Die Zerstörung des äu-

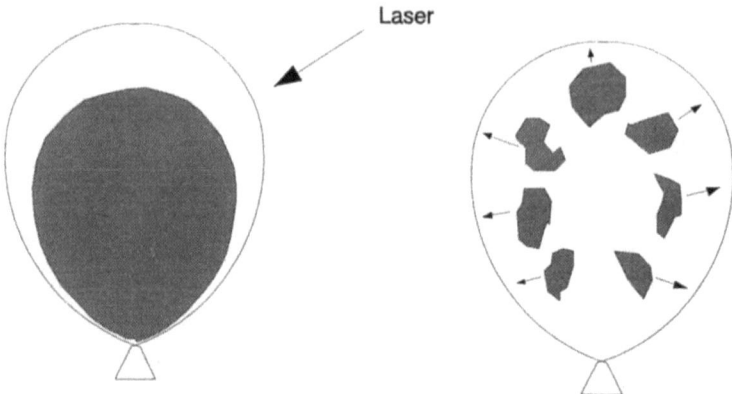

Bild 2.6. Selektivität laserinduzierter Prozesse veranschaulicht an der kontaktfreien Zerstörung eines farbigen (absorbierenden) Luftballons eingeschlossen in einem farblosen (transparenten) Luftballon

ßeren Luftballons ist unerwünscht und wird mit der Wahl einer geeigneten Laserwellenlänge vermieden.

Weitere Beispiele für selektive Laserchemie finden sich in den nachfolgenden Kapiteln. Für ihre Klassifizierung eignet sich eine Einteilung nach den (hauptsächlich) genutzten Eigenschaften des Laserlichts. Eine Selektivitätssteigerung durch die kombinierte Nutzung von zwei und mehr Laserlichteigenschaften ist natürlich besonders attraktiv. Doch zunächst wird die Nutzung von einzelnen Laserlichteigenschaften betrachtet.

Spektrale Schmalbandigkeit (Monochromasie, Einfarbigkeit): Die mit schmalbandigem Laserlicht erzielbaren Effekte werden zweckmäßigerweise in "intermolekulare Selektivität" und "intramolekulare Selektivität" unterteilt. (Unter Molekül wird hier einfachheitshalber jede Spezies mit einer spektralen Identität verstanden, also auch Dotieratome in einem Kristall, Charge-Transfer-Komplexe, Exciplexe, Farbstoffmoleküle einschließlich Matrixkäfig usw.). Intermolekulare Selektivität betrifft Laserisotopentrennung (Kap. 3), laserchemische Trennung von Isomeren, von Lanthaniden, von Fremdsubstanzen (Verunreinigungen) auch bei sonst sehr ähnlichem (thermo-) chemischem Reaktionsverhalten (Kap. 3 und 4), laserchemisches spektrales Lochbrennen unter Einbeziehung der Umgebungseffekte (Matrixeffekte) auf das Molekülspektrum (Kap. 4) und selektive Desorption (Kap. 4). Im weiteren Sinn fällt auch das Abbremsen von Atomen und Ionen im Gasstrahl darunter (Abschnitt 2.3), wobei die geschwindigkeitsabhängige Dopplerverschiebung als Unterscheidungskriterium dient. Intramolekulare Selektivität betrifft die Auswahl eines (einzelnen) Energiezustandes des Moleküls wie bei der rovibronischen Anregung (*rotational vibrational electronic* excitation) oder die Auswahl nur eines elektronischen Zustandes bei Überlagerung von Schwingungs-Rotations-Zustandsmannigfaltigkeiten oder die (vorhergehende) selektive Anregung von Schwingungsfreiheitsgraden mit IR-Lasern (Rotation und Translation bleiben "kalt") oder die (kurzzeitige) Aktivierung nur eines Schwingungsfreiheitsgrades in einem vielatomigen Molekül. Intramolekulare Selektivität wird nochmals in Kap. 3 aufgegriffen.

Räumliche Auflösung (Kollimation, Fokussierbarkeit): Die obigen Beispiele von der Laseranregung einzelner Ionen im Kristall, der optisch getriebenen Mikropumpe, der Entfernung von Mikropartikeln und der "Laserpinzette" lassen sich durch weitere Laseranwendungen mit 2- und auch 3-dimensionaler Lokalisierung ergänzen. Bei intensitätsabhängiger Laserchemie nach IR- oder UV-Multiphotonanregung ist die Reaktion auf fokusnahe Bereiche 3-dimensional begrenzt und kann "wandfrei" (weitab von den Reaktorwänden) ablaufen (Kap. 3). Bei Fokussierung des Lasers auf eine Flüssigkeits- oder Festkörperoberfläche und starker Laserabsorption (geringe Eindringtiefe) kann die resultierende "Lasermikrochemie" zum Aufbau dreidimensionaler Strukturen genutzt werden wie dem "Eiffelturm" aus Aluminium (Bild 1.2), der "Tasse" aus organischen Polymeren (Stereolithographie, Bild 5.6) oder dem Bohren sehr enger Durchgangslöcher durch Halbleiterwafer (Kap. 7). Weitaus häufiger wird die Laserchemie in dünnen Oberflächenschichten zur quasi-2-dimensionalen Strukturierung und Mustererzeugung eingesetzt, sei es zur Hologrammherstellung (Kap. 4), zur Bekeimung mit Metallkristalliten (Kap. 5), zum "Schreiben" feinster Metalleiterbahnen auf Microchips (Kap. 6), zur Reparatur transparenter Defekte auf Photomasken (Kap. 7) oder zum lokalisierten Ätzen von Halbleiteroberflächen (Kap. 8).

Zeitliche Auflösung (Kurzzeitpulse, zeitliches Pulsprofil): Das schnelle, kontrollierte Ein- und Ausschalten von Laserlicht bildet eine Steuerungsmöglichkeit für viele laserchemische Prozesse und so auch für ihre Selektivität. Bezogen auf das chemische Reaktionssystem kann zeitliche Auflösung (a) bei fixiertem Laserstrahl durch Schalten der Laserlichtquelle selbst hergestellt werden und (b) bei kontinuierlichen Lasern durch eine schnelle Laserstrahlführung über das betrachtete System hinweg. Für das bestrahlte System ist die Bestrahlungszeit um so kürzer, je kleiner der Laserstrahldurchmesser (Fokussierung) und je größer die Vorschubgeschwindigkeit (je kürzer die Durchlaufzeit über den Strahlquerschnitt) ist. Dank zeitlicher Lichtleistungskontrolle bestehen unter anderem folgende Steuerungsmöglichkeiten: Abschreckprozesse (schnelle Abkühlung) verhindern unerwünschte Sekundärreaktionen (Kap. 3) oder erlauben die Herstellung thermodynamisch metastabiler Phasen (Kap. 5). Schnelle Aufheizung erlaubt die Desorption auch großer, thermisch instabiler Moleküle ohne Zersetzung (Kap. 4) oder die Verdampfung von chemisch komplexen Verbindungen oder Substanzgemischen ohne Entmischung trotz unterschiedlicher Siede- bzw. Sublimationstemperaturen der einzelnen Komponenten (Kap. 8).

Polarisierung (lineare oder zirkulare Polarisierung): Linear polarisiertes Laserlicht wird in der Grundlagenforschung zur Aufklärung photochemischer Elementarprozesse (z.B. Photofragment-Spektroskopie, vgl. Kap. 3) eingesetzt sowie in der anwendungsorientierten Forschung bei der optischen Datenspeicherung (vgl. Kap.4). Die Laserlichtpolarisierung führt bei der Laserstrukturierung von Festkörperoberflächen teilweise zu Vorzugsrichtungen in dem lasererzeugten Oberflächenmuster (Kap. 5,6 und 8). Zirkular polarisiertes Licht kann bei Zirkulardichroismus grundsätzlich zur Trennung von Enantiomeren eingesetzt werden, was aber bislang noch nicht in nennenswertem Umfang geschieht.

Die Kombination von räumlicher und zeitlicher Auflösung ermöglicht das lokalisierte Kristallisieren von amorphem Silizium für Dünnschichttransistoren auf einem flachen Bildschirm oder auch die lokalisierte Dotierung in kurzzeitig geschmolzenen Halbleiterschichten (Kap. 5). Die Kombination von hoher spektraler und räumlicher Auflösung ist Grundlage der kompakten Informationsaufzeichnung mittels photochemischen Lochbrennens (Kap. 4). Die Kombination von geeigneter Laserwellenlänge und kurzen Laserpulsen schließlich erlaubt die (selektive) Überführung von thermodynamisch stabilen in weniger stabile Verbindungen (Kap. 3: Isomerisierung und Halogenaustausch bei halogenierten Kohlenwasserstoffen). Als Abschluß zu diesem Kapitel dienen Beispiele von Laserspektroskopie, Laseranalytik und Laserdiagnostik mit in der Regel kombinierter Nutzung verschiedener Laserlichteigenschaften: Hierzu gehören unter anderem die spektral (hoch)aufgelöste Spektroskopie [2.3,2.33,2.34,.47-2.51,2.54,2.56,2.76-2.86], die Kurzzeitspektroskopie [2.3,2.15,2.53,2.72,2.73,2.87-2.91,2.105-2.107,2.111-2.113], ortsaufgelöste Analytik und Diagnostik [2.92-2.95], Laserfernerkundung [2.96,2.97], Photoakustik [2.98,2.99], Strömungsgeschwindigkeitsmessung (Anemometrie) [2.100] und verschiedene Messungen mit hoher Empfindlichkeit [2.3,2.11,2.36,2.101-2.103, 2.108-2.110].

3 Laserinduzierte Chemie in der Gasphase

Die laserinduzierte Chemie in der Gasphase wird in diesem Kapitel nach den verschiedenen Anregungsmechanismen für Moleküle bzw. Atome (Bild 3.1) in folgende Abschnitte eingeteilt: 3.1 IR-Laserchemie im elektronischen Grundzustand, 3.2 UV-Laserchemie, welche von einem elektronisch angeregten Zustand ausgeht, sowie 3.3 Hochanregung und Plasmabildung unter Beteiligung eines elektronisch sehr hoch angeregten oder ionisierten Zustandes. Der Laserisotopentrennung wird seiner besonderen Bedeutung entsprechend Abschnitt 3.4 gewidmet. Die IR-Laserchemie sowie die optische Hochanregung und Plasmabildung sind erst mit der Verfügbarkeit leistungfähiger Laser entstanden. Die UV-Laserchemie hingegen überlappt inhaltlich be-

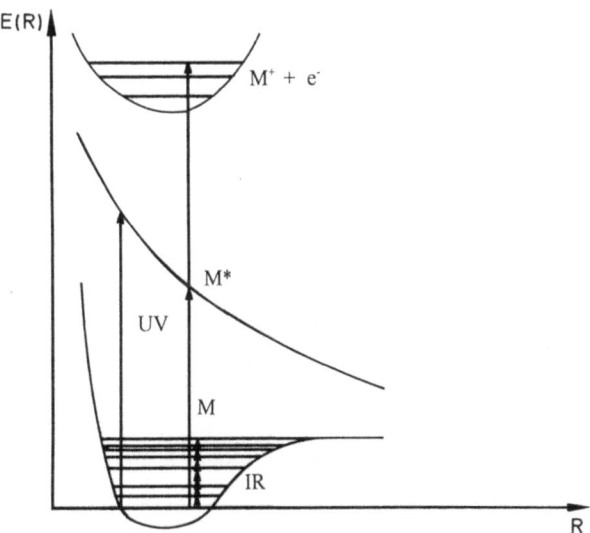

Bild 3.1. Ausgewählte Beispiele für Molekülaktivierung bei der IR-Laserchemie (Multiphotonabsorption im Potentialtopf M), der UV-Laserchemie (1-Photon-Anregung in den dissoziativen Zustand M*) sowie der Hochanregung bzw. Ionisierung ($M^+ + e^-$) nach 2-Photon-Anregung anhand von Potentialenergiekurven $E(R)$ (R = Bindungsabstand)

trächtlich mit der traditionellen (UV-)Photochemie mit ihrem über 50-jährigen Erfahrungsschatz.

Ein großer Teil der Laserchemie in der Gasphase betrifft die Grundlagenforschung. Forschungsschwerpunkte der grundlagenorientierten Laserchemie bilden die IR-Multiphotonanregung (IRMPA) und IR-Multiphotondissoziation (IRMPD), ultrakurze Prozesse bis in den Femtosekundenbereich, die zustandsselektive Photochemie sowie die Aufklärung von Reaktionsmechanismen auf mikroskopischer (molekularer) Ebene. Fragen zur intramolekularen und intermolekularen Selektivität laserchemischer Reaktionen spielen unter dem Gesichtspunkt der gezielten Reaktionssteuerung eine besondere Rolle. Die explosionsartige Entwicklung in den beiden letzten Jahrzehnten wurde durch Fortschritte bei den Lasern, Computern, schnellen elektronischen Meß- und Aufzeichnungsgeräten sowie in der Molekülstrahltechnik stark gefördert. Die rasante Entwicklung der Laserchemie in der Gasphase spiegelt sich in der wissenschaftlich-technischen Literatur wider. Eine Bibliografie der Literatur bis 1979 findet sich in [3.1]. Für die nachfolgende Zeit kann die hier angegebene Auswahl an Übersichtsarbeiten und zusammenfassenden Abhandlungen [3.2-3.60] den Einstieg in dieses Arbeitsgebiet erleichtern.

3.1 IR-Laserchemie

In der IR-Laserchemie eingesetzte Laser emittieren typischerweise Photonen der Energie 0,12 eV (10,6 µm, CO_2-Laser) bis 0,5 eV (2,5 µm, HF-Laser). Mit 12 bzw. 48 kJ/mol sind diese Photonenenergien klein gegenüber charakteristischen Aktivierungsenergien für chemische Gasphasenprozesse. Diese betragen rund 100 bis 400 kJ/mol für unimolekulare Umlagerungs- und Zerfallsprozesse sowie 80 bis 200 kJ/mol für nicht-radikalische, bimolekulare Reaktionen [3.61]. Radikalische Reaktionen haben kleine oder gänzlich vernachlässigbare Aktivierungsenergien und benötigen zumeist keine (Laser-)Aktivierung. Bimolekulare chemische Reaktionen können bereits durch die Anregung eines Reaktionspartners mit einem einzigen IR-Photon um mehrere Größenordnungen beschleunigt werden [3.62]. Der praktischen Nutzung dieser Reaktionsbeschleunigungen steht häufig allerdings die effiziente Stoßdesaktivierung des schwingungsangeregten Reaktionspartners entgegen (vgl. z.B. auch [3.63-3.65]).

Chemische Reaktionen mit nennenswerter Aktivierungsenergie kommen unter IR-Laseranregung also erst zustande, wenn ein Molekül die Energie von mehreren (5 bis 50) IR-Laserphotonen aufgenommen hat. Der resonanten

Absorption von mehr als einem Photon pro Molekül steht jedoch die Anharmonizität der Molekülschwingungen entgegen (Kap.2). Unter geeigneten Laseranregungsbedingungen eröffnen sich allerdings Aktivierungsmöglichkeiten, welche über die resonante Absorption von einem Photon pro Molekül hinausgehen: Einerseits können vielatomige Moleküle unter stoßfreien Bedingungen (im Molekülstrahl) durch intensive (Puls-) Laserbestrahlung in ihren Schwingungsfreiheitsgraden sehr hoch angeregt und dissoziiert werden, wie dies in Kapitel 2 bereits besprochen wurde. Andererseits setzen unter stoßkontrollierten Reaktionsbedingungen unimolekulare chemische Prozesse auch unter relativ schwacher (Dauerstrich-) Laserbestrahlung ein. Zur guten Übersicht soll die IR-Laserchemie hier hauptsächlich anhand dieser beiden Grenzfälle betrachtet werden.

Die stoßkontrollierte IR-Laseranregung, auch als anharmonisches VV-Pumpen oder TREANOR-Pumpen bezeichnet, nutzt dominant lineare optische Anregungsprozesse und den Energieaustausch zwischen schwingungsangeregten Molekülen. Makroskopisch betrachtet ergibt sich dennoch ein nicht-lineares Absorptionsverhalten, so daß die Laserabsorption für präzise Angaben unter den jeweiligen Prozeßbedingungen gesondert bestimmt werden muß (vgl. unten). Mikroskopisch gesehen kommt eine hohe Molekülanregung dadurch zustande, daß im ersten Schritt zwei einfach angeregte Moleküle $M(v=1)$ miteinander stoßen und ihre Energie austauschen gemäß

$$M(v=1) + M(v=1) \rightarrow M(v=0) + M(v=2) + \Delta E.$$

Dabei wird einerseits ein absorptionsfähiges Molekül $M(v=0)$ zurückgewonnen sowie ein zweifach angeregtes Molekül $M(v=2)$ erzeugt. Wegen der Anharmonizität der Molekülschwingungen ($\Delta E_{0,1} > \Delta E_{1,2}$) verbleibt eine Restenergie ΔE, die beim Stoß von Schwingungs- in Rotations-Translations-Energie umgewandelt wird (V-R,T-Prozeß). Diese Energieumwandlung ist ein spontaner Prozeß (Entropiezunahme). Weitere Stoßprozesse bestehen beispielsweise in

$$M(v=2) + M(v=1) \rightarrow M(v=3) + M(v=0) + \Delta E'$$
$$M(v=3) + M(v=1) \rightarrow M(v=4) + M(v=0) + \Delta E''$$
usw.

Grundsätzlich gilt, daß bevorzugt das höher angeregte Molekül zusätzlich Energie vom niedriger angeregten Molekül übernimmt. Also

$$M(v=6) + M(v=1) \rightarrow M(v=7) + M(v=0) + \Delta E_1$$

ist bevorzugt gegenüber

$$M(v=6) + M(v=1) \rightarrow M(v=5) + M(v=2) + \Delta E_2$$

weil $\Delta E_2 < 0$ (Entropieabnahme V $\leftarrow$ R,T), aber $\Delta E_1 > 0$ ist (Entropiezunahme, V $\rightarrow$ R,T). Auf diese Weise können durch anharmonisches VV-Pumpen sehr hoch schwingungsangeregte Moleküle erzeugt werden, obwohl (zunächst) nur der energetisch tiefste Schwingungsübergang mit der Laserfrequenz resonant ist. Sehr hoch angeregte Moleküle im Quasikontinuum (vgl. Kap.2) werden dann allerdings auch wieder absorptionsfähig. Bei hoher Stoßrate im Vergleich zur Absorptionsrate kann die IR-Laseranregung in guter Näherung auf mikroskopischer Ebene als homogene, thermische Gasheizung betrachtet werden. Es stellt sich ein Gleichgewicht zwischen den lasergepumpten Schwingungsfreiheitsgraden und den Rotations-Translations-Freiheitsgraden ein. Thermodynamisches Gleichgewicht, und damit die Berechtigung für eine Temperaturangabe, gilt allerdings nur für ein hinreichend kleines Volumenelement im Prozeßgas. Denn makroskopisch betrachtet herrscht ein Nicht-Gleichgewicht in der Prozeßkammer mit Temperatur-, Dichte- und Konzentrationsgradienten. Diese Gradienten sind auch dafür verantwortlich, daß bei makroskopischer Betrachtung ein nichtlineares Absorptionsverhalten für die Laserstrahlung beobachtet wird. Das Lambert-Beer'sche Gesetz ist hier nicht anwendbar. Beispielsweise beeinflußt ein inertes Puffergas das Absorptionsverhalten des Absorbers über die Druckverbreiterung der Absorptionslinien und verändert die Wärmekapazität und -leitfähigkeit (Temperaturgradient) und V-R,T-Relaxationsgeschwindigkeit, Diffusionskonstante (Konzentrationsgradient) des Prozeßgases. Diese Kopplung der Prozeßparameter verdient besondere Beachtung bei der Deutung von Versuchsergebnissen. Sie kann bei geschickter Parameterwahl auch zur Prozeßsteuerung eingesetzt werden. Auf diese Weise lassen sich mit Hilfe der IR-Laserchemie viele Ergebnisse erzielen, die mit konventioneller thermischer Heizung nicht möglich sind, obwohl auf mikroskopischer Ebene jeweils thermische Prozesse ablaufen. Die unterschiedlichen Anregungszustände von Prozeßgasen nach IR-Laseranregung unter stoßfreien und unter stoßkontrollierten Bedingungen sind in Bild 3.2 einander gegenübergestellt. Ihre Unterschiede spiegeln sich auch in den Merkmalen der stoßfreien und der stoßkontrollierten IR-Laserchemie wider.

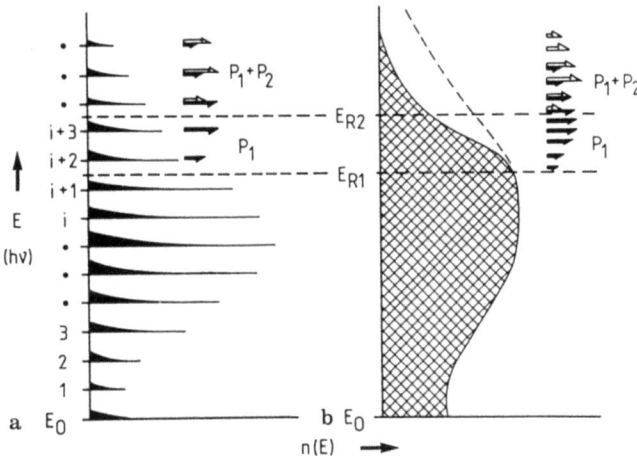

Bild 3.2. Qualitative Energieniveauschemata mit Besetzungszahlen n(E) zur Beschreibung der IR-Multiphotonabsorption und der IR-laserinduzierten Reaktion oberhalb der Energieschwellen ER1 und ER2 (a) unter stoßfreien und (b) unter stoßkontrollierten Bedingungen. Die Pfeillängen signalisieren den Reaktionsumfang zu den Produkten P1 (dunkle Pfeile) und P2 (helle Pfeile). Die gestrichelte Kurve in (b) deutet eine hypothetische Verteilungsfunktion ohne chemische Reaktion an.

3.1.1 IR-Laserchemie unter stoßfreien Bedingungen

Bei der stoßfreien IRMPA besetzen die Moleküle eine Leiter von Anregungsstufen im Abstand der Photonenenergie (Bild 3.2). Jede Stufe enthält noch eine Verteilung über die zugehörigen Rotationszustände. Diese Rotationszustandsverteilungen entsprechen ungefähr der Anfangs-Rotations-Verteilung der Moleküle vor der Laseranregung. Bei jedem Absorptionsschritt sind nur kleine Änderungen der Rotationsquantenzahlen von $\Delta J = \pm 1$ erlaubt und Anhebungen sowie Absenkungen von J sind in etwa gleich wahrscheinlich.

Stoßfreie Bedingungen während der Laseranregung und der chemischen Reaktion lassen sich im Molekülstrahl verwirklichen und mit Einschränkungen auch in der sehr verdünnten, stationären Gasphase. "Stoßfreie" Anregungs- und Reaktionsbedingungen sind dann gegeben, wenn bei dem jeweils untersuchten Prozeß die Wechselwirkungen der Moleküle untereinander keine Bedeutung mehr für den Prozeßablauf haben. Entscheidend ist im Einzelfall also weniger der gaskinetische Stoßquerschnitt σ_s der Moleküle als vielmehr ihr entscheidender Wechselwirkungsquerschnitt σ_{ww}. Dabei ist zu betonen, daß beispielsweise σ_{vv} für den Schwingungsenergieaustausch und σ_{RR} für die Rotations-Rotations-Wechselwirkung insbesondere bei polaren Molekülen größer als σ_s sind. So kann Dipol-Dipol-Wechselwirkung auch schon auf relativ große Entfernung zwischen den Molekülen die Molekülschwingung und -rotation beeinflussen.

Aus der verfeinerten Definition "stoßfreier" Reaktionsbedingungen geht auch hervor, daß Stoßfreiheit bei schnellen chemischen Reaktionen eher erfüllt ist als bei langsamen Prozessen. Im letzten Fall können die aktivierten Moleküle noch während ihrer relativ langen Lebenszeit mit nächsten Nachbarn wechselwirken.

Zwei Fragen haben die Erforschung der stoßfreien IR-Laserchemie besonders beflügelt, die nach der Isotopenselektivität und die nach der Schwingungsmodenselektivität [3.41]. Die intermolekulare Isotopenselektivität war aufgrund der experimentellen Befunde von Anfang an fest etabliert. Unklar waren zunächst die Mechanismen der IRMPA und der IRMPD, die offensichtlich auch noch bei kleinen Frequenzunterschieden unter 1 cm^{-1} zwischen den Absorptionsmaxima der Isotopomeren eine Isotopenanreicherung ermöglichen. Im Rahmen des dreistufigen IRMPA-Modells (Kap.2) ist die Isotopenselektivität in Stufe I, also bei der Laseranregung innerhalb der diskreten Molekülzustände, angesiedelt.

Die intramolekulare Schwingungmodenselektivität war lange Zeit heftig umstritten [3.41]. Scheinbare Beweise haben sich häufig aufgelöst, wenn unter anderem die Frage nach der Stoßfreiheit gründlich untersucht wurde. Die zum Beweis der Schwingungsmodenselektivität angeführten Unterschiede zwischen IR-Laserchemie und thermischen Gasphasenreaktionen haben sich dann auch mit bekannten Mechanismen erklären lassen. Inzwischen herrscht weitgehende Einigkeit darüber, daß Schwingungsmodenselektivität bei der unimolekularen IR-Laserchemie nicht zu beobachten ist, abgesehen von sehr ausgewählten Prozeßbedingungen [3.19,3.41,3.66], die jedoch für die angewandte Laserchemie bislang bedeutungslos sind. Charakteristisch für die stoßfreie IR-Laserchemie sind vielmehr die nachfolgend dargestellten Molekülstrahlexperimente an vielatomigen Molekülen, insbesondere auch an SF$_6$ (Bild 3.3).

Bei vielen Molekülstrahlexperimenten zur IRMPD vielatomiger Moleküle wurden die Geschwindigkeitsverteilung eines Photofragmentes und seine winkelabhängige Intensitätsverteilung in der vom Molekülstrahl und vom Laser gebildeten Ebene bestimmt (vgl. z.B. [3.67-3.72]). Daraus läßt sich die Geschwindigkeitsverteilung dieses Molekülfragmentes im Schwerpunktsystem der Moleküle berechnen, das sich gegenüber dem Laborsystem gleichförmig bewegt. Im Schwerpunktsystem verläuft die Fragmentierung

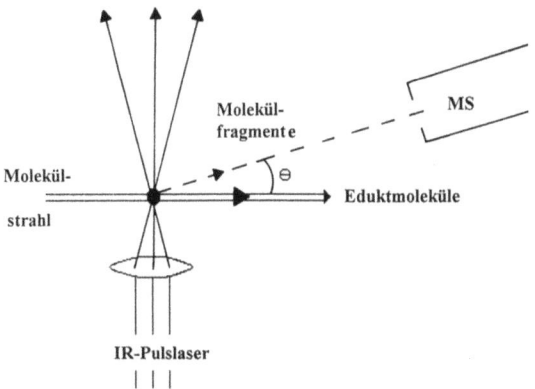

Bild 3.3. Schematischer Aufbau von Molekülstrahlexperimenten zur Untersuchung der IRMPD vielatomiger Moleküle anhand der Winkelverteilung und Fluggeschwindigkeit der Molekülfragmente gemessen mit einem Massenspektrometer MS

räumlich isotrop. Dies wurde durch Experimente mit polarisiertem Laserlicht für SF_6 explizit gezeigt und wird für die IRMPD anderer Moleküle ebenfalls angenommen. Diese Annahme stützt sich auf die gegenüber der Molekülrotation langsame Fragmentierung. Unter dieser Voraussetzung ist die Bestimmung der Fragmentbewegung in einer beliebigen Ebene durch den Molekülstrahl ausreichend für die vollständige Erfassung der Translationsbewegung der Dissoziationsprodukte. Mit der Fluggeschwindigkeit eines Fragmentes im Schwerpunktsystem ist auch die Geschwindigkeit des zugehörigen zweiten Fragmentes festgelegt (Impulserhaltung) und damit die Translationsenergie von beiden Fragmenten. Die experimentelle Bestimmung der Geschwindigkeitsverteilung des zweiten Fragmentes ist daher im Idealfall überflüssig, im Realfall jedoch eine sinnvolle Ergänzung und Absicherung.

Die Aussagekraft der experimentell bestimmten Translationsenergieverteilung der Fragmente in Bezug auf den mikroskopischen Reaktionsablauf ist verschieden für einen einfachen Bindungsbruch (zwei Zentren) und eine Eliminierung eines Molekülfragmentes unter Beteiligung von drei und mehr Zentren.

Beim einfachen Bindungsbruch sind die Aktivierungsenergie und der Energieunterschied zwischen Edukt und Produkt (nahezu) identisch, d.h. vom Übergangszustand zu den Fragmenten gibt es keinen (großen) Abfall der potentiellen Energie (Bild 3.4a). Für ein Molekül mit einer definierten Überschußenergie im Übergangszustand E_{exc} (= gesamte interne Energie abzüglich Aktivierungsenergie) kann die zugehörige Translationsenergieverteilung der

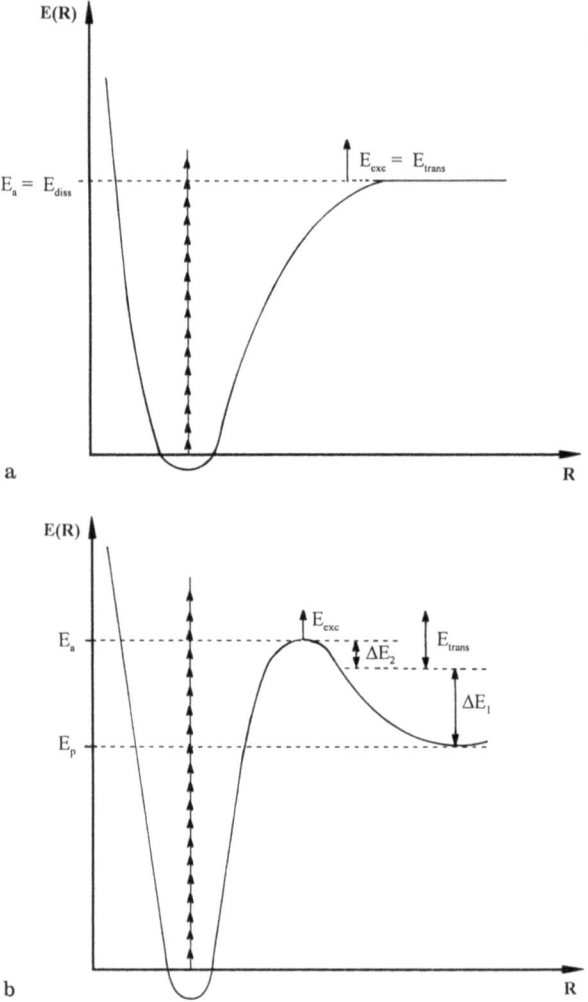

Bild 3.4. Potentialenergiekurven E(R) mit R = Reaktionskoordinate (a) mit ebenem Kurvenverlauf zwischen dem Übergangszustand und den Produkten (z.B. einfacher Bindungsbruch) und (b) mit einem Potentialgefälle zwischen Übergangszustand und den Produkten (vgl. Text)

Fragmente berechnet werden. Die Berechnung erfolgt unter der Voraussetzung, daß sich im Übergangszustand die Schwingungsenergie statistisch auf alle Schwingungsfreiheitsgrade des Moleküls verteilt. Zur Durchführung einer entsprechenden RRKM-Rechnung [3.73] wird die unbekannte Schwingungsstruktur des Übergangszustandes durch diejenige des Ausgangsmoleküls angenähert mit Ausnahme von den Schwingungsfreiheitsgraden, die an der Reaktion beteiligt sind. Für diese werden Schwingungsfrequenzen möglichst so gewählt, daß der häufig aus thermischen Versuchen bekannte Frequenzfaktor für die untersuchte Reaktion reproduziert wird. Mit diesem Parametersatz und der Überschußenergie als wählbarem Parameter wird die berechnete Translationsenergieverteilung der Fragmente an die gemessene Verteilung angepaßt und so die Überschußenergie bestimmt. Bei bekannter Aktivierungsenergie kann damit schließlich auch der mittlere interne Energieinhalt der reagierenden Moleküle berechnet werden.

Die Rechtfertigung für dieses Verfahren wird aus möglichst vielen Vergleichen zwischen dem angenommenen Reaktionsmodell und dem beobachteten Reaktionsverhalten bezogen. Umfangreiche Untersuchungen dieser Art wurden für SF_6 durchgeführt und RRKM-Berechnungen für die Primärreaktion $SF_6 \rightarrow SF_5 + F$ sowie die Sekundärreaktion $SF_5 \rightarrow SF_4 + F$ herangezogen [3.68]. Die Modellrechungen ergeben für die Primärreaktion in Übereinstimmung mit dem Experiment eine Translationsenergieverteilung der Primärprodukte mit einem Maximum bei Null. Dies ist eine Konsequenz des ebenen Potentialkurvenverlaufs zwischen Übergangszustand und Primärprodukten (keine abstoßenden Kräfte zwischen den Molekülfragmenten). Der ebene Potentialkurvenverlauf schließt zugleich eine erhebliche Zentrifugalbarriere und damit auch eine beträchtliche Rotationsanregung bei der IRMPA aus. Die mit der berechneten Überschußenergie abgeschätzte SF_6- Dissoziationsgeschwindigkeit ist in Übereinstimmung mit dem Umfang der beobachteten Sekundärreaktion, d.h. der IRMPD von SF_5, welches während des CO_2-Laserpulses gebildet wird. Zusätzliche Abstützung erfährt das Reaktionsmodell durch seine Kopplung mit einem Absorptionsmodell. Hierzu wurden empirische Formeln zur IRMPA ermittelt und mit Hilfe des gemessenen Absorptionsverhaltens parametrisiert. Die Parametrisierung erfolgt getrennt nach der Aufnahme der ersten drei IR-Photonen im niederen, diskreten Energieniveaubereich und der Absorption im Quasikontinuum. Die Ergebnisse aus dem kombinierten Modell von Absorption und chemischer Reaktion sind in quantitativer oder zumindest qualitativer Übereinstimmung mit der experimentell gefundenen Abhängigkeit der Produktbildung und der Translationsenergie von der SF_6-Schwingungsanregung. Diese wurde unter anderem durch thermische Aufheizung vor der Laserbestrahlung variiert und durch die Wahl der Laserwellenlänge bei Anregung mit einem oder auch zwei CO_2-Lasern. Ferner liefert dieses Modell Grenzwerte dafür, wann die IRMPD dominant durch die Laserintensität oder durch den Laserenergiefluß geprägt ist. Die Laserintensität entscheidet nicht nur über den Anteil der Moleküle, die vom Grundzustand aus das Quasikontinuum erreichen, sondern auch über die mittlere Überschußenergie der reaktiven Moleküle im Übergangszustand.

Der Laserenergiefluß bestimmt andererseits die Verteilung der Moleküle über die Anregungszustände im Quasikontinuum und den Anteil der Moleküle, die in die reaktiven Zustände hinaufgepumpt werden. Für effektive IRMPD ist also beides, Laserintensität und Laserenergiefluß, in hinreichendem Maß erforderlich.

Der Translationsenergieinhalt von Primärprodukten aus einer Fragmentierung, bei der die potentielle Energie des Übergangszustandes größer ist als die der Produkte (Bild 3.4b), setzt sich im allgemeinen aus zwei Beiträgen zusammen. Ein Teil der Translationsenergie kommt wie beim einfachen Bindungsbruch aus der Überschußenergie E_{exc} der reagierenden Moleküle im Übergangszustand. Der zweite Beitrag ΔE_2 stammt von der Potentialenergiedifferenz zwischen dem Übergangszustand und den Produkten. Ein Teil dieser potentiellen Energie wird bei repulsivem Potentialkurvenverlauf als Translationsenergie der Fragmente frei. Ist dieser Betrag groß gegenüber dem ersten Teil aus der Überschußenergie, dann gibt die Translationsenergieverteilung der Fragmente in erster Linie Auskunft über den Potentialkurvenverlauf zwischen dem Übergangszustand und den Produkten.

Insgesamt sind IRMPD-Experimente im Molekülstrahl von mehr als 15 verschiedenartigen Molekülen mit Dissoziationsenergien von 88 kJ/mol (N_2F_4) bis 420 kJ/mol (SF_6,[3.74]) bekannt. Diese schließen Reaktionen mit einfachem Bindungsbruch ein und solche mit Eliminierung von 2- bis 9-atomigen Molekülen unter Beteiligung von drei und mehr Zentren. Beim einfachen Bindungsbruch stammen die gefundenen Primärprodukte, Atome bis 8-atomige Radikale, dominant aus dem Fragmentierungskanal niedrigster Dissoziationsenergie und das RRKM-Modell kann hier qualitativ und quantitativ überprüft werden. Bei zwei (oder mehr) konkurrierenden Fragmentierungsreaktionen eines Moleküls entspricht die Produktverteilung und ihre Anregungsenergieabhängigkeit qualitativ der Erwartung aus thermochemischen Daten und RRKM-Berechnungen. Dennoch ist IRMPD keine thermische Reaktion, denn sie erfolgt aus einer diskontinuierlichen Verteilung der Moleküle auf die Schwingungsenergiestufen mit nur geringer Rotationsanregung (Bild 3.2).

Die beschriebenen Molekülstrahlexperimente dienen natürlich der Grundlagenforschung. Allerdings lassen sich auch in der stationären Gasphase bei niedrigem Druck vergleichbare IRMPD-Experimente durchführen und bei geschickter Anordnung nennenswerte chemische Umsätze erzielen. Am weitesten fortgeschritten und erprobt sind die entsprechenden Techniken bei der Laserisotopentrennung, auf die in Abschnitt 3.4 eingegangen wird. Eine Auswahl an Molekülen, die mittels IRMPD fragmentiert werden können, findet sich in Tabelle 3.1.

Tabelle 3.1. Beispiele für stoßfreie IR-Multiphotondissoziation von elektrisch neutralen, unter Normalbedingungen stabilen Molekülen [3.9, 3.41, 3.72]

Molekülgröße	Moleküle
3 Atome	OCS, O_3
4 Atome	BCl_3, H_2CO, HDCO, D_2CO, Cl_2CS, F_2CO, HN_3, DN_3
5 Atome	CCl_4, CCl_3F, CBr_2F_2, CCl_2F_2, $CHCl_2F$, $CHClF_2$, $CDCl_3$, CDF_3, CH_2F_2, $CBrF_3$, CF_3Br, $CClF_3$, CF_3I, HCOOH, CrO_2Cl_2, OsO_4, SiF_4, $H_2C=C=O$
6 Atome	CF_3CN, CH_3OH, CH_3CN, CH_3NC, $CClF=CF_2$, $CHCl=CF_2$, $CHCl=CHCl$, $CHCl=CCl_2$, $CH_2=CCl_2$, $CH_2=CHCl$, $CH_2=CHF$, $CH_2=CF_2$, $CH_2=CH_2$, $HC\equiv C-CHO$, N_2F_4, N_2H_4
7 Atome	CH_3NH_2, CH_3NO_2, CH_3ONO, $CH_2=CHCN$, SF_5Cl, SF_6, MoF_6, SeF_6, UF_6
8 Atome	$CClF_2CH_3$, $CClF_2CF_3$, CHF_2CH_2F, $CHCl_2CF_3$, $CDCl_2CF_3$, CH_3CF_3, C_2F_5Br, C_2F_6, CH_2DCH_2Cl, CH_2BrCH_2F, CH_2ClCH_2F, C_2H_5F, CH_3COOH, CH_3CCl_3, C_2H_5Cl, $\underset{S-CF_2}{CF_2-S}$, $CHCl=CHBCl_2$
9 Atome	C_2H_5CN, C_2H_5NC, C_2H_5OH, CH_3OCH_3, CF_3CH_2OH, C_3H_6, cyclo-C_3H_6, SF_5NF_2
10 Atome	$C_2H_5NH_2$, CF_3COCF_3, cyclo-C_4F_6
11 Atome	C_3F_7I, $(CH_2)_3CO$ (cyclo-Butanon), CH_3COOCH_3
12 Atome	n-C_3H_7OH, trans-$CH_3CH=CHCCH_3$, $CH_3COCOCH_3$, $H_2C=CHCH_2COOH$, cyclo-C_4F_8, C_6HF_5, S_2F_{10}
mehr als 12 Atome	$HOOCCH_2COCOOH$, C_6H_5CN, $C_2H_5OCH=CH_2$, $CH_3OCH_2CH=CH_2$, $CH_3COOCOCH_3$, $CH_3COOC_2H_5$, CH_3COO-sek-C_4H_7, $U(OCH_3)_6$, $UO_2(hfacac)_2*THF$[1], $(UO_2(hfacac)_2)_2$[1], $C_6H_5OCH_3$, $(C_2H_5)_2O$, $\underset{O-O}{(CH_3)_2C-C(CH_3)_2}$

[1] hfacac = Hexafluoracetylacetonat, THF = Tetrahydrofuran

Nach dieser Übersicht über die IRMPD von vielatomigen Molekülen unter stoßfreien Bedingungen sei noch auf die Frage eingegangen, wieviele Atome ein Molekül für IRMPA und IRMPD mindestens haben muß. Bei vier und mehr Atomen kann IRMPD schon sehr glatt ablaufen, wie die Beispiele von BCl_3 und F_2CO zeigen. Andererseits bereitet die IRMPA von NH_3 mit CO_2-Lasern durchaus Probleme, da die Inversionsverdopplung der v_2-Mode nahezu eine Halbierung der erlaubten Anregungsfrequenz bewirkt. Vergleiche der CO_2-Pulslaseranregung von SO_2, OCS, NO_2, NH_3 und DN_3 mit derjenigen von "großen" Molekülen [3.18] führt zu dem Ergebnis, daß IRMPA bei "kleinen" Molekülen durch die Laserintensität bestimmt ist, während bei "großen" Molekülen die Wirkung des Laserenergieflusses dominiert [3.18]. Der Begriff "groß" ist hier an die Dichte von Molekülschwingungszuständen geknüpft und nicht an die Anzahl Atome pro Molekül. Niedrige Schwingungsfrequenzen (Beispiel BCl_3) führen zu hohen Zustandsdichten (großes Molekül) und hohe Schwingungsfrequenzen ergeben niedrige Zustandsdichten (Beispiel NH_3). Bei 2-atomigen Molekülen liegen die für IRMPA erforderlichen Laserlichtintensitäten bereits über der Schwellenintensität für die Ionisierung. Vor der IRMPD tritt also die Molekülionisierung (Gasdurchbruch) ein [3.18,3.75].

IRMPA mit nachfolgender Lumineszenz im sichtbaren bzw. UV-Wellenlängenbereich sowie IRMPA und IRMPD an Molekülionen sind in einem Übersichtsartikel zusammengefaßt [3.41]. Sie spielen allerdings für praxisorientierte IR-Laseranwendungen bislang keine nennenswerte Rolle.

Weitere experimentelle Möglichkeiten zur stoßfreien Erzeugung hoch schwingungsangeregter Moleküle im elektronischen Grundzustand bilden folgende Methoden (Bild 3.5):
(a) Optische Anregung mit Lampe oder Laser in einen elektronisch angeregten Molekülzustand mit anschließender elektronischer Relaxation (z.B. interne Konversion $S_1 \leadsto S_0^{\#}$ nach optischer $S_1 \leftarrow S_0$-Anregung; vgl. z.B. [3.76 -3.80]),
(b) Optische Anregung in einen elektronisch angeregten Zustand mit anschließender stimulierter Emission in einen ausgewählten S_0-Zustand (vgl. auch [3.55,3.81-3.83]) und
(c) Optische Anregung eines (schwach erlaubten) Überganges in eine hohe Obertonschwingung [3.84-3.86].
Diesen drei Methoden ist gemeinsam, daß jeweils ein monoenergetisches Ensemble hoch schwingungsangeregter Moleküle erzeugt wird. Darin unterscheiden sie sich wesentlich von der IRMPA, bei welcher ein Ensemble mit unbekannter Verteilung über die Leiter aus diskreten Energiestufen gebildet wird.

Laser- bzw. Photochemie nach elektronischer Anregung (Methode a) wird traditionsgemäß unter UV-Laserchemie bzw. UV-Photochemie abgehandelt (Abschnitt 3.2), unabhängig davon, ob der chemische Elementarschritt direkt aus dem elektronisch angeregten Zustand oder nach elektroni-

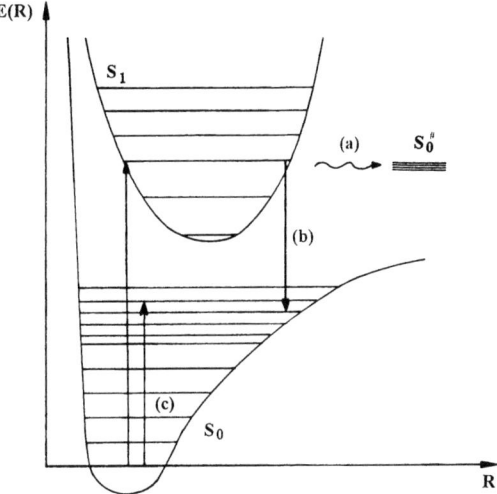

Bild 3.5. Optische Erzeugung hoch schwingungsangeregter Moleküle im elektronischen Grundzustand (a) durch elektronische Anregung mit nachfolgender elektronischer Relaxation, (b) durch elektronische Anregung und stimulierte Emission sowie (c) durch direkte Obertonanregung

scher Relaxation im elektronischen Grundzustand abläuft. Diese Zuordnung hat außer den historischen Gründen auch praktische Vorteile, insbesondere solange der (mikroskopische) Reaktionsmechanismus nach der UV-Anregung noch nicht geklärt ist.

Laserinduzierte Chemie nach Anregung in Obertöne hochfrequenter Molekülschwingungen wurde bereits mehrfach demonstriert. Unter anderem wurde die Ringöffnungsreaktion

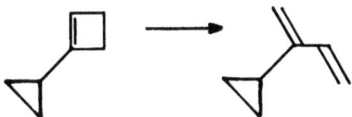

bei Farbstofflaseranregung in die jeweils 5. CH-Obertonschwingung (v=6 ← v=0) sowohl im Cyclopropanring wie auch im Cyclobutenring erhalten [3.86]. Diese Experimente dienten der Untersuchung von statistischem bzw. nichtstatistischem Reaktionsverhalten, also rein akademischen Fragestellungen. Ähnliches gilt für ausgewählte Photofragmentierungsreaktionen nach Anregung in Obertonschwingungsbanden (vgl. z.B. [3.33,3.87]). Praktische

Anwendungen der Laserchemie mit Obertonanregung im elektronischen Grundzustand sind derzeit nicht zu erwarten. Dies gilt ebenso für die selektive Besetzung hochangeregter Schwingungszustände im elektronischen Grundzustand durch stimulierte Emission aus einem elektronisch angeregten Zustand (SEP = stimulated emission pumping [3.81,3.82]). Auch hier erscheinen Isomerisierungsreaktionen besonders geeignet [3.59].

3.1.2 IR-Laserchemie unter stoßkontrollierten Bedingungen

Der diskontinuierlichen Verteilungsfunktion nach IRMPA unter stoßfreien Bedingungen steht die kontinuierliche Verteilungsfunktion nach stoßkontrollierter IR-Laseranregung gegenüber (Bild 3.2). Bei ausreichend schneller V-R,T-Relaxation entspricht die Verteilungsfunktion einer Boltzmann-Verteilung mit der zugehörigen Gastemperatur T_g. Oberhalb der Aktivierungsenergieschwellen für die chemischen Reaktionen R1 und R2 weicht in der Regel die erhaltene Verteilungsfunktion (schraffierte Fläche) von der Boltzmann-Verteilung (gestrichelte Linie) ab. Derartige Abweichungen werden allgemein bei thermischen Reaktionen im Niederdruckbereich ("fall-off region") beobachtet, stellen also grundsätzlich keinen besonderen Lasereffekt dar.

Da stoßkontrollierte IR-Laserchemie häufig im Niederdruckbereich stattfindet, sollen dessen wesentliche Merkmale kurz erläutert werden: Die Geschwindigkeitskonstante k_c einer thermisch induzierten chemischen Reaktion ist in erster Näherung nur eine Funktion der Temperatur (Arrhenius-Gleichung: $k_c = A \exp(-E_a/kT)$). Sinkt jedoch der Prozeßgasdruck unter einen kritischen, temperaturabhängigen Wert, so verringert sich die Geschwindigkeitskonstante k_c (fall-off). Der physikalische Grund hierfür ist auf der rechten Seite in Bild 3.2 angedeutet (vgl. z.B. auch [3.88-3.91]). Bei den chemisch reaktionsfähigen Molekülzuständen oberhalb E_{R1} tritt eine Besetzungsverarmung ein, weil die Moleküle aus diesen reaktiven Zuständen schneller zu den Produkten P_1 (und P_2) abreagieren als neue Moleküle zur Wiederbesetzung dieser Zustände über die (druckabhängige) Stoßaktivierung nachgeliefert werden. Makroskopisch zeigt sich dies in der Absenkung des k_c-Wertes. Je höher die (laserinduzierte) Prozeßgastemperatur, um so höher liegt der kritische Druckwert. Da IR-laserchemische Reaktionen häufig bei hohen Temperaturen durchgeführt werden, laufen sie auch häufig im Niederdruckbereich ab.

Die oben betrachteten Grenzfälle der stoßfreien und der stoßkontrollierten IR-Laserchemie sind nützliche Modelle zum Verständnis und zur Diskussion von IR-Laserexperimenten, auch wenn viele Prozesse in der angewandten Laserchemie eine Mischform dieser idealisierten Grenzfälle darstellen. Zur Abgrenzung der verschiedenen Varianten der IR-Laserchemie können die folgenden Faustregeln dienen [3.43]: Die Rate R_{abs} für die optische Anregung ist proportional zur Lichtintensität I gemäß der Beziehung

$$R_{abs} = \sigma_{abs} I,$$

wobei σ_{abs} der mittlere Absorptionsquerschnitt für einen typischen Übergang auf der Anregungsleiter der IRMPA ist. Der Kehrwert $1/R_{abs} = \tau_{abs}$ ist die charakteristische Zeitkonstante für die IR-Laseranregung und hängt also vom molekülspezifischen Absorptionsquerschnitt σ_{abs} wie auch von der eingestrahlten Laserintensität I ab. Je nach Größenordnung der Zeitkonstante τ_{abs} relativ zu den Zeitkonstanten τ_{int}, τ_{vv} und τ_{VRT} führt die IR-Laseranregung zu verschiedenen Arten von IR-Photochemie. Dabei gilt τ_{int} (10^{-13} bis 10^{-11}s) << τ_{vv} (10^{-10} bis 10^{-8}s) <<τ_{VRT} (10^{-7} bis 10^{-5}s), wobei τ_{int} die Zeitkonstante für die intramolekulare Umverteilung von Schwingungsenergie, τ_{vv} die Zeitkonstante für den intermolekularen Schwingungsenergieaustausch und τ_{VRT} die Zeitkonstante für V-R,T-Relaxation ist. Bei $\tau_{abs} < \tau_{int}$ führt die IR-Laseranregung zur schwingungsmodenselektiven Photochemie, bei $\tau_{abs} < \tau_{vv}$ zur intermolekular selektiven Photochemie (z.B. Isotopentrennung) und bei $\tau_{abs} < \tau_{VRT}$ zur (lokal) thermischen Chemie (Schwingungs-, Rotations- und Translationsfreiheitsgrade im Gleichgewicht). Die Zeitkonstanten τ_{vv} und τ_{VRT} sind druckabhängig, während τ_{int} im wesentlichen durch die molekülinternen Prozesse bestimmt ist.

Für eine effiziente IRMPA mit Pulslaseranregung (Pulsdauer τ_p) muß folgende Beziehung erfüllt sein [3.43]:

$$R_{abs} = \sigma_{abs} I \geq \tau_p^{-1} \geq \tau_{VRT}^{-1}$$

Dieser Bedingung genügt der Laserenergiefluß (Photonenfluß) $\Phi = I * \tau_p \geq \sigma_{abs}^{-1}$ (Photonen/cm^2), beziehungsweise $\Phi \geq n \sigma_{abs}^{-1}$ (Photonen/cm^2) im Fall der effizienten Absorption von n Photonen pro Molekül. Typische Absorptionsquerschnitte für CO_2-Laseranregung liegen im Bereich 10^{-18} bis 10^{-20} cm^2.

Für die stoßkontrollierte IR-Laserchemie sind auch die Begriffe Laserheizung, Laserthermolyse und Laserpyrolyse gebräuchlich. Zur Abschätzung praktischer Anwendungen sind in Tabelle 3.2 Molekülgruppen angegeben, die Schwingungsfrequenzen im Bereich des am häufigsten genutzten IR-Lasers, des CO_2-Lasers, aufweisen. Für die homogene Gasheizung unter stoßkontrollierten Bedingungen ist Laserabsorption durch das reaktive Prozeßgas

Tabelle 3.2. Chemische Verbindungsklassen mit starken Absorptionsbanden im Emissionsbereich des CO_2-Lasers (nach [3.8]; NA = Nichtaromatische Verbindung, A = Aromatische Verbindung)

Verbindungen	Absorptionsbanden (µm)	absorbierende Bindung oder Gruppe	
NA Alkohole	8-10	C-O	Str
NA Ester, Acetate und Epoxide	8-11	C-O	Str
NA Amine	8,1-9,4	C-N	Str
NA Aldehyde	8,5-9,5	C-O	Str
NA Ester und Lactone	9-10	$\overset{O}{\underset{\|\|}{C}}$-$\underline{C}$-C	Str*)
NA Anhydride	8-11	$\overset{O}{\underset{\|\|}{C}}$-$\underline{O}$-$\overset{O}{\underset{\|\|}{C}}$	Str*)
NA Säurehalogenide	10-11	$\overset{O}{\underset{\|\|}{C}}$-Cl	
NA Amide	8,4-9,5	C-N	Str
NA Phosphorverbindungen	9-11,5	P-O-C	Str
A Halogenierte Kohlenwasserstoffe	9-10	φ-Cl, φ-Br, φ-I	
A Ester	9,5-10	$\underline{C}$-$\underline{O}$-φ	Str*)
A Nitro- und Nitrosoverbindungen	9,5-10,5	N-O	Str
A Ester und Lactone	7,8-10	C-O	Str
A Säurehalogenide	10-11,7	$\overset{O}{\underset{\|\|}{C}}$-Cl	

*)Die Absorptionsbande betrifft den unterstrichenen Molekülabschnitt.
φ = Phenylgruppe (C_6H_5-)

nicht unbedingt erforderlich. Hier kann auch die Sensibilisierung mit einem stark absorbierenden, aber chemisch reaktionsträgen Hilfsgas genutzt werden. Dadurch wird das Anwendungsspektrum der stoßkontrollierten IR-Laserchemie beinahe unbegrenzt.

Ein eindrucksvolles, praktisches Beispiel stoßkontrollierter IR-Laserchemie bildet die selektive Umsetzung von Monosilan (SiH_4) in Disilan (Si_2H_6) [3.92]. In diesem Fall wird SiH_4 bei relativ hohem Druck mit einem

CO_2-Pulslaser angeregt und in SiH_2 und H_2 zersetzt. SiH_2 reagiert vollständig mit dem überschüssig vorhandenen SiH_4 zu Si_2H_6. Die V-R,T-Relaxation nach der Pulslaseranregung führt zu einer raschen Absenkung der SiH_4- und Si_2H_6-Schwingungstemperaturen. Dadurch wird das frisch gebildete, hochangeregte Si_2H_6 stabilisiert und seine Weiterreaktion zu Si_3H_8 und höheren Silanen unterbunden. Darin unterscheidet sich die CO_2-Pulslaserchemie wesentlich von der konventionellen SiH_4-Pyrolyse. Bei dieser entsteht ein Gemisch aus Mono- und Oligosilanen (Si_2H_6, Si_3H_8, Si_4H_{10},...), aus welchem erst durch weitere Trennungsschritte reine Silane gewonnen werden können.

Die selektive, CO_2-laserchemische Disilangewinnung aus Monosilan liefert zugleich ein Beispiel für eine bequeme, laserchemische Erzeugung von Radikalen. Die SiH_2-Biradikale werden homogen in der Gasphase erzeugt und bei geeigneter Laserstrahlführung fernab von den Reaktorwänden. Heterogene Wandreaktionen mit chemischem Angriff auf das Wandmaterial werden so auf einfache Art vermieden. Hierbei bildet SiH_2 nur eines von vielen Beispielen für die IR-laserchemische Erzeugung von Radikalen in der Gasphase. Eine Zusammenfassung weiterer Beispiele findet sich in Tabelle 3.3. Unter geeigneten Reaktionsbedingungen eignen sich die so gewonnenen Primärradikale auch zur Herstellung gewünschter Sekundärradikale (vgl. z.B. [3.10]). Beispiele hierfür bilden Cl-Atome aus CF_2Cl_2 und/oder C_4F_5Cl, mit deren Hilfe in Sekundärschritten aus CF_2Cl_2 das Radikal CF_2Cl oder aus Acetaldehyd (CH_3CHO) das Radikal CH_3CO gewonnen werden kann [3.41].

Tabelle 3.3. Beispiele für IR-laserchemische Erzeugung von Radikalen in der Gasphase (nach [3.41])

Radikal	Ausgangsverbindung
CF_2	CF_2HCl
C_3H_5	C_2H_5Br
CH_3	$C_6H_5OCH_3$
Cl	CF_2Cl_2, C_4F_5Cl
CHF	CH_2F_2
NCO	C_6H_5NCO
C_3	C_3H_4
CF_3, I	CF_3I
SiH_2	$RSiH_3$ (R = n-C_4H_9, C_6H_5, C_2H_5)
OH	CH_3OH

Eine weitere bemerkenswerte Möglichkeit der IR-Laserchemie repräsentiert die Transformation des relativ stabilen CF_3Br (Dissoziationsenergie D_{CBr} = 68 kcal/mol) in das weniger stabile CF_3I (D_{CI} = 56 kcal/mol) [3.43]. Diese erfolgt in Anwesenheit von molekularem Iod (I_2) in zwei Schritten gemäß

$$CF_3Br + nh\nu_{CO2} \rightarrow CF_3 + Br$$

und

$$CF_3 + I_2 \rightarrow CF_3I + I.$$

Die CO_2-laserchemische Synthese von SF_5NF_2 aus S_2F_{10} und N_2F_4 erfolgt gar über die Rekombination von zwei freien Radikalen bei einem Dreierstoß in der Reaktionsfolge [3.43]

$$S_2F_{10} + nh\nu_{CO2} \rightarrow 2SF_5,$$
$$N_2F_4 + nh\nu_{CO2} \rightarrow 2NF_2 \quad \text{und}$$
$$SF_5 + NF_2 + M \rightarrow SF_5NF_2 + M,$$

wobei der Stoßpartner M ein Gasphasenteilchen oder die Zellwand sein kann. Erwähnenswert ist, daß hier die CO_2-laserinduzierte Sekundärreaktion von SF_5 gemäß

$$SF_5 + nh\nu_{CO2} \rightarrow SF_4 + F$$

(weitgehend) ausbleibt. Darin unterscheidet sich die IRMPD von S_2F_{10} gegenüber der SF_6-Fragmentierung (s. oben). S_2F_{10} absorbiert [3.9] und fragmentiert schon bei geringerem Laserenergiefluß als SF_6, so daß SF_5 aus S_2F_{10} weniger stark angeregt wird als SF_5 bei der SF_6-Fragmentierung.

Für glatte und saubere laserchemische Radikalreaktionen sind kleine Radikale vorteilhaft, die das Laserlicht nicht oder nur wenig absorbieren. Dies zeigt ein Vergleich der oben beschriebenen Transformation von CF_3Br in CF_3I mit der analogen Reaktion von $(CF_3)_3CBr$ mit I_2 [3.43]. Im letzten Fall entsteht neben dem gewünschten Iodid $(CF_3)_3CI$ auch CF_3I. Dabei kann das störende CF_3-Radikal a priori direkt aus der Ausgangsverbindung gebildet werden gemäß

$$(CF_3)_3CBr + nh\nu_{CO2} \rightarrow (CF_3)_2CBr + CF_3$$

sowie vorzugsweise in der Sekundärreaktion von $(CF_3)_3C$ gemäß

$$(CF_3)_3C + nh\nu_{CO2} \rightarrow (CF_3)_2C + CF_3.$$

In Ergänzung zu den bisher besprochenen IR-laserinduzierten Reaktionen mit Molekülfragmentierung soll nun auf Isomerisierungsreaktionen eingegangen werden. Diese unimolekularen Reaktionen können unter stoßfreien und stoßkontrollierten Prozeßbedingungen ablaufen. Im Unterschied zu vielen Fragmentierungsreaktionen ist bei der Isomerisierung das Reaktionsprodukt ebenfalls ein stabiles Molekül bestehend aus denselben Atomen wie das Ausgangsmolekül, jedoch in einer anderen strukturellen Anordnung (Molekülgeometrie). Ferner können Aktivierungsenergien für Isomerisierungsreaktionen deutlich kleiner sein als diejenige für eine Molekülfragmentierung. Einige Beispiele für IR-laserinduzierte Isomerisierungsreaktionen sind in Tabelle 3.4 zusammengefaßt.

Tabelle 3.4. Beispiele für IR-laserinduzierte Isomerisierungsreaktionen nach [3.4, 3.93]

Ausgangsverbindung	Isomer	Reaktionstyp
ClHC=CHCl (trans)	ClHC=CHCl (cis)	trans/cis-Isom.
Cyclopropan ($H_2C\text{-}CH_2\text{-}CH_2$ Ring)	$CH_2=CH-CH_3$	Ringöffnung
Perfluorcyclobuten ($CF=CF, CF_2-CF_2$ Ring)	$CF_2=CF-CF=CF_2$	Ringöffnung
1,5-Hexadien-d$_6$	1,5-Hexadien-d$_6$ (umgelagert)	Cope-Umlag.

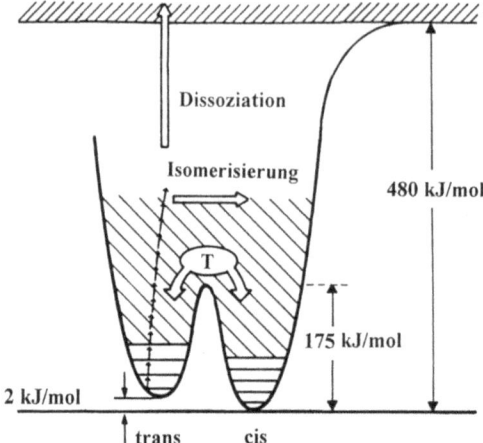

Bild 3.6. Potentialkurvendiagramm für eine IR-laserinduzierte Isomerisierungsreaktion im elektronischen Grundzustand. Die angegebenen Zahlenbeispiele beziehen sich auf cis- und trans-Dichlorethylen (CHCl=CHCl) [3.93]

Zur Veranschaulichung dieses Reaktionstypus zeigt Bild 3.6 ein Potentialkurvendiagramm. Als typische Merkmale finden sich in einem "großen" Potentialtopf mit hoher Aktivierungsenergie für die Molekülfragmentierung am Potentialboden zwei (oder mehrere) Minima, die durch relativ kleine Aktivierungsenergiebarrieren voneinander getrennt sind. Bei tiefer Ausgangstemperatur befinden sich alle Moleküle in einem Minimum, wenn ein reines Isomer vorliegt. Führt die IR-Laseranregung in Energiezustände oberhalb der Energiebarriere, so "fallen" Moleküle bei ihrer Relaxation auch in das andere Potentialminimum.

Erfolgt die Desaktivierung der über die Energiebarriere angeregten Moleküle langsam mit thermischer Gleichgewichtseinstellung, so verteilen sich die relaxierenden Moleküle entsprechend ihrem statistischen Gewicht auf die beiden Potentialminima. Je größer die Zustandsdichte in Höhe der Energiebarriere ist, desto stärker kommt das Potentialminimum (Isomer) bei der Verteilung zur Geltung. Unter IR-Laserbestrahlung können Abweichungen von dieser "naturgegebenen" Verzweigung auf die Isomere auftreten: Bei einer sehr schnellen Desaktivierung (Abkühlung, Abschreckung) kann eine Verteilung entstehen, die einem höheren mittleren Anregungszustand entspricht. Je höher die mittlere Energie oberhalb von der Energiebarriere liegt, desto weniger wirken sich die Unterschiede zwischen den Isomeren aus. Im Fall der cis/trans-Isomeren nähert sich das statistische Gewicht mit dem Anregungsgrad dem Verhältnis 1:1. Ferner ist es möglich, daß eines der Isomeren IR-Laserlicht absorbiert, die andere Molekülform dagegen nicht. Das laserangeregte Isomer bleibt in Anregungszuständen oberhalb der Energiebarriere, während sich die andere Molekülform durch Desaktivierung in seinem Potentialminimum stabilisieren kann. Ein Beispiel hierfür bildet die folgende Isomerisierung von Hexadien unter Verschiebung einer Doppelbindung [3.7]:

$$\begin{array}{c}H\\H\end{array}C=C\begin{array}{c}H\\C=C\end{array}CH_3 \longrightarrow \begin{array}{c}H\\H\end{array}C=C\begin{array}{c}H\\C-C\end{array}CH_2$$

Kürzlich konnte Schwingungsmodenselektivität für die bimolekulare Reaktion

$$HOD + H \rightarrow OD + H_2$$
$$\rightarrow OH + HD$$

gezeigt werden [3.94, 3.95]. Anregung des 3. Obertons der OH-Streckschwingung ($v_{OH}=4$) führt zur Beschleunigung der Reaktion zu OD und H_2 um mehr als zwei Größenordnungen gegenüber der Reaktion zu OH und HD [3.94]. Je nachdem, ob im HOD Molekül die OH- oder die OD-Streckschwingung angeregt wird, erhält man OD + H_2 oder OH + HD [3.95]. Inwieweit sich diese Selektivität der laserinduzierten Reaktion auf größere Atom-/Molekül-Systeme von praktischer Bedeutung übertragen läßt, ist allerdings unsicher.

3.2 UV-Laserchemie

Der Abschnitt UV-Laserchemie behandelt solche Prozesse, die durch elektronische Anregung von Molekülen bzw. Atomen mit jeweils *einem* Laserphoton eingeleitet werden. Hierbei kann die Anregungswellenlänge im Vakuum-UV-, UV- oder sichtbaren Wellenlängenbereich liegen. Diese Prozesse könnten mitunter auch mit einer geeigneten Lampe oder einem Excimerstrahler erzielt werden. In der praktischen Durchführung kann sich aber der Einsatz eines Lasers als vorteilhaft oder sogar als notwendig erweisen. So kann die hohe Lichtleistung von UV-Lasern zu drastischen Verkürzungen der Prozeßdauer führen oder die Parallelität des Laserlichtes die Ausleuchtung einer langen Prozeßkammer ohne Bestrahlung der Kammerwand (heterogene Nebenreaktionen) ermöglichen.

Die UV-Laserchemie nach 1-Photon-Anregung weist inhaltlich eine starke Überlappung mit der traditionellen Photochemie auf. Diese nutzt kontinuierliches oder gepulstes Anregungslicht im Vakuum-UV-, UV- und sichtbaren Wellenlängenbereich zur Aktivierung chemischer Substanzen in gasförmigem, flüssigem und festem Aggregatzustand. Die Klassifizierung photochemischer Reaktionen und die zugehörigen experimentellen und theoretischen Arbeitsmethoden sind in zahlreichen Büchern und Übersichtsartikeln erläutert (vgl. z.B. die Reihe "Advances in Photochemistry" sowie [3.85,3.96-3.104]). Sie können in vielen Fällen direkt oder nach geringfügigen Anpassungen auf die UV-Laserchemie angewendet werden. Im folgenden wird die etablierte Klassifizierung photochemischer Reaktionen auch auf die UV-laserchemischen Prozesse übertragen. Ebenso werden experimentelle und theoretische Ergebnisse der Photochemie hier ohne ausführliche Erläuterungen auf die ausgewählten UV-Laserchemiebeispiele angewendet. Aus der Vielfalt der UV-laserchemischen Prozesse werden in diesem Abschnitt ausgewählte Gasphasenreaktionen zur Veranschaulichung von photochemischen Reaktionstypen besprochen. UV-laserchemische Reaktionen in Flüssigkeiten werden in Kap. 4 und solche in Adsorbatschichten, Matrizen und Festkörpern in Kap. 5 dargestellt und erörtert.

Ein technisch interessantes Beispiel einer laserchemischen *Spaltungsreaktion* (Photofragmentierung, Photodissoziation) bildet der C-Cl-Bindungsbruch in 1,2-Dichlorethan ($ClCH_2CH_2Cl$) mit einem KrF-Laser [3.40]:

$$ClCH_2CH_2Cl + h\nu \rightarrow ClCH_2CH_2 + Cl$$

Damit wird eine Kettenreaktion ausgelöst, an deren Ende die Bildung von HCl und Vinylchlorid (CH_2CHCl) steht. Besonders hervorzuheben ist, daß dieser UV-laserchemische Prozeß in technische Anlagen integriert werden kann. Durch den Lasereinsatz kann die Ausbeute des konventionellen, thermisch induzierten Prozesses erhöht werden. Grundlage hierfür ist unter anderem die hohe Quantenausbeute des laserchemischen Prozesses, d.h. die Anzahl an Produktmolekülen pro absorbiertem Laserphoton, die bei geeigneter Prozeßführung auf über 10^5 gesteigert werden kann. Desweiteren ermöglicht die Laserbestrahlung gegenüber dem konventionellen, rein thermischen Verfahren einen höheren Umsatz bei abgesenkter Prozeßtemperatur. Insgesamt ergibt sich dadurch ein erhöhter Gesamtumsatz bei gleichzeitig verminderter Bildung unerwünschter (toxischer und/oder krebserzeugender) Nebenprodukte. Sehr vorteilhaft ist bei diesem Prozeß die Parallelität des Laserlichts, die eine gute Ausleuchtung des langen Prozeßkammerrohres ermöglicht und Wandbestrahlung weitgehend vermeidet. Für industrielle Maßstäbe sind allerdings durchschnittliche Excimerlaserleistungen im 1kW-Bereich erwünscht.

Die sehr detaillierten Grundlagenuntersuchungen zur Photofragmentierung drei- und mehratomiger Moleküle im Rahmen der zustandsselektiven Photochemie bilden seit über einem Jahrzehnt ein sehr dynamisches Forschungsgebiet. Dabei werden an isolierten Molekülen möglichst alle Elementarschritte und ihre Kinetik von der Aufnahme der notwendigen Aktivierungsenergie über ihre intramolekulare Umverteilung bis hin zur Produktentstehung einschließlich der Energieverteilung in den Produkten quantitativ erfaßt. Dies schließt die Translationsbewegung und alle Drehimpulse (z.B. Drehimpulsvektoren der Molekülrotation und Bahndrehimpuls von Elektronen) ein. Auf diese Weise erhält man an Modellsystemen detaillierte Energiebilanzen und Auskünfte über die räumliche und zeitliche Entwicklung von Dissoziationsprozessen bis in den Femtosekundenbereich. Auch werden derart detaillierte Untersuchungen inzwischen an relativ großen Molekülen mit verschiedenen Zersetzungskanälen durchgeführt (vgl. z.B. [3.105-3.111]). Ihre Darstellung und Diskussion liegt außerhalb vom Rahmen dieses Buches über *angewandte* Laserchemie. Daher sei hier lediglich auf die zahlreichen Veröffentlichungen zu diesem Thema hingewiesen (vgl. z.B. [3.31,3.40, 3.56 -3.58,3.112-3.116]). Von den erzielten Fortschritten profitierte auch in starkem Maß die Forschung mit Clustern in der Gasphase (vgl. auch Kap. 8 sowie [3.125]. Aus Sicht der Grundlagenforschung sind hierbei unter anderem der Übergang von einem einzelnen Atom über Cluster überschaubarer Größe bis zum Festkörper von Interesse sowie der schrittweise Aufbau einer Solvathülle um ein Zentralatom oder Molekül. Im folgenden werden noch einige "praktische Anwendungen" vorgestellt.

Die laserchemische *Photochlorierung* (Photosubstitution) von Kohlenwasserstoffen RH in einem Gemisch von Cl_2 und RH gelingt beispielsweise mit Laserlichtpulsen von 355 nm (frequenzverdreifachtem Nd-YAG-Laser oder frequenzverdoppeltem Farbstofflaser), die eine Kettenreaktion auslösen [3.117]. Zunächst dissoziiert das molekulare Chlor. Die gebildeten Cl-Radikale leiten die Kettenreaktionen ein, die aus den Teilschritten

$$Cl + RH \rightarrow HCl + R$$
$$R + Cl_2 \rightarrow RCl + Cl$$

bestehen. Die Kettenreaktionen sind insgesamt exotherm (für die beiden genannten Reaktionen etwa -130 kJ/mol) und führen unter geeigneten Bedingungen zu laserinduzierten "Explosionen" auf der Millisekunden-Zeitskala (vgl. auch [3.118]). Diese Explosionen setzen hohe Konzentrationen an Startradikalen voraus, wie sie mit intensivem (Puls-) Laserlicht erzeugt werden können. Natürlich ist die zeitlich gut definierte Erzeugung hoher Radikalkonzentrationen auch eine Voraussetzung für kinetische Untersuchungen des chemischen Reaktionsverlaufes. Darüber hinausgehend schaffen hohe, mit dem Laser erzeugte Radikalkonzentrationen erst die meßtechnischen Grundlagen zur zustandsselektiven Erfassung von Reaktionsprodukten unter ausgewählten Bedingungen (vgl. z.B. [3.119,3.120]).

Ein weiteres Beispiel für eine laserinduzierte Photosubstitution bildet die *Photonitrierung* von Isobutan durch Ar^+-Laserbestrahlung eines Gasgemisches von Isobutan und NO_2 bei 488 nm [3.121] gemäß

$$i\text{-}C_4H_{10} + NO_2 + h\nu \rightarrow t\text{-}C_4H_9NO_2 + ...$$

Diese laserchemische Reaktion zeigt, wie eine grundsätzlich mit konventionellen Lichtquellen durchführbare photochemische Reaktion unter Einsatz von intensivem Laserlicht auf eine technisch praktikable Reaktionszeit verkürzt wird. Selbst wenn sich schlussendlich der Einsatz einer konventionellen Lichtquelle gegenüber einem Laser als wirtschaftlicher erweist, so kann die Verwendung von Laserlicht für die sonst unzulässig langsame Prozeßentwicklung und -optimierung wesentlich sein, unter praxisbezogenen Randbedingungen sogar erfolgsentscheidend.

Ein gut untersuchtes Beispiel für laserinduzierte *Photoaddition* bildet die Anlagerung von ICl an Azetylen gemäß

$$ICl + HC\equiv CH + h\nu \rightarrow CHI=CHCl.$$

Diese Reaktion eignet sich auch gut zur Laserisotopentrennung und wird daher in Abschnitt 3.4 besprochen.

Die KrF-laserinduzierte *Telomerisierung* von Bromiden mit Olefinen verläuft mit Quantenausbeuten bis etwa 100 und eröffnet Perspektiven für eine wirtschaftliche laserchemische Synthese u.a. von Blutersatzstoffen [3.122]. Bei der Telomerisierung, d.h. einer endgruppendominierten Polymerisierung, werden beispielsweise organische Dibromide $Br\text{-}R_nBr$ (n = Anzahl der C-Atome), wie BrC_2F_4Br und $BrC_2F_4C_2H_4Br$, mit Olefinen wie C_2H_4 und C_2F_4 gemischt und einer Laserbestrahlung ausgesetzt. Die Photonen leiten einen C-Br-Bindungsbruch ein:

$$Br\text{-}R_n\text{-}Br + h\nu \rightarrow Br\text{-}R_n + Br.$$

Durch Addition eines Olefins kann die Kettenlänge von R_n vergrößert werden, z.B. gemäß

$$Br\text{-}R_n + C_2H_4 \rightarrow Br\text{-}R_n\text{-}C_2H_4$$

oder

$$Br\text{-}R_n + C_2F_4 \rightarrow Br\text{-}R_n\text{-}C_2F_4.$$

Dieser Prozeß kann sich wiederholen, bis es zur Bildung eines Moleküls Br-R_m-Br (m>n) kommt. Die Länge der neuen organischen Kette R_m hängt von Einzelheiten der Prozeßführung ab, die im Hinblick auf das gewünschte Produkt optimiert werden kann. Für das Reaktionsgemisch C_2F_4 und CF_3I wurde Telomerisierung auch für den Einsatz eines CO_2-Pulslasers demonstriert [3.123].

Dank der hohen Intensität des Laserlichtes ist es auch möglich, transiente Spezies in nennenswertem Umfang anzuregen und zur Reaktion zu bringen. Dies gilt beispielsweise für die optische Aktivierung von kurzlebigen Xe+Cl_2-Stoßkomplexen mit Fluorlaserlichtpulsen (158 nm) zur Erzeugung von XeCl*-Exciplexen [3.124]. Eine praktisch nutzbare Bedeutung kommt diesen Experimenten jedoch bislang noch nicht zu.

Ein wesentliches Hindernis bei der praktischen Anwendung UV-laserchemischer Reaktionen besteht in den relativ hohen Kosten für die Bereitstellung von UV-Laserphotonen. Einen Ausweg aus dieser Lage bildet die effektive Nutzung der teuren Photonen bei Kettenreaktionen (s. Vinylchloridsynthese oben) oder bei der Herstellung von Katalysatoren. In beiden Fällen dient jedes UV-Photon zur Erzeugung vieler Produktmoleküle. Ein Beispiel für katalytische Reaktionen bildet die durch OH-Radikale katalysierte Dehydrierung von Ethylbenzol zu Styrol, gemäß

$$C_6H_5\text{-}CH_2\text{-}CH_3 \xrightarrow[H_2O, HCl]{h\nu} C_6H_5\text{-}CH\text{=}CH_2$$

Dabei werden die OH-Radikale mit ArF-Laserphotolyse aus H_2O-Dampf erzeugt [3.40].

Die UV-Photochemie gasförmiger anorganischer Verbindungen hat in jüngster Zeit dadurch an Bedeutung gewonnen, daß diese Substanzen als Ausgangsverbindungen zur photochemischen Abscheidung von Metallen und Halbleitern aus der Gasphase dienen (Kapitel 6) sowie als Lieferanten für ätzende Gasteilchen (Kapitel 8).

In Anbetracht der umfangreichen Literatur zur klassischen Photochemie und zur zustandsselektiven UV-Laserchemie (s.o.) ist der vorliegende Abschnitt recht knapp gefaßt. Bezüglich weiterer praxisnaher Beispiele der UV-Laserchemie sei noch auf die Abschnitte 3.4 (Laserisotopentrennung) und 3.5 (Verfahrensmerkmale und Anwendungen) verwiesen. Insbesondere enthält Tabelle 3.6 Beispiele für die verschiedenen Reaktionstypen von Laserchemie in der Gasphase einschließlich solcher Prozesse, bei denen mehr als eine Lichtquelle eingesetzt wird.

3.3 Hochanregung und Plasmabildung

In diesem Abschnitt wird auf die laserinduzierte elektronische Hochanregung und Plasmabildung eingegangen. Ergänzungen zu den hier behandelten Beispielen finden sich noch in Kap.8, in welchem auf die elektronische Anregung und teilweise Ionisierung von laserverdampftem Festkörpermaterial eingegangen wird.

Im Unterschied zu der IRMPA (Abschnitt 3.1) können bei der Zwei- und Mehrphotonenanregung in elektronisch angeregte Atom- und Molekülzustände, einschließlich ionisierter Zustände, die einzelnen optischen Übergänge häufig noch zugeordnet werden. Diese Möglichkeiten gründen sich auf die geringe Anzahl der pro Atom bzw. Molekül absorbierten Photonen von typischerweise 2 bis 4 Photonen/Atom bzw. Molekül statt 5 bis 50 Photonen/Molekül bei der IRMPA. Darüber hinaus ist die überschaubare Zahl elektronisch angeregter oder ionisierter Zustände vorteilhaft gegenüber beispielsweise mehr als 10^6 Schwingungszuständen pro cm^{-1} in SF_6 bei Anregungsenergien von 3000 cm^{-1} oder darüber. Schließlich basieren viele Erkenntnisse auf den relativ guten Diagnosemöglichkeiten bei elektronisch angeregten Zuständen z.B. mittels Fluoreszenz bzw. Phosphoreszenz im UV/sichtbaren Wellenlängenbereich. Auch die Ionendetektion ist experimentell vergleichsweise einfach gegenüber der Erfassung einer schwachen IR-Emission von schwingungsangeregten Molekülen. Unter den günstigen Bedingungen bei der Detektion elektronisch angeregter Zustände läßt sich auch gut zwischen synchroner und sequentieller Absorption von zwei und mehr Laserphotonen unterscheiden. Die 2-Photon-Anregung mit einem ArF-Laser fragmentiert CH_3I zu CH^*, H_2 und I [3.15]. Diese Erzeugung von drei Fragmenten unterscheidet sich deutlich von dem einfachen C-I-Bindungsbruch bei einfacher UV-Anregung in den 1. elektronisch angeregten, dissoziativen Zustand [3.20, 3.32, 3.126]. In Molekülstrahlexperimenten wurden inzwischen auch bei relativ großen Molekülen wie Ferrocen [3.127] und den Hexacarbonylen von Chrom, Molybdän und Wolfram [3.128] detaillierte Untersuchungen zu den Mechanismen der mit 1-, 2- und Mehr-Photonen-induzierten Photofragmentierung durchgeführt.

Gegenüber IRMPA kann der Energiebedarf chemischer Reaktionen bzw. Ionisierung bereits durch die Absorption von wenigen Photonen im sichtbaren oder UV-Wellenlängenbereich abgedeckt werden. Andererseits sind typische Lebenszeiten elektronisch angeregter Zustände kurz (10^{-3} bis 10^{-10}s) gegenüber denjenigen von Schwingungszuständen (10^{-3}s oder länger), so daß intensives Laserlicht für eine effiziente optische Anregung der kurzlebigen Transienten erforderlich ist. Diese Anregung wird von der Natur teilweise durch relativ große Absorptionsquerschnitte begünstigt. So können beispielsweise aromatische Kohlenwasserstoffe mit Farbstofflaserpulsen bis zu 100% ionisiert werden. Die Effizienz von laserinduzierter Photoionisierung (PI) ist besonders groß, wenn die Mehrphotonanregung über einen resonanten Zwischenzustand erfolgt (REMPI = Resonance Enhanced Multiple Photon Ionisation). Dieser Prozeß bildet die Grundlage für eine sehr empfindliche Massenspektrometrie [3.129-3.131]. Zusätzlich ist diese Massenspektrometrie mit Photoionisierung zweidimensional. Neben der üblichen Massenselektivität des Massenspektrometers kann noch die Wellenlängenabhängigkeit der Photoionisierung zur Stoffanalyse genutzt werden. Näherungsweise folgt die wellenlängenabhängige Ionenausbeute dem "normalen UV-Absorptionsspektrum" und kann beispielsweise zur Unterscheidung von chemischen Substanzen mit gleicher Masse aber unterschiedlichen Absorptionsspektren herangezogen werden. In günstigen Fällen läßt sich noch die Laserintensität als dritter Prozeßparameter einsetzen: Bei niedriger Laserintensität tritt (zumeist) keine Fragmentierung von Molekülionen ein. Anstelle eines Fragmentmusters (wie bei der Elektronenstoßionisierung) wird also nur ein Signal bei der Molekülmasse erhalten. Mit steigender Laserintensität wird eine Fragmentierung bis hin zur Atomisierung beobachtet. Die Vorteile der Lasermassenspektrometrie liegen auf der Hand: hohe Empfindlichkeit (bis 100% Ionen statt 10^{-2} % bis 1% bei Elektronenstoßionisierung), Unterscheidung zwischen Molekülen gleicher Masse (z.B. cis- und trans-Isomeren) anhand ihrer wellenlängenabhängigen Ionenausbeute und Ermittlung einer unbekannten Molekülstruktur anhand des Fragmentmusters, das über die Laserintensität bis zur Atomisierung gesteuert werden kann.

Eine Spielart der wellenlängenselektiven bzw. massenselektiven Photoionisierung bildet die Laserisotopentrennung (Abschnitt 3.4). In diesem Fall kann der relativ hohe Preis der Laserphotonen verkraftet werden. Anders verhält es sich bei der laserchemischen Synthese. Viele interessante Reaktionsbeispiele mit laserinduzierter 2- und Mehrphotonabsorption sind bekannt.

Auch verspricht die 2-Photon-Absorption eine "Vakuum-UV-Photochemie" ohne die technischen Probleme, die mit einer Vakuum-UV-Lichtquelle und der aufwendigen optischen Strahlführung in sauerstofffreier Umgebung verbunden sind. Dennoch sind derartige laserchemische Beispiele wegen fehlender Wirtschaftlichkeit noch weit entfernt von einem technischen Einsatz. Ihre Attraktivität liegt vorerst auf dem Gebiet der Grundlagenforschung. Die dort gewonnenen Erkenntnisse und Daten können allerdings von großer praktischer Bedeutung sein. Die im Labor gewonnenen Reaktionsgeschwindigkeitskonstanten bzw. Arrhenius-Parameter liefern die Grundlagen für reaktionskinetische Modellrechnungen für die Atmosphärenchemie. Bedenkt man die insgesamt langen Zeiten für die Ausbreitung von Luftverunreinigungen und ihre möglicherweise dramatischen, nicht mehr umkehrbaren Auswirkungen auf die chemische Zusammensetzung der Erdatmosphäre, das Klima, die Strahlenbelastung der Erdoberfläche und die Wärmeabstrahlung in den Weltraum, so wird die Bedeutung solcher Daten leicht einsichtig (vgl. z.B. [3.132,3.133]). Wieviel Unsicherheit hier teilweise noch vorherrscht, kann man aus den (öffentlichen) Diskussionen beispielsweise über den Treibhauseffekt und das Ozonloch über dem Süd- und Nordpol der Erde ablesen.

3.4 Laserisotopentrennung

Die Laserisotopentrennung, oder auch Laserisotopenseparation genannt (Abkürzung: LIS = laser isotope separation), ist eine Anwendung der laserinduzierten Chemie in der Gasphase, bei der viele der vorangehend geschilderten Möglichkeiten und Kombinationen laserinduzierter Effekte genutzt werden können. Ihr großes technisches Potential auf dem zivilen und auch militärischen Sektor war Anlaß zu zahlreichen experimentellen und theoretischen Arbeiten. Die hier zitierte Auswahl an Übersichtsartikeln und zusammenfassenden Abhandlungen, die seit 1980 erschienen sind [3.134-3.139,3.144-3.146], vermittelt einen Eindruck von der Fülle und Bedeutung dieses Arbeitsgebietes. Allein in der Zeit 1982-1987 erschienen den Chemical Abstracts zufolge 51 Übersichtsartikel zu LIS [3.41].

Im zivilen Bereich verspricht die Laserisotopentrennung kostengünstige technische Lösungen von Problemen in der Energiewirtschaft (Kernbrennstoffherstellung und -entsorgung), Materialentwicklung (z.B. hoch wärmeleitfähiger isotopenreiner Diamant, vgl. z.B. [3.140,3.141]) und ganz allgemein in der Grundlagenforschung (z.B. Isotopenmarkierung zur Aufklärung chemischer und biologischer Reaktionsmechanismen, medizinische Diagnostik). Daher soll der Laserisotopentrennung ein besonderer Abschnitt gewidmet werden.

Die folgenden Kurzbeschreibungen ausgewählter LIS-Schemata mit repräsentativen Beispielen mögen einen ersten Eindruck von diesem vielseitigen Arbeitsgebiet vermitteln und Interesse an dem Einstieg in die Fachliteratur wecken. Dabei konzentriert sich die Betrachtung zunächst auf den Isotopentrennschritt. Für technische Prozesse muß dieser Schritt in einen Gesamtprozeß eingebettet werden (vgl. z.B. [3.142,3.143]), wie dies an einem Beispiel unten veranschaulicht wird. Viele Methoden und Techniken, die zunächst für die LIS entwickelt und an ihr erprobt wurden, sind natürlich auch für weitere Anwendungen geeignet. Häufig lassen sie sich mit geringfügigen Veränderungen auf andere Probleme der chemischen Stofftrennung übertragen. Prozesse für die Stofftrennung werden im Rahmen der zunehmenden Anforderungen in der Umwelttechnik und den damit verbundenen Auflagen an viele technische Prozesse vermutlich stark an Bedeutung gewinnen.

Zur quantitativen Erfassung der LIS-Verfahren wird häufig der Anreicherungskoeffizient K ermittelt [3.145].

$$K(A/B) = (A/B) / (A_0/B_0)$$

Der Koeffizient K, auch Anreicherungsfaktor oder (Isotopen-) Selektivität genannt, bezieht sich hier auf die beiden Spezies A und B. Ihr Verhältnis A/B nach der Reaktion wird durch das Verhältnis A_0/B_0 im Ausgangsgemisch geteilt. Der Wert K > 1 gibt so die Anreicherung von A relativ zu B an. Ein Wert K (A/B) >> 1 entspricht also einer hohen Selektivität bezüglich A. Die angestrebte Anreicherung von A kann dabei in den Reaktionsprodukten erfolgen (Produktanreicherung) oder aber bei den nicht-umgesetzten Ausgangsverbindungen (Eduktanreicherung, Reaktandenanreicherung).

Die LIS-Methoden lassen sich in einem ersten Schritt in solche einteilen, die von Atomen ausgehen (AVLIS = atomic vapor laser isotope separation) und solche, die die Laserchemie von Molekülen nutzen (MLIS = molecular laser isotope separation).

Bei der AVLIS-Methode müssen zunächst die gasförmigen Atome in ausreichender Konzentration zur Verfügung gestellt werden, ein technisch anspruchsvolles Unterfangen, wenn man beispielsweise die chemische Aggressivität heißer Uranatome betrachtet. Ausgehend von den Atomen erfolgt LIS dann beispielsweise durch laserunterstützte Ionisierung und schnelles Absaugen der Ionen durch elektrische Felder. Dabei stehen nach Absorption von einem Laserphoton mehrere Ionisierungsmechanismen zur Auswahl (vgl. z.B.[3.146]) wie resonanzunterstützte Mehrphotonionisierung (REMPI), Autoionisierung, Mikrowellenionisierung, Feldionisierung, Elektronenstoßionisierung und Penning-Ionisierung. Hierbei ist wesentlich, daß in den zwei-

und mehrstufigen Ionisierungsschemata mindestens ein isotopenselektiver Schritt mit Laseranregung enthalten ist. Zur effektiven Nutzung des Atomdampfes eignet sich unter anderem das abstimmbare Licht eines Farbstofflasers, welcher quasi-kontinuierlich in schneller Pulsfolge (kHz-Bereich) mit einem Kupferdampflaser gepumpt wird.

Außer der selektiven Ionisierung von Atomen können auch photochemische Reaktionen angeregter Atome und die laserinduzierte Ablenkung von der ursprünglichen Bewegungsrichtung zur Isotopentrennung genutzt werden [3.145]. Im ersten Fall basiert die Isotopentrennung auf dem Unterschied in der chemischen Reaktivität zwischen Atomen im elektronischen Grundzustand und solchen im elektronisch angeregten Zustand. So konnte das Quecksilberisotop ^{202}Hg in einem Gemisch von O_2 und Butadien durch selektive photochemische Reaktion(en) in 96,8% Reinheit angereichert werden. Im zweiten Fall absorbieren die ausgewählten Isotope beim Durchkreuzen des Laserstrahls sehr viele Laserphotonen und werden aus ihrer anfänglichen Bewegungsrichtung abgelenkt (Impulserhaltung). Während der Impuls der aus dem Laserstrahl absorbierten Photonen immer dieselbe Richtung aufweist, erfolgt die spontane Emission zwischen den Absorptionsschritten (der Rückstoß auf die emittierenden Atome) räumlich isotrop. Dieses Trennschema setzt voraus, daß die angeregten Atome in kurzer Zeit emittieren und bei der Emission in ihren Ausgangszustand zurückkehren, damit die Laserabsorption sich häufig wiederholt. Beispielsweise vermindert Emission in einen metastabilen Zwischenzustand die Laserabsorption und damit die laserinduzierte Ablenkung drastisch.

Die LIS-Methoden unter Verwendung von Molekülen nutzen IR-Laser zur Schwingungsanregung und/oder UV/VIS-Laser zur elektronischen Anregung. Insgesamt ergibt sich eine Fülle von LIS-Schemata, von denen einige kurz vorgestellt werden.

Die IR-Multiphotonanregung (IRMPA) beginnt im Bereich der diskreten Energiezustände mit hoher Wellenlängenselektivität, die auch zur isotopenselektiven IR-Multiphotondissoziation (IRMPD) genutzt werden kann (Kap.2). Grundsätzlich ist zur IRMPA ein einziger IR-Laser mit fester Frequenz ausreichend (Bild 3.7a). Zur Erhöhung der Dissoziationsausbeute kann aber der Einsatz eines zweiten IR-Lasers nützlich sein (Bild 3.7b). Die zweite Laserfrequenz hilft, den "Flaschenhals" der diskreten Energiezustände zwischen Schwingungsgrundzustand und Quasikontinuum zu passieren und/oder die Anregung im Quasikontinuum zu verstärken. Die zwei Laser erfüllen verschiedene Aufgaben und wirken als Anregungslaser (Laser 1) und Dissoziationslaser (Laser 2) [3.134].

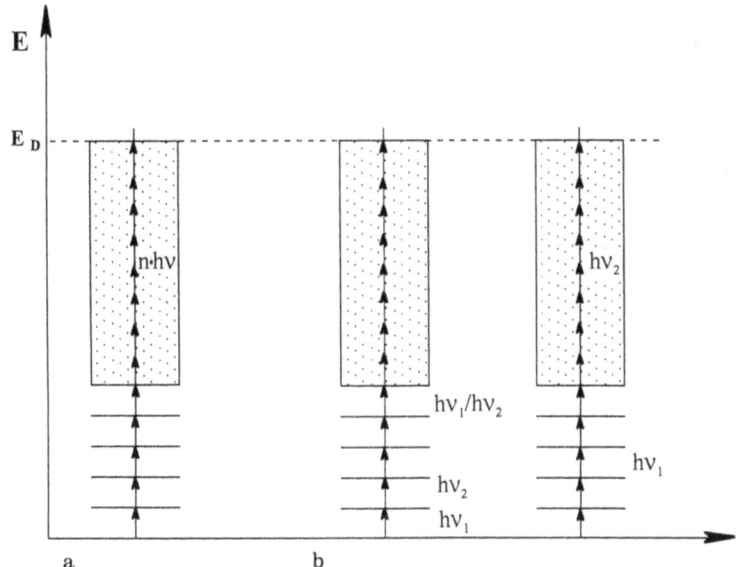

Bild 3.7. Laserisotopentrennung mit Molekülen durch IR-Multiphotondissoziation (a) mit einem IR-Laser und (b) mit zwei IR-Lasern (vgl. Text)

Bei Molekülen mit kleinen Rotationskonstanten und niedrigen Schwingungsfrequenzen relativ zur thermischen Energie kT kann die spektrale Breite der einzelnen Schwingungsbanden und das Auftreten von heißen Banden zu Überlagerungen führen [3.134, 3.136]. Diese beeinträchtigen die Selektivität der IRMPA und damit die Isotopenselektivität der IRMPD, wie beispielsweise im Fall von UF_6 bei Raumtemperatur. Mit einer adiabatischen Expansion im Überschallmolekülstrahl können jedoch durch die Temperaturabsenkung die heißen Banden beseitigt und die Rotationsstrukturen der verbleibenden Banden verschmälert werden. Damit wird die gewünschte Isotopenselektivität der IRMPD erreicht [3.134, 3.136].

Mit Hilfe isotopenselektiver LIS durch IRMPD konnten bereits eine Reihe von Isotopen angereichert bzw. getrennt werden (Tab. 3.5). Sie reichen von den leichten Wasserstoffisotopen mit ihrem großen relativen Massenunterschied $\Delta M/M$ bis hin zum Uranisotop ^{235}U mit einem kleinen $\Delta M/M$-Wert. Bei Uran dienen als Ausgangsmoleküle UF_6, $U(OCH_3)_6$ und die Uranyl-Komplexverbindung UO_2(Hexafluoracetylacetonat)$_2$*Tetrahydrofuran. Einerseits existiert für UF_6 bereits von der traditionellen Uranisotopentrennung die Technologie zur Handhabung dieser Fluorverbindung. Andererseits gehört UF_6 zu den Molekülen, die bei Raumtemperatur starke Bandenüberlagerungen aufweisen, so daß für LIS eine Abkühlung in einer Überschallex-

Tabelle 3.5. Beispiele für Laserisotopentrennung mit IR-Multiphotonanregung bzw. IR-Multiphotondissoziation nach [3.41, 3.43, 3.147, 3.148, 3.192]

Angereichertes Isotop	Ausgangsverbindung	Selektivität
^{2}H	$CHFCl_2$, CHF_2Cl, CHF_3	$\geq 10^4$ (D/H)
^{3}H	CHF_3	$\geq 10^4$ (T/D)
^{10}B, ^{11}B	BCl_3	80 (^{10}B/^{11}B)
	$CHCl=CHBCl_2$	
^{13}C	CHF_2Cl	6000 (^{13}C/^{12}C)
	CF_3I, CHF_3, CF_3Br	
	CBr_2F_2, CCl_2F_2, $CBrClF_2$	
^{14}N, ^{15}N	CH_3NO_2	
^{16}O, ^{17}O	OCS	
^{18}O	Verschiedene Ether[1]	bis 350 (^{18}O/^{16}O)
^{29}Si, ^{30}Si	SiF_4, Si_2F_6	
^{32}S, ^{34}S	SF_6	35 (^{34}S/^{36}S)
^{35}Cl, ^{37}C	CF_2Cl_2	
^{70}Ge, ^{74}Ge	$Ge(OCH_3)_4$	1,8 (^{70}Ge/^{74}Ge)
Mo	MoF_6	
Se	SeF_6	
Zr	$Zr(OC(CH_3)_3)_4$	
^{90}Zr, ^{91}Zr	$Zr(OC(CH_3)_2C_2H_5)_4$	1,9 (^{90}Zr/^{91}Zr)
Os	OsO_4	
^{235}U	UF_6	2,8 (^{235}U/^{238}U)
	$U(OCH_3)_6$, $UO_2(hfacac)_2 \cdot THF$[2]	

[1] CH_3OCH_3, CF_3OCF_3, $(CH_3)_2CHOCH(CH_3)_2$, $(CH_3)_3COCH_3$, Tetrahydrofuran, Tetrahydropyran
[2] hfacac = Hexafluoracetylacetonat, THF = Tetrahydrofuran

pansion erforderlich ist [3.134, 3.136]. Zudem ist die Bereitstellung intensiver, schmalbandiger Laserstrahlung der Wellenlänge 16 μm technisch aufwendig [3.134, 3.136]. Von daher ist auch die Verwendung der "großen" uranhaltigen Moleküle attraktiv, weil hier das bequem verfügbare CO_2-Laserlicht eingesetzt werden kann.

Für Modelluntersuchungen der LIS mit IRMPD eignet sich SF_6 sehr gut. SF_6 ist unter Normalbedingungen chemisch inert und bequem zu handhaben.

Heiße Banden stören auch bei Raumtemperatur nicht wesentlich. Und schließlich überlappt die IR-Absorption von SF_6 mit vielen Linien des CO_2-Lasers. Hierzu kommt die mit UF_6 vergleichbare Molekülgeometrie von SF_6. Schon 1979 lieferte ein relativ einfacher experimenteller Aufbau in zwei Tagen makroskopische Mengen von 1,5g $^{32}SF_6$. Der Aufbau bestand aus einem TEA-CO_2-Laser, einem optischen Wellenleiter als IR-laserchemische Prozeßkammer und einer Gasumwälzung mit einer Falle zur Abtrennung von SF_4 und HF, den Reaktionsprodukten des Prozeßgasgemisches aus SF_6 und H_2 (H_2 diente als Fänger für F-Atome). Mit einem verbesserten Aufbau ähnlicher Art wurde die Anreicherung der seltenen Isotope ^{34}S (4,2% natürliche Häufigkeit), ^{33}S (0,76%) und ^{36}S (0,014%) untersucht [3.149]. Unterschiede der (isotopenselektiven) IRMPD mit einem (TEA) CO_2-Laser in einem optischen Wellenleiter im Vergleich zu einer konventionellen zylindrischen Zelle wurden an den Beispielen von SF_6, CF_3Br und CTF_3/CDF_3 theoretisch und experimentell untersucht [3.150].

Überraschenderweise läßt sich auch mit einem fokussierten CO_2-Dauerstrichlaser isotopenselektive IRMPD von SF_6 im Druckbereich 0,25 bis 0,5 mbar erzielen [3.151]. Zunächst würde man bei der stroßkontrollierten Laserheizung mit einem Dauerstrichlaser erwarten, daß der effektive Energieaustausch zwischen den Molekülen die Isotopenselektivität zunichte macht (vgl. Abschnitt 3.1). Ein wenig vereinfacht läßt sich die gefundene Isotopenselektivität wie folgt erklären: Der überwiegend größte Teil des SF_6-Umsatzes findet nahe beim Laserfokus (Intensität 2 MW/cm^2) statt. Die Moleküle unmittelbar außerhalb des Laserstrahls sind aber bereits auf 1000 bis 1100 K "vorgeheizt". Trotz dieser hohen Temperatur sind die Absorptionsspektren von $^{32}SF_6$ und $^{34}SF_6$ noch hinreichend voneinander getrennt (Halbwertsbreite 25 cm^{-1}, Isotopenverschiebung 17,4 cm^{-1}). Das bereits vorgeheizte $^{32}SF_6$ wird nun im laserbestrahlten Volumen optisch angeregt und kann dissoziieren. Das ebenfalls vorgeheizte $^{34}SF_6$ ist jedoch nicht in Resonanz mit der Laserfrequenz und zur Dissoziation auf die signifikant weniger effiziente Stoßaktivierung angewiesen. Für eine wirksame Stoßaktivierung steht jedoch nur ein kleines "Fenster" zur Verfügung. Denn je nach Fokusnähe ist die mittlere freie Weglänge der Moleküle größer als der lokale Strahldurchmesser oder liegt nur wenig darunter (etwa 1/3 Strahldurchmesser).

Die Kombination von IR-Laserlicht und Überschallmolekülstrahl ermöglicht LIS auch mit Hilfe der Kondensation im Molekülstrahl [3.152]. Bei selektiver Schwingungsanregung beispielsweise von $^{32}SF_6$ im stoßkontrollierten Bereich der Überschallexpansion nahe der Düse erfolgt in einem Gemisch von SF_6-Isotopomeren und Argon (zur effektiven Gasabkühlung) eine selektive Kondensation. Die SF_6-Moleküle, außer dem laserangeregten $^{32}SF_6$, bilden Cluster der Art $(SF_6)_m Ar_n$. Der Massenunterschied $\Delta M/M$ zwischen den SF_6-Molekülen mit ^{32}S-Atomen und den Clustern mit den anderen Schwefelisotopen ist nun drastisch vergrößert gegenüber den Werten zwischen $^{32}SF_6$ und $^{34}SF_6$ oder $^{33}SF_6$. Dadurch wird die Effektivität der klassischen, aerodynamischen Isotopentrennung (vgl. z.B. [3.153]) um zwei Größenordnungen angehoben (Bild 3.8 a). Die schweren Cluster verharren nahe der Molekülstrahlachse, während das relativ leichte $^{32}SF_6$ gestreut wird und sich in den Außenbereichen anreichert (Trennung durch räumliche Abscheidung). Eine weitere Variante der Überschallstrahltechnik verwendet einen

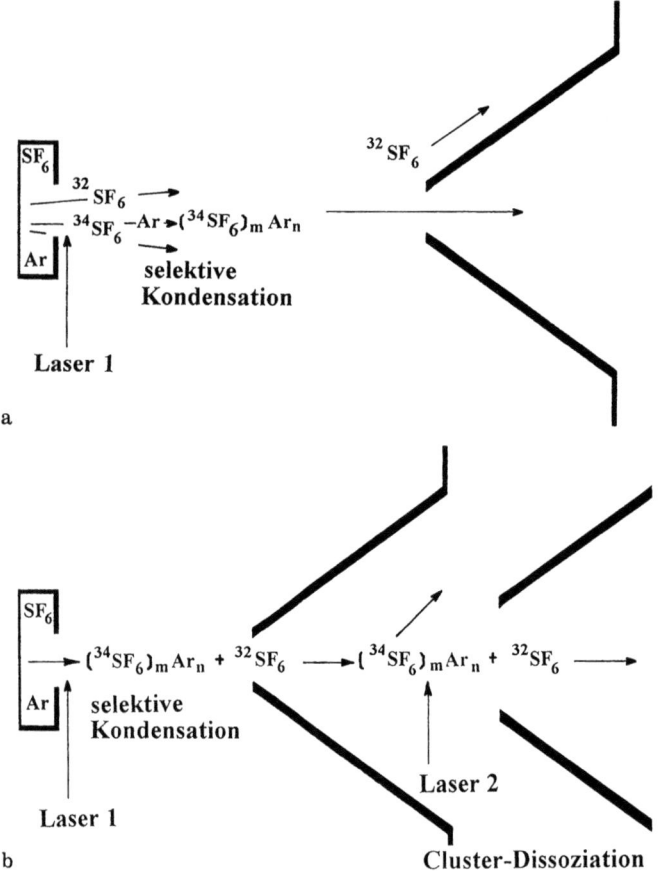

Bild 3.8. Schematische Darstellung der Laserisotopentrennung mittels aerodynamischer Trennung unter zusätzlicher Hilfe durch (a) selektive Kondensation sowie (b) selektive Kondensation und unspezifische Clusterdissoziation durch IR-Laserbestrahlung

zweiten IR-Laser (Bild 3.8 b), mit welchem die Cluster unspezifisch angeregt und fragmentiert werden. In diesem Fall führt die Clusterdissoziation zu einer starken Streuung der zuvor in den Clustern gebundenen SF_6-Moleküle, während das isolierte $^{32}SF_6$ wie zuvor gestreut aber relativ zu den Clusterfragmenten nahe an der Molekülstrahlachse verbleibt.

Als weiteres Beispiel, in welchem ein klassisches Isotopentrennverfahren durch den Einsatz eines Lasers modifiziert wird, bildet die laserinduzierte Thermodiffusion [3.154]. Dabei wird in dem von Clusius und Dickel entwickelten Trennrohr der Heizdraht durch einen Laserstrahl ersetzt. Durch das senkrecht stehende, außen gekühlte Rohr wird entlang der Rohrachse ein Laserstrahl geführt, der das im Rohr befindliche Gas aufheizt. Zwischen der heißen Rohrachse und der kalten Rohrwand setzt Thermodiffusion ein und in der vertikalen Richtung wirkt die Konvektion. Die Überlagerung von beiden Effekten kann zur Isotopenanreicherung genutzt werden.

Laserisotopentrennung durch selektive Besetzung elektronisch angeregter Molekülzustände erfordert diskrete, hinreichend langlebige Zustände. LIS kann nicht über eine direkte Anregung in dissoziative Zustände erfolgen, weil die zugehörige Absorption breitbandig (unselektiv) ist. Drei mögliche LIS-Schemata sind in Bild 3.9 dargestellt, in welchen der selektive Anre-

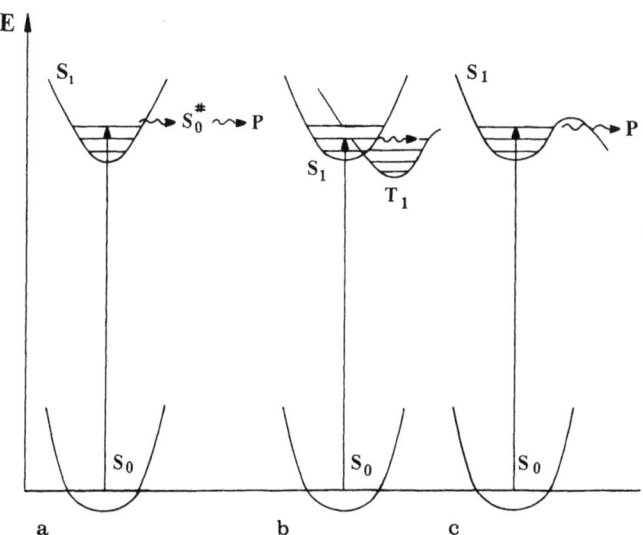

Bild 3.9. Laserisotopentrennung nach selektiver UV-Anregung in einen diskreten S_1-Zustand mit photochemischer Zersetzung (a) nach erfolgter interner Konversion, (b) nach Interkombination und (c) über Prädissoziation

gungsschritt durch einen molekularen Zwischenschritt vom photochemischen Elementarschritt getrennt ist. In den gezeigten Beispielen besteht der Zwischenschritt in (a) interner Konversion, (b) Interkombination und (c) Prädissoziation.

Ein gut untersuchtes Beispiel zu Fall a bzw. c in Bild 3.9 bildet die selektive Photolyse von Formaldehyd (vgl. z.B. [3.155]). Bei schmalbandiger (Farbstoff-) Laseranregung gelingt die isotopenselektive Besetzung individueller Rotations-Schwingungs-Zustände im S_1-Zustand des ausgewählten Isotopomeren von H_2CO. Nach interner Konversion (geringe Anregungsenergie) oder Prädissoziation (hohe Anregungsenergie) erfolgt dessen photochemische Zersetzung (vgl. auch Übersicht zur Photochemie von Formaldehyd [3.98]). Auf diese Weise konnten D-, ^{13}C-, ^{14}C-, ^{17}O- und ^{18}O-Isotope angereichert werden.

Bei LIS-Verfahren mit kombinierter IR- und UV-Laserbestrahlung (Anregungs- und Reaktionslaser) werden die jeweiligen Vorteile von beiden Laseranregungsmethoden genutzt: Die Schwingungsanregung mit dem IR-Laser weist einen relativ großen Isotopeneffekt $\Delta v/v$ auf. Die Energie eines einzelnen UV-Laserphotons ist hingegen ausreichend für die gewünschte Molekülfragmentierung. Im ersten, isotopenselektiven Schritt wird also eine "heiße" Bande im UV-Absorptionsspektrum erzeugt. Der zweite Schritt bringt unter bescheidenen Anforderungen an die Anregungsselektivität die notwendige Reaktionsenergie ein. Mit einer geschickt ausgewählten Versuchsanordnung gelang die Anreicherung von ^{15}N aus einem $^{14}NH_3/^{15}NH_3$-Gemisch mittels einem abstimmbaren CO_2-Pulslaser und einer Funkenstrecke als UV-Lichtquelle [3.145]. Dabei wurde das UV-Licht der Funkenstrecke, deren Entladung durch einen ausgeblendeten Teilstrahl des CO_2-Lasers gezündet wurde, durch ein Filter von $^{14}NH_3$ für die selektive Anregung von $^{15}NH_3$ aufbereitet. Im Fall von ^{18}O-Anreicherung aus OCS wird als UV-Lichtquelle ein KrF-Laser verwendet [3.156]. Durch Absenken der Prozeßgastemperatur auf 150 K konnte die thermische Besetzung niederenergetischer Schwingungszustände vermindert und die Isotopenanreicherung bei diesem zweistufigen IR+UV-Laserprozeß gesteigert werden.

Isotopenselektive Photochemie ist auch mit bimolekularen Reaktionen möglich. Ein eindrucksvolles Beispiel von LIS dieser Art bildet die Photoaddition von Iodchlorid (ICl) an Azetylen (C_2H_2) [3.139, 3.157]. Mit einem frequenzstabilisierten Farbstofflaser wird wahlweise ein rovibronischer (A $^3\Pi_1$) $\leftarrow$ (X $^1\Sigma^+$)-Übergang von $^{127}I^{35}Cl$ gepumpt. Unter geeigneten Versuchsbedingungen entsteht 1,2-C_2H_2ICl der gewünschten Isotopenzusammensetzung in 97%iger Reinheit in einem einzigen Reaktionsschritt. Diese hohe Selektivität wird der Abwesenheit von (Halogen-) Radikalen zugeschrieben.

Die Selektivität nimmt allerdings bei relativ kurzwelliger Anregung ab, wenn ICl in energetischer Nähe zu seiner Dissoziationsgrenze gebildet wird (Bildung von Halogenradikalen). Unter günstigen Bedingungen gelang mit dieser LIS-Methode unter Einstrahlung von 50 mW Farbstofflaserleistung bei 596,3 nm innerhalb von 3 Stunden die Herstellung von 12 mg $C_2H_2{}^{37}Cl$ in über 97%iger Reinheit. Grundsätzlich ist für LIS mit Hilfe von bimolekularen Reaktionen (Molekül-Molekül- und Atom-Molekül-Reaktionen) eine geschickte Auswahl des Reaktionssystems erforderlich, damit die Anregungsselektivität nicht bei unspezifischen Stoßprozessen verlorengeht.

Eine Zusammenfassung von LIS-Beispielen findet sich in Tabelle 3.6. Darin sind sowohl AVLIS- wie MLIS-Anwendungen enthalten, Verfahren

Tabelle 3.6. Beispiele zur Laserisotopentrennung nach [3.1,3.40,3.46] und vorliegendem Text

Angereichertes Isotop (natürl. Konzentration)	Ausgangs- verbindung	Anmerkungen
$^2H = D$ ($1,4 \times 10^{-4}$)	$CHCl_2F$	IRMPD der D-Verbindung, Abnahme der Selektivität bei hohem Energiefluß
	$CHClF_2$	TEA-CO_2-Laseranregung, hohe Selektivität bei Raumtemperatur
	CHF_3	TEA-CO_2-Laseranregung, hohe Anreicherung ausgehend von natürlichen Proben (Anreicherungsfaktor D/H $\geq$ 20000)
	CF_3CHCl_2	TEA-CO_2-Laseranregung, Zersetzung und nachfolgende Radikalreaktionen
	CH_2D_2,Cl_2	CO_2-Dauerstrichlaseranregung von CH_2D_2 und selektive Reaktion mit Cl_2
	CH_2O	frequenzverdoppelter Rubin-, He-Cd- und He^+-Laser liefern CO + H_2 und D-Anreicherung
	CH_2O	CO_2-Laserpulse dissoziieren HDCO
	CH_3OH	HF-Laserdissoziation
$^3H = T$	CHF_3	TEA-CO_2-Laseranregung und selektive Zersetzung von CTF_3
	$CDTCl_2$	TEA-CO_2-Laseranregung, Trennung von $CDTCl_2/CD_2Cl_2$-Mischung
	$(CF_3)_3CT$	TEA-CO_2-Laseranregung, teilweise bei tiefen Temperaturen

Fortsetzung Tabelle 3.6

^6Li (0,075)	Li, H_2	Farbstofflaseranregung von ^6Li-Atomen beschleunigt die Reaktion $Li + H_2 \rightarrow LiH$
	Li	2-Photon-Ionisierung von Li-Atomen mit Farbstoff- und Nd:YAG-Laser
$^6Li;^7Li$ $^7Li(0.925)$	Li_2	2-Stufen-Photo-Ionisierung mit Ar^+-Laser
$^{10}B;^{11}B$ (0,20;0,80)	BCl_3	TEA-CO_2-Laseranregung
	H BCl$_2$ \ / C=C / \ Cl H	TEA-CO_2-Laseranregung, hohe Selektivität bei niedrigem Druck
	BCl_3, H_2S	Beseitigung von $^{11}BCl_3$
^{13}C (1,1x10^{-2})	CF_3I	TEA-CO_2-Laseranregung, $^{12}CF_3I$-Zersetzung, 90 % ^{13}C in einer Stufe
	CF_3Cl	TEA-CO_2-Laseranregung, selektive $^{13}CF_3Cl$-Dissoziation
	CF_3Br	TEA-CO_2-Laseranregung, Selektivität durch Druck erhöht
	CHF_3	TEA-CO_2-Laseranregung, Trennung druck- und temperaturabhängig
	$CHClF_2$	TEA-CO_2-Laseranregung, Beschleunigung durch Bestrahlung mit mehreren Frequenzen, $^{13}C/^{12}C$-Selektivität = 10^4
	$CHClF_2$	TEA-CO_2-Laseranregung, 2-Stufen-Trennschema: 220 mg/Std ^{13}C
	H_2CO	isotopenselektive UV-Prädissoziation liefert D-, ^{13}C-, ^{17}O- und ^{18}O-Anreicherung
	Anilin	2-Photon-Ionisierung im Überschallmolekülstrahl
	CH_3F, Br_2	CO_2-Dauerstrichlaseranregung von CH_3F und Bromierung, ^{12}C- oder ^{13}C-Anreicherung
	$C_2H_2N_4$	sym-Tetrazin mit Farbstofflaser zersetzt zu 2 HCN + N_2, Anreicherung von ^{13}C oder ^{15}N abhängig von der Wellenlänge
	CCl_4	CO_2-lasergepumpter NH_3-Laser
^{14}C	H_2CO	selektive Photolyse von H_2CO

Fortsetzung Tabelle 3.6

$^{14}N, ^{15}N$ (0,996;0,0037)	CH_3NO_2	TEA-CO_2-Laseranregung
	$C_2H_2N_4$	sym-Tetrazin mit Farbstofflaser zersetzt zu 2 HCN + N_2, Anreicherung von ^{13}C oder ^{15}N abhängig von der Wellenlänge
	NH_3	TEA-CO_2-Laser- + UV-Doppelanregung liefert ^{15}N-Anreicherung
	RNC(R=CH_3, C_2H_5)	CO_2-Pulslaserisomerisierung zu RCN, ^{15}N-Anreicherung
$^{16}O(0,993)$ $^{17}O(0,00037)$	OCS	IR+UV-Doppelanregung
^{17}O $^{18}O(0,002)$	O_2	$^{16}O_2$-gefilterte ArF-Laserstrahlung erzielt ^{17}O- und ^{18}O-angereichertes O_3
^{18}O	H_2CO	332,375 nm-Linie des Ne^+-Lasers trifft $H_2^{12}C^{18}O$-Absorption (Prädissoziation)
	CF_3COCF_3	CO_2-Pulslaserdissoziation, ^{18}O-Anreicherung
	$UO_2(hfacac)_2$* THF	CO_2-Pulslaseranregung liefert ^{18}O-Anreicherung
$^{29}Si(0,05)$ $^{30}Si(0,03)$	SiF_4	TEA-CO_2-Laseranregung mit selektiver $^{29}SiF_4$-Dissoziation
	Si_2F_6	TEA-CO_2-Laseranregung mit selektiver Dissoziation
^{32}S (0,95)	SF_6	1.) selektive $^{32}SF_6$-Anregung verhindert Kondensation mit Ar in Überschallexpansion 2.) selektive Schwingungs-Prädissoziation von $^{34}SF_6:Ar_n$ im Molekülstrahl 3.)TEA-CO_2-Laseranregung und Dissoziation liefert 940 mg/Std.
$^{34}S(0,04)$ $^{36}S(0,00014)$	SF_6	TEA-CO_2-Laseranregung bei 140 K liefert Selektivität für $^{34}SF_6$- und $^{36}SF_6$-Dissoziation
$^{35}Cl(0,75)$ $^{37}Cl(0,25)$	CCl_2F_2	TEA-CO_2-Laseranregung auch mit Selektivität für C-Isotope
	ICl, C_2H_2	$I^{35}Cl$- oder $I^{37}Cl$-Anregung mit Farbstofflaser und Addition an C_2H_2 ergibt HIC=CHCl mit ^{35}Cl bzw. ^{37}Cl
	Cl_2, C_2Cl_4	Ar^+-Laseranregung erzielt C_2Cl_6 und ^{37}Cl-Anreicherung

Fortsetzung Tabelle 3.6

	ICl,$C_2H_2Br_2$	Farbstofflaseranregung erzielt $C_2H_2Cl_2$ mit ^{37}Cl-Anreicherung
^{40}Ca(0,97)	Ca	2-Photon-Ionisierung von Atomen mit Ar$^+$-Laser und Farbstofflaser
^{50}Ti(0,05)	Ti	2-Photon-Ionisierung von Atomen mit Farbstofflaser, Trennfaktor etwa 50 für ^{50}Ti
Se	SeF$_6$	NH$_3$-Laser, Anreicherung von fünf Isotopen
^{81}Br(0,50)	Br$_2$,HI	selektive Prädissoziation von Br$_2$ ergibt Br + HI → HBr + I
	CH$_3$Br,Cl$_2$	CO$_2$-Dauerstrichlaseranregung, Bildung von CH$_2$BrCl mit ^{79}Br/^{81}Br = 1,04
	HBr,NO	Farbstofflaseranregung, Br$_2$-Bildung, ^{81}Br-Anreicherung
^{85}Rb(0,72)	Rb	2-Photon-Ionisierung mit Farbstofflaser
^{91}Zr(0,112)	Zr	2-Farben-Ionisierung von atomarem ^{91}Zr im Überschallstrahl, Laserverdampfung von einem Zr-Stab
Mo	MoF$_6$	TEA-CO$_2$-Laseranregung, mehrere Isotope ^{92}Mo bis ^{100}Mo angereichert, niedrige Ausbeute
^{129}I	I$_2$,C$_2$H$_2$	^{129}I$_2$ reagiert nach Farbstofflaseranregung mit C$_2$H$_2$ zu C$_2$H$_2$I$_2$
Os	OsO$_4$	TEA-CO$_2$-Laseranregung, verbesserte Selektivität mit 2 Frequenzen
U^{235}	UF$_6$	IR + UV-Doppelanregung
Pu	PuF$_6$	IR + UV-Doppelanregung

mit einem einzigen IR- oder UV-Laser, kombinierte IR- und UV-Laseranregungen, Trennprozesse mit Ein- und Vielphotonenanregung sowie Trennung von leichten Wasserstoffisotopen und schweren Uranisotopen. Als Ergänzung hierzu folgen einige kurze, ausgewählte Erläuterungen:

Die Trennung von ^{10}B- und ^{11}B-Isotopen bildet das erste Beispiel für selektive IRMPD. Die Isotopenverschiebung für die CO$_2$-Laseranregung bei 10 μm beträgt 39 cm^{-1}.

Der jährliche Bedarf an ^{13}C dient hauptsächlich zu Forschungszwecken und liegt etwa bei 100 kg. ^{14}C ist wertvoll für die Altersbestimmung (prä-)historischer Gegenstände und Proben.

Die Isotopentrennung von Ca ist ein Beispiel für sehr frühzeitige AVLIS mit laserinduzierter 2-Photon-Ionisierung. Der Weg über die Autoionisierung ergibt eine hohe Ionisierungswahrscheinlichkeit.

^{50}Ti besitzt große technische Bedeutung als Kernreaktorbaumaterial.

Die Isotopentrennung bei SeF_6 mittels IRMPD ist ein LIS-Beispiel für Isotopenanreicherung trotz relativ kleiner Isotopenverschiebung und bei Anwesenheit von insgesamt sechs Isotopenspezies.

Die Isotope von Molybdän umfassen die Atommassen 92 bis 100. Dennoch gelang mit CO_2-Laser-IRMPD von MoF_6 eine signifikante Anreicherung von leichten Isotopen mit kurzwelliger Laseranregung und die Konzentration von schweren Isotopen mittels langwelliger Laserbestrahlung.

Ebenfalls mit CO_2-Laser-IRMPD gelang die Anreicherung von ^{192}Os relativ zu ^{187}Os aus OsO_4 trotz der kleinen Isotopenverschiebung von lediglich 0,26 cm^{-1} im Vergleich zur Breite des Q-Zweiges von 3-4 cm^{-1}.

Zur Illustration eines technischen LIS-Verfahrens soll hier das Beispiel der ^{12}C- bzw. ^{13}C-Anreicherung mittels IRMPD von Freon-22 (CF_2HCl) mit einem TEA-CO_2-Laser dienen (vgl. hierzu auch [3.43,3.135,3.144]). In diesem Fall sind gleichzeitig mehrere technisch und wirtschaftlich bedeutsame Bedingungen erfüllt.

CO_2-Laser mit hoher Leistung und hohen Standzeiten sind verfügbar und kostengünstig, unter anderem wegen ihres hohen Wirkungsgrades und der reichlich vorhandenen Lasergase. Das Ausgangsmaterial Freon-22 ist ebenfalls hinreichend verfügbar, bequem zu handhaben und kostengünstig. Die laserinduzierte Chemie von CF_2HCl ist einfach, übersichtlich und effizient. Sie folgt den beiden Reaktionsgleichungen

$$CF_2HCl + h\nu_{CO_2} \rightarrow CF_2 + HCl$$

und

$$2CF_2 \rightarrow C_2F_4.$$

Das Zwischenprodukt CF_2 ist trotz seiner Biradikalnatur unter den Prozeßbedingungen relativ inert und verursacht keine störenden Nebenreaktionen. Die laserinduzierte Fragmentierung von CF_2HCl ist sehr effizient und kommt mit relativ geringen Laserenergieflüssen aus. Dadurch bleibt die Strahlungsbelastung der Prozeßkammerfenster niedrig. Der Laserstrahl muß nicht fokussiert werden und auch lange Prozeßkammern (z.B. 5 m Länge) werden mit dem CO_2-Laser gut ausgeleuchtet. Der Prozeß funktioniert über einen weiten

Druckbereich (10 bis 1000 mbar) mit seinem Optimum bei 100 mbar. Dieser relativ hohe Prozeßgasdruck erlaubt eine effiziente Nutzung des CO_2-Laserlichts und trägt zum hohen Materialdurchsatz bei. Die Selektivität des LIS-Prozesses ist ausreichend groß, insbesondere wenn mehr als eine CO_2-Laserwellenlänge eingesetzt wird (Anregungs- und Dissoziationslaser) und erreicht dann Werte bis 10^4. Beim Einsatz von zwei und mehr CO_2-Laserwellenlängen kann auch der Laserenergiefluß und damit die Fensterbelastung erniedrigt werden.

Ausgehend von CF_2HCl mit dem natürlichen ^{13}C-Gehalt von 1,1% wird für die Bestrahlung mit duchschnittlich 1 kW schnell gepulster TEA-CO_2-Laserleistung und Wellenlängenabstimmung in einem langen Strömungssystem mit hohem Gasdurchsatz [3.158] eine Jahresproduktion von 100 kg ^{13}C bei einer Anreicherung von bis zu 80% angegeben [3.43]. Der Energieaufwand liegt in diesem Fall bei 2 bis 4 keV/^{13}C-Atom, also 0,2 bis 0,4 GJ/mol. Die Kosten liegen im Bereich 10 bis 20 DM/g ^{13}C. Bei der Verwendung von zwei Laserfrequenzen kann die ^{13}C-Anreicherung auf bis zu 98% erhöht werden.

Bereits mit einem vergleichsweise einfachen Aufbau aus kommerziellen Komponenten (TEA-CO_2-Laser mit 100 W Durchschnittsleistung bei 10 J/Puls und 10 Pulsen/s, Pyrexzelle mit 4 cm Durchmesser) gelingt eine extrapolierte Jahresproduktion wahlweise von rund 1,7 kg ^{12}C (99,99%), 100 g ^{13}C (97%) oder 2 kg ^{13}C (50%) in einem einstufigen Prozeß [3.135]. Für einen zweistufigen Prozeß, bei welchem C_2F_4 mit 50% ^{13}C wieder in CF_2HCl überführt wird, beläuft sich die Jahresproduktion schätzungsweise auf 3 kg ^{13}C (über 95% angereichert). Im Rahmen dieser Untersuchungen wurde auch festgestellt, daß der unerwünschte Umsatz von $^{12}CF_2HCl$ bei der gewünschten IRMPD von $^{13}CF_2HCl$ dominant durch die schwache Laserabsorption von $^{12}CF_2HCl$ verursacht ist und nicht durch stoßinduzierte Energieübertragung von $^{13}CF_2HCl$ auf $^{12}CF_2HCl$.

Außer den hier erläuterten Beispielen der LIS von ^{12}C und ^{13}C aus CF_2HCl wurden noch weitere LIS-Prozesse auf ihre technische Eignung hin untersucht. Unter anderem ging es dabei um die Anreicherung von nennenswerten Mengen der Isotope ^2H (Deuterium, D) [3.43,3.144,3.159,3.160], ^3H (Tritium, T) [3.43,3.138,3.144], ^{13}C [3.144,3.161], ^{32}S [3.162], ^{29}Si und ^{30}Si [3.163] sowie ^{235}U [3.43,3.134,3.146].

Die bislang beschriebenen LIS-Schemata nutzen ausschließlich Trennprozesse in der Gasphase. Jedoch wird auch über Laserisotopenanreicherung im flüssigen (vgl. Kap. 5) und festen Zustand berichtet: Mit einem TEA-CO_2-Laser wurde Uranylformiatmonohydrat ($UO_2(HCOO)_2*H_2O$) in KBr zu U_3O_8, CO_2, H_2O und geringen Mengen CO umgesetzt und bei Verwendung der P(32)-Linie des 00^01-10^00-Überganges eine leichte Anreicherung (5-7%) von U-235 in den Produkten gefunden [3.164]. Dieselbe Arbeitsgruppe berichtet über einen LIS-Prozeß mit erhöhter Selektivität bei Bestrahlung derselben Ausgangsverbindung mit drei Lasern, einem CO_2-, einem Farbstoff- und einem CO-Laser [3.165]. Die hohe Isotopenselektivität des Prozesses (etwa 80:1 Anreicherung) wird damit begründet, daß jeder der drei Laseranregungsschritte selektiv ist.

3.5 Verfahrensmerkmale und Anwendungen

Die IR-Laserchemie ist mit der Verfügbarkeit leistungsfähiger IR-Laser neu entstanden. Es handelt sich hierbei um eine Photochemie im elektronischen Grundzustand. Die hierfür erforderliche, sehr hohe Schwingungsanregung kann bei drei- und mehratomigen Molekülen mit intensiver Pulslaserbestrahlung unter stoßfreien Versuchsbedingungen erzielt werden. Unter stoßkontrollierten Bedingungen dissoziieren auch zweiatomige Moleküle unter intensiver IR-Laseranregung (vgl. z.B. [3.166]) und drei- und mehratomige Moleküle auch schon unter relativ schwacher Bestrahlung mit kontinuierlichen IR-Lasern. Die Besetzung der sehr hoch angeregten Schwingungszustände erfolgt hierbei dominant über Stoßaktivierung (anharmonisches VV-Pumpen).

Die UV-Laserchemie nach 1-Photon-Anregung im Vakuum-UV-, UV- und sichtbaren Wellenlängenbereich folgt den Gesetzmäßigkeiten, die von der traditionellen Photochemie mit Lampen bekannt sind. Unterschiede und Besonderheiten dieser UV-Laserchemie gegenüber der Photochemie mit Lampen entstehen bei hohen Laserleistungen, sind aber nicht grundsätzlich neu.

Neu ist die laserinduzierte Chemie mit Hochanregung und/oder Plasmabildung. Diese kommt durch Zwei- und Mehrphotonenabsorption im sichtbaren, UV- oder Vakuum-UV-Wellenlängenbereich zustande. Auf diese Weise werden elektronisch sehr hoch angeregte Atome und Moleküle erzeugt und häufig auch ionisiert (Plasmabildung). Die Auswahlregeln und Übergangswahrscheinlichkeiten für Zwei- und Mehrphotonabsorption sind verschieden von denen der 1-Photonen-Absorption. So kann durch langwellige 2-Photon-Absorption, z.B. von sichtbarem Licht, ein anderer angeregter Zustand erzeugt werden als mit kurzwelliger 1-Photon-Absorption, z.B. von Vakuum-UV-Licht, trotz gleicher Energieabsorption.

Die Laserisotopentrennung enthält gegenüber den zuvor betrachteten laserinduzierten Effekten keine neuen Phänomene, sondern nur eine starke

Ausrichtung der Versuche auf die Stofftrennung. Ihrem großen technischen Anwendungspotential entsprechend wurde ihr ein gesonderter Abschnitt gewidmet.

Als praktische Faustregel zur Beschreibung der IRMPA und IRMPD vielatomiger Moleküle unter stoßfreien (stoßarmen) Versuchsbedingungen läßt sich - wie Beispiele in Bild 3.10 bis 3.12 veranschaulichen - näherungsweise folgendes angeben:

- IRMPA erfolgt bei großen Molekülen bereits bei geringerem Laserenergiefluß als bei kleinen Molekülen. Dies zeigt sich sowohl in der Zahl der pro

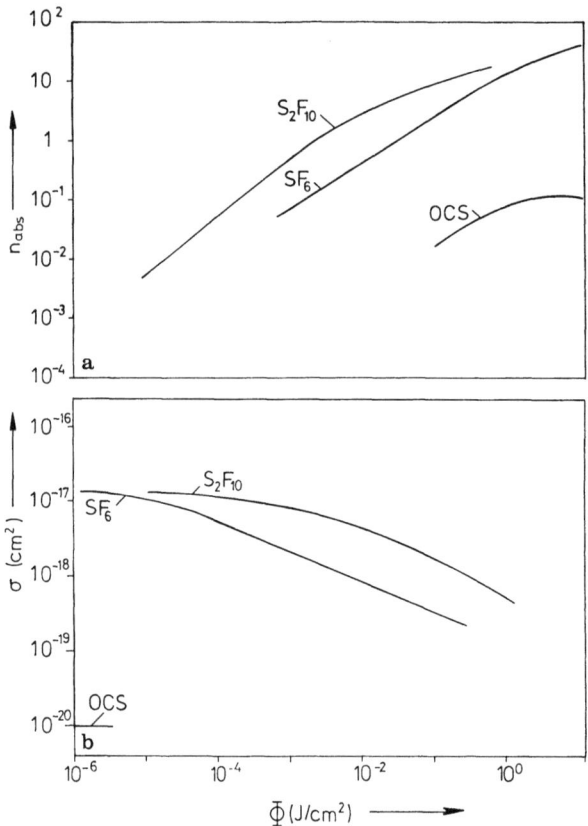

Bild 3.10. TEA-CO$_2$-Laser-Multiphotonabsorption von S$_2$F$_{10}$ (P(26)-Linie von 00°1-10°0, 939 cm^{-1}), SF$_6$ (P(20), 944 cm^{-1}) und OCS (P(22)-Linie von 00°1-02°0, 1045 cm^{-1}) in Abhängigkeit vom Laserenergiefluß Φ dargestellt (a) als Anzahl n_{abs} der pro Molekül absorbierten Photonen und (b) als mittlerer Energieabsorptionsquerschnitt $\sigma(\Phi)$ nach [3.167] (für OCS aus [3.9])

Molekül absorbierten IR-Laserphotonen (Bild 3.10 a) als auch im mittleren Laserenergie-Absorptionsquerschnitt $\sigma(\Phi)$ (Bild 3.10 b).

- Die Anzahl der pro Molekül absorbierten IR-Laserphotonen steigt mit dem Laserenergiefluß zunächst exponentiell an und geht dann mehr oder weniger in Sättigung (Bild 3.10 a).
- Der mittlere Absorptionsquerschnitt für Laserenergie bleibt mit steigendem Laserenergiefluß Φ bei großen Molekülen zunächst etwa konstant, verringert sich dann aber wie bei kleinen Molekülen mit steigendem Energiefluß häufig etwa gemäß $\Phi^{-2/3}$ (Bild 3.10 b). Die Einzelheiten des $\sigma(\Phi)$-Kurvenverlaufes hängen unter anderem von der Position der eingestrahlten Laserwellenlänge relativ zur IR-Absorptionsbande ab (Bild 3.11).
- Die Wahrscheinlichkeit W für IRMPD nach TEA-CO_2-Laseranregung steigt oberhalb einer (Quasi-) Laserenergieflußschwelle sehr steil an, nimmt dann weniger stark zu und geht schließlich bei 100 % Dissoziation oder knapp darunter in Sättigung (Bild 3.12). Die Position der Schwelle hängt von der Laserabsorption und der Dissoziationsenergie ab. Der Kurvenverlauf ist im einzelnen abhängig von der Lage der Laserwellenlänge relativ zum Absorptionsspektrum bei niedriger Lichtintensität.

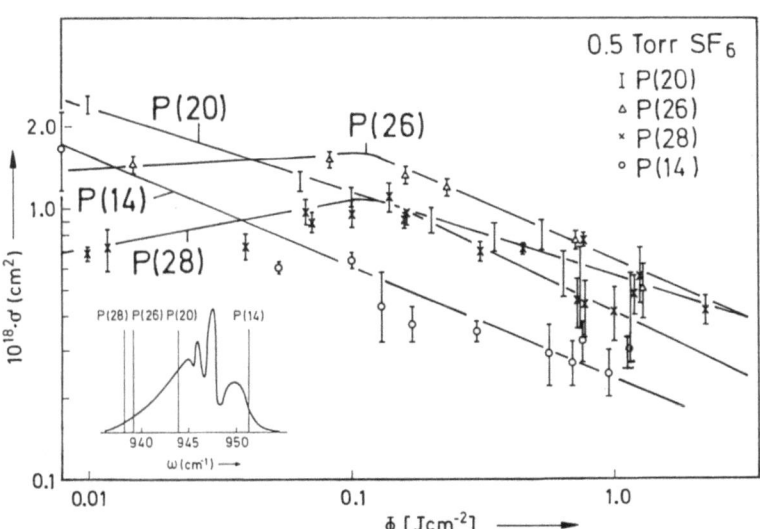

Bild 3.11. TEA-CO_2-Laser-Multiphotonabsorption von SF_6 für verschiedene Laserlinien des 00°1- 10°0-Überganges in Abhängigkeit vom Laserenergiefluß Φ dargestellt als mittlerer Energieabsorptionsquerschnitt $\sigma(\Phi)$ nach [3.168]

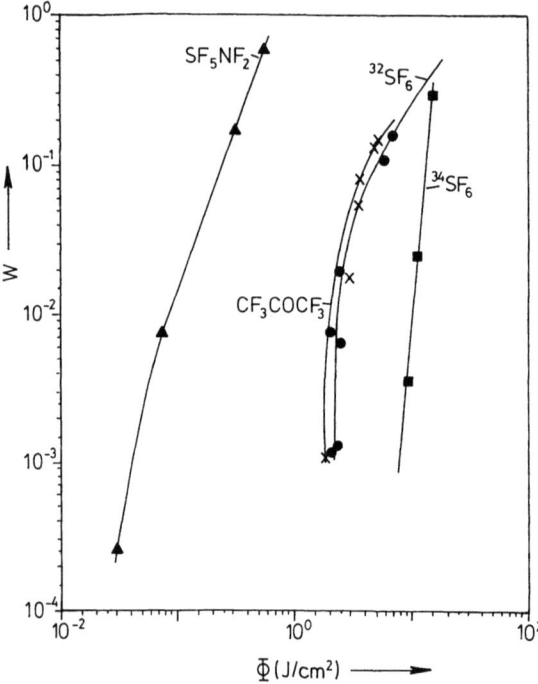

Bild 3.12. IRMPD-Wahrscheinlichkeit W als Funktion des eingestrahlten TEA-CO_2-Laserenergieflusses Φ für $^{32}SF_6$ und $^{34}SF_6$ nach [3.169] und CF_3COCF_3 nach [3.170] sowie SF_5NF_2 nach [3.171] alle bei Anregung mit der P(20)-Linie des 00°1-10°0-Überganges bei 944 cm^{-1}

- Das Maximum der IRMPD-Ausbeute liegt auf der langwelligen Seite (bei niedrigeren Frequenzen) bezogen auf das Maximum der IR-Kleinsignalabsorption ("normales" IR-Absorptionsspektrum). Eine Ausnahme zu dieser Faustregel bildet SiF_4, dessen maximale IRMPD-Ausbeute auf der kurzwelligen Seite der IR-Absorptionsbande liegt [3.9].
- Die maximale Selektivität IR-laserinduzierter Reaktionen wird unter stoßfreien Bedingungen erzielt. Die beste Ausnutzung des IR-Laserlichtes und damit der maximale Umsatz erfolgt jedoch bei erhöhtem Druck, wobei die Laserselektivität in Molekülstößen teilweise verloren geht. Für praktische Anwendungen ist jeweils das Optimum zu suchen (maximaler Umsatz bei ausreichender Selektivität).

Folgende *Anwendungen der Laserchemie* in der Gasphase wurden bereits erfolgreich aufgezeigt oder liegen nahe:
- Mittels IRMPD mit CO_2-Pulslasern kann aus dem relativ stabilen CF_3Br in Anwesenheit von I_2 das weniger stabile CF_3I hergestellt werden [3.43].

- Bei CO_2-Pulslaseranregung von SiH_4 bei relativ hohem Druck wird selektiv H_2 und Si_2H_6 gebildet [3.92]. Im Unterschied dazu entsteht bei der thermischen Zersetzung von SiH_4 ein Gemisch von Oligosilanen (Si_2H_6, Si_3H_8, Si_4H_{10},...).
- Laserinduzierte Photofragmentierung bildet eine bequeme Methode zur homogenen Erzeugung von Mono- und Biradikalen in der Gasphase fernab von störenden Gefäßwänden (vgl. Tabelle 3.3 bezüglich IRMPD).
- Homogene Gasheizung mit (fokussierten) IR-Lasern eröffnet Möglichkeiten zur Prozeßführung bei sehr hohen Gastemperaturen und gleichzeitig kalten Prozeßkammerwänden.
- IR-Laseranregung kann Isomerisierungsreaktionen einleiten. Dabei läßt sich das Gleichgewicht zugunsten der nicht-absorbierenden Molekülform verschieben und/oder ein Hochtemperatur-Gleichgewicht "einfrieren". So kann trans-Crotonitril quantitativ in cis-Crotonitril überführt werden [3.172].
- Laser mit Emission im sichtbaren, ultravioletten oder Vakuum-UV-Wellenlängenbereich können grundsätzlich alle aus der traditionellen Photochemie bekannten Reaktionen einleiten. Dank der hohen Laserlichtintensität und der starken Bündelung des Laserlichts im Vergleich zum konventionellen Lampenlicht eröffnen sich Möglichkeiten zur starken Reaktionsbeschleunigung und zur effektiven Ausleuchtung auch von sehr langen Prozeßkammern (Rohren).
- Die Dehydrochlorierung von 1,2-Dichlorethan ($ClCH_2CH_2Cl$) mittels einer KrF-laserinduzierten Kettenreaktion zu Vinylchlorid (CH_2=CHCl) läßt sich auch in konventionellen Industrieanlagen nach leichten Modifikationen bewerkstelligen. Mit dem Laser kann bei niedrigerer Temperatur als sonst die Ausbeute an Vinylchlorid erhöht und der Anteil an unerwünschten (toxischen) Nebenprodukten abgesenkt werden [3.40].
- Mit einem Laser lassen sich kontrollierte (Fern-)Zündungen von Gasgemischen vornehmen (vgl. z.B. [3.117,3.173,3.174]).
- Die endgruppenkontrollierte Kettenverlängerung (Telomerisierung) von organischen Dibromiden bei KrF-Laserbestrahlung in Anwesenheit von Olefinen eignet sich unter anderem zur Synthese von Blutersatzstoffen [3.122].
- Mit Hilfe der Gasphasenlaserchemie können in situ, örtlich gut definiert Katalysatoren wie z.B. OH-Radikale erzeugt werden. Ein Reaktionsbeispiel hierfür bildet die Dehydrierung von Ethylbenzol zu Styrol [3.40].
- Die Laserisotopentrennung mit verschiedenartigen Lasern (IR- bis Vakuum-UV-Wellenlängenbereich, kontinuierliche und gepulste Emission), mit unimolekularen wie mit bimolekularen chemischen Reaktionen wurde für mindestens 30 verschiedene Isotope von den leichten Wasserstoffisotopen bis zu den schweren Plutoniumisotopen erfolgreich demonstriert (Tabelle 3.6).

- Die SiF$_4$-sensibilisierte CO$_2$-Pulslaserphotolyse von Norbornadien führt zu Azetylen und Cyclopentadien. Die bei der Pyrolyse oder UV-Photolyse beobachtete Isomerisierung zu Cycloheptatrien bleibt hingegen aus [3.15].
- Die molekülselektive, laserinduzierte Photofragmentierung kann zur Beseitigung von Verunreinigungen dienen, auch wenn diese in sehr geringer Konzentration vorliegen. Beispiele hierfür sind die Beseitigung von H$_2$S aus Synthesegas (H$_2$ und CO) [3.175-3.177] und von PH$_3$, AsH$_3$ sowie B$_2$H$_6$ aus Monosilan (SiH$_4$) mittels ArF-Laserbeschuß [3.175,3.176,3.178]. Bei der selektiven Photofragmentierung können selbst kleine spektrale Unterschiede auch zwischen sonst im chemischen Reaktionsverhalten sehr ähnlichen Molekülen genutzt werden. Beispiele hierfür bilden die Entfernung von COCl$_2$ aus BCl$_3$ [3.179] und von CCl$_4$ aus AlCl$_3$ [3.46].
- Die kontrollierte, lokale Energiezufuhr von Laserlicht kann zur Reaktionssteuerung stark exothermer Reaktionen eingesetzt werden.
- Aus Methan und Cl$_2$ entsteht unter KrF-Laserbeschuß bei 200°C mit einer hohen Quantenausbeute von etwa 10^4 Methylchlorid (CH$_3$Cl). Dieses kann in einem zweiten laserchemischen Prozeßschritt durch ArF-Laserbestrahlung mit einer Quantenausbeute von 1 in das gewünschte Ethylen und HCl überführt werden [3.40].
- Aus Aceton kann unter KrF-Laserbeschuß bei 370°C Keten und Methan gemäß CH$_3$COCH$_3$ → CH$_2$CO + CH$_4$ bei nahezu vollständigem Umsatz und mit einer Quantenausbeute bis zu 300 gewonnen werden [3.180]. Bei der Kurzzeitpyrolyse von Aceton bei 700°C entstehen hingegen nur etwa 20% Keten [3.40], da das frisch gebildete, thermisch wenig stabile Keten sich unter den Prozeßbedingungen bereits teilweise zersetzt.
- Aus Tetrachlorethylen (C$_2$Cl$_4$) entsteht bei CO$_2$-Dauerstrichlasereinstrahlung und BCl$_3$-Zugabe in 88% Ausbeute Hexachlorbenzol C$_6$Cl$_6$ [3.181].
- Aus Diboran (B$_2$H$_6$) entsteht bei CO$_2$-Dauerstrichlasereinwirkung selektiv Ikosaboran(16) B$_{20}$H$_{16}$ [3.182].
- Mit CO$_2$-Pulslaserbestrahlung konnte aus Hexafluorcyclobuten über eine elektrozyklische Isomerisierung das thermodynamisch weniger stabile Hexafluorbutadien erzeugt werden [3.183]
- Mit Hilfe von gepulster CO$_2$-Laserpyrolyse kann HC≡C-CHO in einer homogenen Gasphasenreaktion decarbonyliert werden trotz seiner großen Polymerisierungsneigung bei konventioneller thermischer Heizung [3.184].
- Mit Hilfe der vergleichenden Pulslaserpyrolyse lassen sich relativ einfach Arrhenius-Parameter für Gasphasenreaktionen ermitteln [3.184-3.187], wobei die wandfreie, homogene Gasheizung viele experimentelle Vorteile bietet. Diese Methode steht in enger Beziehung zur Stoßwellentechnik für die chemische Kinetik [3.188]. Modellrechnungen zum detaillierten Verständnis

der Temperaturfelder und Massenströme sind jedoch recht aufwendig (vgl. z.B. [3.191]).

- Mit Hilfe von CO_2-Dauerstrichlaserbestrahlung einer ausgewählten Emissionswellenlänge läßt sich die Umwandlung von Trimethylboran ($B(CH_3)_3$) in Bortribromid *schrittweise* vollziehen [3.189]. Obwohl der CO_2-Laser jeweils eine thermische Reaktion einleitet, unterscheidet sich die laserinduzierte Reaktion vom Reaktionsablauf mit thermischer Heizung, weil die Ausgangsverbindung $B(CH_3)_3$ und die isolierbaren Zwischenprodukte $B(CH_3)_2Br$ und $B(CH_3)Br_2$ unterschiedliche Laserabsorptionseigenschaften aufweisen [3.7].

- Mit intensivem UV-Laserlicht von 248 nm kann z.B. bei SiH_4 und GeH_4 eine 2-Photonen-Absorption mit nachfolgender Photochemie induziert werden, also im Vakuum-UV-Energiebereich, obwohl beide Verbindungen bei der Anregungswellenlänge transparent sind [3.190].

4 Laserinduzierte Chemie in Lösungen, Matrizen und Adsorbatschichten

In diesem Kapitel werden laserinduzierte Prozesse in Flüssigkeiten, festen Stoffen (Matrizen, Gläsern, Kristallen) und auf Festkörperoberflächen besprochen, bei denen die chemisch reaktiven Spezies noch als Atome oder Moleküle angesehen werden können. Betrachtet werden hier elektrisch neutrale und geladene Moleküle in Lösungsmittel- und Matrixkäfigen, physikalisch adsorbierte Moleküle auf Oberflächen und strukturell verwandte Gebilde. Ihre Eigenschaften liegen zwischen denen von isolierten, ungestörten Atomen und Molekülen, wie im Atom- bzw. Molekülstrahl, und denjenigen der kondensierten Materie, wie Flüssigkeiten und Kristalle. Ein wesentliches Element dieser Betrachtungsweise ist der feste Bezug zu Atom- bzw. Moleküleigenschaften, die zwar durch die jeweilige Umgebung (Lösungsmittelkäfig, Mizelle, Einbaulage in die Matrix,...) modifiziert aber noch vorhanden sind. Photopolymerisierungen werden in Kap. 5 (Laserinduzierte Prozesse in kondensierter Materie) und laserchemische Prozesse an Grenzflächen zwischen Flüssigkeiten und Festkörpern in Kap. 7 (Laserelektrochemie) behandelt.

Das vorliegende Kapitel weist inhaltlich eine sehr starke Überlappung zur traditionellen Photochemie auf. Viele der bereits etablierten experimentellen Arbeitsmethoden und modellmäßigen Betrachtungsweisen können nach leichten Anpassungen auch in diesem Kapitel der Laserchemie angewendet werden. In einigen Bereichen, wie der Kinetik photophysikalischer und photochemischer Prozesse oder dem photochemischen Lochbrennen, ist sogar erst mit dem Einsatz von Lasern die Arbeitsmethode zu ihrer vollen Entfaltung gelangt. Wo immer möglich und angemessen werden bereits etablierte Betrachtungsweisen der traditionellen Photochemie angewendet. Hier wird auf vorhandene Darstellungen (Bücher, Übersichtsartikel, Zusammenfassungen) verwiesen. Zu diesen gehören die Reihe "Advances in Photochemistry" sowie [4.1-4.16].

4.1 Laserchemie in Lösungen

Laserchemie in flüssiger Phase betrifft nahezu ausschließlich die elektronische Anregung der reaktiven Spezies, d.h. die Verwendung von Laserlicht im sichtbaren und UV-Wellenlängenbereich (kurz: UV-Laserchemie). Die Lebensdauer der elektronisch angeregten Spezies liegt typischerweise im Nano- bis Millisekundenbereich, ist also ausreichend lange für unimolekulare und bimolekulare Reaktionen. Schwingungsangeregte Zustände hingegen weisen in der Regel Lebenszeiten von 100 ps und darunter auf, sind also zu kurz für chemische Reaktionen. Wie bei der UV-Laserchemie in der Gasphase (Abschnitt 3.2), so besteht auch bei der UV-Laserchemie in Lösungen ein enger Bezug zur klassischen Photochemie. Hinsichtlich praktischer Anwendungen der Laserchemie in Lösungen ist die Tatsache von überragender Bedeutung, daß der allergrößte Teil industrieller chemischer Prozesse in flüssiger Phase abläuft. Zusätzlich ist die UV-Laserchemie in Lösungen eng mit der (Photo-) Elektrochemie verknüpft und es besteht ein fließender Übergang zur Photobiologie und zur Biophysik.

Eine Voraussetzung für die Laserchemie in Lösungen ist eine hinreichend große Transparenz des Lösungsmittels für das Laserlicht. In der Regel ist es einfach, auch im kurzwelligen UV-Bereich geeignete Lösungsmittel zu finden (vgl. Tabelle 4.1 sowie [4.17,4.18]). So sind beispielsweise die häufig angewendeten Lösungsmittel Wasser, Ethanol, Methanol und Salzsäure für den Einsatz des ArF-Lasers (193 nm) geeignet. Alkane und perfluorierte Alkohole lassen gar noch Vakuum-UV-Bestrahlung bis 155 nm zu. Die Transparenz von Lösungsmitteln im langwelligen Bereich ist für die Laserchemie im allgemeinen ohne Bedeutung, da von wenigen Ausnahmen abgesehen IR-Laserchemie nicht in Lösungen durchgeführt wird.

Ein großer Teil der grundlagenorientierten UV-Laserchemie nutzt die hohe Zeitauflösung für kinetische Untersuchungen, wie sie mit kurzen und ultrakurzen Laserpulsen im Mikro- bis in den Femtosekundenbereich möglich geworden ist. Auf der Zeitskala von 10^{-13} bis 10^{-14} s ist es möglich, die Bewegung von Atomen (Atomkernen) auf einer Längenskala unterhalb von Bindungslängen zu beobachten [4.19-4.23]. Somit können chemische Elementarreaktionen wie Bindungsbrüche und Bindungsbildung verfolgt werden ebenso wie chemisch nicht-reaktive Molekülbewegungen (Bindungsdehnung und -verkürzung, Veränderungen am Lösungsmittel- bzw. Matrixkäfig). Ferner läßt sich mit diesen Arbeitsmethoden, die in der verdünnten Gasphase, bei hohen Gasdrücken (100 bar) und in Flüssigkeiten anwendbar sind, ein quasi-kontinuierlicher Übergang von Reaktionen in der Gasphase zu denen in Lösung herstellen.

Tabelle 4.1. Kurzwellige Absorptionskanten (50 % Transmission bei 1 cm Schichtdicke) verschiedener Lösungsmittel nach [4.13]

Lösungsmittel	λ_A(nm)
Ethyliodid	362
Aceton	335
Pyridin	310
Toluol	285
Benzol	283
Dimethylsulfoxid	282
Dimethylformamid	275
Tetrachlormethan	270
Acetonitril	250
Chloroform	250
Essigester	250
Essigsäure	250
Tetrahydrofuran	250
Dioxan	235
Methylenchlorid	235
Cyclohexan	220
Diethylether	220
i-Propanol	218
n-Butanol	210
Ethanol	200
i-Octan	200
Methanol	200
n-Heptan	200
n-Hexan	200
n-Octan	200
n-Pentan	200
Wasser	190

Nach langjährigen Bemühungen konnte nunmehr auch der erste Schritt beim Sehprozeß mit Hilfe von 35 fs langen Pumppulsen und 10 fs langen Analysepulsen zeitlich aufgelöst werden [4.24]: Die 11-cis → 11-trans-Verdrillung im Rhodopsinchromophor ist im wesentlichen innerhalb von 200 fs abgeschlossen. Femtosekunden-Laserpulse ermöglichen an photobiologisch relevanten Systemen wie Bakteriorhodopsin Untersuchungen mit recht kleinen Laserenergieflüssen unter 1,3 mJ/cm^2, d.h. mit Photonenflüssen, die näher an physiologischen Reaktionsbedingungen liegen als die hohen Photonenflüsse von relativ langen Lichtpulsen [4.25]. Selbst bei so scheinbar einfachen Prozessen wie der Photodissoziation von I_2-Molekülen in Lösung haben Arbeiten mit kurzen Laserpulsen neue Erkenntnisse zum Reaktionsablauf ergeben [4.26]. Desweiteren können die schnelle Elekronenübertragung in Charge-Transfer-Komplexen, die intra- und intermolekulare Protonenübertragung sowie die Umlagerungen von Solvathüllen nach elektronischer Anregung der Moleküle experimentell verfolgt werden [4.27].

Zusammenhänge zwischen Molekülstruktur und strahlender bzw. nichtstrahlender Relaxation großer organischer Moleküle können wesentliche Hilfe zum Verständnis des Sehprozesses, der Photosynthese und der Wirkungsweise von Laserfarbstoffen leisten [4.8,4.9,4.28]. Bei den Laserfarbstoffen eröffnen sich mit dem Verständnis der Farbstoffeigenschaften auch Möglichkeiten zur Modellierung von Farbstoffen mit gewünschten, einstellbaren Eigenschaften.

Wie sehr kinetische Untersuchungen mit Laserunterstützung die Vorstellungen vom Reaktionsmechanismus photochemischer Reaktionen beeinflussen können, zeigen neue Untersuchungen zur Photochlorierung von Alkanen [4.29]. Selbst bei dieser sehr sorgfältig untersuchten Reaktion wurden mit Hilfe der Laserlichtblitzphotolyse (XeCl-Excimerlaser bzw. N_2-Laser) überraschende Erkenntnisse zum scheinbar einfachen Reaktionsmechanismus der Kettenreaktion gewonnen. Diese Ergebnisse zeigen neue Wege zur Reaktionssteuerung auf (z.B. Optimierung von Ausbeuten) und lassen auch an anderen, vermeintlich gut verstandenen Reaktionssystemen ähnliche Überraschungen erwarten. Als Abschluß zu den Ausführungen über kinetische Messungen sei noch darauf hingewiesen, daß Laserpulse auch bei der konventionellen Temperatursprungmethode eingesetzt werden können und dort je nach experimentellem Aufbau eine Zeitauflösung bis in den Pikosekundenbereich zulassen (vgl. z.B. [4.30- 4.32]). Erwähnenswert erscheinen noch Versuche mit zirkular polarisiertem Laserlicht, die ausgehend von racemischen Gemischen auch kinetische Daten zu schnellen Umwandlungen von optischen Isomeren zugänglich machen [4.33].

Bezüglich praktischer Anwendungen der Laserchemie in Lösungen gelten analoge Überlegungen wie bei der UV-Laserchemie in der Gasphase: Viele laserinduzierte Reaktionen können auch mit konventionellen Lichtquellen erzielt werden. Die Absorptionsspektren organischer Moleküle in Lösungen erstrecken sich in der Regel über einen sehr großen Wellenlängenbereich (Bild 4.1), so daß die Schmalbandigkeit des Laserlichts keine besonderen

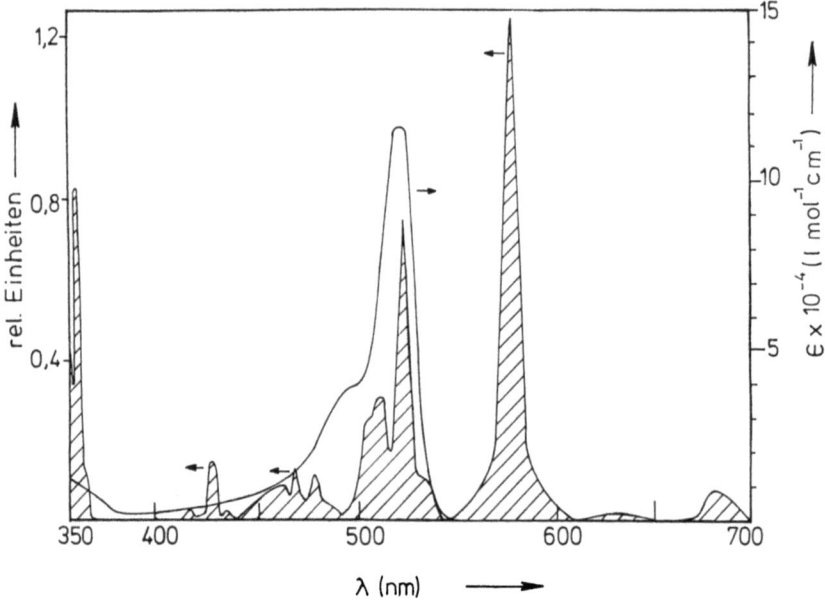

Bild 4.1. Vergleich zwischen Absorptionsspektren eines organischen Farbstoffes (Rhodamin 6G in Ethanol nach [4.34], rechte Skala) und eines anorganischen Systems (wäßrige Neodymlösung nach [4.119], linke Skala)

Vorteile bietet. Auch ist ihr photochemischer Umsatz häufig unabhängig von der Lichtintensität und linear bezüglich der absorbierten Photonenzahl. Ein großer Teil der anorganischen Photochemie betrifft Übergangsmetallverbindungen einschließlich Substanzen mit Lanthaniden und Aktiniden. Ihre Absorptionsspektren weisen im Unterschied zu organischen Systemen noch relativ viel Ähnlichkeit mit schmalbandigen Atomspektren auf (Bild 4.1), so daß die Schmalbandigkeit des Laserlichts hier eher zur Wirkung kommen kann. Sobald jedoch Wirtschaftlichkeit gefragt ist, erweisen sich fast ausschließlich die konventionellen Lichtquellen als den Lasern überlegen. Solange die Lichtkosten noch nicht den Ausschlag geben, wie dies bei den (industriellen) F+E-Arbeiten der Fall ist, bringt der Einsatz von Lasern zumeist große praktische Vorteile.

Die angewandte Laserchemie in flüssiger Phase betrifft anorganische sowie organische Systeme und ihre Ergebnisse wurden 1989 zusammengefaßt [4.17]. Weitere Zusammenfassungen [4.35-4.38] und ausgewählte Veröffentlichungen werden im folgenden einbezogen und nacheinander laserchemische Reaktionen in anorganischen und organischen Systemen vorgestellt.

In der anorganischen Photochemie gibt es Reaktionen, die durch die simultane Absorption von zwei Laserphotonen eingeleitet werden. Die Ausgangsverbindungen weisen im Wellenlängenbereich der Laseremission keine (lineare) Absorption auf und reagieren erst bei der Einwirkung hoher Lichtintensitäten. So wird $Fe^{II}SO_4$ in wäßriger Lösung durch einen Rubinlaser oxidiert und H_2O bei UV-Lasereinstrahlung zu freien Radikalen photolysiert [4.17]. Desweiteren sind die Photoredoxreaktionen Yb^{2+}/Yb^{3+}-Chlorid (Yb=Ytterbium) in Lösung stark von der Intensität des KrF-Laserlichts abhängig (Bild 4.2). Oberhalb von 0,5 MW/cm² wird Yb^{3+} zu Yb^{2+} photoreduziert, unterhalb dieser Laserintensität hingegen Yb^{2+} zu Yb^{3+} photooxidiert. Dieses Photoredoxverhalten läßt sich an einem vereinfachten Reaktionsschema veranschaulichen, das auch auf die entsprechenden Samarium($Sm^{2+,3+}$)- und Uranionen ($U^{2+,3+}$) anwendbar ist (Bild 4.3). Die M^{3+}-Ionen absorbieren sequentiell zwei Laserphotonen, wobei der erste optische Übergang über eine Charge-Transfer-Bande (vgl. unten) erfolgt. Die Photoreduktion geht von dem hochangeregten Zustand $(M^{3+})^{**}$ aus, erfolgt aber erst nach dem Zerfall dieses Zustandes in einen Zwischenzustand oder in den einfach angeregten Zustand $(M^{3+})^*$. Die optische Anregung des M^{2+}-Ions erfolgt durch eine 1-Photon-Absorption über f-d-Banden, die mit Charge-Transfer-Banden überlappen, und führt zur Photooxidation. Bei hohen Laserintensitäten stellt sich

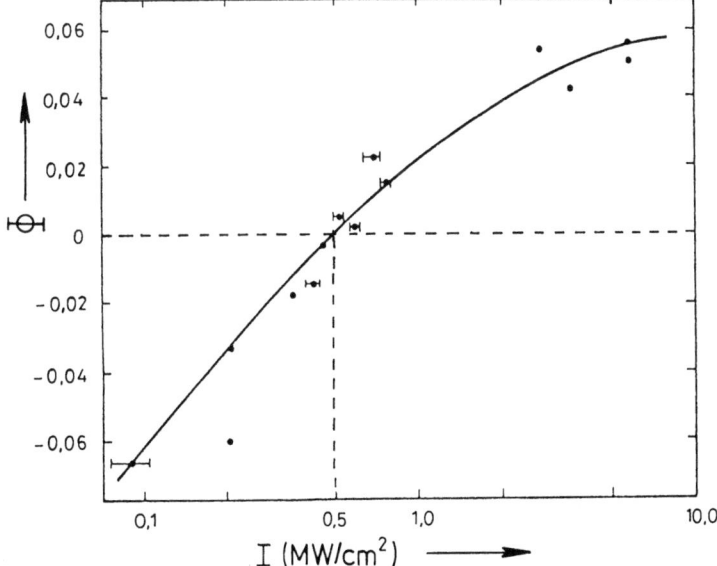

Bild 4.2. Quantenausbeute Φ für die Photoreduktion von Yb^{3+}-Chlorid zu Yb^{2+}-Chlorid als Funktion der KrF-Laserintensität I (248 nm) nach [4.17]

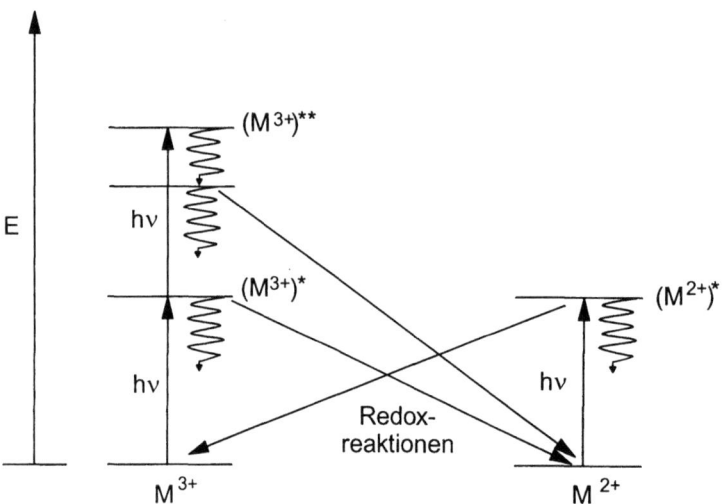

Bild 4.3. Vereinfachtes Reaktionsschema zu den Photoredoxreaktionen von Yb-, Sm- und U-Ionen nach [4.17]

ein photostationäres Gleichgewicht zwischen Photoreduktion und Photooxidation ein, das in Bild 4.2 an der Sättigung der Quantenausbeute für die Photoreduktion erkennbar ist.

Photoredoxreaktionen von Lanthaniden und Aktiniden haben praktische Bedeutung für die Trennung der Elemente. Während die chemischen Eigenschaften gleichwertiger Ionen innerhalb der Lanthaniden- und der Aktinidengruppe jeweils sehr große Ähnlichkeit aufweisen und damit große Probleme bei ihrer Trennung bereiten, zeigt das Photoredoxverhalten eine ausgeprägte Wellenlängenabhängigkeit. Diese kann zur elementselektiven Änderung der Oxidationsstufe genutzt werden, die zu einer starken Änderung im chemischen Reaktionsverhalten führt [4.17].

Hervorzuheben ist, daß die beschriebenen Photoredoxreaktionen von Yb und Sm durch die gleichzeitige Anwendung der leistungsfähigen Excimerlaser und von makrozyklischen Liganden (Kronenether, Kryptanden) zustande gekommen sind. Die makrozyklischen Liganden stabilisieren die sonst instabilen M^{2+}-Ionen und führen zu Charge-Transfer(CT)-Banden (optischer Übergang verbunden mit einem Elektronenübergang zwischen Zentralatom und Ligand oder zwischen den Liganden). Ohne diese Komplexbildner lassen sich von den Lanthaniden nur bei Europium (Eu) und Cer (Ce) die analogen M^{3+}/M^{2+}-Photoredoxprozesse durchführen. Die Trennung von Eu^{3+} aus einer Lanthanidenlösung (H_2O, Alkohole) gelingt auf recht einfache Weise mittels

Photoreduktion und Ausfällung der Eu^{2+}-Ionen, wobei Licht besonders im Wellenlängenbereich 220 bis 280 nm von Lasern (KrF mit 248 nm, Nd vervierfacht bei 266 nm) und Lampen (Niederdruck-Quecksilber, 254 nm) vorteilhaft eingesetzt werden kann, aber auch ArF-Laserlicht (193 nm) [4.17, 4.39]. Der optimale Wirkungsgrad und die maximale Reinheit wurden in Methanol erreicht mit Quantenausbeuten zwischen 0,5 und 0,6 sowie Trennfaktoren ß > 1000.

Bezüglich weiterer Einzelheiten zur photochemischen Trennung von Lanthaniden und Aktiniden wird auf die Fachliteratur verwiesen (z.B. [4.17] und dort zitierte Literatur). Den Abschluß zur Photochemie dieser Elementgruppen soll ein Beispiel von Laserisotopentrennung in Lösung bilden [4.17, 4.40]: Das Absorptionsspektrum von UO_2F_2 im Wellenlängenbereich von 350 bis 500 nm weist einen relativ starken O^{16}/O^{18}-Isotopeneffekt auf. Dieser Isotopeneffekt kann bei der Photolyse von UO_2F_2 in Methanol, induziert durch einen gepulsten Farbstofflaser, zur Isotopentrennung genutzt werden.

Die photochemische Umwandlung von 7-Dehydrocholesterin zu Provitamin-D_3 (Bild 4.4) ist ein technisch angewendeter Syntheseschritt in der organischen Chemie [4.2] und auch im Hinblick auf den Einsatz von Lasern gut untersucht [4.41]. Die ermittelten Zusammenhänge zwischen Produktausbeuten, Dauer und Wellenlänge der UV-Bestrahlung sowie unerwünschten Nebenreaktionen können durchaus als typisch für eine organisch-chemische Synthese angesehen werden. Sie vermitteln einen Eindruck von der Reaktionsvielfalt eines solchen photochemischen Systems und sollen deshalb kurz dargestellt werden.

In Bild 4.4 ist die gewünschte Folge nicht-radikalischer Reaktionen von 7-Dehydrocholesterin über Provitamin-D_3 zu cis-Vitamin-D_3 auf der waagrechten Achse aufgezeigt. Das photochemisch aus Dehydrocholesterin hergestellte Provitamin kann durch Erwärmen auf 50 bis 80°C in das thermodynamisch stabilere Vitamin umgewandelt werden [4.2]. Das als Zwischenprodukt gebildete Provitamin lagert sich allerdings unter Bestrahlung auch in seine beiden Isomeren Tachysterin und Lumisterin um (senkrechte Achse in Bild 4.4). Bei hinreichend langer Bestrahlung stellt sich ein photostationäres Gleichgewicht zwischen diesen drei Isomeren ein. Ihre Gleichgewichtsanteile hängen von der Dauer der eingesetzten Lichtpulse [4.42] und von der Wellenlänge des eingestrahlten Lichtes ab, was bei Beachtung ihrer unterschiedlichen Absorptionsspektren (Bild 4.5) leicht einsichtig wird. Im stationären Gleichgewicht wird bei 296 nm Wellenlänge das Maximum von 60 bis 70 % Provitamin im Reaktionsgemisch erzielt [4.41].

Für eine detaillierte Analyse des Reaktionsablaufs bis zur Gleichgewichtseinstellung dient ein kinetisches Reaktionsschema [4.41]. Dieses zeigt,

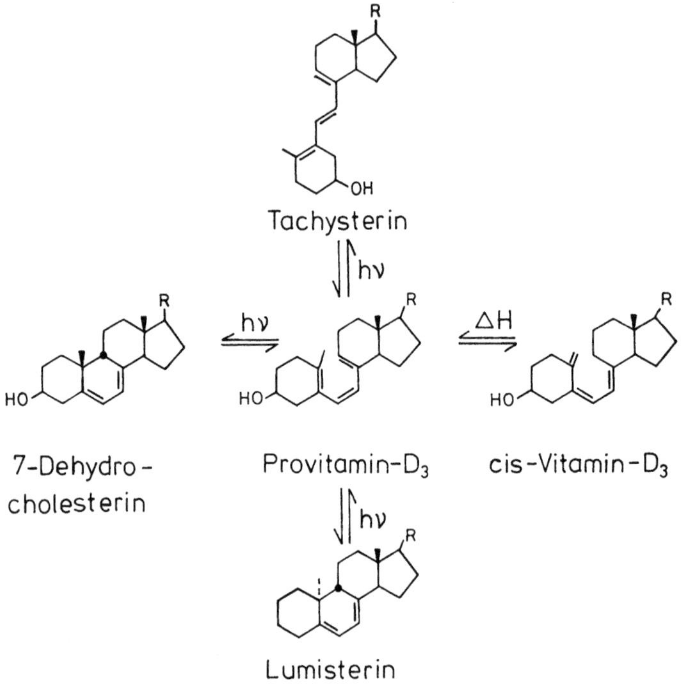

Bild 4.4. Reaktionsschema zur Synthese von Vitamin-D_3 aus 7-Dehydrocholesterin über Provitamin-D_3 nach [4.36, 4.41] (R = $CH(CH_3)$-$(CH_2)_3$-$CH(CH_3)_2$); die gewünschte Reaktionsfolge ist auf der Waagerechten dargestellt (vgl. Text)

daß es hinsichtlich Selektivität und Wirtschaftlichkeit der photochemischen Reaktion sinnvoll ist, die UV-Bestrahlung bereits vor Einstellung des stationären Gleichgewichts zu beenden. Zum einen nimmt die Rate der Provitamin-Bildung mit zunehmender Bestrahlungsdauer ab. Zum zweiten treten mit wachsender Bestrahlungsdauer unerwünschte Nebenprodukte auf. Wann der günstigste Zeitpunkt zum Abbruch der Bestrahlung gegeben ist, hängt außer von der Bestrahlungswellenlänge auch von der gewünschten Produktreinheit ab. Hier sind dann die Kosten (Energie) für den photochemischen Umsatz und diejenigen für die Substanzreinigung gegeneinander abzuwägen.

Ein weiteres wesentliches Ergebnis der zitierten Untersuchungen [4.41] mit verschiedenen Laserlichtquellen (Excimerlaser, frequenzverdoppelte und Raman-verschobene Farbstoffpulslaser) weist den Wellenlängenbereich von 280 bis 300 nm als besonders geeignet für die Provitaminsynthese aus. In diesem Bereich sind jedoch keine leistungsfähigen Laser verfügbar und als aus-

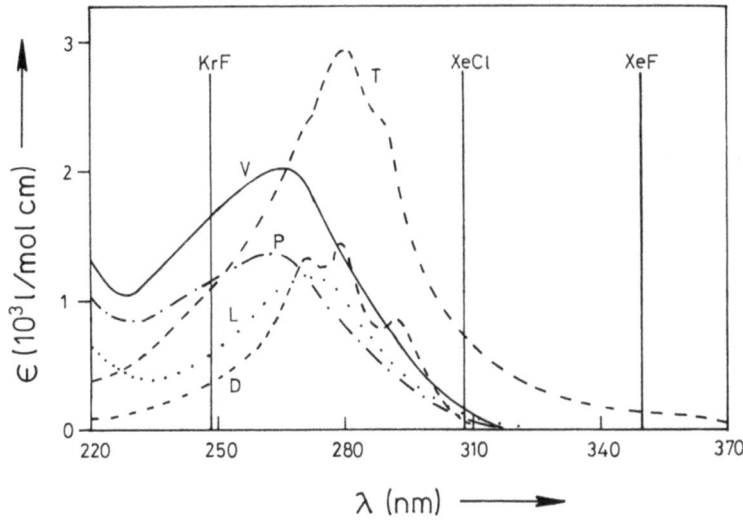

Bild 4.5. UV-Absorptionsspektren von 7-Dehydrocholesterin (D), Provitamin-D_3 (P), Tachysterin (T), Vitamin-D_3(V) und Lumisterin (L) nach [4.41, 4.44]

sichtsreichste Lichtquelle für einen technischen Prozeß erscheint derzeit eine Br_2-Excimerlampe (292 nm) [4.41].

Als Alternative zur oben diskutierten photochemischen Synthese unter Verwendung von monochromatischem Licht wurde aufgrund laserchemischer Arbeiten mit einem KrF-Excimerlaser (248 nm) und einem N_2-Laser (337 nm) eine zweistufige photochemische Synthese vorgeschlagen [4.43, 4.44]: In der ersten Stufe wird 7-Dehydrocholesterin mit kurzwelliger Bestrahlung in Tachysterin umgelagert. In der zweiten Stufe wird mit langwelliger Bestrahlung Tachysterin zu Provitamin photolysiert. So werden 80 % Provitamin im Reaktionsgemisch erhalten (vgl. auch Absorptionsspektren in Bild 4.5). Dieses zweistufige Verfahren wirkt zudem erfolgreich bei der Photosynthese eines Vitamin-D-Metaboliten, nämlich 25OH-$26D_2$-Vitamin-D_3 [4.44].

Die laserchemische Synthese von metastabilen Peroxiden aus photolytisch erzeugten Biradikalen und molekularem Sauerstoff nutzt die Schmalbandigkeit und hohe Intensität von Ionenlasern [4.45]: Die Schmalbandigkeit verhindert die Photolyse des gerade gebildeten Peroxids bzw. erlaubt erst seine Entstehung. Die Laserintensität führt zu relativ hohen Bildungsgeschwindigkeiten im Vergleich zur thermischen Zersetzung der Peroxide. Ein Beispiel für die laserchemische Peroxidherstellung bildet die Herstellung von Vitamin-K-Trioxan aus Vitamin K mit sichtbarem Ar^+-Laserlicht gemäß:

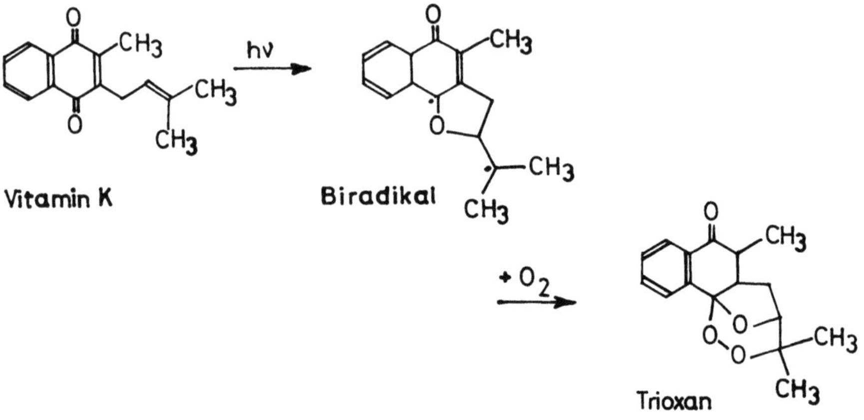

Vitamin K → **Biradikal** → **Trioxan**

Licht unter 410 nm, welches dank schmalbandiger Laseranregung nicht vorhanden ist, wird von Trioxan absorbiert und würde zu dessen rascher Zersetzung führen. Die laserchemische Trioxanherstellung trug wesentlich zur Klärung des photolytischen Vitamin-K-Abbaus bei.

Ein weiteres Beispiel der laserchemischen Peroxidbildung geht von zyklischen Azoalkanen aus [4.18,4.45,4.46]. Die direkte Photolyse von Azoalkanen führt jedoch zu kurzlebigen Singulettbiradikalen ($\tau \leq 10^{-11}$ s), die rasch zu Kohlenwasserstoffen abreagieren. Zur Erzeugung von Peroxiden werden Triplettbiradikale mit ausreichend langer Lebensdauer für den Sauerstoffeinbau benötigt. Diese entstehen bei der mit Triplettmolekülen sensibilisierten Zersetzung der Azoalkane (bezüglich Reaktionsmechanismus vgl. auch [4.83]). Auf diese Weise gelang mit Ar$^+$-Laserbestrahlung bei 364 nm und Benzophenon als Sensibilisator folgende Reaktion:

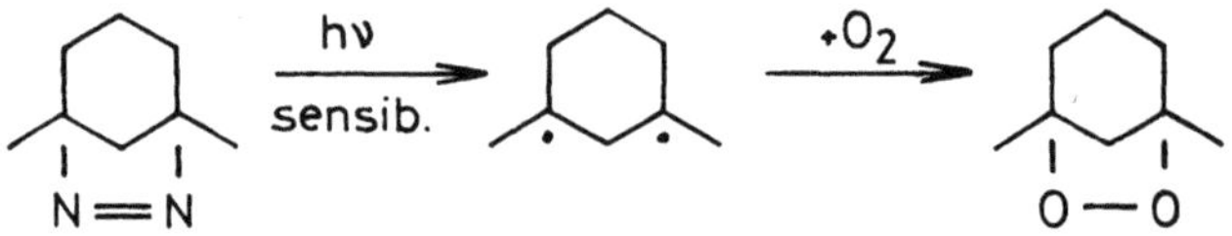

Dabei ist das Laserlicht noch kurzwellig genug für die erwünschte optische Anregung von Benzophenon, aber bereits zu langwellig für die direkte (unerwünschte) Anregung des Azoalkans.

Die laserchemische Peroxidsynthese aus zyklischen Azoalkanen konnte erfolgreich für die Gewinnung kleiner Mengen von biologisch relevanten Substanzen genutzt werden: Aus dem oben gezeigten Peroxid läßt sich durch Umlagerung Frontalin herstellen gemäß:

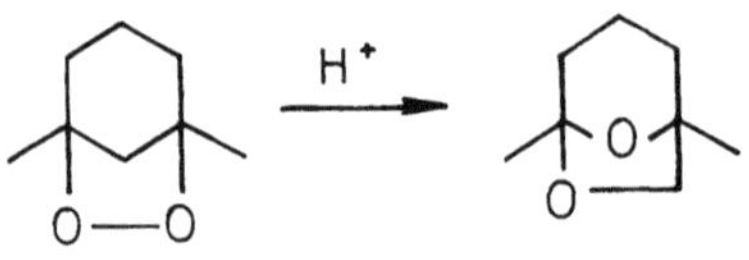

Frontalin dient als Pheromon-Imitator bei der Bekämpfung amerikanischer Borkenkäfer, die jährlich Holzschäden in Milliardenhöhe verursachen (Pheromone = Substanzen zur Kommunikation von Lebewesen einer Art, z.B. Sexuallockstoffe, Alarmsubstanzen, Markierungsstoffe usw.). Die laserchemisch hergestellten Frontalinmengen waren ausreichend für die anfänglichen chemischen Experimente und die biologischen Versuche [4.45].

Ein weiteres Beispiel für biologisch relevante Substanzen bildet die Erforschung von Prostaglandinen, welche oftmals durch ihre sehr geringe Beständigkeit (Zerfallszeiten im Sekunden- und Minutenbereich) erschwert wird, und ihrer biologischen Wirkung. (Prostagladine = ungesättigte Fettsäuren, die in außerordentlich kleinen Konzentrationen wirksam sind, z.B. bei Gefäßerweiterung, Gefäßverengung usw.). Mit Prostagladinen in Zusammenhang stehende Endoperoxide konnten auf die beschriebene laserchemische Methode mit Sensibilisierung routinemäßig in 100 mg Mengen hergestellt werden [4.45].

In den obigen Beispielen ermöglichte die hohe Laserlichtintensität die Anreicherung von metastabilen Substanzen. In analoger Weise können hohe Laserintensitäten zu hohen Konzentrationen reaktionsfähiger Zwischenstufen mit Auswirkungen auf die Endproduktverteilung führen. So stellt sich bei der Bestrahlung von E-Perfluorazoethan bei niedriger Lichtintensität zunächst ein photostationäres Gleichgewicht mit seinem Z-Isomeren ein [4.47]:

$$F_5C_2\text{-N=N-}C_2F_5 \quad \underset{\longleftarrow}{\overset{h\nu}{\longrightarrow}} \quad F_5C_2\text{-N=N-}C_2F_5$$

E-Perfluorazoethan   Z-Perfluorazoethan

Bei längerer Bestrahlung fragmentiert Perfluorazoethan zu N_2 und C_2F_5-Radikalen, die bevorzugt vom überschüssigen Perfluorazoethan eingefangen werden. Dies führt zu Tetrakis(Pentafluorethyl)Hydrazin:

$$\begin{matrix} F_5C_2 & & C_2F_5 \\ & \text{N-N} & \\ F_5C_2 & & C_2F_5 \end{matrix}$$

In geringem Umfang kombinieren zwei C_2F_5-Radikale zu n-Perfluorbutan (n-C_4F_{10}). Das Verhältnis Butan:Hydrazin = 15:85 bei niedriger Lichtintensität steigt jedoch bis auf 90:10 an, wenn bei 10 MW/cm² XeCl-Excimerlaserintensität (308 nm) kurzzeitig sehr hohe C_2F_5-Radikalkonzentrationen entstehen.

Das vorangehende Reaktionsbeispiel zeigt ansatzweise bereits eine weitere Wirkungsweise der Laserchemie bei hohen Lichtintensitäten: Die intensive Excimerlaserbestrahlung erzeugt bevorzugt n-C_4F_{10} (kleines Molekulargewicht) auf Kosten von Tetrakis(Pentafluorethyl)Hydrazin, d.h. $C_8N_2F_{20}$ (grosses Molekulargewicht). Die Selbstterminierung der C_2F_5-Radikale ersetzt also die Anlagerung der Radikale an größere Gebilde. Nach demselben Grundsatz gelingt mit intensiver XeF(351nm)- oder XeCl(308nm)-Excimerlaserbestrahlung von polymerisierungsfähigen Monomeren wie Styrol, Methacrylnitril und Methacrylamid sowie geeigneten Initiatoren die Herstellung von Oligomeren [4.48]. Abhängig von der eingestrahlten Lichtintensität im Bereich 2 bis 18 MW/cm² wird die Synthese von Oligomeren mit relativ enger Größenverteilung erzielt. Dabei ist der mittlere Oligomerisierungsgrad einstellbar zwischen 3 und 52 Monomeren pro Oligomermolekül. Die Bestrahlung derselben Reaktionsgemische bei niedriger Lichtleistung ($\lambda > 300$ nm) führt jeweils zu (unlöslichen) Polymeren. Bezüglich weiterer Einzelheiten zur Laserpolymerisation wird auf Kap. 5 (Laserinduzierte Prozesse in kondensierter Materie) verwiesen.

Wie in der anorganischen Laserchemie gibt es auch bei den organischen Substanzen Reaktionen, die durch die Absorption von zwei (oder mehr) Laserphotonen ausgelöst werden. So wird für die photochemische Reaktionsfolge

Carvon $\xrightarrow{h\nu, EtOH}$ Carvoncampher $\xrightarrow{h\nu, EtOH}$ Ester

eine starke Abhängigkeit von der Bestrahlungsintensität gefunden [4.49]. Sowohl die Umsatzquantenausbeute für Carvon wie auch das Produktverhältnis Campher:Ester steigen mit der Intensität des XeCl-Excimerlasers (308 nm). Diese Befunde lassen sich anhand eines kinetischen Reaktionsschemas (Bild 4.6) verstehen: Bei hoher Laserintensität wird vom Carvonmolekül ein zweites Laserphoton absorbiert und ein hoher Energiezustand besetzt. Aus diesem erfolgt die Umlagerung zum Campher schneller als nach der Absorption von nur einem Photon ($k_2 > k_1$). Dadurch wird die Umsatzquantenausbeute erhöht. Hingegen sinkt die Quantenausbeute für die Weiterreaktion des Camphers zum Ester mit zunehmender Laserleistung. Hierfür werden Verlustreaktionen nach erneuter Laseranregung des bereits einfach angeregten Camphers angenommen. Analog wird eine zusätzliche Laseranregung des zweifach angeregten Carvons dafür verantwortlich gemacht, daß die Carvon-Zersetzungsquantenausbeute mit 0,07 deutlich unter dem theoretischen Grenzwert von 0,5 für einen 2-Photon- induzierten Prozeß zurückbleibt [4.49].

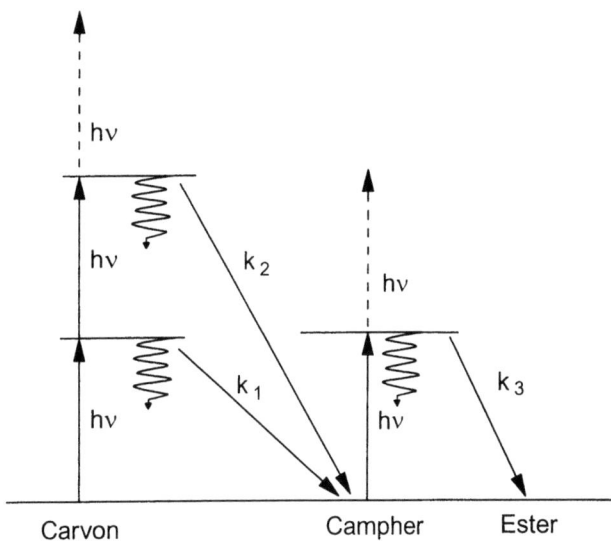

Bild 4.6. Vereinfachtes kinetisches Reaktionsschema für die XeCl-Excimerlaser-induzierte Umlagerung von Carvon in Carvoncampher und dessen Weiterreaktion zum Ester nach [4.49]

Eine ausgeprägte Intensitätsabhängigkeit laserchemischer Reaktionen wird in dem System Maleinsäure in Wasser beobachtet [4.50, 4.51]: Bei niedriger Lichtintensität erfolgt cis-trans-Isomerisierung über den Triplettzustand der Maleinsäure:

$$\underset{H}{\overset{HOOC}{>}}C=C\underset{H}{\overset{COOH}{<}} \; \underset{\longleftarrow}{\overset{h\nu}{\longrightarrow}} \; \underset{H}{\overset{HOOC}{>}}C=C\underset{COOH}{\overset{H}{<}}$$

Bei Nanosekunden-Laserbestrahlung (265 nm) wird eine 2-Photon-Anregung über den relativ langlebigen Triplettzustand und nachfolgende Dimerisierung beobachtet:

$$\begin{array}{c} \underset{HOOC}{\overset{H}{>}}C=C\underset{COOH}{\overset{H}{<}} \\ \underset{H}{\overset{HOOC}{>}}C=C\underset{H}{\overset{COOH}{<}} \end{array} \overset{2h\nu}{\longrightarrow} \begin{array}{c} HOOC-\overset{H}{\underset{|}{C}}-\overset{H}{\underset{|}{C}}-COOH \\ HOOC-\overset{|}{\underset{H}{C}}-\overset{|}{\underset{H}{C}}-COOH \end{array}$$

Unter der Einwirkung von Picosekundenpulsen (265 nm) erfolgt eine 2-Photon-Anregung über den kurzlebigen Singulettzustand und es wird Wasser (Lösungsmittel) addiert:

$$HOOC\diagdown_{H}C=C\diagup^{COOH}_{H} \xrightarrow[H_2O]{2h\nu} HOOC-\underset{H}{\overset{H}{\underset{|}{\overset{|}{C}}}}-\underset{H}{\overset{OH}{\underset{|}{\overset{|}{C}}}}-COOH$$

Hohe Laserleistung garantiert allerdings noch keine 2-photoninduzierte Photochemie. So blieb trotz fokussierter Laserstrahlung (GW/cm²) die folgende doppelte N_2-Abspaltung

zum angestrebten Polyradikal aus, obwohl der angeregte nπ*-Zustand des Bisazoalkans eine Lebensdauer von etwa 1 ns aufweist [4.52]. Die Abwesenheit von Laserchemie ist sogar das erklärte Ziel bei den laserchemisch sehr gut untersuchten Laserfarbstoffen [4.34], um Farbstofflösungen mit hoher Belastbarkeit gegenüber Pumplaserlicht und mit hoher Emissionsquantenausbeute zu gewinnen.

Einen gänzlich anderen Ansatz zur Laserchemie bei hohen Lichtintensitäten bildet die Verwendung eines Flüssigkeitsstrahles (Jet) [4.53]. Hier wird typischerweise der Strahl eines kontinuierlichen Ar^+-Lasers im rechten Winkel auf einen Flüssigkeitsstrahl von etwa 0,1 mm Durchmesser fokussiert (Bild 4.7). Im Flüssigkeitsstrahl bilden sich stehende Wellen aus, die zu sehr hohen Intensitäten im äußeren Mantel des Strahles führen. Durch Brechung des Laserlichts bei Eintritt in die optisch dichte Flüssigkeit und seiner Totalreflexion an der Grenzfläche der Flüssigkeit zur Luft (oder sonstigem Prozeßgas) entsteht an der Außenseite des Strahles ein Ring von sehr hoher Laserintensität (ca. 10^6-fach verstärkt, 0,1 bis 1 MW/cm²). Zugleich ermöglicht der Flüssigkeitsstrahl bei Strömungsgeschwindigkeiten von 1 bis 2 ml/min relativ große Materialdurchsätze. Ferner kann die Lösung durch Pumpen in einem

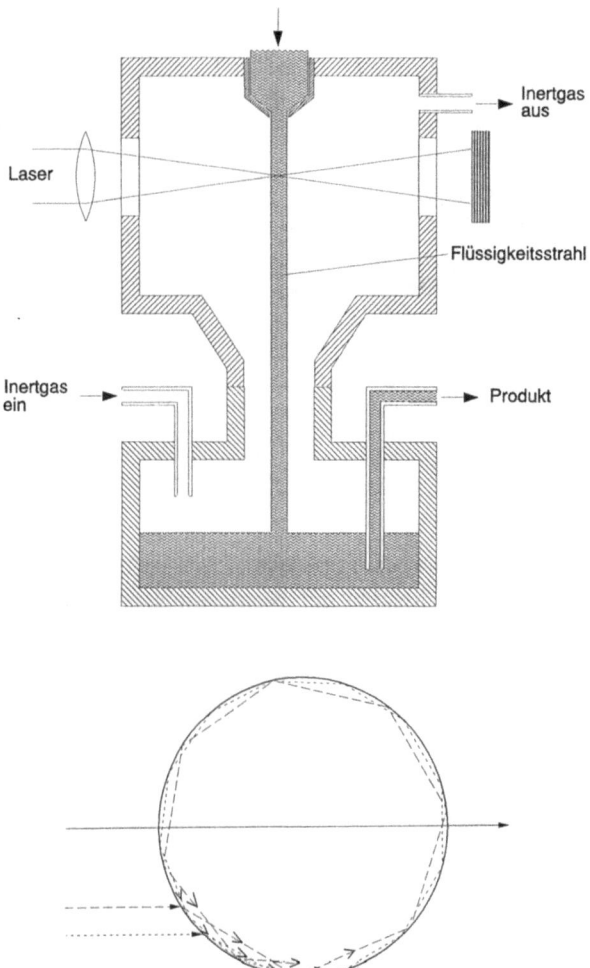

Bild 4.7. Schematische Darstellung einer Laser-Düsenstrahl-Apparatur (oben) und der Laserstrahlwege im Düsenstrahlquerschnitt (unten)

Kreislauf mehrfach bestrahlt werden. Laserchemische Umsätze von 0,1 g Substanz in wenigen Stunden wurden auf diese Weise bereits erzielt [4.53].

Die experimentellen Möglichkeiten der Laserchemie im Flüssigkeitsstrahl lassen sich anhand der folgenden Anwendungsbeispiele abschätzen: Die Reaktionsfolge vom Keton (1) über die Biradikale (2) und (3) zum Indenderivat (4) schließt die Laseranregung des kurzlebigen Triplettbiradikales ein, die eine hohe Lichtintensität voraussetzt. Diese bewirkt die photochemische Umlagerung des Bis-Diphenylmethylbiradikales (2) zum Dihydrofluorenylbiradikal (3). Im Flüssigkeitsstrahl gelang mit einem Ar⁺-Laser innerhalb eines Nachmittages die Herstellung von 40 bis 50 mg des Indenderivates (4) aus 100 mg Ausgangssubstanz (1).

Die Flüssigkeitesstrahlmethode erlaubt auch die gleichzeitige Bestrahlung mit zwei Laserwellenlängen [4.53]: Bei der Reaktionsfolge (5) zu (8) tritt zunächst unter Bestrahlung mit UV-Licht (Ar⁺-Laser im Viellinienbetrieb, λ_{max} = 340 nm) eine Photoenolisierung von o-Methylbenzophenon (5) zu (6) ein. Das sichtbare Licht eines zweiten Ar⁺-Lasers (Viellinienbetrieb, λ_{max} = 430 nm) bewirkt die Photozyklisierung zum Dihydroanthron (7), das unter den Prozeßbedingungen zum Anthron (8) weiteroxidiert wird. Die relativ hohe Ausbeute an Anthron wird auf die laserinduzierte Zyklisierung (6) → (7) zurückgeführt sowie auf hohe stationäre Konzentrationen oxidierender Triplettbiradikale z.B. von Methylbenzophenon (5).

Ferner ermöglicht die Flüssigkeitsstrahlmethode eine räumliche Trennung von (sich gegenseitig störenden) Photo- und Dunkelreaktionen [4.53]. Im Flüssigkeitsstrahl wird laserchemisch ein metastabiles Zwischenprodukt erzeugt, das im Auffanggefäß mit der zweiten Komponente für die Dunkelreaktion in Kontakt gebracht wird. Mit dieser Versuchsanordnung lassen sich auch auf einfache Weise Reaktionsmechanismen aufklären, da beispielsweise nur die jeweils im Flüssigkeitsstrahl enthaltene Substanz mit dem Laser bestrahlt wird.

Die obigen laserchemischen Reaktionen organischer Systeme bilden eine Auswahl: Sie enthalten 1-photoninduzierte Reaktionen, die wahlweise mit einer konventionellen Lichtquelle oder einem Laser ausgeführt werden können, wie die Provitamin-D-Synthese. Auch für die photochemische Peroxidbildung aus zyklischen Alkanen genügen konventionelle monochromatische Lichtquellen mit ausreichender Strahlungsintensität. Solange diese noch nicht zur Verfügung stehen, gewährt der Lasereinsatz eindeutige praktische Vorteile. Dies gilt auch für die sensibilisierte Peroxidbildung aus Azoalkanen, bei der es auf die Vermeidung von Singulett-Biradikalen und hohe Ausbeuten an Triplett-Biradikalen ankommt.

Desweiteren umfaßt die obige Auswahl organisch-chemische Reaktionen, die durch 2-Photon-Absorption eingeleitet und daher auf hohe (Laser-) Lichtintensitäten angewiesen sind: Bei der Isomerisierung von Carvon zu Carvoncampher zeigt sich die Konkurrenz zwischen 1-photoninduzierter langsamer Isomerisierung und 2-photoninduzierter schneller Isomerisierung in der Steigerung der Produktquantenausbeute und der Verschiebung der Produktverteilung zugunsten des gewünschten Carvoncamphers. Als Gegenstück zu diesen graduellen Veränderungen in Abhängigkeit von der Lichtintensität zeigen die drei Reaktionen des Maleinsäure-Wasser-Systems qualitative Sprünge von der cis-trans-Isomerisierung über die Dimerisierung zur Additionsreaktion.

Grundsätzlich kann zur 2-photoninduzierten Laserchemie bei hohen Laserintensitäten mit Pulslaser oder im Flüssigkeitsstrahl festgestellt werden, daß viele Reaktionen nun bei Raumtemperatur in flüssiger Phase möglich geworden sind. Solche Reaktionen waren zuvor nur bei tiefer Temperatur und starker Lebenszeitverlängerung des Zwischenproduktes (nach der Absorption der ersten Photons) zugänglich. Häufig waren diese photochemischen Tieftemperaturexperimente auf den spektroskopischen Nachweis der Reaktionsprodukte begrenzt. Nunmehr können mit hohen Laserleistungen makroskopisch erfaßbare Reaktionsprodukte hergestellt werden. Mit der Laserchemie im Flüssigkeitsstrahl ist zusätzlich die räumliche Trennung von Laserchemie (im Flüssigkeitsstrahl) und Dunkelreaktion (im Auffangbehälter) möglich geworden.

4.2 Laserchemie in Matrizen

Analog zum Lösungsmittelkäfig in der flüssigen Phase gibt es in Matrizen Matrixkäfige. Die Matrix kann aus einem (chemisch) inerten Material bestehen, wie kondensierten Edelgasen bei tiefer Temperatur, oder ein Netzwerk mit starker Wechselwirkung bilden. Man spricht hier auch von Gast-Wirt-Systemen (Wirt = feste Lösung, Glas, Polymer,... und Gast = Atom, Molekül, Cluster, Ion,...). Dabei gibt es einen fließenden Übergang von amorphen Wirtsubstanzen (Edelgasmatrizen, Gläser) über Polymere, Flüssigkristalle und Langmuir-Blodgett-Filme bis zu hochgeordneten Kristallen.

Im Unterschied zum Lösungsmittelkäfig mit seiner beweglichen Hülle nehmen die einzelnen Bausteine in Matrixkäfigen eine feste räumliche Position relativ zueinander ein. Daher kann der jeweilige Gast verschiedene Einbaulagen (sites) im Matrixkäfig seines Wirtes einnehmen. Die jeweilige Umgebung hat Einfluß auf die spektralen und photochemischen Eigenschaften des Gastes abhängig von Art und Umfang der Gast-Wirt-Wechselwirkungen. Umgekehrt können bereits geringe Konzentrationen an Gastsubstanz (Dotierung) wesentlich die Eigenschaften des Gast-Wirt-Systems bestimmen, wie beispielsweise seine Farbe, elektrische Leitfähigkeit und mechanische Elastizität.

Die spektroskopischen und photochemischen Eigenschaften eines Gastes in einer festen Wirtsubstanz lassen sich gedanklich herleiten, indem zunächst ein isoliertes Gastmolekül bei tiefer Temperatur betrachtet wird (Bild 4.8a). Die betrachtete Absorptionslinie gehöre beispielsweise zu einem organischen Molekül im Schwingungs-Rotations-Grundzustand und betreffe dessen dipolerlaubten Übergang der Frequenz ω_0 vom elektronischen Grundzustand S_0 in den Schwingungs-Rotations-Grundzustand des elektronisch angeregten Singulettzustandes S_1 (0-0-Übergang). Die Lebensdauer τ_0 des S_1-Zustandes liege im Bereich 10^{-8} bis 10^{-9} s. Gemäß der Heisenberg'schen Unschärferelation führt diese zu einer homogenen Linienbreite (Halbwertsbreite, fwhm = full width at half maximum) von 0,1 bis 1 GHz oder 0,003 bis 0,03 cm^{-1}.

Für dieselben Moleküle in einem idealen Kristall als Wirtsgitter (Bild 4.8b) ist die betrachtete Absorptionslinie relativ zur Absorptionsfrequenz ω_0

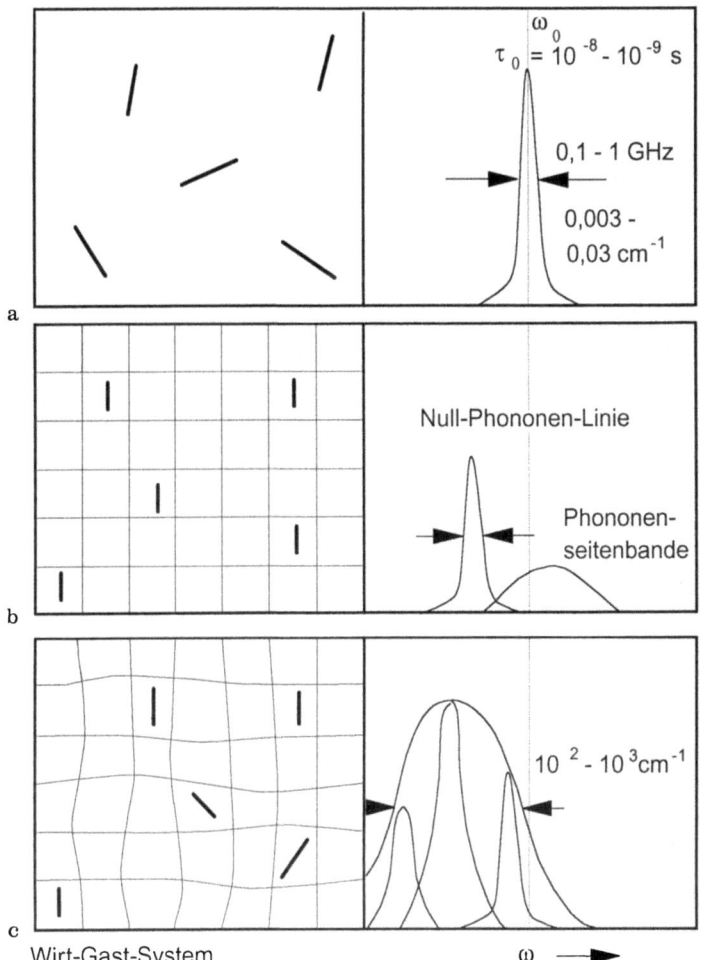

Bild 4.8. Schematische Darstellung von Gast-Wirt-Systemen und ihren optischen Spektren für einen dipolerlaubten Übergang: (a) Moleküle im Vakuum mit homogener Linienverbreiterung, (b) Moleküle in idealem Kristall mit Null-Phononenlinie, homogener Linienverbreiterung und Phononenseitenbande sowie (c) Moleküle in gestörtem Kristall bzw. amorpher Wirtsstruktur und inhomogener Linienverbreiterung, wobei hier nur die Null-Phononenlinien gezeigt sind

lang- oder kurzwellig verschoben. Diese Verschiebung hängt von den durch das Wirtsgitter verursachten Verzerrungen der Moleküle im S_0- und S_1-Zustand ab. Bei starker Gast-Wirt-Wechselwirkung können strahlungslose Relaxationsprozesse zu einer S_1-Lebensdauerverkürzung führen, die sich in einer 10- bis 100-fachen Verbreiterung der homogenen Linienbreite niederschlägt. Elektron-Phonon-Wechselwirkung bewirkt ferner, daß mit der elektronischen Anregung des Gastmoleküles zugleich eine Schwingung des Wirtsgitters angeregt werden kann. Diese Anregung von Gitterschwingungen ist das Gegenstück zu der (hier nicht gezeigten) Anregung von Molekülschwingungen bei der elektronischen $S_1 \leftarrow S_0$-Anregung (*vibratorischelektronische* = vibronische Übergänge gemäß dem Franck-Condon-Prinzip). Während die vibronische Molekülanregung zu diskreten vibronischen Strukturen im Absorptionsspektrum führt, zeigt sich die Anregung der Gitterschwingungen mit ihrem Quasi-Kontinuum an Gitterschwingungszuständen in der Phononenseitenbande (Phononen- flügel). Diese liegt in Absorptionsspektren kurzwellig von der Null-Phononenlinie (zusätzlicher Energiebedarf zur Anregung der Gitterschwingungen). Gibt es im Wirtsgitter - wie im Bild 4.8b gezeigt - nur eine Einbaulage für den Gast, so weist das Absorptionsspektrum des Gast-Wirt-Systems pro vibronischer Absorptionslinie des isolierten Moleküls (Bild 4.8a) ein Paar von scharfer Null-Phononenlinie und etwa 100 bis 1000 cm^{-1} breiter Phononenseitenbande auf (Bild 4.8b).

Bereits in einem idealen Gitter, besonders aber in einem verzerrten Wirtsgitter oder einer Wirtssubstanz mit amorpher Struktur, gibt es für das Gastmolekül mehrere bis sehr viele Einbaulagen (Bild 4.8c). Zu jeder dieser Einbaulagen gehört pro Absorptionslinie des ungestörten Moleküls ein Paar von Null-Phononenlinie und Phononenseitenbande, die zusammen eine inhomogen stark verbreiterte Absorptionsstruktur ergeben. Diese strukturelle Beschaffenheit des Gast-Wirt-Systems und seines Absorptionsspektrums bilden die Grundlage des photophysikalischen und photochemischen Lochbrennens (vgl. z.B. [4.54-4.61]).

Dem photophysikalischen und photochemischen Lochbrennen ist gemeinsam, daß schmalbandige optische (Laser-) Anregung ein kurzzeitiges oder permanentes Loch im Absorptionsspektrum des Gast-Wirt-Systems erzeugt (Bild 4.9). Beim photophysikalischen Lochbrennen ändert sich das Absorptionsverhalten durch Modifikationen der Gast-Wirt-Wechselwirkung. Dies sind häufig Umlagerungsprozesse beispielsweise von Wasserstoffbrücken in Matrizen wie Methanol-Ethanol-Gläsern. Dadurch erhält das Gastmolekül eine neue Umgebung verbunden mit spektralen Verschiebungen. Deren Ausmaß liegt in der Größenordnung der inhomogenen Linienbreite, weil die neue Umgebung in etwa einer anderen Einbaulage in der Matrix entspricht (Bild 4.9a). Beim photochemischen Lochbrennen wird dagegen der spektral zum schmalbandigen Anregungslicht passende Anteil der Gastmoleküle chemisch verändert. Chemische Veränderungen können beispielsweise in einer Phototautomerisierung, Photodissoziation oder Umlagerung von

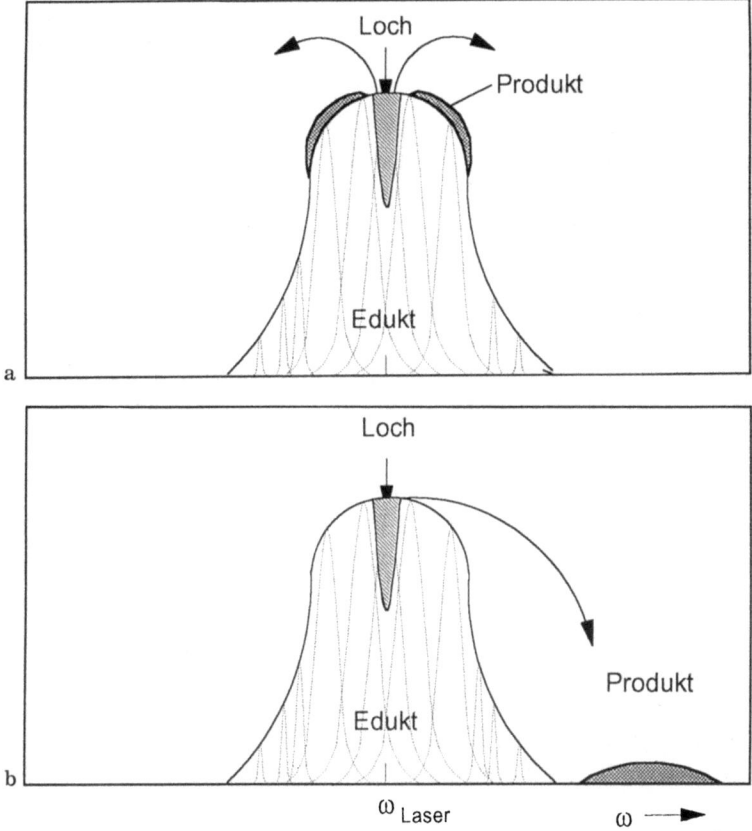

Bild 4.9. Absorptionsspektren vor und nach kurzzeitigem (a) photophysikalischem Lochbrennen und (b) photochemischem Lochbrennen; zur Vereinfachung sind nur Null-Phononenlinien angedeutet

intramolekularen Wasserstoffbrücken bestehen. In einigen Fällen wird das photochemische Lochbrennen mit einer 2-Photon-Anregung eingeleitet (vgl. unten).

Die Photoprodukte beim photochemischen Lochbrennen weisen zweckmäßigerweise eine vom Gastmolekül stark abweichende spektrale Struktur auf mit Absorption kurzwellig von der ursprünglichen Absorptionsbande (Bild 4.9b). Der photochemische Prozeß kann reversibel sein wie die Protonenverschiebung in Phtalocyanin oder in Porphin. Irreversible Lochbrenn-Photochemie wurde mit 2-Photon-Anregung von Dimethyl-s-Tetrazin erzielt. Die 2-Photon-Anregung erfolgt im roten Wellenlängenbereich. Hingegen liegt die Absorption der kleinen Photofragmente von Dimethyl-s-Tetrazin im spektral weit entfernten UV-Bereich.

Die in Bild 4.9 gezeigten Lochbrennkurven repräsentieren den Grenzfall für kurzzeitige Bestrahlung, d.h. weit ab von der Sättigung. In diesem Fall dominiert die Absorption über die Null-Phononenlinie. Bei längeren Bestrahlungszeiten macht sich auch die Absorption in den Phononenseitenbanden bemerkbar (bzgl. Einzelheiten vgl. z.B. [4.56]). Das Lochbrennen über die Absorption in Phononenseitenband ist wegen ihrer großen spektralen Breite unerwünscht. Ihre Absorptionsintensität relativ zur Null-Phononenlinie wird meistens durch Bestrahlen von Tieftemperaturmatrizen (T $\leq$ 10K) klein gehalten.

Laserphotochemisch gebrannte Löcher eröffnen technische Anwendungsmöglichkeiten als schmalbandige optische Filter mit Bandbreiten bis in den MHz-Bereich, stationäre Frequenzmarken beispielsweise für die Laserfrequenzstabilisierung und vor allem als optische Datenspeicher [4.56].

Die optische Datenspeicherung erscheint insbesondere wegen ihrer hohen Informationsdichte attraktiv. Die Mindestoberfläche für ein Speicherelement eines zweidimensionalen optischen Datenspeichers beträgt beim Einsatz von beugungsbegrenztem, fokusiertem Laserlicht der Wellenlänge λ etwa λ^2. Für $\lambda = 500$ nm und digitale Information liegt dann die maximale Informationsdichte bei 10^8 Bit/cm^2. Bei Verwendung eines photoreaktiven amorphen Materials können mit Hilfe des photochemischen Lochbrennens pro räumlichem Speicherelement 10^3 bis 10^4 spektrale Löcher in das Material eingeschrieben werden. Damit erhöht sich die Informationsdichte um denselben Faktor und erscheint äußerst attraktiv für technische Anwendungen. Eine weitere Dimension zur Steigerung der Informationsdichte besteht in der Anwendung elektrischer Felder [4.62]. Der praktischen Nutzung des laserchemischen Lochbrennens für die optische Datenspeicherung stehen außer dem relativ gut lösbaren Kühlungsproblem (Arbeitstemperatur T $\leq$ 10K) hauptsächlich unbefriedigende Schreib- und Lesegeschwindigkeiten bei gutem Signal:Rausch-Verhältnis entgegen sowie ungelöste Probleme beim photochemischen System. Günstig für den technischen Einsatz bei Verwendung von Halbleiterlasern wären ein Arbeitswellenlängenbereich von 800 bis 900 nm, eine große inhomogene Bandbreite, eine lange Lebensdauer der Löcher und eine große photochemische Stabilität des optischen Speichers gegenüber dem lesenden Laserstrahl.

Beim häufigen Lesen von Speicherelementen ohne Löcher (Photoprodukte) tritt nach und nach ebenfalls eine Produktanreicherung (Löcherbildung) ein, wenn die Löcher in diesem Speichermaterial mit 1-Photon-Anregung geschrieben wurden. Die gespeicherte Information geht also verloren. Hingegen erzeugt der Lesestrahl keine Photoprodukte, wenn das photochemische Lochbrennen auf 2-Photon-Anregung beruhte (gate process [4.63,4.64]).

Eine solche 2-Photon-Aktivierung der Löcher kann in 3- und 4-Niveau-Systemen ausgeführt werden (Bild 4.10). Beiden Methoden ist gemeinsam, daß das Lochbrennen mit der Wellenlänge des Laserstrahles durch die Belichtung mit der zusätzlichen Wellenlänge zeitlich und räumlich ein- und ausgeschaltet wird (gate process). Ferner kann die Wellenlänge des Lesestrahles im gewünschten, langwelligen Bereich liegen, da die für das photochemische Lochbrennen erforderliche Energie überwiegend durch die zusätzliche Wellenlänge eingekoppelt werden kann.

Ein 4-Niveau-System zum biphotonischen Lochbrennen ist in Bild 4.10a dargestellt mit Carbazol in PMMA (Polymethylmethacrylat, Plexiglas). Der Übergang vom S_0-Zustand (Niveau 1) zum photostabilen S_1-Zustand (Niveau 2) bildet die erste Stufe zum Lochbrennen und dient später auch zum Lesen. Der S_1-Zustand relaxiert zum T_1-Zustand (Niveau 3), der wiederum das 2. Schreibephoton absorbiert, dadurch in den photochemisch reaktiven Zustand T_n (Niveau 4) übergeht und zum gewünschten Lochbrennen führt (N-H-Dissoziation in Carbazol) [4.61, 4.63]. Die Bestrahlung des T_1-Zustandes (Niveau 3) mit Photonen $h\nu_1$ des Lesestrahles führt hingegen nicht zum Lochbrennen.

Ein 3-Niveau-System zum biphotonischen Lochbrennen ist in Bild 4.10b mit Perylen in Borsäureglas dargestellt [4.61]. Hier erfolgt die Absorption des

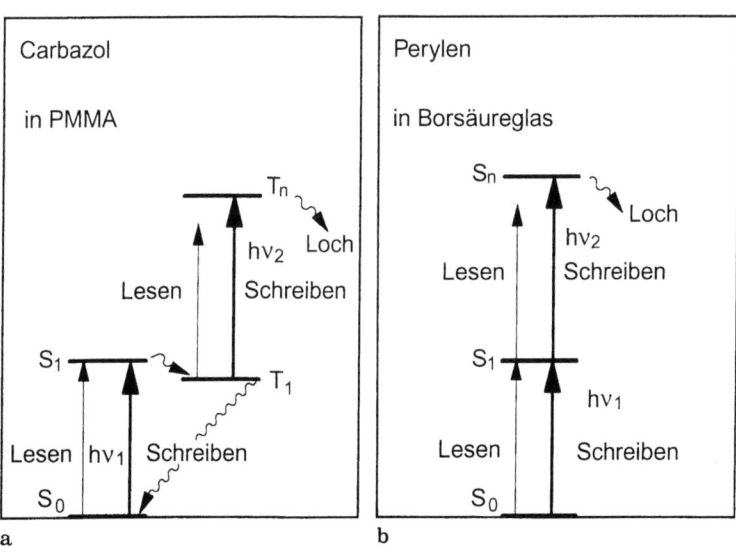

Bild 4.10. 2-Photon-induziertes photochemisches Lochbrennen (a) in einem 4-Niveau-Schema und (b) in einem 3-Niveau-Schema nach [4.61]

zweiten Photons hv_2 direkt aus dem ersten angeregten Singulettzustand (Niveau 2). Auch hier dient der optische Übergang von Niveau 1 zu Niveau 2 zum Lesen und auch hier vermag hv_1 keine Aktivierung in den photoreaktiven Zustand S_n (Niveau 3) zu bewirken.

Neue Entwicklungen in der Lochbrenntechnik betreffen den optischen Nachweis *einzelner* Moleküle (Pentacen, Perylen) im Festkörper (p-Terphenyl, Polyethylen) [4.59,4.60] und Lochbrennen mit Stabilität bei 80 K [4.65] oder gar bei Raumtemperatur [4.60]. Thermisch stabile, spektrale Löcher erfordern starke Gast-Wirt-Wechselwirkungen, wie sie bei Sm^{2+}-Ionen in substitutionell ungeordneten Mikrokristallen von $SrFCl_{0,5}Br_{0,5}$ und $Mg_{0,5}Sr_{0,5}FCl_{0,5}Br_{0,5}$ vorliegen. Die nötige inhomogene Linienverbreiterung der inneren Sm-4f-Elektronenübergänge entsteht durch die lokal verschiedenen Wirtsgitter. Sie unterscheiden sich in ihrer Zusammensetzung und/oder Anordnung von Cl^-- und Br^--Ionen bzw. Mg^{2+}- und Sr^{2+}-Ionen. Auch organische Moleküle können in anorganische Kristalle eingebettet und zum Lochbrennen genutzt werden [4.66].

Das beschriebene photochemische Lochbrennen bildet eine Möglichkeit zur Erzeugung von Hologrammen (weitere Methoden zur Hologrammerzeugung in Kapitel 5). Beim Lochbrennen war bislang nur entscheidend, ob lokal ein spektrales Loch erzeugt worden ist oder nicht (digitale Information). Bei der photochemischen Hologrammherstellung soll ein vorhandenes Interferenzmuster (Hologramm) photochemisch im Aufzeichnungsmedium vorübergehend oder permanent fixiert werden. Typischerweise wird der Strahl eines Lasers in einen Referenzstrahl und einen Objektstrahl aufgeteilt (Bild 4.11). Im Objektstrahlengang wird das gewünschte Objekt (Bild, Muster, Information) eingegeben und im Aufzeichnungsmedium mit dem Referenzstrahl zur Interferenz gebracht. Zur Fixierung dieses Interferenzmusters kann der oben erläuterte biphotonische Prozeß angewendet werden (vgl. z.B. [4.67-4.72]). Beispielsweise wird Biacetyl in Polycyanacrylat (4-Niveau-System) mit einem Interferenzbild aus kohärentem Licht von 752,5 nm (Kr^+-Ionenlaser) belegt und die photochemische Hologrammfixierung mit UV-Licht ($S_n \leftarrow S_0$-Übergang) "eingeschaltet", wobei das UV-Licht auch inkohärent sein kann. Je nach lokaler Intensität bei 752,5 nm findet der photochemische Umsatz von Biacetyl über $T_n \leftarrow T_1$-Anregung statt. Er führt zu lokalen Veränderungen der optischen Dichte und des Brechungsindex, d.h. zum fixierten Hologramm. Interessant erscheint es auch, biologische Systeme und ihre Mutanden als Aufzeichnungsmedien einzusetzen [4.70,4.73,4.74].

Die fixierten Hologramme können als digitale und nicht-digitale Datenspeicher dienen (Pixelmuster, Texte, Bilder mit Grautönen). Eine weitere Anwendungsmöglichkeit von Hologrammen besteht in der Herstellung von

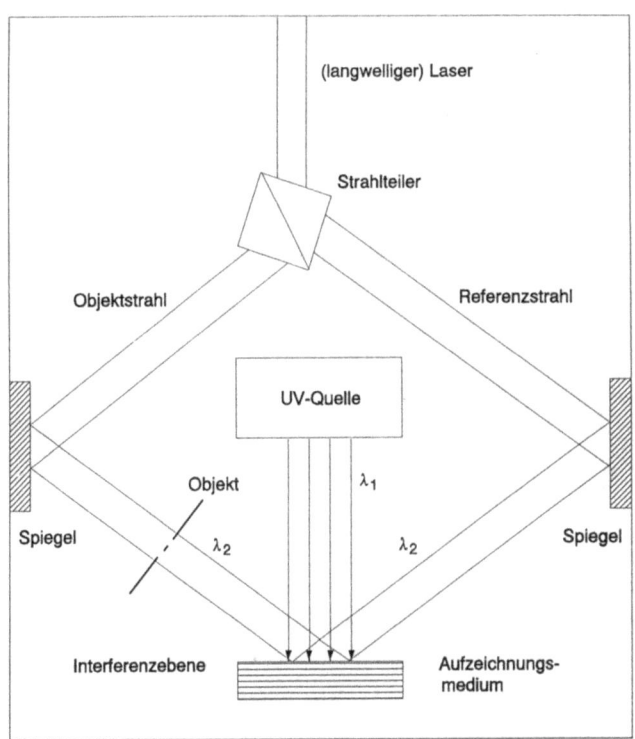

Bild 4.11. Schematischer Versuchsaufbau zur biphotonisch induzierten photochemischen Hologrammherstellung

holographisch optischen Elementen (HOE) wie Gitter und Linsen. Aber auch aufwendige optische Systeme können so auf einfache Art kopiert werden.

Die bisher beschriebenen Hologramme bilden 2-dimensionale Datenspeicher (2 Raumrichtungen). Wie beim photochemischen Lochbrennen können auch hier verschiedene Laserwellenlängen angewendet und so dreidimensionale Speicher erhalten werden (3. Dimension = Laserwellenlänge). Zusätzlich kann ein elektrisches Feld angelegt und durch Stark-Verschiebung der Absorptionslinien ein 4-dimensionaler Speicher gewonnen werden [4.72,4.75-4.77]. Beim Auslesen des gewünschten Bildes (Information) sind die richtige Laserwellenlänge und das zugehörige elektrische Feld einzustellen, jedoch keine mechanischen Bewegungen auszuführen. Im Gegensatz zum großen Anwendungspotential des photochemischen Lochbrennens und der Hologramme, sind die beiden folgenden laserchemischen Prozesse in Tieftemperaturmatrizen bislang nur von akademischem Interesse. Ihre Besonderheiten liegen in der Isotopenselektivität und in der Schwingungsmodenselektivität.

Im ersten Reaktionsbeispiel ist die aktive Spezies Fe(CO)$_4$ und die Isotopenselektivität betrifft ^{13}C [4.78,4.79]. Anregung mit einem abgestimmten CO-Laser liefert in einer CH$_4$-Matrix bei 20K gemäß

$$Fe(CO)_4 + CH_4 \rightarrow Fe(CO)_4CH_4$$

^{13}C^{16}O-Anreicherung in Fe(CO)$_4$CH$_4$. Im zweiten Beispiel erfolgt die gauche/trans-Isomerisierung von 2-Fluorethanol

besonders effektiv und abweichend vom statistischen Reaktionsverhalten, wenn eine Schwingungsmode mit einer starken Kopplung zur COH-Torsion angeregt wird [4.80]. Natürlich lassen sich in Tieftemperaturmatrizen auch mit konventionellen Lichtquellen IR- und UV/VIS-photochemische Reaktionen induzieren, wenn auch mit geringerer Selektivität (vgl. z.B. [4.78,4.79, 4.81,4.82]).

4.3 Laserchemie in Adsorbatschichten

Die Laserchemie in Adsorbatschichten betrifft im Unterschied zur Laserchemie in Oberflächenschichten (Abschnitt 5.3) nur wenige Monolagen auf dem Schichtträger. In diesen Monolagen sind die spektroskopischen und photochemischen Eigenschaften des Adsorbats noch stark von der Natur des Trägermaterials mitgeprägt. Bei dickeren Schichten (Abschnitt 5.3) dominieren hingegen die Eigenschaften des Schichtmaterials. Desweiteren überlapt die Laserchemie in Adsorbatschichten inhaltlich zum Teil mit Abschnitt 8.2 (Trockenes laserchemisches Ätzen). Abschnitt 8.2 bleibt jedoch auf solche Prozesse beschränkt, bei denen die laserinduzierte Materialabtragung im Vordergrund steht.

Photopolymerisierung von Monolagen, wie z.B. Vinylstearat (CH$_2$=CH-OOC-C$_{18}$H$_{37}$) oder seinem methylsubstituierten Derivat CH$_2$C(CH$_3$)-OOC-C$_{18}$H$_{37}$ auf Wasser, kann mit UV-Lampen durchgeführt werden [4.84]. Die Polymerisierung läßt sich mit UV-Lasern vermutlich stark beschleunigen, was bei der Verwendung flüchtiger Monomerverbindungen von entscheidender Bedeutung sein kann. Sehr dünne Polymerschichten dienen unter anderem als künstliche Membranen.

Bei gemischten Adsorbatschichten kann IR-Laseranregung zur selektiven Desorption der absorbierenden Molekülsorte genutzt werden. So desorbiert bei CO_2-Laserbestrahlung das absorbierende CH_3F von Kupfer, während das coadsorbierte, nicht-absorbierende CO auf der Oberfläche haften bleibt [4.85]. Während in diesem Beispiel die Selektivität der Desorption durch das Absorptionsverhalten bestimmt ist, kann bei der Pulslaserbestrahlung die Kinetik der einzelnen Prozesse den Ausschlag für das Reaktionsverhalten geben [4.86, 4.121]. Zur Veranschaulichung der Prozeßbedingungen zeigt Bild 4.12 den zeitlichen Temperaturverlauf einer Festkörperoberfläche nach Pulslaserbestrahlung. Wesentliche Merkmale der in Bild 4.12 gezeigten Temperatursprungkurve bestehen in dem steilen Temperaturanstieg, der hohen Spitzentemperatur und der insgesamt kurzen Heizdauer. Die Aufheizrate im Kurvenanstieg beträgt typischerweise 10^{11} K/s und erlaubt mitunter, Reaktionskanäle mit niedriger Aktivierungsenergie zu überspringen und höherenergetische Reaktionswege zu bevorzugen. Die wesentlichen Reaktions-

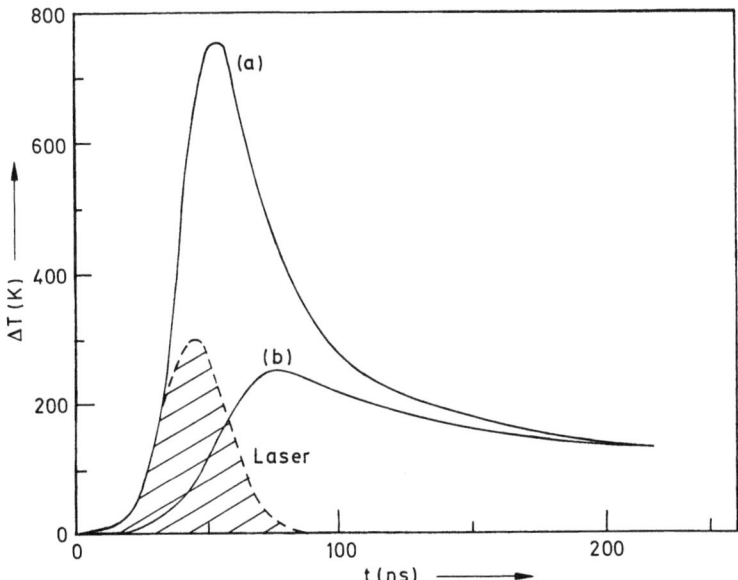

Bild 4.12. Zeitlicher Temperatursprungverlauf $\Delta T(t)$ in einem Platinkristall nach Nd-YAG-Pulslaserbestrahlung (1,06 µm, 50 MW/cm²) berechnet für (a) die Kristalloberfläche und (b) eine Ebene 1 µm unter der Oberfläche (nach [4.86])

merkmale sollen durch ein Beispiel von chemischen Oberflächenreaktionen veranschaulicht werden [4.86].

Bild 4.13 zeigt die berechneten Geschwindigkeitskonstanten für die Desorption und die Zersetzung von Methanol auf einer Ni(100)-Oberfläche. Bei 100 K adsorbiert Methanol zunächst physikalisch. Beide Geschwindigkeitskonstanten sind vernachlässigbar klein. Bei einer langsamen Oberflächenaufheizung (15K/s) zersetzt sich CH_3OH knapp unter 200 K gemäß

$$CH_3OH_{ad} \rightarrow CH_3O_{ad} + H_{ad}$$
$$CH_3O_{ad} \rightarrow CO_{ad} + 3 H_{ad}$$

gefolgt von H_2-Desorption (350 K) und CO-Desorption (470 K) gemäß:

$$2 H_{ad} \rightarrow H_2 \text{ (Gas)}$$
$$CO_{ad} \rightarrow CO \text{ (Gas)}.$$

Bei Pulslaseraufheizung der Oberfläche auf über 1200 K in 20 ns dominiert die Desorption von unzersetztem CH_3OH (über 95%), obwohl mit dem Laserpuls ausreichend Energie für die Methanolzersetzung zugeführt wird. Bereits bei 600 K ist jedoch die Desorption 10^3 mal schneller als die Zersetzung (Bild 4.13). Dieser Zustand ist so schnell erreicht, daß der Zersetzungsreaktion

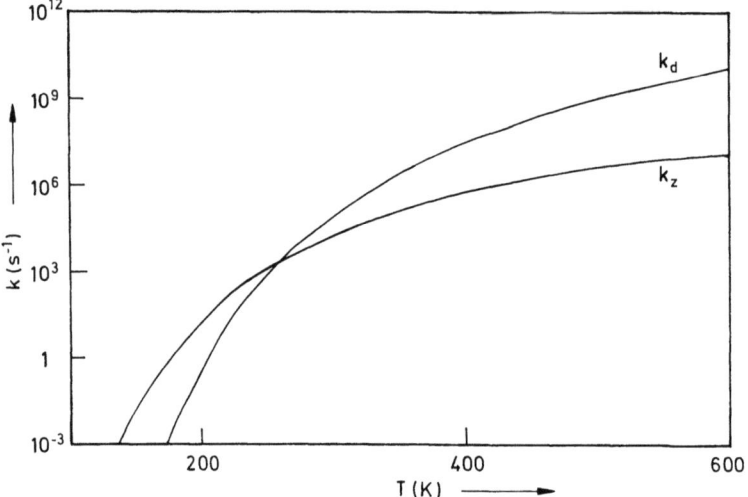

Bild 4.13. Berechnete Reaktionsgeschwindigkeitskonstanten k_d für die Desorption und k_z für die Zersetzung von Methanol auf einer Ni(100) Oberfläche als Funktion der Temperatur T nach [4.86]

praktisch keine Zeit verbleibt, ihre Dominanz bei tiefer Reaktionstemperatur (T < 270 K, Bild 4.13) auszuspielen.

Mit diesem Desorptionsverhalten bei schneller Pulslaserheizung von Adsorbatschichten (LITD = Laser Induced Thermal Desorption) ergeben sich zwei Anwendungsmöglichkeiten: Mit dem Laserpuls und der Analyse der desorbierten Moleküle kann der aktuelle chemische Zustand der Adsorbatschicht abgefragt werden. Dies funktioniert bereits bei tiefen durchschnittlichen Oberflächentemperaturen, bei denen sonst noch keine Desorption auftritt. Mit einer Folge von Laserpulsen läßt sich zusätzlich die zeitliche Entwicklung der Oberflächenreaktionen ermitteln (Bei jedem Laserpuls wird nur ein kleiner Teil der Adsorbatschicht verdampft und der Laserstrahl örtlich versetzt) [4.86,4.87,4.120]. Zum zweiten können mit schneller Pulslaserverdampfung bei vergleichbarem Reaktions-/Desorptionsverhalten auch große, biologisch relevante Moleküle unzerstört in die Gasphase überführt und dort analysiert werden [4.88-4.90]. Auch wenn die Bedingungen nicht immer so günstig sind wie im obigen CH_3OH/Ni-System, bietet die pulslaserinduzierte Desorption neue Präparations- und Untersuchungsmöglichkeiten in Adsorbatschichten.

Ähnlich wie in der Gasphasenchemie (Kapitel 3) gewinnen bei den Reaktionen auf Festkörperoberflächen zustandsselektive Beobachtungen und Betrachtungsweisen stetig an Bedeutung (vgl. z.B. [4.91-4.96]). Im Hinblick auf laserchemische Umsätze in Monolagen stellt die relativ kleine Zahl von 10^{14} bis 10^{15} Adsorptionsplätzen pro 1 cm^2 Festkörperfläche eine Art von Flaschenhals dar. Die Bedeutung der Adsorbatchemie für die angewandte Laserchemie ist daher zur Zeit gering. Andererseits sind katalytische Reaktionen und Ätzprozesse in der technischen Chemie sehr weit verbreitet, so daß jeder Erkenntnisgewinn in der Grundlagenforschung möglicherweise zu praktisch nutzbaren Vorteilen führt. Unter diesem Gesichtspunkt verdienen auch nichtthermische, lichtinduzierte Desorptionsexperimente von Alkalimetallen [4.97] oder Cyclooctaschwefel (S_8) [4.98] unser Interesse. Im Fall von Natrium- und Kaliumclustern auf LiF(100)-Einkristallen kann durch monochromatische Bestrahlung die mittlere Größe der Cluster und ihre Größenverteilung gezielt beeinflußt werden. Dabei werden die größenabhängigen Absorptionseigenschaften der Cluster sowie die bevorzugte Desorption von Atomen an den Clusterrändern ausgenutzt [4.97,4.99,4.100].

Adsorbierte Moleküle (hier: Chinizarin = 1,4-Dihydroxyanthrachinon auf γ-Al_2O_3) werden auch in einer Ausführungsform des photochemischen Lochbrennens genutzt [4.60]. Gegenüber den üblichen Systemen mit Matrizen (Abschnitt 4.2) weist in diesem Fall der elektronische Molekül-Übergang eine deutlich geringere Kopplung an die Gitterschwingungen des Festkörpers auf.

Die mit 50 cm^{-1} gegenüber ethanolischem Glas oder Polymeren signifikant erhöhte Phononenenergie führt andererseits zu einer sehr großen inhomogenen Linienbreite, so daß bei 80 K noch 70 bis 100 spektrale Löcher eingebrannt werden können.

Ein wenig außerhalb des bisherigen Rahmens aber inhaltlich dennoch eng verwandt sind laserchemische Prozesse in kleinen Tröpfchen oder Partikeln im μm-Maßstab. Hier wirken die besonderen Bindungsverhältnisse und Prozesse innerhalb der etwa 0,1 μm dicken Grenzschichten sowie die recht kurzen Diffusionszeiten vom Zentrum an die Grenzfläche schon kräftig auf das laserchemische Reaktionsverhalten ein wie z.B. bei der Excimerbildung von Pyren [4.101, 4.102].

4.4 Verfahrensmerkmale und Anwendungen

Die laserinduzierte Chemie in Lösungen, Matrizen und Adsorbatschichten enthält zwei Prozeßarten. Prozesse der ersten Art können wahlweise mit einem Laser oder einer inkohärenten Lichtquelle durchgeführt werden. Es handelt sich um 1-photoninduzierte Reaktionen typischerweise mit Licht im Vakuum-UV-, UV- oder sichtbaren Wellenlängenbereich. IR-Photochemie ist naturgemäß auf tiefe Prozeßtemperaturen und Reaktionen mit niedriger Aktivierungsenergie beschränkt. Die Auswahlkriterien für die Verwendung eines konventionellen Strahlers oder eines Lasers können wirtschaftlicher und/ oder technischer Natur sein und werden im Einzelfall je nach den vorliegenden Randbedingungen gewichtet.

Prozesse der zweiten Art sind nur mit dem Einsatz von Lasern durchführbar. Bei der stark intensitätsabhängigen synchronen oder auch sequentiellen 2(3)-Photon-Anregung liegt die Notwendigkeit zum Einsatz von intensivem Laserlicht auf der Hand. Aber auch 1-photoninduzierte Reaktionen erfordern intensives Laserlicht, wenn hohe Konzentrationen an kurzlebigen oder metastabilen Zwischenprodukten für den gewünschten Reaktionsablauf unabdingbar sind. Beispiele hierfür sind Radikal-Radikal-Reaktionen sowie die Anreicherung thermisch instabiler Substanzen.

Die Interpretation der laserinduzierten Chemie in Lösungen, Matrizen und Adsorbatschichten kann in den meisten Fällen im Rahmen der klassischen Photochemie, Spektroskopie und chemischen Kinetik erfolgen. Die mitunter überraschenden experimentellen Ergebnisse sind in der Regel den mit Lasern erreichbaren, ungewohnten Prozeßbedingungen zu verdanken, nicht aber grundsätzlich neuen Phänomenen. Dies wird durch die vorliegende Auswahl von Anwendungsbeispielen veranschaulicht. Laserchemische

Reaktionsbeispiele in Lösungen sind in Tabelle 4.2 zusammengefaßt. Besonders typische Beispiele und ihre besonderen Merkmale sind zusätzlich in der nachfolgenden Liste von Anwendungsbeispielen angeführt.
- Laserinduzierte Redoxreaktionen eignen sich zur Lanthanidentrennung, z.B. mittels Ausfällung von $EuSO_4$ nach selektiver Photoreduktion von Eu^{3+} [4.17].
- Die Photosynthese von Provitamin-D_3 erfolgt am besten mit monochromatischem Licht der Wellenlänge 292 nm. Der industrielle Einsatz eines Lasers bei dieser Synthese scheitert bislang an den hohen Photonenkosten und der unzureichenden Durchschnittsleistung unter 1 kW [4.41].
- Maleinsäure in Wasser zeigt eine stark intensitätsabhängige Photochemie. Mit steigender Intensität werden die cis/trans-Isomerisierung zu Fumarsäure, die Dimerisierung und/oder die Addition von H_2O an die Doppelbindung erzielt [4.50].
- Aus Eisencarbonylen ($Fe(CO)_5$ oder $Fe_3(CO)_{12}$) entstehen unter Ar^+-Laserbestrahlung homogene Katalysatoren für die Isomerisierung von 1-Penten zu cis- und trans-2-Penten (cis:trans = 1:3). Die über die Katalysatoren erzielte Produktquantenausbeute liegt im Bereich 10^2 bis 10^3 [4.109].
- Die schmalbandige, sensibilisierte Erzeugung von Triplettbiradikalen aus zyklischen Azoalkanen mit einem Ar^+-Laser in Anwesenheit von Sauerstoff führt zu Peroxiden und unterdrückt die unerwünschte Bildung von Singulettbiradikalen, welche zu Kohlenwasserstoffen abreagieren [4.45]. Die Bildungsgeschwindigkeit der Peroxide ist deutlich größer als ihre thermische Zersetzungsgeschwindigkeit. Ferner bleibt ohne kurzwelliges Licht die Photolyse des Peroxids aus. Ähnliches gilt für die laserchemische Synthese von Endoperoxiden z.B. als Vorstufe zu Prostagladinen sowie die trans→cis-Isomerisierung von Perfluorazoethan [4.47].
- Fokussierte Laserbestrahlung eines dünnen Flüssigkeitsstrahles führt durch Totalreflektion zu sehr hohen Lichtintensitäten in der Randzone (10^6-fache Steigerung) [4.53]. Diese läßt sich vorteilhaft für laserchemische Synthesen nutzen. Dabei ist sowohl Mehrfachbestrahlung im Flüssigkeitskreislauf möglich wie auch eine räumliche Trennung von photochemischer Reaktion im Flüssigkeitsstrahl und Dunkelreaktion im Auffanggefäß.
- Ein Beispiel für den Lösungsmitteleinfluß auf photochemische Primärschritte [4.21]: Triphenylmethylchlorid reagiert bei 266 nm Pulslaseranregung in jeweils weniger als 25 ps im polaren Acetonitril gemäß $(C_6H_5)_3CCl$ → $(C_6H_5)_3C^+ + Cl^-$ mit Ionenpaarbildung und in unpolarem c-Hexan gemäß $(C_6H_5)_3CCl$ → $(C_6H_5)_3C + Cl$ mit Radikalpaarbildung.
- Mit intensiver Excimerlaserbestrahlung von polymerisierungsfähigen Reaktionsgemischen aus Monomer und Initiator gelingt die gezielte Herstellung

Tabelle 4.2. Laserchemie in Flüssigkeiten (Laser ggf. mit Frequenzvervielfachung)

Edukt(e)	Lösungsmittel	Produkt(e)	Laser	λ(nm)	Anmerkungen	Literatur Orig.	Übers.
H_2O		$H^+ + OH^-$	Nd-Glas Farbstoffpulslaser (+Ramanverschiebung)	1060 550-1250	Lebensdauer der Ionen ca. 40 μs 1-Photonanregung, Quantenausbeute < 10^{-4}, Durchbruchschwelle = 20 GW/cm² bei 1,3 μm (Iodlaser)	4.103 4.104	
H_2O		e^-_{aq}	Nd-YAGx4	266	2-Photon-Absorption und Ionisierung durch 30ps-Pulse, 10^8-10^{10} W/cm²	4.105	
$FeSO_4$	H_2O	Fe_3^+	Rubin	694	2-Photon-Absorption und Photooxidation	4.17	
Lanthanidengemisch	H_2O	$Ce(IO_3)_4$	XeCl Ar⁺	308 351,364	Selektive Photooxidation von Ce^{3+} zu Ce^{4+} und Ausfällung als $Ce(IO_3)_4$; Trennfaktor unabhängig von Wellenlänge, über 350 nm nur geringe Ausbeute	4.40	4.17
Lanthanidengemisch	H_2O Alkohole	$EuSO_4$	ArF KrF Ndx4	193 248 266	Selektive Photoreduktion von Eu^{3+} zu Eu^{2+} und Ausfällung als $EuSO_4$	4.39	4.17
Yb^{2+}/Yb^{3+} Sm^{2+}/Sm^{3+} U^{3+}/U^{4+}	H_2O		KrF	248	Redoxverhalten abhängig von Laserintensität; Liganden zur Stabilisierung der niedrigen Oxidationsstufe erforderlich (vgl. Text)		4.17
UO_2F_2	CH_3OH (+HF+H_2O)	UF_4	Farbstoffpulslaser	448,455	O^{16}/O^{18}-isotopenselektive Laserphotolyse, Quantenausbeute 0,1 - 1	4.106	4.17
$Fe(C_2O_4)_3^{3-}$	H_2O, pH=3,9	$Fe(C_2O_4)^{2-}$	Rubinlaser	694	Ferrioxalat-Actinometer hier langwellig für 2-Photon-Absorption eingesetzt (Photoreduktion)	4.107	
E-Perfluorazoethan $F_5C_2\diagdown N=N\diagup ^{C_2F_5}$	reine Flüssigkeit	Z-Perfluorazoethan $F_5C_2\diagdown_{N=N}\diagup ^{C_2F_5}$ sowie $((F_5C_2)_2N)_2 + n\text{-}C_4F_{10}$	XeCl	308	E-Z-Isomerisierung liefert photostationäres Gleichgewicht, intensitätsabhängige Bildung von $((F_5C_2)_2N)_2$ und n-C_4F_{10} (vgl. Text)	4.47	

Tabelle 4.2. Fortsetzung 1

Edukt(e)	Lösungsmittel	Produkt(e)	Laser	λ(nm)	Anmerkungen	Literatur Orig.	Übers.
Maleinsäure-Ammoniumsalz H H C=C NH₄OOC COONH₄	H₂O	H NH₂ H-C--C-H HOOC COOH	Nd-YAGx4	266	2-Photon-Anregung mit 30 ps-Laserpulsen führt zur Anlagerung von NH₃ an Doppelbindung und zur Bildung von Aminosäure mit Quantenausbeute φ=0,4 bei 10⁹ W/cm²; analoge Reaktion mit Fumarsäure (φ=0,1-0,3) und Methylmaleinsäure (φ=0,1-0,3)	4.108	4.51
Maleinsäure H H C=C HOOC COOH	H₂O	Fumarsäure H COOH C=C HOOC H	Hg-Lampe KrF	254 248	cis-trans-Isomerisierung bei niedriger Lichtintensität (<10⁷ W/cm²)	4.50	4.51
		Maleinsäuredimer H H HOOC-C-C-COOH HOOC-C-C-COOH H H	Ndx4 KrF	265 248	hauptsächlich Dimerisierung bei 2-Photon-Anregung über den Triplettzustand mit ns- und ps-Laserpulsen (10⁷-10⁸W/cm²), Radikalmechanismus, Quantenausbeute teilweise >1	4.50	4.51
		H₂O-Additionsprodukt H H HOOC-C-C-COOH H OH	Ndx4	265	hauptsächlich Addititon von H₂O bei 2-Photon-Anregung über den Singulettzustand mit ps-Laserpulsen (10⁸-6x10⁹ W/cm²)	4.50	4.51
1-Penten, Fe₃(CO)₁₂	1-Penten	cis- u. trans-2-Penten	Ar⁺	514,5	Reaktion etwa wie mit Fe(CO)₅	4.109	
1-Penten, Fe(CO)₅	1-Penten	cis- u. trans-2-Penten	Ar⁺	333,351, 364	cis:trans-Ausbeute ca. 1:3, Laserphotolyse erzeugt aus Fe(CO)₅ homogenen Katalysator (≥ 700 Reaktionen pro Fe-Katalysatorspezies); ohne Licht Abklingen der Katalysatorwirkung in ca. 1s	4.109	

Tabelle 4.2. Fortsetzung 2

Edukt(e)	Lösungsmittel	Produkt(e)	Laser	λ(nm)	Anmerkungen	Literatur Orig.	Übers.
1-Penten, Et$_3$SiH,Fe(CO)$_5$ bzw. Fe$_3$(CO)$_{12}$	1-Penten	Pentan,cis- u. trans-2-Penten u. Silylierungsprodukte (Gemisch)	Ar$^+$	analog zu oben	25% Produkt = cis- u. trans-2-Penten, 75% Produkt = n-Pentan u. Silylierungsprodukte	4.109	
$^3\Sigma_g^-$ - O$_2$	1,1,2-Trichlortrifluorethan	$^1\Delta_g$ O$_2$	Nd-YAG Dauerstrichlaser	1065	Bis 140 atm O$_2$, Singulett-O$_2$-Erzeugung durch direkte Absorption	4.110	
Aromatische Endoperoxide	viele Lösungsmittel möglich	Singulett-O$_2$ und Kohlenwasserstoff	mehrere Möglichkeiten		schnelle photochemische Quelle für Singulett-O$_2$	4.111 4.112	
O$_2$+Azoalkane z.B. N=N		Peroxide, z.B. O-O	Ar$^+$	364	Mit Benzophenon sensibilisierte Erzeugung von Triplett-Biradikalen liefert sonst schwer zugängliche Peroxide für Pheromon- und Prostaglandinforschung	4.45	4.36
Cumol(Isopropylbenzol) C$_6$H$_5$-CH(CH$_3$)$_2$ +O$_2$(+Ar)		Cumolhydroperoxid C$_6$H$_5$-C(CH$_3$)$_2$ OOH	XeF (KrF	351 248)	Reaktion bei 100-150°C, reines Cumol wird von (O$_2$:Ar=1:5)-Gasgemisch durchströmt, XeF-Laserbestrahlung beschleunigt die thermische Autooxidation mit Quantenausbeute etwa 500; KrF-Laserbestrahlung unterdrückt die thermische Autooxidation	4.113	
Adamantan,NO$_2$	CCl$_4$	1-Nitroadamantan, 1-Adamantannitrit	Ar$^+$	458-515	Nitroadamantan (C$_{10}$H$_{15}$NO$_2$) u. Adamantannitrit (C$_{10}$H$_{15}$ONO) entstehen in gleichen Mengen als Hauptprodukte unabhängig von der Laserwellenlänge	4.114	4.17

Tabelle 4.2. Fortsetzung 3

Edukt(e)	Lösungs-mittel	Produkt(e)	Laser	λ(nm)	Anmerkungen	Literatur Orig.	Übers.
(Acenaphthylen-Dimer-Struktur)		(A) (Pyren-artig) (B) +C_2H_2	XeCl+Farbstofflaser KrF, XeCl XeCl+Farbstofflaser	308+440 248, 308 308+650	XeCl-Laserpuls + Farbstofflaserpuls (160ns verzögert), Anregung über Triplettzustand und fast reine Produktbildung A intensitätsabhängige Produktverteilung auf A und B XeCl-Laserpuls + Farbstofflaserpuls (synchron), Anregung über Singulettzustand und überwiegend Produktbildung B	4.115	4.37
1,5-Hexadien-3-ol		5-Hexenal	Farbstoffpulslaser	580, 600, 604, 709, 740	Anregung in C-H-Obertöne liefert Aldehyd, Anregung in O-H-Obertöne ohne Reaktion, 4-5 Std. Bestrahlungsdauer mit durchschnittlich 70-175 mW, Quantenausbeute 5×10^{-4} (709 nm) und 18×10^{-4} (600 nm)	4.116	4.117
Carvon	Ethanol	Carvoncampher	XeCl	308	Zersetzungsquantenausbeute von Carvon und Weiterreaktion zu Ester von Laserintensität abhängig (1- und 2-Photonanregung)	4.49	4.36 4.37
7-Dehydrocholesterin	Ethanol Ether	Provitamin-D_3	versch. Lichtquellen (vgl. Text)	248-308	Wellenlängenabhängige Ausbeute an Provitamin und Nebenprodukten, Prozeßführung bei 0°C unter Ar-Schutzgas	4.41	4.36
25OH-26D$_2$-7-Dehydrocholesterin	Ether	25OH-26D$_2$-Provitamin-D_3	Hg-Lampe + N_2-Laser	254 337	2-stufige photochemische Synthese analog zu der von Provitamin-D_3	4.44	
Vitamin-K		Vitamin-K-Trioxan	Ar$^+$	458	Licht unter 410 nm verhindert die Trioxangewinnung	4.45	4.36
Benzol	H_2O	Toluol	KrF	248	Produktbildung über 2-Photon-Ionisierung von Benzol, Quantenausbeute $< 10^{-3}$	4.118	

von Oligomeren mit einer schmalen Größenverteilung. Die mittlere Molekülgröße der Oligomere kann über die Laserintensität gesteuert werden [4.48]. Mit Lampenlicht entstehen hingegen unlösliche Polymere.
- In einer Polyvinylbutyralfolie (0,1 mm dick) mit 2,3-Dihydroporphyrin konnten auf einer Fläche von 5mm Durchmesser bei 1,7 K holographisch mit Hilfe von photochemischem Lochbrennen und Anlegen eines elektrischen Feldes 25 Bilder in einem spektralen Intervall von 1 cm^{-1} und einem Feldstärkenbereich von ±100 kV/cm gespeichert werden (4-dimensionale Holographie: 2 Raumrichtungen, Laserwellenlänge, elektrisches Feld) [4.76].
- Photochemisch erzeugte Gitterstrukturen in µm- und Sub-µm-Dimension erlauben die experimentelle Untersuchung von (sehr) langsamen Diffusionsprozessen in Matrizen in technisch praktikablen Meßzeiten.
- Laserphotochemisches Lochbrennen eignet sich zur Herstellung schmalbandiger optischer Filter (MHz-Bandbreite), stationärer Frequenzmarken und digitaler optischer Datenspeicher (10^{11} bis 10^{12} Bit/cm^2) [4.56].
- Mit sehr schneller Aufheizung von Adsorbatschichten (z.B. 10^{11} K/s) können die bei niedriger Temperatur dominanten Prozesse (z.B. Zersetzung von Methanol auf Nickel) "übersprungen" und die bei hoher Temperatur vorherrschenden Prozesse (z.B. Desorption von unzersetztem Methanol von Nickel) bevorzugt werden [4.86].
- Die Selektivität photoinduzierter (nicht-thermischer) Desorption kann zur Gestaltung von Adsorbatschichten (chemische Zusammensetzung, Größenverteilung der Adsorbate) genutzt werden.

5 Laserinduzierte Prozesse in kondensierter Materie

Der Inhalt dieses Kapitels läßt sich mehrdeutig mit "Laserchemie in Grenzbereichen" charakterisieren. Grenzbereich in seiner unmittelbaren Bedeutung meint zunächst die vom Laser bestrahlte Oberflächenschicht eines Werkstückes oder kondensierten chemischen Systems. Im übertragenen Sinn meint Grenzbereich die fließenden Übergänge von den hier behandelten Prozessen zu Systemen und laserinduzierten Prozessen, die teilweise auch in anderen Kapiteln dieses Buches beschrieben werden. So bestehen fließende Übergänge zwischen laser*physikalischen* Prozessen wie der laserinduzierten Kristallisierung von amorphem Silizium (a-Si) zu mikrokristallinem Silizium (µc-Si) und laser*chemischen* Prozessen wie der Kristallisierung von amorphem, wasserstoffhaltigen Silizium (a-Si:H) zu µc-Si unter Wasserstoffabgabe ($SiH_{0,1} \rightarrow Si$). Ein fließender Übergang besteht auch zwischen den Adsorbatschichten aus unvollständigen oder wenigen vollständigen Monolagen, deren Eigenschaften stark vom Trägermaterial geprägt sind (Abschnitt 4.3), und massiven Oberflächenschichten, deren Eigenschaften unabhängig vom Untergrundmaterial sind. Ferner gibt es einen fließenden Übergang von "isolierten" Atomen oder Molekülen in Matrizen über Legierungen zu Festkörpern aus chemischen Verbindungen mit festen Bindungsabständen und Bindungswinkeln (vgl. auch [5.1-5.3]). Die Abgrenzung der einzelnen Bereiche erfolgt hier pragmatisch und ist aus dem nachfolgenden Kapitel ersichtlich.

5.1 Lokales Schmelzen und Kristallstrukturänderungen

Bei Lasereinstrahlung auf die Oberfläche eines schmelzbaren Feststoffes bildet sich je nach Laserintensität, Laserwellenlänge, Absorption des Laserlichts, Bestrahlungsdauer und Wärmeleitung des bestrahlten Materials eine Schmelzzone von bestimmter Größe und Form aus (Tabelle 5.1). Während sehr kurzer Laserpulsen ist der Wärmefluß an die unbestrahlte, kalte Umgebung vernachlässigbar. Die Schmelzzone hat dann maximal denselben Querschnitt wie der Laserstrahl. Ihre Tiefe und Form hängen vom absorbierten Laserenergiefluß bzw. vom Intensitätsprofil des Laserstrahls ab.

Tabelle 5.1. Dichte, Wärmeleitfähigkeit, Wärmekapazität, Temperaturleitfähigkeit und Kristallsystem von ausgewählten Materialien sowie die Einwirktiefe (EWT) und die maximale Oberflächentemperatur bei Absorption von 10^8 W/cm² während 50 ns (nach [5.13])

Stoff	Dichte (g/cm³)	Wärme- leitf. (W/cmK)	Wärme- kapazi. (J/gK)	Temperatur- leitfähigk. (cm²/s)	EWT (µm)	T_{max} (10^4K)	Kristall- systeme[*]
Al	2,70	2,4	0,901	0,9869	4,44	1,85	kfz
Ag	10,49	4,26	0,707	0,5744	3,30	0,796	kfz
Au	19,32	3,13	0,129	1,2559	5,01	1,60	kfz
Cu	8,96	3,95	0,386	1,1421	4,78	1,21	kfz
Co	8,90	0,89	0,456	0,2193	2,09	2,35	hex
Fe	7,87	0,72	0,670	0,1366	1,65	2,44	krz
Li	0,53	0,818	3,559	0,4337	2,95	3,6	krz
Mo	10,20	1,35	0,245	0,590	3,43	2,54	krz
Ni	8,90	0,827	0,439	0,2114	2,06	2,49	kfz
Nb	8,58	0,548	0,265	0,241	2,20	4,01	krz
Sn	5,75	0,628	0,22	0,5036	3,17		krz
Ta	16,60	0,577	0,140	0,2479	2,23	3,86	krz
Ti	4,51	0,207	0,515		1,33	6,45	hex
W	19,30	0,163	0,136	0,6623	1,12	6,85	krz
Zn	7,14	1,12	0,384	0,4090	2,86	2,55	hex
Zr	6,49	0,218	0,277	0,1216	1,56	7,15	hex
C(D)	3,52	7,03	0,519	3,848	8,77	1,25	Diamant
C(G)	2,30	1,5	0,712	0,916	4,28	2,85	Graphit
Cr	7,19	0,921	0,448	0,286	2,39	2,60	krz
Pd	12,00	0,73	0,245	0,249	2,23	3,06	krz
Pt	21,50	0,717	0,133		2,24		krz
Si	2,33	1,08	0,703	0,659	3,63	3,36	

[*]) kfz = kubisch flächenzentriert, krz = kubisch raumzentriert, hex = hexaginal

Ist der Laserenergieeintrag hingegen langsam gegen den Wärmefluß im Material, dann ist die Form der Schmelzzone weitgehend durch die Wärmeausbreitung und ihre Ausdehnung durch das Verhältnis zwischen absorbierter Laserleistung und Wärmefluß an die Umgebung bestimmt.

Nach Beendigung der Laserbestrahlung kühlt sich die erhitzte Materie wieder ab und die Schmelzzone erstarrt. Die Abkühlungs- und Erstarrungsprozesse hängen ebenfalls von den Bedingungen der Laserbestrahlung ab. So führt eine sehr kurzzeitige Laserbestrahlung im allgemeinen auch zu einer sehr raschen Abkühlung: Wegen der vernachlässigbaren Wärmeableitung während der Laserbestrahlung konnte sich ein sehr steiler Temperaturgradient zur Umgebung aufbauen, der dann zu einem sehr raschen Wärmeabfluß an die Umgebung führt. Ein relativ langsamer Laserenergieeintrag führt hingegen zu moderaten Temperaturgradienten und somit auch zu einem relativ langsamen Abkühlprozeß nach der Laserbestrahlung. Beide Effekte sind je nach Aufgabenstellung erwünscht und vorteilhaft. Mit dem Laser ebenfalls mögliche Verdampfungsprozesse werden hier ausgespart und in Kapitel 8 besprochen.

Typischerweise führt ein sehr schnelles Abkühlen nach der Laserbestrahlung zu einer Abschreckreaktion und einer amorphen Materialstruktur (Amorphisieren, Verglasen). Langsames Aufheizen und Abkühlen führt im Idealfall hingegen zu einer epitaktischen Schicht, da die Erstarrungsfront vom Materialinnern des nur oberflächlich angeschmolzenen Werkstückes nach außen wandert. Als Zwischenstufen entstehen je nach relativer Abkühlgeschwindigkeit nanokristalline, mikrokristalline oder polykristalline Oberflächenschichten unterschiedlicher Rauhigkeit. Wegen der starken Anisotropie beim Erstarrungsprozeß entstehen mitunter stark ausgerichtete Kristallstrukturen an der Oberfläche.

Veränderungen der Festkörperstruktur und/oder chemischen Bindungsverhältnisse unter Laserbestrahlung sind jedoch nicht notwendigerweise an Schmelz- und Erstarrungsprozesse geknüpft. Bereits deutlich unterhalb der Schmelztemperatur eines Festkörpers können Diffusion, strukturelle Reorganisation und Phasenumwandlungen zu beträchtlichen Änderungen der Substanzeigenschaften führen. Hierzu gehören thermische Ausheilprozesse (Tempern) von Defekten und inneren Spannungen.

Auf den ersten Blick erscheinen solche laserinduzierten Schmelz-, Erstarrungs- und Tempervorgänge von rein physikalischer Natur. Änderungen der Kristallstruktur und/oder der Oberflächenrauhigkeit bewirken allerdings häufig auch Änderungen im chemischen Reaktionsverhalten, beispielsweise bezüglich Ätzen und Korrosion. Desweiteren ändert sich beim Schmelzen und Erstarren die chemische Zusammensetzung der Oberflächenschicht, beispielsweise wenn Verunreinigungen oder Beimengungen vor der Erstarrungsfront herwandern und sich so an der Oberfläche anreichern, ähnlich wie beim Reinigen von Halbleitern durch Zonenschmelzen.

Viele der laserinduzierten Schmelz- und Erstarrungsprozesse wurden bereits im Zusammenhang mit Laserschneiden, Laserbohren sowie Laserplanarisieren, Laserhärten, Laserlegieren, Lasertempern, Laserschweißen und Laserfügen ausführlich besprochen (vgl. z.B.[5.4-5.21,5.135]). Daher werden hier nur wenige, besonders "chemische", eindrucksvolle oder praxisbezogene Beispiele angeführt. Erwähnenswert ist noch, daß laserinduziertes Schmelzen von Oberflächenschichten auch bei Festkörpern mit sehr hohen Schmelztemperaturen wie Keramiken problemlos erreicht wird (vgl. z.B. [5.22] sowie Kap. 8).

Mit Hilfe von zeitaufgelöster Transmissions-Elektronen-Mikroskopie (TEM) gelang es, das Kristallisieren von amorphem Germanium (50 bis 100 nm dicke, freitragende Schichten) bei Bestrahlung mit frequenzverdoppelten Nd-YAG-Laserpulsen zu studieren [5.23,5.24]. Das Kristallisieren im Zentrum der bestrahlten Zone hängt von der Laserpulsenergie ab und läßt sich in drei Bereiche unterteilen (Bild 5.1).

Bei niedriger Pulsenergie bleibt die Temperatur unterhalb der Schmelztemperatur T_{SA} von amorphem Germanium (etwa 950 K). In einer Festkörperreaktion tritt thermisch aktivierte Keimbildung ein, d.h. im heißen Zentrum bilden sich mehr Keime aus als in den kalten Randzonen. Folglich erhält man nach Abschluß der relativ langsamen Kristallisierung im Zentrum feine und in den Randzonen große Kristallite (Bild 5.1a).

Bei mittlerer Laserpulsenergie erreicht die Temperatur T im bestrahlten Zentrum einen Wert zwischen T_{SA} und T_{SK}, der Schmelztemperatur von kristallinem Germanium. Die aus dem amorphen Germanium erhaltene Flüssigkeit stellt also bezüglich kristallinem Germanium eine unterkühlte Schmelze dar. Ihre Kristallisierungsgeschwindigkeit steigt mit der Temperaturdifferenz $T_{SK}-T$ und ist daher im Zentrum am größten und dort dominant gegenüber der

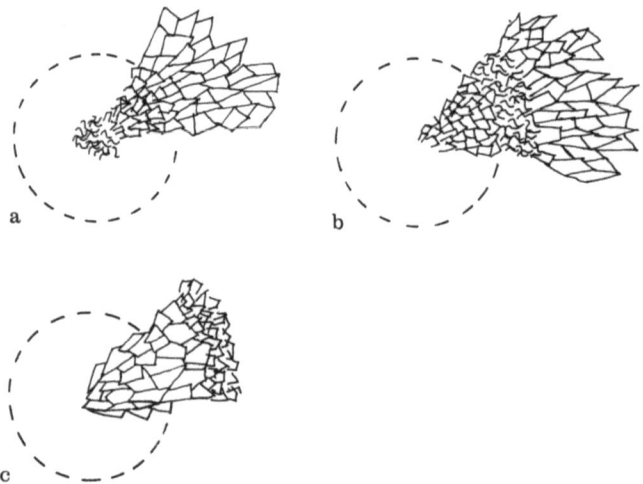

Bild 5.1. Kristallstrukturmuster (nur für einen Winkelausschnitt gezeigt) nach der laserinduzierten Kristallisierung von amorphem Germanium nach [5.24] (a) bei kleiner Pulsenergie und reiner Festkörperreaktion, (b) bei mittlerer Pulsenergie und Aufheizung zwischen die Schmelztemperatur T_{SA} von amorphem und T_{SK} von kristallinem Germanium sowie (c) bei hoher Pulsenergie und Aufheizung über T_{SK}

Keimbildungsgeschwindigkeit. Daher entstehen im Zentrum größere Kristallite als in der unmittelbar benachbarten Randzone (Bild 5.1b).

Bei hoher Laserpulsenergie überschreitet die Temperatur T im Zentrum die Schmelztemperatur T_{SK} von kristallinem Germanium. Die Kristallisierung beginnt nun in der Randzone, in der zuerst eine Unterkühlung auftritt. Es bilden sich lange, zum Zentrum hin wachsende Kristallplättchen aus, die die flüssige Phase vor sich herschieben und einen Buckel im Zentrum erzeugen (Bild 5.1c).

Wesentlich für das laserinduzierte Kristallisieren bzw. Amorphisieren von Dünnschichten ist natürlich auch die Oberflächenstruktur des Trägermaterials, da diese bei vollständigem Aufschmelzen der Dünnschicht die Kristallkeimbildung beeinflußt. Bild 5.2 veranschaulicht die Zusammenhänge zwischen der Schichtdicke von amorphem, wasserstoffhaltigem Silizium (a-Si:H) auf Quarz, dem Energiefluß bei XeCl-Excimerlaserbestrahlung, der resultierenden Kristallstruktur und der Oberflächenrauhigkeit [5.25] (vgl. auch [5.26]).

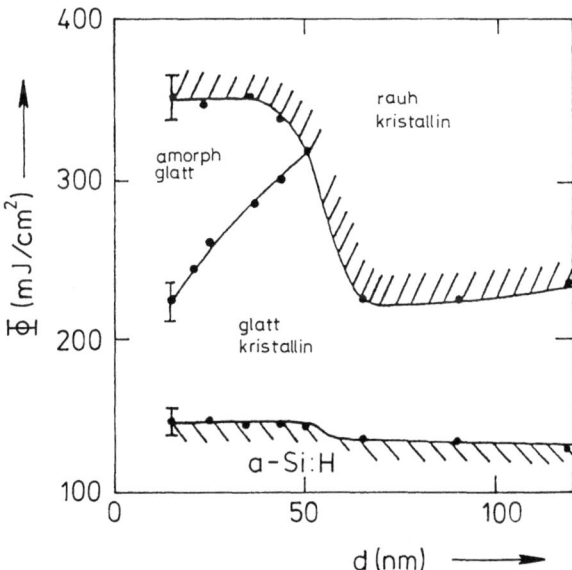

Bild 5.2. XeCl-Excimerlaserinduzierte Bildung von amorphem Silizium ohne Wasserstoff (a-Si), von kristallinem Silizium (c-Si) mit glatter und rauher Oberfläche als Funktion der a-Si:H-Schichtdicke d und dem Laserenergiefluß Φ ausgehend von amorphem, wasserstoffhaltigem Silizium (a-Si:H) auf Quarz nach [5.25]

Bild 5.2 zeigt eine Energieflußschwelle von 120 bis 150 mJ/cm² für die Umwandlung von a-Si:H-Dünnschichten. Bei unvollständiger Schmelze der a-Si:H-Schicht (geringer Laserenergiefluß) bildet sich nach dem Entweichen des Wasserstoffs eine glatte, polykristalline Siliziumschicht. Für Schichtdicken bis zu 50 nm wird auch die Bildung von amorphem Silizium ohne Wasserstoff (a-Si) beobachtet. Diese ist an vollständiges Schmelzen und eine hohe Abkühlgeschwindigkeit der Dünnschicht (unterkühlte Schmelze) gebunden und die Energieflußschwelle für diesen Prozeß steigt mit der Schichtdicke an (vgl. auch [5.27]). Oberhalb von etwa 350 mJ/cm² wird bei dünnen Schichten kristallines Silizium (c-Si) mit rauher Oberfläche erhalten, die durch Tröpfchenbildung während der Schmelzphase entsteht. Bei Schichtdicken über 50 nm bleibt die a-Si-Bildung aus und die Energieflußschwelle für die Bildung einer rauhen Oberfläche sinkt auf etwa 200 mJ/cm². Diese Absenkung wird mit der explosionsartigen Freisetzung von Wasserstoff aus a-Si:H gedeutet.

Der laserinduzierte Übergang zwischen a-Si und c-Si mit glatter Oberfläche ist umkehrbar. Das gewünschte Ergebnis wird jeweils über die Einstellung des "richtigen" Laserenergieflusses erzielt (Bild 5.2). Der Übergang zum kristallinen Silizium mit rauher Oberfläche ist hingegen irreversibel. Vergleichbare Ergebnisse zur Kristallisierung bzw. Amorphisierung von Silizium mit einem XeCl-Laser werden auch unter ArF-Excimerlaserbestrahlung erzielt [5.28]. Der Wasserstoffgehalt in den a-Si:H-Dünnschichten hat nicht nur Einfluß auf die Oberflächenrauhigkeit des polykristallinen Siliziums sondern behindert auch das Kristallwachstum.

Für die Herstellung von Dünnschichttransistoren ist kristallines Silizium mit großen Kristalliten über 10 nm erwünscht. Dies wird durch die zeitliche Streckung der Abkühlphase begünstigt, die durch eine transparente thermische Pufferschicht aus SiO_2, hohen ArF-Laserenergiefluß (193 nm, 300 mJ/cm², 17 ns) und Vorheizen des Dünnschichtsystems auf 400°C bewirkt werden kann [5.29]. Eine Steigerung der Ladungsträgerbeweglichkeit im kristallisierten Silizium wurde auch mit einer Behandlung mit Wasserstoffatomen erhalten, mit denen die Defektdichte an den Korngrenzen vermindert wird [5.26]. Die Laserenergieflußschwelle für die Laserkristallisierung von a-Si:H sinkt mit zunehmender Phosphordotierung, was mit einer Schmelzpunkterniedrigung von a-Si:H gedeutet werden kann [5.30].

Mitunter können die Materialien des Werkstückes und der Oberflächenschicht ein Eutektikum bilden, wie im Fall von Nickel auf Silizium [5.31]. Dann bilden sich beispielsweise bei ArF-Laserbestrahlung unter 0,5 J/cm² an der Ni/Si-Grenzfläche bereits Legierungen (Ni_5Si_2, Ni_3Si_2), während die Nickeloberfläche noch unverändert bleibt. Auf ähnliche Weise erfolgt das CO_2-

laserinduzierte Härten einer Stahlschicht unterhalb einer TiN-Oberflächenschicht [5.32]. Die Bestrahlung von dünnen Chromschichten auf Silizium mit Nd-Glas-Laserpulsen (1,06 µm) führt an der Chrom/Silizium-Grenzfläche zu einer $CrSi_2$-Schicht, deren Dicke mit dem eingesetzten Laserenergiefluß ansteigt [5.33].

Bislang wurde nur die Kristallisierung innerhalb der laserbestrahlten Zone betrachtet. Doch Kristallisierung kann auch außerhalb stattfinden [5.34,5.35]. So ist die Laserkristallisierung von amorphem Silizium unter geeigneten Versuchsbedingungen ein autokatalytischer Prozeß (explosive Kristallisierung) [5.36,5.37]. Die Umwandlung von metastabilem, amorphem Silizium zu kristallinem Silizium ist ein exothermer Prozeß. Einmal durch die Laserbestrahlung angestoßen, versorgt er die benachbarten Zonen mit der erforderlichen Aktivierungsenergie, so daß sich der Prozeß weit über die bestrahlte Zone (µm-Bereich) bis zu einigen Millimetern Ausdehnung ausbreiten kann. Bei einem bewegten Laserstrahl können sich in Abhängigkeit von den Prozeßparametern (z.B. Laserintensität, Größe der bestrahlten Fläche, Laservorschubgeschwindigkeit) periodische Muster in der kristallisierten Schicht ausbilden [5.38].

Die laserinduzierten Veränderungen der Kristallstruktur von Oberflächenschichten ist nicht auf fertige Dünnschichten begrenzt. Sie kann bereits während der Schichtbildung eingesetzt werden und führt dann mitunter zu Ergebnissen, die bei einer nachträglichen Lasermodifikation der Oberflächenschicht nicht erreicht werden. Ein Beispiel hierzu bildet die Abscheidung von amorphem Kohlenstoff durch Kathodenzerstäubung (Sputtern) von Graphit sowie durch direkte Ionenstrahlabscheidung [5.39]. Die gleichzeitige und die nachträgliche Laserbestrahlung mit Nd-YAG-, XeCl- und KrF-Lasern führen zu unterschiedlicher Ausbildung von Graphit- und/oder Diamantkristallen.

Die KrF-Excimerlaserbestrahlung von Polyimid- und Polybenzimidazol (PBI)-Oberflächen an der Luft mit geringem Energiefluß (20 bis 100 mJ/cm^2) unterhalb der Ablationsschwelle erhöht die elektrische Leitfähigkeit in den Oberflächenschichten (Absorptionslänge etwa 0,1 µm) um viele Größenordnungen [5.40]. Bei Polyimid steigt sie von 10^{-15} $\Omega^{-1}cm^{-1}$ nach 1500 bis 6000 Laserpulsen auf 1 bis 10 $\Omega^{-1}cm^{-1}$ an und bei PBI von etwa 10^{-14} $\Omega^{-1}cm^{-1}$ auf 0,1 bis 1 $\Omega^{-1}cm^{-1}$. Die Ortsauflösung dieses Effektes ist abhängig von den verwendeten Masken, ist jedoch besser als 5 µm. Die erzielte elektrische Leitfähigkeit ist stabil (über 8 Wochen bei Lagerung an Luft) und wird auf Graphitbildung zurückgeführt. Durch Excimerlaservorbehandlung von Polypropylenoberflächen konnten auch die Festigkeitseigenschaften von Kunststoff/Stahlklebeverbindungen gegenüber konventioneller Behandlungstechnik verbessert werden [5.41]. Solche Verklebungen finden beispielsweise im Automobilbau Anwendung bei Stoßstangenabdeckungen, Stoßstangenecken und Rammschutzleisten.

Mit IR-Lasern (CO_2- und Nd-YAG-Laser) lassen sich thermoplastische Kunststoffe und daraus aufgebaute Faserverbundwerkstoffe schmelzen und unter geeigneten Versuchsbedingungen verschweißen [5.42]. So gelang beispielsweise mit CO_2-Laserstrahlung die Verschweißung von Polypropylen - Hohlzylindern und die Herstellung eines Rohrkörpers aus glasfaserverstärktem PA6 Polystal-Profil in einem Wickelverfahren (PA6 = technisch bedeutendstes Polyamid der Perlonreihe, auch Poly(ε-Caprolactam) genannt [5.43]). Mit Nd-YAG-Laserstrahlung konnte auf ähnliche Weise eine Spiralwicklung aus einem glasfaserverstärkten Polyethylenterephtalat(PET) - Polystal-Profil gefertigt werden.

Kunststoff-Fasern weisen von ihrem Herstellungsprozeß her meistens eine Oberflächenspannung auf. Wird durch (kurzzeitige) Laserbestrahlung die Oberfläche angeschmolzen, so bildet sich in Abhängigkeit der Absorptionseigenschaften des Fasermaterials und den Bestrahlungsbedingungen eine neue Oberflächenstruktur aus [5.44], eine "Rollenstruktur" (Bild 5.3). Der Zusammenhang zwischen der ursprünglichen Oberflächenspannung der Faser und der Rollenbildung zeigt sich sehr eindrucksvoll an einer kalt gestreckten PET-Faser (PET = Polyethylenterephtalat) im Übergangsbereich zwischen einem gedehnten und einem ungedehnten Teilstück: Nur in dem gedehnten Teilstück mit Oberflächenspannung bilden sich bei Laserbestrahlung Rollen. Eine weitere Voraussetzung zur Rollenbildung ist ein großer Absorptionskoeffizient für das Laserlicht. So weist PET von 180 bis 260 nm einen Absorptionskoeffizienten k von etwa 10^5 cm^{-1} auf und zeigt bei Bestrahlung mit ArF(193 nm)-, KrCl(222 nm)- oder KrF(248 nm)-Lasern die beschriebene Rollenbildung. Reine Polyolefine wie Polypropylen, Polyethylen und Polyperfluorethylen mit $k \leq 10^3$ cm^{-1} zeigen mit diesen Excimerlasern dagegen keine Rollenbildung. Diese kann entweder mit kurzwelliger, stark absorbierter F_2-Laserbestrahlung (157 nm) erzielt werden oder bei längerwelliger Excimerlaserbestrahlung durch Beimischung von UV-Farbstoffen wie Benzophenon.

Die Merkmale der Rollenstruktur (Bild 5.3) hängen für eine vorgegebene Polymerfaser vom Laserenergiefluß und von der Zahl der Laserpulse ab. Der mittlere Abstand zwischen den Rollen nach dem ersten KrF-Laserpuls beträgt für PET-Fasern bei 0,1 J/cm² rund 1,5 µm und bei 1 J/cm² etwa 1,2 µm. Von Puls zu Puls nimmt der mittlere Rollenabstand mit dem Logarithmus der Schußzahl zu, bei hohem Laserenergiefluß stärker als bei geringem Energiefluß. Mit der Abstandsvergrößerung ist eine Einschnürung zwischen den Rol-

117

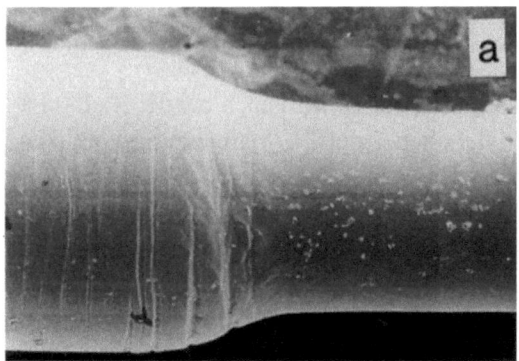
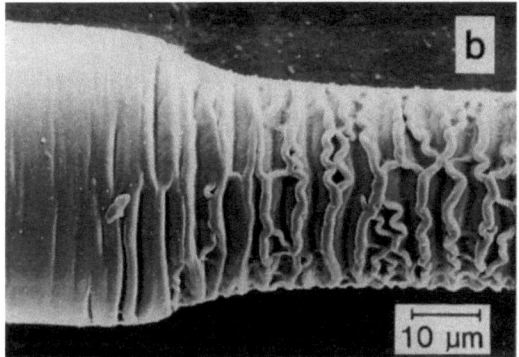

Bild 5.3. Kaltgestreckte PET-Faser mit einem ungestreckten (links) und einem gestreckten Bereich (rechts) vor dem Beschuß (a) und (b) nach 20 Pulsen KrF-Laserbestrahlung mit Rollenbildung im gestreckten Bereich sowie (c) typisches Rollenstrukturmuster (Die Bilder wurden von Dr. T. Bahners und W. Kesting, Krefeld, zur Verfügung gestellt; vgl. auch [5.44])

lenmaxima verbunden, die bis zur Bildung getrennter Ellipsoide führt (Faserzerstückelung). Bei hohem Energiefluß ist sie von Laserablation (Pulslaserverdampfung, vgl. Kapitel 8) begleitet. Für kontrollierte Rollenstrukturbildung ohne Ablation empfiehlt sich eine Laserbestrahlung zwischen 30 und 100 mJ/cm^2 [5.44]. Mögliche Nutzanwendungen solcher Rollenstrukturen liegen in den veränderten Reibungs-, Benetzungs- und Adsorptionseigenschaften der Fasern. Diese haben beispielsweise hinsichtlich Filtern für sehr feine Partikel oder die Haftung von Farben und Pasten Bedeutung.

Die Ausbildung von Oberflächenstrukturen wird auch bei der (Puls-) Laserbestrahlung vieler anderer Materialien (Metalle, Halbleiter, Keramiken, Polymere [5.45,5.140,5.141]) beobachtet. In enger Verwandschaft zur Rollenbildung bei den Polymerfasern mit Oberflächenspannung steht die Strukturbildung bei Excimerlaserbeschuß von gedehnten Polymerfolien, die von der Art der Foliendehnung (1- und 2-dimensional), dem Laserenergiefluß pro Puls und der Laserpulszahl abhängt [5.46,5.47].

5.2 Eindiffusion in Oberflächenschichten

In diesem Abschnitt wird die laserinduzierte Eindiffusion von Dotierungs- und Legierungsstoffen anhand weniger Beispiele veranschaulicht. Ausführlichere Darstellungen als hier finden sich unter anderem in [5.20,5.48-5.51,5.139].

Titannitridschichten, die zur effizienen Einkopplung von CO_2-Laserlicht mit Graphitspray belegt wurden, zeigen an der Oberfläche Stickstoffverluste und Ersatz des Stickstoffs durch Kohlenstoff [5.32]. Umgekehrt kann durch Excimerlaserbestrahlung von Titan in Stickstoffatmosphäre eine festhaftende TiN-Oberflächenschicht erzeugt werden [5.52]. Unter besonderen Vorsichtsmaßnahmen lassen sich reine TiN-Schichten erzeugen, insbesondere ohne Einschluß von Sauerstoff (Oxide, Oxynitride).

Durch Maskenprojektion mit einem KrF-Laser auf n-GaAs in einem SiH_4/He-Gasgemisch wird ein Oberflächenmuster von Si-dotiertem GaAs erzeugt [5.53-5.55]. In einem Kupfersalzbad [5.54] oder Goldsalzbad [5.55] wächst auf dem Si-dotierten GaAs bei elektrodenloser Abscheidung Metall auf. Die mit Gold erzielten Strukturbreiten betragen 1,6 µm und sind damit nur etwa halb so breit wie die bestrahlten GaAs-Oberflächenausschnitte (3 µm). Nur im zentralen Bereich der bestrahlten Fläche schmilzt GaAs kurzzeitig und nimmt die Si-Dotieratome auf. Die Konzentration an Dotieratomen ist unabhängig vom eingestrahlten Energiefluß pro Puls, steigt aber mit der Anzahl der Laserpulse (Schmelzvorgänge) und schlägt sich in einer zunehmenden Abscheiderate von Gold nieder. Der spezifische Widerstand des so erhaltenen Goldniederschlags ist nur 1,5 mal so groß wie der von massivem Gold.

Ähnliche Diffusionsvorgänge, wie oben für das aus SiH_4 gebildete Silizium in GaAs, können auch bei anderen direkten Laser-CVD-Prozessen (vgl. Abschnitt 6.2.2) eine wichtige Rolle spielen. Als Beispiele seien die Verbesserung der Korrosionsbeständigkeit von Stahl durch die Abscheidung von Chrom unter intensiver Lasereinwirkung auf die Metalloberfläche angeführt [5.56] sowie die Zinkdotierung von GaAs bei der Ar^+-Laserbestrahlung in einer Dimethylzinkatmosphäre [5.57]. Die Änderung chemischer Eigenschaften durch lokale, laserinduzierte Dotierung/Legierung kann auch als Vorstufe zu selektivem Ätzen eingesetzt werden [5.58]: Die laserchemische Zersetzung von $Zn(CH_3)_2$ und die Legierung des gebildeten Zink mit Aluminium führt dazu, daß der mit Zn versetzte Teil von Aluminium mit Essigsäure bevorzugt geätzt wird.

Zur laserinduzierten Eindiffusion bzw. Legierungsbildung in Oberflächenschichten können auch feine Pulver eingesetzt werden. Diese werden hierzu mit einer Düse auf die lasererhitzte Schmelzzone geblasen. Ein Beispiel hierfür ist das Bor-Legieren von Titan oder Titanlegierungen, wobei als Borierungsmittel Bor-, B_4C-, TiB_2-, MoB-, MoB_2- und W_2B_5-Pulver eingesetzt werden können [5.59].

5.3 Laserchemie in Oberflächenschichten

Laserchemie in kondensierter Materie mit hoher optischer Dichte ist zum Materialinneren hin durch die Eindringtiefe des Lichtes und/oder der Wärme begrenzt, die mit der Bestrahlungsintensität und -dauer beeinflußt werden kann. Der Laserwirkungsbereich in der Oberfläche fällt mehr oder weniger mit dem Laserstrahlquerschnitt zusammen. Daher handelt es sich oft um lokalisierte chemische Veränderungen von Oberflächenschichten.

Metallsalze organischer Säuren und sonstige metallorganische Flüssigkeiten oder Festkörper bilden unter der Einwirkung kontinuierlicher oder gepulster Laser häufig metallische Abscheidungen (Bild 5.4) [5.60-5.69]. So lassen sich direkt durch Ar^+-laserinduzierte thermische Zersetzung von Silberracetat (CH_3COOAg) Silberlinien von nahezu 100 % Reinheit und 10 bis 50 μm Breite auf Mn-Zn-Ferrit oder SiO_2 "schreiben" [5.65]. In anderen Prozessen wird die laserinduzierte Metallabscheidung zur lokalen Erzeugung von Kristallkeimen genutzt. Diese eignen sich zur laserinduzierten Mustererzeugung auf einer Oberfläche als Stufe 1 eines zweistufigen Verfahrens. In Stufe 2 wird aus der strukturierten Keimschicht eine strukturierte metallische Dünnschicht aufgebaut. Dieser zweite Prozeßschritt kann in einer katalytischen Abscheidung aus der Gasphase (katalytische CVD; CVD = Chemical Vapor Deposition) bestehen oder in einer (elektrodenlosen) galvanischen Abscheidung, die auf die bekeimte Oberfläche begrenzt bleibt. Beispiele:

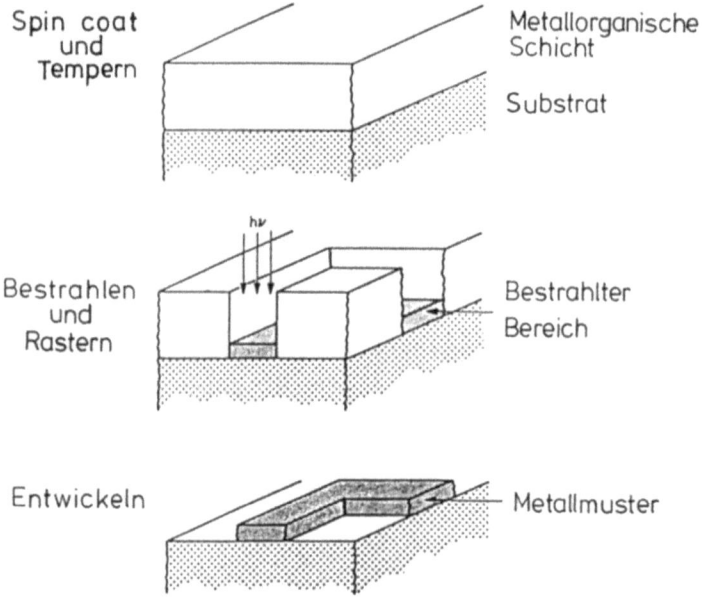

Bild 5.4. Schema der laserinduzierten Metallmustererzeugung in metallorganischen Schichten nach [5.64].

(a) Zur Herstellung eines Kontaktes zwischen zwei 50 µm breiten und 50 µm dicken Kupferleiterbahnen wurde aus einer metallorganischen Schicht (Kupferformiat oder Silber-Neodecanoat) durch Ar^+-Laserbestrahlung (514,5 nm) eine 0,5 bis 1 µm dicke und ebenfalls 50 µm breite Metallschicht erzeugt [5.66]. Über diesen dünnen Metallstreifen wurde in einer $CuSO_4$- Elektrolytlösung eine Wechselspannung angelegt. Der elektrische Leistungsabfall erfolgte praktisch ausschließlich über den dünnen Metallstreifen, heizte ihn auf und führte zur galvanischen Verstärkung des dünnen Metallstreifens durch Kupferabscheidung. Auf diese Weise entstand eine hochleitfähige Metallkontaktierung.

(b) Die Ar^+-laserinduzierte, lokale Palladiumabscheidung auf Polyimid aus Palladiumacetat [5.67] oder einem Palladium-organischen Polymer [5.68] ermöglicht anschließend eine katalytische (elektrodenlose) Kupfergalvanisierung.

(c) Die KrF-laserinduzierte, flächig strukturierte Bekeimung von Al_2O_3 mit 50 µm breiten Pd-Streifen aus Palladiumacetat kann nachfolgend durch Gasphasenabscheidung (CVD) von Al-Streifen aus Trimethylaminalan (Me_3NAlH_3) [5.69] verstärkt werden. Der CVD-Prozeß wird durch Pd katalysiert, erfolgt ausschließlich an den bekeimten Stellen und führt zu reinem Aluminium.

Ein weiteres, zweistufiges Verfahren mit einem Laserstrukturierungsprozeß geht von Keramiken oder organischen Polymeren aus: Mittels lokaler Laserablation (vgl. Kapitel 8) wird die Oberfläche der elektrisch nicht leitfähigen Materialien an den bestrahlten Stellen elektrostatisch aufgeladen. An diesen Stellen scheidet sich bei geeigneter Prozeßführung in einem elektrodenlosen galvanischen Prozeß Metall ab. Die elektrische Aufladung der Oberfläche bei der Laserablation kann man sich damit veranschaulichen, daß ein Teil des verdampften Materials ionisiert wird. Während sich die leichten Elektronen sehr schnell von der Oberfläche wegbewegen können, bleiben die schweren Kationen nahe der Oberfläche und fallen teilweise auf diese zurück [5.70].

Die beschriebenen Beispiele zeigen Möglichkeiten zur Erzeugung von metallischen Oberflächenmustern auch auf elektrisch nicht leitfähigen Trägermaterialien mit Hilfe eines zweistufigen Prozesses, bestehend aus einer laserinduzierten, strukturierten Bekeimung und einer strukturierten Dünnschichterzeugung mit einem herkömmlichen Verfahren ohne Lasereinsatz. Die Umsetzung dieser Ergebnisse aus Forschungslaboratorien in technische Prozesse wird allerdings häufig durch die Verwendung teurer Edelmetalle oder umweltschädlicher Chemikalien, wie hochgiftige metallorganische Verbindungen und organische Lösungsmittel, erschwert. Aus diesem Grund verdienen neue Untersuchungen Beachtung, in denen preisgünstige Metallverbindungen und einfach zu handhabende Lösungsmittel wie z.B. Wasser verwendet werden (vgl. z.B. [5.71]). Die Auswahl der organischen Komponenten in der metallorganischen Ausgangsverbindung hat dabei großen Einfluß auf das Ergebnis des "Laserschreibens" [5.64]. So liefern Mischungen von NH_4AuCl_4 mit Polyvinylalkohol glatte Streifen, Mischungen mit Nitrocellulose dagegen periodische Strukturen, da sich Nitrocellulose beim Aufheizen an der Luft entzündet. Desweiteren spielen für die Strukturbildung beim Laserschreiben die Absorption der Ausgangsverbindung und des Metallniederschlags, die Energiebilanz der laserinduzierten Reaktion und eventueller Folgereaktionen (z.B. Oxidation an Luft) sowie die Absorption und Wärmeleitung des Substrates eine wesentliche Rolle für das Prozeßergebnis.

Kürzlich gelang die laserchemische Abscheidung von reinem Aluminium (spezif. Widerstand: 5,6 $\mu\Omega$cm; Vergleichswert für Einkristall: 2,65 $\mu\Omega$cm) in Form von 3 μm breiten und 1 μm dicken Streifen aus einer Flüssigkeitsschicht von Triisobutylaluminium ((i-C_4H_9)$_3$Al) auf Silizium bei einer Schreibgeschwindigkeit bis zu mehreren mm/s unter Verwendung eines fokussierten Ar^+-Laserstrahles (3 μm Durchmesser, 514,5 nm) [5.72]. Dabei wirkt sich die hohe Dichte der Flüssigkeit vorteilhaft gegenüber direkter Laser-CVD (vgl. Abschnitt 6.2) bezüglich der Schreibgeschwindigkeit aus. Die Abscheidung ist jedoch immer mit einer kleinen Gasblase von etwa

10 bis 100 µm Durchmesser verbunden. Hervorzuheben ist, daß die laserchemische Abscheidung aus Flüssigkeitsfilmen das Spektrum an Ausgangsverbindungen beträchtlich erweitert. Bezüglich der Reinheit des Aluminiums (kein Kohlenstoffeinbau) ist die Bildung von Isobutylen auf der Oberfläche günstig. Ähnlich reine Al-Schichten wurden auch direkt aus der Gasphase mit $(C_2H_5)_3NAlH_3$ und $(CH_3)_3NAlH_3$ erhalten.

Ein weiteres Beispiel für laserinduzierte Metallabscheidung aus einer dünnen Flüssigkeitsschicht bilden die Platin-, Gold und Nickelabscheidungen auf InP mit Hilfe eines gepulsten Farbstofflasers [5.73]. Die Metallabscheidung erfolgt dabei über eine thermische Reaktion zwischen dem Substratmaterial und dem gelösten Metallsalz.

Lokales Laserheizen mehrlagiger Oberflächenschichten kann zur schnellen Herstellung gut haftender und elektrisch leitfähiger Leiterbahnen im µm-Maßstab genutzt werden. Aus einem Schichtsystem p-dotierter (100)Si-Wafer + 1µm SiO_2 + 40nm TiW-Haftvermittler + 0,2 bis 1,0 µm Au + 50 bis 600 nm amorphes Si entsteht (auch) an der Luft durch Ar^+-Laserbestrahlung (514,5 nm, 10^5 bis $2x10^6$ W/cm²) eine Au-Si-Legierung bzw. Mischung [5.74]. Dieser Prozeß erlaubt Vorschubgeschwindigkeiten bis zu 2,5 m/s und einen Faktor 4 bis 6 zwischen der maximalen und minimalen Laserleistung. Anschließend wird nur im bestrahlten Bereich elektrolytisch 2 bis 5 µm dickes Kupfer aus $CuSO_4/H_2SO_4$ abgeschieden. Dabei stellt die Au-Schicht den Kontakt zur Außenelektrode her. Die angelegte Spannung beschleunigt die Kupferabscheidung gegenüber einem elektrodenlosen Prozeß um zwei Größenordnungen. In drei Ätzschritten können die nun überflüssigen Schichten von amorphem Si, Au und TiW entfernt werden.

Eine Oberflächenschicht von 150 nm Titan auf Siliziumnitrid kann durch KrF-Pulslaserbestrahlung an der Luft zur Reaktion gebracht werden [5.75]. Bei einem Laserenergiefluß von 1 J/cm² bildet sich innerhalb von 5 Laserpulsen an der Ti/Si_3N_4-Grenzfläche eine TiN-Schicht aus, die bei weiterer Laserbestrahlung als Sperrschicht wirkt. Bei Laserenergieflüssen über 2 J/cm² schmilzt hingegen die TiN-Schicht vorübergehend und eine weitergehende Durchmischung und Reaktion der Schichtmaterialien findet statt. Jedoch entstehen nur TiN- und keine TiSi-Verbindungen. Hierin unterscheidet sich das Ti/Si_3N_4-System vom Ti/SiC-System, das bei Laserbeschuß zu TiC, SiC und $TiSi_2$ reagiert.

Die laserinduzierte Verschmelzung (Reaktion) von zwei und mehr übereinanderliegender Dünnschichten wurde desweiteren für eine ganze Reihe von Schichtsystemen gezeigt. Hierzu zählen die Materialien Sb/Ge (193 nm, ArF-Laser) [5.76], Ge/Se (248 nm, KrF-Laser) [5.77], Sb/Se (514 nm, Ar^+-Laser) [5.78], Ti/Si (248 nm, KrF-Laser) [5.79], Au/Te/GaAs (532 nm, Nd-

YAG-Laser mit Frequenzverdopplung) [5.80], Ni/Si und a-FeSi$_2$/Si (1,06 µm, NdYAG-Laser) [5.81], Cu/Te (Ar$^+$-Laser, alle Linien) [5.82], In/Cu/Te (Ar$^+$-Laser, alle Linien) [5.83] sowie Al/Sb für eine intermetallische Verbindung (Excimerlaser) [5.84].

Laserinduzierte Oxidation von Oberflächenschichten ist ein recht häufig genutzter, meist thermischer Effekt. Die Absorptionseigenschaften des Ausgangsmaterials (Metall, Halbleiter,...) und des Oxids bei der Laserwellenlänge sind in aller Regel verschieden. Absorbiert das Oxid stärker als das Ausgangsmaterial, so entsteht eine positive Rückkopplung bezüglich der Laseraufheizung und auch der Oxidation (lawinenartiger Effekt). Ein starker Temperaturanstieg kann außerdem zusätzliche Effekte wie Schmelzen, Sublimation und thermische Zersetzung hervorrufen. Nimmt die Absorption während des Prozesses ab (negative Rückkopplung), dann begrenzt sich die Oxidation selbst. Daneben spielen bei transparenten Oxidschichten Interferenzeffekte eine Rolle und können oszillierende Reaktionsgeschwindigkeiten bewirken [5.85, 5.86]. Die unter Laserbestrahlung erzielten Oxidationsprodukte können sich auch deutlich von der Oxidation in einem konventionellen Heizblock unterscheiden. Entsprechende Ergebnisse für die Oxidationsreaktionen einiger Metalle sind in Tabelle 5.2 zusammengefaßt.

Ein Beispiel für positive Rückkopplung bildet die ArF-laserinduzierte Oxidation von Germanium in Sauerstoff [5.87]. Mit der Oxidbildung steigt die Laserabsorption, was sich an der Dauer der Schmelzperiode erkennen läßt. Allerdings erfährt die Oxidbildung auch in diesem Fall eine Selbstbegrenzung. Sie ist erreicht, wenn das Laserlicht vollständig in der Oxidschicht absorbiert und das unter ihr liegende Germanium nicht mehr stark genug für eine weitere Oxidation aufgeheizt wird.

Durch ArF- oder KrF-Excimerlaserbeschuß von Phosphor-dotiertem amorphem, wasserstoffhaltigem Silizium (n$^+$-a-Si:H) an der Luft kann bereits mit wenigen Laserpulsen eine 2 nm dicke Siliziumoxidschicht erzeugt werden [5.88]. Diese reicht aus, um bei einem nachfolgenden CVD-Prozeß auf den laserbestrahlten Schichtflächen eine Abscheidung von Wolfram aus WF$_6$ zu verhindern. So kann in einem 2-Stufen-Prozeß über ein lasererzeugtes Oxidationsmuster (direkte Bestrahlung durch eine Maske bei geringem Laserenergiefluß) ein Wolframmetallmuster erzeugt werden.

Auch eine laserinduzierte chemische Reduktion von Oberflächenschichten ist möglich und weist ein großes Anwendungspotential auf. Beispielsweise kann die durchsichtige, ferroelektrische Keramik PLZT (PLZT = Lanthan-dotiertes Blei-Zirkonat-Titanat, Pb$_{1-3y/2}$La$_y$Ti$_{1-x}$Zr$_x$O$_3$) in Wasserstoffatmosphäre mit dem UV-Licht eines Kr$^+$-Lasers (337 bis 356 nm) lokal reduziert und dadurch metallisiert werden [5.89]. Für die Erzeugung durchgängiger elek-

Tabelle 5.2. Oxidationsprodukte von Metallen bei Oxidation in einem Heizblock und unter Lasereinwirkung nach [5.85]

Metall	Oxide im Ofen	Laserbestrahlung			Anmerkung [*]
		Oxid	Laser	Temperaturbereich	
Al	Al_2O_3	Ablation	cw-Kr^+		DS
Ti	TiO, Ti_2O_3 Ti_3O_5, TiO_2 Ti_2O	Ablation	YAG(35ns)		DS/Si
		Ti_2O_3, TiO	YAG		
		TiO_2,	YAG		
V	$VO_2, V_2O_3,$ $V_2O_5, VO,$ $VO_{1.3}, ...$	V_2O_5	cw-CO_2	1000-1200°C	
		$V_xO_y \rightarrow V_2O_4$ $\rightarrow V_2O_5$	cw-CO_2	300-1300°C	
		V_2O_5	cw-CO_2	500-1250°C	
		V_2O_5	cw-Ar^+		DS
Cr	Cr_2O_3, CrO_2	Cr_2O_3	YAG-Pulse		DS
Fe	Fe_2O_3, Fe_3O_4	$Fe_2O_3,$	cw-CO_2	480-590°C	
	FeO	Fe_3O_4	cw-CO_2	480-590°C	
Co	$CoO, Co_3O_4,$ Co_2O_3	CoO	cw-0.37eV -1.96eV	1000°C	
		Co_3O_4		700K	
Ni	$NiO, (Ni_2O_3)$	NiO	Lampe (IR$\rightarrow$UV)		
Cu	Cu_2O, CuO	CuO, Cu_2O	cw-CO_2 -YAG -Ar^+		
		Cu_2O, CuO	-	370-800°C	
		Cu_2O	-	220°C	
		Cu_2O	cw-0.37eV -1.96eV		
		Cu_2O	cw-Kr^+		DS
		Cu_2O	Kr^+, bewegt		DS
		Cu_2O	cw-Ar^+		DS
Zn	$ZnO, (ZnO_2)$	ZnO	cw-Kr^+		DS
Cd	CdO	CdO	cw-Kr^+		DS
		CdO	Kr^+, bewegt		DS
		CdO	cw-Ar^+		DS
Sn	SnO, Sn_2O_3 Sn_3O_4, SnO_2	SnO	cw-Ar^+		DS

[*] DS=Dünnschicht

trisch leitfähiger Oberflächenschichten muß allerdings ein relativ enges Prozeßparameterfenster eingehalten werden: Einerseits soll die chemische Reduktion der Oxide möglichst vollständig sein, andererseits dürfen aber auch keine Risse in der Metallschicht entstehen.

Bei Dünnschichten zur Verspiegelung oder Vergütung von Laseroptiken ist eine chemische Reaktion (Degradation, Zerstörung) äußerst unerwünscht. Für die Optimierung solcher Dünnschichtsysteme werden daher laserchemische Prozesse bei den eingesetzten Materialien teilweise intensiv untersucht, um zu erfahren, wie sie sich am besten unterdrücken lassen (vgl. z.B. [5.90-5.93]). So wurde unter anderem gefunden, daß mit ausgewählter Pulslaserbestrahlung die Zerstörschwelle von Vergütungsschichten angehoben werden kann. Diese Anhebung läßt sich mit der Beseitigung von Defekten deuten, die durch Ausbleichen von Absorptionszentren, lokales Schmelzen oder Verdampfen erfolgen kann.

Eine mögliche Anwendung für Photochemie in Oberflächenschichten bildet die optische Informationsaufzeichnung (vgl. z.B. [5.94-5.96]). Hierbei können bzw. müssen im Fall von Hologrammen Laser als Lichtquellen eingesetzt werden. Die dabei genutzten Lasereffekte spannen ein weites Feld photophysikalischer und photochemischer Effekte auf. Sie haben schon zahlreiche technische Anwendungen gefunden und bilden ein eigenständiges F&E-Gebiet (vgl. z.B. [5.97,5.98]). Einige technische Ansätze zur optischen Datenspeicherung, wie das photochemische Lochbrennen, wurden bereits in Kapitel 4 besprochen. Die nachfolgend beschriebenen Methoden nutzen thermische Wirkungen der Laserbestrahlung.

Ein Prinzip der Informationsaufzeichnung bei photothermoplastischen Heterostrukturen [5.99] läßt sich wie folgt zusammenfassen: Eine lichtempfindliche Schicht mit einem thermoplastischen Material befindet sich zwischen zwei Elektroden, von denen mindestens eine transparent ist. Bei Lichteinfall entstehen in der lichtempfindlichen Schicht freie Ladungsträger, die einen lokalen Stromfluß zwischen den Elektroden ermöglichen. Dieser führt zu einer lokalen Erwärmung und thermoplastischen Verformung. Als Substanzen mit Lichtempfindlichkeit im Bereich 350 bis 1000 nm werden ausgewählte Donor-Akzeptor(DA)-Komplexe eingesetzt (z.B. poly-N-Vinylcarbazol und 2,4,7-Trinitrofluorenon). Diese sind in einer typischen Konzentration von 3 bis 4 Mol% in eine thermoplastische Polymermatrix eingebettet. Die räumliche Auflösung solcher Heterostrukturen reicht bis zu 600 Linien/mm, ihre Reversibilität übersteigt 1000 Zyklen und ist grundsätzlich für Echtzeit-Aufzeichnungen geeignet.

Die Bestrahlung von farbstoffhaltigen Polymeren oder Gelatine mit einem einzigen Excimerlaserpuls führt bei niedrigem Laserenergiefluß deutlich unterhalb der Ablationsschwelle zum Anschwellen der Oberflächenschicht im µm-Bereich [5.100]. Das Anschwellen ist teilweise mit einer Löcherbildung in der Oberfläche verbunden und wird mit einer Schmelze der Oberflächenschicht unter teilweise chemischer Zersetzung interpretiert. Die Blasenbildung wird auf gasförmige Photoprodukte unterhalb der Oberfläche zurückgeführt. Die Ortsauflösung des Schwelleffektes ist mit der Randschärfe der Schmelzzone verknüpft und liegt im Bereich weniger Mikrometer. Das laserinduzierte Anschwellen wird bei Absorptionskoeffizienten α im Bereich 0,1 μm^{-1} beobachtet und verschwindet mit zunehmenden α-Werten, bei denen unmittelbar Ablation einsetzt.

Durch pyroplastische Verformung einer farbstoffhaltigen Polymerschicht wird in einem jüngst entwickelten Datenträger digitale Information gespeichert [5.101]. Auf einem Polyestersubstrat von 25 bis 75 µm Dicke finden sich eine reflektierende Metallschicht, die pyroplastisch aktive Polymerschicht sowie eine Deckschutzschicht. Der Farbstoff der aktiven Polymerschicht ist auf die Wellenlänge des eingesetzten Diodenlasers (z.B. 830 nm) abgestimmt und die Polymerschichtdicke entspricht der halben Laserwellenlänge. Unter diesen Bedingungen interferieren das von der Metall- und das von der Polymeroberfläche reflektierte Licht positiv. Beim Schreiben der Information wird die Polymerschicht deformiert und damit die positive Interferenz gestört, was an der Intensität des reflektierten Lesestrahles erkennbar ist. Dieser hat dieselbe Wellenlänge und eine Intensität unterhalb der Verformungsschwelle.

Eine andere Form der optischen Datenspeicherung besteht in der laserinduzierten thermischen Datenspeicherung (thermorecording) in Flüssigkristallen. Diese geht von ausgerichteten, mesomorphen polymeren Strukturen aus [5.102,5.103]. (Mesophasen oder mesomorphe Strukturen liegen zwischen völlig geordneten und völlig ungeordneten Strukturen [5.43]). Durch Laserheizung werden die Glastemperatur T_g und die Phasenübergangstemperatur T_{ni} (n = nematisch, i = isotrop) überschritten und an der erhitzten Stelle geht die Orientierung verloren (Bild 5.5). Die Polymerstruktur des Flüssigkristalls verhindert eine schnelle Reorientierung, so daß beim Abkühlen unter T_g der ungeordnete Zustand eingefroren wird. Die isotrope Polymerphase weist gegenüber der mesotropen Phase Unterschiede in ihren optischen Eigenschaften (z.B. Polarisierung, Lichtstreuung) und physikalischen Eigenschaften (z.B. elektrische Leitfähigkeit) auf, die zum Auslesen der Information genutzt werden können. Durch Erwärmung über T_g kann die "alte" Ordnung wieder hergestellt, die gespeicherte Information also gelöscht werden (Bild 5.5). Ein Nachteil dieser Datenaufzeichnung mit Lasern ist ihre geringe Ortsauflösung, die durch die Wärmeleitung an die nicht bestrahlte, kalte Umgebung bestimmt ist. Auch das Schreiben auf magneto-optische Datenspeicher mit hoher Datendichte nutzt die laserinduzierte, hoch aufgelöste Heizung des Speichermediums über die Temperatur, die zur Polarisierung erforderlich ist.

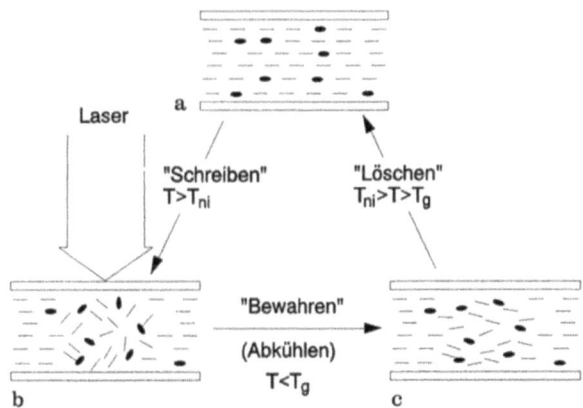

Bild 5.5. Schematische Darstellung der Informationsaufzeichnung in einem polymeren Flüssigkristall mit Hilfe eines laserinduzierten Phasenüberganges von nematisch zu isotrop: (a) nematische Phase vor der Aufzeichnung, (b) lokale Laserheizung und Bildung der isotropen Phase, (c) teilweise relaxierter Flüssigkristall nach der Aufzeichnung und dem Abkühlen

Eine isotherme Methode der optischen Datenspeicherung nutzt die photochemisch laserinduzierte Erniedrigung der Phasenübergangstemperatur zwischen mesomorph und isomorph bei der Bestrahlung von Farbstoffen (z.B. Azobenzol- oder Stilbenderivate) [5.103]. Der Schreibeprozeß setzt allerdings eine Thermostatisierung in einem engen Temperaturbereich nahe der Phasenübergangstemperatur voraus. Weniger temperaturkritisch und bei Raumtemperatur durchführbar ist die Hologrammerzeugung mittels einpolymerisierter Azofarbstoffe. Ihre laserinduzierte Reaktion verändert lokal den Brechungsindex des polymeren Flüssigkristalls. Die gespeicherte Information kann mit einem nicht-absorbierten He/Ne-Laserstrahl ausgelesen werden. Sie bleibt erhalten, auch wenn der Azofarbstoff später thermisch zurück isomerisiert. Ihre Langzeitstabilität ist durch die Relaxationsprozesse im Glaszustand des Flüssigkristalls begrenzt. Eine Zusammenfassung holografischer Techniken und (laser)photochemischer Methoden zur Veränderung des Brechungsindexes in organisch-chemischen Systemen findet sich z.B. in [5.104].

Als optische Datenspeichermedien, in welche mit geringer Energie und hoher Ortsauflösung Information eingeschrieben werden kann, kommen auch Langmuir-Blodget-Filme (LB-Filme) in Frage. Die grundsätzlichen Möglichkeiten hierfür wurden im letzten Jahrzehnt aufgezeigt [5.103].

In der Mikrolithografie schließen die Bemühungen um sub-Mikrometerstrukturbreiten die Verwendung von kurzwelligem Licht (DUV =

deep ultra violet, ≤ 250 nm, z.B. KrF-Laserlicht [5.105]) und die Entwicklung neuer Photolacksysteme ein [5.106,5.107]. Die zukünftige Rolle von Lasern in diesem Industriezweig ist zur Zeit noch offen. Auch wenn es bereits kommerzielle Strukturierungssysteme mit Excimerlasern gibt, so stehen diese in starker Konkurrenz zu Systemen mit Elektronenstrahlen, Ionenstrahlen und Lampen. Die Ortsauflösung von Systemen mit Lampen kann z.B. bei Verwendung von Masken mit Phasenverschiebung gesteigert werden [5.108, 5.109]. Zu diesem sehr umfangreichen Arbeitsgebiet mit weit verbreiteter technischer Anwendung gibt es bereits ausführliche Darstellungen (vgl. z.B. [5.105,5.107,5.109-5.114]).

Die Photochlorierung von Alkenen in flüssiger Phase und festen Lösungen (Gläsern) verläuft mit hohen Quantenausbeuten. Sie beträgt beispielsweise 10^2 bis 10^3 in festen Lösungen von Ethen und Propen unter N_2- Pulslaserbestrahlung bei 50 K [5.115]. Unterhalb von 20 K ändert sich jedoch das Reaktionsverhalten dieser Lösungen drastisch: Nach zunächst geringem Umsatz pro Laserpuls tritt bereits nach geringer Bestrahlungsdosis eine "Mikroexplosion" ein, bei der bis zu 2/3 der Ausgangssubstanz chemisch umgesetzt wird. Die erforderliche Bestrahlungsdosis steigt mit der Probentemperatur an. Ursache der Mikroexplosion sind möglicherweise interne Spannungen infolge der Cl_2-Photolyse zusammen mit dem relativ hohen chemischen Potential der amorphen Festkörperstruktur. Ein sehr ähnliches Reaktionsverhalten wird auch für Mischungen von Chlor mit Cycloalkanen und Azetylen gefunden [5.116].

Methylmethacrylat (MMA) bildet bei 1 bis 40 mbar eine Adsorbatschicht auf dem Substrat (Si, SiO_2), wird mit UV-Laserlicht (frequenzverdoppelter Ar^+-Laser, 257,2 nm) polymerisiert und bildet PMMA (Polymethylmethacrylat, Plexiglas) [5.117]. Bei diesen Prozeßgasdrucken wird die polymerisierte Oberflächenschicht kontinuierlich mit einer neuen Adsorbatschicht belegt und eine Wachstumsrate für das Polymermaterial von etwa 40 nm/s erzielt. Die Polymerbildung kann auf 1 µm/s beschleunigt werden, wenn die Substratoberfläche durch Chemisorption von $Cd(CH_3)_2$ eine organometallische Monolage als Katalysator erhält. Auf diese Weise wurden 1 µm hohe aber schmale PMMA-Streifen erhalten. Beim anschließenden Ätzen konnten so sub-Mikrometer feine Linien auf dem Substrat erzeugt werden.

Die allgemein mit hohen Initiatoranteilen durchgeführte Copolymerisierung von Ethylen und Acrylnitril ist kritisch (explosionsartige Verpuffung) und vom Ergebnis her unbefriedigend (klebrige Produkte). Unter Laserbestrahlung (z.B. KrF-Excimerlaser) führt sie ohne Polymerisationsinitiatoren zu farblosen, nichtklebrigen Polymerisaten [5.118]. Die KrF-laserinduzierte

Polymerisierung von reinem Ethylen wurde bereits früher ausgiebig untersucht, insbesondere bezüglich ihrer Quantenausbeute und Kinetik [5.119]. Die ermittelten Quantenausbeuten liegen im Bereich 10^3 bis 10^4 und die Kinetik läßt sich als relativ einfache Funktion von zwei Größen darstellen, der Dichte an monomerem Ethylen sowie den Geschwindigkeitskonstanten für die Fortpflanzung der Polymerisierung und die Terminierung der laserchemisch erzeugten Radikale.

Laserinduzierte Polymerisierung ohne Initiatorzugaben gelingt mit Siloxanen und einem ArF-Laser(193 nm) [5.136]. In 0,5 bis 2 s lassen sich nicht nur Siloxane mit ungesättigten aliphatischen und aromatischen Kohlenwasserstoffanteilen

$$(H_3C)_3SiO\!-\!\!\left[Si(CH\!=\!CH_2)(CH_3)O\right]_m\!\!\left[Si(CH_3)_2O\right]_n\!\!-\!Si(CH_3)_3 \quad \text{und}$$

$$(H_3C)_3SiO\!-\!\!\left[Si(C_6H_5)(CH_3)O\right]_m\!\!\left[Si(CH_3)_2O\right]_n\!\!-\!Si(CH_3)_3$$

polymerisieren, sondern auch solche mit gesättigten Kohlenwasserstoffen, wie das Beispiel

$$(H_3C)_3SiO\!-\!\!\left[Si(CH_3)_2O\right]_n\!\!-\!Si(CH_3)_3$$

zeigt.

5.4 Dreidimensionale Strukturierung

Ein Beispiel für 3-dimensionale laserchemische Strukturbildung findet sich gleich am Anfang dieses Buches in Form des "Eiffelturmes" aus feinen Aluminiumstegen. Anstelle der dort eingesetzten laserchemischen Abscheidung aus der Gasphase sind auch eine lasergalvanische Abscheidung aus einer Elektrolytlösung vorstellbar sowie die Erzeugung einer Metallstruktur durch die laserchemische Zersetzung eines metallhaltigen Polymers. Die technisch am weitesten fortgeschrittene Methode zur laserchemischen Erzeugung 3-dimensionaler Strukturen kommt ohne den beim "Eiffelturm" notwendigen Hilfskörper aus. Sie nutzt die laserinduzierte Polymerisierung organischer Substanzen (vgl. auch [5.120]) und befindet sich bereits vielfach im industriellen Einsatz.

In vielen Bereichen der Industrie wie Automobilbau, Schiffsbau, Flugzeugwerke und ihren Zulieferbetrieben besteht ein großer Bedarf an preisgünstigen und schnell verfügbaren, 3-dimensionalen Modellen, beispielsweise für erste praktische Erprobungen von CAD-Modellen (CAD = Computer

Aided Design). Dieser macht die zahlreichen Bemühungen um neue Modellfertigungsverfahren insbesondere in den 1980er Jahren verständlich.

Bereits in der 1970er Jahren wurden das PCM-Verfahren (PCM = Photo-Chemical Machining) und 1984 eine rechnergesteuerte Apparatur zur Herstellung von 3-dimensionalen Polymerstrukturen vorgestellt [5.121, 5.122]. Diese Strukturen mit einer Kantenlänge bis zu 10 cm werden "punktweise" aus Volumenelementen von etwa 10 µm Kantenlänge zusammengesetzt. In einem solchen Volumenelement werden zwei fokussierte Laserstrahlen verschiedener Wellenlänge gekreuzt und ein organisches Monomer durch eine 2-photoninduzierte Reaktion polymerisiert (analog zur 2-photon- induzierten Photochemie in Kapitel 4). Alternativ zu diesem "Syntheseverfahren" wurde noch ein "Aushöhlverfahren" vorgeschlagen, in welchem - ausgehend von einem Polymerblock - im ausgewählten Volumenelement eine 2-photoninduzierte Depolymerisierung durchgeführt wird. Das depolymerisierte Material verdampft direkt oder kann herausgelöst werden. Die Führung der beiden Laserstrahlen erfolgt bei beiden Verfahren von einem Rechner aus, in welchem das Polymermodell zunächst entworfen wird. Einen großen Vorteil bietet der Rechnereinsatz bei den zu erwartenden Modelländerungen (Vergrößern, Verkleinern, Detailänderungen), die über das Rechenprogramm eingegeben und dann durch eine automatisierte Fertigung ausgeführt werden können.

1985 wurde ein LOM-Verfahren (LOM = Laminated Object Manufacturing) zur Herstellung von Stahlgußformen vorgestellt [5.122]: Ausgehend von einem CAD-Entwurf werden mit einem CO_2-Laser nacheinander 0,1 bis 0,25 mm dicke, beschichtete Stahlfolien nach einem vorgegebenen Muster zugeschnitten, aufeinandergebracht (Laminarstruktur) und so zu einer 3-dimensionalen Gußform zusammengefügt.

1986 wurde das Stereolithographie-Verfahren patentiert [5.122-5.126], das sich aus heutiger Sicht am besten bewährt hat und kommerziell eingeführt ist. Das Verfahrensprinzip ist in Bild 5.6 dargestellt: Ein kontinuierlicher UV-Laser (He/Cd-Laser für kleine Leistung, Ar^+-Ionenlaser für hohe Leistung) wird mit einem rechnergesteuerten Schwenkspiegel nach einem zuvor errechneten Muster über die Oberfläche der Monomerflüssigkeit geführt. An den bestrahlten Stellen polymerisiert die organische Flüssigkeit bis zur Eindringtiefe des Laserlichts. Zu Beginn des Prozesses befindet sich die Trägerplatte für die zu erzeugende Modellform knapp unter der Oberfläche der Monomerflüssigkeit. Nach dem ersten Polymerisierungsdurchgang wird diese Platte geringfügig abgesenkt (typischerweise ca. 0,1 bis 0,2 mm, maximal 0,7 mm). Nach einer vorgegebenen Wartezeit für die Oberflächenglättung der relativ viskosen Monomerflüssigkeit erfolgt der zweite Durchgang zur la-

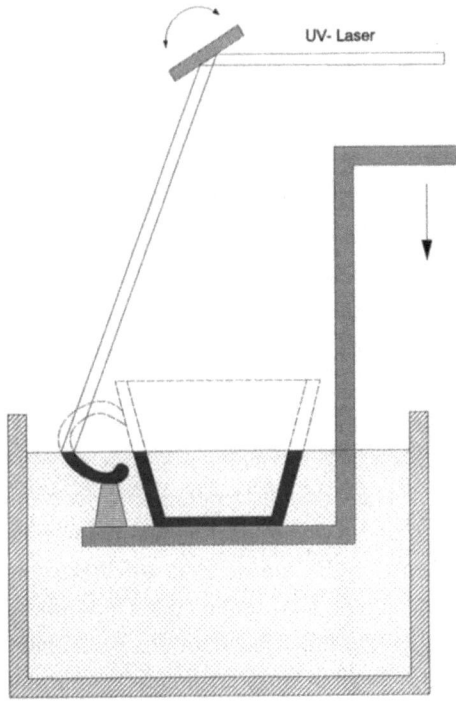

Bild 5.6. Schematischer Versuchsaufbau für Stereolithografie: Der UV-Laserstrahl zur Photopolymerisierung wird über einen rechnergesteuerten Schwenkspiegel auf die Oberfläche der Monomerflüssigkeit geführt; die dreidimensionale Struktur (hier: Tasse) wird schichtweise erzeugt, indem die Trägerplatte nach jedem Laserumlauf um eine Schichtdicke abgesenkt wird. Vorübergehend "frei schwebende" Teile (Tassenhenkel) werden mit Stützen fixiert.

serinduzierten Photopolymerisierung. Auf diese Weise wird Schicht für Schicht eine zuvor im Rechner entworfene 3- dimensionale Polymerstruktur aufgebaut.

Aus praktischen Gründen wird bei der Stereolithografie die 3-dimensionale Polymerstruktur in einem zweistufigen Prozeß hergestellt. Mit dem rechnergesteuerten UV-Laser werden zunächst nur die Außenhaut und ein inneres "Stützgerüst" polymerisiert. Diese sind mechanisch bereits stabil genug, um die nicht benötigte Monomerflüssigkeit abtropfen zu lassen und die Form in eine (konventionelle) UV-Bestrahlungskammer zu überführen. Dort erfolgt das vollständige Aushärten (Durchpolymerisieren) mit einer etwa 2%igen Schrumpfung, die im Rechnerprogramm zuvor berücksichtigt wurde.

Das gesamte Verfahren besteht also aus folgenden Teilschritten: Entwurf der gewünschten 3-dimensionalen Struktur mit bekannten CAD-Verfahren. Erstellung eines Prozeßsteuerprogramms (Laserstrahlführung, Bewegung der Trägerplatte): Hier wird die 3-dimensionale Struktur für die schichtweise Fertigung in Scheiben unterteilt und jede Scheibe in viele kleine Dreiecke; bei Bedarf sieht der Rechner zusätzliche Stützen vor (vgl. Fertigung des Tassenhenkels in Bild 5.6); auf diese Arbeiten entfallen bei der erstmaligen Herstellung einer Polymerstruktur rund 2/3 der Arbeitszeit. Schichtweiser Strukturaufbau mit UV-Laserpolymerisierung: Der Laserstrahl fährt mit einer Geschwindigkeit bis zu 10 m/s nur entlang der zuvor errechneten Dreieckskanten und erzeugt so die Außenhaut, das innere Stützgerüst und nötigenfalls äußere Stützen; dabei verharrt der Laserstrahl fest an einer Stelle, bis die bestrahlte Volumeneinheit in Form eines nach untengerichteten Kegels (Voxel) polymerisiert ist [5.123]. Danach rückt der Laserstrahl weiter, wobei der Vorschub kleiner als der Voxeldurchmesser ist, so daß benachbarte Voxel überlappen. Bei der Laserpolymerisierung entfällt die meiste Zeit auf Wartezeiten, bis die viskose Monomerflüssigkeit nach dem Absenken der Trägerplatte jeweils wieder eine glatte Oberfläche gebildet hat. Nachdem die Außenhaut und das Stützgerüst polymerisiert sind, folgen Abtropfen und Überführung der Struktur in die UV-Bestrahlungskammer zum Aushärten. Entfernung zuvor benötigter "Stützen" und gegebenenfalls eine Nachbearbeitung: Das ausgehärtete Werkstück kann bereits mechanisch bearbeitet werden (z.B. Schleifen und Polieren).

Die reine Fertigungszeit ohne Design und Programmherstellung bewegt sich für Polymerformen wie Zahnräder und Zündverteilerkappen im Bereich von mehreren Stunden bis etwa 1 Tag. Damit ist dieses Verfahren herkömmlichen Methoden der Formherstellung deutlich überlegen, insbesondere wenn es um komplexe 3-dimensionale Strukturen geht wie Auspuffkrümmerrohre oder Motorblöcke (45 Std. Lithografiezeit) für einen Mehrzylindermotor (vgl. z.B. [5.138]) oder windschnittige Hüllen für Außenspiegel an Automobilen. Die Formgenauigkeit beträgt rund 0,02 bis 0,1 mm.

Eine weitere Lasertechnik zur Herstellung 3-dimensionaler Objekte betrifft das SLS-Verfahren (SLS = Selective Laser Sintering) [5.122]. In Analogie zur Photopolymerisierung beim Stereolithografie-Verfahren wird bei der SLS-Methode eine dünne Pulverschicht aus Kunststoff, Metall oder auch Keramik gesintert und so schichtweise eine 3-dimensionale Struktur aufgebaut.

5.5 Verfahrensmerkmale und Anwendungen

Die laserinduzierten Prozesse in kondensierter Materie umfassen das breite Spektrum von rein physikalischem Schmelzen und Erstarren bis hin zu chemischen Umwandlungen von Oberflächenschichten wie die Metallabscheidung aus metallorganischen Festkörperschichten. Dazwischen gibt es mehrere fließende Übergänge wie das Kristallisieren von a-Si:H unter Wasserstoffabgabe, die Legierungsbildung, das Diffundieren von Prozeßgasbestandteilen in laserbestrahlte Festkörperregionen oder die mit der Photochemie eines Farbstoffes induzierte Phasenumwandlung von Flüssigkristallen. Gemeinsam ist den hier besprochenen Prozessen, daß sie in der Regel nahe an der bestrahlten Oberfläche ablaufen je nach Absorptionslänge des Laserlichts bei photolytischen Reaktionen (z.B. Polymerisierung) oder je nach Eindringtiefe der mit dem Laser eingebrachten Wärme bei photothermischen Reaktionen (z.B. Legierungsbildung).

In Anbetracht des breiten Spektrums der in diesem Kapitel behandelten Prozesse werden die besonderen *Verfahrensmerkmale* ohne separate Zusammenfassung konkret anhand der *Anwendungsbeispiele* aufgezeigt. Besondere Hervorhebung verdienen Verfahrenskombinationen, bei welchen das teure Laserlicht lediglich zur Erzeugung einer Struktur eingesetzt (Stufe 1) und diese Struktur mit einem preiswerten konventionellen Verfahren vollständig ausgebildet wird (Stufe 2). Beispiele hierfür sind in Tabelle 5.3 zusammengestellt.

- Laserinduziertes Ausheilen (Tempern) von oberflächennahen Defekten in Festkörpern, beispielsweise nach erfolgter Ionenimplantation, hat gegenüber konventionellen Ausheilungsprozessen in Temperöfen oder durch Blitzlampenbestrahlung viele praktische Vorteile bezüglich Ausheilgeschwindigkeit, örtlicher Begrenzung des Ausheilprozesses (Schonung des restlichen Bauelementes bzw. Werkstückes) und Vielfalt der technischen Steuerungsmöglichkeiten wie Laserwellenlänge, Bestrahlungsdauer, Energiefluß, Intensität und Bestrahlungsdosis.
- Die Ar^+-Laserbestrahlung der GaAs-Deckschichten von AlGaAsGaAs-Heterostrukturlasern bewirkt thermische Schäden, die zur lokalen Anhebung des elektrischen Widerstandes führen. Dieser Lasereffekt wird bei der Herstellung von Diodenlasern mit Streifenaufbau genutzt und erlaubt eine "Kanalisierung" des elektrischen Stromes beim Laserbetrieb [5.127].
- Die Laserbestrahlung beschichteter Metalloberflächen kann in der Grenzschicht zur Legierungsbildung führen, ohne daß die Oberfläche selbst aufgeschmolzen wird. So läßt sich mit einem CO_2-Laser eine Stahlschicht unterhalb einer Titannitrid-Deckschicht härten [5.32].

Tabelle 5.3. Zweistufige Verfahren zur Erzeugung von Oberflächenstrukturen und 3-dimensionalen Strukturen

Stufe 1: Strukturbildung mit Laser	Stufe 2: Strukturverstärkung ohne Laser
Kupferbekeimung aus Kupferformiat oder Silberbekeimung aus Silber-Neodecanoat	galvanische Kupferabscheidung
Palladiumbekeimung aus Pd-organischem Polymer	galvanische Kupferabscheidung
Gold-Silizium-Legierungsbildung	galvanische Kupferabscheidung
Silanzersetzung und Si-Dotierung von GaAs	galvanische Kupfer- oder Goldabscheidung
Oxidation von Silizium an der Luft	Wolframabscheidung aus WF_6-Gasphase nur in nicht-oxidierten Bereichen (Negativ-Muster)
Elektrostatische Aufladung von Keramiken oder organischen Polymeren bei Ablation	galvanische Metallisierung
Erzeugung freier Ladungsträger	elektrischer Strom erhitzt und verformt thermoplastisches Material
UV-Polymerisierung von Außenhaut und Stützstruktur	UV-Aushärten des gesamten 3-dimensionalen Körpers (Stereolithographie)
Dotierung von Oberflächenschichten	Naßchemisches Ätzen

- Durch Excimerlaser-induziertes Kristallisieren von amorphem Silizium kann unter ausgewählten Prozeßbedingungen relativ grobkörniges Silizium (Korngröße bis etwa 300 nm) mit hoher Ladungsträgerbeweglichkeit (über 220 cm^2/Vs) erzeugt werden [5.26,5.29]. Der Prozeß erfolgt lokalisiert bei geringer thermischer Belastung des Trägermaterials und findet Anwendung bei der Transistorherstellung auf Bildschirmen mit Flüssigkeitskristallen als aktive Matrixelemente. Die lokalisierte Laserkristallisierung erlaubt wahlweise die Herstellung amorpher und kristalliner Dünnschichttransistoren mit demselben Schichtabscheidungsprozeß [5.128].
- Mit laserinduziertem Anschmelzen können Metalloberflächen geglättet werden, beispielsweise durch das Auffüllen kleiner Löcher, Risse und Rillen. Ein Vorteil des Laserverfahrens besteht darin, daß das (empfindliche) Bauteil insgesamt einer geringen thermischen Belastung ausgesetzt ist.
- Durch laserinduziertes Anschmelzen können thermoplastische Kunststoffe und Verbundwerkstoffe verschweißt werden. So lassen sich aus Streifen in Wickelverfahren Rohre aus Polypropylen oder glasfaserverstärktem PA6 herstellen [5.42].
- Kurzzeitiges Anschmelzen von Oberflächenschichten unter Pulslaserbestrahlung führt bei Keramiken, Metallen und organischen Polymeren zu Oberflächenstrukturen. Insbesondere erzielt die Laserbehandlung von Polymerfasern mit Oberflächenspannung eine "Rollenstruktur" [5.44]. Modifikationen von Oberflächenstrukturen haben technische Anwendungsmöglichkeiten hinsichtlich Klebeflächenvorbehandlung (Rauhigkeit) sowie Veränderungen von Reibung, Benetzung, Adsorption und Haftung z.B. von feinen Partikeln auf Filteroberflächen, Farben und Pasten.
- CO_2-Laserbestrahlung mit einem schnellen Temperaturanstieg führt bei einer stark Bor-dotierten Schicht (25keV Borionen, 5x10^{15} cm^2) in Phosphordotiertem (100)Silizium (0,55 bis 1 Ωcm) zu einer hohen Dotieraktivität und unterdrückt zugleich die sonst bei starker Bor-Dotierung beobachtete anomale Diffusion. So entstehen 400 nm flache p$^+$-n-Übergänge [5.129].
- Lokales, kurzzeitiges Schmelzen von winzigen elektrischen Leitern (ca. 50 µm) und Anschlußkontakten (ca. 100 µm) mit Lasern eignet sich zum automatisierten elektrischen Kontaktieren von IC's auf Leiterplatten (Laser TAB = laser tape automated bonding). Hierfür gibt es inzwischen kommerzielle Systeme mit einer Kapazität von rund 50 Kontakten pro Sekunde [5.130].
- Erzeugung niederohmiger elektrischer Kontakte z.B. für den Aufbau von Multi-Chip-Modulen (MCM) beispielsweise durch Oberflächenlegierung aus Gold und Silizium mit galvanischer Verstärkung durch Kupfer [5.74], Eindiffusion von Si aus SiH_4 durch Excimerlaserbestrahlung von n-GaAs

und nachfolgender elektrodenloser Galvanisierung mit Kupfer oder Gold [5.54,5.55], oder Oberflächenlegierung aus Nickel und Silizium durch ArF-Laserbestrahlung [5.31].
- Das Laserschreiben von reinen Silberstreifen auf Mn-ZnFerriten eignet sich grundsätzlich zur Herstellung spezieller Magnetkopfstrukturen [5.65].
- Laserbestrahlung von Titan in N_2-Atmosphäre führt zu Titannitridschichten ohne Sauerstoff [5.52].
- Die Abscheidung und Eindiffusion von Chrom in Stahl erhöht dessen Korrosionsbeständigkeit [5.56].
- Borhaltige Pulver bilden unter Lasereinwirkung Oberflächenlegierungen mit Titan [5.59].
- Reines Aluminium mit hoher elektrischer Leitfähigkeit entsteht bei der Lasereinwirkung auf eine Flüssigkeitsschicht von Triisobutylaluminium [5.72].
- Die laserinduzierte Abscheidung feiner Metallstrukturen aus metallorganischen Oberflächenschichten auf elektrisch nichtleitenden Materialien wie Plastik und Keramik eignet sich zur Herstellung flexibler Leiter, 3-dimensionaler Leiterplattensysteme, Feinstleiterschaltungen auf Keramik und Hochfrequenzbauteilen mit Teflonmaterialien.
- Durch Laserbestrahlung von Keramiken in Wasserstoffatmosphäre kann die Keramikoberfläche lokal metallisiert werden [5.89].
- Die kontaktfreie Laserbeschriftung oder -markierung auch von sehr empfindlichen Werkstücken wie Chips kann unter Nutzung sehr unterschiedlicher physikalischer und chemischer Prozesse erfolgen, sofern diese zu einer gut sichtbaren Veränderung der Oberflächenschicht führen. Beispiele für derartige laserinduzierte Prozesse sind die Ablation (vgl. Kap. 8), das Umschmelzen, die Veränderung eines Farbstoffs und die Oxidation. Je nach Aufgabenstellung können kontinuierliche und gepulste Laser mit Emission im IR-, sichtbaren oder UV-Wellenlängenbereich eingesetzt werden (vgl. z.B. [5.131,5.132]). Sowohl die Verwendung von Masken wie auch einer schnellen (rechnergesteuerten) Laserstrahlablenkung sind geeignet.
- Die laserinduzierte Abscheidung von Metallmustern in metallorganischen Dünnschichten kommt ohne Vakuumanlagen aus, erlaubt hohe Schreibgeschwindigkeiten und kann mit konventionellen photolithografischen Techniken durchgeführt werden [5.64].
- Durch Laserablation (Ar^+- oder Excimerlaser) einer chemisch geätzten Teflonoberfläche wird das Verhältnis Fluor:Kohlenstoff auf 1,3:1 abgesenkt. Die so durch Laserbestrahlung modifizierte Oberfläche kann selektiv durch CVD mit Kupfer beschichtet werden [5.133].

- Excimerlaserbestrahlung von organischen Polymeren an der Luft erhöht unter geeigneten Prozeßbedingungen dauerhaft die lokale elektrische Leitfähigkeit an der bestrahlten Oberfläche um viele Größenordnungen (Graphitbildung) [5.40].
- Der wirtschaftliche Einsatz von UV-Lasern ($\lambda \leq 250$ nm) in der Mikrolithographie steht derzeit noch in Konkurrenz zu Lithographiesystemen mit Elektronenstrahlen, Ionenstrahlen und bei Benutzung von Masken mit Phasenverschiebung auch mit Lampen [5.109].
- Laserinduzierte Polymerisierung von Methylmethacrylat kann zu Wachstumsraten bis 1 µm/s beschleunigt werden, wenn beispielsweise $Cd(CH_3)_2$ als metallorganischer Katalysator auf die Oberfläche mit aufgedampft wird [5.117].
- Zur Fertigung komplexer, 3-dimensionaler Strukturen stehen mehrere lasergestützte Verfahren zur Verfügung [5.122]:
  * PCM = Photo Chemical Machining: Organische Polymerstrukturierung unter Verwendung von zwei gekreuzten, fokussierten Laserstrahlen,
  * LOM = Laminated Object Manufacturing: Laserschneiden beschichteter Stahlfolien und Aufstapelung (Laminarstruktur) zu einer Gußform,
  * Stereolithographie = Schichtweise Laserpolymerisierung eines organischen Monomers und
  * SLS = Selective Laser Sintering: wie Stereolithographie aber mit sinterfähigen Pulverschichten.
- Die sonst sehr kritische (explosionartige Verpuffung) und unbefriedigende Copolymerisierung (klebrige Produkte) von Ethylen und Acrylnitril liefert unter KrF-Laserbestrahlung und ohne Initiatorzusatz farblose, nichtklebrige Polymerisate [5.118]. Ähnlich gelingt mit ArF-Laserbeschuß die Polymerisierung von Siloxanen selbst ohne ungesättigte Kohlenwasserstoffanteile [5.136].
- Mehrere laserinduzierte Prozesse in dünnen (Oberflächen-) Schichten eignen sich zur Informationsaufzeichnung sowohl für digitale wie auch für analoge Informationsspeicher:
  * Lokales Schwellen von (farbstoffhaltigen) Polymeren, direkt verursacht durch photothermische Aufheizung oder indirekte durch elektrische Aufheizung nach photolytischer Erzeugung von freien Ladungsträgern,
  * Schnelle lokale Heizung für magnetische Polarisierung,
  * Lokale Heizung für einen mesomorph-zu-isotrop Phasenübergang in polymeren Flüssigkristallen,
  * Lokale Photochemie zur Erniedrigung der mesomorph-isomorph Phasenübergangstemperatur,

* Lokale Änderung des Brechungsindex in polymerem Flüssigkristallen und
  * Mit Ar$^+$-laserinduzierter Oxidation von Tellur-Dünnschichten (30 nm) können Hologramme erzeugt werden [5.134].
- Die laserinduzierte Photochlorierung von Kohlenwasserstoffen bei tiefen Temperaturen führt unter geeigneten Bedingungen zu "Mikroexplosionen" mit sehr hohen Quantenausbeuten [5.115,5.116].
- Die Laserbestrahlung von Oberflächen während ihrer Beschichtung mittels eines anderen Verfahrens (z.B. Magnetronsputtern, CVD, ...) kann die Kristallstrukturbildung wesentlich beeinflussen, wie im Fall von Graphit- bzw. Diamantbildung [5.39].
- Die Laserfernzündung explosiver oder (an der Luft) brennbarer Stoffe über direkte Laserbestrahlung durch die Atmosphäre oder an schwer zugänglichen Stellen auf gekrümmtem Weg über Lichtleitfasern oder Hohlrohre kann (sicherheitstechnisch, verfahrenstechnisch) von großem Vorteil sein.
- Die Laserschädigung von Siliziumoberflächen kann beim anisotropen Ätzen (LIGA-Verfahren) für die Formgestaltung der geätzten Tiefenstruktur genutzt werden [5.137].

6 Laserchemische Abscheidung von Festkörpern aus der Gasphase

Die laserchemische Abscheidung von Festkörpern aus der Gasphase kann unmittelbar in der Gasphase und auf einer Festkörperoberfläche erfolgen. Im ersten Fall, der Gasphasennukleation, bilden sich feine Pulver. Ihre mittlere Teilchengröße kann im sub-µm-Bereich liegen. Sie werden dann auch Nanopulver genannt (Abschn. 6.1). Im zweiten Fall der Gasphasenabscheidung werden in der Gasphase oder auf der bestrahlten Oberfläche Spezies gebildet, welche auf dem vorhandenen Festkörper eine neue Oberflächenschicht bilden (Abschn. 6.2). Je nach Art der chemischen Ausgangsverbindungen und Prozeßbedingungen können amorphe oder kristalline Schichten entstehen, in chemisch reiner Form oder als Gemische. Zu den chemischen Elementen, welche alle genannten Arten der Gasphasenabscheidung zeigen, gehört das Silizium. Ausgehend von Siliziumwasserstoffen ist es möglich, Siliziumpulver sowie amorphe und kristalline Siliziumschichten zu erzeugen. Daher bietet sich neben anderen das Siliziumwasserstoffsystem für direkte Verfahrensvergleiche an.

6.1 Ultrafeine Pulver

In den 70-er Jahren gelang die Herstellung von "Laserschnee". Hierbei wurden mit einem Argonionenlaser Cäsiumatome resonant angeregt. Die angeregten Cs-Atome reagierten in der vorhandenen Wasserstoffatmosphäre zu Cäsiumhydrid, das in Form eines feinen Pulvers, als "Laserschnee", aus dem laserbestrahlten Volumen herabrieselte [6.1]. Während der Laserschnee aus Alkalihydrid von eher akademischem Interesse ist, wurden in der Zwischenzeit eine Reihe von Substanzen in Form ultrafeiner Pulver mit mittleren Teilchendurchmessern im µm- und nm-Bereich hergestellt (Tabelle 6.1). Die laserchemische Gasphasenfällung zeichnet sich dadurch aus, daß die gefällten Teilchen in guter Näherung kugelförmig sind und eine enge Größenverteilung aufweisen. Eine ausführliche Beschreibung dieser Methode einschließlich experimenteller Einzelheiten, Probleme und Lösungen findet sich z.B. in [6.6].

Tabelle 6.1. Laserchemische Fällung ultrafeiner Pulver aus der Gasphase

Produkt	Edukte	Laser	λ(nm)	Anmerk.	Literatur
B_4C	BCl_3, CH_4			35 nm	6.19
	BCl_3, C_2H_4, H_2			35 nm	6.19
Bi	$Bi(CH_3)_3$	ArF, KrF	193, 248	<1 µm	6.15,6.20-6.22
Bi_xPb_y	$Bi(CH_3)_3$, $Pb(CH_3)_4$	ArF, KrF	193, 248		6.22
C(Diamant)	C_2H_4, H_2	cw CO_2	10532	6-160 nm	6.16
CsH	Cs, H_2, He	Ar^+	454,5; 457,9	1 µm	6.2
CsD	Cs, D_2	Farbstoff	601,1	4 µm	6.2
Fe/Si/C	SiH_4, $Fe(CO)_5$, C_2H_4	CO_2	10600	120 m²/g	6.14
NaH	Na, H_2	Ar^+	457,9; 514,5	1 µm	6.2,6.52
		Farbstoff	589-590		6.2
Pb	$Pb(CH_3)_4$	ArF, KrF	193, 248	<1 µm	6.15,6.20-6.22
Pb_xGe_y	$Pb(CH_3)_4$, $Ge(CH_3)_4$	ArF, KrF	193, 248		6.22
Pb_xSi_y	$Pb(CH_3)_4$, $Si(CH_3)_4$	ArF, KrF	193, 248		6.22
Pb_xSn_y	$Pb(CH_3)_4$, $Sn(CH_3)_4$	ArF, KrF	193, 248		6.22
PbO, Pb	$Pb(CH_3)_4$, O_2	ArF, KrF	193, 248		6.22
PbI_2	$Pb(CH_3)_4$, CH_3I	ArF, KrF	193, 248		6.22
Pd	$Pd(hfa)_2$	KrF	248	Cluster	6.24
Pd/Pt	$Me(hfa)_2$	KrF	248	Cluster	6.24
Pt	$Pt(hfa)_2$	KrF	248	Cluster	6.24
S	SF_6	CO_2	9600, 10600	3 µm	6.2
		N_2	337,1		6.2
Si	SiH_4	cw CO_2	10600	≤0,1 µm	6.3
		TEA CO_2	10600		6.4
Si/B	Si_2H_6, B_2H_6	CO_2	10600		6.8
SiC	SiH_4, C_2H_4	cw CO_2	10532-10719	30 nm	6.5,6.18
	SiH_4, C_2H_2	cw CO_2	10600,10220	25-35 nm	6.18
	SiH_4, C_2H_4	TEA CO_2	10600		6.4
	$Si(CH_3)_4$	TEA CO_2	10600		6.4
	SiH_2Cl_2, C_2H_4				6.19
SiC, C	$Si(CH_3)_4$, $Si_2(CH_3)_6$	TEA CO_2	9600	Gasdurchbruch	6.53
	SiH_3CH_3			10-150 nm	
Si/C/N	$((CH_3)_3Si)_2NH$	cw CO_2	10600		6.10
	SiH_4, NH_3, CH_4	cw CO_2	10600		6.11-6.13
Si/Fe	SiH_4, $Fe(CO)_5$	CO_2	10600		6.7
Si_3N_4	SiH_4, NH_3	cw CO_2	10600	≤0,1 µm	6.6
		TEA CO_2	10600		6.3,6.4
	$SiCl_4$, NH_3, $SF_6(H_2)$			10-60 nm	6.19
	SiH_2Cl_2, NH_3, $SF_6(H_2)$			10-60 nm	6.19
Si_3N_4/SiC	Silazane	cw CO_2	10600	60 nm	6.17
Si/N/O	SiH_4, NO	TEA CO_2	10600		6.4
Si/Ti	SiH_4, $TiCl_4$	cw CO_2	10600	50 nm	6.9
TiB_2	$TiCl_4$, B_2H_6			>20nm	6.19
UF_5	UF_6, H_2	CO_2	10600		6.2
UF_6	UF_6	Farbstoff	365-425	0,6 µm	6.2
ZrB_2	$Zr(BH_4)_4$, SF_6	cw u. TEA CO_2			6.18

hfa = Hexafluoracetylacetonat

Ein Versuchsaufbau zur laserchemischen Pulverabscheidung ist in Bild 6.1 dargestellt. Hier wird durch eine Düse von oben das Prozeßgas zugeführt und nach unten abgepumpt. Ein feinporiges Filter fängt das laserchemisch erzeugte Pulver auf. Die Laserein- und -austrittsfenster werden mit Inertgas gespült, um störende Festkörperabscheidungen zu vermeiden. Mit Silan (SiH_4) als Prozeßgas und einem cw-CO_2-Laser erhält man bei niedrigem Pro-

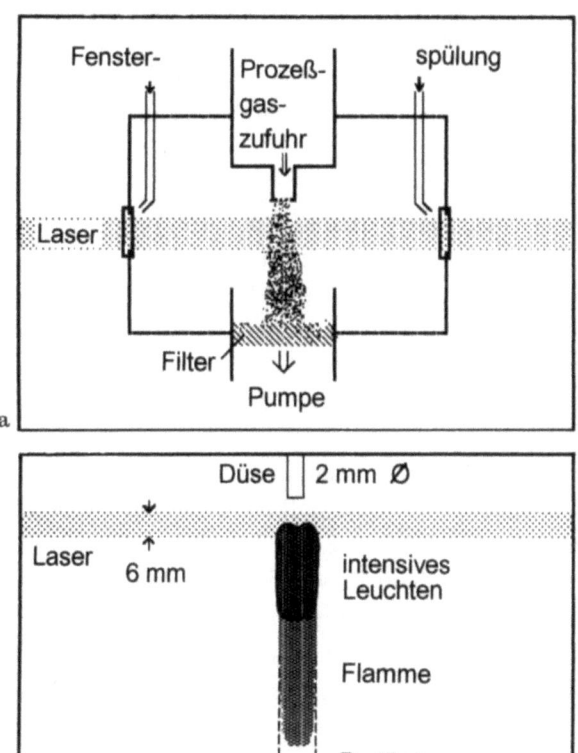

Bild 6.1. Versuchsaufbau zur laserchemischen Erzeugung ultrafeiner Pulver (Teil a) und Ausschnitt mit der Reaktionszone (Teil b)

zeßgasdruck (10 bis 100 mbar) feines Polysilanpulver $(SiH_2)_n$ und bei hohem Prozeßgasdruck ($\geq$ 100 mbar) polykristallines Siliziumpulver.

Die Bildung von $(SiH_2)_n$ aus Silan läßt sich als Kettenreaktion darstellen. Bei jedem Schritt wird aus einem SiH_4-Molekül ein SiH_2-Biradikal erzeugt. SiH_2 lagert sich zunächst an SiH_4 an und bildet Si_2H_6. Dann folgen SiH_2-Anlagerungen an das wachsende Polysilanmolekül:

$$SiH_4 \xrightarrow{+SiH_2} Si_2H_6 \xrightarrow{+SiH_2} Si_3H_8 \xrightarrow{+SiH_2} Si_4H_{10}\ldots \xrightarrow{+SiH_2} \to \to Si_nH_{2n+2}$$

In Polysilan ist n sehr groß und an Stelle der genauen Summenformel Si_nH_{2n+2} wird häufig die Näherungsformel $(SiH_2)_n$ verwendet. Die Bildung von Polysilan aus SiH_4 ist eine leicht endotherme Reaktion. Dies läßt sich aus den Energiebilanzen für die Bildung von SiH_2-Biradikalen aus SiH_4 und der Bildung der höheren Silane an den Beispielen von Disilan und Trisilan abschätzen [6.23].

$$SiH_4 \rightarrow SiH_2 + H_2 \quad 250 \text{ kJ/mol} \quad (6.1)$$
$$SiH_4 + SiH_2 \rightarrow Si_2H_6 \quad -243 \text{ kJ/mol} \quad (6.2)$$
$$Si_2H_6 + SiH_2 \rightarrow Si_3H_8 \quad -247 \text{ kJ/mol} \quad (6.3)$$

Die Polysilanbildung ist bislang ohne technische Bedeutung außer als "Störfall" bei der Herstellung von Dünnschichten aus amorphem Silizium (s. unten).

Im Unterschied zur endothermen Polysilanbildung ist die Erzeugung von elementarem Silizium und molekularem Wasserstoff aus SiH_4 eine exotherme Reaktion mit $\Delta h = -34$ kJ/mol für $SiH_4 \rightarrow Si + 2 H_2$ bei 298 K [6.23] und -21 kJ/mol bei 1100 K [6.6]. Dennoch muß zur Pulverbildungsreaktion in einem Durchflußreaktor (Bild 6.1) mit dem Laser Energie von außen zugeführt werden. Die freigesetzte Reaktionswärme ist kleiner als die Energie von etwa 58 kJ/mol [6.6], welche zur Aufheizung des Prozeßgases auf die Prozeßtemperatur benötigt wird. Die mit dem Gasstrom abgeführte Wärme ist dagegen vergleichsweise klein. Die CO_2-laserchemische Zersetzung von SiH_4 erfolgt unter diesen Reaktionsbedingungen in einer Flamme (Bild 6.1 b), in welcher bereits die Pulverbildung einsetzt. Diese Reaktion hat Modellcharakter für die Keramikpulverherstellung und wurde detailliert untersucht [6.6].

Die Geschwindigkeitsverteilung im Prozeßgasstrom hat ihr Maximum in der Mitte und führt zu einer Einbuchtung in der hell leuchtenden Reaktionszone. Die Temperatur in der Reaktionszone liegt bei etwa 800 °C. Im Hinblick auf eine gleichmäßige Pulverbildung ist zu beachten, daß die SiH_4-Moleküle im Zentrum des Prozeßgasstromes eine andere Wechselwirkung mit dem CO_2-Laserlicht erfahren als diejenigen an den Rändern. Die Inhomogenitäten im SiH_4-Gasstrom und im räumlichen CO_2-Laserstrahlprofil tragen sicherlich zu der vorhandenen Größenverteilung der Partikel bei. Der Partikeldurchmesser erstreckt sich in einem typischen Versuch über 10 bis 100 nm. Im Mittel beträgt die Partikelgröße 50 ± 20 nm. Dieser mittleren Partikelgröße steht eine mittlere Kristallitgröße von rund 16 nm gegenüber. Jedes Partikel setzt sich also aus mehreren Kristalliten zusammen. Die mittlere Partikelgröße ist nur wenig durch die Prozeßparameter zu beeinflussen mit Ausnahme der Laserleistung. Eine Steigerung der Laserintensität von 10^3 W/cm^2 (Dauerstrichlaser) auf 10^9 W/cm^2 (Pulslaser) führt zu einer Verkleinerung der Partikeldurchmesser um einen Faktor 2 bis 4.

Typische Prozeßparameter (gerundete Werte) für die Si-Pulverherstellung im hier betrachteten Beispiel sind 300 W eingestrahlte cw-CO_2-Laserleistung, 800 W/cm² durchschnittliche Laserintensität, 7 mm Strahldurchmesser, 200 mbar Prozeßgasdruck, 20 cm³/min SiH_4-Durchfluß, 1000 cm³/min Argondurchfluß (Fensterspülung), 200 cm/s Prozeßgasströmungsgeschwindigkeit an der Düse, 100 cm/s Strömungsgeschwindigkeit im Laserstrahl, 65 bis 85% SiH_4-Umsatz, 50 ± 20 nm mittlerer Partikeldurchmesser, 60 m²/g Oberfläche, Aufheizrate 10^6 K/s, Reaktionsbeginn innerhalb 1 ms für das in den Laserstrahl strömende Gas, Reaktionsabschluß innerhalb 10 ms, Erzeugung von 1 g Si-Pulver pro Stunde. Bis zu 5 g Pulver konnten mit diesem Versuchsaufbau in einem Durchgang aufgefangen werden. Das erhaltene Siliziumpulver ist nicht pyrophor im Unterschied zu vielen an der Luft selbstentzündlichen Pulvern, welche besondere Sicherheitsmaßnahmen erfordern.

Ein anderer experimenteller Ansatz besteht in der mit *einem* Excimerlaserpuls induzierten explosiven Umsetzung metallorganischer Verbindungen zur Erzeugung feiner Metallpulver [6.15,6.20-6.22]. Dabei wird ein paralleler oder fokussierter ArF(193 nm)- oder KrF(248 nm)-Laserstrahl in eine Reaktionszelle mit stationärer Prozeßgasfüllung eingeführt. Die im laserbestrahlten Bereich eingeleitete Reaktion muß insgesamt so stark exotherm sein, daß sich die chemische Reaktion in den angrenzenden Bereichen fortsetzt und schließlich (fast) das gesamte Zellvolumen erfaßt. So kann aus $Pb(CH_3)_4$ elementares Blei abgeschieden werden. Endotherme Teilreaktionen wie die Zersetzung von $Sn(CH_3)_4$ (Δh = 160 kJ/mol) sind möglich, solange sie durch andere exotherme Teilreaktionen wie die Zersetzung von $Pb(CH_3)_4$ (Δh = -104 kJ/mol) im Reaktionsgemisch ausgeglichen werden. Auf diese Weise lassen sich aus $Pb(CH_3)_4$ und $Sn(CH_3)_4$ im Gemisch Pb_xSn_y-Legierungen mit einem Excimerlaserpuls herstellen oder aus $Sn(CH_3)_4$ und O_2 elementares Zinn und Zinnoxid sowie aus $Pb(CH_3)_4$ und CH_3I das Bleisalz PbI_2 [6.22]. Inertes Fremdgas führt bei starker Verdünnung der reaktiven Prozeßgase zur Unterdrückung der explosiven Laserreaktion.

Mit fokussierten CO_2-Laserpulsen kann in methylierten Silanen wie $Si(CH_3)_4$, SiH_3CH_3 und $Si_2(CH_3)_6$ ein Gasdurchbruch erzielt werden, der zur Bildung feiner Pulver führt [6.53]. Wesentlich an diesem Verfahren ist der zeitliche Gastemperaturverlauf in Fokusnähe. Dieser bewirkt, daß gasförmige und feste Reaktionsprodukte zeitlich nacheinander gebildet werden. Die zeitliche Abfolge der Produktbildung wiederum ermöglicht die Erzeugung chemisch und/oder kristallin inhomogener Pulverkörner. Kern und Schale der Pulverkörner können also aus chemisch und/oder strukturell verschiedenen Materialien bestehen.

Bedeutsam ist auch die Erzeugung von Edelmetallpulvern durch die Excimerlaserbestrahlung von Hexafluoracetylacetonaten(hfa) [6.24]. Ausgehend von Gasmischungen aus Pt(hfa)$_2$ und Pd(hfa)$_2$ lassen sich Pulver mit beliebigem Pt/Pd-Mischungsverhältnis herstellen. Für die Verwendung als Katalysatoren wird bei diesen Pulvern der Einbau von organischen Komponenten der Ausgangssubstanzen in Kauf genommen. Allgemein gilt, daß bei pyrolytischer Zersetzung der Ausgangsverbindungen eher mit reinen Metallabscheidungen zu rechnen ist als bei (UV-) photolytischer Zersetzung. Dies läßt sich damit rationalisieren, daß bei einem UV-photolytischen Bindungsbruch leicht reaktive Radikale entstehen, während bei pyrolytischer Zersetzung eher die Eliminierung von Molekülen mit abgeschlossenen Elektronenschalen (z.B. CO-, HCl- oder H$_2$-Eliminierung) beobachtet wird.

In einer weiteren Ausführung der laserinduzierten Fällung von Festkörpern aus der Gasphase werden ionisierte Teilchen und elektrische Felder genutzt [6.167]. Die Teilchen werden durch die Felder lange in der Gasphase fixiert und so wachsen Partikel bis zu 0,4 mm Länge heran. Diese Methode wurde bei dem vom "Laserschnee" bekannten System von Cs-Atomen, Wasserstoff und Ar$^+$-Dauerstrichlaser angewendet. Darüber hinaus gelang so auch die Partikelbildung mit einem KrF-Pulslaser aus einer organischen Substanz, nämlich Thiophenol(C$_6$H$_5$SH), in einem N$_2$-Gemisch.

Ultrafeine Pulver mit möglichst enger Größenverteilung haben für die Grundlagenforschung wie auch für technische Anwendungen Bedeutung. Sie bilden das Ausgangsmaterial für nanostrukturierte Materialien [6.25]. Diese in jüngster Zeit ins Blickfeld geratene Materialklasse ist durch ihre hohe Dichte von lokalisierten Gitterdefekten (interkristalline Grenzflächen, Versetzungen, Punktdefekte usw.) gekennzeichnet. Rund 50% der Atome oder mehr nehmen gestörte Gitterpositionen z.B. an Korngrenzen ein. Nanostrukturierte Materialien unterscheiden sich von Gläsern (erstarrte Schmelzen, Orientierungsgläser) dadurch, daß die Defekte sich auf die internen Grenzflächen konzentrieren, während sich in Gläsern die durch thermische Fluktuationen verursachte Unordnung gleichmäßig über das gesamte System verteilt. Von Supergitterstrukturen (s. Abschn. 6.2 sowie [6.25-6.30]) unterscheiden sich nanostrukturierte Materialien dadurch, daß ihre internen Grenzflächen inkohärent angeordnet sind, im Gegensatz zu den kohärenten Grenzflächen der Supergitter. Als ein technisch bedeutsames Merkmal nanostrukturierter Keramiken kann unter anderem ihre Plastizität bei niedrigen Temperaturen angeführt werden (vgl. auch [6.25, 6.30]).

Bei der laserchemischen Gasphasenfällung weisen besonders keramische Materialien technische Anwendungsmöglichkeiten auf. Aus ultrafeinen Keramikpulvern lasen sich hoch verdichtete Keramikbauteile mit sehr feiner

Körnung (hohe mechanische Belastbarkeit und geringe Oberflächenrauhigkeit), kompakte Vielschichtkondensatoren sowie Katalysatoren herstellen. Bei den Katalysatoren erscheint die große spezifische Oberfläche als sehr vorteilhaft (z.B. 240 m^2/g bei SiC [6.5]). Zusätzlich können ultrafeine Pulver zur wohldosierten Beschichtung von Oberflächen nützlich sein, wobei sie auch als Hilfssubstanzen zum Dotieren oder Einlegieren in Oberflächenschichten dienen.

Für technische Anwendungen sind auch Hartstoffpulver z.B. aus SiC oder Si_3N_4 von großem Interesse. In beiden Fällen sind die CO_2-laserchemischen Reaktionsbedingungen günstiger als im oben betrachteten Fall der Si-Pulverherstellung [6.6]. So wurden beispielsweise mit einem cw-CO_2-Laser von 600 W Leistung aus Silan und Methylamin(CH_3NH_2) 49 g Pulver pro Stunde gewonnen [6.31]. Die Herstellung von 100g Si_3N_4/SiC pro Stunde gelingt mit einem CO_2-Dauerstrichlaser ausgehend von flüssigen Organosilazanen, welche mit Hilfe einer Ultraschalldüse zerstäubt werden [6.17]. Dabei wirkt sich die hohe Materialdichte der flüssigen Phase günstig auf den Durchsatz aus und beinhaltet eine Steigerungsmöglichkeit auf 1kg Pulver pro Stunde [6.17].

6.2 Abscheidung dünner Festkörperschichten

Für die chemische Abscheidung dünner Festkörperschichten aus der Gasphase hat sich auch im deutschen Sprachgebrauch der Begriff CVD-Methode weitgehend durchgesetzt (CVD = Chemical Vapor Deposition). Der Begriff "CVD" ohne Zusatz beinhaltet einen thermisch induzierten Prozeß. Hier wird durch Heizung eines Reaktors oder Reaktorteiles eine Gasphasenreaktion in Gang gesetzt, die zur Abscheidung amorpher oder kristalliner Festkörperschichten auf dem Substrat führt. Varianten der CVD-Methode sind die MOCVD (Metal Organic CVD), UHV CVD (Ultra High Vacuum CVD), LPCVD (Low Pressure CVD, p < 1 mbar), RPCVD (Reduced Pressure CVD, 1 mbar $\leq$ p < 1 bar) und APCVD (Atmospheric Pressure CVD) [6.32].

Neben den thermisch induzierten CVD-Prozessen gibt es CVD-Methoden mit elektrischer und optischer Gasanregung. Die durch eine elektrische Gasentladung eingeleiteten Prozesse werden mit den Zusätzen GD (Glow Discharge), P (Plasma), PE (Plasma Enhanced), PA (Plasma Assisted), DC Plasma (Direct Current Plasma), RF Plasma (Radio Frequency Plasma) oder ECR Plasma (Electron Cyclotron Resonance Plasma) versehen. Die lichtinduzierten CVD-Prozesse werden häufig Photo-CVD, P-CVD (Photo-

CVD), Laser-CVD, LCVD (Laser CVD) oder LICVD (Laser Induced CVD) genannt. Mitunter wird noch die Lichtwellenlänge spezifiziert (z.B. UV-Photo-CVD) oder der Lasertyp (z.B. ArF-Laser-CVD oder cw-CO_2-Laser-CVD). Unter den synonymen Begriffen Laser-CVD, LCVD bzw. LICVD verbergen sich zwei Abscheidemethoden mit verschiedenem Versuchsaufbau, solche mit und ohne Laserbestrahlung der Substratoberfläche (Bild 6.2). Diese beiden Abscheideprozesse können sehr verschieden sein. Während bei der Strahlführung parallel zur Oberfläche der erste Prozeßschritt eindeutig durch optische Anregung in der Gasphase eingeleitet wird, kommen bei der Oberflächenbestrahlung pyrolytische, photolytische und elektroneninduzierte Primärschritte in Betracht. Daher werden die beiden Laser-CVD-Methoden hier getrennt behandelt. Weitere Information findet sich in der zitierten Auswahl an Büchern [6.33-6.36] und Übersichtsartikeln [6.37-6.51,6.160,6.164].

Die mit Hilfe der Laser-CVD abgeschiedenen Materialien lassen sich in die Substanzgruppen Metalle, Halbleiter und Isolatoren unterteilen [6.33, 6.48]. Bei Metallen steht das "Laserschreiben" im Vordergrund, während das Laser-CVD-Verfahren ohne Oberflächenbestrahlung hauptsächlich auf Halbleiter und Isolatoren angewendet wird.

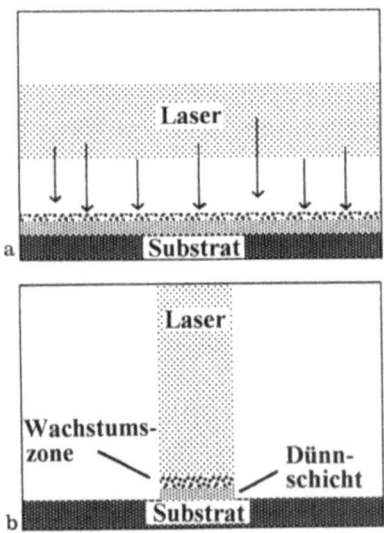

Bild 6.2. Schematische Versuchsanordnungen zur (a) indirekten Laser-CVD ohne Laserbestrahlung der Substratoberfläche und (b) zur direkten Laser-CVD mit Laserbestrahlung der Substratoberfläche

6.2.1 Indirekte Laser-CVD (ohne Oberflächenbestrahlung)

Bei den indirekten Laser-CVD-Methoden ohne Oberflächenbestrahlung sind die laserinduzierten Primärschritte in der Gasphase räumlich und zeitlich von den schichtbildenden Prozessen auf der Substratoberfläche getrennt. Dies erleichtert die Deutung der Versuchsergebnisse und kann zur getrennten Optimierung der Gasphasen- und der Oberflächenprozesse genutzt werden. Die große Anzahl von Prozeßfreiheitsgraden ist von praktischem Vorteil. Ein Nachteil dieser Methode besteht darin, daß nur derjenige Teil der lasererzeugten Teilchen zur Schichtbildung beiträgt, der bis zur Substratoberfläche gelangt. Daher scheiden hier kurzlebige Teilchen für die Schichtbildung aus.

Für die Diskussion dieser Laser-CVD-Methode erweist sich die Einteilung des Gesamtprozesses in folgende Teilschritte als nützlich (vgl. [6.32] und Bild 6.3):

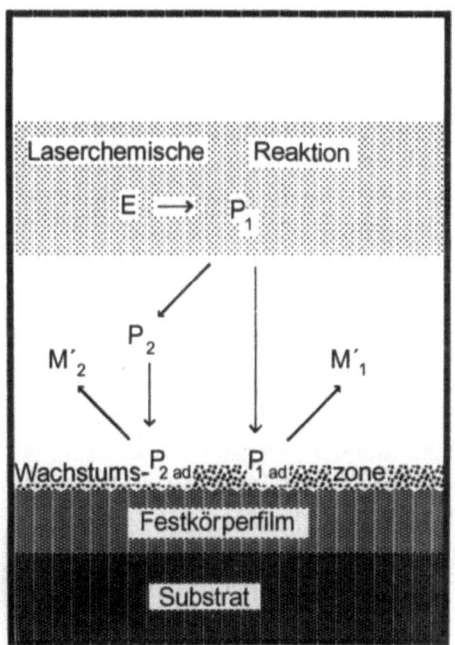

Bild 6.3. Schematischer Querschnitt durch eine Versuchsanordnung für indirekte Laser-CVD mit der Ausgangsverbindung E, dem Primärprodukt P_1, dem Sekundärprodukt P_2, den adsorbierten Teilchen P_{1ad} und P_{2ad} in der Wachstumszone sowie den desorbierten Teilchen M_1' und M_2'

- Energieaufnahme (Absorption) und Energieübertragung
- Chemische Primärreaktion der Ausgangsverbindung
- Chemische Sekundärreaktionen in der Gasphase
- Transportreaktionen zur Substratoberfläche
- Adsorption an der Oberfläche
- Chemische Oberflächenreaktionen
- Desorption von Reaktionsprodukten
- Festkörperbildung

Die ersten drei Teilschritte sind mit den laserinduzierten Gasphasenreaktionen in Kap. 3 vergleichbar. Ihnen folgt der Transport der schichtbildenden Teilchen (Primär- und/oder Sekundärprodukte) zur Oberfläche. Die Transportprozesse in der Gasphase können komplex sein und Gasströmungen (Prozeßgaszufuhr und -abpumpen), Diffusion, Konvektion und Thermodiffusion einschließen [6.54]. Weiterhin ist die Gasphase inhomogen bezüglich ihrer chemischen Zusammensetzung und der Temperatur (und damit auch der lokalen Teilchenkonzentration). Druckunterschiede in der Prozeßkammer sind hingegen meist vernachlässigbar.

Für die relative Bedeutung der einzelnen Transportprozesse gilt qualitativ, daß bei niedrigem Druck (< 1 mbar) die Diffusion vorherrscht, während bei steigendem Druck die Konvektion und eventuell auch die Thermodiffusion an Bedeutung gewinnen. Gasströmungen dienen häufig nur dem Prozeßgasaustausch, um photochemisches Ausbleichen oder die Anreicherung unerwünschter (Neben-)Produkte zu verhindern. Die Strömungen sind meist langsam gegenüber der Wärmeleitung und der Diffusion.

Bei diffusionskontrollierter Schichtbildung nimmt die Wachstumsrate mit der Entfernung zwischen Laser und Oberfläche (exponentiell) ab. Dies führt zu einer starken Abhängigkeit der Schichtbildung vom Laser-Oberflächen-Abstand und vom Ort auf der Substratfläche (Bild 6.4). Eine eng lokalisierte Abscheidung wie beim "Laserschreiben" (vgl. Abschn. 6.2.2.) ist mit dieser Methode im allgemeinen nicht möglich. Wesentliche Verfahrensmerkmale dieser Methode werden hier am Beispiel der relativ gut untersuchten laserchemischen Abscheidung von amorphem Silizium dargestellt.

Amorphes, wasserstoffhaltiges Silizium (a-Si:H) hat seit 1975 als Basismaterial für Dünnschichttransistoren, Photodetektoren und Dünnschichtsolarzellen stetig an Bedeutung gewonnen (vgl. z.B. [6.55-6.61]). Rund ein Drittel der zur Zeit hergestellten photovoltaischen Zellen enthält bis zu 0,5 µm dicke a-Si:H-Schichten mit und ohne Dotierung. Der CVD-Prozeß zur Herstellung von a-Si:H entspricht summarisch der Reaktionsgleichung

$$SiH_4 \ (Si_2H_6, Si_3H_8) \rightarrow SiH_{0,1} + x \ H_2.$$
(Gas) \hspace{2.5cm} (Festk.) (Gas)

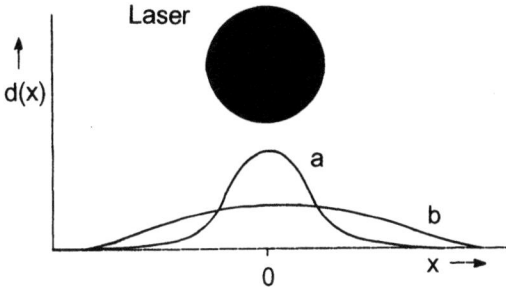

Bild 6.4. Schematische Darstellung der Abhängigkeit der Schichtdicke d von der Position x auf dem Substrat relativ zur Laserposition: (a) Schichtdickenprofil bei kurzlebigen Gasteilchen und/oder hohem Prozeßgasdruck (geringe Diffusionslänge) und (b) Schichtdickenprofil bei langlebigen Teilchen und/oder niedrigem Prozeßgasdruck (große Diffusionslänge)

Die Festkörperbildung ist also mit dem Aufbrechen von SiH-Bindungen verknüpft. Diese werden teilweise in der Gasphase aufgebrochen, ansonsten auf der Oberfläche beim Si-Einbau. Der im Festkörper verbleibende Rest von typischerweise 5 bis 15 Atom% Wasserstoff ist unabdingbar für die elektronische Güte der a-Si:H-Dünnschicht. Wasserstoff sättigt unter anderem die im amorphen Siliziumgerüst vorhandenen offenen Valenzen der Si-Atome ab und beseitigt Spannungen im amorphen Gitter (Bild 6.5). Offene Si-Atom-Valenzen weisen ungepaarte Elektronen auf, die als Rekombinationszentren für Elektron-Loch-Paare wirken und die elektrische Leitfähigkeit des Halbleitermaterials drastisch herabsetzen. Im Unterschied zur thermodynamisch stabilen Form des kristallinen Siliziums hängt die mikroskopische Struktur des metastabilen, amorphen Siliziums [6.62] von seinem Herstellungsprozeß ab.

Grundsätzlich kann a-Si:H aus Monosilan(SiH_4), Disilan(Si_2H_6), Trisilan(Si_3H_8) oder auch höheren Silanen hergestellt werden (Bild 6.6) [6.63]. Aus Kostengründen und im Hinblick auf die chemische Stabilität der Ausgangsverbindung (z.B. bei der Lagerung) wird für die industrielle a-Si:H-Herstellung (Mono-)Silan bevorzugt. Für die laserchemische Herstellung von a-Si:H aus SiH_4 kommt aus Kostengründen am ehesten der robuste, industrieerprobte CO_2-Dauerstrichlaser in Frage. Mit seiner P(20)-Linie des $00^01 \rightarrow 10^00$-Überganges (10,591 µm, 944,195 cm^{-1}) kann die v_4-Schwingungsmode von Silan angeregt werden. Die zum Laserübergang nächstgelegene Absorptionslinie liegt bei 944,213 cm^{-1} in einem Abstand von 0,018 cm^{-1} = 0,54 GHz [6.64]. Für eine effektive elektronische Anregung von Silan wäre hingegen Vakuum-UV-Licht mit einer Wellenlänge unter 155 nm erforderlich

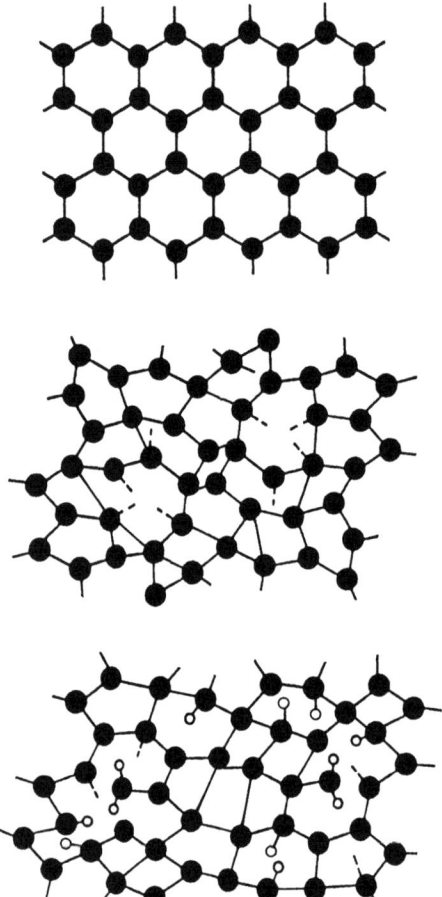

Bild 6.5. Schematischer Vergleich der Gitterstrukturen von kristallinem Silizium, amorphem Silizium und amorphem, wasserstoffhaltigem Silizium (von oben nach unten)

(Bild 6.6) [6.63,6.65,6.66]. Dieses ist teuer, schwer verfügbar und nur unter Sauerstoffausschluß zu handhaben. So verwundert es kaum, daß die am weitesten fortgeschrittenen laserchemischen Arbeiten zu a-Si:H mit Silan und CO_2-Dauerstrichlasern durchgeführt wurden. Diese reichen bis zur Herstellung von Schottky-Dioden [6.67] sowie pin- und nip-Solarzellen [6.68].

Bei der CO_2-Dauerstrichlaser-CVD von a-Si:H aus Silan nehmen SiH_4-Moleküle zunächst die Energie von mindestens 23 CO_2-Laserphotonen auf [6.63]. Dies geschieht durch direkte Absorption und durch Energieaustausch zwischen angeregten Molekülen. In diesem Fall tragen die Molekülstöße nicht nur zum anharmonischen VV-Pumpen bei (Abschn. 3.1) sondern auch zur notwendigen Druckverbreiterung der SiH_4-Absorptionslinien. Diese Druckverbreiterung kann mit Silan oder Inertgas erzielt werden. Sie bewirkt eine Zunahme der Laserabsorption [6.64] und hilft dadurch, die niedrigste

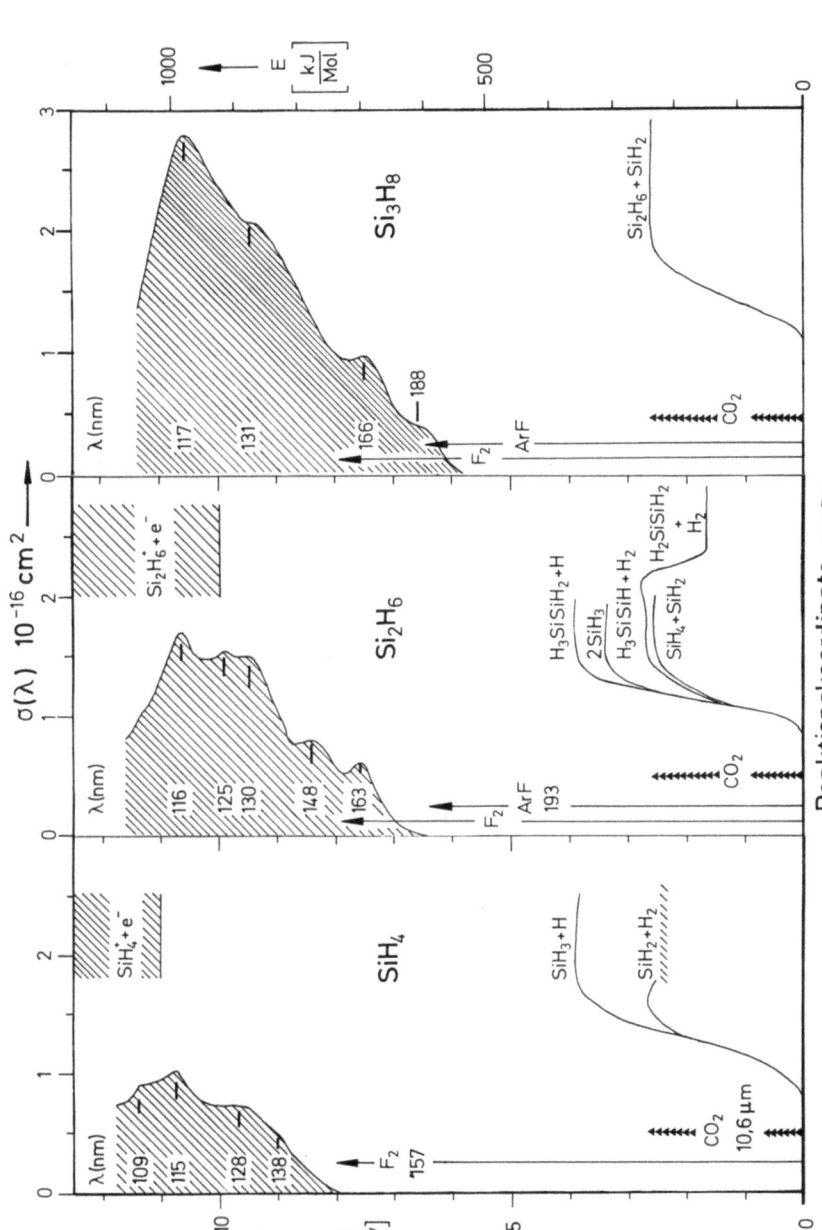

Bild 6.6. Absorptionsquerschnitte als Funktion der Anregungsenergie für SiH_4 (links), Si_2H_6 (Mitte) und Si_3H_8 (rechts) im Vergleich zu optischen Anregungsmöglichkeiten (Pfeile) und den Aktivierungsenergien ausgewählter Zersetzungsreaktionen

Aktivierungsenergiebarriere für die Silanzersetzung gemäß $SiH_4 \rightarrow SiH_2 + H_2$ zu überwinden [6.63].

CO_2-Dauerstrichlaser-CVD von a-Si:H aus SiH_4 erfolgt bei waagrechter Laserstrahlführung (Bild 6.7) am schnellsten in Position (a) und am langsamsten in Position (c) [6.69, 6.70]. Dieser Wachstumsunterschied (Faktor 3 bis 5) steigt mit dem Prozeßgasdruck von typischerweise 1 bis 10 mbar an. Die verstärkte Abscheidung unterhalb des Laserstrahls zeigt sich schon bei der Filmabscheidung auf senkrecht stehenden Substraten (Position b) in einem unsymmetrischen Schichtdickenprofil [6.70]. Allgemein nimmt das Schichtwachstum mit der Entfernung zwischen dem Laserstrahlzentrum und der Position auf dem Substrat ab (Bild 6.4). Die Wachstumsgeschwindigkeit steigt jedoch mit der Vergrößerung des Abstandes zwischen dem Laser und der Substratoberfläche zunächst an [6.70]. Diese beiden Befunde erscheinen auf den ersten Blick widersprüchlich.

Die höchste Gastemperatur wird im laserbestrahlten Volumen erreicht und liegt typischerweise 100 bis 400 °C höher als die Substrattemperatur T_s von 200 bis 500 °C [6.64]. Zwischen Laserstrahlachse und Substrat besteht also ein steiler Temperaturabfall (Bild 6.8) und ein starker Wärmeabfluß. Bei

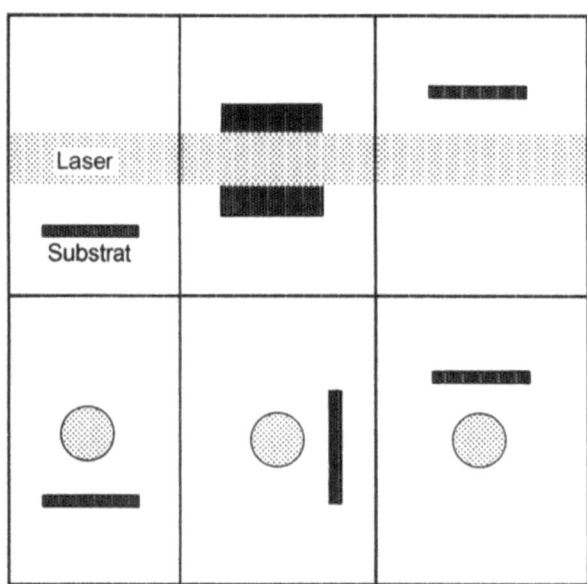

Bild 6.7. Abscheidegeometrien für die indirekte Laser-CVD mit waagrechter Laserstrahlführung

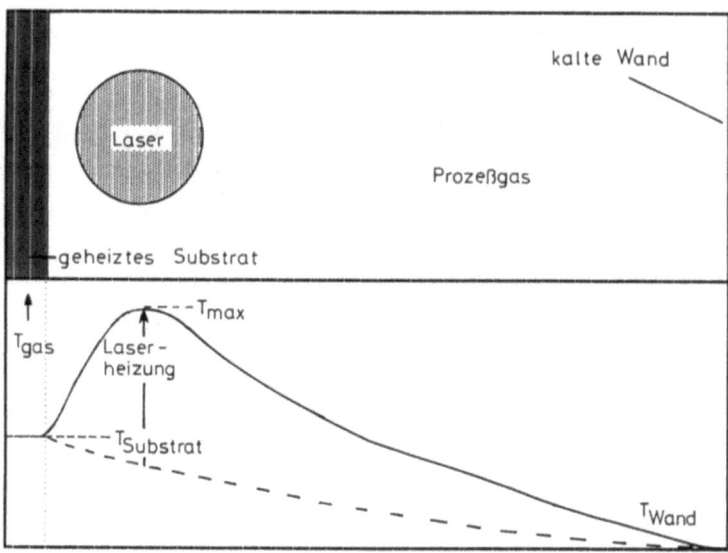

Bild 6.8. Querschnitt durch einen CO_2-Laser-CVD-Reaktor und qualitatives Temperaturprofil bei der Abscheidung von a-Si:H aus SiH_4 nach [6.64]

Vergrößerung des Laser-Substrat-Abstandes wird der Temperaturabfall flacher, der Wärmeabfluß kleiner und die maximale Gastemperatur auf der Laserstrahlachse steigt an. Dieser Temperaturanstieg erhöht den laserchemischen Silanumsatz und die Abscheidegeschwindigkeit von a-Si:H. Im Gegensatz zur Wärmeflußänderung zwischen Laserstrahlachse und Substrat bleibt der Energiefluß von der Laserstrahlachse zur kalten, aber weit entfernten Prozeßkammerwand annähernd konstant.

Das Gastemperaturprofil hängt unter anderem von der eingestrahlten Laserleistung, dem räumlichen Intensitätsprofil des Laserstrahls, den Partialdrucken von SiH_4 und eventuellen Inertgasen, der spezifischen Wärme des Prozeßgases, seiner Wärmeleitfähigkeit und der Substrattemperatur ab. Die Wärmeübertragung durch Konvektion, die Reaktionswärme der laserinduzierten Reaktion und die thermische Strahlung des heißen Prozeßgases erscheinen in erster Näherung vernachlässigbar [6.64]. Für eine realitätsnahe Modellierung des Temperaturprofils ist eine Messung der Laserabsorption durch das Prozeßgas unter den gegebenen experimentellen Bedingungen unerläßlich [6.64, 6.71]. Dies wird leicht verständlich, wenn man bedenkt, daß die laserinduzierte Gasaufheizung unter isobaren Bedingungen ($\Delta p = 0$) bereits ohne chemische Reaktion zu einer Verminderung der lokalen Silankonzentration und zur Änderung der Absorption führt. Die Wechselwirkung von

Laserlicht und Prozeßgas beinhaltet ein stark gekoppeltes, räumlich inhomogenes System.

Bei langsamem Schichtwachstum ist der Wasserstoffgehalt von a-Si:H durch die Substrattemperatur bestimmt. Diese Temperaturabhängigkeit ist für CO_2-Dauerstrichlaser-CVD [6.73,6.86,6.87] eine andere als für CO_2-Pulslaser-CVD [6.74] und UV-Photo(Laser)-CVD [6.75] sowie Plasma-CVD [6.76] (Bild 6.9). Ähnliches gilt für die Substrattemperaturabhängigkeit ihrer elektrischen Leitfähigkeiten [6.73,6.77,6.86,6.87] (Bild 6.9).

Die Photoleitfähigkeit von a-Si:H-Schichten aus CO_2-Pulslaser-CVD erreichte ihr Maximum bei deutlich tieferer Substrattemperatur (Bild 6.9) als bei CO_2-Dauerstrichlaser-CVD, obwohl in beiden Fällen die H_2-Eliminierung aus SiH_4 den chemischen Primärschritt bildet. Jedoch erzielt die Pulslaseran-

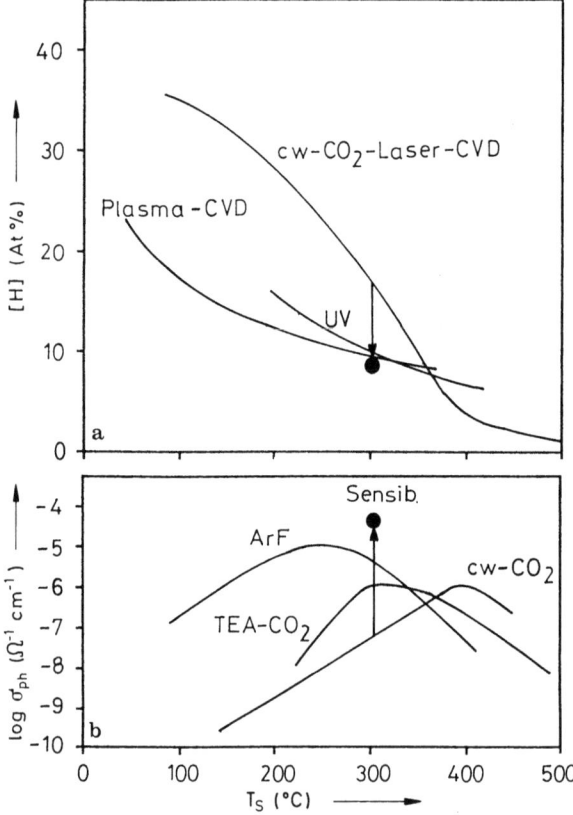

Bild 6.9. Wasserstoffgehalt (a) und elektrische Photoleitfähigkeit (b) von a-Si:H-Dünnschichten hergestellt nach verschiedenen CVD-Verfahren (vgl. Text)

regung eine höhere, maximale Gastemperatur als die Dauerstrichlaseranregung. Versuche, die Anregung von SiH_4 mit einem Dauerstrichlaser zu verstärken (Erhöhung der Laserleistung und/oder des SiH_4-Druckes), führen allerdings zur unerwünschten Pulverbildung statt zur a-Si:H-Schichtbildung. Dabei hat SiH_4 eine Doppelfunktion als Laserabsorber und als Teilchenlieferant für die Festkörperbildung. Diese läßt sich jedoch entkoppeln, indem Schwefelhexafluorid (SF_6) als Sensibilisator dem Prozeßgas zugesetzt wird [6.79]. Tatsächlich können damit auch bei niedrigen SiH_4-Partialdrucken a-Si:H-Schichten abgeschieden werden. Ihr Wasserstoffgehalt ist nur etwa halb so hoch und ihre Photoleitfähigkeit um etwa drei Größenordnungen höher als zuvor (Bild 6.9). Außerdem wird eine größere Prozeßstabilität und bessere Reproduzierbarkeit erzielt als ohne SF_6. Auch gelang mit SF_6 die Abscheidung von a-Ge:H aus GeH_4, welches die CO_2-Laserstrahlung selbst nur unzureichend absorbiert [6.80].

Über die Natur der schichtbildenden Teilchen bei der a-Si:H-Abscheidung wurde schon viel spekuliert. Das Biradikal SiH_2 scheidet aus, da es in einem einzigen Stoß mit überschüssigem SiH_4 oder Si_2H_6 in eine SiH-Bindung eingebaut wird [6.81,6.82] und daher nicht bis zur Schichtoberfläche gelangt. Dagegen kommen Si_2H_4 in Frage [6.23,6.63,6.81,6.82] sowie Si_2H_6 und Si_3H_8, die niedrige Zersetzungstemperaturen um 400 °C aufweisen gegenüber mehr als 600 °C von SiH_4 [6.83]. Die Bildung von Monoradikalen, z.B. gemäß $SiH_4 \rightarrow SiH_3 + H$, scheidet bei der CO_2-Laser-CVD wegen der hohen Aktivierungsenergie aus (vgl. Bild 6.6 und [6.63]).

Unabhängig von der im einzelnen noch unbekannten chemischen Zusammensetzung des Prozeßgases in der Schichtwachstumszone steht fest, daß beim Schichtwachstum die Desorption von Wasserstoff von der a-Si:H-Oberfläche einen wesentlichen Prozeßschritt bildet. Selbst so wasserstoffarme Teilchen wie SiH und Si_2H_2 sind noch sehr wasserstoffhaltig (Si:H = 1:1) gegenüber dem Schichtmaterial mit etwa 10 Atom% Wasserstoff. Immerhin müßten etwa 90% des Wasserstoffs von diesen Gasteilchen bei der Schichtbildung entfernt werden. Bei den allgemein akzeptierten Modellannahmen zur a-Si:H-Schichtbildung wird deshalb von einer wasserstoffgesättigten Oberfläche ausgegangen [6.72]. Diese Wasserstoffschicht passiviert a-Si:H z.B. gegenüber Luftsauerstoff, während sich kristallines Silizium an der Luft mit einer Oxidschicht bedeckt.

Die gefundenen Unterschiede zwischen den a-Si:H-Schichten aus CO_2- und UV-Laser-CVD hängen möglicherweise mit der Bildung von Monoradikalen wie H-Atomen und SiH_3-Radikalen zusammen. Solche Monoradikale können durch H-Einfang und Molekülbildung, z.B. gemäß H(Gas)+ H(ads) $\rightarrow$ H_2(Gas) und SiH_3(Gas) + H(ads) $\rightarrow$ SiH_4(Gas), Wasserstoff von der a-Si:H-Oberfläche entfernen. Biradikale wie SiH_2 werden im Gegensatz hierzu gegebenenfalls in eine SiH-Bindung an der Oberfläche eingebaut. Ein weiterer Mechanismus zur verstärkten Wasserstoffdesorption besteht im Beschuß der a-Si:H-Oberfläche mit elektronisch angeregten und/oder ionisierten Gasteilchen, wie sie bei UV-Photo(Laser)-CVD und Plasma-CVD möglich sind. Diese erhöhen bei ihrem Auftreffen lokal die Oberflächenbeweglichkeit, so daß beispielsweise zwei Wasserstoffatome aus benachbarten SiH-Bindungen zu molekularem Wasserstoff rekombinieren und desorbieren können. Diese Art der Oberflächenaktivierung wird auch als Erzeugung einer "virtuellen" Oberflächentemperatur bezeichnet.

Die Bedeutung der Wasserstoffdesorption für das Schichtwachstum läßt sich auch daran erkennen, daß die Schichtwachstumsrate mit sinkender Substrattemperatur abnimmt [6.64]. Dies gilt qualitativ gleichermaßen für die CO_2- und die UV-Laser-CVD. Andererseits verschwinden die beschriebenen Unterschiede zwischen CO_2-Laser-CVD und den anderen CVD-Methoden bei Substrattemperaturen von 500 °C und darüber. Dann wird die thermisch induzierte Wasserstoffdesorption dominant und die anderen Effekte sind vernachlässigbar. Ab etwa 650°C Oberflächentemperatur erhalten auch die schweren Si-Atome eine hinreichend große Gitterbeweglichkeit, so daß sich aus dem metastabilen, amorphen Silizium das thermodynamisch stabilere polykristalline Silizium bildet. Wird allerdings die Substrattemperatur beim CVD-Prozeß so hoch eingestellt, dann bildet sich direkt polykristallines Silizium. Hier erübrigt sich für die Festkörperabscheidung ein Laser, da sich die Siliziumwasserstoffe bereits an der heißen Oberfläche zersetzen. Für die lokalisierte und die epitaktische Abscheidung von kristallinem Silizium bleibt der Laser allerdings nützlich bzw. unverzichtbar (vgl. Abschn. 6.2.2).

Die für die CVD-Experimente angegebenen Substrattemperaturen werden in der Regel nicht direkt an der Substratoberfläche sondern im Substratheizblock bestimmt und nach empirischen Erfahrungswerten korrigiert. Dabei können die Korrekturen durchaus im Bereich 50 bis 100 °C liegen [6.75]. Unter diesem Gesichtspunkt kommt präzisen Oberflächentemperaturmessungen große Bedeutung zu, wie sie beispielsweise mit einem auf der Oberfläche befindlichen Ni-Sensor mit einer Genauigkeit von ±1 °C durchgeführt werden können [6.78]. Bei dieser Meßgenauigkeit kann auch die Aufheizung der Substratoberfläche durch das CO_2-lasergeheizte Prozeßgas ermittelt werden, die bei einer Heizblocktemperatur von 360 °C, einem Prozeßgasdruck von 10 mbar und CO_2-Laserleistungen bis 40 W bei gutem Wärmekontakt zwischen Substrat und Heizblock unter 15 °C bleibt, bei Standardabscheidebedingungen typischerweise unter 10 °C. Bei schlechtem Wärmekontakt zwischen Substrat und Heizblock kann der laserinduzierte Temperaturanstieg zwei- bis dreimal größer sein. Die Temperaturdifferenz zwischen Unter- und Oberseite der a-Si:H-Schicht von ≤1 µm Dicke sollte hingegen wegen der guten Wärmeleitfähigkeit von a-Si:H den Betrag von 1 °C nicht übersteigen.

Der kontrollierte Einbau von Wasserstoff in die a-Si:H-Dünnschichten ist ein Beispiel für ein allgemeines Problem von CVD-Prozessen: Neben der erwünschten Abscheidung des ausgewählten Elementes (der ausgewählten Verbindung) werden oftmals unerwünschte Bestandteile der Ausgangsverbindung in die Dünnschicht eingebaut (vgl. Abschn. 6.2.2).

Ein weiteres Laser-CVD-Verfahren zur Herstellung von a-Si:H, das in Forschungslaboratorien eingesetzt wird, nutzt Disilan und einen ArF-Laser [6.75,6.77,6.84,6.169]. Die elektronische Anregung von Disilan mit ArF-Laserlicht von 193 nm erfolgt über eine schwache Absorption (Bild 6.6) in einen dissoziativen Molekülzustand [6.63]. Sie hat auf den ersten Blick wenig Gemeinsamkeit mit der eben besprochenen CO_2-Laser-CVD von a-Si:H aus Silan. Genaueres Hinsehen zeigt, daß unter realistischen Prozeßbedingungen mit Repetitionsraten der UV-Laserpulse von 10^2 pps gearbeitet wird. Die hohe Energie der absorbierten Laserphotonen (6.4 eV, 620 kJ/mol) wird nur zum Teil für die laserchemische Zersetzung von Disilan benötigt. Die Überschußenergie (schätzungsweise 450 kJ/mol [6.77]) heizt das Prozeßgas auf und wird zwischen den Laserpulsen nur unvollständig an die kalte Umgebung abgeführt [6.77]. In Analogie zum CO_2-Laserverfahren stellt sich nach einer Anlaufphase ein quasistationäres Temperaturprofil ein, das je nach Laserpulsenergie und Repetitionsrate (leicht) moduliert wird. Auch wenn die so erzielte Gasaufheizung im Vergleich zur UV-Laserphotolyse wenig zur Zersetzung von Disilan beiträgt, so spielt sie doch für die chemischen Sekundärprozesse, die lokalen Teilchenkonzentrationen und die Transportprozesse eine große Rolle. Die ArF-Laser-CVD von a-Si:H steht also zwischen der rein thermisch induzierten CO_2-Laser-CVD und der "kalten" Photo-CVD beispielsweise mit Quecksilberlampen.

Mit Hg-Lampen kann die schwache Strahlung von 185 nm zur direkten Anregung von Disilan verwendet werden oder die intensive Strahlung bei 254 nm zur resonanten Anregung von Hg-Atomen dienen, die dem Prozeßgas beigemischt werden [6.63]. Die Hg-Atome übertragen in Stößen ihre Anregungsenergie auf Siliziumwasserstoffmoleküle und leiten deren photochemische Zersetzung ein (Hg-sensibilisierte Photo-CVD). Die Gasaufheizung mit Hg-Lampen ist gering wegen ihrer vergleichsweise niedrigen Lichtleistung und der kleinen Photonenenergie (4,9 eV, 470 kJ/mol), die auch nur eine verminderte Überschußenergie bei der Photolyse von Disilan ergibt.

ArF-Laser-CVD wird nicht nur zur Erzeugung von einzelnen a-Si:H-Dünnschichten verwendet sondern auch zur Herstellung von Legierungen wie a-Si:Ge:H [6.88] und von amorphen Supergitterstrukturen hoher Qualität [6.85,6.89]. So gelingt durch alternierende ArF-Laser-CVD von a-Si:H aus Si_2H_6 und a-Ge(:H) aus GeH_4 die Herstellung eines 9-fachen Schichtsystems (5 x Si und 4 x Ge), wobei die durchschnittlichen Schichtdicken 10,7±0,4 nm (Si) und 5,4±0,2 nm (Ge) betragen. Mit alternierender ArF-Laser-CVD aus Si_2H_6 und Si_2H_6/NH_3-Gemischen gelingt gar ein 626 nm dickes Schichtsystem aus 32 Lagen mit Schichtdicken von 13,3±0,4 nm (Si) und 26,6±2 nm (Si_3N_4).

Künstliche Supergitterstrukturen bilden seit etwa 1970 ein aktuelles Forschungsgebiet [6.25-6.30]. Durch die Auswahl der Schichtmaterialien und Schichtdicken können innerhalb bestimmter Grenzen neuartige Materialeigenschaften auf mesoskopischer Ebene geschaffen werden. (Als mesoskopisch werden Dimensionen zwischen mikroskopisch, d.h. ≤1 nm, und makroskopisch, d.h. ≥100 nm, bezeichnet [6.26].) So gelingt beispielsweise die räumliche Trennung von Elektronen und Löchern in Halbleitern durch die Schaffung von separaten Potentialmulden für negative und positive Ladungen in verschiedenen Schichten des Supergitters. Auf diese Weise kann in kristallinen GaAs/AlGaAs-Supergittern die Lebensdauer von Elektron-Loch-Paaren über 9 Größenordnungen (ns bis s) variiert werden. Kristalline Supergitter bilden u.a. die Grundlage von Hochleistungs-Dioden-Lasern. Amorphe Supergitter werden seit etwa 1985 bearbeitet und stellen noch ein recht junges Forschungsgebiet dar. Bemerkenswert ist, daß sich in diesem Fall mit amorphen Substanzen Materialien mit einer periodischen Struktur und wählbaren Periodizitäten erzeugen lassen. Die bislang "besten" amorphen Supergitter werden auf photochemischem Weg hergestellt.

6.2.2 Direkte Laser-CVD (mit Oberflächenbestrahlung)

Laser-CVD mit Bestrahlung der Substratoberfläche eignet sich für lokalisierte Beschichtungen von Oberflächen, das "Laserschreiben" von sehr feinen Strukturen. Die laserchemischen Prozesse hängen im einzelnen stark von der Laserbestrahlung, dem Materialsystem und den Prozeßbedingungen ab. Auch hier ist es sinnvoll, den Gesamtprozeß für die Diskussion in folgende Teilschritte zu unterteilen:
- Energieaufnahme und Energieübertragung
- Chemischer Primärschritt
- Sekundärreaktionen
- Abscheideprozeß an der Oberfläche

- Desorption von gasförmigen Reaktionsprodukten
- Festkörperbildung

Im Gegensatz zur definierten Laserenergieeinkopplung in die Gasphase bei der indirekten Laser-CVD kommen für die direkte Laser-CVD mehrere Anregungsmechanismen in Betracht (Bild 6.10), deren relative Bedeutung sich während des Abscheideprozesses verschieben kann (s. auch [6.33-6.51]).

Die Laseranregung der Gasphase (Bild 6.10a) ist die gleiche wie diejenige bei der indirekten Laser-CVD. Jedoch können bei der Oberflächenbestrahlung auch kurzlebige Teilchen zur Schichtbildung beitragen, wenn sie nahe an der Oberfläche entstehen [6.153].

In der Regel bildet sich auf der Substratoberfläche eine Adsorbatschicht aus (Bild 6.10b). Im Fall einer physikalischen Adsorption (Physisorption) behalten die Moleküle auf der Oberfläche weitgehend ihre chemische Identität. Durch ihre Wechselwirkungen mit der Substrat- oder Schichtoberfläche verändern sich ihre Absorptionseigenschaften in begrenztem Umfang, so daß Absorption des Laserlichts stattfinden kann, auch wenn in der Gasphase keine Absorption möglich ist (selektive Absorption in der Adsorbatschicht). Auch die Relaxationsmechanismen der angeregten Moleküle, d.h. die Um-

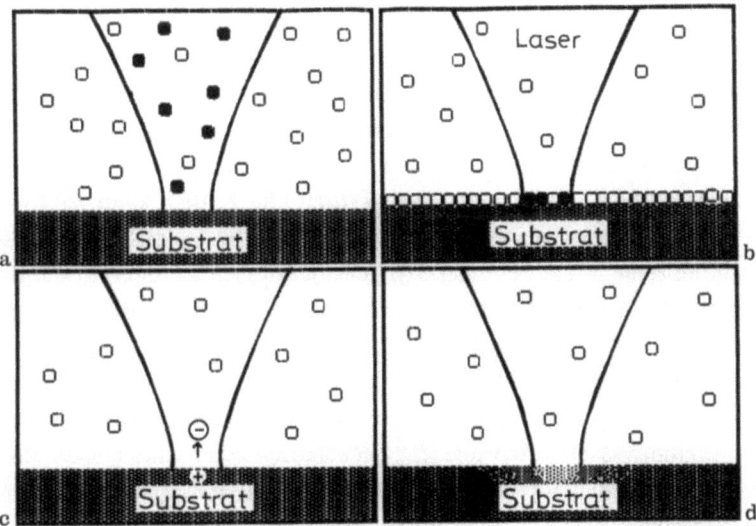

Bild 6.10. Mögliche Primärschritte bei der direkten Laser-CVD: (a) Laseranregung von Gasphasenteilchen, (b) Laseranregung der Adsorbatschicht, (c) laserinduzierte Erzeugung freier Elektronen und (d) thermische Laserheizung des Substrates

verteilung der absorbierten Laserenergie, ist durch die Wechselwirkungen des Moleküls mit der Festkörperoberfläche schneller als in der Gasphase. Die angeregten Moleküle kehren so nach kurzer Zeit in ihren Ausgangszustand zurück und können erneut Laserlicht aufnehmen (effektive Laserenergieeinkopplung). Im Fall von chemischer Adsorption (Chemisorption) sind die Unterschiede im Absorptionsverhalten zwischen den Gasteilchen und dem Adsorbat in der Regel drastisch, was die Selektivität der Laseranregung zwischen Gasphase und Adsorbatschicht gegenüber physikalisch adsorbierten Molekülen wesentlich erhöht.

Ist die Energie der Laserphotonen größer als die Austrittsarbeit der Elektronen an der Substrat- oder Schichtoberfläche, so entstehen mit der Laserbestrahlung auch freie Elektronen (Bild 6.10 c). Diese verfügen je nach Energiedifferenz zwischen Photonenenergie und Austrittsarbeit über eine definierte kinetische Energie. Diese ist wiederum entscheidend für die nachfolgenden elektroneninduzierten Prozesse in der Gasphase wie Elektronenstoßanregung der Moleküle oder Elektroneneinfang. So kann trotz fehlender Laserabsorption in der Gasphase der chemische Primärschritt dennoch im Gas stattfinden.

Schließlich kann die Substrat- bzw. Schichtoberfläche durch den Laser aufgeheizt werden (Bild 6.10 d). An der heißen Oberfläche finden dann thermische Reaktionen statt, angefangen von CVD-Prozessen infolge Pyrolyse der Ausgangssubstanz bis zur Desorption einer reaktionshemmenden Passivierungsschicht.

Diese Auflistung von möglichen Anregungsschritten, Energieübertragungen und Primärprozessen ist nicht vollständig. Sie genügt aber, um die Komplexität der direkten Laser-CVD-Verfahren zu veranschaulichen. Die verschiedenen Prozesse sind in der Praxis örtlich und zeitlich kaum zu trennen, was die Deutung experimenteller Befunde und die technische Verfahrenskontrolle mitunter stark behindert. Ungeachtet dessen werden mit der direkten Laser-CVD beachtliche technische Erfolge erzielt und teilweise kommerzielle Anwendungen gefunden.

Wie im Fall der indirekten Laser-CVD werden auch für die direkte Laser-CVD konkrete Anwendungsbeispiele besprochen, die Siliziumabscheidung aus Siliziumwasserstoffen und die Nickelabscheidung aus Nickeltetracarbonyl. Für ihre übersichtliche Darstellung folgen nacheinander Laser-CVD mit fixiertem Aufbau (Abscheidung von Flecken) und mit bewegtem Aufbau ("Laserschreiben").

In einem Beispiel von Siliziumabscheidung tritt ein ArF-Laser durch ein mit He gespültes Eintrittsfenster der Prozeßkammer und durch Si_2H_6-Gas hindurch senkrecht auf das Substrat [6.90]. In einem zweiten Beispiel trifft ein ArF- oder ein F_2-Laser ebenfalls durch ein gespültes Reaktorfenster in einem Winkel von 81° zum Lot auf die Substratoberfläche [6.91]. Mit dem ArF-Laser (193 nm) kommen Si_2H_6 und Si_3H_8 als Prozeßgase zum Einsatz. Beim F_2-Laser (157 nm) wird zusätzlich zu Di- und Trisilan auch Monosilan verwendet. Die gefundenen Abscheideraten für die a-Si:H-Schichten entsprechen jeweils einer Ein-Photon-Anregung der Ausgangsmoleküle in der Gasphase [6.91]. Diese Abscheideprozesse stehen also für Fall (a) in Bild 6.10. Trotz der Bestrahlung der a-Si:H-Schicht durch den ArF-Laser wird die gleiche Photoleitfähigkeit gefunden [6.90] wie bei der indirekten ArF-Laser-CVD von a-Si:H aus Si_2H_6 [6.77] (Bild 6.9). Die von der Laserbestrahlung möglichen Strahlungsschäden in der a-Si:H-Schicht heilen bei den Substrattemperaturen (Heizblocktemperaturen) von 280 °C demnach aus. Offen bleibt dabei, inwieweit die ArF-Laserbestrahlung die Oberfläche zusätzlich aufheizt.

Eine zweite Gruppe von Laser-CVD-Experimenten mit Abscheidung von kristallinem Silizium repräsentiert Fall (d) in Bild 6.10. Hier wird der CVD-Prozeß durch die Aufheizung des Substrates bzw. des bereits abgeschiedenen Siliziums eingeleitet. Die Laserwellenlänge ist dabei von untergeordneter Bedeutung, solange lokal die Zersetzungstemperatur T_r von (adsorbiertem) SiH_4 überschritten wird (Bild 6.11). Das erzielte Temperaturprofil hängt nicht nur von der eingestrahlten und absorbierten Laserleistung ab sondern auch von der Wärmeleitung an die Umgebung. In den drei gezeigten Beispielen in Bild 6.11 ist der Bereich, in welchem die Zersetzungstemperatur T_r überschritten wird, kleiner (Fall 1), gleich groß (Fall 2) bzw. grö-

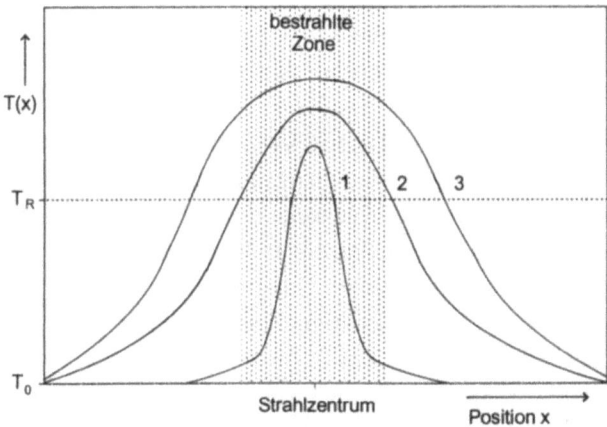

Bild 6.11. Verschiedene Substrattemperaturprofile T(x) bei der direkten Laser-CVD mit einer vorgegebenen Reaktionstemperaturschwelle T_r

ßer (Fall 3) als die vom Laser bestrahlte Zone. Die Einzelheiten der Temperaturprofile können mit Hilfe von Bilanzgleichungen errechnet werden, sofern die physikalischen Daten bekannt sind. Benötigt werden unter anderem die am jeweiligen Ort auf dem Substrat eingestrahlte Laserleistung (räumliches Profil des Laserstrahls), die lokale Absorption und Reflexion des Laserlichts, welche sich während der Beschichtung im allgemeinen verändert, die thermische Abstrahlung sowie der Wärmefluß in und aus dem betrachteten Volumenelement der Oberflächenschicht, also auch die Wärmeabgabe in das Innere des Substrates [6.92]. Bei Wärmeaustausch mit dem Substratinneren geht natürlich auch ein, inwieweit das Substrat durch andere Heizquellen vorgeheizt oder durch eine Kühlung thermostatisiert wird.

Die tatsächlich erzielte Fleckgröße der Abscheidung ist durch die maximale Ausdehnung der Reaktionszone im Verlauf des CVD-Prozesses bestimmt. Diese kann zu Anfang, während oder am Ende des Abscheideprozesses erreicht werden. Das Schichtdickenprofil der Abscheidung ist durch das lasererzeugte Temperaturprofil bestimmt, den Substanztransport an die Oberfläche und den Abtransport der Oberflächenreaktionsprodukte [6.92]. Der Substanztransport ist unkritisch, so lange die Dimension der Reaktionszone in der Größenordnung der (lokalen) Diffusionslänge liegt. In diesem Fall nimmt die Abscheidung ungefähr die Form einer Glocke an, wie dies bereits früh mit Siliziumabscheidungen aus SiH_4 auf einem Quarzsubstrat gezeigt wurde [6.93]. Bei einer sehr großen Reaktionszone kann hingegen im Zentrum eine Verarmung an schichtbildenden Teilchen eintreten, so daß man gegebenenfalls eine ringförmige Abscheidung erhält. Dies gelingt ebenfalls mit CO_2-Dauerstrichlaser-CVD aus Silan auf einem Quarzsubstrat (Bild 6.12) [6.94]. Die Reaktionszone vergrößert sich bei Steigerung der Laserleistung stufenweise von 1,2 auf 1,4 W. Bei 1,9 W wurde sogar ein Krater im Substrat beobachtet, dessen Bildung einem Ätzprozeß ($Si + SiO_2 \rightarrow 2 SiO$) zugeschrieben wird.

Ein instruktives Beispiel für direkte Laser-CVD zeigt Siliziumflecken aus Silan mit Ar^+-Laserbestrahlung [6.95]. Ein Quarzsubstrat mit einer 1 µm dicken Siliziumschicht wird einmal von der Rückseite des Substrats bestrahlt und einmal von der Vorderseite durch das Prozeßgas hindurch (Bild 6.13). Die schon vorher auf das Substrat aufgebrachte Siliziumschicht ist für das Laserlicht undurchlässig, so daß bei der rückseitigen Lasereinstrahlung keine Bestrahlung des Gases stattfindet.

Im Fall der rückseitigen Substratbestrahlung (a) passiert der Ar^+-Laserstrahl ohne große Strahldeformation das Quarzsubstrat und erreicht unter konstantem Einfallswinkel die Siliziumoberfläche. Auf der dem SiH_4-Gas zugewandten Seite bildet sich eine gaußförmige Siliziumabscheidung aus,

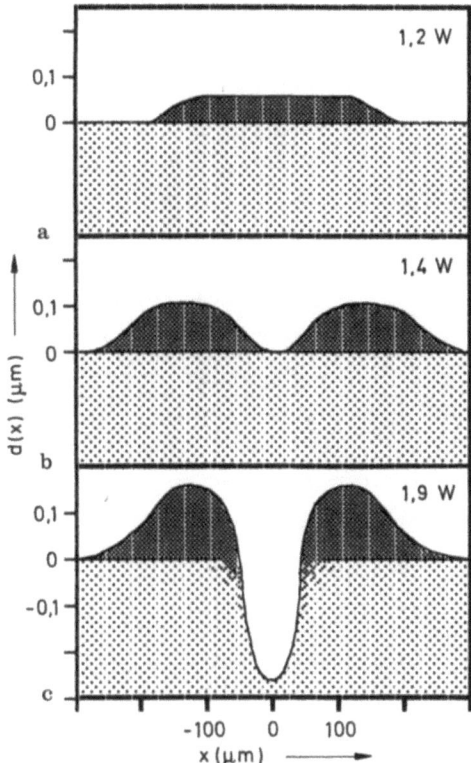

Bild 6.12. Typische Schichtdickenprofile d(x) von Siliziumabscheidungen aus SiH_4 mit direkter CO_2-Dauerstrichlaser-CVD auf Silizium bei unterschiedlichen Laserintensitäten nach [6.94] (vgl. Text)

sobald die Laserleistungsschwelle von 1,5 W überschritten ist. Die Wachstumsrate ist proportional zum vorhandenenen SiH_4-Druck und proportional zur eingestrahlten Laserleistung bis zu einer zweiten Leistungsschwelle von 2,3 Watt. Ab dieser Laserleistung schmilzt Silizium im Zentrum der Abscheidung und die Wachstumsrate, nun am Rand der vulkanartigen Abscheidung gemessen, bleibt bei weiterer Leistungssteigerung konstant. Modellberechnungen zufolge können den Laserleistungsschwellen Oberflächentemperaturen von 870°C (1,5 W) und 1410 °C (Schmelzpunkt von Si, 2,3 W) zugeordnet werden. Dabei wird eine lineare Abhängigkeit zwischen Oberflächentemperatur und Laserleistung für T < 1410 °C zugrundegelegt [6.95].

Bei der frontseitigen Laserbestrahlung (Fall b) passiert der Ar^+-Laserstrahl zunächst das anfangs kalte SiH_4-Gas. Mit zunehmender Substrataufheizung tritt eine Silangasaufheizung und die Ausbildung von Temperatur- und Dichtegradienten in der Gasphase ein. Das zunächst parallele Laser-

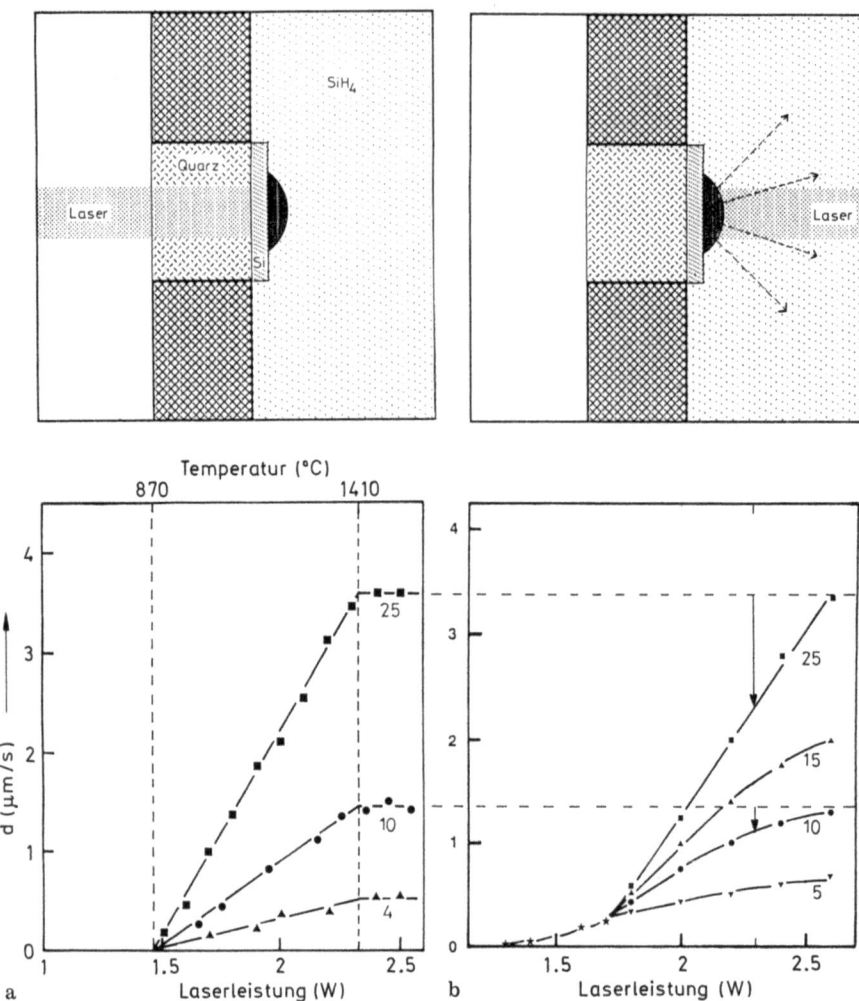

Bild 6.13. Direkte Ar⁺-Laser-CVD von kristallinem Silizium aus SiH$_4$ auf ein Substrat (1µm Silizium/1mm Quarz) durch Laserbestrahlung (a) von der Rückseite und (b) von der Frontseite durch das Prozeßgas; im unteren Teil des Bildes sind die Dickenwachstumsraten r(µm/s) als Funktion des Silandruckes und der eingestrahlten Laserleistung L(W) bzw. der geschätzten Substrattemperatur angegeben nach [6.95]

strahlbündel wird etwas aufgeweitet, da jeder einzelne Strahl beim Durchlaufen der lokalen Dichtegradienten jeweils zur Seite des dichteren Mediums (kälteren Gases) abgelenkt wird. Mit zunehmender Reaktion verschwindet zudem Silan und wird an der Substratoberfläche durch H$_2$ ersetzt. Weiterhin erhält die ursprünglich planare Siliziumoberfläche eine Krümmung, so daß an der Oberfläche die lokale Laserintensität auch durch den veränderten Einfallswinkel abnimmt. Damit läßt sich die veränderte Leistungsabhängigkeit der Wachstumsrate im Vergleich zur rückseitigen Laserbestrahlung qualitativ verstehen. Bei 2,3 W Laserleistung und 10 Torr SiH_4 sinkt die Wachstumsrate in (b) gegenüber (a) um etwa 15 % ab, beim höheren Druck von 25 Torr hingegen um rund 30%. Die relativ hohe Wachstumsrate in (b) nahe der ersten Laserleistungsschwelle bei 1,5 W spiegelt wider, daß die Laserstrahldeformation erst im hohen Leistungsbereich zum Tragen kommt. Die leistungsabhängige Laserstrahldeformation beeinträchtigt die in (a) genutzte lineare Korrelation zwischen Oberflächentemperatur und Laserleistung.

Das nächste Beispiel direkter Laser-CVD von kristallinem Silizium betrifft das epitaktische Wachstum bei relativ tiefen Temperaturen (600 bis 650 °C) unter Excimerlaserbestrahlung [6.96]. Eine niedrige Prozeßtemperatur ist hinsichtlich der thermischen Belastung elektronischer Bauelemente sehr wünschenswert. Bei der CVD-Methode mit konventioneller Heizung ist diese jedoch mit einer kleinen Wachstumsrate, Verunreinigungen und einer vorzugsorientierten, polykristallinen Struktur verknüpft. Sowohl mit ArF(193 nm)- wie auch mit XeF(351nm)-Laserbestrahlung eines (100)-orientierten Siliziumwafers in 0,15 Torr eines Si_2H_6/H_2-Gemisches (1:10) gelingt jedoch bei niedrigen Substrattemperaturen die Herstellung einkristalliner Schichten. Dies zeigen unter anderem ihre RHEED-Muster (RHEED = Reflection High-Energy Electron Diffraction), die Rutherford-Rückstreuung sowie ihre elektrische Ladungsträgerkonzentration und -beweglichkeit. Die Si-Schichtqualität erweist sich als besser als die von Schichten ohne Laserbestrahlung, mit der konventionellen CVD-Methode bei derselben Substrattemperatur hergestellt. Bei Substrattemperaturen von 700 °C oder darüber zeigten die ArF- und die XeF-Laserbestrahlungen dieselben Ergebnisse abgesehen von Unterschieden in der Wachstumsgeschwindigkeit. Die Absorption der ArF-Laserstrahlung durch Si_2H_6 ist hier also bedeutungslos, wie zusätzliche ArF-Laserexperimente mit Strahlführung parallel zum Substrat beim epitaktischen Wachstum zeigen.

Der laserinduzierte Effekt bei der Epitaxie ist also thermischer Natur. Modellabschätzungen ergeben, daß mit den eingestrahlten Energieflüssen von 40 bis 60 mJ/cm^2 pro Puls Temperatursprünge von 200 bis 300 °C während der Bestrahlung (etwa 10 ns) erzielt werden (vgl. auch [6.97]) sowie eine Anhebung der Durchschnittstemperatur um etwa 50 °C. Bei der Pulswiederholrate von 100 pps kann die vom Laser deponierte Energie zwischen den Pulsen nicht vollständig abfließen. Die mit den Lasern erzielten Verbesserungen beim epitaktischen Wachstum werden dem kurzzeitigen hohen Aufheizen zugeordnet, da dieser Lasereffekt auch bei Wiederholraten von nur 10 und 1 pps erhalten bleibt. Andererseits zeigen Si-Schichten nicht die mit Lasern erhaltene Schichtqualität, wenn sie mit konventioneller CVD bei 650 °C hergestellt werden, d.h. bei der effektiven *mittleren* Substrattemperatur der direkten Laser-CVD.

Excimerlaser erhöhen bei der direkten Laser-CVD von epitaktischen Siliziumschichten aus Disilan gegenüber konventioneller CVD die Abscheiderate um einen Faktor 3, verursacht durch die Anhebung der mittleren Substrattemperatur um etwa 50 °C. Die Verbesserung der Schichtkristallinität wird jedoch durch die etwa 10 ns langen laserinduzierten Temperatursprünge um 200 bis 300 °C erzielt. Zwischen den laserinduzierten Temperatursprüngen wird jeweils nur etwa eine Monolage oder weniger abgeschieden. Das Aufheizen der Schicht *während* des Wachstums ist offensichtlich wesentlich für die Kristallstruktur. Eine nachträgliche Schichtbehandlung führt nicht zum gleichen Erfolg.

Die vulkanartigen Abscheidungen von polykristallinem Silizium (Bild 6.12) veranschaulichen die Komplexität des Prozesses selbst bei chemisch einfachen Laser-CVD-Systemen (Silizium auf Silizium). Wenn das Substratmaterial verschieden vom deponierten Material ist, können sich die Laserenergieeinkopplung (Absorption und Reflexion), der Wärmeaustausch mit der Umgebung und die Haftkoeffizienten während der Abscheidung ändern. So verwundert es wenig, daß für die Vulkanbildung bereits mehrere Modelle vorliegen.

(1) Verarmung der Ausgangssubstanz im heißen Strahlzentrum wegen Zersetzung der Ausgangsmoleküle auf ihrem Weg ins Zentrum.
(2) Konvektion von Zersetzungsprodukten von der Oberfläche weg. Es entstehen bei der Oberflächenreaktion mehr Moleküle als Eduktmoleküle verbraucht werden, so daß sich ein Netto-Gasstrom (senkrecht) von der Oberfläche bildet.
(3) Thermodiffusion: die schweren Ausgangsmoleküle reichern sich in der vergleichsweise kalten Randzone an.
(4) Das im heißen Zentrum abgeschiedene Material verdampft wieder.
(5) Die Einbauwahrscheinlichkeit (Haftkoeffizient) der schichtbildenden Teilchen sinkt bei sehr hoher Temperatur, so daß die Abscheidung im heißen Zentrum ausbleibt.

Die Vulkanbildung ist auch bei mehreren Metallen wie Kupfer, Gold, Chrom, Molybdän, Wolfram und Nickel beobachtet worden [6.92, 6.152]. Andererseits entstehen bei der direkten Kr^+-Laser-CVD von Wolfram aus WF_6 in Wasserstoff kegelförmige Gebilde und im Zentrum der Abscheidung relativ große Kristalle mit µm-Ausmaßen [6.39]. Ein ungewöhnliches "Ge-

genbeispiel" zur Vulkanbildung liefert die hochgewachsene Abscheidung bei der direkten CO_2-Dauerstrichlaser-CVD aus Tetramethylzinn auf Glas (Bild 6.14).

Das zweite, hier betrachtete Materialsystem zur direkten Laser-CVD betrifft Nickel aus Nickeltetracarbonyl. Dieses System ist vom MOND-Verfahren zur Reinigung von Nickel lange bekannt (vgl. z.B. [6.99, 6.100]). Auch die Photochemie von $Ni(CO)_4$ ist ausführlich untersucht [6.101- 6.103, 6.106]. Insbesondere Molekülstrahlexperimente sind hier von großem Nutzen [6.101]. Aus diesen wird auf drei mögliche Abscheidemechanismen für Ni aus $Ni(CO)_4$ geschlossen gemäß den Reaktionsschemata (a), (c) und (d) in Bild 6.10. Abscheidungsexperimente von Ni aus einer $Ni(CO)_4$-Adsorbatschicht gemäß Reaktionsschema (b) in Bild 6.10 werden in der Literatur ebenfalls erwähnt [6.33].

Wird $Ni(CO)_4$ im Molekülstrahl mit einem XeCl-Laserstrahl (308 nm) gekreuzt (keine Bestrahlung der Substratoberfläche), so entspricht dies Schema (a) in Bild 6.10. Bei der UV-Laserphotolyse entsteht als Primärprodukt elektronisch angeregtes $Ni(CO)_3^*$. Dieses ist bei einer Emissionslebenszeit von etwa 16 µs beim Auftreffen auf der Substratoberfläche überwiegend

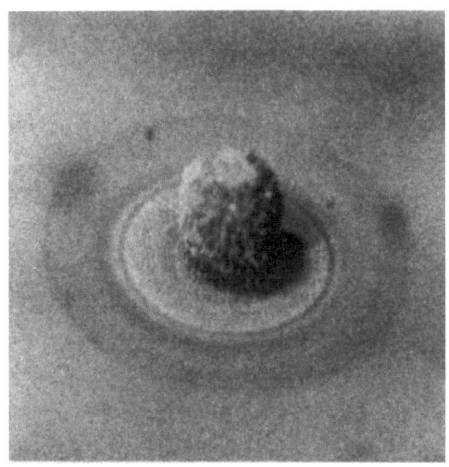

Bild 6.14. Abscheidung aus Tetramethylzinn mit direkter CO_2-Dauerstrichlaser-CVD (60 s, 2.1 W) fokussiert auf Glas in 100 mbar $Sn(CH_3)_4$ [6.98])

relaxiert. Die Anzahl auftreffender $Ni(CO)_3$-Teilchen ist gleich groß wie die der abgeschiedenen Ni-Atome. Dieser Befund stützt die Annahme [6.101- 6.103], daß die Entfernung von nur einer CO-Gruppe aus $Ni(CO)_4$, also die Schaffung einer einzigen offenen Koordinationsstelle am Metallatom, für die Schichtbildung auf der Substratoberfläche ausreicht.

Zum Schema (c) in Bild 6.10, dem dissoziativen Einfang freier Elektronen in der Gasphase [6.105], ist die Elektronenausbeute in Abhängigkeit des KrF-Laserenergieflusses auf der Al-Substratoberfläche wesentlich [6.104]. Dabei zeigen sich bei hohen Laserintensitäten Begrenzungen der gemessenen Elektronenausbeuten bedingt durch Raumladungseffekte. Andererseits wird durch Ni(CO)$_4$-Adsorbat von weniger als einer Monolage eine Erhöhung der Elektronenausbeute erzielt. Die Adsorbatschicht ist allerdings nach dem ersten Laserschuß unwirksam und dann vermutlich photolysiert. Der dissoziative Einfang von Elektronen gemäß

$$Ni(CO)_4 + e^- \rightarrow Ni(CO)_3^- + CO$$

ist ein sehr effizienter Prozeß mit Einfangquerschnitten bis 200 Å^2 für thermische Elektronen [6.102, 6.106].

Wird ein kalter Ni(CO)$_4$-Molekülstrahl an einer 300 °C heißen Substratoberfläche gestreut, so erfolgt keine Zersetzung, obwohl diese Temperatur deutlich oberhalb der Zersetzungstemperatur von Ni(CO)$_4$ liegt. Für eine thermische Zersetzung an einer heißen (lasergeheizten) Oberfläche müssen die Ni(CO)$_4$-Moleküle mehrfach stoßen, um die erforderliche Energie aufzunehmen. Dies ist offensichtlich möglich, wie die gemäß Schema (d) in Bild 6.10 thermisch induzierten, direkten Laser-CVD-Experimente belegen [6.33, 6.107-6.109].

In Analogie zu den direkten Laser-CVD-Ergebnissen für Silizium (Bild 6.12) werden auch mit Ni(CO)$_4$ bei niedriger Laserleistung bzw. kurzer Abscheidedauer kegelförmige Abscheidungen erhalten und bei hoher Laserleistung bzw. langer Abscheidedauer vulkanartige Strukturen [6.110]. Die gefundenen Wachstumseffekte weisen eine Anlaufphase auf [6.109] und sind mit thermischen Prozeßmodellen im Einklang. Diese erweisen sich als unabhängig von der eingestrahlten Laserwellenlänge, sofern beim Vergleich der Versuchsergebnisse die Absorption des Laserlichts berücksichtigt wird. Bei Verwendung eines 0,6 mm breiten CO$_2$-Laserfokus werden Ni-Abscheidungen erzielt, deren Durchmesser kleiner als der des Laserfokus ist [6.110]. Bei Verwendung eines nur 6 µm breiten Kr$^+$-Laserfokus werden die Ni-Abscheidungen dagegen in der Regel sehr viel größer als der Laserfokus [6.108]. Hier erreicht der Durchmesser der Ni-Abscheidung nach anfänglich rascher Vergrößerung langsam einen oberen Grenzwert. Dieser Grenzwert steigt bei sonst gleichen Bedingungen linear mit der eingestrahlten Laserleistung an.

Die bislang betrachteten direkten Laser-CVD-Experimente beziehen sich auf Abscheidungen (Punkte, Flecken) mit einem fixierten Aufbau. Mit einem beweglichen Laserstrahl oder Substrat können auch dünne Streifen bzw. Muster "geschrieben" werden. Für die Betrachtung des Laserschreibens kehren wir zurück zur Laser-CVD von polykristallinem Silizium aus SiH$_4$ auf Silizium. Die Profile von Si-Streifen abgeschieden mit einem Kr$^+$-Laser bei 40 mbar SiH$_4$ und 10 µm/s Vorschubgeschwindigkeit zeigen je nach Laserleistung solche Querschnitte (Bild 6.15), die denselben Trend aufweisen wie die "Punktprofile" in Bild 6.12. Kritisch für die Form des Si-Streifenquerschnitts ist die laserintensitätsabhängige Ausbildung einer Siliziumschmelze in der Streifenmitte. Sobald geschmolzenes Silizium vorhanden ist, sorgt dessen Oberflächenspannung dafür, daß sich die Schmelze zu den beiden Streifenrändern hin bewegt. Dies führt im Fall (d) von Bild 6.15 zu einem Querschnitt, der dem vulkanartigen Gebilde in Teil b von Bild 6.12 sehr ähnlich ist.

Bei linear polarisiertem Laserlicht und geschmolzenem Silizium kommt es an der Oberfläche zu einer wellenartigen Gitterstruktur. Bei senkrechtem Einfall des Laserstrahls entspricht die Gitterkonstante etwa der Laserwellenlänge. Ferner ist der Gittervektor parallel zum elektrischen Feldvektor des La-

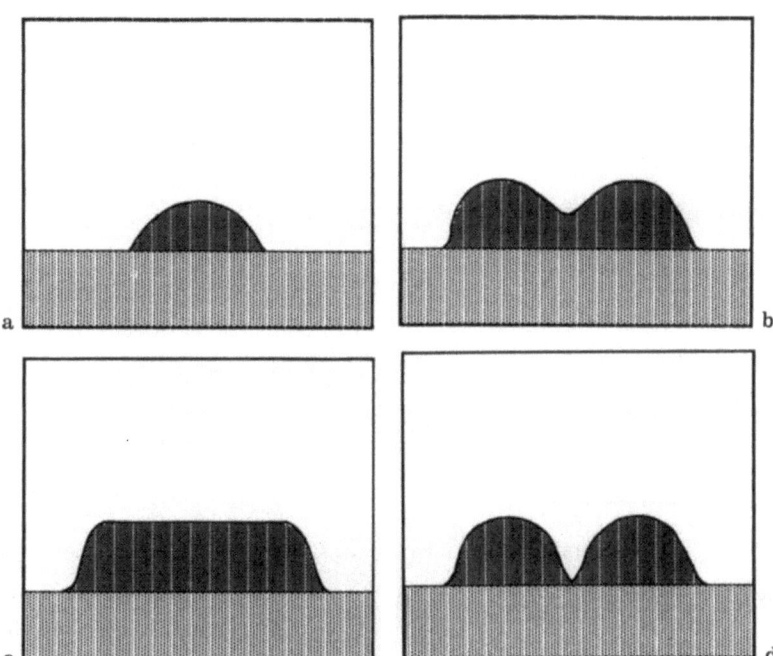

Bild 6.15. Silizium-Streifenquerschnitte aus der direkten Kr$^+$-Laser-CVD von SiH$_4$ auf Si als Funktion der von (a) nach (d) zunehmenden Laserintensität nach Bild 5.10 a-d in [6.33] bzw. Bild 8 in [6.39]

serlichtes ausgerichtet (vgl. auch [6.111]). Ähnliche Wellenmuster finden sich auch ohne chemische Reaktion beim Schmelzen von Metalloberflächen mit gepulsten Lasern (Kap.5). Als Ursache für diese Strukturen werden Wechselwirkungen zwischen dem elektromagnetischen Wechselfeld des Laserlichts und den beweglichen Ladungsträgern in der Schmelze angenommen.

Außer diesen Oberflächenstrukturen in der Größe der Laserlichtwellenlänge gibt es periodische Muster beim Laserschreiben, deren Dimension von der Laserwellenlänge unabhängig ist [6.112]. Hierfür repräsentative Abscheidungen sind schematisch in Bild 6.16 aufgezeigt. Wird polykristallines Silizium mit Kr^+-Laser-CVD (TEM_{oo}-Mode, 4,5 µm Fokusdurchmesser ($1/e^2$), 647,1 nm) von SiH_4 auf Glas abgeschieden, so erhält man die Muster (a) bis (c) in Bild 6.16. Das Glassubstrat ist zur effektiven Absorption des Laserstrahls mit einer dünnen (115 bis 120 nm) amorphen Siliziumschicht bedeckt. Zum Vergleich dienen die periodischen Strukturen (d) bis (f), die ebenfalls mit Kr^+-Laser-CVD (647,1 nm, 7 µm Fokusdurchmesser) erhalten werden.

Die Siliziumabscheidungen (a) bis (c) in Bild 6.16 werden mit Laserintensitäten von 1,5 bis 2,3 x 10^5 W/cm² erhalten. Bei der Laservorschubge-

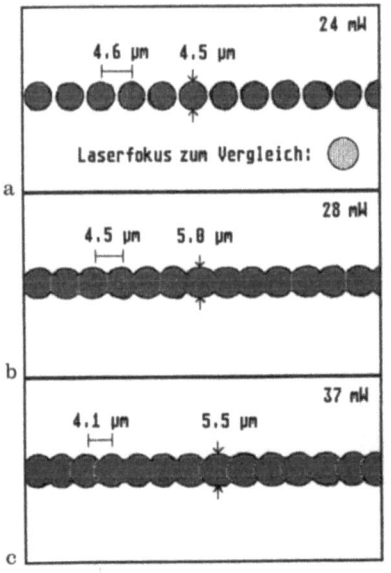
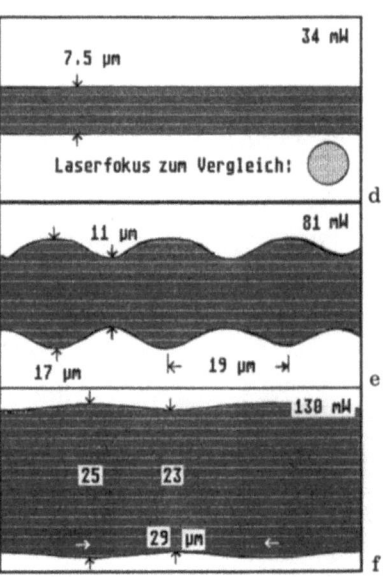

Bild 6.16. Polykristalline Silizium-Streifen mit wachstumsbedingten periodischen Strukturen erhalten aus der direkten Laser-CVD von SiH_4 (vgl. Text)

schwindigkeit von 100 µm/s ergibt dies einen lokalen Laserenergiefluß von 0,05 bis 0,08 mJ/µm². Bei Anwendung des breiteren Laserstrahls für die Muster (d) bis (f) in Bild 6.16 sind die erreichten Laserintensitäten von 0,8 bis 2,9 x 10^5 W/cm² geringer als zuvor. Der Laserenergiefluß ist wegen der höheren Laserleistung und der halb so großen Laservorschubgeschwindigkeit von 50 µm/s mit 0,10 bis 0,37 mJ/µm² jedoch höher als in (a) bis (c). Darüber hinaus sind noch die unterschiedlichen Silandrucke von 356 mbar in (a) bis (c) und 200 mbar in (d) bis (f) für den Vergleich zu beachten.

Wie leicht zu erkennen ist, erhält man lediglich in Fall (d) den im Normalfall gewünschten, homogenen Si-Streifen. Seine Breite von rund 7,5 µm entspricht in etwa dem Laserfokusdurchmesser. Bei höheren Laserleistungen wie in (e) und (f) werden rund doppelt bzw. dreifach so breite Streifen erhalten. Dies entspricht im großen und ganzen der Zunahme der Laserintensität bzw. des lokalen Laserenergieflusses. Jedoch zeigen die breiteren Si-Streifen oszillierende Querschnitte mit Periodenlängen von rund 20 µm (e) bzw. 30 µm (f). Die Modulationstiefe (maximale Abweichungen vom Mittelwert) ist mit rund 20 % sehr groß in (e) gegenüber nur 4 % in (f).

Der stark modulierte Streifen (e) hat noch am ehesten Ähnlichkeit mit den Abscheidungen (a) bis (c). Diese Abscheidungen setzen sich aus kugelähnlichen Gebilden zusammen, deren "Durchmesser" im Bereich des Laserfokusdurchmessers liegt. Mit zunehmender Laserleistung wächst der Kugeldurchmesser, während der mittlere Abstand zwischen den Kugelzentren abnimmt. In Fall (c) nähert sich die Abscheidung allmählich der Form eines durchgehenden Streifens.

Für ein qualitatives Verständnis der gezeigten, sehr verschiedenen Abscheidemuster ist ein Blick auf die Schichtwachstumsfront nützlich (Bild 6.17). Das dreidimensionale Wachstum des Festkörpers soll hier in einfachster Form anhand seines Querschnittes (a), Längsschnittes (b) und der Aufsicht auf die Wachstumsfront (c) erörtert werden. Zur Vereinfachung wird angenommen, daß der Substanztransport, d.h. der Antransport von SiH_4 und der Abtransport von H_2, in den hier betrachteten Beispielen von Bild 6.16 keine Begrenzung für die Wachstumsgeschwindigkeit darstellt. Dann hängt das lokale Wachstum des polykristallinen Siliziums von der SiH_4- Zersetzung ab und diese wiederum von der lokalen Oberflächentemperatur.

Die lokale Oberflächentemperatur ist wesentlich durch die eingekoppelte Laserleistung in das Substrat bzw. in das schon gebildete Silizium bestimmt und den Wärmeaustausch des betrachteten Volumenelementes mit seiner Umgebung. Absorption des sichtbaren Laserlichtes durch das Prozeßgas findet nicht statt. In Analogie zu der Energiebilanz bei der laserchemischen Pulverbildung (Abschn. 6.1) wird die chemische Reaktionswärme hier

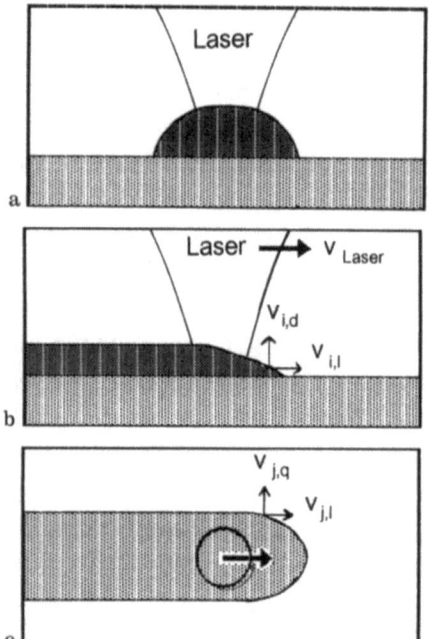

Bild 6.17. Schematischer Querschnitt (a), Längsschnitt (b) und Aufsicht (c) einer Wachstumsfront beim "Laserschreiben"

vernachlässigt. Die lokale Wärmebilanz kann sowohl ortsfest für eine Position auf dem Substrat betrachtet werden als auch für einen beweglichen "Punkt" mit einer festen Position relativ zum bewegten Laserstrahl. Für eine feste Position auf dem Substrat ist die Bilanz natürlich zeitabhängig (Vorbeifahren des Laserstrahles). Bei einer festen Position zum Laserstrahl ist die Bilanz nur dann zeitabhängig, wenn die Abscheidung eine ungleichmäßige Form erhält. Diese Betrachtung wird für die Diskussion der periodischen Strukturen in Bild 6.16 vorgezogen.

Betrachten wir zunächst Fall (d) in Bild 6.16, das Wachstum eines gleichmäßigen Si-Streifens unter Vernachlässigung der Anlaufphase. Ist die absorbierte Laserleistung hoch und die Wärmeleitfähigkeit des Substratmaterials groß, dann steigt die Temperatur auch außerhalb der bestrahlten Zone über die Zersetzungstemperatur von SiH_4 an und es scheidet sich dort ebenfalls Silizium ab. Die erzielte Streifenbreite ist in diesem Fall größer als der Durchmesser des Laserstrahlfokus (Teil (a) in Bild 6.17) und die Wachstumsfront läuft dem Laserstrahl voraus (Teile (b) und (c) in Bild 6.17). Bezogen auf Punkt i in Teil (b) kann die lokale Wachstumsgeschwindigkeit v_i zerlegt werden in eine Längskomponente $v_{i,l}$ in Bewegungsrichtung des Lasers und in eine Komponente $v_{i,d}$ für das Dickenwachstum des Streifens. Analog lassen sich für Punkt j in Teil (c) Komponenten für die Längs- und die Querrichtungen des Wachstums festlegen. Bei der Abscheidung einer gleichmäßigen Schicht bleiben alle Geschwindigkeitskomponenten des Wachstums zeitlich konstant. Vor allem gilt, daß die Längskomponenten ($v_{i,l}$, $v_{j,l}$, ...) gleich groß sind wie die Vorschubgeschwindigkeit des Lasers v_{Laser} (stationäres Wachstum).

Für nicht-stationäres Streifenwachstum (Bild 6.16 mit Ausnahme von (d)) soll die Betrachtung mit der anfänglichen Bestrahlung des ursprünglichen Substrates mit der amorphen Siliziumschicht (a-Si) beginnen (t = 0). Die Laserstrahlung wird in hohem Maß absorbiert und heizt das Substrat kräftig auf, so daß Schichtwachstum auch außerhalb der bestrahlten Zone stattfindet. An Stelle von a-Si trifft der Laser beim Vorschub bald auf schon gebildetes kristallines Silizium, das die Laserstrahlung schlechter absorbiert als a-Si. Dadurch wird die Substrataufheizung reduziert. Die resultierende Temperaturabsenkung z.B. am Ort i oder j wird zusätzlich durch die erhöhte Wärmeableitung von Laserleistung an die Umgebung verstärkt, weil sich auf dem relativ schlecht leitenden Glas nun gut leitendes Silizium in größerer Dicke als zuvor befindet. Die lokale Wachstumsgeschwindigkeit sinkt nun. Bei einem starken Abfall der Wachstumsgeschwindigkeit und hoher Vorschubgeschwindigkeit des Lasers führt dies zu mehr oder weniger stark ausgeprägten Unterbrechungen der Abscheidung (Fälle (a) bis (c) in Bild 6.16). Bei relativ langsamem Laservorschub, d.h. verhältnismäßig guter Rückkopplung, wird die Streifenbreite dagegen nur mäßig moduliert (Fall (f) in Bild 6.16).

Für mehrere Beispiele von Laserschreiben bestehen (halb)quantitative Modelle für die Abscheideprozesse (vgl. z.B. [6.33,6.39]). Ergebnisse bei der Abscheidung von Kupferstreifen zeigen, daß auch zwei Strukturen unterschiedlicher Periodizität in derselben Metallspur auftreten können. Daraus folgt, daß es zumindest zwei verschiedene Ursachen für die Ausbildung periodischer Strukturen beim Laserschreiben geben muß [6.113].

Trotz möglicher Strukturen bei der direkten Laser-CVD gelingen nicht nur glatte Streifen (Fall (d) in Bild 6.16) sondern auch Siliziumeinkristalle mit z.B. 2,5 mm Länge und 0,2 mm Breite aus SiH_4 mit einem Kr^+-Laser (530,9 nm) [6.33] oder Ar^+-Laser (488 nm) [6.39]. Ein wesentlicher Unterschied zu den vorangehend beschriebenen, ebenfalls mit SiH_4 und Ionenlasern durchgeführten Laser-CVD-Experimenten, besteht in der hohen Laserleistung von 400 mW. Diese schafft die erforderliche Oberflächentemperatur von mindestens 1550 bis 1650 K für die Einkristallbildung.

Auch im Fall der direkten Laser-CVD von Nickel aus Nickeltetracarbonyl gelingt die Erzeugung von mikroskopischen Streifen und polykristallinen Stäbchen von z.B. 0,1 mm Breite und einer Länge von 1,5 mm. Für eine praktische Anwendung des Verfahrens sind folgende Zahlenbeispiele informativ [6.33,6.43,6.107]: Die Breite der bislang erzeugten mikroskopischen Ni-Streifen bewegt sich in der Größe von etwa 1 μm bis 50 μm und in der Höhe von 0,05 μm bis 6 μm. Das Verhältnis Höhe zu Breite liegt zwischen 0,05 und 0,1. Die Laservorschubgeschwindigkeiten betragen 10 μm/s bis 10 mm/s, wobei Streifenbreite und -höhe sich jeweils etwa umgekehrt proportional zur Vorschubgeschwindigkeit verhalten. Dies bedeutet, daß unter gegebenen Prozeßbedingungen die pro Zeiteinheit abgeschiedene Nickelmenge und die mit Nickel bedeckte Substratfläche in etwa konstant bleiben. Die eingestrahlten Ionenlaserleistungen (TEM_{00}) von 1 bis 100 mW im Bereich 450 bis 650 nm treffen dabei auf Substrate aus Glas, Glas mit einer 100 nm dicken a-Si-Schicht und auf kristallines Silizium mit einer 400 nm dicken SiO_2-Schicht bei einem typischen $Ni(CO)_4$-Druck von 400 mbar. Bei hohen Abscheideraten werden auch Instabilitäten (explosionsartige Verteilung von Ni über einen Bereich von etwa 1mm Radius) beobachtet [6.43]. Für die Abscheidung der Ni-Stäbchen wird dem Prozeßgas noch rund 500 mbar Helium zugegeben (p_{tot} = 0,9 bar). Die beobachteten Abscheideraten (Dickenwachstum) liegen bei 1 bis 20 μm/s im Vergleich zu etwa 2×10^{-3} μm/s mit der Standard-CVD-Technik (385 bis 395 K Prozeßtemperatur). Dieser Unterschied von drei bis vier Größenordnungen spiegelt die Auswirkungen der lokal eng begrenzten, hohen Laserleistung wider. Unter anderem erlaubt das kleine Reaktionsvolumen einen schnellen Austausch des Prozeßgases. Der spezifische elektrische Widerstand der mit Laser-CVD erhaltenen Ni-Streifen hat bei 300 K den Wert $\rho = (1,9 \pm 0,2) \times 10^{-5}$ Ωcm und ist damit etwa 2,8-fach so groß wie derjenige von reinem, massivem Nickel. Abschließend sei noch darauf hingewiesen, daß die laserpyrolytische Abscheidung von Ni aus $Ni(CO)_4$ auch schon auf empfindlichen Polyimidfilmen gelungen ist [6.114].

Die für Nickel genannten Prozeßparameter für die Abscheidung von mikroskopischen Streifen sind in etwa repräsentativ für das pyrolytische Laserschreiben. Direkte Laser-CVD von Metallen durch (UV-)photolytische Zersetzung der Ausgangsverbindungen ist gegenüber dem thermisch induzierten Prozeß viel weniger effizient [6.33]. Für UV-Laserintensitäten von 1 bis 10^4 W/cm² und 0,1 bis 100 mbar an metallorganischer Verbindung werden Dickenwachstumsraten von 10^{-3} bis 0,1 μm/s erzielt, also 10^4 bis 10^2 mal kleinere Abscheideraten als mit der pyrolytischen Laser-CVD. Vorteile des photolytischen Laser-CVD-Verfahrens liegen in niedrigen Substrattemperaturen und einer großen lateralen Auflösung im Bereich von μm-Bruchteilen.

Die direkte Laser-CVD hat ein großes Anwendungspotential im "Laserschreiben", d.h. der maskenfreien Strukturierung von Oberflächen (vgl. Abschnitt 6.3). Die kontrollierte lokale Abscheidung von Substanzen mit einer wohldefinierten chemischen Zusammensetzung und einer gleichmäßigen physikalischen Struktur (z.B. Streifenquerschnitt) gelingt bei geeigneten Prozeßparametern, ist aber nicht selbstverständlich.

Direkte Laser-CVD eignet sich auch für die Herstellung 3-dimensionaler Objekte mit mikroskopischen Abmessungen. Eine Methode hierfür besteht darin, vorgegebene Hilfskörper lokalisiert zu beschichten. Beispiele hierfür bilden der "Eiffelturm" (Bild 1.2) und die Erzeugung kleiner Magnetspulen [6.161]. Für die Magnetspulen wird im Fokus eines Ar^+-Lasers ein 20 µm breiter und 3 µm dicker Wolframstreifen spiralförmig auf einem Siliziumstäbchen von 0,1 mm Durchmesser abgeschieden. Die zweite Methode erlaubt direkt die Herstellung freitragender Strukturen wie Stäbchen und Spiralfedern aus Silizium oder Bor [6.161,6.168]. Der Innendurchmesser der Borspirale beträgt 0,2 mm und der Durchmesser des Bordrahtes rund 50 µm. Dabei ist das Festkörperwachstum in Laserstrahlrichtung besser kontrollierbar als dasjenige senkrecht zur Strahlrichtung. Seitliche Verschiebungen des Laserfokus gegenüber der Spitze des aufwachsenden Drahtes führen sehr leicht zu starken Temperaturabsenkungen, die sich wiederum (exponentiell) in Wachstumsminderungen und Unregelmäßigkeiten niederschlagen. Die mechanischen Eigenschaften von Spiralfedern aus amorphem Bor sind ausgezeichnet, diejenigen aus kristallinem Bor vorerst noch mäßig [6.168].

6.3 Verfahrensmerkmale und Anwendungen

Die laserchemische Abscheidung von Festkörpern aus der Gasphase führt zu ultrafeinen Pulvern (Abschn. 6.1) oder Dünnschichten (Abschn. 6.2). Die Dünnschichtherstellung wird sinnvollerweise in Prozesse ohne direkte Laserbestrahlung des Trägermaterials (indirekte Laser-CVD) und solche mit Substratbestrahlung (direkte Laser-CVD) eingeteilt. Bei allen drei Prozessen kann der laserinduzierte chemische Reaktionsschritt photolytischer oder photothermischer Natur sein. Dementsprechend können grundsätzlich alle Lasertypen bei diesen Verfahren zum Einsatz kommen. Als Ausgangsverbindungen sind Gase, Flüssigkeiten und Festkörper möglich, sofern sie unter Prozeßbedingungen einen ausreichend hohen Dampfdruck aufweisen (vgl. auch Kap. 8 mit Laserverdampfung von Festkörpern).

Der Erzeugung ultrafeiner Pulver und der indirekten Laser-CVD ist gemeinsam, daß das Laserlicht in der Gasphase absorbiert wird und dort zunächst eine homogene Gasphasenreaktion einleitet. Für die Pulverbildung wird der Prozeß so gesteuert, daß es in der Gasphase zur Keimbildung (Nukleation) und zum Wachstum amorpher oder kristalliner Festkörperpartikel kommt. Bei der indirekten Laser-CVD wird hingegen die Nukleation in der Gasphase streng vermieden, weil sie den Aufbau von Dünnschichten hoher Qualität beeinträchtigt. Für hohe Dünnschichtqualität ist die Keimbildung auf der Substratoberfläche wesentlich.

Wann immer eine wandfreie Reaktion in der Gasphase günstig oder notwendig ist, läßt sich die Laserchemie vorteilhaft einsetzen. Sei es, daß heterogene Nebenreaktionen an der Gefäßwand stören oder daß äußerst reaktive Spezies, wie Halogenatome, das Gefäßmaterial angreifen würden. Mit Hilfe der Laserchemie wird der Ort der chemischen Primärreaktion durch den Laserstrahl festgelegt. Während bei der Pulverbildung die chemische Primärreaktion und die Festkörperbildung am selben Ort stattfinden können, sind bei der indirekten Laser-CVD die laserinduzierten Primärschritte in der Gasphase und die schichtbildenden Reaktionen an der Festkörperoberfläche räumlich voneinander getrennt. Dadurch lassen sich die Gasphasenprozesse und die Oberflächenprozesse bei der indirekten Laser-CVD mitunter recht gut entkoppeln und einzeln optimieren.

Bei der direkten Laser-CVD sind die Prozesse in der Gasphase und an der bestrahlten Festkörperoberfläche mitunter schwierig zu unterscheiden, kaum zu identifizieren und nicht nur räumlich eng aneinander gekoppelt. In ungünstigen Fällen ist der experimentelle Spielraum durch die gekoppelten Prozeßparameter sehr stark eingeengt. In diesem Fall stehen allerdings noch die Laserstrahlparameter (Wellenlänge, Intensität, Bestrahlungszeit,...) zur Prozeßoptimierung zur Verfügung. Ein unbestrittener und oftmals einzigartiger Vorteil der direkten Laser-CVD besteht in seiner guten räumlichen Festlegung bis in den sub-µm-Bereich (Lasermikrochemie).

Die laserchemische Herstellung von Festkörpern aus der Gasphase ist in diesem Text hauptsächlich anhand des Systems Silizium/Siliziumwasserstoffe dargestellt. Diese Substanzauswahl erleichtert den Vergleich der laserinduzierten Prozesse. Sie führen zu Polysilan $(SiH_2)_n$, amorphem Silizium (a-Si), amorphem, wasserstoffhaltigem Silizium (a-Si:H), polykristallinem Silizium (poly-c-Si), epitaktischem Silizium (epi-c-Si) und einkristallinem Silizium. Insgesamt sind die Materialien, die mit direkten oder indirekten Laser-CVD-Verfahren abgeschieden werden, in Tabelle 6.2 zusammengefaßt. Desweiteren zeigt Bild 6.18 die Verteilung der mit Laser-CVD abgeschiedenen Elemente im Periodensystem. Zu dieser Liste wird vermutlich bald die Abscheidung von Silber hinzukommen, nachdem der plasmagestützte CVD-Prozeß inzwischen gezeigt wurde [6.123]. Für Metalle bestehen bezüglich einer allgemeinen Anwendbarkeit der indirekten Laser-CVD-Methode Unsicherheiten [6.124, 6.125].

Tabelle 6.2. Mittels direkter und/oder indirekter Laser-CVD abgeschiedene Dünnschichtmaterialien [6.21, 6.23, 6.24, 6.35, 6.36, 6.156, 6.158, 6.165]

Al	Ge/Cd	a-Si:H, B-dot.
AlGaAs	Ge/Se	a-Si:H, P-dot.
AlN	Ge/Si	a-Si:C:H
AlO_xN_y	GeO_2/SiO_2	SiC
Al_2O_3	HgTe	Si_3N_4
Al_xTi_y	$Hg_{1-x}Cd_xTe$	SiN_x
Au	In	SiO_2
C(Graphit)	InP	SiO_2-GeO_2
C(Diamant)	InGaAs	polym. Siloxane
a-C:H	InO_x	Sn
Cd	In_2O_3	SnO_2
CdTe	InSb	TbFe
CoO	Ir	Te
Cr	Mn	Ti
CrO_x	Mo	Ti/Al
Cr_2O_3	Ni	TiB_2
Cu	Os	TiC_x
Fe	PN_x	TiC_xN_y
Fe/Ni	Pb	TiO_2
Ga	Pd	TiN_x
GaAs	Pt	$TiSi_x$
GaP	Rh	W
Ge	Si	WSi_2
Ge/Al	a-Si:H	Zn
		ZnO_x

Für experimentelle Arbeiten mit Festkörperabscheidung ist zu beachten, daß die laserchemische Abscheidung von ultrafeinen Pulvern oder Dünnschichten auch Methoden zur Charakterisierung der Produkte erfordert. Diese sind häufig aufwendiger als der laserchemische Prozeß selbst. Zur Pulveranalyse dienen beispielsweise elektronenmikroskopische, röntgenographische und spektroskopische Methoden sowie physikalisch-chemische Untersuchungen wie die BET-Isotherme (BET = Brunauer, Emmett und Teller [6.115]) zur Bestimmung der Pulveroberfläche. Bei Dünnschichten kommt je nach Aufgabenstellung und Qualitätsansprüchen die ganze Vielfalt von Charakte-

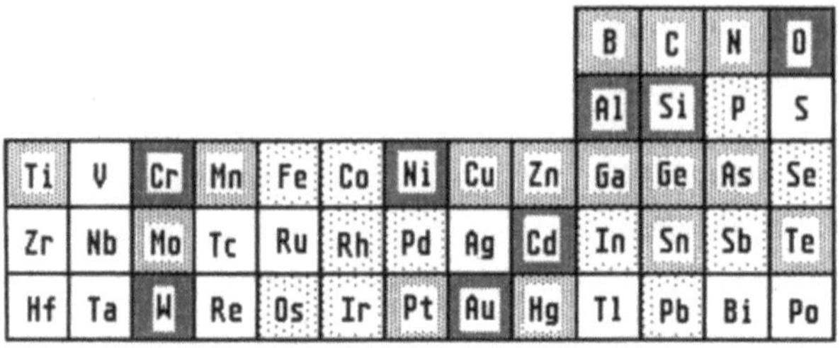

									B	C	N	O
									Al	Si	P	S
Ti	V	Cr	Mn	Fe	Co	Ni	Cu	Zn	Ga	Ge	As	Se
Zr	Nb	Mo	Tc	Ru	Rh	Pd	Ag	Cd	In	Sn	Sb	Te
Hf	Ta	W	Re	Os	Ir	Pt	Au	Hg	Tl	Pb	Bi	Po

Bild 6.18. Mit Laser-CVD abgeschiedene Elemente (schattierte Felder) und ihre Stellung im Periodensystem. Je höher der geschätzte technische Entwicklungsstand, desto kräftiger ist die Schattierung des Feldes.

risierungsmöglichkeiten für die Dünnschichtmaterialien (vgl. z.B. [6.116, 6.117]), für die Oberfläche der Substrate und Schichten (vgl. z.B. [6.118]) sowie auch der Adsorbatschichten (vgl. z.B. [6.119-6.122]) in Betracht, vom einfachen Klebestreifentest für die Haftfestigkeit bis zu örtlich und spektral hochaufgelösten optischen Methoden.

Was am Beispiel von a-Si:H für den kontrollierten Einbau von Wasserstoff in die Dünnschichten dargelegt ist, gilt verallgemeinert für viele CVD-Prozesse. Die Ausgangssubstanzen für (Laser-) CVD enthalten außer den abzuscheidenden Elementen oder Verbindungen oft noch Wasserstoff, Kohlenstoff, Sauerstoff, Halogene oder Phosphor. Relativ häufig eingesetzte CVD-Ausgangsmaterialien sind beispielsweise Wasserstoffverbindungen (GaH_3, SiH_4, GeH_4, NH_3, PH_3 oder AsH_3), Metallalkyle ($Cd(CH_3)_2$, $Sn(CH_3)_4$ oder $Al_2(CH_3)_6$), Metallcarbonyle ($Ni(CO)_4$, $Fe(CO)_5$, $Me(CO)_6$ mit Me = Cr, Mo, W oder $Mn_2(CO)_{10}$), Halogene (BCl_3, AlI_3, $TiCl_4$, CrO_2Cl_2 oder WF_6) und Phosphorverbindungen ($Pt(PF_3)_4$). Häufig ist beim CVD-Prozeß eine vollständige Entfernung der "Molekülreste" wesentlich. Im Idealfall entstehen beim Abscheideprozeß leicht flüchtige Verbindungen wie H_2, CH_4, HX oder X_2 (X = Halogen), CO, CO_2, PH_3 oder PF_3. Mit ihrer Desorption von der Schichtoberfläche verschwinden die in der Dünnschicht unerwünschten Komponenten. Für eine "glatte" Entfernung der Fremdsubstanzen versuchen nunmehr die synthetischen Chemiker in Forschung und Industrie "maßgeschneiderte" Ausgangsverbindungen herzustellen [6.151]. So erweisen sich u.a. die Komplexverbindungen aus Aluminiumhydrid (AlH_3, Alan) und Trialkylaminen ($N(CH_3)_3$, $N(C_2H_5)_3$) für die Abscheidung von elektrisch gut leitfähigem Aluminium als besonders geeignet [6.126, 6.159]. Aluminium ist hier nur mit Wasserstoff und über eine Komplexbindung mit Stickstoff, nicht jedoch direkt mit Kohlenstoff verknüpft. Aus der Komplexverbindung lassen sich leicht desorbierende H_2- und Trialkylaminmoleküle abspalten.

Die "idealen" Ausgangsverbindungen sollen die für einen CVD-Prozeß erforderliche Flüchtigkeit besitzen, möglichst wenig giftig sein, sich gut lagern lassen (Langzeitstabilität) und günstige Prozeßeigenschaften mitbringen. Oft fehlt allerdings detaillierte Information über den Prozeßablauf. Das Beispiel SiH_4/Silizium zählt durchaus zu den gut untersuchten Systemen. Folgende Liste offener Fragen zeigt kritische Punkte auf:
- Welche Gasteilchen tragen zum Schichtwachstum bei? Gibt es eine oder mehrere schichtbildenden Teilchensorten?
- Wie können die schichtbildenden Teilchen effizient erzeugt werden und zur Oberfläche gelangen?
- Welchen Anteil am Gesamtprozeß haben die Gasphasenreaktionen und welchen die Oberflächenreaktionen?
- Welche Spezies werden bei der Oberflächenreaktion freigesetzt und müssen von der Oberfläche entfernt werden?
- Benötigen die schichtbildenden Teilchen einen freien Oberflächenplatz oder können sie ihn sich selbst schaffen?
- Wieviel Oberflächenbeweglichkeit (Temperatur) ist für die Desorption der Oberflächenreaktionsprodukte erforderlich? Welche Temperatur ist für die optimale chemische Schichtzusammensetzung erforderlich und welche für die optimale (Kristall-) Gitterstruktur?
- Kann die erforderliche Oberflächenbeweglichkeit durch stationäres thermisches Heizen des Substrates erzeugt werden, ohne daß unzulässige Nebenwirkungen auftreten wie ungeeignete Stöchiometrie, fehlerhafte Gitterstruktur, Diffusion aus benachbarten Schichten oder Zersetzung des Substratmaterials?
- Ist die Erzeugung einer "virtuellen" Oberflächentemperatur erforderlich?

Ein großer Teil der gestellten Fragen ist deshalb offen, weil es experimentell außerordentlich schwierig ist, den kritischen Prozeßschritt an der Schichtoberfläche zu erfassen (vgl. z.B. [6.118-6.122, 6.128]). Typischerweise gibt es 10^{15} Teilchen/cm^2 an der Oberfläche, von denen wiederum nur ein kleiner Teil während eines Meßprozesses zur Schichtbildung beiträgt. Die selektive Erfassung der wenigen Wachstumszentren gegenüber den vielen Gasteilchen und insbesondere den vielen Festkörperteilchen unter der dünnen (ein- oder mehrmolekularen) Wachstumszone ist kaum möglich. So erklärt sich die in der Regel große Zahl von Arbeitshypothesen zur Schichtbildung. Hierzu zählt auch das Konzept der "virtuellen" Oberflächentemperatur, das zur Entwicklung vieler experimenteller Techniken den Anstoß gegeben hat. Hierzu gehören unter anderen auch ionengestützte Verfahren, mit denen versucht wird, thermodynamische Einschränkungen durch reaktionskinetische

Effekte bei der Schichtbildung zu umgehen. Aber auch laserinduzierte Prozesse können hier erfolgreich eingesetzt werden (vgl. Kap. 5), was teilweise implizit bei der direkten Laser-CVD mitgenutzt wird.

Viele der derzeit eingesetzten Ausgangsverbindungen für (Laser-) CVD sind feuergefährlich, wie die an der Luft selbstenzündlichen Siliziumwasserstoffe, und/oder sehr giftig wie Phosphin und $Ni(CO)_4$. Dann sind besondere Sicherheitsmaßnahmen erforderlich wie Abzugshauben für die Laser-CVD-Apparatur [6.107]. Andererseits werden auf dem Gerätemarkt bereits einzelne Komponenten und teilweise komplette Apparaturen angeboten, die den heutigen, anspruchsvollen Sicherheitsanforderungen entsprechen.

Da die schichtbildenden Prozesse an der Festkörperoberfläche experimentell schwer zugänglich sind, wird in der Praxis empirisch und mit Hilfe von Arbeitshypothesen vorgegangen. Der Erfolg zeigt sich an der Schichtqualität. Die Schichtqualität muß allerdings bei amorphen oder epitaktischen Dünnschichten sehr unterschiedlichen Qualitätskriterien genügen, so daß sich für die einzelnen Dünnschichten und ihre Anwendungen individuelle Anforderungsprofile ergeben. Die einfachsten und fast immer angewendeten Hilfsmittel bestehen in der Substratauswahl und der Optimierung der Substrattemperatur. Damit kann bereits ein breites Spektrum von Qualitätsanforderungen abgedeckt werden. Hier sei betont, daß direkte Laser-CVD auch auf Substraten möglich ist, die für das eingestrahlte Laserlicht transparent sind. Dabei kommt jedoch der Ausbildung von Nukleationszentren zu Beginn des Abscheideprozesses besondere Bedeutung zu [6.127].

Generell ist für eine effektive und vollständige Entfernung unerwünschter "Molekülreste" eine hohe Substrattemperatur vorteilhaft. Gegen eine hohe Temperatur sprechen neben dem technischen Aufwand einer kräftigen Heizung in einem geschlossenen (Vakuum-) System meistens Probleme mit Korrosion, der Stabilität des Substrat- und/oder des Dünnschichtmaterials, der (Kristall-) Struktur und der Morphologie der Dünnschicht. Falls kein brauchbarer Kompromiß bei der Prozeßtemperatur gefunden werden kann, müssen zusätzliche Hilfsmittel wie die Oberflächenaktivierung mit Ionen und/oder Photonen hinzugezogen werden.

Für praktische Anwendungen der laserinduzierten Festkörperbildung aus der Gasphase lassen sich folgende, den drei beschriebenen Verfahren gemeinsame *Vorteile* anführen:
- Zu allen Stoffklassen können mit den Laserverfahren Festkörper hergestellt werden: Metalle, reine und dotierte Halbleiter, oxidische und nichtoxidische Keramiken sowie organische Polymere.
- Das Reaktionsvolumen ist mit der Laserstrahlung bezüglich Größe und Position einstellbar und kann fernab von (störenden) Reaktorwänden liegen.

- Die Reaktionszeit (Prozeßdauer) ist über die Laserstrahlung gut definiert und steuerbar.
- Über die Lasersteuerung können die Verfahren leicht mit einem Prozeßrechner verbunden werden, so daß mit einem geeigneten Steuersignal auch eine (rückgekoppelte) Prozeßkontrolle möglich ist.
- Je nach optischen Zugangsmöglichkeiten in einer vorhandenen Prozeßkammer lassen sich die Laserverfahren mit anderen Prozessen kombinieren (Integrationsfähigkeit).
- Durch das An- und Abschalten hoher Laserleistungen lassen sich sehr hohe Aufheiz- bzw. Abkühlraten erzielen.
- In vielen Fällen vermindert eines der besprochenen Laserverfahren die Anzahl der sonst bei konventionellen Verfahren nötigen Prozeßschritte (Beispiele: ultrafeine Pulver ohne Mahlen, strukturierte Oberflächenschichten ohne Maskentechnik, Schichtabscheidung mit gleichzeitiger Einlegierung).
- Mit Hilfe der hohen Laserintensität lassen sich leicht Prozeßbedingungen fernab vom thermodynamischen Gleichgewicht verwirklichen (z.B. steile Temperatur- und Konzentrationsgradienten).
- Pyrolytische Festkörperabscheidung führt in der Regel zu reineren Festkörpern als photolytische Abscheidung. Bei photolytischen Reaktionen entstehen oft Molekülfragmente mit hoher chemischer Reaktivität (z.B. Radikale), die in den Festkörper eingebaut werden.

Zusätzlich zu diesen Gemeinsamkeiten lassen sich im einzelnen noch folgende *Merkmale und Besonderheiten* der drei Laserverfahren anführen:

Pulverherstellung

- Mittlere Korngrößen von 5 µm bis 50 nm sind typisch.
- Materialien mit Oberflächen der Größenordnung 250 m^2/g Substanz sind bereits erreicht.
- Die Größenverteilung der Partikel ist relativ eng.
- Die Gestalt der Partikel ist näherungsweise kugelförmig.
- Die erhaltenen Pulver erlauben die Herstellung von Festkörpern mit hoher Dichte (Raumausfüllung).
- Nanokristalline Pulver sind sinteraktiv, so daß gegebenenfalls auf Sinterhilfsmittel verzichtet werden kann (erhöhte Materialreinheit).
- Mit dem Laserverfahren sind bereits 100 g Nanopulver pro Stunde hergestellt worden. Durchsätze von 1 kg/Stunde sind realistisch.

Indirekte Laser-CVD

- Großflächige Beschichtungen z.B. von 3-Zoll-Wafern sind schon bekannt [6.130]. Mit dynamischer Laser-CVD (bewegter Laserstrahl oder bewegtes Substrat) erscheint auch die Beschichtung noch größerer Flächen mit mehr als 3-Zoll-Durchmesser realistisch.
- Die laserinduzierte Beschichtung erfolgt oberflächenschonend, da die aufwachsende Schicht nicht der Laserstrahlung und auch keinem Beschuß mit hochenergetischen Partikeln ausgesetzt ist. Bei Vielschichtsystemen sind scharfe Grenzflächen zwischen den Schichten möglich.
- Innenbeschichtung von sonst schwer oder gar nicht zugänglichen (gekrümmten) Flächen von Hohlkörpern wie die Innenseite sehr langer Rohre ist möglich.

Direkte Laser-CVD

- Mit fokussierten Laserstrahlen können sehr kleine Flächen im sub-µm-Bereich selektiv beschichtet werden.
- Mit unmittelbar verfügbaren oder aufgeweiteten Laserstrahlen können in einem Prozeßschritt Flächen von 20 cm^2 und mehr beschichtet werden.
- Mit bewegtem Laserstrahl oder bewegtem Substrat können ohne Masken nahezu frei wählbare Muster abgeschieden werden (Laserschreiben).
- Rechnergesteuertes Laserschreiben ermöglicht auf einfache Weise die Herstellung individueller Muster (Design) und ihre Skalierung.
- Mit direkter Laser-CVD lassen sich gekrümmte Flächen beschichten (3-dimensionale Strukturen).
- Mit interferierenden Laserstrahlen können relativ große Flächen in einem Prozeßschritt mit (Interferenz-) Mustern versehen werden.
- Typische Dickenwachstumsraten liegen im Bereich 1 nm/s bis 1 µm/s, können aber auch bis zu 1 mm/s betragen.
- Vorschubgeschwindigkeiten beim Laserschreiben reichen bis in den Bereich 1-10 cm/s.
- Die thermische Belastung der Werkstücke läßt sich sehr klein halten (lokal begrenzte Laserbestrahlung, zeitlich kurze Bestrahlung mit Lichtpulsen). Mechanische Verformungen des Werkstückes, Ionendiffusion und/oder chemische Zersetzung können so vermieden bzw. minimiert werden.
- Auch bei relativ tiefer Substrattemperatur ist mit direkter UV-Laser-CVD epitaktisches Schichtwachstum möglich.
- Mit polarisiertem Laserlicht entstehen mitunter Oberflächenrillen im Abstand der Laserwellenlänge und mit polarisationsabhängiger Ausrichtung.

- Mit bewegtem Laserstrahl oder bewegtem Substrat lassen sich wählbare Schichtdickenprofile erzeugen.
- Je nach Prozeßführung können Werkstücke rundum vollständig beschichtet werden, d.h. auch auf nicht direkt mit dem Laser bestrahlten Oberflächen.
- Mitunter weist die Beschichtung eine Selbstbegrenzung bezüglich Schichtdicke auf.
- Bei direkter Laser-CVD können Masken eingesetzt werden, Kontakt- und Projektionsmasken. Gegenüber konventionellen Lichtquellen wirken sich die enge spektrale Bandbreite, die Kollimation des Laserlichtes und gegebenenfalls ihre kurze Wellenlänge vorteilhaft aus.

Folgende *praktische Anwendungen* der laserchemischen Abscheidung von Festkörpern aus der Gasphase wurden bereits gezeigt oder liegen nahe und veranschaulichen das Potential der beschriebenen Verfahren:
- Die Ultaschallzerstäubung flüssiger Silazane in dem Strahl eines kontinuierlichen CO_2-Hochleistungslasers führt zu Si_3N_4/SiC-Keramikpulver mit 60 nm mittlerer Korngröße. 70% des flüssigen Ausgangsmaterials werden in Pulverform erhalten. Die Umwandlung des Pulvers in nanokristallines Material ist mit etwa 10% Gewichtverlust verbunden (Methylgruppen entweichen) [6.30].
- Feines Diamantpulver mit Korngrößen bis zu 0,3 µm kann mit einem CO_2-Dauerstrichlaser bei konventionellem Gasdruck (0,5 bis 1,3 bar) aus Ethylen bzw. ethylenhaltigen Prozeßgasgemischen erzeugt werden [6.16]. Derartige Pulver eignen sich beispielsweise gut zum Schleifen und Polieren harter Materialien.
- Mit indirekter Excimerlaser-CVD lassen sich amorphe Supergitterstrukturen aus (wasserstoffhaltigen) Halbleitern herstellen wie a-Si:H(13nm)/ Si_3N_4(27nm)-Vielschichtsysteme von 32 Lagen [6.85].
- Mit direkter und indirekter ArF-Excimerlaser-CVD gelang die Herstellung hochreiner, siliziumorganischer Polymerschichten aus Alkoxysilanen und Disiloxanen von monomolekularer Bedeckung bis zu 1 µm Schichtdicke [6.162, 6.169]. Photoinitiatoren oder Sensibilisatoren sind nicht erforderlich, so daß sehr reine Polymerschichten entstehen.
- Die Ultraschallzerstäubung flüssiger Silazane in den Strahl eines CO_2-Hochleistungslasers, der direkt auf ein Substrat gerichtet ist, liefert "grüne" Keramikschichten, aus welchen beim Tempern in NH_3-Gas Schichten von Si_3N_4 entstehen [6.30].
- Mit direkter Laser-CVD können amorphe und auch kristalline, epitaktisch gewachsene Supergitter produziert werden: ArF-Laser-CVD liefert amorphe Supergitter mit z.B. 15 nm dicken Wolfram- und 7 nm dicken amorphen,

wasserstoffhaltigen Kohlenstoffschichten (a-C:H) für Röntgenoptikbauelemente [6.129].

- Mit laserunterstützter Atomlagenepitaxie (LALE) kann mit einem Ar^+-Laser die aktive Zone eines $Al_xGa_{1-x}As/GaAs/Al_xGa_{1-x}As$-Quantum-Well-Doppelheterostruktur-Diodenlasers hergestellt werden [6.131] (vgl. auch [6.147]).

- Mit einem CO_2-Dauerstrichlaser können Kohlenstoff-Fasern rundum (!) gleichmäßig mit einer TiB_2-, TiC_x-, TiN_x- oder TiC_xN_y-Schicht belegt werden [6.132]. Der Beschichtungsprozeß ist selbstbegrenzend.

- Sowohl mit einem frequenzverdoppelten Ar^+-Laser mittels Laserschreiben [6.133] als auch großflächig mit einem Excimerlaser [6.134] läßt sich Titan auf $LiNbO_3$ abscheiden. Durch Eindiffusion können aus den strukturierten Schichten optische Wellenleiter erzeugt werden.

- Mit einem ArF-Excimerlaser lassen sich kleine Glaskugeln (Targets für Kernverschmelzung von 0,3 bis 1,0 mm Durchmesser und ca. 2 µm Wandstärke) in einem Azetylen-Gasstrom schwebend mit einer 6 µm dicken, 90% homogenen Polymerschicht versehen [6.135]. Die Herstellung dotierter und gemischter Polymerschichten erscheint ebenfalls möglich.

- Lokalisierte, direkte Laser-CVD von Si_3N_4 und SiO_2 mit einem CO_2-Dauerstrichlaser eignet sich zur Fabrikation von Mikrolinsen auf Quarz [6.136]. Mit SiH_4 und NO können auch ohne Nachbehandlung 14 µm dicke und 0,1 bis 0,5 mm breite Mikrolinsen für faseroptische Anwendungen hergestellt werden. Die kleinste, erzielte Brennweite beträgt 0,6 mm bei einem Linsendurchmesser von 0,16 µm. Auch Laser-CVD von eng benachbarten Linsen ist möglich, steht jedoch in Konkurrenz zur photothermischen Herstellung von Linsenreihen und -sätzen mit konventioneller Photomaskentechnik [6.137]. Mikrolinsen haben technische Bedeutung z.B. in der Faseroptik (Ein- und Auskopplung von Laserlicht), Bildverarbeitung (Lesezeilen) und Entfernungsmessung (Autofokussysteme).

- Mit einem beweglichen Excimer-Laserstrahl und direkter Laser-CVD lassen sich Schichten mit definierten Schichtprofilen, z.B. konvex oder konkav, für Röntgenstrahl-Abbildungssysteme erzeugen [6.138]

- Direkte Excimerlaser-CVD ermöglicht schnelles (ca. 0,1 nm/s), epitaktisches Siliziumwachstum bei relativ tiefen Temperaturen (600-650°C) mit den Vorteilen geringer Ionendiffusion (Dotieratome) und hoher Ladungsträgerbeweglichkeit [6.96].

- Die Abscheidung einzelner Siliziumatomlagen aus Si_2H_6 gelingt mit direkter ArF-Excimerlaser-CVD auf gekühlten Substraten (-70°C) mit kontrollierten Adsorbatschichten [6.139]. Mit Masken können so räumlich gezielt polykristalline Siliziumschichten erzeugt werden [6.140].

- Direkte Laser-CVD von Ti auf Si(100) mit einem Ar^+-Laser läßt sich mit dem Einlegieren von Ti verknüpfen, so daß in einem Schritt elektrisch leitfähige $TiSi_2$-Spuren unter weitgehendem Erhalt der Substratplanarität entstehen [6.141].
- Direkte Laser-CVD von Metallen wie Al, W, Au, Pd und Pt sowie Legierungen wie $TiSi_2$ im µm-Maßstab dient u.a. zur Reparatur von integrierten Schaltkreisen (IC) [6.51], der Reparatur von Flüssigkristallanzeigen [6.157], der relativ einfachen Prototypherstellung und der individuellen Anpassung von IC's an die Benutzeranforderungen (ASICs). Die teure und zeitaufwendige Maskenherstellung entfällt bei diesem Verfahren und wird durch die Programmierung eines Prozeßrechners ersetzt. Die schonende Behandlung des IC's, eine relativ hohe Schreibgeschwindigkeit (etwa 1mm/s), gute elektrische Leitfähigkeit der Metallspuren und gute Ohm'sche Kontakte an den Verbindungsstellen sind bei dem heutigen Verfahrensstandard gewährleistet. Mit dieser Technik können auch IC's elektrisch miteinander verbunden werden.
- Mittels direkter Laser-CVD hergestellte Isolationsschichten aus SiO_2 [6.154], Si_3N_4, Al_2O_3, Al_3N_4 oder Aluminiumoxynitrid finden in IC's entsprechende Anwendungen. Neben der schonenden IC-Behandlung stehen gute Isolationseigenschaften und Spannungsfestigkeit bei möglichst geringer Isolierschichtdicke im Vordergrund.
- Direkte Laser-CVD wird erfolgreich zur Reparatur transparenter Defekte in Photomasken eingesetzt, indem lokalisierte Metallschichten aus Al, Cr, W oder Mo im µm-Maßstab abgeschieden werden.
- Die laserinduzierte, flächenselektive Epitaxie von GaAs erlaubt die Herstellung von Metall-Halbleiter-Feldeffekttransistoren (MESFET) [6.155].
- Gitterstrukturen mit Linienabständen von 3,7 µm und 0,85 µm können durch direkte Ar^+-Laser-CVD (515 nm) mit holografischer Interferenztechnik und Molekülstrahlepitaxie von GaAs in einem Prozeßschritt hergestellt werden. Besondere Vorkehrungen zur Schwingungsdämpfung (±0,2 µm) während der Abscheidedauer sind für die hohe Auflösung erforderlich [6.142].
- Mit direkter UV-Laser-CVD (kontinuierlicher, frequenzverdoppelter Ar^+-Laser, KrF- und ArF-Excimerlaser) entsteht aus $TiCl_4$ und $Al_2(CH_3)_6$ eine dünne Katalysatorschicht auf Quarz bzw. auf einer goldbeschichteten Quarzmikrowaage. Diese Katalysatorschicht bewirkt (ohne Laser) die sehr effiziente Polymerisierung von Ethylen und Acetylen [6.143].
- Das Potential der direkten Laser-CVD zur Herstellung 3-dimensionaler Strukturen ist mit dem kleinen "Eiffelturm" aus feinen Aluminiumstegen in der Gesamtgröße einer Büroklammerspitze eindrucksvoll veranschaulicht (Bild 1.2) [6.144]. Die freitragende Metallkonstruktion wird dabei zunächst

auf einem später aufgelöstem, organischen Polymer abgeschieden, also einem thermisch empfindlichen Material.
- Direkte Laser-CVD eignet sich für die unmittelbare Herstellung eines dreidimensionalen Körpers auch ohne stützende Hilfskörper, wie im Beispiel von freitragenden Spiralen aus Bor und Silizium [6.161, 6.168].
- Dünne Wolframlinien aus direkter Laser-CVD lassen sich dadurch verstärken, daß das Metall in einer WF_6/H_2-Atmosphäre mit Strompulsen geheizt wird und dort weiteres Wolfram aufwächst [6.163].
- Die Prozeßtemperatur für direkte Laser-CVD läßt sich durch Zugabe geeigneter Hilfsgase absenken. So kann Wolfram aus WF_6 durch die Zugabe von SiH_4 oder Si_2H_6 auch auf Polyimid abgeschieden werden [6.166].
- Laser-CVD-Anwendungen erscheinen nicht nur in der Mikroelektronik attraktiv, sondern auch in der Mikromechanik und Mikrosystemtechnik. Direkte Laser-CVD von Wolfram auf kleine Siliziumstäbchen ermöglicht die Herstellung mikroskopischer Magnetspulen [6.161, 6.168].
- Laser-CVD eignet sich zur tiegelfreien Zucht von Einkristallen, was am Beispiel von Silizium demonstriert wurde.
- Relativ dicke ($d \geq 0{,}2$ µm), makroskopische (Edel-) Metallkontakte (10 µm bis mm-Bereich) lassen sich mittels Bekeimung durch direkte Laser-CVD für die eigentliche Metallbeschichtung (z.B. elektrochemisch oder mit konventioneller CVD) vorbereiten. Bei diesem zweistufigen Vorgehen wird (teure) Laser-CVD lediglich zur Mustererzeugung eingesetzt. Diese Vorgehensweise bietet sich aus wirtschaftlichen Gründen an und auch wegen der hohen Eigenspannungen dicker, nur mit Laser-CVD abgeschiedener Metallschichten [6.145].
- Mit ArF-Laser-CVD gelingt, ausgehend von CCl_4 und H_2, die Herstellung von 1 bis 3 µm dicken, diamantartigen Schichten und Diamantschichten auf Siliziumwafern bei 450 °C Substrattemperatur [6.146]. Für hohe Diamantanteile in der Schicht ist die Beteiligung von aktiviertem Wasserstoff wesentlich, für dessen Erzeugung wahlweise ein heißer Wolframdraht oder eine Mikrowellenentladung eingesetzt werden kann.

Bezüglich technischer Anwendungen der Laser-CVD hat bislang die direkte Laser-CVD-Methode die Nase vorn, wie die Zahl der angeführten Beispiele eindrucksvoll belegt. So gab es bereits in den späten 1980er Jahren ein industrielles Prototyp-System für die lokalisierte Abscheidung von Nickel aus Nickeltetracarbonyl ($Ni(CO)_4$), von Silizium aus Silan und von Si_3N_4-Isolierschichten aus Silan-Ammoniak-Gasmischungen [6.148] zur Reparatur von Chips oder zur Herstellung von ASIC's (ASIC = Application Specific Integrated Circuit). Darüber hinaus gibt es industrielle Angebote zur Abscheidung von Metallmustern vorwiegend aus Edelmetallen wie Gold,

Palladium, Rhodium oder Osmium zur Verbesserung von Haftfestigkeiten dünner Schichten auf unterschiedlichen Substraten [6.149] sowie zum Schreiben von Chrom- und Kupferspuren [6.150]. Neben der Abscheidung von Metallen ist die lokale Laser-CVD von Isolierschichten (z.B. Oxide, Nitride) mit hoher elektrischer Spannungsfestigkeit ein bevorzugtes Anwendungsfeld.

7 Laserelektrochemie

Die nachfolgenden Betrachtungen und Diskussionen gelten der laserunterstützten galvanischen Abscheidung von Metallen und der elektrochemischen Auflösung verschiedener Festkörpermaterialien. Die laserinduzierten Effekte lassen sich näherungsweise in thermodynamische und kinetische Effekte aufteilen. Für die thermodynamische Betrachtung beschreibt die *Nernst'sche Gleichung*

$$E = E° + (RT/nF) \ln(\Pi a_i^{n_i}/\Pi a_j^{m_j}) \qquad (7.1)$$

die elektrochemische Reaktion

$$ne^- + n_1E_1 + n_2E_2 + ...n_iE_i <=> m_1P_1 + m_2P_2 + ...m_jP_j \qquad (7.2)$$

mit den Ausgangssubstanzen E_i (Edukte) und den (End-)Produkten P_j [7.1]. Für die Nernst'sche Gleichung wird vorausgesetzt, daß alle Reaktionspartner im elektrochemischen Gleichgewicht stehen. Pro Formelumsatz werden n Elektronen umgesetzt. Die Symbole a_i und a_j stehen für die thermodynamischen Aktivitäten der Ausgangssubstanzen E_i bzw. der Endprodukte P_j. Gleichung 7.1 ist sowohl anwendbar auf galvanische Zellen, wobei E die elektromotorische Kraft (EMK) darstellt, als auch auf Halbzellen, wobei E das Elektrodenpotential oder das Redoxpotential repräsentiert. E^0 ist auf die Temperatur T = 273,15 K bezogen (Standardwert). Für den Standardwert E^0 hat das Argument des Logarithmus den Wert 1. Der zugehörige thermodynamische Zustand ist durch (7.2) und den jeweiligen thermodynamischen Standardzustand der Ausgangssubstanzen E_i und der Endprodukte P_j eindeutig festgelegt. R ist die allgemeine Gaskonstante (R = 8,314 $JK^{-1}mol^{-1}$) und F die Faraday-Konstante (1 Faraday = 96487 Coulomb).

Wie aus (7.1) ersichtlich ist, kann E für ein gegebenes chemisches Reaktionssystem durch Veränderungen der Temperatur T und der Substanzaktivitäten a_i und a_j beeinflußt werden. Im Fall eines heterogenen Gleichgewichts zwischen einer Flüssigkeit und einem Festkörper bedeutet dies, daß nach einer Veränderung ΔT (z.B. durch Laseraufheizung), Δa_i (Zugabe von Eduktmaterial) oder Δa_j (Zugabe von Produktmaterial) bis zur Einstellung des neuen Gleichgewichts Festkörpermaterial abgeschieden oder ein Teil des vorhandenen Festkörpers aufgelöst wird.

Die Kinetik elektrochemischer Reaktionen ist näherungsweise entweder vom Durchtritt der Ladungsträger durch die Grenzschicht zwischen Elektrode und Elektrolyt oder von der Diffusion im Elektrolyten kontrolliert [7.1, 7.45,7.85]. Im Durchtrittsbereich (ladungstransferkontrollierter Bereich) bestimmt die Bewegung der Ladungsträger durch die Helmholtz-Doppelschicht zwischen Elektrode und Elektrolyt die elektrochemische Kinetik. Die Stromdichte j für die Reaktion

$$Ox + n\,e^- \leftrightarrow Red$$

folgt dann der *Butler-Volmer-Gleichung*

$$j = j_0 \{(c_{Ox}^0/c_{Ox}) \exp(\alpha nF\eta/RT) - (c_{Red}^0/c_{Red}) \exp((1-\alpha)nF\eta/RT)\}.$$

Diese beschreibt die Abhängigkeiten der Stromdichte j von den Konzentrationen der oxidierten und reduzierten Komponenten an der Elektrodenoberfläche (c_{Ox}^0, c_{Red}^0) sowie im Inneren der Elektrolyten (c_{Ox}, c_{Red}), vom Durchtrittsfaktor α (relative Lage des Übergangszustandes innerhalb der Helmholtzschicht), der Überspannung η sowie der Temperatur T. Die Austauschstromdichte j_0 im elektrochemischen Gleichgewichtszustand ($\eta = 0$) ist eine reaktionsspezifische Größe und temperaturabhängig. Weitere Temperaturabhängigkeiten von j liegen in den Exponenten der Terme für die anodischen (Oxidation) und kathodischen Teilströme (Reduktion) vor. Im Durchtrittsbereich besteht für j auch eine exponentielle Abhängigkeit von der Überspannung η, die ebenfalls in beiden Exponenten enthalten ist. Ferner kann die Temperatur die Struktur (Geometrie) des Übergangszustandes beeinflussen und damit den Durchtrittsfaktor α verändern. Die Zusammenhänge zwischen Stromdichte j (Kinetik) und Temperatur sind offensichtlich komplex und die Auswirkungen einer laserinduzierten Heizung schwer vorherzusagen.

Im diffusionskontrollierten Bereich elektrochemischer Reaktion tritt in Elektrodennähe eine Verarmung oder Anreicherung der Ladungsträger ein, die an der elektrochemischen Reaktion beteiligt sind. In diesem Fall ist die Stromdichte j dominant vom Stofftransport an die Elektrode abhängig. Der Stofftransport kann durch die Lasereinstrahlung auf verschiedene Arten beeinflußt werden (vgl. unten).

Durch die Einstrahlung von Laserlicht kann die lokale Temperatur T im bestrahlten Festkörper und in der benachbarten Flüssigkeit angehoben werden (photothermische Wirkung des Laserlichtes). Mit der Temperatur werden die Substanzaktivitäten (Konzentrationen) und Redoxpotentiale beeinflußt. Bei elektronischer Anregung des Festkörpers (z.B. Erzeugung von Elektron-Loch-Paaren) oder eines Bestandteiles der Flüssigkeit (z.B. optische Anregung von gelöstem Brom) bewirkt das Laserlicht eine photolytische Reaktion. Im Rahmen der Nernst'schen Gleichung entspricht die photolytische Reaktion einer Gleichgewichtsstörung, bei der einer der Reaktionspartner teilweise durch eine andere Spezies ersetzt wird. Beispielsweise tritt bei der optischen Anregung von Brom elektronisch angeregtes Br_2^* an die Stelle von Br_2 im elektronischen Grundzustand. Jede Veränderung des ursprünglichen Gleichgewichtszustandes bewirkt einen elektrochemischen Umsatz (Laserelektrochemie). Derartige Prozesse werden nachfolgend getrennt nach lasergalvanischer Abscheidung (Abschn. 7.1) und laserchemischer Auflösung (Abschn. 7.2) betrachtet.

7.1 Lasergalvanische Abscheidung

Kostbare Metalle möchte man gerne nur dort aufbringen, wo sie tatsächlich benötigt werden. Die Metallabscheidung sollte auch auf Substraten möglich sein, die sich sonst nicht oder nur sehr schwer galvanisch beschichten lassen. Der Beschichtungsprozeß sollte in kurzer Zeit ablaufen und mit hoher räumlicher Auflösung. Dies sind einige der Wunschvorstellungen, die 1978/79 den Anstoß zur Entwicklung von laserinduzierten und laserunterstützten galvanischen Abscheideverfahren gegeben haben [7.22]. Ein Übersichtsartikel faßt die zugehörigen physikalisch-chemischen Mechanismen, die erzielten Ergebnisse und mögliche technische Anwendungen des Verfahrens zusammen [7.50]. Folgende Merkmale lassen sich für die photothermisch induzierte lasergalvanische Abscheidung von Metallen angeben:
- Die Abscheidung von Metall kann mit Laserunterstützung bei extern angelegter Zellenspannung erfolgen oder aber auch vollständig durch den Laser induziert werden.
- Die Abscheidegeschwindigkeit kann durch den Laser auf das 10^3- bis 10^4-fache erhöht werden.
- Die Abscheidung erfolgt lokalisiert am Ort der (fokussierten) Lasereinwirkung.
- Die Abscheidung erfolgt bevorzugt auf Substraten mit starker Absorption des Laserlichts und geringer Wärmeleitfähigkeit.
Drei Versuchsanordnungen für die lasergalvanische Abscheidung sind im Bild 7.1 vergleichend dargestellt.

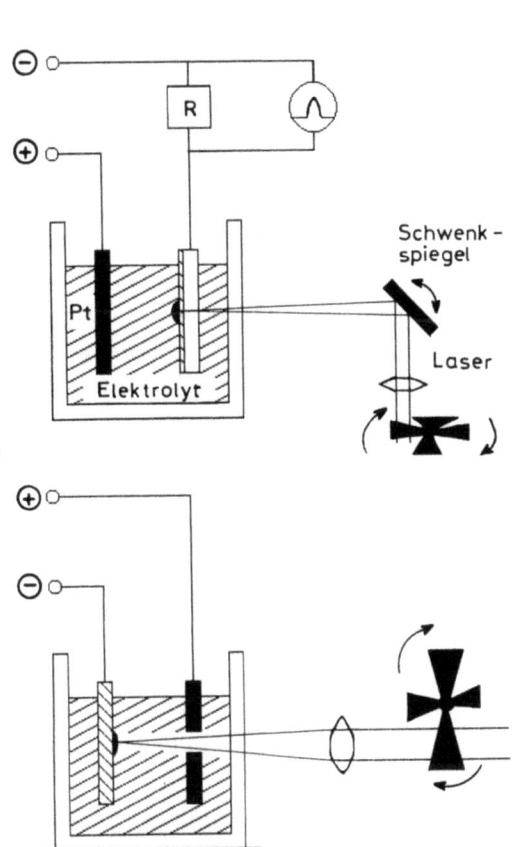
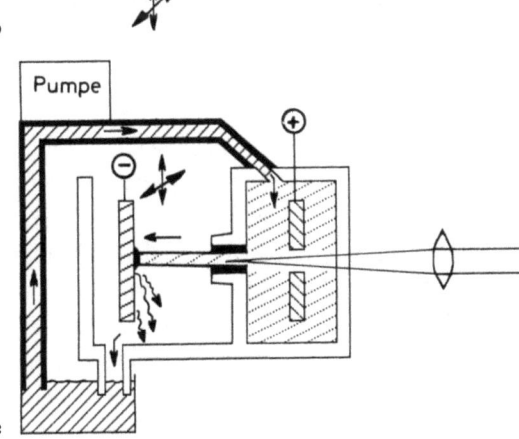

Bild 7.1. Versuchsanordnungen zur lokalisierten lasergalvanischen Abscheidung von Metallen mit
(a) Lasereinstrahlung über einen steuerbaren Schwenkspiegel durch das transparente Substrat auf die absorbierende (und elektrisch leitfähige) Oberflächenschicht [7.4, 7.22],
(b) Lasereinstrahlung durch die unterbrochene Anode und den Elektrolyten auf das absorbierende Substrat in einem höhen- und seitenverstellbaren Elektrolytbehälter [7.3, 7.28] und
(c) Lasereinstrahlung in einen Düsenstrahl des Elektrolyten, der auf das höhen- und seitenverstellbare Substrat gerichtet ist [7.4, 7.28, 7.47]

Bei den lasergalvanischen Abscheidexperimenten in Bild 7.1 wird Laserlicht im sichtbaren Wellenlängenbereich verwendet, typischerweise Licht eines Ar^+- oder Kr^+-Lasers im Einzel- oder Viellinienbetrieb. Die Laserleistung in Bild 7.1 (a) und (b) beträgt 0,1 bis 20 W und ist auf Flecken von 0,1 bis 1 mm Durchmesser fokussiert [7.3, 7.4, 7.22, 7.46, 7.47, 7.50]. Dies entspricht einer Lichtintensität von 0,1 bis 100 kW/cm^2 (vgl. auch Tabelle 7.1). Mit diesen beiden Anordnungen werden vergleichbare Resultate erzielt. Folglich können photolytische Effekte der Laserbestrahlung als wesentliche Ursache für diese laserinduzierte galvanische Abscheidung ausgeschlossen werden [7.4, 7.46, 7.50]. Hingegen deuten alle experimentellen Ergebnisse auf eine lokale Laseraufheizung (photothermischer Effekt). Die eingestrahlte Laserwellenlänge ist daher praktisch nur bedeutsam hinsichtlich der Strahlausbreitung im Reaktor und der Absorption durch den Festkörper. Der Laserstrahl muß durch die Gefäßwand, den Elektrolyten und gegebenenfalls durch das Substrat gelangen. Eine starke Absorption in der Hilfsschicht (Bild 7.1 (a)) oder auf der Substratoberfläche (Bild 7.1 (b)) bzw. in dem bereits abgeschiedenen Material ist erforderlich. Ähnlich wie bei der direkten Laser-CVD (Abschn. 6.2.2) bleibt bei der rückseitigen Substratbestrahlung die Absorption des Laserlichtes (in erster Näherung) während der Abscheidung konstant, im Gegensatz zu der veränderlichen Leistungseinkopplung bei frontseitiger Lasereinstrahlung.

Angesichts der optischen Eigenschaften der eingesetzten Materialien erscheinen Laser mit Emission im sichtbaren Wellenlängenbereich für die Lasergalvanik besonders geeignet: In diesem Spektralbereich sind einerseits die üblichen Gefäßmaterialien und Elektrolyten (weitgehend) transparent. Andererseits absorbieren die abgeschiedenen Metalle hinreichend gut, so daß die eingestrahlte Laserleistung effizient eingekoppelt werden kann. Im konkreten Einzelfall sind noch Feinheiten der Absorptionseigenschaften zu beachten, bedingt z.B. durch Oberflächenrauhigkeit der Substrate und Komplexbildung im Elektrolyten [7.3].

Die mit einer gegebenen Laserabsorption erreichbare, lokale Aufheizung ist auch von der Wärmeableitung an die Umgebung abhängig. Für die Praxis bedeutet dies beispielsweise, daß die Beschichtung dünner Bleche mit niedriger Laserleistung erreicht werden kann, während die Belegung massiver Bauteile große Laserleistungen erfordert [7.53]. Aus demselben Grund werden als Kathoden häufig dünne Metallfilme auf schlecht wärmeleitenden Substraten verwendet [7.46, 7.50]. Die im Einzelfall erzielte Temperatur am Bestrahlungsort hat Einfluß darauf, welche Effekte mit der Aufheizung erzielt werden und wie groß jeweils ihre relative Bedeutung ist. Die laserinduzierte, lokale Substrataufheizung kann folgendes bewirken:

- Verschiebung des Kathodenpotentials und damit auch der EMK,
- Beschleunigung des lokalen Ladungstransfers,
- Erhöhung der lokalen Stofftransportrate,
- Verdampfen des Lösungsmittels und Blasenbildung,
- Verminderung von Reaktionsüberspannung und
- Autokatalytische Abscheidung bei außenstromlosem (elektrodenfreiem) Betrieb.

Das Elektrodenpotential E einer galvanischen Halbzelle (Elektrode/ Elektrolyt-System) kann mit der Temperatur zunehmen oder abnehmen. Beispielsweise steigt bei Gold das Elektrodenpotential um 0,15 V beim Temperaturanstieg von 20 auf 70 °C [7.3] und fällt um 0,15 V bei Nickel für denselben Temperaturanstieg. Die Temperaturabhängigkeit dE/dT ist gemäß dE/dT = $\Delta S/nF$ durch die Reaktionsentropie ΔS bestimmt [7.45] und die Ableitung dE^0/dT durch die Standardreaktionsentropie ΔS°. Betrachten wir die Entropie als Maß für den Ordnungsgrad im Material, so ist die Reaktionsentropie hier ein Maß für den Unterschied zwischen Ordnungsgrad im Metall und Ordnungsgrad des solvatisierten Metallions im Elektrolyten. Während die verschiedenen Metallgitterstrukturen keine drastischen Schwankungen des Ordnungsgrades aufweisen (vgl. z.B. S°_{298}(Bor) = 1,42 JK^{-1}mol^{-1} und S°_{298}(Caesium) = 19,8 JK^{-1}mol^{-1} [7.48]), kann der Ordnungsgrad in Elektrolyten sehr unterschiedlich ausfallen. Struktur der Solvathülle, Komplexbildung und Ladung des Metallions können große Auswirkungen haben, wie folgende S°_{298}-Werte (JK^{-1}mol^{-1}) für aquatisierte Ionen zeigen: $PtCl_6^{2-}$: 52,6; $PtCl_4^{2-}$: 42; Ag^+: 17,67; Fe^{2+}: 27,1; Ni^{2+}: -38,1 und Fe^{3+}: -70,1 [7.48].

Die laserinduzierten Effekte in einer galvanischen Zelle sind in Bild 7.2 durch den Zellenstrom in Abhängigkeit von der Überspannung (Polarisation) veranschaulicht. In der Vergleichskurve ohne Laserbestrahlung sind drei Arbeitsbereiche der galvanischen Abscheidung erkennbar, in denen jeweils verschiedene physikalisch-chemische Effekte dominieren. Der Bereich des ladungstransferbegrenzten Stromes reicht bis etwa -0,2 V und der des stofftransportbegrenzten Stromes bis etwa -0,65 V. Unter -0,65 V steigt der Zellenstrom erneut an, weil in diesem Arbeitsbereich Wasserstoffentwicklung als zusätzliche Reaktion möglich ist [7.50].

Im ladungstransferbegrenzten Arbeitsbereich ist der Zellenstrom durch die exponentielle Abhängigkeit von der Durchtrittsüberspannung für den Durchtritt der Ionen durch die Helmholtz-Schicht (=Ionenschicht) zwischen Metallelektrode und Elektrolyt geprägt [7.45, 7.50]. Elektrolyte mit komplex gebundenen Kationen zeigen zudem häufig eine zusätzliche Reaktionsüberspannung [7.3, 7.45]. Ihre galvanische Abscheidung ist dann dadurch erschwert, daß der vorliegende Kationenkomplex zunächst in eine für die Abscheidung des Kations geeignete Form überführt werden muß. Ein einfaches Beispiel hierfür ist das Abstreifen von Solvathüllen [7.45]. Im ladungstransportbegrenzten Arbeitsbereich ist der Zellenstrom also stark spannungsabhängig, während er im stofftransportbegrenzten Arbeitsbereich näherungsweise unabhängig von der angelegten Spannung ist (Bild 7.2).

Durch die Laserbestrahlung der Kathode steigt der Zellenstrom im stofftransportbegrenzten Bereich etwa auf den 400-fachen Wert an (Bild 7.2). Der Kurvenverlauf mit Laserbestrahlung läßt sich aus der Kurve ohne Bestrahlung durch die mit Pfeilen angedeuteten Verschiebungen ableiten, wobei der Temperaturanstieg für den Umfang der Verschiebungen maßgeblich ist. Die Zulässigkeit dieser Vorgehensweise wurde in Abscheideversuchen ohne Laser aber mit geheizten Bädern bestätigt. Aus der temperaturabhängigen Veränderung der Ruhepotentiale $\eta(j=0)$ um 10 bis 45 mV konnte die lokale Laseraufheizung an der Kathode abgeschätzt werden. In einem anderen Versuch als dem in Bild 7.2 betrug sie zwischen 40 °C bei 0,15 kW/cm² und 150 °C bei 0,8 kW/cm² [7.46]. Bei hohen Grenzflächentemperaturen kochte der Elektrolyt heftig und Dampfblasen wurden von der Elektrode abgestoßen.

Der lokale Ladungs- und Materialtransport steigt durch die laserinduzierte Aufheizung zum Teil deshalb, weil mit steigender Temperatur die Vis-

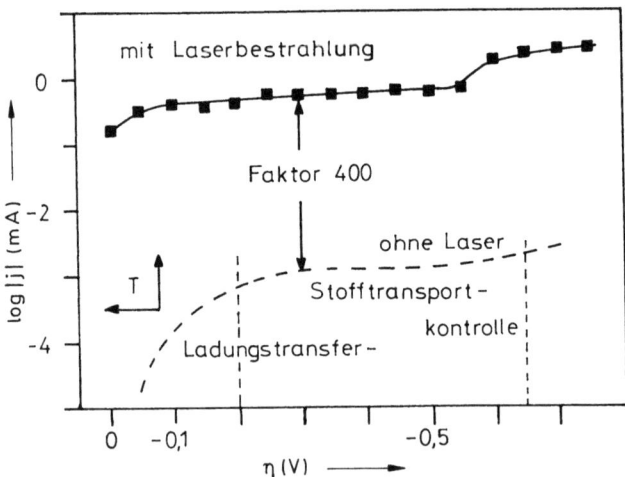

Bild 7.2. Polarisationskurve für die galvanische Abscheidung von Kupfer aus 0,05 M $CuSO_4$/1 M H_2SO_4 mit und ohne Laserbestrahlung (Ar⁺-Laser, 514,5 nm, 210 mW, 200 µm Strahldurchmesser) mit dem Betrag des Zellenstromes j als Funktion der angelegten Überspannung η nach [7.46, 7.50]

kosität des Elektrolyten abnimmt und die Diffusion im Elektrolyten zunimmt [7.45]. Wie alle chemischen Reaktionen wird auch die Reaktion, die zur Reaktionsüberspannung führt, durch eine (laserinduzierte) Temperaturerhöhung beschleunigt. Die gebildeten Temperatur- und Konzentrationsgradienten bewirken außerdem lokal begrenzte Strömungen (Mikrorührung, Mikrokonvektion). Die Strömungseffekte hängen näherungsweise nur vom Lösungsmittel ab und sind unabhängig von der Art des Metall/Elektrolyt-Systems. Laserinduzierte Veränderungen des Ladungstransfers zeigen dagegen spezifische Abhängigkeiten vom vorliegenden Elektrolytsystem, bedingt z.B. durch Strukturänderungen in der Helmholtz-Schicht und Veränderungen der Reaktionsüberspannung. Bei sehr intensiver Laserbestrahlung setzt oberhalb des Siedepunktes Gasblasenbildung an der Kathode ein und bewirkt eine sehr effektive Dampfblasenrührung. Die Blasenbildung kann direkt beobachtet werden. Sie ist auch sehr gut durch akustische Messungen mit einem Mikrophon erfaßbar sowie am zeitabhängigen Zellenstrom [7.3,7.4] erkennbar, der z.B. durch den Spannungsabfall am Widerstand R (Bild 7.1 (a)) gemessen wird.

Wie aus Bild 7.2 ersichtlich ist, steigt die laserinduzierte Verstärkung des Zellenstroms zu niedrigen Überspannungswerten kräftig an und wird theoretisch unendlich für $\eta = 0$ (j = 0 ohne Laser). In diesem Fall wird Kupfer an der laserbestrahlten Stelle abgeschieden und nur dort. Die laserinduzierte Verschiebung des Ruhepotentials $\eta(j=0)$ bewirkt ferner, daß zwei Bereiche unterschiedlichen Potentials nebeneinander existieren (bestrahlte und unbestrahlte Zone) und eine elektrodenlose galvanische Zelle bilden. Im hier betrachteten Beispiel (Bild 7.2) wird im laserbestrahlten Bereich Kupfer abgeschieden und in der benachbarten kalten Zone mit niedrigem Potential zugleich Kupfer vom Substrat aufgelöst. Die Laseraufheizung führt in diesem System mit $dE/dT > 0$ zur lokalen Potentialanhebung im bestrahlten Bereich. In galvanischen Systemen mit $dE/dT < 0$ (z.B. Nickel) wird dagegen eine Potentialabsenkung relativ zur unbestrahlten Umgebung erzeugt. Folgerichtig wird im System Nickel/Nickelzitrat an der laserbestrahlten, heißen Stelle Nickel aufgelöst und in der benachbarten kalten Zone wieder abgeschieden [7.46].

Der für Kupfer beschriebene Effekt direkt benachbarter, kathodisch (heiß) und anodisch (kalt) wirkender Bereiche, auch Thermobatterie genannt [7.50], hat noch zwei technisch interessante Aspekte. Zum einen kann die Metallauflösung im kalten Bereich neben der laserbestrahlten Stelle bis zum vollständigen Abtrag getrieben werden, so daß die heiße Stelle von der Umgebung elektrisch isoliert wird. In einer weiteren Prozeßstufe kann ein ganzes, von seiner Umgebung elektrisch getrenntes Metallmuster erzeugt werden. Zum zweiten verdient die Lage vom Standardpotential des Redoxpaares Metall/Metallion in der elektrochemischen Spannungsreihe besondere Beachtung. Durch laserinduzierte, temperaturbedingte lokale Potentialverschiebungen erscheint sogar die Abscheidung von unedlem Metall auf edlem Metalluntergrund möglich (Austauschgalvanisierungen "entgegen" der Spannungsreihe) [7.50]. Die laserinduzierte Temperaturerhöhung und die daraus folgenden Effekte sind in sehr engen Grenzen auf die laserbestrahlte Fläche konzentriert, da die Temperatur nach außen sehr steil abfällt. Verändert man die Wärmeleitung der Kathodenoberfläche z.B. durch Verstärkung der Metallschichtdicke auf einem Glasträger, so sinkt der laserinduzierte Zellenstrom. Ferner steigt der Durchmesser des abgeschiedenen Metallfleckens in nichtlinearer Weise mit zunehmender Schichtdicke. Andererseits bewirkt bei konstanter Metallschichtdicke eine Verdreifachung der Laserleistung in einem ausgewählten Beispiel einen 13-fach größeren Zellenstrom aber nur eine Verdoppelung des Durchmessers vom abgeschiedenen Metallflecken.

Galvanische Abscheidung kann, wie oben beschrieben, mit Anlegen einer externen Spannung und zusätzlicher Laserbestrahlung erfolgen (laserunterstützte Galvanisierung) oder auch außenstromlos, also ohne externe Spannung (elektrodenlose, autokatalytische Abscheidung [7.4,7.46,7.50]). Diese zweite Art der Metallabscheidung beruht auf der temperaturabhängigen Verschiebung des Ruhepotentials. Wird dem Elektrolyten ein geeignetes Reduktionsmittel zugegeben (z.B. Na-Hypophosphat in Nickelelektrolyten [7.50]), so leitet die laserinduzierte lokale Aufheizung die zuvor gehemmte Redoxreaktion autokatalytisch ein, wobei im Fall von Nickel noch $PdCl_2$ zur Oberflächenaktivierung hinzugegeben wird.

Abweichend von den bisher beschriebenen Versuchsbedingungen werden Kupfer und Gold auch durch Bestrahlung mit einem gepulsten Kupferdampflaser auf n-dotiertes, einkristallines GaAs und Silizium abgeschieden [7.19]. Die waagrecht im Elektrolyten liegenden Substrate ohne externe Elektroden (stromlose Abscheidung) werden durch den Elektrolyten hindurch auf ihrer Oberseite bestrahlt. Das Elektrolytgefäß befindet sich auf einem steuerbaren x,y,z-Tisch.

Während in den Versuchsanordnungen (a) und (b) in Bild 7.1 der lokale Materialtransport durch die Laseraufheizung induziert oder unterstützt wird, nutzt Anordnung (c) einen Düsenstrahl des Elektrolyten. Der Düsenstrahl sorgt für einen sehr schnellen Materialaustausch an der Substratoberfläche und überschreitet die Grenze des stofftransportbegrenzten Zellenstromes. Zugleich dient der Düsenstrahl als Wellenleiter für das eingekoppelte Laserstrahlbündel (Homogenisierung und Bündelung auch hinter der Brennebene) und ermöglicht eine maskenfreie, lokalisierte Abscheidung. Hiermit gelingt sogar die Beschichtung von sehr gut wärmeleitenden, Nickel-beschichteten, 0,2 mm dicken Beryllium-Kupfer-Substraten mit Gold aus Goldcyanidlösung. Die unter Laserbestrahlung erhaltenen Goldabscheidungen sind gut haftfest (Tesatest), von metallisch hoher Qualität, sowie riß- und porenfrei (Korngröße unter 0,5 µm). Mit Ar^+-Laserleistungen bis 25 W, Düsendurchmessern von 0,35 mm (0,5 mm) und Stromdichten von 16 A/cm^2 werden Wachstumsraten bis zu 30 µm/s (10 µm/s) erreicht [7.47]. Ohne Laserbestrahlung wachsen unter sonst gleichen Bedingungen etwa 3 mal langsamer rissige und schlecht haftende Goldschichten.

Vergleichbare Düsenstrahlexperimente mit Kupferelektrolyten (0,2 bis 1 M $CuSO_4$) ergeben ein vollständig anderes Reaktionsverhalten als das mit Gold, insbesondere bezüglich der Abscheiderate [7.4, 7.73]. Die mit dem Düsenstrahl des Elektrolyten verbundenen Fragestellungen der galvanischen Abscheidung sind theoretisch und praktisch (ohne Einbeziehung des Lasers) für ein Beispiel von Kupferabscheidung in der Literatur beschrieben [7.54].

Während die bisher betrachteten lasergalvanischen Metallabscheidungen auf der photothermischen Wirkung der Lasereinstrahlung beruhen, nutzt das folgende Beispiel der Photomaskenreparatur den laserphotolytischen Effekt [7.79]. Die reparaturbedürftige Photomaske mit transparenten Defekten wird zunächst vollständig mit einer typischerweise weniger als 10 nm dicken TiO_2-Schicht versehen. Darauf wird ein Tropfen der Elektrolytlösung gegeben, mit einem 170 µm dünnen Quarzplättchen abgedeckt und mit einem Ar^+-Laser (351 bis 364 nm) bestrahlt. Die Elektrolytlösung enthält Gold(I)-Sulfit und Isopropanol. Die optische Laseranregung erzeugt Elektron-Loch-Paare in der TiO_2-Schicht (vgl. auch Abschn. 7.2 mit der Beschreibung des analogen Vorganges in GaAs sowie [7.1]). Die Löcher an der TiO_2-Elektrolyt-Grenzfläche werden durch das Reduktionsmittel Isopropanol abgefangen. Die Elektronen im Leitungsband des TiO_2 reduzieren die Au^+-Ionen und führen zu einer Goldabscheidung, hier in Form von Rechtecken mit einstellbaren Kantenlängen von 1 bis 25 µm. Die Goldabscheidung endet typischerweise nach 5 s bei 100 bis 150 µm Schichtdicke dadurch, daß das abgeschiedene Gold eine weitere Laserbestrahlung der TiO_2-Schicht verhindert (Selbstbegrenzung). Nach diesem Prozeß wird die Maske mit Wasser gespült und im Luftstrom getrocknet. In einem vergleichbaren laserphotolytischen Experiment gelingt mit Kr^+-Laseranregung (647 nm) die Abscheidung von sehr dünnen Nickelschichten (30 nm) aus einer $NiSO_4$-Lösung auf vorbehandelten p-Si(100)-Wafern [7.86]. Die so mit Nickel bekeimten Siliziumoberflächen lassen sich im Dunkeln selektiv mit Kupfer aus einer $CuSO_4$-Lösung auf etwa 1 µm verstärken bei vernachlässigbarem seitlichem Schichtwachstum.

Tabelle 7.1. Auswahl lasergalvanischer Abscheidungen von Metallen (vgl. hierzu auch die Übersichten in [7.2–7.4, 7.28, 7.32–7.36, 7.46, 7.50, 7.58, 7.64, 7.82])

Metall	Elektrolyt	Laser	Substrat	Ergebnisse und Anmerkungen	Lit.
Au	KAu(CN)$_2$	Cu, 510,6nm, 20ns-Pulse, 10^{5}pps, 1-5mW, 1-10µm Durchm.	n-GaAs(100)	außenstromlos, in 10-50ns 80% der Abscheidung, nach 1s voller Durchmesser, 2-3facher Widerstand von massivem Gold	7.19
Au	Autronex 55 GV$^{1)}$	Ar$^+$, ≤20W, 0,5-1mm Durchm.	Be-Cu mit Ni-Schicht	Flecken von 0,5-1mm Durchm., 0,1mm breite Streifen, 1µm/s, dichtes, porenfreies Au	7.4
Au	Autronex 55 GV$^{1)}$, 60°C, Düsenstrahl, 0,5 und 0,35 mm Durchm., 10^{2}cm/s, 0,5cm Düse-Kathoden-Abstand	Ar$^+$, ≤25W	0,2mm dickes Be-Cu mit Ni-Schicht	1-16A/cm^2, 0,5mm Düse: ≤10 µm/s 0,35mm Düse: ≤30µm/s Abscheidung <0,5µm Korngröße	7.47
Au	5g/l KAu(CN)$_2$, 0,15g/l CoSO$_4$*7H$_2$O$^{2)}$	Ar$^+$, Viellinienbetrieb ≤6W, 150µm Durchm., ≤34kW/cm^2	Cu-Sn, d=0,2mm 6mm Durchm.	1.) -0,3V, 2,5A/cm^2 2.) 120°C, 0,15A/cm^2, Abscheidung ohne Kobalt 3.) außenstromlos, ca 0,05µm/s	7.3
Au	Aurotron 439 N$^{3)}$	Ar$^+$, 514,5nm, 0,5W	Glas mit 3µm Cu	20min Bestrahlung, 0,8µm Fleckdicke	7.51
Au	100g/l KAu(CN)$_2$ 90g/l Zitronensäure, KOH, pH=5,9	Ar$^+$, ≤20W, 450-510nm	Tombak(85%Cu,15%Zn) mit NiP, 1-16µm	-0,8V relativ zu gesättigter Kalomelelektrode, gute Au-Abscheidung auf ≥4µm NiP mit ca. 2µm/s Abscheiderate	7.53
Au	HAuCl$_4$ in H$_2$O	532nm, 150ns Pulse, 1-5kHz, 0,1-1W	n-Si(100) mit 1,5x10^{14} P-Atome/cm^3	Au-Punkte und Streifen, teilweise mit Substratbeschädigung, guter Schottky-Kontakt (Diode)	7.80

1. Fortsetzung **Tabelle 7.1.** Lasergalvanische Abscheidung

Metall	Elektrolyt	Laser	Substrat	Ergebnisse und Anmerkungen	Lit.
Au	Aurospeed CVD[6]	KrF(248nm), 2-30pps, 300-9000 Pulse	20nm n-Typ β-SiC auf Si(100); Si(100) 14-16nm dick	außenstromlos, Linien, ca. 0,1nm/s, 100-200nm dick, ca. 0,5mm breit, verunreinigt; analoge Abscheidung von Ringen mit ca. 100μm Innendurchm. und 200μm Außendurchm. reine Au-Abscheidung mit 9000 Pulsen	7.37
Au	Au_2SO_3, H_2O, Isopropanol	Ar^+, 351-364nm, 20-600mW	TiO_2 beschichtete Photomaske	Reparatur transparenter Maskendefekte, 100-150nm dicke Au-Schicht in 5s, Rechtecke mit 1-25μm Kantenlänge	7.79
Au/Co Au/Ni Au/Fe	8g/l Au, 40g/l KOH, 100g/l Zitronensäure, pH=3,5, 0,5g/l Co, Ni oder Fe	Ar^+, Viellinienbetrieb <6W 150μm Durchm., <34kW/cm²	Pt-Folie	0,01A/cm², Hochtemperaturzelle, ≤5bar, chem. Zusammensetzung der Abscheidung abhängig von Elektrolyttemperatur	7.5
Cu	0,5M $CuSO_4$, 0,01M H_2SO_4	Ar^+, 514,5nm, fokussiert	Glas mit 20nm Nb oder 100 bzw. 150nm Cu	1.) 2μm breite Streifen, Laser: 50mW 2.) 30μm breite Streifen, Laser: 360mW geringe Polarisationsspannung	7.46
Cu	0,5M $CuSO_4$, 0,5M H_2SO_4	Ar^+, Viellinienbetrieb, 5-6W, fokussiert, 30-35kW/cm²	Cu 6mm Durchm., d=0,2mm	1.) Fleck 2.) Streifen, 0,75mm/s Vorschub 3.) mit $FeCl_3$ geätztes Substrat: erhöhter Elektrolysestrom mit Dampfblasen	7.3
Cu	$CuSO_4$; bei Si-Substrat mit HF, pH=1,5	Cu, 510,6nm, 20ns-Pulse, 10^4pps, 1-10mW	n-GaAs(100); n-Si	außenstromlos, 0,02-16mm/s Vorschub, Spurbreite ca. 2-30μm, 2-facher(20μm/s) bis 6-facher(100μm/s) Widerstand von massivem Kupfer, lokale Aufheizung um 20K, ΔE ca. 80mV	7.19

2. Fortsetzung **Tabelle 7.1.** Lasergalvanische Abscheidung

Metall	Elektrolyt	Laser	Substrat	Ergebnisse und Anmerkungen	Lit.
Cu	0,9M $CuSO_4$ mit 5% H_2SO_4 und 10% HCl	Ar^+, 514,5nm, 0,5-0,8W	1.) Glas mit Cu oder 20nm Ni	Cu-Fleckhöhe sinkt mit Cu-Filmdicke (12nm-10μm) auf Substratglas und steigt mit Bestrahlungszeit (≤16min)	7.51
			2.) Phenolharzpapier mit 4μm Cu	0,75mm breite, 1,5μm dicke Cu-Streifen auf Phenolharz/Cu mit 0,85W, 0,1mm/s Vorschub, 100-120nm/s Wachstumsrate	
Cu	$CuSO_4$, H_2SO_4, H_2O 0,2-0,5mm Düsenstrahl 500-1000cm/s	Ar^+, bis $10^4 W/cm^2$	Ni, Be-Cu	Abscheiderate bis 50μm/s, Laserleistung verbessert Morphologie der Abscheidung (Punkte und Streifen) und elektrische Leitfähigkeit	7.73
Ag Pd Pt	0,02M Metallsalz, 2M NH_3, $PdCl_2$, H_2PtCl_6, $AgNO_3$, $CuSO_4$, $NiCl_2$	Ar^+, 5W, 488-514nm 1-$2\times10^5 W/cm^2$	IC-Chips mit 1μm Si_3N_4	außenstromlos, bestrahlte Lösung kocht, leitfähige Abscheidung mit Pd, Pt und Ag, nicht leitfähig mit Cu und Ni	7.43
Ni	Ni^{2+}-Lösung	Ar^+, 1,5W(Viellinien), Kr^+, 100mW, 647,1nm Ar^+, 2-3W	Dielektrisches Substrat mit 100nm W, Mo oder Ni	1 V Polarisationsspannung 1.) 50nm dicke Flecken, 4μm Durchm., 0,3 ms Bestrahlung 2.) Ni-Streifen, 15-20μm breit, 200-400nm dick, Vorschub 1mm/s 3.) 0,6mm Durchm., 13μm dick, 90s Bestrahlung, 0,5mm Durchm. Laserstrahl, max. Wachstum 5μm/s außenstromlos; ≤100nm/s Wachstumsrate	7.22
Pd	10-55g/l $Pd(NH_3)_4Cl_2$ in NH_4Cl, pH=7-9	Ar^+, 5W	0,25mm CuNi18Zn20-Blech mit 3μm Ni	-0,2V, Streifen a.) 50μm breit, 5μm dick, 0,2mm/s Vorschub, $20 kW/cm^2$ b.) einige 0,1mm breit, 1,3-1,8μm dick	7.3

3. Fortsetzung Tabelle 7.1. Lasergalvanische Abscheidung

Metall	Elektrolyt	Laser	Substrat	Ergebnisse und Anmerkungen	Lit.
Pd	$PdCl_2$, H_2O	Ar^+, 0,1W, 351-364 nm	TiO_2(Anatase)-Dünnschichten	außenstromlos, Nukleation und Wachstum untersucht	7.24
Pd/Ni	Pallamet 75[5]	KrF(248nm), 2-30pps, 300-9000 Pulse	20nm n-Typ β-SiC auf Si(100); Si (100) 14-16mm dick	außenstromlos, dominant Pd mit wenig Ni an Oberfläche	7.37
Zn	$ZnSO_4$, H_2O	2xNd-YAG (532 nm)		Keimbildung und Wachstum untersucht	7.57

1) kommerz. Au-Cyanidlsg. der Fa. Selrex
2) Hartgoldbad
3) kommerz. Au-Lösung der Fa. Schering
4) kommerz. Au-Lösung der Fa. Lea-Ronal
5) kommerz. Lösung der Fa. Lea-Ronal

Für technische Anwendungen der lasergalvanischen Abscheidung von Metallen sind Prozeßdaten wie Abscheiderate, Dimension der Abscheidung, Konzentration und Zusammensetzung der Elektrolytlösungen, eingesetzte Lasertypen, Laserwellenlängen und Laserleistungen sowie die geometrische Anordnung des Abscheidesystems von großer Bedeutung. Die verfügbaren Prozeßparameter sind für eine Reihe von Experimenten in Tabelle 7.1 zusammengefaßt.

Der außenstromlosen lasergalvanischen Metallabscheidung ist vom Ergebnis her die laserpyrolytische Metallabscheidung vergleichbar. So lassen sich aus Dibenzolchrom, $Cr(C_6H_6)_2$, und Dibenzolmolybdän, $Mo(C_6H_6)_2$, mit fokussiertem Ar^+-Laserlicht (488 nm) mikroskopische Chrom- bzw. Molybdänflecken auf Glas abscheiden [7.18]. Ebenso gelingt mit einem Kupferdampflaser die Abscheidung von Gold auf einem GaAs-Wafer mit sieben verschiedenen Gold-Triphenylphosphinkomplexen [7.20]. Auf thermisch belastbaren Ferrit-Substraten läßt sich mit einem fokussierten Ar^+-Laser auch Nickel aus einer wäßrigen $NiSO_4$-Lösung mit hohen Abscheideraten bis zu 36,4 μm/s abscheiden [7.42].

7.2 Laserchemische Auflösung

Durch elektrische Umpolung der Elektroden in den Lasergalvanisierungsapparaturen in Bild 7.1 kann lokales, laserunterstütztes Ätzen zur Erzeugung feiner Löcher in der Anode (vorher Kathode) erreicht werden. Aber auch außenstromloses laserchemisches Auflösen von Metallen ist möglich, wie schon in Abschnitt 7.1 für die bestrahlten (heißen) Stellen der Nickelschicht besprochen. Laserchemisches Auflösen wird auch für Nichtmetalle wie Silizium und Keramiken gezeigt und schließt chemische Prozesse ein, die keine Redoxreaktionen enthalten [7.4]. Der vorliegende Abschnitt 7.2 behandelt daher laserchemische Ätzprozesse im allgemeinen, bei denen ein Festkörper in einer Flüssigkeit laserinduziert oder laserunterstützt aufgelöst wird. Experimentelle Beispiele für dieses laserchemische Ätzen sind in Tabelle 7.2 zusammengefaßt und nach metallischen, halbleitenden und elektrisch isolierenden Materialien geordnet.

Für die Diskussion der experimentellen Befunde erscheint die folgende Zusammenstellung von laserinduzierten Effekten nützlich:
- Verschiebung des Anodenpotentials und damit auch der EMK,
- Beschleunigung des lokalen Ladungstransfers,
- Erhöhung der lokalen Stofftransportrate,
- Verdampfung des Lösungsmittels und Blasenbildung (lokale Konvektion),

- Lokales An- und Aufschmelzen der Substrate,
- Photolytische Erzeugung ätzender Teilchen sowie
- Optische Erzeugung frei beweglicher Ladungsträger im Festkörper.

Ein Teil dieser Effekte ist photothermischer Natur wie bei der laserinduzierten Metallabscheidung im vorangegangenen Abschnitt 7.1. Dort finden sich bereits Ausführungen zur Abhängigkeit der photothermischen Effekte von der Laserwellenlänge (Absorptionsverhalten der eingesetzten Materialien), Laserintensität und -bestrahlungsdauer, der örtlichen Begrenzung der laserinduzierten Effekte, der Wärmeleitfähigkeit der bestrahlten Substrate, der Temperaturabhängigkeit (dE/dT) der elektrochemischen Potentiale bzw. EMK-Werte, der Viskosität der Flüssigkeit, der Diffusion in der Flüssigkeit und der Mikrokonvektion. Diese sind übertragbar auf die laserchemischen Ätzprozesse. Zusätzlich können beim Ätzen auch photolytische Reaktionen eine wesentliche Rolle spielen sowie die Erzeugung frei beweglicher Ladungsträger in nichtmetallischen Festkörpern. Die verschiedenen laserchemischen Ätzprozesse in Flüssigkeiten werden nachfolgend an repräsentativen Beispielen aus Tabelle 7.2 erläutert.

Metalle

Die lasergalvanische Auflösung von Metallen wurde teilweise bereits im Abschnitt 7.1 besprochen. Sie erfolgt entweder bei der Metallabscheidung mit umgekehrter Polung der Elektroden relativ zur galvanischen Abscheidung oder außenstromlos in der Thermobatterie und bei der Austauschgalvanisierung. Einen anderen Reaktionstyp repräsentiert die (außenstromlose) Auflösung von Kupfer durch Pulslaserbestrahlung in wäßriger Salzsäure. Durch schnelle Laserheizung wird die Temperatur lokal kurzzeitig so weit erhöht, daß die endotherme Reaktion zwischen Cu und HCl mit Gasblasenbildung einsetzt [7.29]. Hingegen werden bei der Auflösung von Kupfer in wäßriger Br_2-Lösung unter Excimerlaserbeschuß photochemisch Bromatome als ätzende Spezies in der Lösung erzeugt. Diese diffundieren zur Metalloberfläche und bilden dort wasserlösliches $CuBr_2$, leider aber auch unlösliches Material, vermutlich CuBr. Bei geeigneter Prozeßführung mit einer Maske wird bei diesem Ätzprozeß eine laterale Auflösung von 2 µm erwartet [7.29]. Die Reaktion mit Brom wird also laserphotolytisch eingeleitet im Gegensatz zu den vorangegangenen photothermischen Prozessen.

Halbleiter

Ein Beispiel für photothermisches Ätzen eines Halbleiters bildet die Auflösung von Silizium in KOH. Ohne Lasereinwirkung wird Silizium durch

Tabelle 7.2. Auswahl laserchemischer Ätzprozesse in Flüssigkeiten (vgl. auch Zusammenfassungen in [7.32, 7.35, 7.36, 7.58, 7.66, 7.81])

Geätztes Material	Elektrolyt	Laser	Ätzrate	Ergebnisse	Anmerkungen	Lit.
Metalle						
Al	HNO_3:H_3PO_4:H_2O mit $K_2Cr_2O_7$	Ar^+-Pulse	50nm/Puls, >1µm/s	Trennung Leiterbahn	1,5µm Auflösung, mit $K_2Cr_2O_7$ >10^6-fache Beschleunigung	7.70
Cu	HCl:H_2O	XeCl, XeF			Gasblasenbildung	7.29
Cu	Br_2:H_2O	XeCl, XeF			teils unlösliche Produkte	7.29
Edelstahl	$NiCl_2$:H_2O	Ar^+-Pulse, 515nm		Loch von 50µm Durchm. in 50µm dicken Stahlkeil	keine Nachbearbeitung erforderlich	7.4, 7.50
Fe:Si:Al 85:9,5:5,5	KOH:NaOH:H_2O	Ar^+, 515nm, ≤0.3W	14µm/s	5-20µm breite Furchen, ≤25µm tief	Ätzen von 3µm FeSiAl auf Ferrit, 13µm Durchm. Laserfokus, ≤14µm/s Vorschub	7.26
Halbleiter						
p-(Al,Ga)As mit Sn(10^{17}cm^{-3})	H_3PO_4:H_2O_2:CH_3OH	Kr^+, 1W/cm^2		Abtragung einer Deckschicht	3-Schichtsystem, Ätzen der obersten Schicht nach vorheriger Laserbehandlung des Schichtsystems	7.44
CdS	H_2SO_4:H_2O_2:H_2O HNO_3:H_2O	Ar^+, 458 u. 488nm ≤50mW	35-170nm/s	Löcher im 200µm Wafer, Gitter mit d=400nm	vergleichbare Resultate wie bei GaAs	7.60, 7.74 7.77
CdS	KCl, KBr, KI:H_2O	He/Cd, 442nm		Gitter mit 170nm≤d≤2,5µm	anodische Oxidation, interferierende Laserstrahlen, optische Gitteranwendung	7.41

1. Fortsetzung **Tabelle 7.2**

Geätztes Material	Elektrolyt	Laser	Ätzrate	Ergebnisse	Anmerkungen	Lit.
CdS	$HCl:H_2O$	Ar^+, 0,1W(458nm), 0,3W(473nm), 1W(488nm)		kleine Löcher verteilt auf Oberfläche	Nachbehandlung zur Auflösung von Schwefel, Löcherdichte auf Oberfläche untersucht	7.12
n-CdSe	$KCl:H_2O$	N_2-lasergepumpter Farbstofflaser 500nm 10ns, 100nJ		"Pits", ≤1μm Durchm.	Laser-Scanning-Apparatur, optische Datenspeicherung	7.62
GaAs(100),dotiert Si($10^{18}cm^{-3}$) Cr(>$10^5\Omega cm$) Zn($10^{18}cm^{-3}$)	$H_2SO_4:H_2O_2:H_2O$ $HNO_3:H_2O$ $HF:H_2O$ $HF:HNO_3:H_2O$ $KOH:H_2O$	Ar^+, 515,458nm, <0,5W/cm² sowie Ar^++FD, 257nm, 10mW/cm²	≤10μm/s	100nm-3μm Gitterstrukturen, Tiefe:Breite 1:0,2 bei Gitterkonst. <1μm; ca.1:0,8 bei Gitterkonst. 2μm; Durchgangslöcher 1-4μm Durchm., bei 100-300μm Waferdicke	einheitliche Gitter auf 1cm² mit interferierenden Laserstrahlen, Rillenprofile abhängig von Ätzbedingungen, 5 Min. Ätzzeit, <1°C Probenaufheizung	7.6-7.11, 7.13, 7.34, 7.38, 7.55, 7.71, 7.74, 7.77, 7.78
n-GaAs(100)	$KOH:H_2O$	Ar^+ fokussiert, 515nm, 1μm Durchm., 6-300mW	bis 850μm/s	Furchen Tiefe:Breite = 4-8	30μm/s Vorschub	7.14
n-GaAs(100) mit Te($10^{18}cm^{-3}$)	LiOH NaOH KOH	He/Ne 633nm, 10W/cm² He/Cd 442nm, 40W/cm²	≤60nm/s		Ätzrate als Funktion von Laserwellenlänge, -intensität und Lauge untersucht	7.16
GaAs(100) mit Cr	$HNO_3:H_2O$	Ar^+, 334, 351, 364, 515nm, 20μm Durchm., ≤8W	≤2μm/s	Furchen	40-180μm/s Vorschub, Abhängigkeit von Laserwellenlängen untersucht	7.67

2. Fortsetzung Tabelle 7.2

Geätztes Material	Elektrolyt	Laser	Ätzrate	Ergebnisse	Anmerkungen	Lit.
n-GaAs(100)	$Br_2:H_2O$ + Bromid $I_2:H_2O$ + Iodid	Kr^+ 413, 521nm He/Ne 633nm	≤90nm/s	Löcher, Gitter	Photolyt. Prozeß, ≤1μm Auflösung	7.68
p-GaAs	verschiedene wäßr. Lösungen	He/Ne, 633nm, 0,75mW, 0,5mm Durchm.	≤2nm/s	Löcher	mit period. Außenstrom	7.75
p-GaAs(001) mit Zn($9 \times 10^{17} cm^{-3}$)	$H_2SO_4:H_2O_2:H_2O$ $HNO_3:HCl:H_2O$	Ar^++FD, 257nm, 2mm Durchm.	≤17nm/s	Gitter, 180-500nm	Interferierende Laserstrahlen Ätztiefe: Gitterabstand = 0,54, dreieckiges Gitterprofil	7.40
n-GaInAs	1M $KOH:C_2H_5OH$	He/Ne, 633nm, 1,3μm Durchm., ≤$10^4 W/cm^2$	≤7μm/s	Furchen	Vergleich H_2O mit C_2H_5OH als Lsgm., Intensitätsabhängigkeit der Ätzrate, selektives Ätzen	7.84
GaAs/AlGaAs	$H_2SO_4:H_2O_2:H_2O$ $HNO_3:H_2O$	cw Farbstofflaser 850nm, 25-42W/cm^2	ca. 60nm/s	Löcher	Selektives Ätzen von GaAs in Schichtsystemen	7.39
GaAs/AlGaAs	$HNO_3:H_2O$	Ar^+, 515nm, 3-4μm Durchm., 50W/cm^2		Furchen	Maskenfreie Strukturierung von Schichtsystemen, Profile der Furchen mit Hinterätzung	7.25
n-GaP mit Al ($10^{17} cm^{-3}$)	$KOH:H_2O$	Ar^+, 351nm, ≤3,5kW/cm^2	ca. 60nm/s	Löcher, 1-2 μm tief	Intensitäts- und pH-Abhängigkeiten untersucht	7.61
n-InP	$HCl:H_2O$ $HF:KOH:H_2O$	He/Ne, 3mW	≤100nm/s	Linienmuster, 10-20μm Linienbreite	Ätzen mit Maske, externe Spannung, Untersuchung der Ätzprofile	7.59

3. Fortsetzung Tabelle 7.2

Geätztes Material	Elektrolyt	Laser	Ätzrate	Ergebnisse	Anmerkungen	Lit.
InP(100), alle Dotierungsarten	$H_3PO_4:H_2O$	Ar^+, 515nm, 0,4-1,3W, 18μm Durchm.		Furchen, 7-15μm tief, 15-25μm breit	40-200μm/s Vorschub, enger Laserleistungsbereich für optimale Furchenprofile	7.30
n-InP(100,111,$\bar{1}\bar{1}\bar{1}$)saure u. bas. H_2O-Lsg. (Dot. $10^{16}cm^{-3}$)	mit Oxidationsmittel	He/Ne, 633nm, ≥1,3μm Durchm., ≤2x10^7W/cm²		Furchen, Breite und Tiefe in μm-Maßstab	Ätzprofil abhängig von Kristallfläche und Ätzbedingungen, 1-10μm/s Vorschub	7.31
a-Si	$KOH:H_2O$	Rubin, 694nm, 20ns Pulse, ≤0,5J/cm²		Ätzen und Ausheilen (Rekristallisierung)	Zeitabhängigkeit und Vergleich mit krist. Si untersucht	7.69
Si(111)	2-18M KOH	Ar^+ fokussiert, 10-50μm Durchm.	bis 15μm/s, 10^5μm³/s bei 15W(10^7W/cm²)	Nuten, Sack- und Durchgangslöcher (ca. 50μm breit, 100μm tief in 1/1000" Wafer)	Außenstromlos, lokales Schmelzen, 3mm/min Vorschub	7.4, 7.23
Isolatoren						
Al_2O_3/TiC (70%/30%)	KOH(2-18M)	Ar^+ fokussiert, 10-50μm Durchm.	≤200μm/s, 10^6μm³/s bei 10^6W/cm²	Nuten (60μm tief, ca. 40μm breit), Sack- und Durchgangslöcher	Außenstromlos, 1mm/s Vorschub, lokales Schmelzen, keine Risse oder Brüche	7.4, 7.23
Fe-Granat: (BiGdLu)₃(FeGa)₅O₁₂	H_3PO_4	Farbstofflaser, 581nm 0,44W, 30μm Durchm. und Ar^+		Glättung der Oberfläche	10μm/s Vorschub, mehrfache Bestrahlung mit schichtweisem Ätzen	7.72
MnO·ZnO·Fe₂O₃ (100)	$H_3PO_4:H_2O$	Ar^+, 515nm, 13μm Durchm., ≤0,7W	≤340μm/s	Furchen, 20-100μm breit, ≤450μm tief	2-60μm/s Vorschub, Tiefe:Breite ≤50, z.T. period. Ätzstrukturen	7.27, 7.63

4. Fortsetzung **Tabelle 7.2**

Geätztes Material	Elektrolyt	Laser	Ätzrate	Ergebnisse	Anmerkungen	Lit.
$MnO:ZnO:Fe_2O_3$ 30 :17 :53	8N KOH:H_2O H_2O	Cu-Dampf,511 und 578nm 10-15ns, 250kW max., 30-40W gemittelt, 5-10kHz und Ar^+,515nm		Löcher	Theor. Modellierungen und Vergleiche mit Exp., Bedeutung der Gasblasenbildung herausgestellt	7.83, 7.63
Si_3N_4	H_2O	Nd-YAG, 100ns Pulse, 5mJ/Puls, 1kHz, 0,3mm Durchm.,$\leq 7\times 10^7 W/cm^2$		Löcher	glatte, rißfreie Ränder nur bei kurzen Pulsen und Pulsraten <10kHz	7.49
$YBa_2Cu_3O_{7-x}$	6N KOH	Ar^+ fokussiert, 515nm 8μm Durchm., $\leq 2MW/cm^2$	$\leq 3,2$mm/s	Furchen, ≤ 220μm tief, ≤ 50μm breit, Tiefe:Breite ≤ 10	Vorschub 0,1 u. 1mm/s, Ätzschwelle bei $9\times 10^4 W/cm^2$, Prozeßmodell mit Materialschmelze	7.52

Kalilauge auf (110)-Kristallflächen bei 80°C rund 600-mal schneller geätzt als auf der (111)-Ebene [7.23]. Diese Anisotropie wird in der Mikrosystemtechnik teilweise gezielt genutzt, um gut definierte Strukturen zu erzeugen [7.65]. Andererseits schränkt diese Anisotropie beim Ätzen den Freiraum bei der Formgestaltung von Werkstücken ein. Bei intensiver Lasereinwirkung schmilzt hingegen der Si-Kristall an der bestrahlten Stelle (s.u.) und das anisotrope Ätzverhalten verschwindet dort. So läßt sich auch auf der sonst nur schwer ätzbaren (111)-Ebene in 2 bis 18 molarer KOH außenstromlos mit 15 W fokussierter Ar$^+$-Laserbestrahlung bei einem Fokusdurchmesser von rund 15 µm (ca. 10^7 W/cm^2) eine Tiefenätzrate von 15 µm/s, entsprechend einer Volumenätzrate von etwa 10^4 µm^3/s, erreichen [7.23]. An der Ätzstelle bildet sich im Laserfokus ein feiner Strahl kochender Lösung aus. Dieser bewirkt eine starke Mikrorührung und somit die Versorgung der lasergeheizten Stelle mit frischer Ätzlösung. Bei der Verwendung von 5 s dauernden Laserpulsen und einer Laserleistung von 21 W erreicht die Volumenätzrate einen Wert von etwa 2×10^5 µm^3/s [7.23]. Für praktische Anwendungen dieses Laserätzverfahrens ist noch bedeutsam, daß die geätzten Löcher und Gräben an ihren Rändern keine Verformungen aufweisen, wie sie beim laserinduzierten Schmelzen von Silizium an der Luft oder in Wasser auftreten [7.23].

Mit bewegtem Laserstrahl (z.B. Schwenkspiegel) können unter sonst gleichen Bedingungen wie zuvor auch Furchen in Silizium geätzt werden [7.23]. Mit 15 W Laserleistung lassen sich auf der (111)-Ebene 60 µm breite und 100 µm tiefe Gräben mit einer Vorschubgeschwindigkeit von 50 µm/s ziehen. Vergleichbare Laserätzraten gelingen auch auf (100)-Silizium. Allerdings ist hier die Dunkelätzrate höher als auf der (111)-Ebene. Allgemein zeigt sich beim laserchemischen Naßätzen von Silizium eine Intensitätsschwelle für die Ar$^+$-Laserbestrahlung im Bereich 10^5-10^6 W/cm^2. Diese fällt mit der Intensitätsschwelle zusammen, bei welcher an Siliziumproben in Wasser Verformungen der Oberfläche festgestellt wurden. Daher wird beim schnellen laserchemischen Ätzen in KOH von einer geschmolzenen Siliziumoberfläche ausgegangen.

Für das laserchemische Ätzen von Silizium in Kalilauge spielt also das lokale Aufschmelzen der Halbleiteroberfläche die entscheidende Rolle (photothermischer Effekt). Dagegen ist im folgenden Beispiel von III-V-Halbleitern in oxidierenden Elektrolytlösungen die Aufheizung der bestrahlten Halbleiteroberfläche oder des Elektrolyten bedeutungslos ($\Delta T < 1°C$) [7.55]. Die folgende Darlegung konzentriert sich auf das Verständnis der Ätzprozesse (vgl. auch [7.15,7.55]), hervorgerufen durch optische Anregung des Halbleiters, sowie ihre experimentellen Ergebnisse und ihre Bedeutung für praktische Anwendungen.

Zur Erläuterung der photolytischen Ätzprozesse durch optische Halbleiteranregung dienen die Energiebänderdiagramme in Bild 7.3. Je nach Dotierung des Halbleitermaterials und Redoxpotential des Elektrolyten treten an der Grenzfläche des Halbleiters zum Elektrolyten Bandverbiegungen zu hohen oder niedrigen Elektronenenergien auf. Ausgehend von den gezeigten Bandverbiegungen an den Halbleiter-Elektrolyt-Grenzflächen führt die lichtinduzierte Erzeugung eines Elektron-Loch-Paares nahe der Grenzfläche dazu, daß im n-dotierten Halbleiter das Elektron ins Innere des Festkörpers abfließt, während das Loch an die Grenzfläche wandert. Löcher im Valenzband bedeuten aber eine Schwächung der Bindungen im Kristallverbund des Halbleiters (Löcher = fehlende Valenz(Bindungs)-Elektronen) und erleichtern dessen oxidative Auflösung. Starke Bestrahlung mit Elektron-Loch-Paarbildung (Photonenenergie ≥ optischer Bandabstand) führt somit zur photolytischen Auflösung (Ätzen) des n-dotierten Halbleiters. Das Licht beschleunigt den Ätzprozeß, indem es zusätzliche Minoritätsladungsträger (Löcher im Valenzband) erzeugt (vgl. auch [7.21,7.76]). Wegen der begrenzten Diffusions- und Driftlängen der Löcher im Halbleiter beschränkt sich der Ätzprozeß mehr oder weniger auf die laserbestrahlte Oberfläche (s. unten sowie [7.55]).

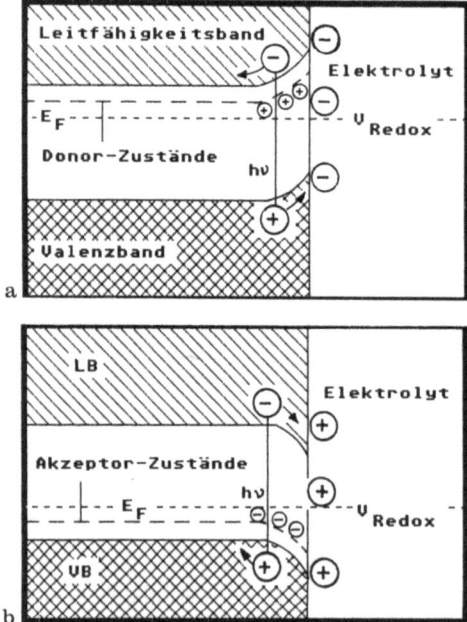

Bild 7.3. Bandverbiegungen von n-dotierten Halbleitern (a) und p-dotierten Halbleitern (b) an der Grenzfläche zu einer Elektrolytlösung

Das oxidative, anodische Auflösen eines Halbleiters erfolgt um so leichter (schneller), je stärker die Bandverbiegung ist und damit die Anziehung von Löchern an die Grenzfläche zum Elektrolyten. Die Bandverbiegung entsteht durch eine Angleichung des Ferminiveaus im Halbleiter an das Redoxpotential des Elektrolyten (thermodynamisches Gleichgewicht). Das Fermi-Niveau ist durch die Austrittsarbeit bestimmt und repräsentiert das elektrochemische Potential des Halbleiters [7.56]. Je höher seine Lage in einem n-Halbleiter ist, desto stärker bildet sich bei einem gegebenen Redoxpotential die Bandverbiegung und damit die Ätzrate aus.

Die Lage des Fermi-Niveaus ist beispielsweise abhängig von der Kristallebene, in der die Halbleiteroberfläche liegt, wie die unterschiedlichen Austrittsarbeiten für verschiedene Kristalloberflächen zeigen. Dies läßt die Abhängigkeit der Ätzgeschwindigkeit von der Kristallorientierung verstehen. In noch stärkerem Maße ist die Fermi-Energie von der Halbleiterdotierung abhängig. So führt steigende n-Dotierung (Anhebung des Ferminiveaus) zu steigenden Ätzraten. Wegen der entgegengesetzt gerichteten Bandverbiegung im p-dotierten Halbleiter (Bild 7.3) lassen sich diese Materialien photolytisch nur sehr schwer ätzen (s.u.). An die Stelle von Löchern im Valenzband bei n-Dotierung treten hier Elektronen im Leitfähigkeitsband, die sich an der Grenzfläche zum Elektrolyten anreichern. Die im n-dotierten Halbleiter vorhandene Schwächung des Kristallverbundes bleibt daher im p-dotierten Material aus.

Eine andere Betrachtungsweise der dotierungsabhängigen Geschwindigkeiten beim außenstromlosen, laserchemischen Ätzen berücksichtigt die elektrische Neutralitätsbedingung: Der positive Ladungsfluß der Halbleiterkationen von der bestrahlten Halbleiteroberfläche F_b in den Elektrolyten wird durch einen gleichgroßen Elektronenfluß in den Elektrolyten kompensiert. Im Elektrolyten muß sich ein Elektronenakzeptor (eine reduzierbare Substanz) wie z.B. H^+ befinden. Der Elektronenfluß erfolgt über die unbestrahlte Halbleiter-Elektrolyt-Grenzfläche F_u, da bewegliche Elektronen als Majoritätsladungsträger im n-dotierten Material überall verfügbar sind (Bild 7.4). Die kleine laserbestrahlte Fläche F_b wirkt somit als Anode und die große unbestrahlte Fläche F_u als Kathode. Da beide Ströme, I^+ und I^-, dem Betrag nach gleich sind, stehen die Stromdichten im Verhältnis $j^+:j^- = F_u:F_b$. Die maximal erreichbare Stromdichte j^- steigt mit der Konzentration beweglicher Elektronen (n-Dotierung) und vergrößert die erreichbare Ätzgeschwindigkeit (Kationenflußdichte). Die Betrachtung der Stromdichten zeigt ferner, daß für einen gegebenen Betrag von j^- der Wert von j^+ um so größer wird, je größer die unbestrahlte Fläche relativ zur bestrahlten Fläche ist. Die von j^+ abhängige Tiefenätzrate ist demnach für eine gegebene Laserleistung um so höher, je

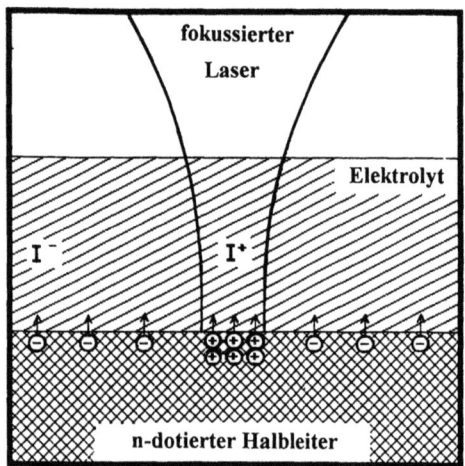

Bild 7.4. Schema zum laserelektrochemischen Ätzen von Halbleitern mit den Strömen I^+ der Halbleiterkationen und I^- der Elektronen in den Elektrolyten

kleiner die mit dem (fokussierten) Laser bestrahlte Fläche und je größer die unbestrahlte Fläche mit Elektrolytkontakt ist. Die große Bedeutung des Elektronenstromes durch die unbestrahlte Halbleiter-Elektrolyt-Grenzfläche für die Tiefenätzrate auf der bestrahlten Fläche läßt sich auch daran ablesen, daß bereits durch eine sehr schwache Hintergrundbelichtung der zuvor unbestrahlten Fläche das Oberflächenpotential verändert und damit die Ätzrate auf der laserbestrahlten Fläche drastisch abgesenkt werden kann [7.55].

Wesentliche Merkmale des laserchemischen Ätzens, welches durch optische Anregung eines Halbleiters in Kontakt mit einem Elektrolyten hervorgerufen wird, sind durch die experimentellen Ergebnisse in Bild 7.5 wiedergegeben. Diese Befunde lassen sich nun mit den obigen, modellmäßigen Erläuterungen verstehen. Bild 7.5 zeigt die erwartete Zunahme der Tiefenätzrate mit dem n-Dotierungsgrad. Zur guten Vergleichbarkeit sind die Ätzraten gegen den Photonenfluß (und nicht gegen die Lichtleistung) aufgetragen. Bei dieser Auftragung sind die Ätzraten für die Lichtwellenlängen 514 und 257 nm gleich. Für beide Wellenlängen ist die Photonenenergie ausreichend groß, so daß pro absorbiertem Photon ein Elektron-Loch-Paar erzeugt wird. Die deutlich geringere Absorptionslänge für UV-Licht $d_{abs}(257nm) = 5,4$ nm gegenüber $d_{abs}(514nm) = 110$ nm im Sichtbaren bleibt hier offensichtlich wirkungslos [7.55]. (Frühere Messungen mit größeren Ätzraten bei 257 nm als bei 514 nm werden auf Verunreinigungen im Halbleitermaterial zurückgeführt [7.55].) Mit zunehmendem Photonenfluß gehen die Ätzraten in Sättigung, wobei der Sättigungswert für das stärker n-dotierte Material höher liegt

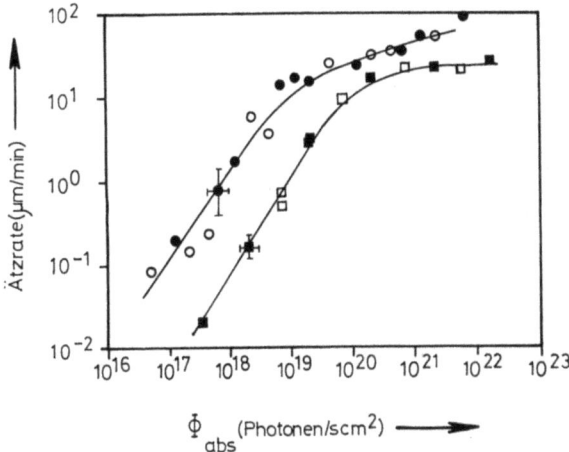

Bild 7.5. Außenstromlose, laserchemische Tiefenätzraten für n-dotiertes GaAs(100) in $HNO_3:H_2O = 1:20$ als Funktion des absorbierten Photonenflusses Φ nach [7.55]. Kreise gelten für Siliziumdotierungen von 3×10^{18} cm^{-3}, Quadrate für solche von 10^{16} cm^{-3}. Ausgefüllte Symbole beziehen sich auf Bestrahlung bei 514 nm mit einem Ar$^+$-Laser, leere Symbole auf Bestrahlung bei 257 nm mit frequenzverdoppeltem Ar$^+$-Laserlicht.

als der für den schwach n-dotierten Halbleiter. Dieser Befund spiegelt die dotierungsabhängige Begrenzung der Elektronenstromdichte vom Halbleiter in den Elektrolyten wider (Kathodenwirkung der unbestrahlten Halbleiteroberfläche) bzw. die dotierungsabhängige Bandverbiegung. Allerdings fällt die n-dotierungsbedingte Zunahme der Ätzrate geringer aus als von der Bandverbiegung her zu erwarten wäre. Diese verminderte Zunahme ist auf Verluste an Elektronen-Loch-Paaren durch ihre verstärkte Rekombination im stark dotierten Halbleiter zurückzuführen [7.55].

Die Bandverbiegung von p-dotierten Halbleitern im Kontakt mit Elektrolyten (Bild 7.3) läßt auf Resistenz gegen photochemisches Ätzen schließen (vgl. oben), wie dies auch für p-dotiertes GaAs in HNO_3 unter Ar$^+$-Laserbestrahlung bei 514 nm beobachtet wird [7.55]. Verwunderlich ist hingegen auf den ersten Blick die geringe, aber gut meßbare Ätzrate unter frequenzverdoppelter Ar$^+$-Laserbestrahlung bei 257 nm. Einerseits bewirken diese beiden Wellenlängen identisches Ätzverhalten von n-GaAs in HNO_3 (Bild 7.5). Andererseits gelingt nur mit der UV-Wellenlänge die laserchemische Ätzung von p-GaAs. Die geringe Eindringtiefe $d_{abs}(257 \text{ nm}) = 5{,}4$ nm läßt die Elektron-Loch-Paare unmittelbar an der Halbleiter-Elektrolyt-Grenzfläche im Bereich der Bandverbiegung entstehen (Bild 7.3). Von dort aus kann ein beträchtlicher Teil der Löcher, im Gegensatz zu denen im Innern des Halbleiters, noch die Energiebarriere zum Elektrolyten überwinden.

Für die praktische Anwendung des laserchemischen Ätzens spielen die Steuerungsmöglichkeiten bei der Prozeßführung eine entscheidende Rolle. Einige Beispiele mögen dies veranschaulichen: Bild 7.6 zeigt die Profile von laserchemisch geätzten Furchen in GaAs im Vergleich zum Gaußprofil des eingesetzten Ar^+-Lasers. Im Fall der p-dotierten GaAs-Probe sind frequenzverdoppeltes Ar^+-Laserlicht (vgl. oben) sowie eine hohe Laserintensität bei langsamem Vorschub des Lasers erforderlich, um eine etwa 1 µm tiefe Furche zu ziehen. Das Furchenprofil folgt erwartungsgemäß recht gut dem gaußförmigen Intensitätsprofil des Lasers. Denn nur diejenigen optisch erzeugten Löcher im Halbleiter tragen zum Ätzen bei, die sehr schnell die Energiebarriere zum Elektrolyten hin überwinden statt ins Innere des Halbleiters zu driften (vgl. Bild 7.3). Beim n-dotierten Material driften die Löcher hingegen zur Grenzfläche (Bild 7.3) und ändern dadurch die mikroskopischen Reaktionsbedingungen.

Im Unterschied zum p-dotierten GaAs entstanden alle in Bild 7.6 gezeigten Furchen in n-GaAs mit Bestrahlung bei 514 nm. Die Anfangsverteilung der optisch erzeugten Löcher reicht also weit ins Materialinnere entsprechend der Absorptionslänge von 0,1 µm. Der Löchertransport in Richtung Grenzfläche und parallel zur Grenzfläche bestimmt die Löcherverteilung an der Halbleiteroberfläche und somit die lokalen Ätzprozesse. Diese hängen daher von den internen elektrischen Feldern im Halbleiter ab sowie vom Dotierungsgrad des Halbleiters und der Reaktionsgeschwindigkeit der Löcher auf der Halbleiteroberfläche. Beispielsweise bewirkt eine hohe n-Dotierung eine starke Bandverbiegung, also einen schnellen Lochtransport zur Grenzfläche, und eine relativ geringe Lebensdauer der Elektron-Loch-Paare, da die Dotieratome zugleich auch als Rekombinationszentren wirken. Das erhaltene Furchenprofil (Bild 7.6 c) gleicht daher weitgehend demjenigen im p-dotierten Material (Bild 7.6 b). Es wurde allerdings bei einem relativ schnellen Laservorschub (hohe Tiefenätzrate r = 10 µm/min) trotz geringer Laserintensität erhalten. Entsprechend wird bei niedriger n-Dotierung die Drift und Diffusion der Löcher parallel zur Grenzfläche konkurrenzfähig zum Lochtransport in die Grenzfläche. Es resultiert eine breite Ätzfurche, die bei gleicher Laserintensität einen sehr viel langsameren Laservorschub erfordert (geringe Tiefenätzrate r = 0,7 µm/min). Gegenüber dem großen Verhältnis zwischen den Tiefenätzraten (Faktor 14) fallen die Volumenätzraten von 50 µm^3/min (Dotierung 10^{16}/cm^3) und 100 µm^3/min (3×10^{18}/cm^3) beinahe innerhalb der Fehlergrenzen zusammen. Beide Ätzversuche liegen mit 3 W/cm^2 im Bereich der linearen Abhängigkeit der Tiefenätzrate von der Laserintensität. Im Beispiel (e) macht

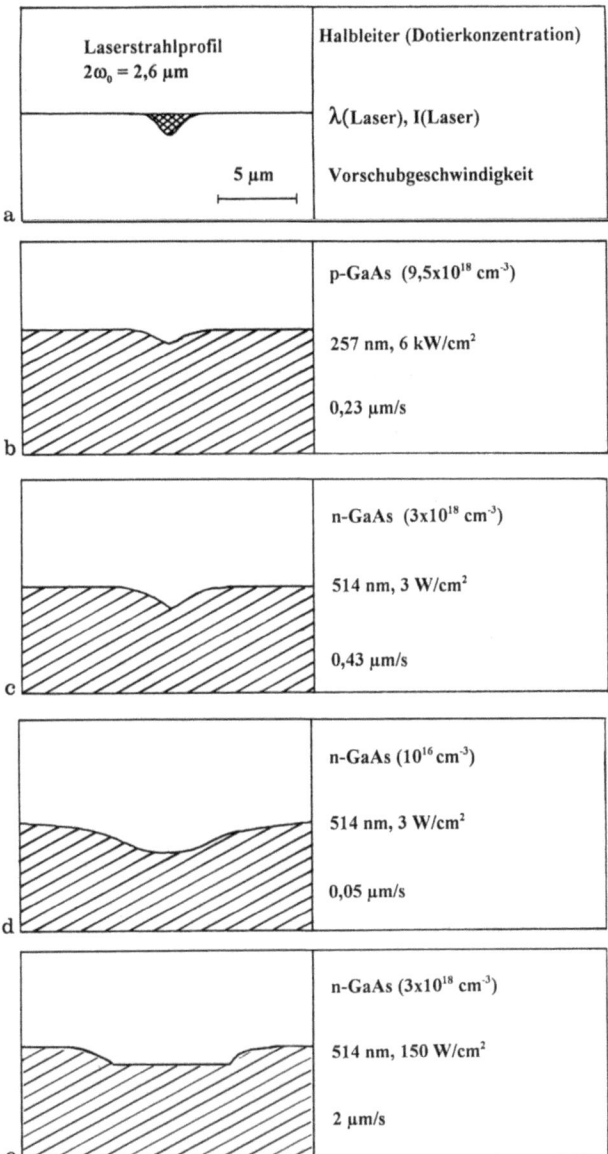

Bild 7.6. Vergleich von Laserstrahlprofil (a) und Furchenätzprofilen (b-e) beim außenstromlosen laserchemischen Ätzen von GaAs in HNO_3 mit einem fokussierten Ar^+-Laser nach [7.55]. Die Vorschubgeschwindigkeit des Lasers wurde so eingestellt, daß jeweils Furchen mit etwa 1 µm maximaler Tiefe entstanden.

sich hingegen die Sättigung der Tiefenätzrate bei hohen Laserintensitäten sichtlich bemerkbar und führt zu einem flachen Boden der Ätzfurche. Die hohe Laservorschubgeschwindigkeit spiegelt die erwartete hohe Ätzgeschwindigkeit bei hohem Dotierungsgrad und hoher Laserintensität wider.

Aufschlußreich ist noch die Veränderung dieses Furchenprofils mit zunehmender Ätzdauer (Bild 7.7). Die zunehmende Vertiefung des Furchenbodens ist an den Rändern stärker als in der Mitte. In der Mitte wirkt sich unter anderem die Verarmung an ätzenden Elektrolytbestandteilen aus, die am

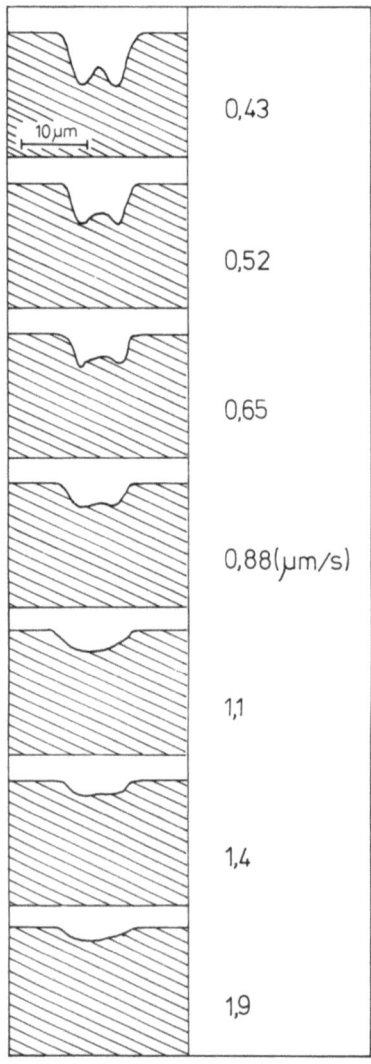

Bild 7.7. Furchenätzprofile beim außenstromlosen, laserchemischen Ätzen von n-GaAs in HNO_3 mit einem fokussierten Ar^+-Laser nach [7.55] als Funktion der Vorschubgeschwindigkeit

Rand der Ätzzone leichter durch Diffusion nachgeliefert werden können als im Zentrum.

Mit dem laserchemischen Ätzen auf eng begrenztem Raum in Fokusnähe können auf der Halbleiteroberfläche im Prinzip beliebige Ätzmuster erzeugt werden, indem entweder der Laserstrahl auf dem fixierten Substrat bewegt wird oder das Substrat relativ zum fixierten Laserstrahl [7.55]. Zur Erzeugung regelmäßiger Gitterstrukturen in der Größenordnung der Laserwellenlänge steht ein Verfahren mit parallelen Laserstrahlbündeln zur Verfügung, bei welchem in einem einzigen Ätzprozeß das gesamte Muster erzeugt wird [7.6, 7.7, 7.9]. Dabei werden zwei parallele Laserstrahlbündel in einem wählbaren Winkel zueinander auf der Halbleiteroberfläche überlagert und erzeugen dort ein Interferenzmuster (Bild 7.8 a). Dessen Periode ist von der Laserwellenlänge und dem eingeschlossenen Winkel zwischen den Laserstrahlen bestimmt. Zusätzlich kann das Substrat relativ zur Winkelhalbierenden

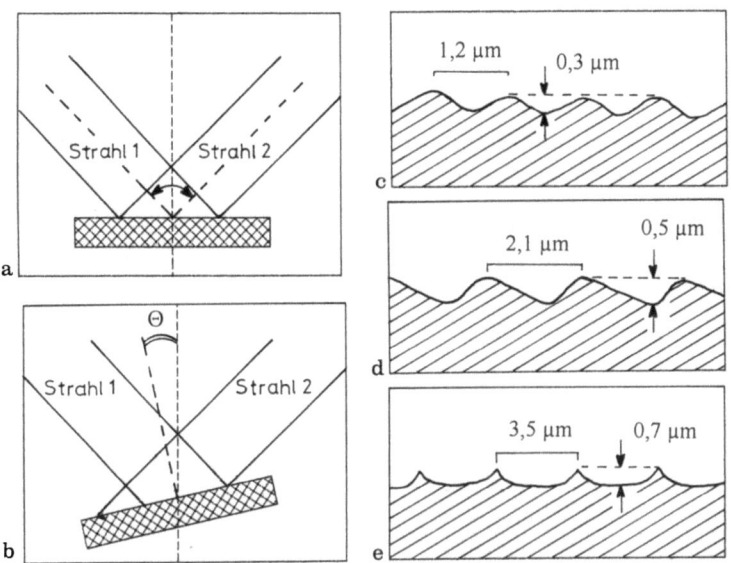

Bild 7.8. Schematische Versuchsanordnungen mit interferierenden Laserstrahlen zur laserchemischen, maskenfreien Ätzung von Gitterstrukturen und damit erhaltene Gitterprofile nach [7.6, 7.7]: (a) Aufbau mit symmetrischem Einfall der Laserstrahlen auf das Substrat, (b) Aufbau mit unsymmetrischem Laserstrahleinfall, (c) dem Laserintensitätsprofil entsprechendes Gitterprofil mit sinusförmigem Verlauf erhalten mit Aufbau a, (d) Echelette-Gitterstruktur erhalten mit Aufbau b und (e) dreieckförmige Spuren erhalten mit Aufbau a bei hoher Laserleistung in stark oxidierendem Elektrolyten

zwischen den beiden Laserstrahlen geneigt werden. Im ersten Fall (Bild 7.8 a) fällt die Winkelhalbierende mit dem Lot auf der Substratoberfläche zusammen. Mit einem anderen Einstellwinkel des Substrates (Bild 7.8 b) wird die Gitterperiode vergrößert und zusätzlich gelingt damit die Erzeugung eines Echelette-Gitters mit asymmetrischem Gitterprofil (Bild 7.8 d). Das Gitterprofil hängt im allgemeinen von den Prozeßparametern der Laserätzung ab, wie die beiden Beispiele (Sinusform und Dreieck) mit "normalem" Laserlichteinfall zeigen (Bild 7.8 c und e). Bedeutung haben hierbei unter anderem die Gitterperiodenlänge, die Ladungsträgerbeweglichkeit im Halbleiter senkrecht und parallel zur Oberfläche, die Ätzdauer sowie die chemische Zusammensetzung der Ätzlösung, die beispielsweise das Verhältnis der Ätzraten im Dunkeln und bei Lasereinwirkung mitbestimmt.

Mit der beschriebenen Interferenzmethode lassen sich relativ großflächige Muster (ca. 1 cm^2) maskenfrei herstellen, wobei die bearbeitbare Flächengröße von den räumlichen Laserstrahleigenschaften abhängt (Querschnitt, Intensitätsprofil). Die Tiefe der Gitterprofile läßt sich allerdings nicht beliebig steigern, da von einer bestimmten Tiefe an die Profile bei weiterem Ätzen degradieren.

Bislang standen laserchemische Ätzungen geringer Tiefe bis etwa 1 µm zur Diskussion, d.h. Löcher oder Furchen mit kleinerer Ätztiefe ($\leq$ 1 µm) als Ätzbreite ($\geq$ 2 µm). Bei hinreichend langer Bestrahlung entstehen aber auch sehr tiefe Löcher und Furchen, die insbesondere bei kurzwelliger Laserbestrahlung (257 nm) sehr glatte Formen aufweisen (Bild 7.9) [7.8]. Wie die gestrichelten Hilfslinien in Bild 7.9 andeuten, steigt die Tiefenätzrate von anfänglich r_1= 0,2 µm/s auf r_2= 0,45 µm/s an. Weiterhin fällt auf, daß sich die

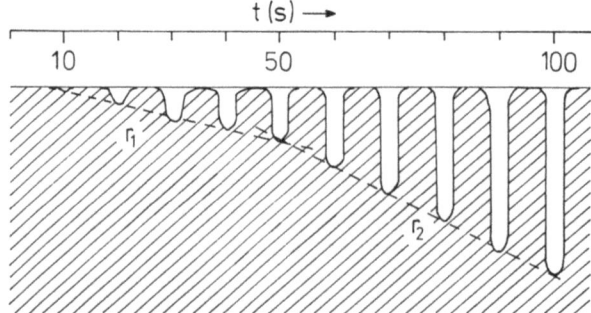

Bild 7.9. Laserchemisches Ätzen tiefer Löcher von 3,5 µm Durchmesser und ca. 30 µm maximaler Tiefe in n-GaAs durch Bestrahlung bei 257 nm nach [7.8]

leicht trichterförmige Lochöffnung auch bei langer Ätzzeit nicht mehr verbreitert gegenüber dem Zustand nach etwa 30 s Ätzdauer. Ebenso bemerkenswert und wesentlich für praktische Anwendungen ist der Befund, daß der Lochdurchmesser nach der anfänglichen Verkleinerung konstant bleibt. Dies gilt auch für derart geätzte Durchgangslöcher durch 200 bis 300 μm dicke GaAs-Wafer. Bei dieser Distanz zum Laserfokus in der Eintrittsöffnung wäre der Laserstrahl bei freier Strahlausbreitung schon beträchtlich aufgeweitet (40-45 μm Durchmesser am Waferboden). Der im GaAs geätzte Kanal bildet hingegen einen optischen Wellenleiter, wobei sich die geringe Eindringtiefe und hohe Reflektivität von GaAs für die 257nm-Laserstrahlung günstig auswirken. Die im selbsterzeugten Wellenleiter erzielte Laserstrahlführung ist auch für den nach 40-50 s beobachteten Anstieg der Tiefenätzrate verantwortlich. Bei noch größeren Ätztiefen nimmt die Rate allerdings wieder ab, bedingt durch Begrenzungen des Stofftransportes durch den dünnen und langen Bohrkanal.

Die hier beschriebene Erzeugung tiefer Löcher und Furchen folgt im wesentlichen dem oben beschriebenen chemischen Ätz-Mechanismus ausgehend von der laserinduzierten Elektron-Loch-Paarbildung im GaAs. Die zusätzlichen optischen Wellenleitereffekte wirken sich auf die lokale Laserintensität aus. Allerdings können mit einem Ar^+-Laser bei 514 nm Emissionswellenlänge und KOH als Elektrolyt ebenfalls tiefe Löcher in GaAs geätzt werden. Hiermit wurden sogar rund 1000-fach höhere Ätzraten erzielt (bis 850 μm/s) und Ätztiefe:Lochdurchmesser-Verhältnisse (aspect ratio) bis zu 8:1 bei Lochdurchmessern im Bereich 1 bis 10 μm [7.14]. Dieser Ätzprozeß ist jedoch photothermisch induziert, wie beispielsweise die As-Verarmung am stark aufgeheizten Lochboden zeigt.

Isolatoren

Mit Hilfe des laserchemischen Naßätzens lassen sich auch Keramiken bearbeiten [7.23]. Für heiß gepreßte Aluminiumoxid(70%)-Titancarbid (30%)-Keramiken wird von Versuchen mit Kalilauge berichtet, die unter vergleichbaren Bedingungen wie die oben beschriebenen Versuche mit Silizium ablaufen. Die photothermisch erzeugte Ätzrate von Al_2O_3/TiC-Keramik ist höher als die von Silizium und beträgt bis zu 200 μm/s bei etwa 10^6 W/cm². Die mit Ar^+-Laserpulsen (5s) erzielte Volumenätzrate beträgt bei 20 W Laserleistung 10^6 μm³/s. Die Intensitätsschwelle der Laserbestrahlung für den Ätzprozeß liegt rund dreimal tiefer als beim Silizium. Für praktische Anwendungen ist bedeutsam, daß bei keinem der laserchemischen Ätzversuche in KOH trotz Schmelzen und/oder Verdampfen von Substratmaterial Risse in der

Keramik auftreten, wie diese bei Versuchen an der Luft und in Wasser häufig beobachtet werden.

7.3 Verfahrensmerkmale und Anwendungen

Die Laserelektrochemie wird bei der lasergalvanischen Abscheidung und bei der laserchemischen Auflösung von Festkörpermaterial durch direkte Laserbestrahlung der Substratoberfläche eingeleitet und ist räumlich mehr oder weniger streng auf die bestrahlte Fläche begrenzt. Bei der lasergalvanischen Abscheidung erfolgt die wirksame Absorption des Laserlichtes immer durch den bestrahlten Festkörper. Beim laserchemischen Auflösen kann auch die Absorption im Elektrolyten ausschlaggebend sein. Die lasergalvanische Abscheidung und die laserchemische Auflösung sind beide in den Ausführungsformen mit Außenelektroden (externe Spannung) und ohne externe Spannung (außenstromlos) bekannt.

Die Laserelektrochemie kann photolytischer oder photothermischer Natur sein. Photolytische Prozesse werden durch die Bildung von Elektron-Loch-Paaren im Festkörper ausgelöst oder, im Fall der laserchemischen Auflösung, auch durch die photochemische Erzeugung ätzender Spezies in der Elektrolytlösung. Bei photolytisch induzierten Prozessen in Festkörpern ist in der Regel kein monochromatisches Licht erforderlich. Die Photonenenergie muß lediglich größer als der optische Bandabstand des bestrahlten Materials sein, um Elektron-Loch-Paare zu erzeugen [7.12,7.17]. Häufig bietet jedoch die kohärente Laserstrahlung Vorteile gegenüber konventionellen Lichtquellen bezüglich räumlicher Begrenzung (z.B. Fokusierbarkeit) und Intensität am Reaktionsort.

Bei den photothermischen Prozessen wird die lokale Laseraufheizung des Substrates und des Elektrolyten zur Prozeßsteuerung genutzt. Bei photothermisch induzierten Prozessen ist die räumliche Begrenzung der Materialaufheizung sowohl innerhalb der bestrahlten Fläche wie auch in der Materialtiefe häufig von Vorteil hinsichtlich der geringen oder vernachlässigbaren thermischen Belastung der unbestrahlten Werkstückteile. Gegebenenfalls kann die thermische Belastung durch eine gepulste Laserbestrahlung vermindert werden. Die kurzzeitige, lokale Aufheizung erfolgt dann bei insgesamt kleiner Energiezufuhr, weil die Wärmeableitung an die Umgebung während der kurzen Aufheizperiode vernachlässigbar ist.

Die Randschärfe laserphotolytischer Prozesse kann besser sein als die (beugungsbegrenzte) Randschärfe der Laserbestrahlung, wenn der laserinduzierte Prozeß eine Intensitätsschwelle aufweist. Die Randschärfe photothermischer Prozesse hängt wesentlich von der Wärmeleitfähigkeit der laserbestrahlten Werkstücke und der Aktivierungsenergie des Prozesses ab.

Für *praktische Anwendungen* der Laserelektrochemie lassen sich folgende Vorteile gegenüber anderen Verfahren zur Dünnschichtabscheidung und zur Materialabtragung anführen:
- Die meisten Prozesse finden unter äußeren Normalbedingungen statt (Druck und Temperatur) und viele von ihnen sogar an der Luft.
- Die Prozeßanlagen sind relativ einfach und preisgünstig z.B. gegenüber Hochvakuumanlagen.
- Laserelektrochemische Prozesse können leicht automatisiert werden wie im Fall einer rechnergesteuerten Laserstrahlführung.
- Die Vielfalt an Lasertypen (10,6 µm bis 193 nm, kontinuierlich bis fs-Pulse, 1 bis 10^{10} W/cm^2) und die Auswahlmöglichkeiten bei der Zusammenstellung der Elektrolyten bezüglich pH-Wert, Kationen und Anionen, Komplexbildner, Lösungsmittel, Konzentration der Komponenten und Temperatur liefern viel Spielraum zur Prozeßoptimierung.
- Bei den Elektrolyten stehen häufig kommerzielle Produkte zur Verfügung, die sich bereits in der Galvanotechnik bewährt haben.
- Die verwendeten Materialien sind in der Regel ungefährlich und ihre Verbreitung ist einfach zu kontrollieren (z.B. kein Entweichen giftiger Gase).
- Eine räumliche Begrenzung auf den µm- und Sub-µm-Bereich ist möglich und damit maskenfreie Mikrostrukturierung. Für eine besonders hohe Auflösung tritt der Laserstrahl durch ein Fenster in den Elektrolyten, um optische Verzerrungen durch Wellenbewegungen an der Elektrolytoberfläche zu vermeiden.
- Die maskenfreie Strukturierung (Abscheidung oder Ätzen) gibt Spielraum für eine schnelle, individuelle Mustergestaltung.
- Einige laserelektrochemische Prozesse sind selbstbegrenzend wie z.B. die laserphotolytische Abscheidung von Gold auf Titandioxid oder das Ätzen von Eisengranatschichten.
- Bei außenstromloser Prozeßführung ist die mitunter mühsame elektrische Kontaktierung der Werkstücke überflüssig.
- Dem Laserstrahl sind häufig auch sonst schwer erreichbare Stellen, wie der Boden von engen Löchern, zugänglich oder die Bearbeitung sehr sensibler Werkstücke wie Folien.
- Laserelektrochemische Prozesse laufen kontaktfrei ab, d.h. ohne mechanische Kräfte und ohne aufwendige mechanische Halterungen.
- Gegenüber konventionellen galvanischen Prozessen können mit dem Laser Abscheidungs- und Auflöseprozesse um mehrere Größenordnungen beschleunigt werden.

- Die Laserbestrahlung kann einfach und schnell an- und abgestellt und damit auch die Materialabscheidung bzw. -auflösung kontrolliert werden.
- Häufig erledigt die Laserelektrochemie zwei oder mehrere konventionelle Prozeßschritte auf einmal (einstufige Prozeßführung). Beispiele bilden die galvanische Abscheidung von Metallen und ihr gleichzeitiges Einlegieren in die Oberfläche oder das laserchemische Ätzen mit gleichzeitigem thermischem Ausheilen der Oberfläche.
- Unter Ausnutzung von Laserinterferenzmustern (z.B. Liniengitter) oder Masken lassen sich auch relativ große Flächen in einem Arbeitsgang strukturieren. Im Fall der Masken findet eine direkte Musterübertragung (Replikation) statt.

Für die beiden laserelektrochemischen Prozesse lassen sich zu den gemeinsamen noch folgende spezifische Vorteile anführen:

Lasergalvanische Abscheidung

- Eine außenstromlose Abscheidung ist auch auf elektrisch nicht leitfähigen Materialien möglich.
- Bei elektrisch nichtleitenden Substratmaterialien kann zunächst auf der ganzen Fläche eine dünne Metallschicht aufgebracht werden. Dann erfolgt die strukturierte lasergalvanische Metallabscheidung. Danach wird mit konventionellem Ätzen bei rechtzeitigem Prozeßabbruch nur die dünne Metallschicht abgetragen und die strukturierte (dicke) Laserabscheidung bleibt zurück.
- Die Laserbestrahlung reinigt zunächst die Substratoberfläche und bewirkt so eine gute Haftung des abgeschiedenen Metalls. In günstigen Fällen werden neue bzw. hochwertige Substrat-Metall-Kombinationen erreicht (Beispiel: Ohm'sche InP/Pt- und InP/Au-Kontakte).
- Die Laserbestrahlung vermindert den Einbau von Fremdatomen und bewirkt eine vorteilhafte Morphologie (keine Spannungen, Risse und Brüche, hohe Härte und elektrische Leitfähigkeit).
- Bei teuren Ausgangsmaterialien schlägt die Materialeinsparung bei der lokalen statt flächendeckenden Beschichtung günstig zu Buche.
- Die im Flüssigkeitsstrahl erzielte lasergalvanische Abscheiderate von Gold ist die höchste bekannte Rate [7.47].

Laserchemisches Ätzen

- Es entstehen glatte Ätzränder (≤ 1 µm Randschärfe) ohne Rückstände. Eine Nachbehandlung ist nicht erforderlich.

- Das Verhältnis Ätztiefe zu Ätzbreite beträgt bis zu etwa 50:1 bei Löchern und Gräben mit nahezu konstanter Ätzbreite (Lichtwellenleitereffekte).
- Anisotropien beim Ätzen von Kristallen verschwinden bei hoher Laserleistung. Die mit der Anisotropie verbundenen Einschränkungen bei der Formgebung der geätzten Werkstücke entfallen mit dem Laser.
- Der Ätzprozeß ist kontaktfrei.
- Die Ätzung von Durchgangslöchern und auch Sacklöchern mit definierter Tiefe ist möglich.
- Schmelzen und/oder Verdampfen des Werkstückmaterials trägt zur Beschleunigung des Abtragungsprozesses bei durch [7.23]
   a) direkte Materialentfernung
   b) effektiven Kontakt zwischen Werkstück und Ätzlösung
   c) hohe lokale Temperatur mit Beschleunigung der Ätzkinetik (Ätzraten von 3 mm/s [7.52]).
- Auch passivierte Oberflächen wie die von Aluminium lassen sich ätzen.
- Bei Verbundwerkstoffen und Mehrschichtsystemen kann materialselektives Ätzen vorteilhaft genutzt werden.
- Viele verschiedenartige auch elektrisch nichtleitende Materialien können laserchemisch geätzt werden (vgl. Tabelle 7.2). Keramiken lassen sich teilweise in Wasser ohne chemische Zusätze mit Löchern und Furchen versehen, ohne Risse, Sprünge oder geschmolzene Randzonen. Auch laserinduziertes Auflösen von Polymeren in wäßriger Lauge wird berichtet [7.32].
- Mittels Laserinterferenzen lassen sich relativ große Flächen bis ca. 1 cm² in einem Arbeitsgang mit Gitterstrukturen (Gitterkonstante 100 nm bis 3 µm) versehen.

Laserinduzierte elektrochemische Prozesse mit vernachlässigbar kleinem chemischem Umsatz eignen sich auch zur ortsaufgelösten und/oder zeitaufgelösten Analytik von Grenzflächen zwischen Festkörpern und Flüssigkeiten. Zwei Methoden mögen dies veranschaulichen, die photoelektrochemische Mikroskopie und die Kurzzeit-Photoelektrochemie.

Bei der photoelektrochemischen Mikroskopie wird eine Festkörper-Flüssigkeits-Grenzfläche mit einem fokussierten Laserstrahl abgerastert [7.87, 7.88]. Als Meßsignale dienen der lokale Photostrom oder die lichtinduzierte Potentialveränderung. Diese können durch photolytische oder photothermische Effekte hervorgerufen sein. Die damit erhaltenen "Bilder" geben Auskunft über die Oberflächenbeschaffenheit des Festkörpers, beispielsweise bezüglich dem Verlauf von Korngrenzen, Größe und Form von Korrosionszentren oder auch der lokalen Wirksamkeit von Schutzschichten.

Die Kurzzeit-Photoelektrochemie nutzt kurze Laserpulse zur Aktivierung der Oberflächenschicht. Hier können die zeitlichen Veränderungen von

Photostrom und/oder Potentialveränderungen verfolgt werden. Diese liefern einerseits Information über die laserinduzierten Prozesse und durch diese auch über die Oberflächenbeschaffenheit [7.89-7.92]. Auch hier kann der Laser über die Oberfläche gerastert werden und so ein "Bild" liefern.

Folgende *praktische Anwendungen* der Laserelektrochemie wurden bereits gezeigt oder liegen nahe:

- Lokale Abscheidung von Goldkontakten auf Steckverbindungen [7.5] für den externen Anschluß an Mikroelektronik-Schaltkreise [7.4]. Für die Steckkontakte wird allgemein vernickeltes Be-Cu eingesetzt, das sich konventionell nur schwer selektiv galvanisieren läßt. Im konventionellen Betrieb bestehen ein hoher Platzbedarf für die Beschichtungsanlagen und hohe Edelmetallkosten. Mit Laserunterstützung können 0,5 bis 1 mm große Punkte und 0,1 mm breite Streifen abgeschieden werden.
- Die laserinduzierte Metallabscheidung kann auch an schwer zugänglichen Stellen erfolgen, wie an Innenwänden von kleinen Löchern [7.50].
- Die Reparatur transparenter Defekte auf Photomasken erfolgt in 5 s durch eine 100 bis 150 nm dicke Goldbeschichtung auf TiO_2 auf kleinen Flächen von einigen μm^2 Größe (Philips, Eindhoven [7.79]).
- Die selektive, 1 bis 2 µm dicke und einige 0,1 mm breite Palladiumbeschichtung des Funktionsbereiches von Kontaktfedern aus Cu-Be-Blech gelingt mit einem Vorschub von 0,2 mm/s [7.3].
- Die lokale Abscheidung von Metallpunkten und Leiterbahnen im µm-Maßstab zur Herstellung individueller Schaltkreise auf Chips eignet sich für ASIC's (= Applier Specific Integrated Circuits) oder auch für Chip-Design und Chip-Reparaturen. Die teure Maskenherstellung ist bei kleinen Stückzahlen unrentabel.
- Die lokale Abscheidung von Leiterbahnen eignet sich für elektrische Verbindungen zwischen Chips auf MCM's (Multi Chip Modules).
- Die Metallabscheidung auf Halbleitern erzeugt Ohm'sche Kontakte und Schottky-Barrieren mit Qualitätsvorteilen gegenüber thermisch aufgedampften Kontakten.
- Metallabscheidung ist auf empfindlichen Halbleitern, die keine hohen Temperaturen oder Sputterbedingungen vertragen (z.B. HgCdTe) möglich.
- Laserchemisches Ätzen ist auch bei integrierten Linsen auf Leuchtdioden durchführbar.
- Laserchemisches Ätzen liefert hochwertige optische Gitter mit Gitterkonstanten von 100 nm und darüber sowie gegebenenfalls mit speziellen Strukturprofilen für DFB-Halbleiterlaser (DFB = Distributed Feed Back) u.a. bei Siemens [7.40].

- Mikromechanische Bauelemente aus Silizium (Mikrosystemtechnik) können ohne die kristallstrukturbedingte Anisotropie beim konventionellen Ätzen hergestellt werden.
- Laserelektrochemie erlaubt die Schichtdickeneinstellung von magnetooptischen Dünnschichten für Magnetblasenspeicher als Alternative zu mechanischem Polieren mit mechanischer Belastung der Bauelemente.
- Strukturiertes Ätzen eignet sich für die Herstellung von integrierten, schnellen Mikrowellenschaltkreisen.
- Laserchemisches Ätzen ist auch bei optischen Wellenleitern anwendbar.
- Gitterstrukturen für SAW-Bauelemente (SAW = Surface Acoustic Wave = Akustische Oberflächenwellen) lassen sich laserchemisch ätzen.
- Das Ätzen von 1 µm Durchmesser "Pits" in CdSe eignet sich für die optische Datenspeicherung (vgl. Compact Disc).
- Selektives Ätzen von Defektstellen an n-CdSe-Oberflächen beeinflußt die spektrale Empfindlichkeit des photoelektrischen Effekts. Die langwellige, durch Defektzustände in der Energiebandlücke hervorgerufene Absorption verschwindet.
- Das Ätzen von Halbleiteroberflächen verändert deren Oxidationsfähigkeit.
- Die laserchemische Formgestaltung kann bei Ferriten für Magnetköpfe mit hoher räumlicher Auflösung angewendet werden (Audio- und Videobandgeräte, Disketten- und Festplattenlaufwerke).
- Unerwünschte elektrische Kontakte auf Chips lassen sich mit Laserelektrochemie selektiv entfernen.
- Kontaktfrei können µm-feine Sack- und Durchgangslöcher in Wafern mit annähernd konstantem Durchmesser hergestellt werden.
- Laserchemisch erzeugte Durchgangslöcher in Wafern eignen sich für Mikrowellen-Feldeffekttransistoren.
- Laserelektrochemie mit einem fokussierten Laserstrahl eignet sich für gerasterte "Bilder" von Oberflächen beispielsweise zur Erkennung von Korngrenzen, Strukturdefekten und Korrosionsgrenzen.

Mit Erweiterungen dieser Listen ist zu rechnen. Schon jetzt vermitteln sie einen Eindruck vom Potential der Laserelektrochemie und können bei der Entdeckung neuer Anwendungsmöglichkeiten nützlich sein.

8 Festkörperabtragung mit Lasern und Dünnschichtabscheidung

Der Inhalt des vorliegenden Kapitels verdient einige Erklärungen zur inhaltlichen Abgrenzung gegenüber dem eng verwandten Laserbohren, Laserritzen, Laserschneiden und Laserfräsen sowie zum Begriff *laserchemisches Ätzen*, der in der Literatur unterschiedlich verwendet wird.

Werden mit einem CO_2-Dauerstrichlaser Löcher in dicke Stahlplatten gebohrt, komplexe Formen aus einem gekrümmten Blech geschnitten oder verschiedene Taschengeometrien in einen Formstahl eingebracht, so spricht man jeweils von Laserbohren, Laserschneiden und Laserfräsen. Für diese Techniken gibt es kommerzielle Geräte, die in Größe, Aufbau und Bedienung mit klassischen Werkzeugmaschinen vergleichbar sind. Der Materialabtrag erfolgt in der Regel durch laserinduziertes, lokales Schmelzen und Austrieb der Schmelze mit einem geeigneten Gasstrom, gegebenenfalls auch mit Oxidation [8.1-8.6, 8.215, 8.216], wobei die lokal freigesetzte Reaktionswärme die Laserheizung vorteilhaft ergänzen kann. Wird hingegen eine 0,1 µm dikke Aluminiumschicht mit Excimerlaserpulsen von einer 20 µm dicken Polyimidfolie abgetragen und ein Metallmuster auf der Folie erzeugt, so kann man von einer Oberflächenstrukturierung durch Laserablation sprechen. Hier wird die Aluminiumschicht in einem oder mehreren Laserpulsen "explosionsartig verdampft" und an der Luft oxidiert.

Die Unterscheidung zwischen den beiden obigen CO_2- und Excimerlaser-Prozessen ist einfach und die Verwendung verschiedener Begriffe einleuchtend. Kritischer wird die Unterscheidung im folgenden: Wird mit einem CO_2-Dauerstrichlaser, einem gepulsten Nd-YAG- oder Excimerlaser eine Furche in einen Keramikträger für einen elektrischen Schaltkreis eingegraben, so erscheinen die Begriffe Laserritzen oder Laserfräsen angemessen. Erzeugen wir jedoch mit einem Excimerlaser Furchen in einer Dünnschicht aus keramischem Hochtemperatur-Supraleiter zur Herstellung einer Meßbrücke, so ist der Begriff Laserablation gebräuchlich. Die pulslaserinduzierten Prozesse, d.h. die schnelle Verdampfung von Keramik, sind jedoch in beiden Fällen der Keramikbearbeitung grundsätzlich gleich. Dieses Beispiel zeigt, daß die Abgrenzung von Laserbohren, Laserritzen, Laserschneiden und Laserfräsen gegenüber der "Laserverdampfung und -ablation" in Abschnitt 8.1 nicht sehr streng sein kann.

Der Begriff *Ätzen* wird im Zusammenhang mit der Laserchemie in der Literatur für drei verschiedene Prozesse verwendet:
1. die laserinduzierte Materialabtragung von Oberflächenschichten durch (gepulsten) Laserbeschuß im Vakuum, an der Luft oder in einer verdünnten Gasatmosphäre, wobei die eingesetzten Gase nicht direkt am Abtragungsprozeß beteiligt sind. Diese Materialabtragung wird in diesem Text als *Laserverdampfung oder -ablation* bezeichnet.
2. die laserinduzierte Materialabtragung von Oberflächenschichten durch Laserbestrahlung in einer reaktiven Gasatmosphäre, wobei die ätzende Gasphasenspezies (z.B. Halogenatome) laserchemisch in der Gasphase und/oder an der Festkörperoberfläche erzeugt wird. Dieser Prozeß wird in diesem Text als *trockenes laserchemisches Ätzen* bezeichnet.
3. die laserinduzierte Materialauflösung in einer Flüssigkeit, wobei mit dem Laser photochemische oder photothermische (lokale Aufheizungs-) Effekte ausgelöst werden. Derartige laserinduzierte oder laserunterstützte Prozesse werden in diesem Text unter *Laserelektrochemie* (Laserchemische Auflösung, Abschn. 7.2) behandelt.

8.1 Laserverdampfung und -ablation

Die in diesem Abschnitt behandelte Abtragung von Festkörpermaterial mit einem Laser kann (a) rein physikalisches Verdampfen (z.B. von Metallschichten) und nachfolgenden Niederschlag in der kalten Umgebung beinhalten, (b) Verdampfen mit anschließender chemischer Reaktion in der Gasphase (z.B. Oxidation von verdampftem Metall mit Luftsauerstoff) oder (c) die laserchemische Zersetzung von Festkörpermaterial mit anschließendem Verdampfen der Reaktionsprodukte (z.B. laserinduzierte Zersetzung eines organischen Polymers).

Zur Verdeutlichung der Begriffe *Laserverdampfung* und *Laserablation* sollen die beiden Extremfälle dieser laserinduzierten Prozesse herangezogen werden: die langsame, thermische Verdampfung und die explosionsartige Ablation unter Plasmabildung.

Bei der langsamen *Laserverdampfung* wird das Festkörpermaterial durch kontinuierliche oder gepulste Bestrahlung bei geringer oder mäßiger Intensität an der Oberfläche verdampft. Die Verdampfung kann direkt durch Sublimation erfolgen oder durch vorherige Bildung einer Schmelze. Die Winkelverteilung $n(\phi)$ der verdampften Teilchen folgt einer cos-Verteilung, $n(\phi)=$

$n_0 \cos\phi$, wobei ϕ der Winkel zur Flächennormalen ist. Die mittlere Geschwindigkeit v der verdampften Teilchen ist abhängig von ihrer jeweiligen Masse m (v ist umgekehrt proportional zu $\sqrt{m}$). Die Geschwindigkeitsverteilung folgt der bekannten Maxwell-Boltzmann-Verteilung. Die Teilchendichte n ist in der Regel relativ klein und die Absorption von Laserstrahlung durch das verdampfte Material vernachlässigbar.

Bei der *Laserablation* wird der Festkörper einer intensiven (gepulsten) Laserbestrahlung ausgesetzt. Die dabei ablaufenden Prozesse lassen sich in fünf Stufen einteilen (Bild 8.1). Diese vereinfachte Darstellung soll für die hier im Vordergrund stehende Betrachtung von Anwendungen genügen (vgl. z.B. auch [8.7-8.10]).

Zunächst ist die direkte Wechselwirkung zwischen Laserlicht und Festkörper vorherrschend, d.h. Laserlichtabsorption, Schmelzen und Festkörperverdampfung. Sodann wird das verdampfte Material durch den Laser aufgeheizt, teilweise ionisiert (Plasma) und das Plasma durch inverse Bremsstrahlung (Laserlicht-Elektronen-Wechselwirkung) weiter aufgeheizt. Hier wird also auf überwiegend nichtthermischem Weg ein Hochdruck-Hochtemperatur-Plasma (HD-HT-Plasma) erzeugt. Dabei dehnt sich das Plasma teilweise unter isothermen Bedingungen aus. Die Plasmatemperatur wird dadurch konstant gehalten, daß die erforderliche Expansionsarbeit durch Absorption von Laserlicht kompensiert wird. Diese Prozeßstufen laufen nur während der Pulslaserbestrahlung ab.

Die nächste Prozeßstufe, die adiabatische Ausdehnung der Plasmawolke, läuft teilweise schon während der Laserpulsdauer ab, hauptsächlich aber danach. Die räumliche Anordnung der Prozeßstufen ist in Bild 8.2 veranschaulicht. Die adiabatische Expansion ist räumlich anisotrop und mit einer adiabatischen Überschallexpansion durch eine kleine Öffnung vergleichbar. In beiden Fällen ist die Teilchendichte nahe bei der Quelle so hoch, daß eine kontinuierliche Gasströmung stattfindet. Der Gasquelle im Überschallstrahl entspricht hier das HD-HT-Plasma auf dem laserbestrahlten Festkörper. Auch die Plasmaausbreitung ist räumlich anisotrop mit der Flächennormalen auf dem bestrahlten Festkörper als Vorzugsrichtung (Bild 8.2). Nach dem Laserpulsende muß die Expansionsarbeit vom Plasma selbst aufgebracht werden (adiabatische Expansion). Deshalb sind Größe und Form der expandierten Plasma/Gas-Wolke stark von der zuvor absorbierten Laserenergie und dem Hintergrunddruck abhängig (Bild 8.3). Von beiden Größen hängt auch ab, inwieweit bei der Expansion Clusterbildung oder gar eine Gasphasennukleation einsetzt. Bei geschickter Wahl der Prozeßparameter läßt sich die Laserablation wahlweise als Quelle für einzelne Atome, Moleküle und Molekülfrag-

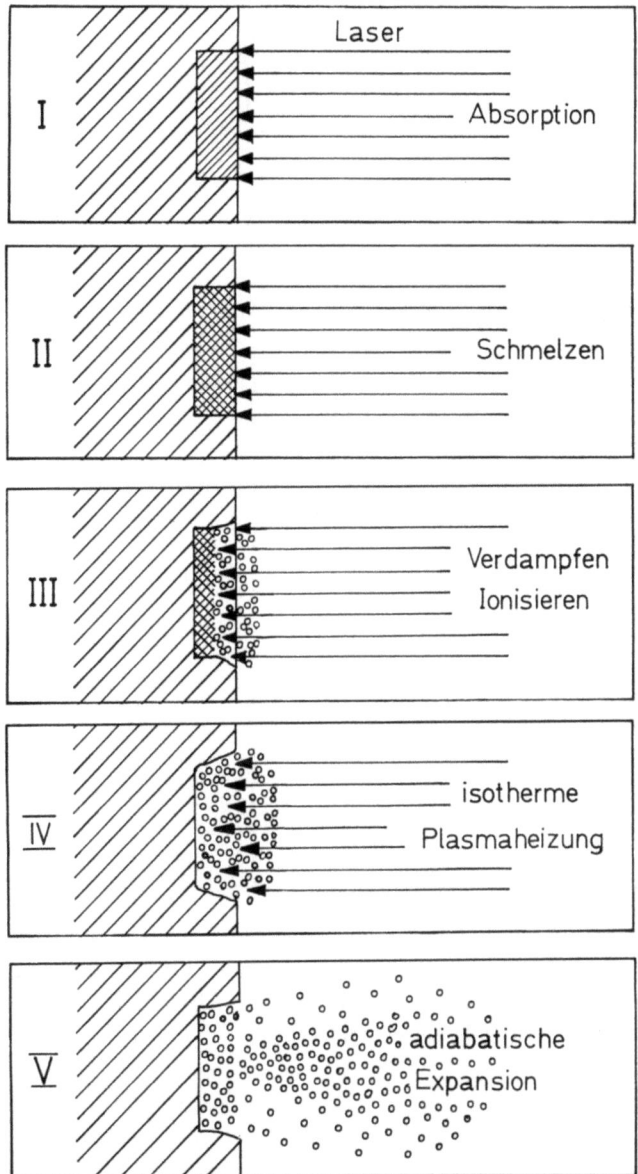

Bild 8.1. Schematische Darstellung der Pulslaserverdampfung in fünf Prozeßstufen: I. Laserabsorption, II. Schmelzen des bestrahlten Festkörpers, III. Verdampfen der Schmelze und teilweise Ionisierung des Dampfes, IV. isotherme Plasmaheizung durch inverse Bremsstrahlung und isotherme Expansion des Hochtemperatur-Hochdruck-Plasmas sowie V. adiabatische Expansion des Plasmas nach dem Ende der Laserbestrahlung

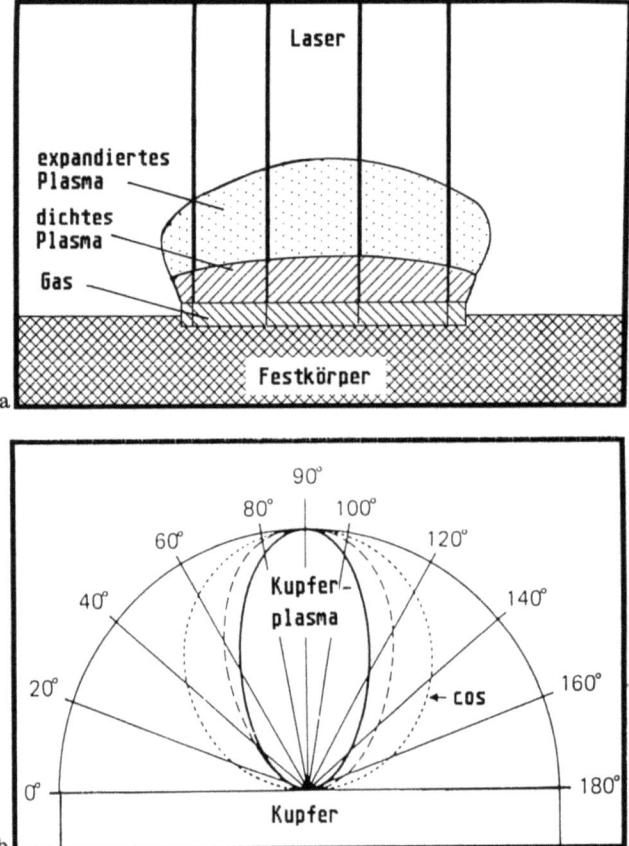

Bild 8.2. (a) Prozeßschema der Pulslaserablation nach [8.9] und (b) räumliche Verteilung der Gas- bzw. Plasmawolke beim thermischen Verdampfen und bei einer Pulslaserverdampfung von einer "Punktquelle" (Beispiel: Cu-Verdampfung ins Vakuum mit einem KrF-Laser nach [8.16])

▶

Bild 8.3. Ausdehnung von XeCl-laserinduzierten Plasmawolken von $YBa_2Cu_3O_{7-x}$ als Funktion der Pulsenergie und des Hintergrunddruckes [8.277]. Die bei hoher Pulsenergie sowie 1 und 10 Torr Hintergrunddruck beobachteten Unregelmäßigkeiten in der Plasmawolkenform sind im Einzelschuß stärker als in den hier gezeigten Aufnahmen, die eine Überlagerung von etwa 10 Einzelschüssen darstellen.

1 J / Puls
Vakuum

0,1 Torr

1,0 Torr

10 Torr

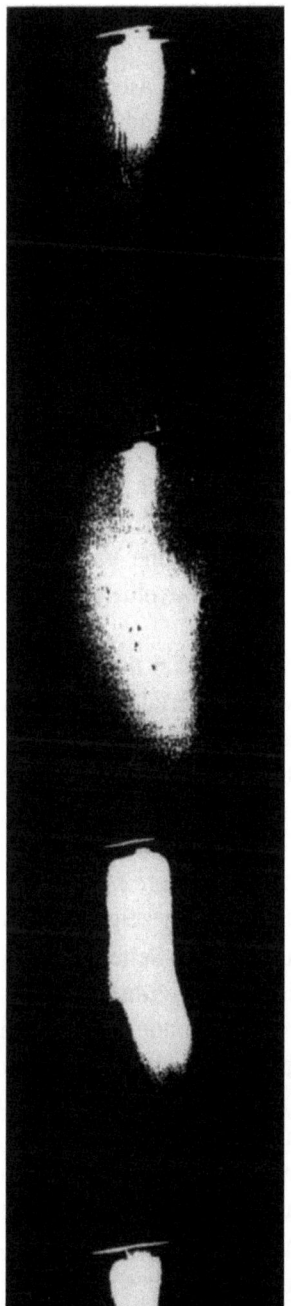
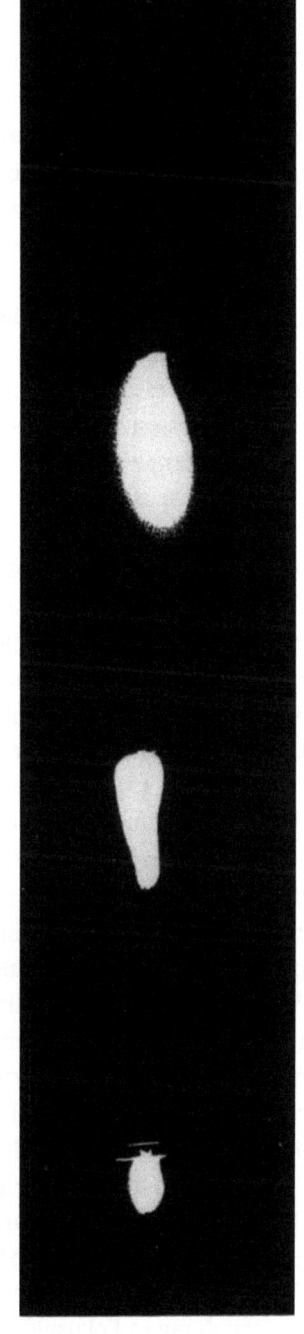

0,1 J/Puls

mente nutzen sowie auch zur Erzeugung von Clustern unterschiedlicher Größe bis hin zur Bildung ultrafeiner Pulver [8.11].

Auf chemische Prozesse bei der langsamen Laserverdampfung und bei der Laserablation wird später bei den konkreten Fallbeispielen eingegangen. Zur Laserablation sei noch auf die Möglichkeit der Materialüberhitzung unterhalb der Festkörperoberfläche eingegangen [8.12-8.14]. Die stärkste Absorption der Laserpulsenergie innerhalb des Festkörpers findet selbstverständlich an der bestrahlten Oberfläche statt und sinkt innerhalb der wellenlängenabhängigen und materialspezifischen Absorptionslänge auf 1/e ab. Wird an der Oberfläche Festkörpermaterial verdampft (und zuvor eventuell geschmolzen), so wird ein Teil der absorbierten Laserenergie für die Verdampfung (das Schmelzen), die Aufheizung der Gas/Plasma-Wolke und ihre Expansion aufgebracht. Dieser Teil steht für die Festkörperaufheizung in Oberflächennähe nicht mehr zur Verfügung. Dadurch kann sich ein Temperaturprofil ausbilden, dessen Maximum im Inneren des Festkörpers liegt. Ist die Überhitzung im Materialinneren groß genug für eine Verdampfung, so kann sich dort eine Gasphase ausbilden und zu Mikroexplosionen und einer Volumenaustreibung führen.

Auch für die Laserablation selbst gibt es zwei modellhafte Extremfälle, die Pulslaserverdampfung von massivem Material und die Ablation von Dünnschichten. Bei den Dünnschichten müssen neben den Schichteigenschaften auch die Materialeigenschaften des Schichtträgers berücksichtigt werden sowie die Art der Laserbestrahlung. Der Laserstrahl kann, wie in Bild 8.2 gezeigt, von der Dünnschicht/Gas- bzw. Dünnschicht/Vakuum-Seite her auftreffen (vgl. z.B. [8.15]) wie bei den massiven Materialien. Allerdings kann die Laserbestrahlung, wie in Bild 8.8 gezeigt, auch durch einen transparenten Träger von der Träger/Dünnschicht-Seite her erfolgen (vgl. unten). Für beide Prozeßwege werden Beispiele angeführt.

Aus praktischen Gründen wird im nachfolgenden Text nur noch von Laserverdampfung gesprochen, unabhängig davon, ob eine langsame, rein physikalische Verdampfung, eine schnelle Ablation mit Plasmabildung oder eine Mischform mehrerer, auch laserchemischer Prozesse vorliegt. Desweiteren werden fortan nur noch Abtragexperimente mit Pulslasern behandelt, sofern nicht ausdrücklich der Einsatz eines Dauerstrichlasers vermerkt ist.

Eine häufig genutzte Anwendungsmöglichkeit der (Puls-) Laserverdampfung besteht in der Strukturierung von Oberflächen durch räumlich selektiven Materialabtrag. Zur Erzeugung von Oberflächenmustern mit Hilfe der Laserverdampfung kommen mehrere Verfahren in Frage, die in Bild 8.4 schematisch dargestellt sind. Es handelt sich hier um den räumlich eng begrenzten Materialabtrag in Fokusnähe (Teil a). Dabei wird alternativ, wie hier

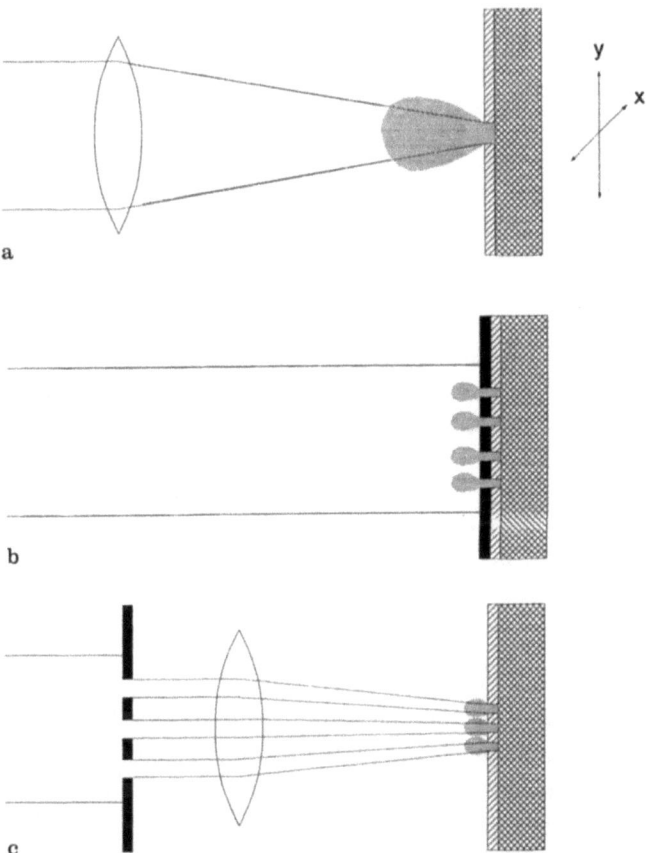

Bild 8.4. Drei Versuchsanordungen zur Pulslaserverdampfung für Oberflächenstrukturierung mit einem fokussierten Laser (a), mit Kontaktmaske (b) und mit Maskenprojektion (c)

gezeigt, das Werkstück bewegt oder aber der Laserfokus. Weitere Verfahren bestehen in der Mustererzeugung mit Hilfe von Kontaktmasken (Teil b) oder von Projektionsmasken (Teil c). Bei Projektionsmasken können auf dem Werkstück auch Laserlichtintensitäten (Energieflüsse) angewendet werden, die oberhalb der Zerstörschwelle für die Maske liegen.

Für die Darstellung von Ergebnissen aus Laserverdampfungsexperimenten hat sich in vielen Fällen ihre Auftragung gegen den Laserpulsenergiefluß Φ (J cm^{-2} Puls^{-1} oder einfach J cm^{-2}) bewährt. Als Beispiel hierfür zeigt Bild 8.5 das verdampfte Volumen an YBa$_2$Cu$_3$O$_{7-x}$ und die verdampfte Masse an Al$_2$O$_3$ als Funktion des Laserenergieflusses. In beiden Versuchsreihen wurde die Laserpulsenergie konstant gehalten und der Energiefluß durch Verschie-

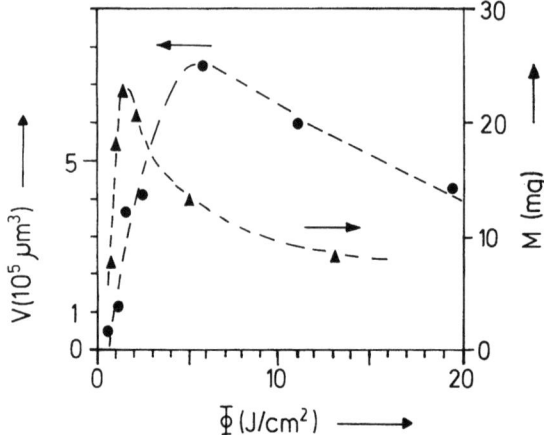

Bild 8.5. Volumen V an $YBa_2Cu_3O_{7-x}$ nach [8.17] und Masse M an Al_2O_3 nach [8.18] des pro KrF-Laserpuls verdampften Materials als Funktion des Laserenergieflusses Φ bei konstanter Pulsenergie und variabler Position der Fokussierlinse

bung der Fokussierlinse erzielt. Gemeinsame Merkmale der beiden Diagramme bestehen in der Energieflußschwelle für die Verdampfung, der Steigerung der Verdampfung mit zunehmendem Energiefluß und ihr Absinken nach Erreichen eines Maximalwertes. Links vom Maximum ist die Laserverdampfung durch den geringen Energiefluß begrenzt und rechts davon durch die immer kleiner werdende bestrahlte Fläche in Fokusnähe. Im allgemeinen gilt, daß die Masse des abgetragenen Materials bei der Laserpulsverdampfung vom Hochvakuum bis zu Atmosphärendruck im wesentlichen gleich bleibt. Im Einzelfall können jedoch Abweichungen von dieser Faustregel auftreten. So kann bei der KrF-Laserverdampfung von Al_2O_3 durch Heliumflutung eine Verstärkung des Materialabtrags erzielt werden [8.226]. Darüber hinaus steigt in diesem Fall bei Laserenergieflüssen unter 0,2 Jcm^{-2} der Materialabtrag als Funktion der laserbestrahlten Fläche mit abnehmendem Durchmesser im Bereich 3,8 bis 0,5 mm an [8.226]. Der Einsatz von Helium vermindert auch die Ablagerung von Partikeln in der Umgebung der laserbestrahlten Fläche.

An Stelle der Primärdaten in Bild 8.5 eignen sich zum Vergleich von Laserverdampfungsprozessen besser flächennormierte Größen oder flächenunabhängige Größen (Bilder 8.6 und 8.7). Beiden Bildern liegen dieselben Primärdaten zugrunde. Die häufig genutzten Abtragraten (Abtragtiefe/Puls) zeigt Bild 8.6. Als Alternative dazu zeigt Bild 8.7 den Materialabtrag pro La-

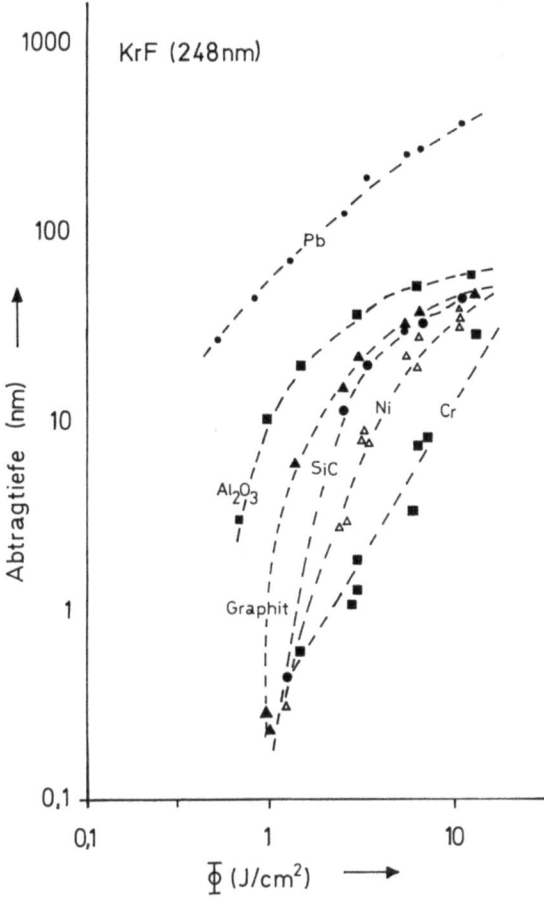

Bild 8.6. Abtragtiefe pro KrF-Laserpuls für Blei, Al$_2$O$_3$, Graphit, polykristallinem Siliziumcarbid, Nickel und Chrom als Funktion des Laserenergieflusses Φ (Daten gemäß [8.18])

serpuls und Flächeneinheit in den in der Chemie gebräuchlichen *Mol*-Einheiten.

In Bild 8.7c ist die Verdampfung von Materialien angegeben, die bei der Laserwellenlänge von 248 nm transparent sind. Die Laserverdampfung von Kochsalz ist im Bereich $3 \leq \Phi \leq 6$ J/cm^2 praktisch konstant. Die beiden Kurven von Quarz weisen hingegen ein Maximum auf, ein Hinweis auf verschiedene Absorptions- und/oder Verdampfungsmechanismen im Bereich niedriger und hoher Laserenergieflüsse [8.18, 8.19]. Das Auftreten verschiedener Wirkungsmechanismen, insbesondere bei der Pulslaserverdampfung von transparenten Materialien, belegen auch sehr eindrucksvoll die direkten Ver-

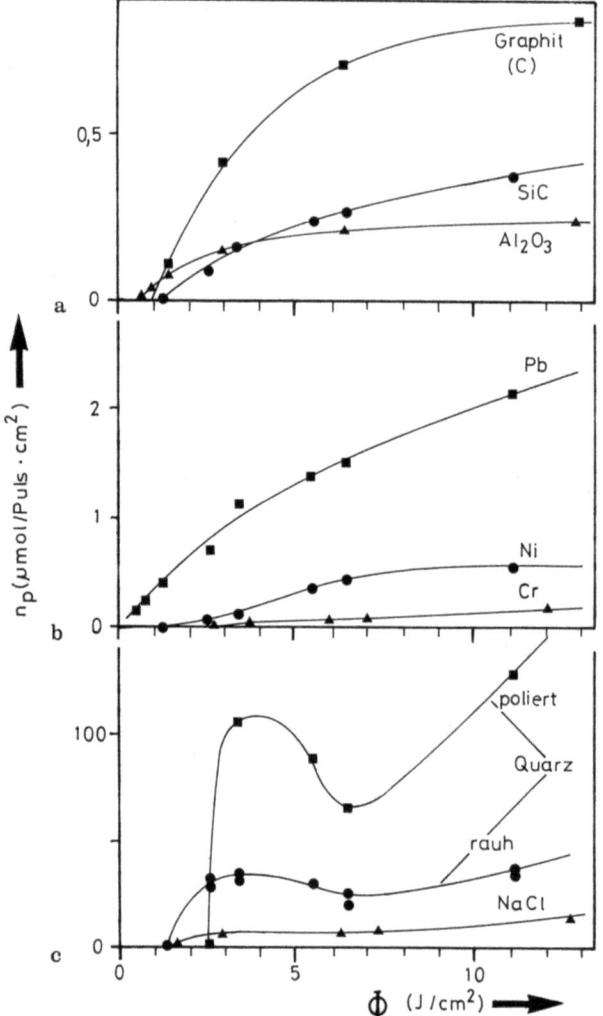

Bild 8.7. Durchschnittlicher Materialabtrag pro KrF-Excimerlaserpuls und pro Flächeneinheit von (a) Graphit, polykristallinem Siliziumkarbid und Aluminiumoxid, (b) von Blei, Nickel und Chrom sowie (c) von Kochsalz und Quarz mit verschiedener Oberflächenrauhigkeit jeweils in Anzahl Mol an Festkörper aufgetragen als Funktion des Laserpulsenergieflusses Φ (Daten gemäß [8.18])

gleiche von KrF-Experimenten an PMMA, PTFE und NaCl mit Pulslängen von 16 ns und 300 fs [8.20]. Mit kurzen Laserpulsen werden jeweils sehr glatte Strukturen erzielt, während die langen "Standardpulse" zu rauhen, thermisch beschädigten Oberflächen führen.

Tabelle 8.1. Auswahl von Materialien, die mittels (Puls-)Laserverdampfung abgetragen wurden

Elektrische Leiter	Halbleiter und Graphit	Isolatoren, Keramiken	Organische Polymere
Ag	(Cd,Mn)Te	AlN	PE
Al	CdTe	Al_2O_3	PET
Au	GaAs	BeO	PMMA
Cr	GaN	BN	Polyazetylen
Cu	GaP	Glas	Polyimid
Ni	Ge	$KNbO_3$	Polystyrol
Pb	(Hg,Cd)Te	$KTaO_3$	PTFE
Ti	Se	$LiNbO_3$	PVF_2
W	Si	Pr_6O_{11}	
	C(Graphit)	TiN	
		$YBa_2Cu_3O_{7-x}$	
		SiO_2	

Tabelle 8.1 enthält eine Auswahl von Materialien, für welche die Pulslaserverdampfung bereits experimentell gezeigt wurde. Grundsätzlich kann jedoch davon ausgegangen werden, daß alle Festkörper durch hinreichend intensives Pulslaserlicht verdampft werden können. Ob die Verdampfung mit oder ohne chemischer Zersetzung des Festkörpermaterials stattfindet, ist eine andere Frage, ebenso die Entmischung im Falle eines Festkörpers aus zwei oder mehr Komponenten. Inwieweit das verdampfte Material in derselben chemischen Zusammensetzung wieder als Festkörper abgeschieden werden kann, hängt vom Material und der Prozeßführung ab. Darauf wird in Abschnitt 8.3 eingegangen.

8.1.1 Laserverdampfen von Metallen

Das Laserverdampfen von Metallen ist im Zusammenhang mit der Lasermaterialbearbeitung von Eisen und NE-Metallen in der Literatur schon mehrfach zusammenfassend dargestellt [8.1-8.3,8.6,8.21,8.215,8.216]. Bei der hier betrachteten angewandten Laserchemie spielt sie für die Erzeugung von freien Metallatomen und Metallatomclustern im Labormaßstab eine Rolle (vgl. auch [8.22-8.32,8.209-8.212]). Neben Clustern aus einer Metallsorte bewährt sich die Pulslaserverdampfung auch für die Erzeugung bimetallischer Cluster [8.33]. Bei der Bestrahlung von zwei Metallstäben durch zwei Verdampfungslaser läßt sich das Mischungsverhältnis der beiden Metalle sehr bequem über den Energiefluß der beiden Laser steuern. Dabei zeigt sich, daß bereits in Clustern verschiedene Mischbarkeiten für individuelle Metallkombinationen auftreten. Während beispielsweise Tantal und Mangan beliebig mischbar sind, treten bei Kobalt-Mangan-Clustern mindestens vier Kobaltatome pro Cluster auf [8.33]. Unabhängig von der Mischbarkeit der eingesetzten Metalle werden auch bei bimetallischen Clustern "magische Zahlen" beobachtet, also Clusterzusammensetzungen mit besonders großer Häufigkeit. Die meisten Laserverdampfungsexperimente werden im Vakuum oder in einer Gasatmosphäre ausgeführt. Ausgehend von Gold, Nickel und Kohlenstoff wurden mittels Laserverdampfung in ein Lösungsmittel (Wasser, 2-Propanol oder Cyclohexan) auch Kolloide erzeugt [8.214].

Außer den bereits in den Bildern 8.6 und 8.7 vorgestellten Ergebnissen von Blei, Nickel und Chrom werden nun als repräsentative Beispiele für die Laserverdampfung von Metallen experimentelle Ergebnisse zu Aluminium und Kupfer vorgestellt.

Für praktische Anwendungen der laserverdampften Metallatome, beispielsweise in der Dünnschichtherstellung (Abschnitt 8.3), ist unter anderem ihre hohe Fluggeschwindigkeit (kinetische Energie) von besonderem Interesse. Sie liegt bei der KrF-Laserverdampfung von Aluminium im Vakuum zwischen 5×10^5 cm/s (E_{kin}=3,5 eV) bei niedrigem Laserenergiefluß (1 bis 2 J/cm^2) und $3,4 \times 10^6$ cm/s (162 eV) bei 7 J/cm^2 [8.34]. Diese Werte repräsentieren Obergrenzen, gemessen an neutralen Aluminiumatomen, die die Front der expandierenden Wolke bilden. Die Geschwindigkeitsmessung wurde durch schnelle Photografie mit einem Farbstofflaserpuls, der die Plasmawolke durchkreuzt, durchgeführt. Die Geschwindigkeiten liegen daher höher als die mittels laserinduzierter Fluoreszenz (LIF) ermittelten Werte von 4,5 bis $6,5 \times 10^5$ cm/s (2,8 bis 5,9 eV) für 0,3 bis 6,5 J/cm^2 nach ArF(193nm)-, KrF(248)- oder XeF(351)-Laserverdampfung [8.35]. Diese Werte geben jeweils die mittleren Geschwindigkeiten an, die sich aus den gemessenen Geschwindigkeitsverteilungen ermitteln lassen.

Die durch den Laser verdampften, sehr schnell fliegenden Teilchen werden während und unmittelbar nach dem Laserpuls beobachtet. Andererseits finden sich bei KrF-Laserexperimenten an einem Kupferdraht von 75 µm Durchmesser auch noch bis zu 4,5 µs nach dem Laserpuls emittierte Teilchen [8.217]. Die Fluggeschwindigkeit von Teilchen, die 150 ns nach dem Laserpuls oder später erfaßt werden, liegt in der Größenordnung von 10^2 m/s.

In Bezug auf Ionen in der Plasmawolke zeigen Untersuchungen an laserverdampftem Kupfer einen Ionenanteil von 10^{-7} bis 10^{-8} bei der XeCl-Laserverdampfung (3 J/cm², 27 ns FWHM). Er ist also unter typischen Verdampfungsbedingungen sehr gering [8.36]. Der gemessene geringe Ionenanteil steht im Einklang mit der erwarteten thermischen Ionisierung des rund 3000 K heißen (lokal thermalisierten) Kupferdampfes. Hingegen enthält die Plasmawolke hohe Anteile an Rydberg-Atomen, die eine große Neigung zur Feldionisierung zeigen und gegebenenfalls hohe Ionenanteile vortäuschen können [8.36].

Die ArF(193nm)- [8.37], KrF(248nm)- [8.16,8.38] und XeF(351nm)-Pulslaserverdampfung [8.37] von massivem Kupfer wurde über einen weiten Energieflußbereich mittels LIF hinsichtlich der Gasphasenspezies Cu°, Cu⁺ und Cu_2 untersucht. Die Experimente erstrecken sich über drei Verdampfungsbereiche: Die thermische Verdampfung von Kupfer, die Multiphotonionisierung des Kupferdampfes sowie der elektrische Gasdruchbruch im verdampftem Material einschließlich der Dissoziation von Cu_2. Die eigentliche Verdampfung von Kupfer und die Ausbildung der Gaswolke aus Cu-Atomen und Cu_2-Molekülen ist thermischer Natur entsprechend einer Oberflächentemperatur bis 4000 K und einem daraus resultierenden Dampfdruck bis zu 30 atm [8.37]. Die Plasmabildung ist mit der Entstehung von Cu⁺-Ionen verknüpft, die bei XeF-Bestrahlung aus einer 3-Photon-Ionisierung und bei ArF-Bestrahlung aus einer 1-Photon-Ionisierung von Cu-Atomen hervorgehen. Bei Laserenergieflüssen oberhalb von 4 J/cm² wird die Aufheizung der Elektronen durch inverse Bremsstrahlung wesentlich. Die heißen Elektronen bewirken dann durch Stöße mit Cu-haltigen Gasteilchen eine lawinenartige Ionisierung (Gasdurchbruch) und die Dissoziation von Cu_2. Im Bereich hoher Laserenergieflüsse ist die kinetische Energie der Cu⁺-Ionen deutlich größer als die der neutralen Cu-Atome [8.37]. Für die Nutzung der Pulslaserverdampfung als Quelle für kollimierte, dichte Atom- und Ionenstrahlen eignet sich die Prozeßführung zwischen der reinen Verdampfung und dem Plasmabereich (Laserionisierung des verdampften Kupfers) [8.37]. Ähnliche Experimente mit einem XeCl-Laser (308 nm) ergeben für Cu-Atome eine Fluggeschwindigkeit von 2×10^6 cm/s in 10 mTorr He [8.39]. Bei 5 Torr Heliumdruck beträgt die Cu-Atomdichte in der Plasmawolke 6 bis 8×10^{13} cm⁻³. Für Cu_2-Moleküle wurden unter allen Erzeugungsbedingungen mit dem Excimerlaser Schwingungs- und Rotationstemperaturen nahe 300 K gefunden.

In den bisher betrachteten Verdampfungsexperimenten wirkte der Laserstrahl auf die Metall/Vakuum- bzw. Metall/Gas-Grenzfläche ein. Seit Mitte der 1980er Jahre werden Experimente zur LIFT-Technik durchgeführt (LIFT = Laser Induced Forward Transfer). Dabei wird eine dünne Metallschicht durch einen transparenten Schichtträger auf der Träger/Metall-Grenzfläche bestrahlt (Bild 8.8) [8.40-8.45]. Der Träger mit der (flächig strukturierten) Metallschicht (Absender) steht im Abstand von 1 bis 100 µm einer zweiten Platte (Empfänger) gegenüber. Durch Laserverdampfung auf dem Absender wird das Metallmuster auf den Empfänger übertragen. Im Idealfall wird die Metallschicht zunächst von der Trägerseite her vollständig aufgeschmolzen. Dann verdampft Metall an der Träger/Metall-Grenzfläche und treibt die Metallschmelze auf den gegenüberliegenden Empfänger. Ist der Laserpuls für diesen Prozeß zu kurz und/oder die Metallschicht zu dick, dann bleibt der dem Empfänger zugewandte Schichtteil noch fest. Er kann zwar noch durch das verdampfte Metall abgelöst werden, zeigt aber eine schlechte Haftung auf dem Empfänger [8.45]. Hervorzuheben ist, daß die LIFT-Technik auch unter Normalbedingungen an der Luft angewendet werden kann.

Auf ähnliche Weise wie bei der LIFT-Technik läßt sich Katalysatormaterial (z.B. Palladium) von einem transparenten Schichtträger (z.B. Becherglaswand) auf ein organisches Polymermaterial (Katalysatorträger) übertragen [8.225]. Von Vorteil ist dabei, daß nur die laserbestrahlte Seite kurzzeitig erhitzt, das (empfindliche) Polymermaterial aber thermisch wenig belastet wird. Erfolgt die Laserverdampfung in Kontakt mit einer Flüssigkeit, so können damit auch sehr feine Katalysatorpartikel bis herab zu 3 nm Durchmesser als Kolloid erzeugt werden [8.225].

Wie vielseitig die einzelnen Schritte bei der Pulslaserverdampfung von reinen Metallen und Legierungen sein können, zeigen Experimente und theoretische Berechnungen zur Verdampfung von Kupfer und Aluminium an der Luft [8.46]. Die Struktur der zurückbleibenden Metalloberfläche zeigt Schmelzspuren und im Fall einer Kupferlegierung mit Silberanteilen eine

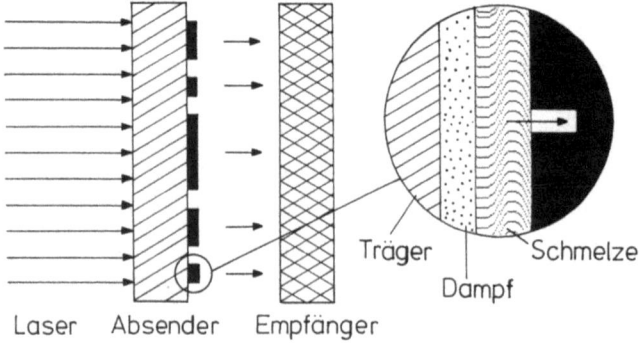

Bild 8.8. Schematischer Aufbau der LIFT-Technik (LIFT = Laser Induced Forward Transfer)

teilweise Entmischung der Metallbestandteile mit einer Anreicherung von Silber im zurückbleibenden Material.

8.1.2 Laserverdampfen von Halbleitern und Kohlenstoff

Die Pulslaserverdampfung von Halbleitern wie CdTe, HgTe und $Hg_{0,7}Cd_{0,3}Te$ [8.47], Se [8.48], Si [8.49,8.50], Ge [8.48,8.51], ZnSe [8.52], GaAs [8.53-8.55] sowie GaP und GaN [8.53] wurde erfolgreich demonstriert. Wesentliche Ergebnisse mit technischem Anwendungspotential der Pulslaserverdampfung betreffen unter anderem den Erhalt der Stöchiometrie von (Hg,Cd)Te im Unterschied zur langsamen thermischen Verdampfung mit teilweiser Entmischung [8.47]. Im Fall von GeSe-Doppelschichtsystemen gelang die vollständige selektive Abtragung der Ge-Deckschicht [8.48]. Die Verdampfung von GaAs mit einem gepulsten Farbstofflaser wurde dazu benutzt, die gebildeten Ga-Atome mit dem Verdampfungslaser zugleich resonant zu ionisieren [8.54,8.55]. Hier eröffnen sich Möglichkeiten zur Spurenstoffanalyse mit hoher Ortsauflösung auf der Festkörperoberfläche. Besondere Erwähnung verdienen noch Untersuchungen an Si und GaAs mittels zeitlich hoch aufgelöster Elektronenmikroskopie [8.56].

Die Pulslaserverdampfung von Kohlenstoff (häufig Graphit) zur Erzeugung von Kohlenstoffclustern (vgl. z.B. [8.57-8.59]) hat mit der Entdeckung von Buckminsterfulleren, dem "Fußballmolekül" C_{60}, eine Sonderstellung erhalten [8.60-8.63,8.213].

8.1.3. Laserverdampfen von Keramiken

Die große Härte, Sprödigkeit und hohe Schmelztemperatur keramischer Werkstoffe macht ihre Bearbeitung häufig zum Problem. Die technisch relativ einfache Verdampfung dieser Materialien, insbesondere mittels gepulster Hochleistungslaser, bietet eine Alternative zu den konventionellen Bearbeitungsverfahren. Eine bezüglich Laserverdampfung gut untersuchte Keramik ist der Hochtemperatursupraleiter $YBa_2Cu_3O_{7-x}$. Wenn in diesem Fall auch die Dünnschichtherstellung im Vordergrund steht (Abschnitt 8.3), so sind dennoch viele Ergebnisse zu ihrem Materialabtrag repräsentativ für diese Materialklasse.

Die Absorptionskoeffizienten von $YBa_2Cu_3O_{7-x}$ für die Excimerlaserwellenlängen [8.13] und die zugehörigen Energieflußschwellen für die Laserverdampfung [8.64] liegen jeweils in einem engen Bereich zusammen (Tabelle

Tabelle 8.2. Absorptionskoeffizienten k [8.13] und Laserenergieflußschwellen Φ_s (±20% geschätzte Unsicherheit) [8.64] für die Excimerlaserverdampfung von $YBa_2Cu_3O_{7-x}$

Laser	Wellenlänge(Energie)	k($10^5 cm^{-1}$)	Φ_s(mJ/cm^2)
XeF	351 nm(3,5 eV)	1,7	279
XeCl	308 nm(4,0 eV)	1,75	50
KrF	248 nm(5,0 eV)	2,5	141
ArF	193 nm(6,4 eV)	3,6	66

8.2). Während die Absorptionskoeffizienten von 351 nm zu 193 nm monoton ansteigen, ergeben die Energieflußschwellen nicht die daraus erwartete Reihenfolge. Mögliche Ursachen hierfür liegen z.B. in räumlichen Strahlinhomogenitäten und/oder unterschiedlichem zeitlichem Laserpulsprofil. Die Abhängigkeiten der Abtragtiefen vom Laserenergiefluß sind für die ArF-, KrF- und CO_2-Laserverdampfung für Laserpulslängen von jeweils 15 ns (Excimerlaser) bzw. 50 ns (CO_2-Laser) in Bild 8.9 dargestellt. Die Abtragraten der beiden

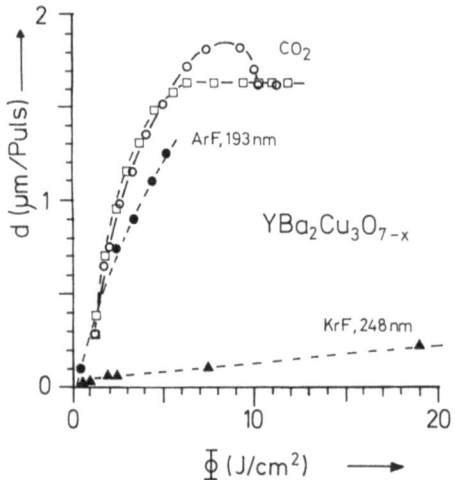

Bild 8.9. Abtragtiefe d für $YBa_2Cu_3O_{7-x}$ in Abhängigkeit vom Laserenergiefluß Φ für die Laserverdampfung mit einem ArF- [8.65] und einem KrF-Excimerlaser [8.17] bei Laserpulslängen von jeweils 15 ns sowie einem CO_2-Laser mit 50 ns Pulslänge [8.66]

Excimerlaser weisen einen sehr großen Unterschied auf. Im Bereich niedriger Energieflüsse ist die Laserverdampfung mit dem CO_2-Laser etwa vergleichbar mit derjenigen durch den ArF-Laser. Bei hohem Energiefluß tritt bei der CO_2-Laserverdampfung eine Selbstbegrenzung ein, verursacht durch die abschirmende Wirkung der Plasmawolke vor dem Target [8.66].

Die nachfolgende Auflistung von Untersuchungen zur Pulslaserverdampfung von $YBa_2Cu_3O_{7-x}$ und zu den Eigenschaften der lasererzeugten Gas- und Plasmateilchen vermittelt einen Eindruck von der Vielfalt der Experimente. Im einzelnen betreffen sie die massenspektrometrische Erfassung neutraler und ionisierter Teilchen (Atome, Moleküle, Cluster) [8.10,8.64, 8.67,8.68,8.71,8.206], die kinetische Energie bzw. Translationstemperatur dieser Teilchen [8.10,8.64,8.71,8.206,8.207], die zeitliche Entwicklung der Plasmawolke [8.10,8.69,8.70,8.208,8.219], ihre räumliche Ausdehung [8.10, 8.205], die optische Absorption [8.219] sowie optische Emissionsspektren der bei der Laserverdampfung elektronisch angeregten Teilchen [8.72]. Ein beträchtlicher Teil dieser Untersuchungen betraf die für die Herstellung supraleitender $YBa_2Cu_3O_{7-x}$-Dünnschichten wesentliche Frage nach der Erhaltung der Stöchiometrie während der Pulslaserverdampfung. Hierbei gilt es, durch eine geschickte Prozeßführung eine thermodynamische Gleichgewichtseinstellung und damit eine teilweise Entmischung der Metalloxide möglichst vollständig zu unterbinden und so das Verhältnis Y:Ba:Cu = 1:2:3 beizubehalten (vgl. Abschnitt 8.3).

8.1.4 Laserverdampfen von organischen Polymeren

Das Laserverdampfen von organischen Polymeren ist mit Bindungsbrüchen in den Polymerketten verbunden. Bei der Laserverdampfung mit langwelligem Licht, wie beim Einsatz von Nd-YAG-Lasern (1,06 µm) oder CO_2-Pulslasern (10,6 µm), ist die photothermische Natur der Laserverdampfungsprozesse unbestritten. Beim Einsatz kurzwelliger Pulslaser, deren Photonenenergie für Bindungsbrüche im Polymer ausreicht, wurde über mehrere Jahre eine photolytische Spaltung als vorherrschender Mechanismus angenommen [8.73,8.74]. Diese Annahme wurde scheinbar dadurch gestützt, daß mit Excimerlasern im Unterschied zu Nd-YAG- und CO_2-Lasern sehr scharfe Abtragungsmuster ohne thermische Verwerfungen in den Randzonen erzielt wurden [8.75]. Als jedoch auch mit intensiven CO_2-Laserpulsen scharfe Abtragkanten erzielt [8.76,8.77,8.299] und die Abhängigkeit der Excimerlaserverdampfungsprozesse vom Laserenergiefluß und der Laserabsorption untersucht wurden [8.78,8.79,8.299], konnte die These vom photolytischen Mechanismus nicht aufrechterhalten werden [8.80]. Auch bei Verdampfung mit kurzwelligen Excimerlaserpulsen ist der Prozeß hauptsächlich photothermischer Natur. Photolytische Prozesse können jedoch ebenfalls stattfinden (vgl. auch [8.223]) und spielen insbesondere bei der Inkubation (siehe unten) eine Rolle.

Die UV-Pulslaserverdampfung von organischen Polymeren hat mit der Entwicklung der Excimerlaser einen kräftigen Anschub erhalten. Die Excimerlaserverdampfung begann im Jahre 1982 [8.80,8.81] und unterscheidet sich von den früheren UV-Pulslaserexperimenten durch die hohe Pulsenergie. Typischerweise wird pro Laserpuls Material in 0,1 bis mehrere µm Tiefe abgetragen. Die Liste der untersuchten Materialien umfaßt über 20 verschiedene Polymersorten [8.81], ergänzt durch eine Reihe von Verbundwerkstoffen [8.82, 8.83]. Der Löwenanteil der Experimente konzentriert sich jedoch auf drei Polymersysteme [8.81]: Polymethylmethacrylat (1), Polyethylenglykolterephtalat (2) und das Kondensationsprodukt von Pyromellithsäuredianhydrid und 4,4-Diaminodiphenylether (3).

$$\left[\begin{array}{c} CH_3 \\ -C-CH_2- \\ C=O \\ OCH_3 \end{array}\right]_n \quad (1)$$

$$\begin{array}{c} CH_2OH \\ CH_2-O \end{array} \left[\begin{array}{c} O \\ \parallel \\ -C-\bigcirc-C-O-CH_2-CH_2-O- \\ \parallel \\ O \end{array}\right]_n -H \quad (2)$$

$$\left[\begin{array}{c} O \quad O \\ \parallel \quad \parallel \\ -N \begin{array}{c} C \\ \diagup \\ \diagdown \\ C \end{array} \bigcirc \begin{array}{c} C \\ \diagup \\ \diagdown \\ C \end{array} N-\bigcirc-O-\bigcirc- \\ \parallel \quad \parallel \\ O \quad O \end{array}\right]_n \quad (3)$$

Diese drei Polymersysteme haben Modellcharakter und große technische Bedeutung insbesondere auch für die Mikroelektronikindustrie [8.81, 8.84]. (1) Polymethylmethacrylat (PMMA, Plexiglas) und verwandte Systeme werden u.a. zu optisch klaren Formteilen und Platten verarbeitet sowie als Photolacke in der Ätztechnik für die Mikroelektronik eingesetzt. (2) Polyethylenglykolterephtalat, auch Polyethylenterephtalat oder kurz PET genannt, dient zur Herstellung von Polyesterfasern und Bändern sowie von festen, steifen und verschleißarmen Formteilen (z.B. Flaschen). Das Polyimid (3), auch unter dem Handelsnamen Kapton (Du Pont) bekannt, ist an Luft temperaturbeständig bis etwa 350°C und eignet sich u.a. als Dielektrikum.

Insgesamt wurden an diesen Polymersystemen zahlreiche Untersuchungen zur Charakterisierung des Verdampfungsprozesses durchgeführt [8.78, 8.81,8.221,8.231]. Diese erfolgten auch im Hinblick auf eine Prozeßoptimierung für den technischen Einsatz in der Mikroelektronik und Mikrosystemtechnik. Diese Untersuchungen betreffen die Laserlichteinkopplung in das Polymermaterial, die laserinduzierten Prozesse im Polymer sowie die chemische Zusammensetzung und die Entfernung des verdampften Materials von der bestrahlten Oberfläche. Die folgende Auswahl an Untersuchungen zur Excimerlaserverdampfung von organischen Polymeren [8.81] vermittelt einen Eindruck von der Vielfalt der einzelnen Prozeßschritte (vgl. auch [8.20,8.80,8.85,8.86]).

Die *mittlere Abtragrate* wird häufig als Funktion der Laserwellenlänge, des eingestrahlten Laserenergieflusses (bei konstanter zeitlicher Laserpulsform), der Laserpulsdauer (genauer: zeitliche Laserpulsform), der Laserlichtintensität, der Dimension der bestrahlten Fläche sowie der Anzahl der bereits auf das Polymermaterial eingestrahlten Laserpulse bestimmt. Sie ist eine Kenngröße mit praktischer Bedeutung und liefert zugleich wesentliche Information zum Verdampfungsmechanismus. Mittels Photoakustik kann auch der geringe Materialabtrag bei niedrigen Laserenergieflüssen im Bereich kleiner, nicht meßbarer Abtragtiefen erfaßt werden [8.81].

Der *zeitliche Verlauf* der Laserverdampfung wurde anhand der optischen Emission verdampfter Teilchen und ihrer laserinduzierten Fluoreszenz (LIF) untersucht. Weitere Experimente betreffen die schnelle Erfassung der Druckwellen im Festkörper (Photoakustik) und im Wasser bei eingetauchten Folien [8.87] sowie die sehr schnelle Erfassung der Gas- bzw. Plasmawolken durch Laserstrahlablenkung [8.32,8.88] oder Photographie mit 250 ps Belichtungszeit. Weitere Untersuchungen betreffen die zeitliche Entwicklung des an der Polymeroberfläche reflektierten Lichtes vom Verdampfungslaser [8.89,8.295]. Alle Untersuchungen zeigen, daß die Polymerverdampfung und Ausbildung der Plasmawolke innerhalb von 1 bis 10 ns erfolgt.

Die *chemische Zusammensetzung* des verdampften Materials wurde ermittelt sowie teilweise die Flugrichtung, Fluggeschwindigkeit (bis 5×10^5 cm/s), Quantenausbeute und Energieinhalt (Temperatur) der verdampften neutralen und ionisierten Teilchen [8.81,8.90,8.296]. Darüber hinaus liefern die mechanische Oberflächenstruktur und chemische Zusammensetzung des zurückbleibenden Polymers Auskunft über die Laser-Polymer-Wechselwirkung und den Laserverdampfungsprozeß [8.232-8.234].

Die bisherigen Untersuchungsergebnisse zur Excimerlaserverdampfung organischer Polymere lassen sich folgendermaßen zusammenfassen: Die einzelnen Polymere weisen untereinander und bezüglich der Eigenschaften des angewendeten Pulslasers verschiedene Abhängigkeiten vom Laserenergiefluß auf (Bild 8.10). Die Abtragraten für Polyimid mit Excimer- und gepulsten CO_2-Lasern aus verschiedenen Arbeitsgruppen vermitteln einen Eindruck von der Vergleichbarkeit bzw. Übertragbarkeit dieser Daten. Mit Excimerlasern treten relativ große Abweichungen zwischen den Daten für XeCl-Bestrahlung in Bild 8.10a [8.74] und Bild 8.10b [8.75] bei hohen Energieflüssen auf. In Bild 8.10b unterscheiden sich die Werte für die KrF-Bestrahlung bei niedrigem Energiefluß gemäß [8.75] und [8.77]. Bei der Bewertung dieser Abweichungen sind die Unsicherheiten bei der Messung der Pulsenergien, der bestrahlten Flächen und der Abtragtiefen zu berücksichtigen. Sie liegen typischerweise jeweils bei ±10% bis ±20%. Hinzu kommen die in der Regel (noch) nicht erfaßten Inhomogenitäten im räumlichen und

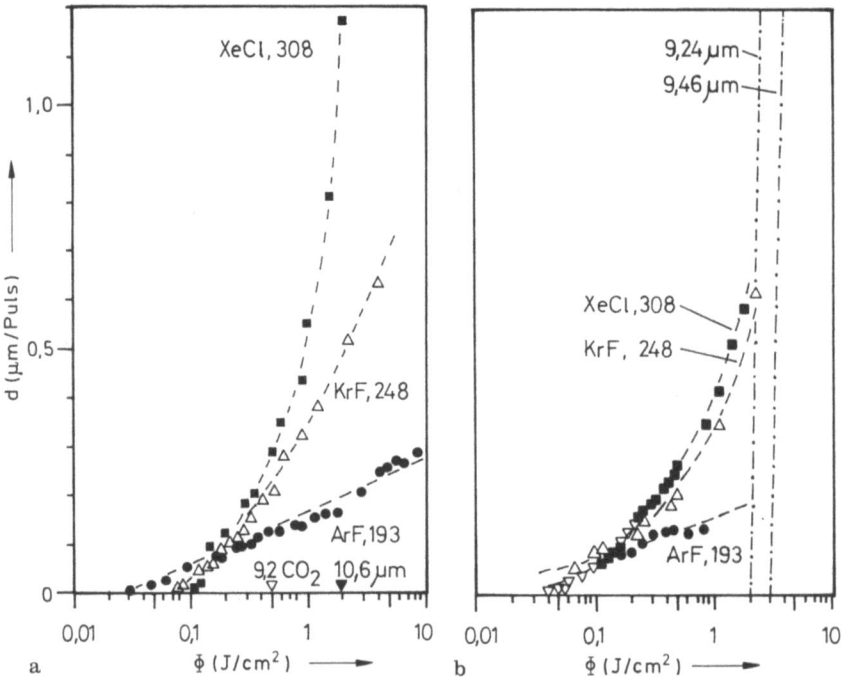

Bild 8.10. Abtragtiefe pro Laserpuls für Polyimid mit Excimerlasern und CO_2-Pulslasern (a) Excimerlaser nach [8.74] und CO_2-Laser nach [8.76] sowie (b) Excimerlaser nach [8.75] außer $\triangle$ nach [8.77] und CO_2-Laser nach [8.77] (vgl. Text)

zeitlichen Laserstrahlprofil. Diese können sehr "heiße" Stellen auf der bestrahlten Fläche mit entsprechend erhöhtem Materialabtrag verursachen. Offensichtlich haben auch Einzelheiten der Polymerherstellung Einfluß auf die Absorption und damit auf die Laserverdampfung [8.298].

Bei grober Betrachtungsweise gibt es eine Energieflußschwelle für den Verdampfungsprozeß, die allgemein mit zunehmender Laserwellenlänge ansteigt (Bild 8.10). Der Anstieg der Abtragraten mit dem Laserenergiefluß nimmt ebenfalls mit langen Laserwellenlängen zu, so daß bei hohen Energieflüssen die Abtragraten der langwelligen Laser dominieren. Die Ergebnisse für den CO_2-Pulslaser sprengen den in Bild 8.10 aufgespannten Rahmen und sind in Bild 8.11 separat aufgezeigt.

Bei genauer Analyse der Energieflußschwelle für die Verdampfung stellt sich heraus, daß kein scharfer Übergang zur Polymerverdampfung stattfindet, sondern die Verdampfung allmählich mit zunehmendem Energiefluß anwächst [8.81,8.221,8.300]. Die Lage der Pseudo-Schwelle auf der Energieflußskala sowie der Anstieg der Abtragtiefe mit zunehmendem Energiefluß wird mit dem Absorptionsverhalten der Polymere verknüpft, d.h. mit der pro Volu- menelement im Polymer absorbierten Laserenergie. So ist die Lage der Pseudo-Schwelle für die ArF-Laserverdampfung bei niedrigen Energieflüssen (Bild 8.10) im Einklang mit der geringen Eindringtiefe der kurzwelligen Strahlung von 193 nm. Die geringe Eindringtiefe verhindert dann allerdings auch einen steilen Anstieg der Abtragtiefe mit steigendem Energiefluß.

Das Fehlen einer scharfen Energieflußschwelle bei der Excimerlaserverdampfung ist recht gut für die ArF-Laserbestrahlung von PMMA, PET und

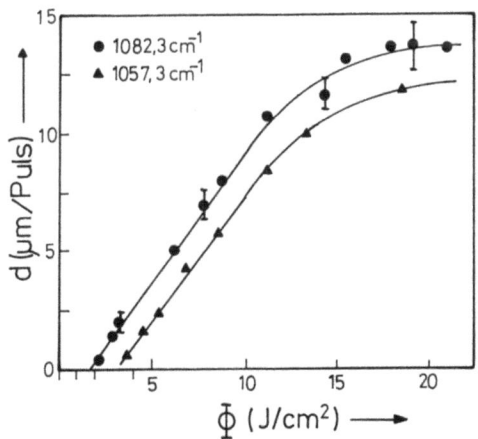

Bild 8.11. Abtragtiefe pro Laserpuls für Polyimid mit CO_2-Pulslaser nach [8.77]

Polyimid in Bild 8.12a zu sehen. Während die Abtragtiefen von PET und Polyimid erst allmählich mit dem Laserenergiefluß zunehmen, zeigt das Abtragsverhalten von PMMA einen relativ steilen Anstieg und dann anscheinend eine Sättigung (vgl. Bild 8.13a). Dagegen sind die Verdampfungsunterschiede bei KrF-Laserbestrahlung zwischen PMMA einerseits sowie PET und Polyimid andererseits geradezu dramatisch (Bild 8.12b). Hier kommt sehr deutlich zur Geltung, daß PMMA in seiner ursprünglichen Form für KrF-Laserlicht transparent ist. Es ist jedoch hervorzuheben, daß die Laserverdampfung bei transparenten Materialien wie PMMA bei 308 und 248 nm auch bei niedrigen Energieflüssen nicht vollständig verschwindet [8.81].

Zur Deutung der Laserverdampfung von PMMA wird angenommen, daß der Absorptionskoeffizient zeitlich nicht konstant ist, sondern von der Inku-

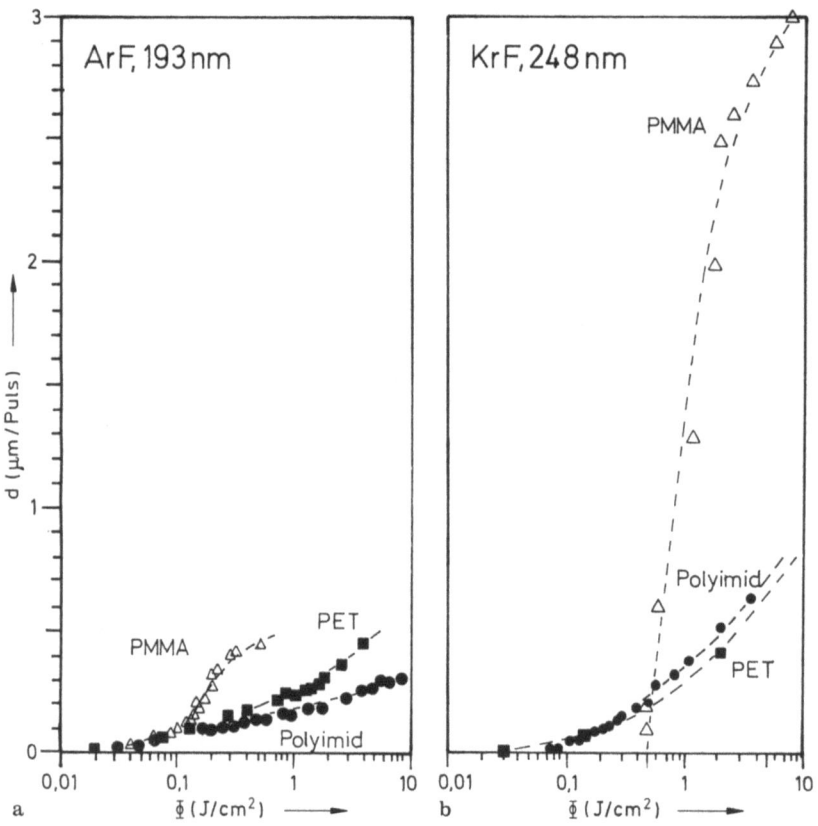

Bild 8.12. Abtragtiefe pro Laserpuls für Polyimid, PMMA und PET mit (a) einem ArF-Excimerlaser nach [8.74, 8.81, 8.278] und (b) einem KrF-Excimerlaser nach [8.74, 8.80, 8.81, 8.88, 8.279]

bation und der Laserintensität abhängt [8.80,8.222]. Eine Verfeinerung des Bildes vom Prozeßablauf bei der Excimerlaserverdampfung ist also erforderlich. Ihre Notwendigkeit wird auch beim Anblick der Verdampfungsexperimente mit sehr kurzen Laserpulsen [8.20,8.80,8.91] verständlich (Bild 8.13).

Bild 8.13 zeigt die Excimerlaserabtragtiefe von PMMA in Abhängigkeit vom Laserenergiefluß und von der Laserpulsdauer bei den Wellenlängen 248 nm und 308 nm. Für beide Wellenlängen ist PMMA im ursprünglichen Zustand relativ transparent. Bei 308 nm gelingt eine meßbare Verdampfung nur mit den fs-Pulsen und wird auf eine kohärente 2-Photonen-Absorption zurückgeführt [8.91]. Mit ns-Pulsen kommt es lediglich zur Blasenbildung und zu unkontrollierten Materialausbrüchen. Bei 248 nm führt die Laserpulsverkürzung vom ns- in den fs-Bereich zu einer Absenkung der Energieflußschwelle für die Verdampfung von 0,5 auf 0,1 J/cm^2 [8.20]. Bereits bei 1 J/cm^2 ist jedoch die Abtragtiefe mit den ns-Laserpulsen erheblich größer als diejenige mit den fs-Pulsen. Bei der Deutung dieser Befunde wird davon ausgegangen, daß der Absorptionskoeffizient von PMMA von der Inkubation und der Laserintensität abhängt [8.20]. In qualitativer Übereinstimmung hiermit zeigen auch Arbeiten an Polyimid eine transiente Absorption bei UV-Pulslaserbestrahlung [8.92].

Die Bedeutung der Inkubation für den PMMA-Abtrag ist in Bild 8.14 veranschaulicht (vgl. auch [8.297]). Die Inkubation entsteht durch laserchemisch gebildete Photoprodukte von PMMA, die einen größeren Absorptionskoeffizienten als PMMA aufweisen [8.20]. Die Zeitkonstante der Photopro-

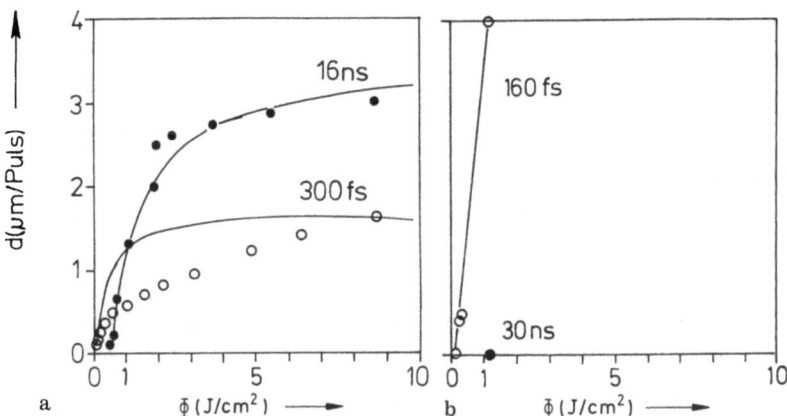

Bild 8.13. Abtragtiefen d von PMMA als Funktion des Laserenergieflusses Φ (a) bei KrF-Laserverdampfung nach [8.80] und (b) bei XeCl-Laserverdampfung nach [8.91] jeweils für Laserpulse verschiedener Pulslänge

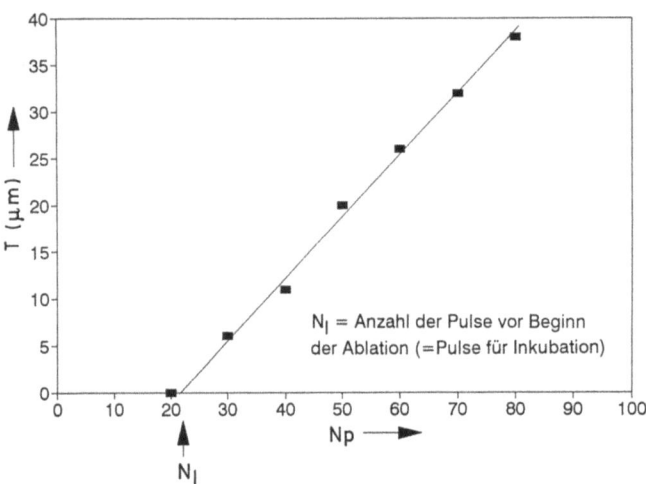

Bild 8.14. Tiefe T des PMMA-Abtrages nach N_p KrF-Laserpulsen von 16 ns Dauer nach [8.80]

duktbildung beträgt rund 1 ns, wirkt sich also noch innerhalb des KrF-Laserpulses von 16 ns Länge aus. Auch bei der Bestrahlung mit fs-Laserpulsen entstehen stark absorbierende Photoprodukte. Ihre Wirkung zeigt sich allerdings erst beim nachfolgenden Laserpuls. Ferner werden bei den fs-KrF-Laserpulsen auch Multiphotonprozesse zur Deutung des Abtragverhaltens berücksichtigt. Beide Veränderungen der Absorption wirken sich auf die Eindringtiefe des Laserlichtes und damit auch auf den Materialabtrag pro Laserpuls aus. Die zunehmende Absorption bildet auch die Ursache für die abnehmende Laserverdampfung bei steigendem Energiefluß der ns- und fs-Pulse (Bild 8.13). Hingegen erscheint die Absorption und Streuung von Laserlicht in der Plasmawolke (sie entsteht auf der ns-Zeitskala.) hier nur von untergeordneter Bedeutung [8.20]. Zusätzliche Information zur Excimerlaserlichteinkopplung in organische Polymere liefern Experimente, bei denen mit hoher Zeitauflösung der vom Polymer reflektierte Teil der KrF-Laserstrahlung erfaßt und mit photoakustisch ermittelten Energieflußschwellen für die Verdampfung verglichen wurde [8.89]. Während eines Excimerlaserpulses beginnt nach Erreichen eines kritischen Energieflusses, aber unabhängig von der aktuellen Laserintensität, eine Intensitätsabnahme des reflektierten Laserlichtes. Sie erfolgt in wenigen Nanosekunden und fällt in der Regel nicht mit der Energieflußschwelle für die Laserverdampfung zusammen. Als Ursache wird die Ablenkung des Excimerstrahles an der Stoßwelle der laserinduzierten Plasmawolke vor dem bestrahlten Polymer ausgeschlossen, aber Lichtstreuung und Absorption an verdampften Teilchen für möglich gehalten [8.89]. Eine Veränderung der Absorptionseigenschaften des Polymers wie in [8.20] wurde in dieser Arbeit nicht betrachtet, sondern eine nahezu unveränderte Reflektivität an der aktuellen Polymeroberfläche angenommen.

Als Verdampfungshilfe für transparente Polymere bieten sich auch die Sensibilisierung oder Dotierung an. Hierbei werden geeignete Farbstoffe (Absorber) für das Laserlicht in das Polymermaterial eingebunden. Zum Beispiel sorgen Porphyrin in PMMA [8.93] oder Polyimid in Polytetrafluorethylen (PTFE) [8.94] für eine einstellbare, konzentrationsabhängige Absorption des Laserlichts.

Eine starke Motivation der Pulslaserverdampfung von organischen Polymeren gründet sich auf die Mikrostrukturierung von Photolacken zur Herstellung von Mikroelektronikbauteilen. Mit Kontaktmasken wurden Strukturbreiten von nur 0,2 µm verwirklicht [8.253], mit ArF-Laserverdampfung von diamantartigem Kohlenstoff sogar eine Auflösung von 0,13 µm [8.292]. Laserlithographie mit einer Auflösung von 0,4 µm ist inzwischen schon kommerziell erhältlich. Mittels einer Interferenztechnik konnten sogar sehr feine, periodische Strukturen durch KrF-Laserverdampfung von Polyimid mit Gitterkonstanten von 167 nm und Linienbreiten zwischen 30 und 100 nm erzeugt werden [8.95, 8.96]. Kritische Bewertungen hinsichtlich der erreichbaren Strukturauflösung, der physikalischen Grenzen und apparativen Anforderungen bezüglich chromatischer Abberation, Abbildungsfehler von Linsen, Schärfentiefe, Speckle-Interferenz und Beugungsbegrenzung finden sich unter anderem in [8.97, 8.98, 8.292]. Auch die Verfügbarkeit von kurzwelligem F_2-Laserlicht (157 nm) kann die Anwendungsmöglichkeiten der Lasermikrostrukturierung erweitern, wie erste Versuche an Polytetrafluorethylen(PTFE) andeuten [8.267].

Gänzlich aus der Reihe der bisher betrachteten Laserverdampfung organischer Polymere fallen Untersuchungen mit einem fokussierten Ar^+-Dauerstrichlaser. PMMA-Schichten lassen sich mit frequenzverdoppeltem Ar^+-Laserlicht von 257 nm an der Luft in wenigen Durchläufen vollständig von Silizium-, Quarz- und Glassubstraten abtragen [8.220]. Bei rund 1 mW Laserleistung und einem Fokusdurchmesser von 1,5 µm liegt die lokale Intensität in der Größenordnung von 10^4 bis 10^5 W/cm². Bei den eingesetzten Vorschubgeschwindigkeiten von 10 bis 100 µm/s beträgt die mittlere Bestrahlungszeit 0,01 bis 0,1 s. Der PMMA-Abtrag ist bis zu Schichtdicken von 600 nm proportional zum lokalen Laserenergiefluß. Für die vollständige Entfernung einer 150 nm dicken PMMA-Schicht werden 4 kJ/cm² Lichtenergie benötigt, also weniger als 20 Photonen pro Monomermolekül. In Abwesenheit von Sauerstoff bleibt der PMMA-Abtrag dagegen unvollständig und ist selbstbegrenzend. Für die Selbstbegrenzung wird eine laserinduzierte Steigerung des Polymervernetzungsgrades angenommen [8.220]. Die Bedeutung des Sauerstoffs für das Prozeßergebnis macht hier die Unterscheidung zwischen Laserverdampfen und trockenem laserchemischem Ätzen (Abschnitt 8.2) schwierig.

Ähnliche Experimente gelingen mit Ar^+-Laserlicht höherer Leistung auch bei kurzen Bestrahlungszeiten an Polyimid [8.99], dotiertem PMMA [8.100] und PET [8.224]. Je nach Vorschubgeschwindigkeit des Laserstrahles werden die Polymerfolien auf einer Drehscheibe in 1 µs bis 1 ms langen Intervallen bestrahlt. Die Intensität des Laserlichtes der Wellenlänge 300 bis 330 nm oder 350 bis 380 nm beträgt im Fall von Polyimid 10 kW/cm^2 und führt an der Luft zu einem glatten Materialabtrag. Bei PMMA sind die Abtragreaktionen mit teilweiser Depolymerisierung von PMMA verbunden. Die Laserbestrahlung an der Luft führt hier je nach Prozeßführung zu komplexen Oberflächenstrukturen aus erstarrtem Polymermaterial. Bestrahlungsintervalle länger als 1 ms führen bei Polyimid zur Materialzerstörung (Schwärzung) [8.99].

8.2 Trockenes laserchemisches Ätzen

Das Prinzip des trockenen laserchemischen Ätzens besteht darin, daß in einem heterogenen Gas-Festkörper-System mit Hilfe einer laserchemischen Reaktion eine Umwandlung von Festkörpermaterial in solche Verbindungen erzielt wird, die sich als Gase von der Oberfläche entfernen oder sich leicht vom Festkörper entfernen lassen. Laserinduzierte Oxidationsreaktionen können im Fall von flüchtigen [8.101] oder leicht entfernbaren Oxiden ebenfalls zum laserchemischen Ätzen gerechnet werden. Das laserinduzierte Ätzen kann nach mehreren Mechanismen ablaufen (vgl. auch [8.102-8.106,8.235, 8.301,8.302]):

- Die ätzende Spezies wird in der Gasphase gebildet. Sie entsteht laserphotolytisch oder laserpyrolytisch (photothermisch) aus einer gasförmigen Ausgangsverbindung (z.B. Halogenatome aus halogenhaltigen Molekülen) oder aber eine Ausgangsverbindung wird durch die Laserbestrahlung für den Ätzprozeß aktiviert (z.B. Schwingungsanregung von SF_6 [8.102,8.103]). Der Laserstrahl kann parallel zur oder senkrecht auf die Festkörperoberfläche gerichtet sein. Der Ätzprozeß bei direkter Lasereinwirkung ist effektiver als bei paralleler Strahlführung (vgl. z.B. [8.107]). Die räumliche Ausdehnung des Ätzprozesses ist durch die Laserbestrahlung der Oberfläche und/oder die Diffusionslänge der ätzenden Spezies bestimmt (vgl. auch [8.102,8.103, 8.106, 8.108,8.236]).

- Die ätzende Spezies wird bei direkter Laserbestrahlung der Festkörperoberfläche in der Adsorbatschicht gebildet. Dabei kann einer der drei oben genannten Reaktionstypen wirksam sein.
- Die Laserbestrahlung der Festkörperoberfläche beseitigt Passivierungsschichten. Der gehemmte Materialabtrag kann nun an der laserbestrahlten Stelle stattfinden. Die Entfernung der Passivierungsschicht erfolgt physikalisch (Verdampfen durch Aufheizen) oder auch chemisch (Erzeugung leicht flüchtiger Reaktionsprodukte).
- In einem nichtmetallischen Festkörper werden durch die Absorption von Laserlicht Elektron-Loch-Paare erzeugt. Diese leiten die Ätzreaktionen ein, die gegebenenfalls von Art und Umfang einer Dotierung (Verunreinigung) abhängig sind (vgl. hierzu auch Kap.7: Laserelektrochemie sowie [8.109]).
- Durch die Laserbestrahlung werden Elektronen aus dem Festkörper in die Gasphase emittiert und erzeugen dort eine ätzende Spezies.
- Die Laserstrahlung heizt den Festkörper und die benachbarte Gasphase auf und aktiviert dadurch den Ätzprozeß. Die räumliche Begrenzung dieses Ätzprozesses ist durch die Wärmeleitung im Festkörper, die Aktivierungsenergie des Ätzprozesses und/oder gegebenenfalls die Diffusionslänge der ätzenden Gasphasenspezies bestimmt.

Mitunter laufen mehrere Mechanismen in einem laserchemischen Prozeß neben- oder nacheinander ab. Auch ist beim Einsatz von Pulslasern zwischen Laserätzen im obigen Sinn und Pulslaserverdampfung mit nachfolgender Reaktion des verdampften Materials mit dem eingesetzten Prozeßgas nicht in jedem Fall zweifelsfrei zu unterscheiden. Für den praktischen Einsatz ist die Klärung solcher "akademischer" Fragen aber von untergeordneter Bedeutung. Ebenso kann je nach Aufgabenstellung eine andere Einteilung der Reaktionsmechanismen vorteilhaft sein. Beispielsweise wird für das laserchemische Ätzen von Metallen folgende Klassifizierung vorgeschlagen [8.105]:

- *Spontanes Ätzen*: Die ätzende Spezies reagiert auch ohne Laser direkt mit dem Metall und bildet ein leicht flüchtiges Reaktionsprodukt, das von der Oberfläche desorbiert.
- *Korrosives Ätzen*: Es bildet sich eine relativ dicke Schicht an Reaktionsprodukten. Hier ist Laserbestrahlung erforderlich, um die Reaktionsprodukte von der Oberfläche zu entfernen.
- *Passives Ätzen*: Es bildet sich eine nur wenige Atomlagen dicke Passivierungsschicht, die durch Laserbestrahlung entfernt werden muß.

Auch für diese Klassifizierung gilt, daß ihre eindeutige Zuordnung zu praktischen Versuchen sehr viel Detailinformation voraussetzt, die häufig (noch) nicht verfügbar ist.

Das trockene laserchemische Ätzen hat schon eine relativ lange Geschichte und wurde bereits mehrfach zusammenfassend dargestellt (vgl. z.B. [8.78, 8.104, 8.110-8.112]). So können wir uns im wesentlichen auf die obige Auflistung von Mechanismen beschränken, insbesondere da laserinduzierte Reaktionen in der Gasphase (Kap. 3), in Adsorbatschichten (Kap. 4) und in Festkörpern (Kap. 5) bereits abgehandelt wurden. Im folgenden sind in Tabelle 8.3 solche Materialien zusammengestellt, die mittels trockenem, laserchemischem Ätzen abgetragen wurden. Die benutzten Ätzgase (Ausgangsverbindungen) und Laser sind ebenfalls summarisch angegeben.

Tabelle 8.3. Mit trockenem, laserchemischem Ätzen abgetragene Materialien und dabei eingesetzten Ätzgase und Laser, summarisch aufgelistet nach den Zusammenstellungen in [8.78, 8.102, 8.104, 8.110-8.112, 8.301] und nach [8.105, 8.115-8.116, 8.281-8.290]

Geätztes Material	Ätzgas(e)	Laser (ggf. mit Faktor für Frequenzvervielfachung)
Ag	CO_2, Luft	N_2, 3xNd-YAG, XeCl
Al	Cl_2	N_2, XeCl
Al_2O_3/TiC	CCl_4, CF_4, CF_3Cl, SF_6	Ar^+, Nd-YAG, XeCl
Au	Cl_2, Luft	N_2, ArF
$BaTiO_3$	H_2, Luft	Kr^+
Cr	Cl_2	Ar^+
Cu	Cl_2	Ar^+, 2x und 3xNd-YAG
CuCl	Cl_2	2x und 3xNd-YAG
Diamant	Cl_2, O_2, NO_2, NH_3	ArF
Fe	Cl_2	N_2
Fe_xNi_y	Cl_2, CCl_4, CF_4, SF_6	Ar^+, N_2
GaAs	Cl_2, Br_2, HF, HCl, HBr, CH_3Cl, CH_3Br, CH_3I, CF_3Br, CF_3I, CCl_4, $SiCl_4$	Ar^+, $2xAr^+$, Kr^+, 2xNd-YAG, ArF
Ga(As,P)	HCl	Ar^+, cw-Farbstoff
GaP	CCl_4	Ar^+
Ge	Br_2	Ar^+, Puls-Farbstoff
Glas	H_2, HF, CF_2Br_2, C_2F_4	CO_2, ArF, KrF
InP	CH_3Br, CH_3I/H_2, CH_3Cl, CCl_4, CF_3Br, CF_3I	Ar^+, $2xAr^+$
InSb	CCl_4	Ar^+

Fortsetzung **Tabelle 8.3**

Geätztes Material	Ätzgas(e)	Laser (ggf. mit Faktor für Frequenzvervielfachung)
$LiNbO_3$	H_2, O_2, N_2, Cl_2, Luft	2xAr$^+$, KrF
Mn-Zn-Ferrit	CCl_4, CF_4, CF_3Cl, $C_2F_2Cl_2$, SF_6	Ar$^+$
Mo	Cl_2, NF_3	Ar$^+$, N_2, ArF
Ni	Cl_2, Br_2	N_2, KrF
$Pb(Zr,Ti)O_3$	H_2	Ar$^+$, Kr$^+$
Pyrex (Quarz)	H_2	ArF
Si	Cl_2, Br_2, HCl, F_2CO, C_2F_4, C_2F_6, CF_4/O_2, SF_6, XeF_2	CO_2, Ar$^+$, 2xNd-YAG, Pulsfarbstoff, N_2, XeCl, ArF, KrF, XeF
SiC	ClF_3	XeF, KrF
SiO_2	H_2, HF, HCl, Cl_2, Br_2, CF_3Br, CF_2Cl_2, CF_2Br_2, CD_3F, C_2F_4, C_2F_6, C_2H_3F, NF_3/H_2, SF_6	CO_2, Ar$^+$, ArF, KrF
SiO_2/B_2O_3	CF_2Br_2	KrF
$SrTiO_3$	H_2, Luft	Kr$^+$
Ta	CCl_4/H_2, SF_6, XeF_2	CO_2
Te	XeF_2	CO_2
Ti	NF_3, Br_2, CCl_3Br	ArF, KrF
W	Cl_2, I_2, F_2CO, NF_3, Luft	Ar$^+$, N_2, ArF

Zusammenfassungen von Absorptionsspektren der Ausgangsverbindungen, ihren photochemischen Reaktionen, den Eigenschaften der photochemisch erzeugten freien Radikale und ihren Reaktionen auf Oberflächen insbesondere von Materialien, die in der Mikroelektronik eingesetzt werden, finden sich bereits in der Literatur (vgl. z.B. [8.113, 8.114]).

Für das trockene laserchemische Ätzen können die in Bild 8.4 gezeigten Versuchsaufbauten und -techniken für die Laserverdampfung in analoger Weise verwendet werden, d.h. also das Abrastern einer Oberfläche mit einem (fokussierten) Laserstrahl sowie die Techniken mit Kontaktmasken und mit Projektionsmasken (vgl. z.B. auch [8.106, 8.115]).

Tabelle 8.3 zeigt bereits eine beachtliche Vielfalt an geätzten Materialien und Kombinationsmöglichkeiten bezüglich Ätzgasen und Lasern, die bei weitem noch nicht systematisch ausgeschöpft sind. Ein Beispiel für das Optimierungspotential von laserchemischem Ätzen bildet der Ersatz von CCl_4 durch CCl_2F_2 beim Ätzen von Mn-Zn-Ferrit [8.116]. Der Ätzgaswechsel bewirkte eine Anhebung der Ätzrate um eine Größenordnung auf 360 µm/s und übertrifft damit sogar die laserinduzierte naßchemische Ätzrate des Ferrits in H_3PO_4.

Im folgenden werden einige wesentliche Merkmale des trockenen laserchemischen Ätzens anhand konkreter Beispiele aus Tabelle 8.3 veranschaulicht.

Wegen seiner vielseitigen und technisch bedeutsamen Anwendungsmöglichkeiten ist naturgemäß das laserchemische Ätzen von (ein-)kristallinem Silizium sehr gut untersucht (vgl. z.B. [8.235]) und läßt sich folgendermaßen zusammenfassen:

- Ätzen in Cl_2 mit kontinuierlichem UV-Laserlicht niedriger Leistung: Ein Ar^+-Laser (350 bis 360 nm, 0,05 bis 0,8 W) mit 1,5 µm Fokusdurchmesser photolysiert Cl_2-Gas (10 bis 600 Torr). Die erhaltenen Cl-Atome können bei hoher Laserleistung in weniger als 5 Minuten Durchgangslöcher von rund 50 µm Durchmesser durch n-dotierte Si-Wafer von 250 µm Dicke ätzen [8.117]. Die laserinduzierte Aufheizung des Siliziums spielt unter diesen Prozeßgasbedingungen keine entscheidende Rolle. Eine besondere Hervorhebung verdient die Tatsache, daß die Ätzstrukturen (50 µm) erheblich breiter als der Fokusdurchmesser (1,5 µm) sind. Hier werden die Strukturbreiten durch die Diffusionslänge und Konzentration der Cl-Atome sowie die Ätzdauer bestimmt.

- Ätzen in Cl_2 mit kontinuierlichem, sichtbarem Laserlicht hoher Leistung: Mit Ar^+-Laserleistungen (514 nm) zwischen 0,5 und 1,5 W ebenfalls bei einem Fokusdurchmesser von 1,5 µm wurden in 200 bis 300 Torr Cl_2 bei Vorschubgeschwindigkeiten von 1 bis 10 mm/s Furchen von etwa 1 bis 8 µm Tiefe erzielt, sofern der elektrische Feldvektor (E) des linear polarisierten Ar^+-Laserlichts senkrecht zur Vorschubrichtung eingestellt war [8.118]. Bei paralleler E-Vektororientierung wurde lediglich eine Furchentiefe von 3 µm erreicht. Auch das vertikale Furchenprofil zeigt eine deutliche Abhängigkeit von der Polarisationsrichtung des Laserlichts und wird mit der polarisationsabhängigen Reflektion des Laserlichts an der Furchenwand erklärt. Unter diesen Prozeßbedingungen spielt das laserinduzierte Schmelzen des Siliziums eine signifikante Rolle und beschleunigt den Ätzprozeß.

- Ätzen in Cl_2 mit gepulstem UV-Laserlicht [8.107, 8.235]: Das Licht eines XeCl-Excimerlasers von 308 nm kann sowohl Cl_2 zu Cl-Atomen dissoziieren wie auch Elektron-Loch-Paare im Halbleiter erzeugen. Zur Erfassung beider Effekte wurden Ätzversuche mit direkter Laserbestrahlung des Halbleiters und Strahlführung parallel zur Halbleiteroberfläche durchgeführt. Desweiteren wurden die Abhängigkeiten des Ätzprozesses von der Kristallorientierung sowie Art und Grad der Dotierung (Oberflächenwiderstand) untersucht.

Bei direkter XeCl-Laserbestrahlung von Phosphor- und Bor-dotiertem Silizium zeigt das n-dotierte Material die größeren Ätzraten (Bild 8.15). Dieser Befund deckt sich mit den Ergebnissen beim laserelektrochemischen Ätzen und kann hier ebenso mit den dotierungsabhängigen Bandverbiegungen an der Halbleitergrenzfläche gedeutet werden (s. Kapitel 7). Die relativ hohe Ätzrate auf der (100)-Ebene gegenüber derjenigen auf der (111)-Ebene im Fall des p-dotierten Siliziums und der schwach n-dotierten Proben ist dann verständlich, wenn ein leichtes Eindringen von Cl⁻-Ionen über die relativ offenen (100)-Strukturen gegenüber dem schwierigen Eindringen in den kompakten (111)-Aufbau angenommen wird.

In Analogie zum laserelektrochemischen Ätzen läßt sich das p-dotierte Silizium nur schwer ätzen und zwar nennenswert nur bei direkter Lasereinwirkung auf den Halbleiter. Daher ist ein Vergleich von Ätzraten mit senkrechter und paralleler Laserstrahlführung relativ zur Halbleiteroberfläche nur beim n-dotierten Material sinnvoll. Bei hohem n-Dotierungsgrad ist die Ätzrate auf den (111)- und (100)-Ebenen in etwa gleich und unabhängig von der Laserstrahlrichtung. Bei abnehmender Dotierung zeigt sich bei beiden

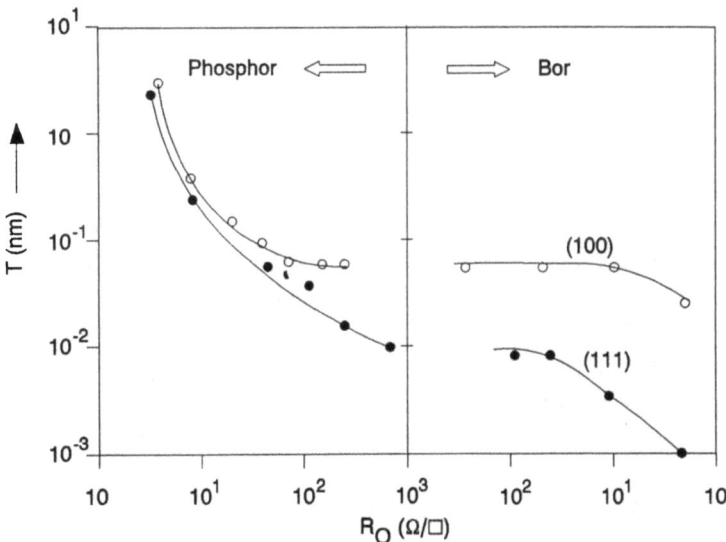

Bild 8.15. Ätztiefe T in (a) Phosphor-dotiertem und (b) Bor-dotiertem Silizium in 100 Torr Cl_2 nach der Einwirkung von 1 J/cm² XeCl-Laserlicht in Abhängigkeit vom Oberflächenwiderstand R_o (Dotierungsgrad) und der Kristallorientierung nach [8.107]

Kristallorientierungen die direkte Lasereinwirkung im Vorteil (bei einem Oberflächenwiderstand von 10^3 Ω etwa eine Größenordnung) und eine rund 10-fach größere Ätzrate auf der mikroskopisch relativ offenen (100)-Ebene (Bild 8.16).

Wenn auch mit unterschiedlicher Geschwindigkeit je nach Laserstrahlrichtung, Dotierung und Kristallorientierung von Silizium, so konnten mit Cl_2 und XeCl-Laserbestrahlung dennoch jeweils Strukturen im Bereich von 1 µm Auflösung geätzt werden. Der Mechnismus und das Potential des laserchemischen Ätzens von Silizium mit Chlor für technische Anwendungen wurde mit XeCl- und KrF-Excimerlaserbestrahlung untersucht [8.293]. Für hohe Ätzraten wird die Kombination von einer Mikrowellenentladung zur effizienten Erzeugung von Cl-Atomen und der KrF-Laserbestrahlung der Oberfläche zur Photodesorption vorgeschlagen.

- Für das Ätzen von Silizium in XeF_2 ist zu beachten, daß Silizium bereits ohne Lasereinwirkung durch XeF_2 spontan geätzt wird gemäß dem vereinfachten Reaktionsschema [8.109]:

$$\begin{array}{ll} F + Si \rightarrow SiF \rightarrow SiF(g) & \text{ca. } 7\% \\ \downarrow \ +F & \\ SiF_2 \rightarrow SiF_2(g) & \text{ca. } 7\% \\ \downarrow \ +F & \\ SiF_3 \rightarrow SiF_3(g) & (?) \\ \downarrow \ +F & \\ SiF_4 \rightarrow SiF_4(g) & \text{ca. } 85\% \end{array}$$

Die zusätzliche Bestrahlung mit sichtbarem Ar^+-Laserlicht (alle Linien) führt nach einer anfänglichen Absenkung der Ätzrate zu einer deutlichen Steigerung. Diese Effekte und die Veränderung in den $SiF:SiF_2:SiF_3:SiF_4$- Massenverhältnissen sind nicht mit einer Probenaufheizung erklärbar, wie Vergleichsexperimente mit 360°C heißen Si-Kristallen zeigen. Vielmehr führt die Erzeugung von Elektron-Loch-Paaren zur verstärkten Bildung von kovalenten Si-F-Bindungen (Übertragung von Leitungsbandelektronen des Si auf F-Atome) und zu einer vermehrten Fluordiffusion unter die Oberfläche. Diese Diffusion ist auch für die anfängliche Abnahme der Ätzrate bei Ar^+-Laserbestrahlung verantwortlich (Abnahme der Oberflächenkonzentration an F). Ob für die Si-F-Bindungsbildung Elektron-Loch-Paare erforderlich sind, wird allerdings aufgrund von ArF-Laserätzversuchen mit NF_3 am Si bezweifelt [8.119]. Vielmehr wird dort angenommen, daß die große Elektronegativität von F-Atomen auch für eine Valenzelektronenübertragung (statt Leitungsbandelektronen oben) von Si auf F ausreicht.

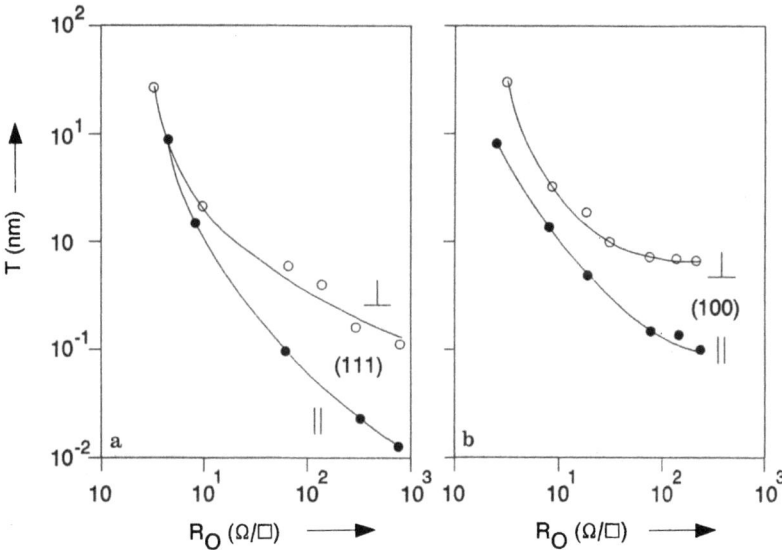

Bild 8.16. Ätztiefe T in Phosphor-dotiertem Silizium in 100 Torr Cl_2 nach der Einwirkung von 1 J/cm² XeCl-Laserlicht bei senkrechtem und parallelem Laserlichteinfall als Funktion des Oberflächenwiderstandes R_0 (Dotierungsgrad) für (a) (111)-Silizium und (b) (100)-Silizium nach [8.107]

Ein besonders originelles Beispiel für trockenes laserchemisches Ätzen zeigt die Unterhöhlung einer optisch transparenten SiO_2-Schicht durch photothermisches Ätzen der darunterliegenden Si-Schicht mit einem Ar^+-Laser (514 nm) und Cl_2 (Bild 8.17). Der Ätzprozeß beginnt am Rande des Werkstücks und führt dann ins Innere, wobei der geätzte Kanal für den Stoffaustausch dient und die ätzende Spezies zum Reaktionsort hinein sowie die Reaktionsprodukte vom Reaktionsort in die Prozeßkammer hinaus führt. Mit dieser Methode gelang die Herstellung eines etwa 2 μm breiten, 4 μm tiefen Kanals der bis 200 μm ins Werkstückinnere reicht [8.108]. Zwei Merkmale dieses Verfahrens verdienen eine besondere Hervorhebung, die Materialselektivität des Ätzprozesses und die laserchemische Prozeßführung unterhalb einer Oberflächenschicht.

Ein anschauliches Beispiel für die Abhängigkeit photothermischer Ätzprozesse von der Laserabsorption durch den Festkörper bilden die Systeme Si/HCl und SiO_2/HCl bei Bestrahlung mit einem Ar^+-Laser. Während das absorbierende Si unter diesen Bedingungen effektiv geätzt wird, bleibt das transparente SiO_2 unversehrt. Wie aus Tabelle 8.3 hervorgeht, läßt sich unter anderen Prozeßbedingungen jedoch auch SiO_2 mit HCl laserchemisch ätzen.

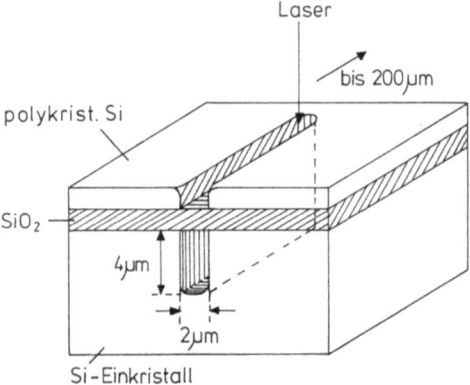

Bild 8.17. Materialselektives laserchemisches Ätzen von Silizium über und unter einer SiO$_2$-Schicht mit Hilfe von Chlor und einem Ar$^+$-Laser nach [8.108]

Wie sehr das laserchemische Ätzverhalten von technischen Einzelheiten abhängen kann, zeigt auch das Beispiel von SiO$_2$ in NF$_3$-Gas unter ArF-Laserbestrahlung. Nur bei Laservorbehandlung der SiO$_2$-Oberfläche bei niedrigem Prozeßgasdruck setzt der Ätzprozeß bei hohem Druck sofort ein. Ohne Niederdruckvorbehandlung wird bei hohem Prozeßgasdruck eine "Inkubationsphase" beobachtet [8.120, 8.121].

Das XeCl-Laserätzen von GaAs mit Cl$_2$ bildet ein Beispiel für die laserinduzierte Entfernung einer Passivierungsschicht [8.122]. Bei Raumtemperatur ätzt Cl$_2$ die Oberfläche von GaAs, stoppt jedoch, sobald sich eine GaCl$_3$-Schicht gebildet hat. Im Gegensatz zu AsCl$_3$ ist GaCl$_3$ wenig flüchtig. Die GaCl$_3$-Schichtbildung findet zwischen den XeCl-Laserpulsen statt. Mit der Laserbestrahlung verdampft die hemmende GaCl$_3$-Schicht und der Ätzprozeß kann weitergehen. Die Laserverdampfung von GaCl$_3$ ist experimentell deutlich von der GaAs-Verdampfung zu unterscheiden (Laserenergiefluß, Oberflächenmorphologie). Andererseits reicht die laserphotolytische Bildung von Cl-Atomen alleine nicht für das Ätzen von GaAs aus. Der Ätzvorgang bleibt nämlich auf die laserbestrahlte Fläche begrenzt und ist nicht durch die Diffusionslänge der Cl-Atome bestimmt. Hingegen können Beiträge durch die Elektron-Loch-Paarbildung im Halbleiter, laserinduziertes Eindiffundieren von Chlor und/oder Chloriden in die bestrahlte Oberfläche und die erneute Abscheidung von laserverdampftem Material nicht ausgeschlossen werden. Zusätzliche Prozesse sind sogar anzunehmen, denn die Ätzrate von GaAs bei XeCl-Laserbeschuß in Cl$_2$-Gas erreicht bis 5 nm/Puls und darüber. Die Ätztiefe pro Puls übersteigt also deutlich die Dicke einzelner (passivierender)

Atomlagen von 0,28 nm Dicke und liegt nahe an der Absorptionslänge von 308 nm [8.122]. Nach der obigen Klassifizierung handelt es sich hier um korrosives Ätzen (vgl. auch [8.227]).

Ein weiteres Beispiel für korrosives Ätzen bildet das System MnZn-Ferrit, CCl_2F_2 und ein Ar^+-Laser (514,5 nm), wobei ein photothermischer Prozeß abläuft [8.116]. Die lokale Ferritaufheizung beträgt bei der Ätzschwelle etwa 600°C und erreicht damit die Schmelztemperatur der Chloride von Fe, Mn und Zn. An der heißen Oberfläche wird CCl_2F_2 thermisch unter Chlorabgabe zersetzt. Die Reaktionsprodukte des anschließenden Ätzprozesses verbleiben zunächst auf der Oberfläche in oder nahe bei der Ätzfurche. Sie können aber leicht durch Ultraschallreinigung in Aceton entfernt werden und ergeben eine gaußförmige Furche mit sehr glatten Rändern. Ihre Tiefe von 14 µm und Breite von 18 µm liegt nahe beim Fokusdurchmesser von 13,2 µm (1/e-Kriterium) bei 0,3 W Laserleistung, 150 Torr CCl_2F_2 und einem Vorschub von 9 µm/s. Durch Anhebung des CCl_2F_2-Druckes von 5 auf 700 Torr wächst die Furchentiefe unter den obigen Bedingungen von 4 µm auf 20 µm an, während die Furchenbreite von 20 µm (10-20 Torr) auf 18 µm (20 bis 700 Torr) leicht absinkt. Die Furchentiefe (Ätzrate) kann bei Laserleistungserhöhung bis auf etwa 200 µm zunehmen. Ein Verhältnis Ätztiefe:Ätzbreite bis etwa 7:1 wurde mit diesem Verfahren erreicht.

Beim laserchemischen Ätzen von Titan mit einem KrF-Laser und Br_2 oder CCl_3Br betragen die Ätzraten bis zu 0,6 nm/Puls entsprechend 2,7 Atomlagen von Ti. Die Ätzprozesse mit Br_2 werden in zwei Stufen unterteilt, die dissoziative Chemisorption von Br_2 mit der Bildung einer passivierenden $TiBr_2$-Schicht von 2 bis 3 Titan-Atomlagen. Diese Schicht wird mit einem KrF-Laserpuls verdampft und die freigelegte Titan-Oberfläche kann bis zum nächsten Laserpuls erneut bromiert werden (passives Ätzen). Mit CCl_3Br werden zunächst durch die Laserbestrahlung in der Gasphase Br-Atome erzeugt, die dann die Ti-Oberfläche bromieren können. CCl_3Br zeigt ohne Laserbeschuß nur physikalische Adsorption, jedoch keine Chemisorption.

Die Materialselektivität laserchemischer Ätzprozesse wurde bereits für eine Reihe von Materialkombinationen demonstriert. Zu diesen gehören Si/SiO_2, W/Si, W/SiO_2, Mo/SiO_2, Ti/SiO_2, Ta/SiO_2, Si_3N_4/SiO_2 und Al/SiO_2, wobei hier fluorhaltige Spezies (F-Atome, CF_2-Biradikale) als aktive Reaktionspartner angenommen werden [8.123]. Die Materialselektivität laserchemischer Ätzprozesse hat eine große praktische Bedeutung für den technischen Einsatz, weil sie eine Selbstbegrenzung des Ätzens einschließt und dadurch die Anforderungen an die Prozeßsteuerung niedrig hält.

8.3 Dünnschichtherstellung

Dünnschichtherstellung durch Verdampfen eines Quellenmaterials (Target) mit einem Laser und Abscheiden einer Dünnschicht auf einem Träger (Substrat) zählt in ihrer einfachen Ausführungsform zu den PVD-Verfahren (PVD = Physical Vapor Deposition) [8.124]. Mitunter wird aber das mit dem Laser verdampfte Material chemischen Prozessen mit einem Prozeßgas(gemisch) unterzogen derart, daß die Reaktionsprodukte zur Dünnschichtherstellung dienen. Beispiele hierfür bilden die Verdampfung von Graphit in einem wasserstoffhaltigen Gas zur Herstellung von amorphen, wasserstoffhaltigen Kohlenstoffschichten (a-C:H, diamantartiger Kohlenstoff, DLC = diamond like carbon), die Pulslaserverdampfung von Titan in N_2-Atmosphäre zur Abscheidung von TiN [8.261] sowie von Si [8.125] und Ge [8.126] in O_2-Atmosphäre zur Erzeugung von Oxidschichten. Im letzten Fall entstehen bei relativ hohem Sauerstoffdruck (0,4 mbar) GeO_2-Schichten, wobei die Oxidbildung an der Schichtoberfläche und nicht in der laserverdampften Wolke angenommen wird [8.126]. Zwischen die physikalische und reaktive Dünnschichtherstellung ist die Laserverdampfung von Substanzen mit einer flüchtigen Komponente einzuordnen, wenn dieselbe flüchtige Komponente in Gasform zugegeben wird. Ein Beispiel hierzu ist die Verdampfung von Oxiden in Sauerstoff und die nachfolgende Abscheidung von oxidischen Dünnschichten.

Für die Beschichtungsverfahren mit Laserverdampfung werden in der Literatur mehrere Namen verwendet: laserunterstützte Verdampfung (laser-assisted evaporation), Laserverdampfung (laser evaporation, laser vaporization), Laserablation (laser ablation), Laserdeposition (laser deposition), Pulslaserdeposition (PLD = pulsed laser deposition), Lasersputtern (laser sputtering), Laser PVD (LPVD = Laser physical vapor deposition) und Laserplasmaabscheidung (laser plasma deposition). Der Einfachheit wegen wird nachfolgend der Ausdruck *Laserbedampfung* verwendet. Die Literatur zu dieser Beschichtungstechnik hat sich seit 1988 rund verzehnfacht und ist Gegenstand einiger Übersichtsartikel [8.9, 8.10, 8.132, 8.142, 8.228-8.230, 8.259, 8.260, 8.291].

Bei der Laserbedampfung befindet sich die heißeste, laserbestrahlte Stelle im Quellenmaterial selbst und nicht an der Tiegelwand wie bei einigen thermischen Verdampfungsverfahren. Dadurch entfallen die kritische Tiegelmaterialauswahl sowie mögliche Legierungsbildungen oder Materialverunreinigungen. Laserlicht hat im Unterschied zu Elektronen oder Ionen auch bei hohen Gasdrucken ungehinderten Zugang zum Quellenmaterial. Ein technisch attraktiver Aspekt der Laserbedampfung ist der Erhalt der chemischen

Zusammensetzung (Stöchiometrie). Der Stöchiometrieerhalt gilt allerdings nur für die schwerflüchtigen Anteile im Quellenmaterial, also für das Verhältnis Y:Ba:Cu bei $YBa_2Cu_3O_{7-x}$ oder für Pb:Zr:Ti bei $Pb(Zr,Ti)O_3$. Die Entmischung von vielkomponentigen Quellenmaterialien kann bei der (kurzwelligen) Pulslaserverdampfung gut unterdrückt werden [8.127]. Die laserbedampfte Dünnschicht hat bei geeigneter Prozeßführung dieselbe Stöchiometrie wie das Quellenmaterial. Die praktischen Vorteile liegen auf der Hand: Es erfolgt keine Verdünnung oder Anreicherung einzelner Komponenten im Quellenmaterial, was eine weitgehende Ausnutzung dieses Materials zuläßt. Die chemische Zusammensetzung der Dünnschicht wird bei der Quellenmaterialherstellung vorgegeben. Es ist keine Kompensation für Matrixeffekte erforderlich.

Bereits dieser kurze Vergleich läßt verstehen, warum die Laserbedampfung häufig bei schwerflüchtigen Materialien und Substanzen mit komplexer chemischer Zusammensetzung eingesetzt wird. Geradezu ein Paradebeispiel bilden die keramischen Hochtemperatursupraleiter (HTSL) mit ihrem hohen Siedepunkt und ihrer komplexen Stöchiometrie. Die Hoffnung auf einen schnellen technischen HTSL-Einsatz hat eine rasante Forschungsentwicklung insbesondere für $YBa_2Cu_3O_{7-x}$ (YBCO) gefördert (vgl. z.B. [8.67, 8.258, 8.274, 8.275]). Daher sollen wesentliche Verfahrensmerkmale der Laserbedampfung an diesem Beispiel dargelegt werden.

Ein typischer Versuchsaufbau für die Laserbedampfung mit YBCO und den üblichen Prozeßparametern ist in Bild 8.18 dargestellt. In den meisten Fällen werden XeCl- oder KrF-Excimerlaser zur Pulslaserbedampfung einge-

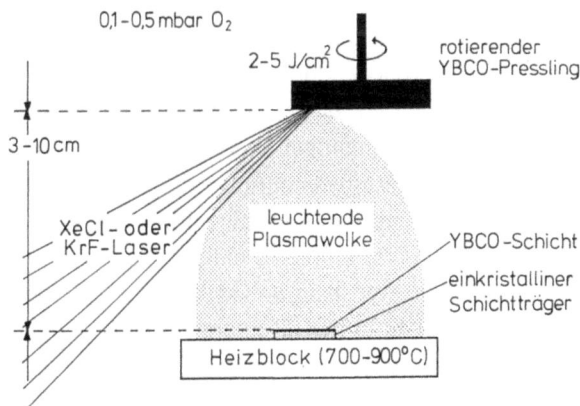

Bild 8.18. Typischer apparativer Aufbau zur Pulslaserbedampfung von einkristallinen Trägern mit supraleitenden $YBa_2Cu_3O_{7-x}$-Dünnschichten

setzt. Bei den standardmäßig verfügbaren Pulsenergien von 100 bis 300 mJ auf der Quelle, Pulswiederholraten von 1 bis 20 Pulsen/s (vereinzelt auch über 100 Pulse/s), Pulsdauern zwischen 10 und 60 ns wird das Laserlicht derart gebündelt, daß der Energiefluß auf dem YBCO-Preßling zwischen 2 und 5 J/(cm^2 Puls) liegt. Bei Energieflüssen außerhalb dieses Bereiches wird in der Regel eine teilweise Entmischung durch verstärkte Verdampfung des BaO-Anteils beobachtet. Der Abstand zwischen YBCO-Quelle und Dünnschicht liegt zwischen 3 und 10 cm bei einem Sauerstoffdruck von 0,1 bis 0,5 mbar bei leichtem Durchfluß. Unter diesen Voraussetzungen weist die erhaltene Dünnschicht das gewünschte Verhältnis Y:Ba:Cu = 1:2:3 auf.

Das richtige Y:Ba:Cu-Verhältnis ist eine notwendige, aber keine hinreichende Bedingung für den Erhalt einer HTSL-Dünnschicht mit hoher Sprungtemperatur und hoher Stromtragfähigkeit, wie sie für technische Anwendungen unabdingbar sind. Für eine hohe Sprungtemperatur von 90 K muß die orthorhombische Phase II gebildet werden. Für eine hohe Stromtragfähigkeit über 10^6 A/cm^2 bei 77 K soll im Idealfall eine epitaktische Schicht aufwachsen, mindestens aber eine Schicht mit c-Achsenorientierung und möglichst wenigen Korngrenzen. Korngrenzen stellen Schwachstellen dar, an denen die Supraleitung bevorzugt zusammenbricht [8.237].

Die gestellten Anforderungen werden von etwa 0,2 bis 0,5 µm dicken YBCO-Schichten, wie sie typischerweise zum Einsatz kommen sollen, bislang vorzugsweise auf ausgewählten, einkristallinen Trägern mit passenden Gitterkonstanten und Wachstumstemperaturen von 650 bis 900°C erzielt [8.238-8.248]. Präzise Temperaturmessungen für die aufwachsende Schicht sind aufwendig [8.128]. Daher begnügt man sich meistens mit Abschätzungen ausgehend von der gemessenen Heizblocktemperatur. Diese Abschätzungen sind vermutlich auf etwa ±50°C genau. Zur Vermeidung unerwünschter Korngrenzen ist zudem eine gute Oberflächenpolitur des Trägerkristalls erforderlich und ein thermisches Ausheilen vor der Laserbedampfung empfehlenswert (z.B. Abdampfen von Verunreinigungen und Ausgleich innerer Spannungen). In den Anfangszeiten der Laserbedampfung von HTSL-Schichten wurde $YBa_2Cu_3O_{7-x}$ bei tiefen Temperaturen von etwa 400°C abgeschieden. Die so erhaltene amorphe Dünnschicht mußte in einem zweiten Schritt bei etwa 900°C kristallisiert werden und war dann polykristallin. Heute wird praktisch ausschließlich das Abscheideverfahren in einem Schritt bei hoher Substrattemperatur angewendet.

Die oben genannten Prozeßbedingungen führen dazu, daß bei der Pulslaserbestrahlung der Quelle eine kräftig leuchtende Plasmawolke entsteht. Das Leuchten entsteht hauptsächlich durch die Reaktion zwischen dem laserverdampften YBCO-Material und dem zugegebenen Sauerstoffgas (vgl. auch

[8.71,8.72]). Die aufwachsende Dünnschicht sollte noch im hell leuchtenden Bereich der Plasmawolke liegen. Außerhalb des hellen Bereichs ist die Wachstumsrate im allgemeinen vermindert und die resultierende Schichtqualität gering. Qualitativ läßt sich dies folgendermaßen veranschaulichen: Mit zunehmendem Abstand von der Quelle verringert sich die Dichte an laserverdampften Teilchen (bei einem Überschallatomstrahl etwa quadratisch mit dem Abstand) und um so häufiger werden die laserverdampften Teilchen durch Stöße mit dem kalten Sauerstoffgas abgebremst bzw. desaktiviert. Üblicherweise liegt die mittlere Energie der laserverdampften Gasteilchen höher als bei einer konventionellen thermischen Verdampfung, aber niedriger als beim Ionensputtern (vgl. z.B. [8.64]). Eine möglichst hohe Energie der auf dem Träger auftreffenden Teilchen erscheint allerdings für ein gutes Schichtwachstum wünschenswert im Hinblick auf eine ausreichende Oberflächenbeweglichkeit der schichtbildenden Teilchen zum Erreichen ihres optimalen Kristallgitterplatzes.

Erwähnenswert ist, daß die Ausprägung der allerersten YBCO-Kristallebene auf dem Träger entscheidend für das nachfolgende Kristallwachstum ist [8.129,8.237]. Werden beispielsweise die ersten paar Monolagen bei verminderter Trägertemperatur abgeschieden, so bilden sich a-achsenorien- tierte Keime. Nachfolgend wächst dann auch bei hoher Temperatur eine a-achsenorientierte Schicht auf [8.130]. Ein analoges Wachstumsverhalten wird bei Defekten an der Substratoberfläche beobachtet, hervorgerufen z.B. durch Politurfehler oder Zwillingsbildung.

Die nach dem beschriebenen Verfahren auf dem Träger bei 650 bis 900°C gebildete YBCO-Schicht liegt zunächst in der tetragonalen Kristallphase vor und weist einen Sauerstoffmangel auf. Daher müssen nach der Pulslaserbedampfung noch eine Sauerstoffnachbeladung und eine Phasenumwandlung in die gewünschte orthorhombische Phase II folgen. Im einfachsten Fall geschieht beides durch Belüften der Laserbedampfungsanlage. Der ansteigende Sauerstoffpartialdruck sorgt für die Nachbeladung der Schicht und die mit dem Fluten erzielte Temperaturabsenkung bewirkt die Phasenumwandlung. Natürlich hängen die Flutungsdauer und das Temperatur-Zeit-Profil von der jeweiligen Apparatur ab, so daß viele Arbeitsgruppen ihr eigenes "Hausrezept" für die Schichtoptimierung entwickelt haben.

Insgesamt gesehen ist die Laserbedampfung von YBCO-Dünnschichten ein recht schnelles Verfahren mit Prozeßzeiten von etwa 5 bis 30 Min pro 0,1 bis 1 µm dicker Schicht (vgl. [8.131]). Typische Flächengrößen mit homogener Laserbedampfung liegen im Bereich 1x1 cm^2. Die in Bild 8.18 gezeigte Standardanordnung mit Strahlfokussierung durch eine sphärische Linse führt näherungsweise zu einer rotationssymmetrischen Beschichtung um das Lot auf dem bestrahlten Target mit nach außen abfallender Schichtdicke. Sie ist für produktionstechnische Anwendungen wenig geeignet. Erste Ansätze zur homogenen Laserbedampfung von großflächigen Substraten bilden die Laserfokussierung mit einer Zylinderlinse auf einen rotierenden YBCO-Stab [8.131] und die Beschichtung bewegter Dünnschichtträger unter großen Plasmawolken bei hoher Laserpulsenergie [8.132,8.250].

Ein gemeinsamer Nachteil aller Herstellungsverfahren für YBCO-Dünnschichten besteht in der hohen Temperatur für die Schichtträger [8.132]. Diese verhindert den direkten Einsatz der in der Mikroelektronik bedeutsamen Materialien GaAs und Si. Bei GaAs beginnt bei etwa 400°C das Abdampfen von As. Si diffundiert bei den hohen Temperaturen leicht in die YBCO-Schicht und vermindert dort die Supraleitungseigenschaft. Lösungsansätze mit Teilerfolgen bestehen z.B. in einer Laserstrahlungsheizung der aufwachsenden YBCO-Schicht und der Anwendung einer "virtuellen" Oberflächentemperatur (vgl. Kap. 6).

Bei der Laserheizung der aufwachsenden Schicht ist vorteilhaft, daß die Schichtoberfläche die heißeste Stelle ist und der Schichtträger relativ kalt gehalten werden kann [8.133]. Bei Oberflächenheizung mit Dauerstrichlasern lassen sich je nach Wärmeleitung der eingesetzten Materialien nur begrenzt steile Temperaturgradienten aufbauen. Bei Pulslaserheizung ist die Wärmeleitung auf der kurzen Zeitskala vernachlässigbar, aber es besteht andererseits die Gefahr der Pulslaserverdampfung der gerade aufwachsenden Schicht.

Zur Erzeugung einer virtuellen Oberflächentemperatur wurde oberhalb des Dünnschichtträgers ein elektrisches Feld angelegt, ein O_2-Plasma gezündet [8.244,8.251], das laserinduzierte Plasma durch einen zusätzlichen Laser angeregt oder ein O-Atomspender an Stelle oder zusätzlich zu O_2 als Prozeßgas bei der Pulslaserbedampfung mit YBCO eingesetzt. Ein durchschlagender Erfolg wurde allerdings noch mit keiner dieser Methoden bekannt [8.134]. Der aktuelle Stand wird durch folgende Beispiele veranschaulicht. Mit einem ECR-Plasma (ECR=Electron Cyclotron Resonance) in 5×10^{-4} Torr O_2 konnten bei 570°C direkt (ohne Sauerstoff-Nachbehandlung) supraleitende Schichten erhalten werden. Jedoch deutet der breite Übergangsbereich für den Widerstand nahe der Sprungtemperatur auf einen Sauerstoffmangel in der Schicht hin [8.135]. Mit dem Ersatz von O_2 durch N_2O als Prozeßgas bei der Laserbedampfung konnten schon bei Substrattemperaturen von 550°C HTSL-Dünnschichten aus YBCO erhalten werden [8.136]. Doch auch diese Schichten genügen noch nicht den oben genannten hohen Anforderungen. Eine zusätzliche UV-Pulslaseranregung der Gasphase führte mit N_2O sogar zu einer Verschlechterung der Schichtqualität.

Ein alternativer Ansatz zur Verbindung von YBCO mit dem Elektronikmaterial Silizium oder auch Metallen besteht in der Nutzung von Diffusionssperrschichten. Ihre Auswahl beschränkt sich auf Materialien, deren Eigenschaften mit dem Prozeß, dem Substratmaterial und YBCO verträglich sind [8.240-8.247].

Die Laserbedampfung von YBCO-Dünnschichten durch eine Stahlmaske in Substratnähe (quasi Kontaktmaske) ermöglicht die direkte Abscheidung einer Meßbrücke für die Bestimmung der kritischen Stromdichte [8.137]. Neben dem eigentlichen Meßsteg von 400 µm Breite enthielt das flächige HTSL-Dünnschichtmuster die Kontakte für eine 4-Pol-Messung. Bei Masken mit Stegbreiten unter 300 µm wurden jedoch die Supraleitungseigenschaften der Dünnschicht beeinträchtigt.

Für eine andere Art der in situ-Strukturierung mit einer Projektionsmaske wurde die grundsätzliche Machbarkeit demonstriert [8.133]. Hierbei wird die konventionelle Substratheizung durch eine Dauerstrichlaserheizung der Substratoberfläche ersetzt und (außerhalb der Prozeßkammer) eine Maske im Laserstrahlengang positioniert. Auf diese Weise erhält man eine planare YBCO-Dünnschicht, die bezüglich Kristallstruktur und Supraleitungseigenschaft das projizierte Muster enthält: Auf der laserbestrahlten Substratoberfläche wird kristallines, supraleitendes YBCO erhalten und außerhalb amorphes Schichtmaterial.

Kombinationen der Laserverdampfung mit schon bekannten Verfahren aus der Dünnschichttechnik erweitern das Spektrum der Verfahren und ihre Anwendungsmöglichkeiten. So nutzt die lasergestützte Bogenbeschichtung (Laser-Arc) sowohl die Vorteile der Pulslaserbedampfung wie auch diejenigen der Lichtbogenverdampfung im Vakuum [8.262, 8.263]. Die Pulslaserverdampfung sorgt in diesem Fall für das örtlich und zeitlich gut steuerbare Zünden des Lichtbogens. Dieses ermöglicht einen kontrollierten Materialabtrag und durch den Laserbeschuß verschiedener Festkörper auch die Mischung von Materialien. Die Vorteile der Vakuumbogenentladung liegen in ihrem hohen Ionisierungsgrad und in ihrer hohen Abscheiderate. Der Hauptteil der benötigten Energie wird über den Bogen eingespeist, der mit Hilfe des leistungsschwachen Zündlasers gesteuert wird.

Eine weitere Verfahrenskombination nutzt die Verdampfung von hexagonalem Bornitrid (h-BN) mit einem fokussierten CO_2-Dauerstrichlaser (200 W bis 1 kW) und dem gleichzeitigen Beschuß der Substratoberfläche mit Stickstoffionen [8.264]. Bei hohen Ionenenergien werden Schichten mit hohen Anteilen an kubischem Bornitrid (c-BN) erhalten, die eine große Härte und geringen mechanischen Verschleiß aufweisen.

Kombinationen von lasergestützten Verfahren und anderen etablierten Prozeßtechniken verdienen wegen ihrer relativ großen Zahl an Prozeßfreiheitsgraden und ihrem wirtschaftlichen Potential besondere Aufmerksamkeit. Sie werden im Kapitel 10 noch einmal aufgegriffen.

8.4 Verfahrensmerkmale und Anwendungen

8.4.1. Verfahrensmerkmale und -vorteile

Die Festkörperabtragung durch Laserverdampfung (Abschnitt 8.1) oder trockenes laserchemisches Ätzen (Abschnitt 8.2) sowie die Laserbedampfung (Abschnitt 8.3) haben folgende Verfahrensmerkmale und -vorteile gemeinsam:
- Diese Laserverfahren können grundsätzlich auf alle Festkörperklassen angewendet werden, also beispielsweise auf Metalle, Halbleiter, Isolatoren, Kristalle, Gläser und organische Polymere.
- Die Bearbeitung der Werkstücke erfolgt ohne mechanischen Kontakt. Aufwendige Halterungen sind teilweise überflüssig.
- Viele Prozeßbedingungen sind mit diesen Laserverfahren vereinbar, sofern der Zugang des Laserlichts zum "Arbeitsplatz" gegeben ist. Hierzu gehören auch Arbeiten an der Luft unter Normalbedingungen, in Schutz-, Hilfs- und Prozeßgasatmosphäre, in Vakuum- und UHV-Anlagen sowie unter transparenten Abdeckungen und Schutzschichten.
- Bei den hier behandelten Verfahren handelt es sich um trockene Prozesse. Sie genügen daher vielen Anforderungen, insbesondere auch den Prozeßanforderungen in der Mikroelektronik, und sind somit integrationsfähig.
- Bei geschickter Verfahrensführung können eine oder wenige Monolagen auf dem Festkörper prozessiert, d.h. verdampft, geätzt, aufgedampft oder strukturiert werden.

Für die Laserverfahren sind im einzelnen folgende zusätzliche Merkmale und Vorteile charakteristisch:

Laserverdampfen

- Sofern die Lichtintensität und der Laserenergiefluß ausreichen, können nicht nur absorbierende sondern auch reflektierende und transparente Festkörpermaterialien verdampft werden.
- Gepulste Laser mit kurzen Emissionswellenlängen erscheinen für die Laserverdampfung wegen der hohen Lichtintensität und der in der Regel starken

Absorption durch den Festkörper besonders geeignet. Jedoch sind auch erfolgreiche Anwendungen langwelliger Nd-YAG- und CO_2-Laser bekannt sowie der Materialabtrag mit Dauerstrichlasern.
- Die Laserverdampfung läßt sich grob in folgende Stufen einteilen: (1) die Laserabsorption im Festkörpermaterial, (2) die Verdampfung von Festkörpermaterial mit oder ohne Schmelzen sowie teilweise Ionisierung des verdampften Materials und (3) die Plasmabildung mit starker Laserabsorption durch inverse Bremstrahlung. Diese Prozesse laufen mit Excimerlasern typischerweise etwa in 1 bis 10 ns ab.
- Bei der Ausbildung einer Plasmawolke kann die Energieeinkopplung durch Absorption im Plasma (inverse Bremstrahlung) dominant und das Absorptionsverhalten des Festkörpers unbedeutend werden.
- Die Anwendung von zwei Lasern, z.B. Excimer- und CO_2-Laser, kann sich günstig auf die Materialverdampfung auswirken [8.265,8.266], indem ein Laser zur verstärkten Absorption des zweiten Lasers beiträgt.
- Der Lasermaterialabtrag transparenter oder schwach absorbierender Materialien kann durch Sensibilisierung und Dotierung drastisch gesteigert werden [8.138]. Durch laserchemische Zersetzung eines zunächst reinen Materials kann es auch zur Selbstdotierung kommen, so daß der Materialabtrag erst nach einer gewissen Bestrahlungszeit einsetzt (Inkubation).
- Die Laserverdampfung kann physikalischer Natur sein aber auch chemische Prozesse einschließen wie die thermische Zersetzung (Pyrolyse) des Festkörpermaterials oder photolytische Prozesse mit der Bildung stark absorbierender Produkte (Inkubation). Hier gibt es inhaltliche Überlappung mit Kap. 5.
- Die Pulslaserverdampfung von Polymeren führt in einigen Fällen zu einer einfachen Depolymerisierung [8.141]. Chemische Analysen des verdampften Materials zeigen andererseits aber auch eine komplexe Chemie, die teilweise im stoßkontrollierten Bereich der Plasmawolke stattfindet [8.85].
- Die laserinduzierten Prozesse im Festkörper sind häufig thermischer Natur, da im Festkörper schnelle Relaxationsprozesse ablaufen. Üblicherweise entsteht an der Oberfläche eine Schmelze, die später wieder erstarrt und je nach Prozeßführung zu glatten, zu wellenartig strukturierten oder auch zu stark zerklüfteten Strukturen führt. In den Randzonen können auch thermische Verwerfungen auftreten. Mitunter findet sich auch außerhalb der bestrahlten Zone wiedererstarrtes Material auf der Oberfläche. Schmelzerscheinungen nehmen in der Regel mit kurzen Laserwellenlängen, hohen Lichtintensitäten und kurzen Laserpulsen ab oder verschwinden praktisch. Die Strukturgrößen liegen dann auf der 10 nm Skala oder darunter.
- Im Festkörper entstehen bei der Pulslaserverdampfung Stoßwellen, die sich bei Verwendung photoakustischer Meßmethoden zur Prozeßdiagnostik eig-

nen. Die Photoakustik erlaubt die Unterscheidung verschiedener Materialien und kann zur Prozeßkontrolle beim selektiven Verdampfen einzelner Schichten von einem Schichtsystem eingesetzt werden [8.140].
- Mit Hilfe von optisch angeregten Oberflächenplasmonen läßt sich auch die Laserverdampfung von Monolagen diagnostisch erfassen [8.139].
- Die Laserverdampfung kann maskenfrei erfolgen oder aber mit Projektionsmasken. Kontaktmasken würden hingegen in der Regel selbst verdampft.
- Der Laserprozeß erfolgt bei Bedarf mit hoher lateraler Präzision im µm- und sub-µm-Bereich bis zu 0,2 µm [8.253]. Mit zunehmenden Präzisionsanforderungen steigt allerdings der apparative Aufwand rapide an, insbesondere wenn Optiken und Strahlführungssysteme für Vakuum-UV-Licht erforderlich werden sowie schwingungsgedämpfte Präzisionshalterungen für eine reproduzierbare Positionierung der Werkstücke unter Mikroskopen in staubfreien Reinräumen.
- Die Abtragtiefe läßt sich über die Laserwellenlänge, Lichtintensität und den Laserenergiefluß (Bestrahlungszeit bzw. Anzahl der Laserlichtpulse) gut dosieren. Sie reicht von einzelnen Monolagen bis zu dicken Schichten im µm- und mm-Bereich.
- Die Abtragtiefe ist im wesentlichen unabhängig von der Umgebung des Werkstücks (z.B. Atmosphärenluft, Inertgas oder Vakuum). Jedoch verstärkt ein Heliumstrom beispielsweise die Excimerlaserverdampfung von Al_2O_3 [8.226] und von Metallen [8.268]. Auch die Qualität des Polymerabtrags (Randschärfe, Materialbeschädigung) kann mit Helium günstigt beeinflußt werden [8.268].
- Die räumliche Verteilung des laserverdampften Materials ist anisotrop. Bei hohen Laserintensitäten ist die erzeugte Plasmawolke einem Überschallmolekülstrahl ähnlich, wobei die bestrahlte Oberfläche mit dem verdampften Material der Öffnung der Molekülstrahlquelle entspricht.
- Die bei der Pulslaserverdampfung erhaltenen neutralen und elektrisch geladenen Gasteilchen können große Fluggeschwindigkeiten bis etwa 10 km/s erreichen (zum Vergleich: He-Atome bewegen sich bei Raumtemperatur mit 1 km/s). Bei hohem Laserenergiefluß ist die Fluggeschwindigkeit positiver Ionen höher als die von Neutralteilchen.
- Bei der Pulslaserverdampfung entstehen häufig elektronisch angeregte Gasteilchen, erkennbar am Leuchten der Plasmawolke. Zugleich können die Schwingungs- und Rotationstemperaturen der verdampften Teilchen niedrig sein analog zu den Verhältnissen in einer adiabatischen Überschallexpansion.
- Im Unterschied zur Abtragtiefe sind Form und Ausbildung der Plasmawolke abhängig von der Prozeßgasatmosphäre (Gasdruck, Gasart). Mit zunehmen-

dem Prozeßgasdruck verringert sich die Größe der Plasmawolke. Die Ausbreitungsrichtung kann bei hohem Druck von der Oberflächennormalen abweichen (Gaswolke in Form eines Hornes), wobei die Ablenkungsrichtung von Laserpuls zu Laserpuls wechselt.
- Unter ausgewählten Bedingungen ist die Laserverdampfung materialselektiv und betrifft beispielsweise nur die oberste Lage eines Vielschichtsystems.

Trockenes, laserchemisches Ätzen

- Folgende laserinduzierten Effekte sind beim trockenen laserchemischen Ätzen möglich und laufen mitunter gleichzeitig ab:
* Photolytische oder pyrolytische Erzeugung der ätzenden Spezies in der Gasphase,
* Erzeugung der ätzenden Spezies in der Adsorbatschicht
* Beseitigung einer Passivierungsschicht (Hemmung),
* Lokale Aufheizung des Festkörpers und der Gasphase,
* Festkörperaktivierung durch die Erzeugung von Elektronen-Loch-Paaren, sowie
* elektronenstoßinduzierte Reaktionen in der Gasphase mit Bildung einer ätzenden Spezies.
- Die mit direkter Laserbestrahlung der Festkörperoberfläche erzielten Ätzraten sind in der Regel größer als diejenigen mit alleiniger Laseranregung der Gasphase [8.102].
- Bei geringem und mäßigem Laserenergiefluß erfolgt bei Kristallen anisotropes Ätzen, z.B. im Fall von GaAs mit ArF-Laser unter 35 mJ/cm^2 und HBr, wobei die Ätzrate in der Reihenfolge (111)B > (100) > (110) > (111)A abnimmt bei einer maximalen Ätzrate von etwa 130 nm/s [8.111].
- Anisotropien beim Ätzen von Kristallen können durch den Einsatz hoher Laserintensitäten ausgeschaltet werden.
- Bei hohen Laserintensitäten (-leistungen) verschwinden häufig die Abhängigkeiten der Ätzraten von Art und Umfang der Dotierung des Werkstückmaterials.
- Die Eindringtiefe des Ätzprozesses läßt sich über die Laserparameter (Wellenlänge, Pulsenergie...) steuern oder zumindest beeinflussen.
- Laserchemisches Ätzen ist im Unterschied zu vielen konventionellen Ätzverfahren zur Herstellung 3-dimensionaler Strukturen geeignet.
- Ätzen zur Strukturierung von Oberflächen kann wahlweise maskenfrei erfolgen sowie mit Kontaktmasken oder mit Projektionsmasken. Mit Projektionsmasken wurde eine laterale Auflösung von 2,5 µm erzielt und eine Auflösung von 0,2 µm erscheint möglich [8.106].

- Unter geeigneten Prozeßbedingungen erfolgt der Ätzprozeß materialselektiv.
- Laserchemisches Ätzen kann auch unterhalb von transparenten Oberflächenschichten durchgeführt werden. Im allgemeinen ist dann eine seitliche Verbindung zwischen Reaktionsort und Prozeßkammer erforderlich, um den erforderlichen Stoffaustausch zu gewährleisten [8.108].
- Die Steuerungsmöglichkeiten für den kontrollierten Einsatz des Laserlichts erlauben auch Tieftemperaturprozesse.
- Die Belastung der Werkstücke ist im allgemeinen gering, insbesondere erfolgt kein Beschuß mit hochenergetischen neutralen oder elektrisch geladenen Teilchen. Durch kurze Belichtungszeiten kann auch die thermische Belastung begrenzt werden.
- Ätzraten reichen vom konventionellen Entfernen einzelner oder ganz weniger Atomlagen pro Laserpuls bis in den Bereich 0,4 µm/s.
- Bei vielen Ätzprozessen werden Halogenatome oder halogenhaltige Radikale als aktive Spezies eingesetzt. Auch bei derselben ätzenden Spezies kann die Wahl der Ausgangsverbindungen (Quellenmaterial) entscheidend für den Erfolg des Ätzprozesses sein. Beispielsweise kann ein Quellenmaterial physikalische Adsorption zeigen, ein anderes aber dissoziative, chemische Adsorption.
- Laserchemisches Ätzen kann vorteilhaft zur Unterstützung (Beschleunigung) konventioneller Ätzverfahren, wie Plamaätzen, eingesetzt werden [8.111]. Bei niedrigen Laserintensitäten kann die Aktivierung des Festkörpers (z.B. Elektron-Loch-Paarbildung) wirksam sein und bei hohen Intensitäten die lokale thermische Aufheizung (z.B. Verdampfen von Passivierungsschichten).

Dünnschichtherstellung durch Laserbedampfung

- Rund 130 verschiedene Materialien wurden bislang mittels Laserbedampfung als Dünnschichten abgeschieden [8.142, 8.230], darunter auch eine Reihe organischer Materialien [8.143].
- Das Pulslaserbedampfen von Dünnschichten kann weitgehend mit standardmäßig verfügbaren Laborgeräten durchgeführt werden (UV-Pulslaser, Quarzoptik, Vakuumsysteme mit Substratheizung) zuzüglich einem Target mit der richtigen Zusammensetzung und geeigneten Substraten.
- Aufdampfraten von 10 nm cm^2/s bis 1 µm cm^2/s sind mit den derzeit kommerziell verfügbaren Excimerlasern zu verwirklichen.
- Mit der Laserbedampfung können gezielt einzelne Atomlagen definierter Stöchiometrie abgeschieden werden, also mit einer um etwa eine Größenordnung höheren Tiefenauflösung als bei der Molekülstrahlepitaxie [8.142].

- Der Erhalt der Stöchiometrie bei der Materialübertragung vom Target auf das Substrat erfolgt am besten entlang der Targetflächennormalen. In den Außenbereichen der Plasmawolke weicht die Zusammensetzung mitunter von derjenigen des Quellenmaterials ab und folglich auch die Zusammensetzung der abgeschiedenen Dünnschicht [8.142].
- Als Faustregel für Pulslaserbedampfung unter Stöchiometrieerhalt gilt: Kurze Wellenlänge des Laserlichts und kurze Laserpulse sind vorteilhaft.
- Das Targetmaterial kann auch bei komplexer chemischer Zusammensetzung sehr effizient eingesetzt und bis auf geringe Reste aufgebraucht werden, da sich Entmischungen (Matrixeffekte) weitgehend vermeiden lassen.
- Die Plasmawolke besteht unter den Bedingungen der Pulslaserbedampfung hauptsächlich aus Atomen und kleinen Molekülen. Sie enthält eventuell aber auch intakte Einheitszellen des Quellenmaterials, die auf dem Dünnschichtträger zur Keimbildung dienen [8.144]. Ob in der Regel die Strukturinformation vom Quellenmaterial in die Dünnschicht übertragen wird, ist noch nicht vollständig geklärt. Möglicherweise genügt die richtige Zusammensetzung der schwerflüchtigen Komponenten im Quellenmaterial für die gewünschte Dünnschichtzusammensetzung [8.134, 8.142].
- Der Anteil an Ionen im Laserplasma liegt unter den Bedingungen der Laserbedampfung unter 10% [8.142]. Hohe Ionenanteile werden mitunter durch zahlreich vorhandene Rydbergatome vorgetäuscht [8.36].
- Der Energieinhalt der laserverdampften Gasteilchen reicht in den 10 eV- und teilweise sogar in den 100 eV-Bereich, liegt also deutlich über dem Energieinhalt beim thermischen Aufdampfen.
- Pulslaserbedampfung kann auch unter Einsatz eines reaktiven Prozeßgases betrieben werden wie im Fall der TiN-Abscheidung in N_2-Atmosphäre ausgehend von reinem Titan [8.261].
- Der Einsatz giftiger Substanzen (Festkörper) ist gut kontrollierbar und somit sicherheitstechnisch weitgehend unkritisch.
- Auch mit hohen Bedampfungsraten von 15 nm/s konnten mit einem Excimerlaser gute YBCO-Schichten erzeugt werden [8.132, 8.249].
- Die (anfängliche) Substrattemperatur und der Sauerstoffdruck bei Laserbedampfen von YBCO-Dünnschichten bestimmen die Anteile von a- und c-Achsenorientierung in der kristallinen Schicht [8.130, 8.142].
- Die Oberflächentemperatur der aufwachsenden Schicht kann sich während des Schichtwachstums ändern, z.B. wenn die thermische Emissionseigenschaft des Träger- und des Schichtmaterials stark voneinander abweichen. Nachregulieren der Heizung setzt eine präzise (nicht einfache) Oberflächentemperaturmessung voraus. Als Alternative wurde ein Hohlraumstrahler vorgeschlagen, durch dessen Öffung der gerichtete Strahl des laserverdampften Materials auf das Substrat gelenkt werden kann [8.132].

- Ohne besondere Vorkehrungen enthalten mit Excimerlasern hergestellte Dünnschichten von YBCO erstarrte Tröpfchen (Partikel) vom Target mit etwa 1 bis 10 µm Durchmesser [8.132,8.145,8.252]. Bei CO_2- Laserbedampfung ist die Tröpfchenbildung noch verstärkt [8.66]. Für Mikrostruktursysteme sind diese nicht akzeptabel und müssen durch eine geeignete Prozeßführung vermieden werden. Hingegen wird Tröpfchenenbildung bei der Laserbedampfung z.B. von PZT-Keramik mit Excimerlasern nicht beobachtet [8.280].
- Sofern eine Entmischung des Targetmaterials unkritisch ist, führt die Laserbedampfung ausgehend von einer Schmelze statt einem Festkörper zu partikelfreien (tröpfchenfreien) Dünnschichten.
- Dünnschichten von Mischoxiden lassen sich auch durch Pulslaserbedampfung aus segmentierten Targets herstellen [8.146] oder z.B. mit zwei Laserstrahlen und zwei Targets [8.146].
- Die Herstellung von Dünnschichten mit einer definierten chemischen Zusammensetzung, beispielsweise zur präzisen Einstellung eines gewünschten Bandabstandes bei gemischten Halbleitern, gelingt in nahezu einzigartiger Weise [8.142].
- Mit Hilfe von (quasi) Kontaktmasken können beim Laserbedampfen zugleich flächige Dünnschichtmuster hergestellt werden [8.137].
- Bei Substratheizungen mit einem Dauerstrichlaser und einer Projektionsmaske im Strahlengang lassen sich planare, bezüglich Kristallstruktur und Funktionseigenschaften *in situ* strukturierte Dünnschichten herstellen [8.133].
- Großflächige, homogene Dünnschichten bei der Pulslaserbedampfung setzen bewegliche Substrate voraus wegen der gerichteten Gaswolke und wegen der gegenüber dem Quellenmaterial veränderten chemischen Zusammensetzung der Gasphase in den Außenbereichen der Wolke [8.39, 8.127]. Gute Schichthomogenität wurde inzwischen auf Substraten der Größe 2 cm x 3 cm [8.147] und von 75 mm Durchmesser erzielt [8.132, 8.148]. Auch die beidseitige Beschichtung von Wafern bis zu 5 cm Durchmesser wurde gezeigt [8.250].

8.4.2. Verfahrensanwendungen

Für die in diesem Kapitel behandelten Lasertechniken wurden die nachfolgenden *Anwendungen* bereits gezeigt oder liegen nahe:

Laserverdampfen

- Laserverdampfung eignet sich als Quelle von mono- und bimetallischen Clustern, Halbleiterclustern, Kohlenstoffclustern sowie Atomen und ungewöhnlichen Molekülen [8.294] und für ausgewählte (organische) Radikale wie CF, CF_2 und CF_3.
- Mit der Pulslaserverdampfung können Cluster mit gemischter chemischer Zusammensetzung hergestellt werden, beispielsweise durch den Einsatz (a) zwei- oder mehrkomponentiger Targets, wobei die einzelnen Komponenten im Cluster dann in einem festen Verhältnis stehen, (b) von zwei (oder mehr) Targets und gleich vielen Verdampfungslaserstrahlen. Durch die individuelle Steuerung der Verdampfungsbedingungen für die einzelnen Targets läßt sich die chemische Zusammensetzung der Cluster steuern.
- Mittels Pulslaserverdampfung erzeugte Plasmawolken dienen als Röntgenlichtquellen [8.152,8.153,8.218] für die Röntgenstrahllithographie [8.154-8.156] und möglicherweise im Fall von Röntgenlichtlasern auch zur Röntgenholografie z.B. von biologischen Systemen.
- Mittels Pulslaserverdampfung erzeugte Plasmawolken dienen als Lasermedium für IR-Rekombinationslaser [8.152,8.254], wobei im Resonator beispielsweise neun Plasmawolken aufgereiht sein können.
- Der hohe Wirkungsgrad der Pulslaserverdampfung und der Ionisierung des verdampften Materials sowie die hohe Empfindlichkeit von Ionennachweismethoden bilden zusammen die Voraussetzungen für eine Spurenanalyse in Festkörpern beispielsweise bezüglich Gallium [8.54,8.55].
- Die Pulslaserverdampfung von Metallen führt zu leuchtenden Gaswolken, deren Emission für das verdampfte Metall charakteristisch ist. Dieser Prozeß bildet die Grundlage für ein Metallsortierungsverfahren (Metallgesellschaft AG, Frankfurt).
- Die Verbindung von Pulslaser, Mikroskop und Flugzeitmassenspektrometer bildet die Grundlage für die Laser-Mikroproben-Massenanalyse (LAMMA = laser microprobe mass analysis) [8.257].
- Mit Hilfe der Excimerlaserverdampfung wurden die Voraussetzungen für flächig strukturierte Metallschichten auf Polyvinylidendifluorid(PVF_2)-Folien von 10 µm bis 0,1 mm Dicke geschaffen und so Berührungssensoren und Ultraschallwandler hergestellt. Beim Laserverdampfen blieben die piezoelektrischen Eigenschaften des PVF_2 erhalten [8.151].
- Mit Hilfe der ArF-Laserablation konnten die Positionsmarkierungen in integrierten Schaltkreisen verbessert werden. Die Überlagerungsgenauigkeit stieg dadurch von 0,3 µm auf 0,05 µm [8.160].

- Die Laserverdampfung eignet sich zum kontaktfreien, präzisen und schnellen Beschriften und Markieren von Werkstücken verschiedenster Art. Mitunter ist der Übergang von Beschriften bzw. Markieren durch Laserverdampfung und durch laserinduzierte Modifikation der Oberflächenschicht fließend. Ungeachtet dessen sollen folgende Beispiele die Anwendungsmöglichkeiten der Laserbeschriftung bzw. -markierung veranschaulichen [8.158,8.167, 8.169,8.255]: Skalen auf Schieblehren, Marken- und Typenbezeichnungen auf (gehärteten) Bohrern, Tastenbeschriftung für Schreibmaschinen und Taschenrechner, Kennzeichnung von Spiegeln auf ihrer Spiegelfläche, Beschriftungen von Glas- und Keramikwaren, Edelmetallbarren und für Verkaufsartikelkodierung (bar codes). Die Markierung kann gegebenenfalls im Flug des Werkstückes erfolgen, d.h. ohne mechanische Fixierung.

- Durch Excimerlaserbeschuß von Polymeren können deren Benetzungseigenschaften beeinflußt werden sowie die elektrischen Eigenschaften von Metallschichten, die auf die laserbestrahlten Flächen aufgedampft werden [8.273].

- Bei geschickter Prozeßführung läßt sich - bildlich gesprochen - die harte Schale vom Ei entfernen, ohne die darunterliegende, empfindliche Haut zu beschädigen.

- Selektives Bohren von Sacklöchern mit einem KrF-Laser in die jeweils oberste Polymerschicht bei der schichtweisen industriellen Herstellung von vielschichtigen Leiterplatten [8.149]. Die runden Löcher sind 80 µm breit, 65 µm tief und reichen bis zur nächsten Kupferschicht des Leiterplattensystems. Gegenüber konventionellem Bohren mit Durchgangslöchern durch das *gesamte* Leiterplattensystem sind der geringe Lochdurchmesser vorteilhaft sowie das Bohrlochende an der nächsten Kupferschicht. So steht für jede Leiterplattenebene die gesamte Fläche zur individuellen Kontaktierung zur Verfügung.

- Durch selektives KrF-Laserverdampfen von Aluminiumschichten auf einer gekrümmten Honeycomb-Struktur wurden Metallstreifenmuster für wellenlängen- und polarisationsselektive Mikrowellenreflektoren hergestellt. Ein so hergestellter Paraboloid von 2 m Durchmesser wird voraussichtlich ab 1994 auf einem Weltraumsatelliten seinen Dienst tun [8.150].

- Excimerlaser eignen sich besser als CO_2- und Nd-YAG-Laser zum Widerstandsabgleich in gedruckten Schaltkreisen. Dies gilt insbesondere hinsichtlich Widerstandsänderungen unmittelbar nach dem Abgleich und der Langzeitstabilität [8.157]. Der Abgleich von elektrischen (Dickschicht-) Widerständen erfolgt durch Querschnittsverringerung. Die Querschnittsverringerung kann durch seitliche Schnitte in den Widerstand oder durch flächigen Materialabtrag über den gesamten Querschnitt des Widerstandes erfolgen.

Die letzte Methode hat den Vorteil, daß das Trägermaterial nicht angegriffen wird und somit auch nicht zu Verunreinigungen des Widerstandsmaterials beitragen kann. Auch Kondensatoren können so in eingebautem Zustand abgeglichen werden [8.158].
- Mit Excimerlaserablation lassen sich unter ausgewählten Bedingungen Gemälde restaurieren [8.161].
- Bei geeigneter Prozeßparameterwahl können Quarzscheiben mit Excimerlasern auch auf ihrer Rückseite (Laseraustrittseite) abgetragen werden [8.19].
- Mit Nd-YAG Laserlicht läßt sich ohne Lösungsmittel Lack von Metalloberflächen entfernen [8.271], wobei eine Lichtleitfaser die Strahlführung erleichtern kann. Für die Laserlackentfernung kommen Flugzeuge, Schiffe und sonstige Fahrzeuge sowie auch Brückenbauten in Betracht.
- Die Pulslaserverdampfung eignet sich zur schnellen, kontaktfreien, präzisen und sauberen Entmantelung 50 µm dünner Kupferdrähte. Für die Entfernung einer 5 µm dicken Polyurethanummantelung zeigte der KrF-Laser große Vorteile gegenüber dem TEA-CO_2-Laser [8.166].
- Dünne Polymerfolien, wie sie in der Elektronikindustrie in Vielschichtleiterplatten, flexiblen Leiterplatten und als Trägerfilme für das TAB-Verfahren (TAB = Tape Automated Bonding) zum Einsatz kommen, lassen sich mittels CO_2-, Nd-YAG- und Excimerlaserverdampfung schneiden, durchbohren, von Trägern abtragen und strukturieren [8.171].
- Laserverdampfung erlaubt auch die Bearbeitung und Formgebung von (Kunststoff-) Schaum sehr geringer Dichte und geringer mechanischer Belastbarkeit.
- Dreidimensionale Formgebung von sonst schwer zu bearbeitenden Werkstücken und/oder Materialien wie z.B. rißfreie Bearbeitung von Keramiken und Verbundstoffen ist mit Lasern möglich.
- Zur Demonstration der Leistungsfähigkeit der Pulslaserverdampfung wurde ein menschliches Haar von etwa 45 µm Durchmesser mit einem ArF-Laser durchbohrt (etwa 20 µm Lochdurchmesser) [8.75, 8.159].
- Mit Hilfe der Excimerlaserverdampfung lassen sich an der Oberfläche optischer Lichtleitfasern Strukturen erzeugen, mit denen Licht seitlich aus der Faser ausgekoppelt werden kann [8.160].
- Kommerzielle Lithografie-Geräte mit KrF-Lasern können 0,3 µm breite Strukturen erzeugen bei einer Überlagerungsgenauigkeit von besser als 80 nm. Eine Langzeit-Fokusstabilität von 0,2 µm über 49 Tage kann ebenfalls eingehalten werden [8.163]. Die Entwicklung von Photolacken für kurzwellige Belichtung ist seit einigen Jahren in Arbeit [8.164]. Beim Photolackentfernen durch Laserverdampfung entfällt das chemische Auflösen von Lackrückständen, d.h. der Strukturierungsprozeß ist dann trocken. Auch die Optimie-

rung der Excimerlaserstrahleigenschaften für die Lithografie ist im Gang [8.165].
- Durch lokale Laserverdampfung können optisch undurchlässige Defekte (überschüssiges Metall) auf lithographischen Masken beseitigt werden.
- Unerwünschte elektrische Kontakte in integrierten Schaltkreisen können durch Pulslaserverdampfung individuell beseitigt werden z.B. bei der ASIC-Herstellung (ASIC = Applier Specific Integrated Circuit).
- Laserverdampfung dient auch zur Herstellung von Gräben von z.B. 80 nm Breite und 80 nm Tiefe in $LiNbO_3$ [8.270] für Lichtleitfasern (Positionierung, optische Kopplung).
- Bereits eingebettete Lichtleitfasern können mit Lasern angebohrt oder komplett durchbohrt werden für die Herstellung optischer Biosensoren, beispielsweise zur *in vivo* Gasbestimmung im Blut [8.170].
- Für die Excimerlaserverdampfung von Polyimid unter industriellen Produktionsbedingungen liegen bei IBM inzwischen Erfahrungswerte vor, die eine Standzeit der gesamten Lithographieanlage von über 80% ausweisen [8.269]. In den Aufallzeiten sind die planmäßigen Wartungsarbeiten wie Fensterreinigung und Gaswechsel bereits enthalten.
- Mittels Pulslaserverdampfung lassen sich Poren definierter Größe in Flachmembranen aus organischen Polymeren, Gläsern oder Keramiken erzeugen, die beispielsweise als Dialysemembranen dienen können [8.172]. Durch Projektionsmasken- oder Laserinterferenztechnik wird in einem Bohrprozeß gleichzeitig ein Satz (Muster) von Löchern erzeugt.
- Mit flächenselektiver Laserdesorption lassen sich Gitterstrukturen in Monolagen von Adsorbatschichten erzeugen. Diese Gitterstrukturen eignen sich beispielsweise zum Studium der Oberflächendiffusion.
- Durch Nutzung von Interferenzen gelang mit der KrF-Laserverdampfung von Polyimid die Herstellung periodischer Linienstrukturen mit Gitterkonstanten von nur 167 nm und Linienbreiten zwischen 30 und 100 nm [8.95, 8.96].
- Mit KrF-Laserverdampfung konnten 100 nm breite Furchen in UV-transparente Materialien wie MgO, LiF und NaCl eingegraben werden, nachdem das Material dort zuvor mit einem 2 bis 3 keV-Elektronenstrahl vorbehandelt worden war [8.162].

Trockenes laserchemisches Ätzen

- Selektives laserchemisches Ätzen bei der Fertigung kleiner Stückzahlen ist vorteilhaft gegenüber der Maskentechnik bezüglich Zeitaufwand (direkte

Fertigung statt Warten auf die "richtige" Photomaske) und Fertigungspreis (kleine Zahl von Prozeßschritten). Fertigungsbeispiele bilden Bauelemente für die Elektronik, Mikroelektronik und Optoelektronik.

- Konventionelle Ätzverfahren können durch Lasereinsatz beschleunigt werden, wobei die Beschleunigung mit dem Laserstrahl lokalisiert werden kann (flächige und 3-dimensionale Ätzstrukturen).
- Beim laserchemischen Ätzen von InP-Schichten in InP/InGaAs-Lawinenphotodioden (APD = Avalanche Photo Diode) bleibt die Durchbruchsspannung konstant, während sie bei konventionellem Ar/O_2-Plasmaätzen stark absinkt [8.173].
- Durchgangslöcher in GaAs-Wafern eignen sich zur Herstellung von niederinduktiven elektrischen Kontakten in GaAs-MOSFETs [8.111] (MOSFET = Metal Oxide Semiconductor Field Effect Transistor).
- Selektives Ätzen von 400 nm dickem, polykristallinem Silizium ohne Beschädigung der darunterliegenden 160 nm dicken Si_3N_4-Schicht wurde erfolgreich demonstriert [8.110].
- Ein 64k-DRAM-Muster (DRAM = Direct Random Access Memory) gelang durch XeCl-Laserätzen von Silizium mit Cl_2 ohne Photolack mittels direkter Maskenbelichtung [8.107].
- Im Fall von ArF-laserinduziertem Ätzen von GaAs mit Cl_2 wurde kontrolliertes Ätzen mit einer Tiefenauflösung von nur zwei Atomlagen demonstriert [8.175]. In Verbindung beispielsweise mit der Molekülstrahlepitaxie sind damit Möglichkeiten zur Materialstrukturierung auf mikroskopischer Ebene gegeben (Beispiel: Quantum-Well-Strukturen).
- Die Feinstrukturierung von Ferrit-Magnetköpfen (Lese- und Schreibköpfe für Magnetbänder und -platten) gelingt bei laserchemischem Ätzen mit Randschärfen im μm-Bereich [8.174]. Mit einem Ar^+-Laser und $SiCl_4$ als Ätzgas gelang auch die gleichzeitige Belegung des geätzten Grabens mit einer SiO_2-Schicht [8.272].
- Ätzen mit interferierenden Laserstrahlen (holographische Methoden) erlaubt unter anderem die Herstellung hochwertiger optischer Gitter für DFB-Laser (DFB = Distributed Feed Back).
- Unterhalb einer SiO_2-Schicht wurde mit einem Ar^+-Laser und Cl_2 Silizium geätzt und so ein etwa 2 μm breiter und 4 μm tiefer Kanal von 200 μm Länge vom Rand des Werkstücks ins Innere hergestellt [8.108].

Dünnschichtherstellung durch Laserbedampfung

- Epitaktische Heteroschichtsysteme von YBCO und $SrTiO_3$ auf MgO weisen gute Supraleitungseigenschaften in den YBCO-Schichten auf (Sprungtemperatur bis 90 K, Stromtragfähigkeit nahe an 10^6 A/cm^2 bei 77 K). Auch Doppelschichtsysteme mit einem Aufbau MgO/SrTiO$_3$/YBCO und Dreifachschichtsysteme mit der Reihenfolge MgO/YBCO/SrTiO$_3$/YBCO wurden hergestellt [8.177].

- Ein Beispiel für aktive elektronische Bauelemente mit HTSL-Dünnschichten bilden Josephsonkontakte, die im allgemeinen mehrere HTSL-Schichten benötigen und bei denen die Qualität der Grenzflächen entscheidend für die Funktionsfähigkeit ist [8.134,8.182]. Die geringe Kohärenzlänge für die Supraleitung in YBCO beträgt je nach Kristallorientierung 0,3 bis 3,5 nm und führt zu sehr strengen Anforderungen an die Kontaktstrukturen.

- YBCO-Dünnschichten über einer Dünnschichtstufe von SrTiO$_3$ auf LaAlO$_3$ bilden Mikrobrücken, die sich als Detektoren für Mikrowellen von 35 GHz eignen [8.176].

- Mit Excimerlasern aufgedampfte, flächig strukturierte YBCO-Dünnschichten dienen zur Herstellung einer Reihe von passiven Mikrowellenbauelementen wie Resonatoren, Filter und Verzögerungsleitungen [8.134]. Dazu gehören z.B. ein kompaktes UHF-Filter bei 2 GHz auf einem 10 mm x 10 mm großen LaAlO$_3$-Träger [8.179], ein fünfpoliges 10 GHz-Filter auf MgO [8.134] und ein koplanarer 6,5 GHz-Resonator auf LaAlO$_3$ [8.180, 8.181].

- Ein SQUID (Superconducting Quantum Interference Device), bestehend aus 15 individuellen Oxidschichten, wurde mit der Laserbedampfungstechnik hergestellt [8.134]. SQUID's eignen sich zur hochempfindlichen Messung sehr schwacher Magnetfelder (z.B. in Verbindung mit Herz- und Hirnströmen [8.183]).

- Ferninfrarot-Resonatoren und -Detektoren nutzen HTSL-Dünnschichten als Reflektoren [8.199].

- Mit Lasern aufgedampfte HTSL-Dünnschichten werden als schnelle IR-Detektoren in bolometrischer und nichtbolometrischer Betriebsweise für die CO_2-Laserdiagnostik eingesetzt [8.200].

- YBCO-Dünnschichten können durch Laserbedampfung mit Polyacrylnitril wasserresistent gemacht werden [8.185].

- Mittels Pulslaserbedampfung hergestellte Heterostruktursysteme aus Supraleitern und Ferroelektrika eignen sich als nichtflüchtige, digitale Speicher [8.201]. Ein aktueller Konferenzband [8.202] und ein Übersichtsartikel darin [8.203] zu ferroelektrischen Dünnschichten enthalten auch Vergleiche der verwendeten Dünnschichtherstellungsverfahren einschließlich der Laserbedampfung.

- Nichtflüchtige digitale Datenspeicher auf der Basis ferroelektrischer Dünnschichten (FRAM's = Ferroelektric Random Access Memories) lassen sich mit Pulslaserbedampfung herstellen [8.303].

- Planare Induktivitäten und Kapazitäten für die Integration in GaAs-HF-Bauelemente wurden in Teststrukturen verwirklicht [8.188].
- Durch Pulslaserverdampfung eines segmentierten Targets aus $KNbO_3$ und $KTaO_3$ konnten stöchiometrische $KTa_{0,7}Nb_{0,3}O_3$-Dünnschichten hergestellt werden trotz der großen Unterschiede zwischen den Gleichgewichtsdampfdrücken der beteiligten Oxide [8.146].
- $Bi_{12}GeO_{20}$-Dünnschichten wurden mittels Laserbedampfung epitaktisch auf ZrO_2-Substrate abgeschieden und daraus optische Wellenleiter hergestellt [8.191].
- $CdTe/Cd_{1-x}Mn_xTe$-Vielschichtsysteme mit hoher Schichthomogenität und bis zu 44 Perioden wurden mit epitaktischer Laserbedampfung auf (001) $Cd_{1-y}Zn_yTe$ (y=0,05) hergestellt [8.192]. Periodenlängen zwischen 19 und 49 nm konnten eingestellt werden und Untersuchungen hinsichtlich der MQW-Eigenschaften (MQW = Multiple Quantum Well) zeigten, daß die Ladungsträger in ihren Potentialmulden lokalisiert sind.
- Mittels Pulslaserbedampfung gelingt auf relativ einfache Weise die Herstellung von Vielschichtsystemen für Röntgenoptiken [8.132], z.B. aus Wolfram und Kohlenstoff [8.187] oder Nickel und Kohlenstoff [1.186].
- Orientierte SnO_2-Dünnschichten konnten mittels Laserbedampfung auf ungeheizte Substrate aus Pyrex und Aluminium aufgebracht werden [8.195]. Die Schichten sind optisch transparent und elektrisch leitfähig.
- Hexagonale Bornitrid(BN)-Dünnschichten wurden mit einem Rubinlaser auf n-dotiertes (100)-InP aufgedampft [8.196, 8.197]. BN-Schichten zeichnen sich durch eine große mechanische Härte aus. Durch weiteres Aufdampfen eines Al-Kontaktes wurde ferner eine MIS-Struktur hergestellt (MIS = Metal Insulator Semiconductor).
- Mit kontinuierlicher und gepulster CO_2-Laserstrahlung wurden PbF_2-Dünnschichten auf Glas und hochohmiges Silizium aufgedampft [8.198]. Die mit dem Dauerstrichlaser aufgedampften Dünnschichten zeigten eine glatte, orientierte Struktur und waren transparent im sichtbaren und infraroten Wellenlängenbereich. Mit dem Pulslaser wurden Schichten mit höheren, energieflußabhängigen Kristallanteilen erhalten, die eine verstärkte optische Extinktion zeigen.
- Mittels Pulslaserbedampfung lassen sich Dünnnschichten von optisch nichtlinearen Gläsern herstellen [8.204], eine vielversprechende Methode zur Herstellung integrierter photonischer Bauelemente.
- Mittels Pulslaserbedampfung von amorphem, transparentem Kohlenstoff lassen sich auf ZnSe-Optiken Antireflexionsschichten aufbringen [8.70].
- Geordnete, diamantartige Schichten unter 1 nm Dicke konnten durch Pulslaserverdampfung von Graphit im Hochvakuum epitaktisch auf (100) Si abgeschieden werden [8.194].

- Epitaktische PrO_2-Dünnschichten wurden mit einem XeCl-Excimerlaser auf (111) Si aufgedampft [8.193]. Solche Schichten eignen sich als Sperrschichten in Dünnschichttransistoren und zur Verwendung in Feuchtigkeitssensoren.
- Hervorragende tribologische Eigenschaften werden von laseraufgedampften MoS_2-Dünnschichten auf Stahllagern berichtet [8.303]. Weitere Kandidaten sind Schichten aus diamantartigem Kohlenstoff (a-C:H) und Bornitrid (BN).
- Dünnschichten aus Biokeramiken, wie Calciumhydroxylapatit ($Ca_{10}(PO_4)_6(OH)_2$) auf Ti-6Al-4V, konnten durch Laserbedampfung hergestellt werden [8.184, 8.303].
- Der elektrische Widerstand von laseraufgedampften SnO_2-Dünnschichten hängt von der Luftfeuchtigkeit und den Gasdrücken von Ethanol, CO und O_2 ab [8.178]. Sie eignen sich also grundsätzlich für Dünnschichtsensoren.
- Orientierte, einphasige AlN-Dünnschichten konnten mittels Laserbedampfung auf einkristallinem Saphir abgeschieden werden [8.190]. Potentielle Anwendungen von AlN-Dünnschichten bestehen in der Wärmeableitung auf Chips und als Material für SAW-Bauteile (SAW = Surface Acoustic Waves = akustische Oberflächenwellen).
- Mit Pulslasern aufgedampfte Ferritdünnschichten zeigen ausgezeichnete magnetische Eigenschaften und empfehlen sich für ihre Integration in MMIC's (microwave monolithic integrated circuitry) und kompakte Magnetaufzeichnungs- und -lesebauelemente [8.303].
- Durch Pulslaserverdampfung eines Polyacrylamidtargets mit eingebetteter Zinnfolie gelang die Herstellung einer Dünnschicht aus Polymer-Metall-Verbundwerkstoff [8.189].
- Die Laserverdampfung von Festkörpern eignet sich als Ersatz für Knudsen-Zellen in der Molekülstrahlepitaxie [8.132].
- Mit der LIFT-Technik bestehen Möglichkeiten zur direkten (Metall-) Musterübertragung im Maßstab 1:1 von einem transparenten Substrat (Absender) auf eine nahe gegenüberliegendes Substrat (Empfänger) in 1 bis 100 μm Abstand, wobei die thermische Belastung des Empfängers sehr gering ist.
- Mit einem der LIFT-Technik ähnlichen Verfahren lassen sich beispielsweise Katalysatormaterialien auf einen empfindlichen Katalysatorträger aufbringen.
- Mit der lasergestützten Bogenbeschichtung (LASER-ARC) können diamantartige Schichten mit Abscheideraten von 1 mm/s auf Si-Wafer, Quarz, Glas, ZnSe, NaCl und KCl aufgebracht werden [8.276].

9 Wirtschaftlichkeit der Laserchemie

Die Wirtschaftlichkeit der Laserchemie im Forschungs-, Entwicklungs- oder Produktionsbereich eines Unternehmens kann nur für konkrete Einzelfälle zuverlässig beurteilt werden. In die Entscheidung für oder gegen den Einsatz eines Lasers fließen technische und kaufmännische Erwägungen ein sowie unternehmerische Argumente entsprechend der firmeneigenen Unternehmungsstrategie. In allgemeiner Form lassen sich am ehesten die technischen und kaufmännischen Fragen zur Laserchemie beantworten. Daher werden in diesem Kapitel Entscheidungskriterien für diesen Fragenkomplex zum Lasereinsatz vorgestellt und an ausgewählten Beispielen veranschaulicht. Bezüglich Unternehmensstrategien soll angedeutet werden, welche Fragen beim Entscheidungsprozeß für die Lasertechnik auftreten können.

9.1 Quantenausbeute, Licht- und Materialkosten

Eine laserchemische Synthese ist offensichtlich nur dann wirtschaftlich, wenn die Kosten für das benötigte Laserlicht geringer sind als die konventionellen Herstellungskosten für dasselbe Produkt in derselben Reinheit. Die Möglichkeiten für einen konkurrenzfähigen Laserprozeß sind um so größer, je effizienter das Laserlicht für die Synthese genutzt wird. Für eine quantitative Erfassung der Lichtnutzung erweist sich das Diagramm in Bild 9.1 als nützlich.

In Bild 9.1 sind die Materialkosten in Währungseinheiten pro 1 mol produzierter Substanz angegeben. Bei Polymeren bildet 1 mol Monomersubstanz eine sinnvolle, vom Vernetzungsgrad des Polymers unabhängige Bezugsgröße. Die Laserlichtkosten sind auf 1 Einstein, d.h. "1 mol Photonen" oder 6×10^{23} Photonen, bezogen. Diesem entspricht ein Energiebetrag, der von der Frequenz ν (Emissionswellenlänge λ) des eingesetzten Laserlichts abhängt. Beide Kosten, Material- und Lichtkosten, beziehen sich also auf jeweils 6×10^{23} Teilchen (Produktmoleküle, Monomermoleküle oder Laserphotonen).

Die Effizienz der Laserlichtnutzung wird durch die Quantenausbeute ϕ angegeben, also die Anzahl der Produktmoleküle bzw. bei Polymerisierung

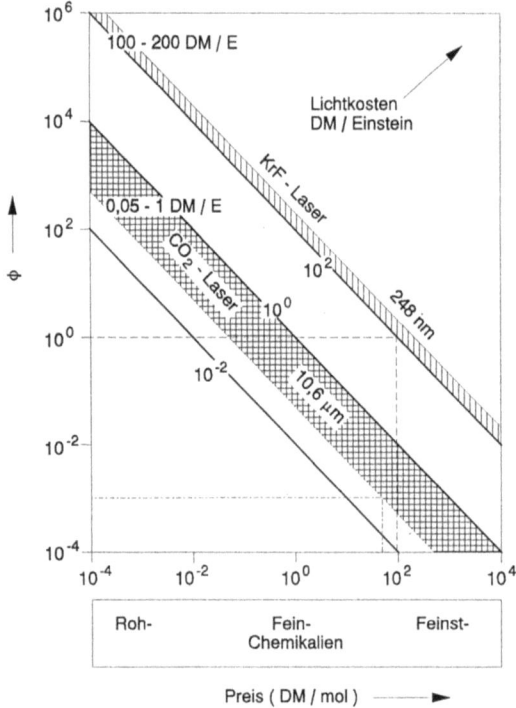

Bild 9.1. Diagramm zum Kostenvergleich für die Herstellung von Chemikalien (Abszisse) und die Erzeugung von Laserphotonen (Geradenschar) unter Berücksichtigung der Produktquantenausbeute ϕ (Ordinate); weitere Erläuterungen im Text

die durchschnittliche Anzahl verknüpfter Monomermoleküle pro *emittiertem* Laserphoton. Diese hier benutzte Quantenausbeute ϕ unterscheidet sich von der in der Photochemie standardmäßig genutzten Quantenausbeute ϕ_{PC}, die sich auf die Zahl der *absorbierten* Photonen bezieht. Nur im Fall einer vollständigen Absorption von allen emittierten Laserphotonen sind beide Quantenausbeuten gleich. Im Regelfall gilt jedoch $\phi = (n_{abs}/n_{em})\phi_{PC} < \phi_{PC}$, wobei n_{abs} die kleinere Zahl der absorbierten und n_{em} die größere Zahl der vom Laser emittierten Photonen ist. Für die Berechnung von ϕ aus ϕ_{PC} ist zu berücksichtigen, welcher Anteil der emittierten Laserphotonen bis zum chemischen Reaktionssystem gelangt und von den Reaktanden absorbiert wird.

In Bild 9.1 sind auf der Abzisse die Materialkosten bei konventioneller Herstellung und auf der Ordinate die Quantenausbeuten ϕ jeweils logarithmisch aufgetragen. Die Laserlichtkosten sind als eine Schar von Geraden dargestellt. Wegen der Schwankungsbreiten in den Photonenkosten für die einzelnen Lasertypen ist einem Lasertyp eine gemusterte Fläche zugeordnet wie hier am Beispiel der KrF- und CO_2-Laser gezeigt. Die Schwankungsbreiten sind unter anderem bedingt durch unterschiedliche Preis/Leistungs-Verhältnisse bei den verschiedenen Modellen und Fabrikaten desselben Lasertyps.

Die Lesart für das Diagramm in Bild 9.1 ist durch gestrichelte Geraden angedeutet: Kostet beispielsweise 1 mol einer Feinchemikalie bislang DM 100,- und ist für dessen laserchemische Herstellung ein KrF-Excimerlaser erforderlich, so muß die Quantenausbeute ϕ mindestens 1,0 betragen (preisgünstigste KrF-Laserphotonen vorausgesetzt). Je höher die Quantenausbeute, desto teurer darf das Laserlicht oder desto billiger die konventionelle Materialherstellung sein, ohne daß die Lasersynthese wirtschaftlich unrentabel wird.

Bild 9.1 zeigt lediglich einfache Zusammenhänge zwischen Materialkosten, Laserlichtkosten und Quantenausbeute. Es eignet sich für eine erste, größenordnungsmäßige Abschätzung zur Wirtschaftlichkeit der Lasersynthese. Zu den Kosten für die Laserphotonen kommen noch die Kosten für die Ausgangssubstanz, die Produktionsanlage (ohne Laser) und deren Wartung, den Betrieb der Produktionsanlage (Bedienungspersonal, Energiekosten etc.) einschließlich Gebäudekosten sowie eventuell Kosten für die Entsorgung unerwünschter Nebenprodukte. Im konkreten Einzelfall sind auch zusätzliche Randbedingungen zu berücksichtigen. Mitunter besteht die strenge Anforderung eines kontinuierlichen 24-Stunden-Betriebes bei hoher Durchschnittsleistung, z.B. 0,1 bis 1 kW mit einem KrF-Excimerlaser im Fall der Synthese von Vinylchlorid aus 1,2-Dichlorethan [9.1]. Es ist dann zu prüfen, inwieweit derartige Prozeßbedingungen technisch machbar sind und wenn ja, welche Veränderungen sie bei den Laserphotonenkosten bewirken. Diese sind möglicherweise unter anderen Randbedingungen kalkuliert worden (vgl. unten).

Zur Ermittlung von Laserphotonenkosten am Beispiel eines KrF-Excimerlasers (248 nm) kann folgender Ansatz dienen: Die Investitionskosten für den Excimerlaser mit (minimaler) Infrastruktur für seinen Betrieb einschließlich einfacher Laserstrahlführung und Pulsenergie- bzw. Leistungsmessung werden mit rund 200.000,- DM angesetzt. Zur Infrastruktur zählen hierbei Druckminderer für Lasergase (mit Spülvorrichtung für Fluor/Edelgasgemisch), Gasleitungen (Lagerung der Gasflaschen außerhalb des Labors), stabiler Lasertisch, kleine optische Bank, optische Bauelemente (Umlenkspiegel, Linsen, feinjustierbare Halterungen), Kühlwasserleitung mit Durchflußwächter, Stromanschluß, Abluftleitung für Lasergehäuseventilation, Abgasleitung für verbrauchte Lasergase und Schutzbrillen [9.2]. Der Laser werde z.B. in einer Pilotanlage an 200 Tagen pro Jahr für jeweils 8 Stunden (rund 80% Standzeit) mit 100 Pulsen/s bei einer Pulsenergie von 300 mJ betrieben (Für Dauerbetrieb erscheinen 50 bis 80% der Maximalleistung sinnvoll). Das ergibt jährlich $5,76 \times 10^8$ Laserpulse, $1,73 \times 10^8$ J Lichtenergie bei 248 nm, $2,16 \times 10^{26}$ Photonen bzw. 358 Einstein. Desweiteren wird für den Laser eine Gesamtbetriebsdauer von 10 Jahren angesetzt. In die Photonenkosten gehen die Kapital-, Wartungs- und Betriebskosten ein, welche auf verschiedenen Rechenwegen ermittelt werden können (Tabelle 9.1).

Rechenweg a: Pauschalkalkulation

Die Investitionskosten für den Laser und seine Infrastruktur werden über 5 Jahre abgeschrieben. Für Wartungsarbeiten wird eine Pauschale von 20% der Kapitalkosten angesetzt. Die jährlichen Verrechnungskosten in den ersten fünf Jahren betragen demnach 1/5 von 200.000,- DM an Kapitalkosten zuzüglich 20% davon als Wartungspauschale, also zusammen 48.000,- DM. Nach der Abschreibefrist werden für die Wartung des Lasers 30% der vorherigen Verrechnungskosten angesetzt, also 14.400,- DM pro Jahr. Die Wartungspauschale für das nunmehr alte Gerät ist gegenüber dem Wert für das neue Gerät erhöht. Für 10 Jahre Betriebsdauer fallen nach dieser Rechnung insgesamt 312.000,- DM für Kapitalkosten und Laserwartung an.

Für die Laserbetriebskostenrechnung wird eine durchschnittliche Zahl von 10^7 Laserpulsen pro Lasergasfüllung angesetzt (vgl. $6,5 \times 10^6$ Laserpulse/Füllung bei 200 Pulsen/s, 250 mJ/Puls im Lambda Physik 1248 Excimerlaser mit der Nachbesserungsmöglichkeit durch Fluorzugabe [9.3]). Für einen Lasergaswechsel werden 100,- DM berechnet. Davon entfallen rund 50,- DM oder mehr auf die Gase (vgl. 35 bis 45 \$, d.h. rund 50 bis 75 DM nach [9.4]) und der Rest auf Personalkosten für Bedienung beim Gaswechsel, Testlauf mit Leistungskontrolle und anteilige Berechnung von Gasflaschenwechseln. Die erforderlichen Wechsel von Halogenfiltern in der Abgasleitung und Pumpenöl sowie das Reinigen der Laseroptiken sind mit der Wartungspauschale abgegolten. Für $5,76 \times 10^9$ Laserpulse in 10 Jahren sind also 576 Gaswechsel zu je 100,- DM erforderlich, insgesamt 57.600,- DM.

Bei 2% Wirkungsgrad des Excimerlasers (Excimerlaserlichtenergie: elektrischer Energieverbrauch) sind insgesamt $1,73 \times 10^9 J \times 100/2 = 8,65 \times 10^{10} J$, d.h. rund 24.000 kWh elektrische Energie erforderlich. Bei einem Strompreis von 0,30 DM/kWh (Einzelpreis zzgl. Anteil am Grundbetrag) kostet die elektrische Energie rund 7.200,- DM. Der Kühlwasserverbrauch (ca. 5 l/min) summiert sich auf insgesamt 4800 m^3, was je nach Wasserpreis rund 5000,- DM ausmacht.

Für die Excimerlaserbetriebskosten in 10 Jahren errechnen sich bei dieser Betriebsweise somit für Gase (57.600,- DM), Strom (7.200,- DM) und Wasser (5000,- DM) zusammen rund 70.000,- DM. Kapital-, Wartungs- und Betriebskosten summieren sich zu 382.000,- DM für 3583 Einstein KrF-Laserphotonen, also rund 107,- DM/Einstein.

Rechenweg b: Detailkalkulation für Wartungsarbeiten

Die Kapital- und Betriebskosten für den KrF-Laser sollen dieselben wie im Rechenweg a sein. Für die erforderlichen Wartungsarbeiten wird angenommen:

- Nach jeweils 5×10^8 Laserpulsen muß das Thyratron ausgetauscht werden (rund 10.000,- DM). Für $5,8 \times 10^9$ Laserpulse sind also 11 Thyratronwechsel fällig (110.000,- DM).
- Nach jeweils 10^9 Laserpulsen ist eine Generalüberholung des Lasers erforderlich (Elektrodenabbrand, Optikverschleiß, etc.) mit rund 20.000,- DM Kosten. Insgesamt 5 Generalüberholungen kosten rund 100.000,- DM.
- Mit jeder Generalüberholung muß die externe Optik ersetzt werden (vergütete Umlenkspiegel, Linsen: 3000,- DM), zusammen rund 15.000,- DM.
- Nach jeweils 30 Gasfüllungen werden die Halogenfilter in der Abgasleitung ersetzt (Material und Arbeitskosten rund 100,- DM), zusammen rund 2000,- DM.
- Nach jeweils 100 Gasfüllungen ist ein Pumpenölwechsel fällig (Material und Arbeitskosten rund 100,- DM), zusammen rund 500,- DM.

Nach dieser Aufstellung ergeben sich Wartungskosten von 227.500,- DM (gegenüber 112.000,- DM bei der Pauschalrechnung auf dem Rechenweg a). Unter Einbeziehung der Kapital- und Betriebskosten errechnet sich damit ein Photonenpreis von 139,- DM/Einstein.

Rechenweg c: Laser im Produktionseinsatz

Für den Produktionseinsatz wird - abweichend vom obigen Rechenansatz - ein 2-Schichtbetrieb angenommen, also 200 Arbeitstage pro Jahr zu je 16 Stunden. Die Kapitalkosten bleiben davon unberührt. Die Betriebskosten verdoppeln sich gegenüber den Rechenwegen a und b auf rund 140.000,- DM. Für die Wartungsarbeiten wird die Vorgehensweise von Rechenweg b analog angewendet (Tabelle 9.1). Mit den Kapital- und Betriebskosten errechnet sich so ein Photonenpreis von 116,- DM/Einstein.

Rechenweg d: Laser im F&E-Bereich

Im F&E-Labor wird - abweichend vom obigen Rechenansatz - der Laser an 200 Tagen im Jahr jeweils 4 Stunden eingesetzt. Die Kapitalkosten bleiben wiederum unberührt, die Betriebskosten halbieren sich gegenüber den Rechenwegen a und b auf rund 35.000,- DM. Die Wartungsarbeiten ergeben in Analogie zu Rechenweg b die in Tabelle 9.1 angegebenen Werte. Mit den Kapital-, Wartungs- und Betriebskosten errechnet sich so ein Photonenpreis von 185,- DM/Einstein.

Tabelle 9.1. Betriebsdauer, Lichtleistung, Wartungs- und Betriebsaufwand sowie zugehörige Kosten für UV-Laser und UV-Lampen bei 10jährigem Betrieb (Erläuterungen im Text)

Leistung bzw. Kosten	Lichtquelle	KrF-Excimerlaser(248nm)			F&E (d)	1kW Hg/Xe-Lampe 365 nm	2kW Hg-Hochdr. 254 nm
		Pilot (a)	Pilot (b)	Produktion (c)			
Betrieb(Std)		16000	16000	32000	8000	16000	16000
Pulszahl		$5,8 \times 10^9$	$5,8 \times 10^9$	$1,15 \times 10^{10}$	$2,9 \times 10^9$	-	-
Lichtenergie(J)		$1,7 \times 10^9$	$1,7 \times 10^9$	$3,5 \times 10^9$	$8,7 \times 10^8$	$1,1 \times 10^8$	$2,1 \times 10^9$
Einstein		3583	3583	7166	1792	343	4396
Kapital(TDM)		200	200	200	200	30	30
Thyratronwechsel			11	23	5	-	-
Generalüberholung			5	11	2	3	3
ext. Optik		pau-	5	11	2	3	3
Halogenfilter		schal	19	38	9	-	-
Pumpenölwechsel			5	11	2	-	-
Wartung(TDM)		112	228	488	97	6	6
Gasfüll./Lampen		576	576	1152	288	15	7
Strom (kWh)		24000	24000	48000	12000	16000	32000
Kühlwasser (m³)		4800	4800	9600	2400	-	4800
Betrieb(TDM)		70	70	140	35	32	27
Gesamt(TDM)		382	498	828	332	68	63
% Kapital		52	40	24	60	44	48
% Wartung		29	46	59	29	9	10
% Betrieb		18	14	17	11	47	43
DM/Einstein		107,-	139,-	116,-	185,-	198,-	14,-
DM/kJ		0,22	0,29	0,24	0,38	0,62	0,03
DM/Std		24,-	31,-	26,-	42,-	4,-	4,-

Nach Tabelle 9.1 liegen für den Lasereinsatz in der Pilotanlage und in der Produktion die Betriebskosten bei 16±2% der Gesamtkosten. Je nach Rechenansatz dominieren die Kapitalkosten oder die Wartungskosten. Sie bestimmen im wesentlichen die Photonenkosten von rund 120±20 DM/Einstein. Ein deutlich anderes Bild ergibt sich für den Lasereinsatz im F&E-Bereich. Die jährlichen Gesamtkosten gehen im Vergleich zum Einsatz in der Pilotanlage oder Produktion zurück, aber der Preis pro Einstein steigt etwa um 50%. Alle hier abgeschätzten Photonenkosten liegen weit über dem Wert von 5 $/Einstein (rund 8 DM/Einstein) in [9.1]. Dieser Preisunterschied spiegelt unterschiedliche Startannahmen für die Kostenabschätzung wider. Die oben beschriebenen Rechenwege gehen von derzeitigen Marktpreisen labortauglicher Excimerlaser aus. Die Zahlen in [9.1] beziehen sich auf technisch wesentlich einfachere, robuste Industrielaser.

Laser für die großtechnische Produktion können beispielsweise billige und leicht zu wartende Funkenstrecken an Stelle der teuren Thyratrons für die Schaltung der Hochspannungsentladung nutzen. Auch der Aufwand für elektromagnetische Abschirmung durch das Lasergehäuse kann vermindert werden. Durch diese Gerätevereinfachungen vermindern sich die Kosten für Wartungsarbeiten drastisch. Die routinemäßige Laserwartung kann durch ausgebildete Techniker an Stelle von hochqualifizierten Ingenieuren durchgeführt werden. Die sonst in den Wartungskosten enthaltenen Reisekosten entfallen bei hauseigener Laserwartung. Bei geschicktem Produktionsanlagenaufbau entfallen zusätzlich die Kosten für externe Optiken (z.B. Laserstrahl direkt in Prozeßkammer gerichtet). Weitere Kostenverminderungen können durch Mengenrabatte für Großkunden von Lasergasen und Strom entstehen sowie mit geschlossenen Kühlkreisläufen statt hohem Wasserverbrauch. Bei großen Laseranlagen rentieren sich Gasreinigungsanlagen [9.5] und eventuell Anlagen zur Rückgewinnung der teuren Lasergase.

Die obigen Rechnungen und Überlegungen zeigen, daß die Berechnung von Photonenkosten für einen ausgewählten Lasertyp im allgemeinen nur eine größenordnungsmäßige Abschätzung zuläßt. Eine Toleranzgrenze von beispielsweise 10% der Photonenkosten erfordert bereits detaillierte Aufstellungen der Einzelposten. Bei diesen sind dann schon prozeßtechnische Randbedingungen zu berücksichtigen: Welche Laserlichtleistung wird benötigt? Ist ein 24-Stundenbetrieb erforderlich? Kontinuierlich oder in Arbeitsintervallen? Wie groß sind der Laserstrahlquerschnitt und die Laserintensität (Größe und Güte der Optik)? Wie genau ist die Laserleistung einzuhalten? usw.

Der obige Vergleich zwischen den hier vorgerechneten Kosten für KrF-Laserphotonen und dem Literaturwert [9.1] zeigt auch, daß für eine Wirtschaftlichkeitsbetrachtung des Lasereinsatzes gegebenenfalls an Stelle der aktuellen Marktpreise die zukünftige Kostenentwicklung abgeschätzt und in die Rechnung eingesetzt werden muß. Für einen Vergleich zwischen den Kosten für Licht aus einem Laser und dem aus einer Lampe sollen Lampenlichtkosten hier analog zum Rechenweg b gemäß aktuellen Marktpreisen und Herstellerangaben ermittelt werden.

Vergleichsrechnung für Lampenlicht: gerichteter UV-Strahl

Die Investition für eine 1 kW Hg(Xe)-Lampe mit Lampenhaus, Kondensor, Reflektor, Wasserfilter, Netzgerät, Zündgerät, Lampe und Regelkreis zur Leistungsstabilisierung sowie minimaler Infrastruktur wie Tisch, optische Schiene, einfachen optischen Elementen (Linsen, Halter) kommt auf etwa 30.000,- DM. Bei 1600 Betriebsstunden/Jahr und 1000 Stunden durchschnittlicher Lebensdauer einer Lampe (rund 1700,- DM/Stück zzgl. Montagekosten von rund 100,- DM) ergeben sich jährliche Lampenkosten von 3600,- DM. Der Stromverbrauch von 1600 kWh ergibt jährliche Betriebskosten von 480,- DM. Laut Hersteller liefert diese Einheit in einem durch den Kondensor vorgegebenen Raumwinkel und einem spektralen Fenster von 5 nm Breite bei 365 nm 1,95 W Lichtleistung. Die UV-Photonenkosten aus dieser Lampe betragen demnach 198,- DM/Einstein.

Wegen der geringen Jahreslichtleistung der UV-Lampe von 343 Einstein unter den betrachteten Bedingungen soll auch ein durchgehender Tag/Nacht-Betrieb durchgerechnet werden: 10 Jahre x 365 Tage x 24 Std. = 87600 Betriebsstunden erfordern 87 Lampenwechsel zu je 1800,- DM, rund 30.000,- DM für externe Optik und Gerätewartung (elektrische Einheiten, Wechsel Filterwasser etc.), 87600 kWh Strom (26.280,- DM), also einen Gesamtaufwand von 242.880,- DM. Dem stehen $6{,}15 \times 10^8$ J Lichtenergie ($1{,}13 \times 10^{27}$ Photonen = 1877 Einstein) gegenüber, entsprechend 129,- DM/Einstein bzw. 0,39 DM/kJ oder 3,- DM/Std. Die so erhaltene Lichtenergie ist vergleichbar dem F&E-Einsatz des Excimerlasers (Rechenweg d).

Vergleichsrechnung für Lampenlicht: UV-Tauchlampe

Die Investition für eine 2 kW Hg-Hochdrucklampe mit Tauchrohr, Wasserkühlung und elektrischem Vorschaltgerät wird auf etwa 30.000,- DM angesetzt. Bei 1600 Betriebsstunden/Jahr, 2000 Std durchschnittlicher Lebensdauer eines Strahlers (zum Preis von 1800,- DM/Stück inklus. Montage) sowie Wartungsarbeiten (Reinigung Tauchrohr, Wasserkühlung, Elektrik) errechnen sich die Werte in Tabelle 9.1. Die Photonenkosten bei 36 W Emission im 254 nm Wellenlängenbereich - hier werden fast alle emittierten Photonen des Strahlers genutzt - betragen danach nur noch 14,- DM/Einstein.

Um die Wirtschaftlichkeit des Lasereinsatzes abzuschätzen, kann die Angabe der Kosten pro Einstein, pro Lichtenergieeinheit oder pro Laserbetriebsstunde zweckmäßig sein. In Tabelle 9.2 sind für häufig verwendete La-

Tabelle 9.2. Häufig genutzte Lasertypen, ihre Emmisionswellenlänge λ, sowie Laserlichtkosten und Kosten pro Betriebsstunde unter Berücksichtigung von Investitions-, Wartungs- und Betriebskosten

Lasertyp	λ (nm)	Lichtkosten DM/Einstein	DM/kJ	Laserkosten DM/Std
ArF	193	20-400	0,03-0,7	4-50
KrF	248	10-200	0,02-0,5	2-30
XeCl	308	15-250	0,03-0,6	3-40
Ar^+ (UV, Viellinienbetrieb)	~350	100-2000	0,30-5,0	5-100
Ar^+ (sichtbar, Viellinienbetrieb)	~515	10-200	0,05-1,0	5-100
Cu-Dampf	578	5-30	0,02-0,1	5-30
CO_2 (cw)	10600	0,05-1	0,01-0,1	1-20
CO_2 (Puls)	10600	0,1-3	0,01-0,3	1-30

sertypen Photonen- bzw. Nutzungskosten zusammengestellt. Hier sind immer Investitions-, Wartungs- und Betriebskosten eingerechnet (vgl. z.B. [9.6]).

9.2 Produktionskosten der Laserchemie

Ein rechnerisch überschaubares Beispiel für eine laserchemische Produktion bildet die weltweit schon hundertfach eingesetzte Stereolithographie (Kap. 5). Dreidimensionale komplexe Gebilde aus organischen Polymeren, die zunächst mit einem CAD-Verfahren entworfen werden, lassen sich in den kommerziell verfügbaren Anlagen mit Prozeßrechnersteuerung verwirklichen. Dabei führt der Prozeßrechner die Umlenkspiegel des UV-Laserstrahls, der zur Polymerisierung eingesetzt wird, und sorgt für den weiteren Ablauf bis zur Herstellung des unvollständig polymerisierten Modells (Laserpolymerisierung des Stützgerüstes und der Außenhaut; vgl. Kap. 5). Dieses wird der Anlage entnommen, abtropfen lassen und dabei nötigenfalls gedreht bis zur vollständigen Entfernung von Monomerresten sowie schließlich im UV-Lampengehäuse vollständig ausgehärtet. Ein Polymermodell für einen Automobilmotorblock beansprucht eine Herstellungszeit von etwa 50 Stunden [9.7].

Die Kosten für die laserchemische Herstellung eines solchen Polymergebildes ohne den Aufwand für den Entwurf, der weitaus größer als der Produktionsaufwand sein kann, lassen sich folgendermaßen abschätzen: Der Anschaffungspreis einer Stereolithographieanlage einschließlich Rechenprogrammen, Installation, Ausgangsmaterial und Austauschbehältern liegt bei etwa 1 Mio. DM [9.8]. Daraus ergeben sich in den Anfangsjahren jährliche Kapitalkosten von 200.000,- DM. Davon werden 20% = 40.000,- DM als Wartungspauschale angesetzt. Die Anlage benötigt einen Raum von etwa 20 m^2 für ihre Aufstellung und Arbeitsflächen. Das ergibt bei einer Monatsmiete von 25,-DM/m^2 eine Jahresmiete von 6.000,- DM. Die Anlage wird von einem Techniker bedient und betreut mit einem Jahresverdienst zuzüglich Lohnnebenkosten von insgesamt rund 100.000,- DM. Kosten für elektrische Energie werden mit 2.000,- DM angesetzt. Danach betragen die jährlichen Kosten (Kapital-, Wartungs- und Betriebskosten) rund 350.000,- DM.

Die Prozeßrechnersteuerung erlaubt den Betrieb "rund um die Uhr", abgesehen vielleicht von Feiertagsperioden. Bei einer angenommenen Standzeit von 90% und einem Abzug von 10% für Be- und Entladen der Anlage ergibt sich eine jährliche Nutzungsdauer von rund 7000 Stunden. Daraus errechnet sich ein Aufwand von etwa 50,- DM/Stunde für die Bereitstellung und Nutzung der Stereolithographieanlage. Diese relativ niedrigen Kosten kommen durch die hohe Jahresnutzungsdauer zustande (vgl. z.B. rund 1600 Arbeitsstunden/Jahr für einen typischen Arbeitnehmer). Bei diesem Stundensatz kostet die laserchemische Produktion des Motorblockmodells etwa 2500,- DM.

Die so abgeschätzten Produktionskosten für das Motorblockmodell sind als untere Grenze zu verstehen. In der Regel kann ein solch hochwertiges technisches Produkt nicht "auf der grünen Wiese" entstehen, sondern setzt eine vielfältige Infrastruktur voraus. Diese muß über die "verkaufsfähigen" Produkte mitfinanziert werden. So stehen hinter dem hier berechneten Techniker häufig Physiker, Chemiker, Informatiker und/oder Ingenieure, die bei erfahrungsgemäß auftretenden (Anlauf-) Schwierigkeiten mithelfen. Hinzu kommen die Lagerung und Verwaltung von Notvorräten an Ersatzteilen und Verbrauchsmaterialien. Die wenig produktive Anlaufphase bei der Einrichtung der neuen Technik sowie die unvermeidlichen Fehlversuche müssen ebenfalls kostenmäßig umverteilt werden. Je nach Anforderungen an das produzierte Modell bedarf es schließlich einer Qualitätskontrolle und auch Nachbesserungsarbeiten wie das Entfernen von Hilfsstegen und das Schleifen der neu entstandenen Oberfläche. Die Nachbesserungsarbeiten sind im allgemeinen sehr spezifisch, personalaufwendig und teuer.

9.3 Zwischenbilanz

Aus den bisherigen Ausführungen geht hervor, daß die Kosten für einen Laser je nach Betriebsweise unterschiedlich ausfallen und auf verschiedene Weise in den Preis des Produktes eingehen. In den ausgewählten Beispielen ist der mit dem Laser durchgeführte Produktionsschritt als dominant angenommen worden. Wird mit dem Laser nur einer von mehreren Prozeßschritten durchgeführt, dann kann die Frage nach der Wirtschaftlichkeit des Lasereinsatzes nur im Gesamtzusammenhang beantwortet werden. Diese Art der Fragestellung überschreitet bei weitem den Rahmen dieses Buches.

Fragen, die vor der Entscheidung für oder gegen den Lasereinsatz zu prüfen sind, betreffen unter anderem folgende Punkte:
- Kann der geplante Lasereinsatz mit dem Ausbildungs- und Kenntnisstand der vorhandenen Mitarbeiter bewältigt werden?
- Ist ausreichend Platz für die Aufstellung des geplanten Lasers oder Lasersystems vorhanden?
- Genügen die verfügbare Ausrüstung und Infrastruktur den gestellten Anforderungen beispielsweise bezüglich Tragfähigkeit und Erschütterungsfreiheit des Fußbodens, Leistung des elektrischen Anschlusses, Kühlwasser- bzw. Kühlsystemleistung, Staubfreiheit der Laborluft (Verschmutzung der Optik), Möglichkeiten zur Streulichtabschirmung, Zugangskontrolle zum Laser (Laserlabor), Abluft bzw. Absaugung von Laser-, Prozeß- und Hilfsgasen sowie Art und Anzahl von Laserschutzbrillen?
- Wie hoch sind unter den geplanten Einsatzbedingungen die anfallenden Kosten für den Laser einschließlich der zugehörigen Infrastruktur und eventuell notwendiger Ausbildung von Mitarbeitern?
- Welche "Gewinne" sind mit dem Lasereinsatz zu erwarten? Steigerung der Produktqualität? Verminderung der Anzahl der Prozeßschritte? Vermeidung von teuer zu entsorgenden Substanzen (z.B. Lösungsmittel, giftige Ätzgase, galvanische Bäder usw.)? Prozeßvereinfachung und/oder Steigerung der Produktionsgeschwindigkeit? Höhere Flexibilität bei der Produktgestaltung? Möglichkeiten zur Prozeßautomatisierung? Qualitätssteigerung bei einem laufenden, konventionellen Verfahren (z.B. Steigerung von Ätzgeschwindigkeit und Präzision)?

Die genannten Fragen decken sicherlich nicht das gesamte Spektrum ab. Sie zeigen aber auch so schon die enge Verflechtung von technischen und unternehmerischen Fragestellungen an deren Ende in erster Linie unternehmerische Entscheidungen zu fällen sind. Die Grundlagen für diese Entscheidungen mit vorzubereiten ist Aufgabe der Wissenschaftler und Ingenieure. Diese Aufgabe zu erleichtern ist eines der Ziele, das mit diesem Buch erreicht werden soll.

10 Zusammenfassung und Ausblick

Das vorliegende Buch *Laserchemie - Verfahren und Anwendungen* läßt sich inhaltlich in drei Bereiche unterteilen, denjenigen mit den Grundzügen und wesentlichen Merkmalen der Laserchemie, denjenigen mit den Anwendungsbeispielen einschließlich ihrer technischen und wirtschaftlichen Vor- bzw. Nachteile sowie denjenigen mit den ausführlichen Literaturangaben. Während die Grundzüge und wesentlichen Merkmale einen vorläufigen Abschluß erfahren haben, gleichen die Darstellungen der Anwendungsbeispiele und das Literaturverzeichnis einer Momentaufnahme von einem dynamischen Entwicklungsgebiet.

Die vielfältigen Methoden der angewandten Laserchemie nutzen die Photonen als "chemisch sauberes" Reagenz. Photonen werden kontaktfrei zugeführt und hinterlassen keine Rückstände, die (mühsam) entsorgt werden müßten. Die laserchemischen Methoden sind sehr breit über das Spektrum der Chemie und Physik aufgefächert und überspannen mehrfach die Grenzen zwischen beiden Disziplinen. Die beschriebenen Lasertechniken umfassen Prozesse bei sehr tiefen Temperaturen nahe am absoluten Nullpunkt bis hin zu solchen bei extrem hoher Anregung in heißen Plasmen. Die laserbestrahlten Systeme - Gase, Flüssigkeiten und Festkörper - sind teilweise physikalisch sehr genau definiert, wie beispielsweise monoenergetische Moleküle im kalten Molekülstrahl, und zum Teil sehr stark gekoppelt und komplex wie im Fall von Polymeren, die an ihrer Oberfläche geschmolzen, verdampft, gegebenenfalls auch noch elektrisch aufgeladen und zur chemischen Reaktion gebracht werden. In der angewandten Laserchemie findet sich beides, das von der Grundlagenforschung ausgehende Experiment, dessen Ergebnis praktische Anwendung findet, ebenso wie das praxisorientierte Laserexperiment, dessen Deutung in die Grundlagenforschung führt.

Die Vielfalt der besprochenen Lasermethoden und der dabei beobachteten Effekte wurden im Rahmen dieses Buches nur so weit dargestellt, daß ihre wesentlichen Merkmale hervortreten. Zur Beschreibung der Verfahrensmerkmale enthält der Text vorzugsweise Plausibilitätsbetrachtungen an Stelle von formelmäßigen Herleitungen, die gegebenenfalls in der angegebenen Literatur zu finden sind. Ebenso werden zu den vielfältigen Analyse- und Diagnostikmethoden mit Lasern, die beispielsweise in der chemischen (Grundlagen-) Forschung große Bedeutung erlangt haben, lediglich Literaturhinweise gegeben.

Bei den laserchemischen Anwendungen sind im letzten Jahrzehnt zwei Entwicklungstendenzen deutlich geworden: Der Einsatz von Lasern bei Dünnschichten bzw. Dünnschichtsystemen sowie die Kombination von laserchemischen Verfahren mit konventionellen Prozeßtechniken. Der zunehmende Lasereinsatz bei Dünnschichten läßt sich damit verstehen, daß bei diesen Prozessen zumeist mehrere Eigenschaften des Laserlichts gleichzeitig genutzt werden können. Hierzu gehören Paarungen wie *Fokussierbarkeit und kurze Bestrahlungszeit* oder *Kurzwelligkeit* (starke Absorption und geringe Eindringtiefe) *und hohe Intensität* oder *Kohärenz* (Interferenzfähigkeit) *und spektrale Schmalbandigkeit*. Werden gar drei oder mehr Lasereigenschaften gleichzeitig genutzt, dann ist das laserchemische Verfahren praktisch konkurrenzlos. Zur Veranschaulichung der Reaktionsvielfalt sind 35 Prozeßvarianten bei direkter Lasereinwirkung auf eine Oberfläche in Bild 10.1 dargestellt.

Die zweite Entwicklungstendenz zieht Vorteile aus geschickten Verfahrenskombinationen. Dabei wird der "teure" Laser nur dort eingesetzt, wo er unbedingt nötig ist. Aus technischer Sicht erscheint es vorteilhaft, die Anzahl der Prozeßfreiheitsgrade zu erhöhen und damit das Spektrum der technischen Möglichkeiten zu erweitern. Insbesondere gilt es, mit Phantasie die speziellen Merkmale der einzelnen Verfahren geschickt zu kombinieren. Ausgehend von Tabelle 5.3 ist unter Einbeziehung der zusätzlich beschriebenen Verfahren eine erweiterte Liste von kombinierten Verfahren in Tabelle 10.1 zusammengefaßt.

Die aufgezeigten Anwendungsbeispiele der Laserchemie spiegeln die wesentlichen Denkansätze, experimentellen Lösungswege und Ergebnisse wider. Ausgehend hiervon lassen sich Aufwand und Erfolgsaussichten für den Lasereinsatz bei ähnlichen technischen Problemen abschätzen.

Einige der beschriebenen Laseranwendungen haben sich schon einen festen Platz in der industriellen Technik und teilweise in der Produktion erobert. Hervorzuheben sind hier die Pulslaserverdampfung in der Leiterplattenfertigung (Interatom, Augsburg), der Lithographie (IBM, Stuttgart), der Photomaskenreparatur (z.B. mit Lasersteppern von Lasarray, Biel oder Cymer Laser Technologies, San Diego), beim Widerstandsabgleich in gedruckten Schaltungen (z.B. VDO, Schwalbach), der Fertigung von Mikrowellenantennen für die Sattelitenkommunikation (Battelle-Institut mit MBB), der Herstellung von Dünnschichten aus Hochtemperatursupraleitern (Forschungsgesellschaft für Informationstechnik, Bad Salzdetfurth), die UV-laserinduzierte Polymerisierung bei der Stereolithografie (Spectra Physics,

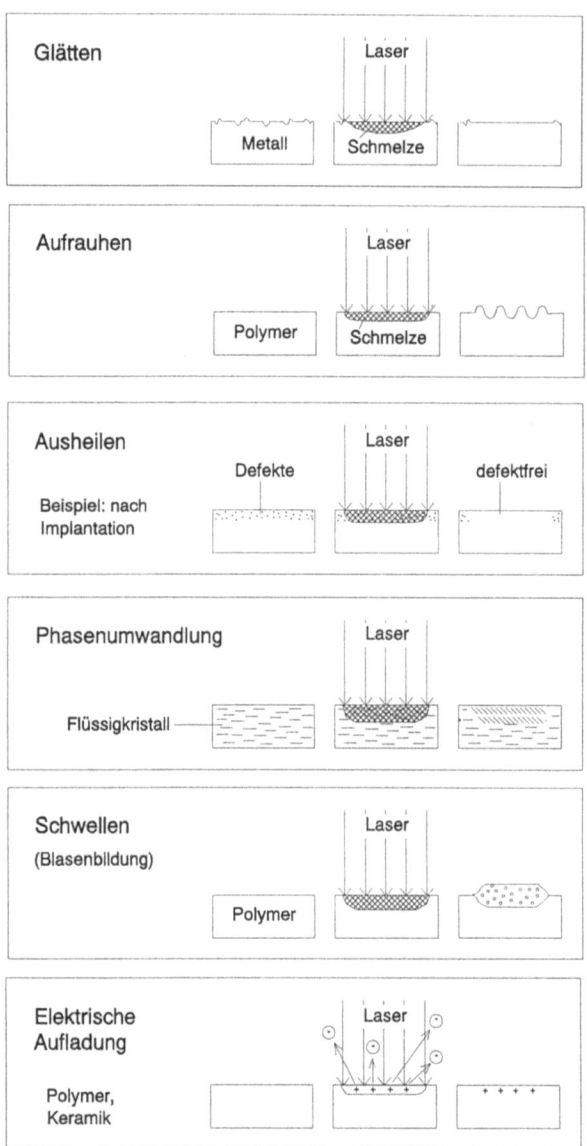

Bild 10.1. Schematische Darstellung von Prozessen und Ergebnissen bei der direkten Einwirkung eines Laserstrahls auf eine Materialoberfläche

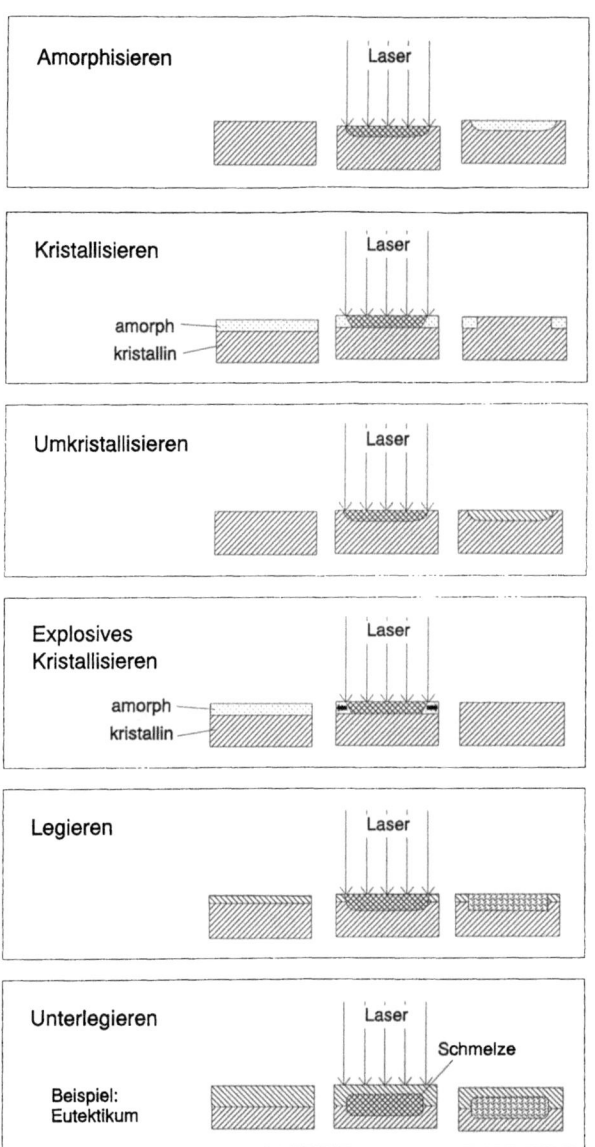

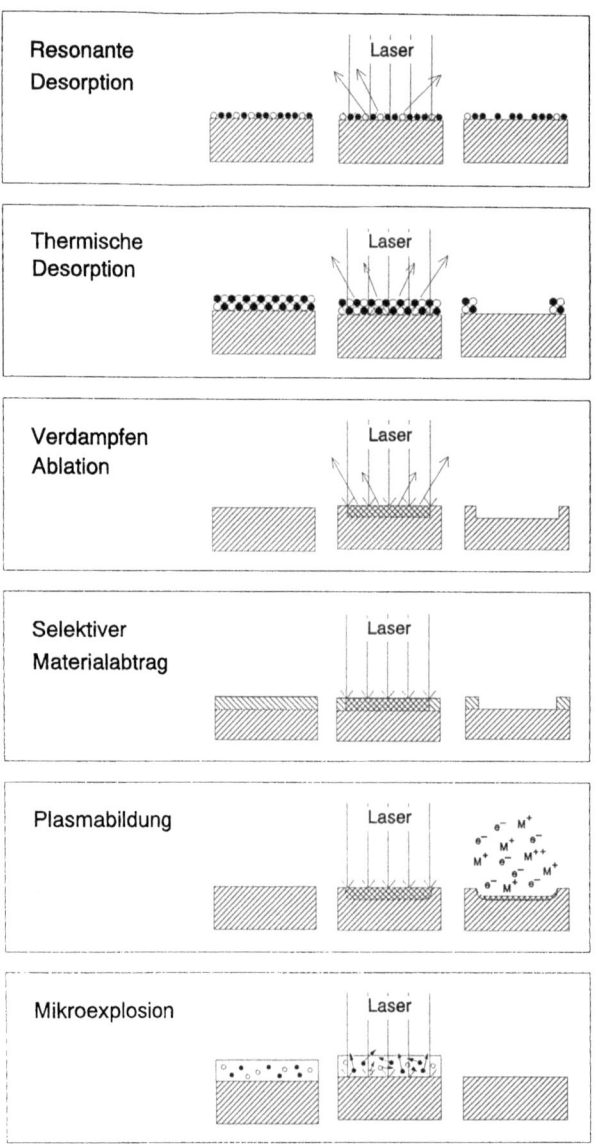

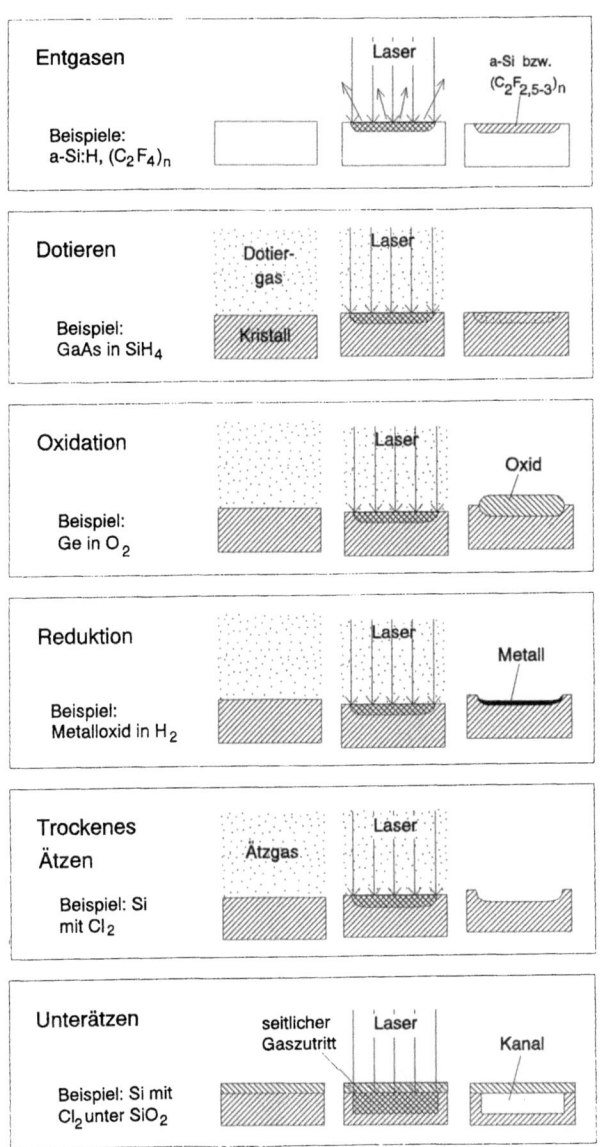

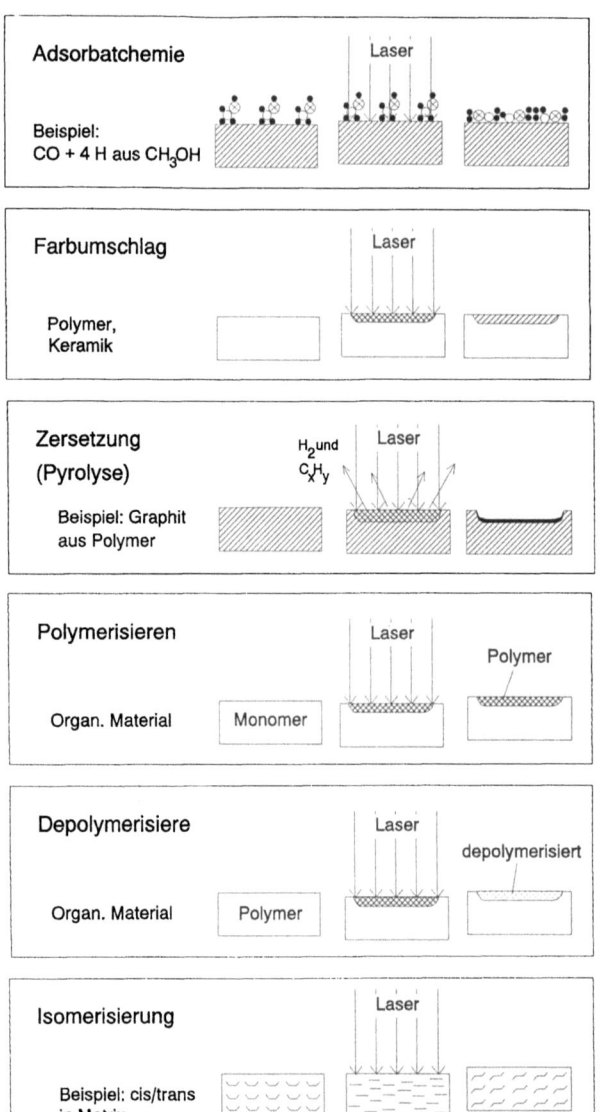

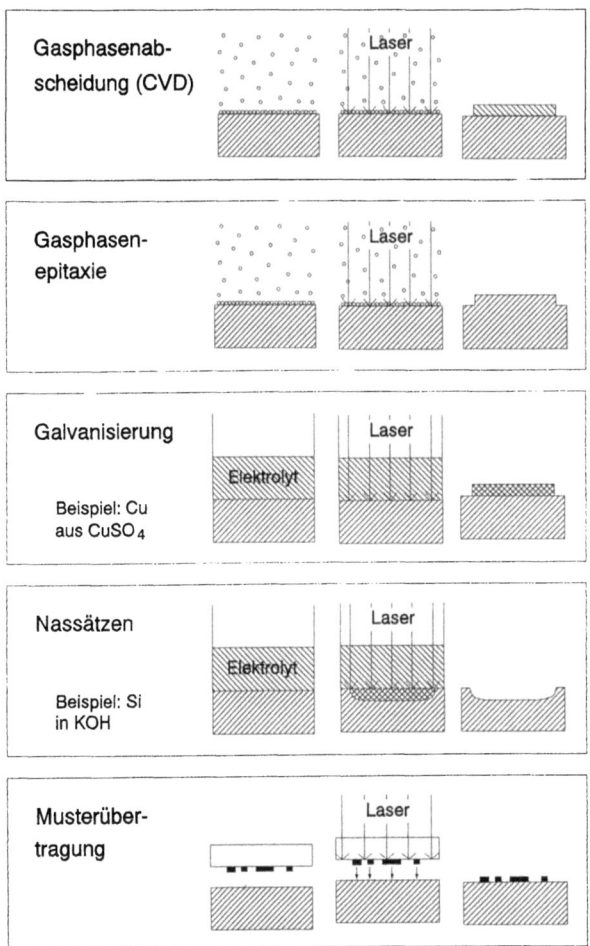

Darmstadt und Dornier, Friedrichshafen), die lasergalvanische Abscheidung von Gold zur Reparatur transparenter Defekte auf Photomasken (Philips, Eindhoven) sowie das großtechnische Kartoffelschälen (Battelle-Institute, Columbus, Ohio). Diese Liste spiegelt die oben beschriebenen Entwicklungstendenzen der 1980er Jahre wider. Sie ist mit großer Sicherheit unvollständig insbesondere, da viele Firmen aus verständlichen Gründen wenig Interesse daran haben, ihre neuesten Verfahren der Öffentlichkeit und damit auch der Konkurrenz bekannt zu machen.

Die vorliegende Darstellung der angewandten Laserchemie ist insbesondere bei den Anwendungsbeispielen unvollständig. Die breite Streuung der Berichte über Laseranwendungen in wissenschaftlichen Journalen, Patentschriften, Konferenzberichten sowie in anwendungstechnischen Heften er-

Tabelle 10.1. Beispiele für kombinierte Verfahren mit mindestens einem laserinduzierten Verfahrensschritt

Schritt 1	Schritt 2	Ergebnis
Metallbekeimung	Galvanisierung	lokale Metallisierung
Laserverdampfung mit elektrischer Aufladung (Polymere, Keramik)	Galvanisierung	lokale Metallisierung
Legierungsbildung	Galvanisierung	lokale Metallisierung
Dotierung	Galvanisierung	lokale Metallisierung
Metallbekeimung	Widerstandsheizung und CVD	lokale Beschichtung
Dotierung	naßchemisches Ätzen	(Mikro-) Strukturen
Inkubation (Steigerung der Absorption)	Laserverdampfung	(Mikro-) Strukturen
Oxidation	CVD	lokale Beschichtung auf nichtoxidierten Flächen
IR-Laseranregung	UV-Laserverdampfung	verstärkte Laserverdampfung
Oberflächenstrukturierung mit UV-Pulslaser	IR-Laserverdampfung	verstärkte Laserverdampfung
Halogenatome aus Mikrowellenentladung	Laserdesorption	verstärkte Oberflächenätzung
Laseramorphisieren	Naßätzen	tiefe Ätzfurche
Laserbestrahlung	Plasmaätzen	Verminderung der Ätzrate auf bestrahlten Flächen (Mustererzeugung)
Pulslaserverdampfen	Naßfärben	Farbmustererzeugung
Ionenimplantation	Lasertempern	lokales Dotieren oder Legieren
Erzeugung freier Ladungsträger	Widerstandsheizung	lokale Materialverformung
Oberflächenstrukturierung	Belegen mit Flüssigkristall	orientierte Flüssigkristallschicht
Polymerisierung von Stützgerüst und Außenfläche	konventionelle UV-Aushärtung	Erzeugung 3-dimensionaler Polymergebilde (Stereolithographie)
Pulslaserverdampfung	Lichtbogen	effiziente Beschichtung mit laserkontrolliertem Lichtbogen
Laserverdampfung	Ionenbeschuß	kristalline Dünnschicht

schwert ihre Erfassung. Auch haben sich in der praxisorientierten Entwicklung der Laserchemie für Methoden und Verfahren häufig noch keine einheitlichen Namen durchgesetzt.

Auch Kosten für die Anschaffung von Lasern, die zugehörige Laborinfrastruktur, die fachliche Ausbildung von Mitarbeitern, Betriebskosten sowie voraussichtliche Wartungsarbeiten und Standzeiten wurden für Wirtschaftlichkeitsbetrachtungen erörtert.

Die Einsatzmöglichkeiten des Lasers als "Problemlöser" sind in den letzten zehn Jahren kräftig angestiegen, weil zunehmend leistungsfähige und zuverlässige Lasertypen mit recht verschiedenen Eigenschaften kommerziell verfügbar geworden sind. Selbst für die in der Praxis schon seit 10 bis 20 Jahren genutzten Lasertypen lohnt eine neue Bewertung ihrer Einsatzmöglichkeiten. Diese Laser wurden inzwischen beträchtlich verbessert bezüglich Preis-Leistungs-Verhältnis, Zuverlässigkeit, Lebensdauer, Raumbedarf, Arbeitssicherheit und vielen anderen Kriterien wie Laserstrahlprofil und Leistungsstabilität, welche bis vor wenigen Jahren ihren industriellen Einsatz noch verhindern konnten. Heute bestehen sehr gute Aussichten, den "richtigen" Laser für den erfolgreichen Einsatz am eigenen Arbeitsplatz zu finden.

Literaturverzeichnis

Kapitel 1

1.1 Haken, H.
Laser Theory, in "Handbuch der Physik", Herausg. S. Flügge, Band XXV/2c, Bandherausg. L. Genzel, Springer, Berlin 1969

1.2 Kleen, W. und R. Müller
Laser, Springer, Berlin 1996

1.3 Siegman, A.E.
An Introduction to Lasers and Masers, McGraw-Hill, New York 1971 sowie Lasers, University Science Books, Mill Valley 1986

1.4 Weber, H. und G. Herziger
Laser, Grundlagen und Anwendungen, Physik-Verlag, Weinheim/Bergstrasse 1972

1.5 Gürs, K.
Infrarot-Moleküllaser, Physik in unserer Zeit 4 (1973) 39-47

1.6 Schäfer, F.P.
Dye Lasers, Topics in Applied Physics, Band 1, Springer, Berlin 1973

1.7 Leone, S.R. und C.B. Moore
Laser Sources, in "Chemical and Biochemical Applications of Lasers", Band I, Herausgeber C.B. Moore, Academic, New York 1974, S. 1-27

1.8 Sargent III, M., M.O. Scully und W.E. Lamb Jr.
Laser Physics, Addison-Wesley, London 1974

1.9 Demtröder, W.
Grundlagen und Techniken der Laserspektroskopie, Springer, Berlin 1977

1.10 Ewing, J.J.
New Laser Sources, in "Chemical and Biochemical Applications of Lasers", Band II, Herausg. C.B. Moore, Academic Press, New York 1977, S. 241-278

1.11 Loudon, R.
The Quantum Theory of Light, Clarendon, Oxford 1978

1.12 Köpf, U.
Laser in der Chemie, Otto Salle, Frankfurt/Main 1979

1.13 Beck, R., W. Englisch und K. Gürs
Table of Laser Lines in Gases and Vapors, Springer Series in Optical Sciences, Band 2, 3. Auflage, Springer, Berlin 1980

1.14 Ben-Shaul, A., Y. Haas, K.L. Kompa und R.D. Levine
Lasers and Chemical Change, Springer Series in Chemical Physics, Band 10, Springer, Berlin 1981

1.15 Demtröder, W.
Laser Spectroscopy, Springer Series in Chemical Physics, Band 5, Springer, Berlin 1981 sowie
Laserspektroskopie, Springer, Berlin 1991

1.16 Haken, H.
Erfolgsgeheimnisse der Natur - Synergetik: Die Lehre vom Zusammenwirken, 5. Kapitel: Es werde Licht - Laserlicht, Deutsche Verlagsanstalt, Stuttgart 1981, S. 61- 72

1.17 Haken, H.
Licht und Materie II, Laser, B.I.-Wissenschaftsverlag, Mannheim 1981

1.18 Duley, W.W.
Laser Processing and Analysis of Materials, Plenum Press, New York 1983

1.19 Paul, H.
Photonen - Experimente und ihre Deutung, Vieweg, Braunschweig/Wiesbaden 1985

1.20 Müller, A.
Laser: Eine Einführung, Spektrum der Wissenschaft: Verständliche Forschung, Anwendungen des Lasers, Heidelberg 1988, S. 9-21

1.21 Schäfer, F.P.
Lasers for Chemical Applications, Appl.Phys. B 46 (1988) 199- 208

1.22 Andrews, D.L.
Lasers in Chemistry, Springer, Berlin 1989

1.23 Yariv, A.
Quantum Electronics, 3. Auflage, Wiley, New York 1989

1.24 Sauteret, C., G. Mainfray und G. Mourou
Laser designers eye petawatt power, Laser Focus World, Oktober 1990, S. 85-92

1.25 Gover, A., A. Friedman und A.T. Drobot
Electrostatic free-electron lasers have many uses, Laser Focus World, Oktober 1990, S. 95-103

1.26 Schäfer, F.P.
Röntgenlaser, Nachr.Chem.Tech.Lab. 38 (1990) 714-722

1.27 Eichler, J. und H.-J. Eichler
Laser - Grundlagen, Systeme, Anwendungen, 2. Auflage, Springer, Berlin 1991

1.28 Special Issue on Free-Electron Lasers, IEEE J.Quant.Electron. 27 (1991) Nr.12 (Dezember)

1.29 Messenger, H.W.
Advances in laser technology propel diverse applications, Laser Focus World, Dezember 1992, S. 61-72

1.30 Losev, S.A.
Gasdynamic Laser, Springer Series in Chemical Physics, Band 12, Springer, Berlin 1981

1.31 Pummer, H.
Der Excimerlaser - ein nützliches Werkzeug ?, Phys.Bl. 41 (1985) 199

1.32 Mückenheim, W.
Seven Ways to Combine Two Excimer Lasers, Laser Focus/Electro-Optics, Juli 1987, S. 56-67

1.33   Hutchinson, M.H.R.
        Excimer Lasers, Appl.Phys. 21 (1980) 95-114
1.34   Lambda Highlights, Veröffentlichung von Lambda Physik, No. 22, April 1990,
        S. 4 und 8
1.35   Müller-Horsche, E., P. Oesterlin und D. Basting
        Excimer Lasers: Maturity and Beyond, Lasers & Optronics, März 1990, S. 39-44
1.36   Wehner, M. und L. Hünerman
        Excimerlaser - Technik und Anwendungen, Phys.Bl. 46 (1990) A334 - A336 mit
        anschließender Marktübersicht S. A338 - A355
1.37   McIntyre, I.A. und C.K. Rhodes
        High power ultrafast excimer lasers, J.Appl.Phys. 69 (1991) R1-R19
1.38   Green, J.M. und M.R. Osborne
        Developments in Excimer Lasers for Photochemical Processing, in "Photochemical Processing of Electronic Materials", I.W. Boyd und R.B. Jackman
        (Herausgeber), Academic, London 1992, S. 41-65
1.39   Hecht, J.
        Excimer lasers produce powerful ultraviolet pulses, Laser Focus World, Juni
        1992, S. 63-72
1.40   Hecht, J.
        Ion lasers deliver power at visible and UV wavelengths, Laser Focus World,
        Dezember 1992, S. 97-105
1.41   Messenger, H.W.
        Metal-vapor lasers display versatility, Laser Focus World, April 1990, S. 87-92
1.42   Carts, Y.A.
        Scientific dye lasers employ a variety of technologies, Laser Focus World,
        Februar 1990, S. 57-64
1.43   Fletcher, P.W., K. Ibbs und C. Seaton
        New Developments in Ultrafast Lasers, Photonics Spectra, Juli 1990, S. 111-120
1.44   Duarte, F.J. (Herausgeber)
        High-Power Dye Lasers, Springer Series in Optical Sciences, Band 65, Springer,
        New York 1991
1.45   Koechner, W.
        Solid State Laser Engineering, Springer Series in Optical Sciences, Band 1,
        Springer, New York 1976
1.46   Greve, P.
        Diodengepumpte Festkörperlaser, Opto Elektronik Magazin 5 (1989) 415-424
1.47   Evans, G.A., N.W. Carlson, J.M. Hammer und R.A. Bartolini
        Surface emitters support 2-D diode laser technology, Laser Focus World, November 1989, S. 97-106
1.48   Carts, Y.A.
        Titanium sapphire's star rises, Laser Focus World, September 1989, S. 73-88
1.49   Lin, J.T.
        Progress Report: Diode Pumping and Frequency Conversion, Lasers & Optronics,
        Juli 1989, S. 61-66
1.50   Basu, S., R.L. Byer und J.R. Unternahrer
        Slab lasers move to increase power, Laser Focus World, April 1990, S. 131-141

1.51   Messenger, W.H.
        Solid-state lasers develop new capabilities, Laser Focus World, August 1990,
        S. 82-97
1.52   Messenger, H.W. und Y.A. Carts
        World laser review: focus is on diode and solid state lasers, Laser Focus World,
        Dezember 1990, S. 55-86
1.53   Saeed, M., L.F. DiMauro und S. Tornegard
        Amplifier pumps enhance ultrafast laser studies, Laser Focus World, Februar
        1991, S. 57-70
1.54   Nikogosyan, D.N.
        Beta Barium Borate (BBO) - A Review of Its Properties and Applications,
        Appl.Phys. A52 (1991) 359-368
1.55   Hecht, J.
        Tunability makes vibronic lasers versatile tool, Laser Focus World, Oktober 1992
        S. 93-103
1.56   Lehmann, O. und M. Stuke
        Generation of Three-Dimensional Free-Standing Metal Micro- Objects by Laser
        Chemical Processing, Appl.Phys. A 53 (1991) 343-345

Kapitel 2

2.1   Haken, H.
       Licht und Materie I, Elemente der Quantenoptik, BI-Wissenschaftsverlag,
       Mannheim 1979
2.2   Haken, H.
       Licht und Materie II, Laser, BI-Wissenschaftsverlag, Mannheim 1981
2.3   Demtröder, W.
       Laser Spectroscopy - Basic Concepts and Instrumentation, Springer Series in
       Chemical Physics, Band 5, Springer, Berlin 1981 sowie
       Laserspektroskopie, Springer, Berlin 1991
2.4   von Allmen, M.
       Laser-Beam Interactions with Materials, Springer Series in Materials Science,
       Band 2, Springer, Berlin 1987
2.5   Letokhov, V.S.
       Laser-Induced Chemistry - Basic Nonlinear Processes and Applications,
       Appl.Phys. B46 (1988) 237-251
2.6   Craxton, R.S., R.L. McCroy und J.M. Soures
       Laserinduzierte Kernfusion, in "Anwendungen des Lasers", Spektrum der Wissen-
       schaft 1988, S. 134-146
2.7   Lange, R., W. Grill und W. Martienssen
       Observation of Single Impurity Ions in a Crystal, Europhys.Lett. 6 (1988) 499-503
2.8   Abraham, E., C.T. Seaton und S.D. Smith
       Der optische Computer, in "Anwendungen des Lasers", Spektrum der Wissen-
       schaft 1988, S. 168-178

2.9   Sonderhefte zur optischen Bistabilität: IEEE J.Quant.Electron. 17 (1981) Heft Nr. 3 und 21 (1985) Heft Nr. 9
2.10   Kummrow, A. und H.J. Eichler
        Absorption Bistability in Evaporated $ZnSe_x$ Thin Films, Appl.Phys. B49 (1989) 497-502
2.11   Steiger, B., R. Wolf, Th. Beierlein, A. Fischer und D. Schäfer
        Absorptionsmessungen in der Lasertechnologie, in KDT-Lehrgang "Lasertechnik", Eigenverlag der Kammer der Technik (KDT), Berlin 1987, S. 65-72
2.12   Kurz, H.
        Fundamentals of Picosecond and Femtosecond Laser Solid Interactions, Mat.Res.Soc.Symp.Proc. 75 (1987) 27-38
2.13   Reiße, G.
        Laserinduzierte Elementarprozesse in Festkörperoberflächen, im KDT-Lehrgang "Lasertechnik", Eigenverlag der Kammer der Technik (KDT), Berlin 1988, S. 5-18
2.14   Herziger, G. und R. Wester
        Materialbearbeitung mit Lasern, Physik in unserer Zeit 22 (1991) 204-212
2.15   Mazumder, J.
        Overview of melt dynamics in laser processing, Opt.Engin. 30 (1991) 1208-1219
2.16   Ursu, I., I.N. Mihailescu, A.M. Prokhorov, V.N. Tokarev und V.I. Konov
        High-intensity laser irradiation of metallic surfaces covered by periodic structures J.Appl.Phys. 61 (1987) 2445-2457
2.17   Ursu, I., I.N. Mihailescu, C.-D. Campan, A.M. Prokhorov, V.I. Konov und V.N. Tokarev
        Laser power absorbed outside the beam spot on a rippled metallic surface as determined by a matrix calorimetric method, J.Appl.Phys. 64 (1988) 6823-6826
2.18   Reif, J.
        High power laser interaction with the surface of wide bandgap materials, Opt. Engin. 28 (1989) 1122-1132
2.19   Guenther, A.H. und J.K. McIver
        Understanding supports progress in damage-resistant coatings, Laser Focus World, Juni 1990, S. 103-113
2.20   Boyle, W.S.
        Optische Nachrichtensysteme, in "Anwendungen des Lasers", Spektrum der Wissenschaft 1988, S. 158-167
2.21   Gumbel, J.
        Infrarot-Lichtleitfasern, Physik in unserer Zeit, 21 (1990) 172-174
2.22   Mizoguchi, H., M. Ando, T. Mizuno, T. Takagi und N. Nakajima
        Design and Fabrication of Light Driven Micropump, in "Micro Electro Mechanical Systems '92", Herausgeber W. Benecke und H.C. Petzold, IEEE Proceedings 1992, S. 31-36
2.23   Tam, A.C., W.P. Leung, W. Zapka und W. Ziemlich
        Laser-cleaning techniques for removal of surface particulates, J.Appl.Phys. 71 (1992) 3515-3523
2.24   Ashkin, A. und J.M. Dziedzic
        Observation of Resonances in the Radiation Pressure on Dielectric Spheres, Phys.Rev.Lett. 38 (1977) 1351-1354

2.25 Ashkin, A.
Applications of Laser Radiation Pressure, Science 210, No.4474 (1980) 1081-1088
2.26 Misawa, H., M. Koshioka, K. Sasaki, N. Kitamura und H.Masuhara
Three-dimensional optical trapping and laser ablation of a single polymer latex particle in water, J.Appl.Phys. 70 (1991) 3829-3836
2.27 Prentiss, M., G. Timp, N. Bigelow, R.E. Behringer und J.E. Cunningham
Using light as a stencil, Appl.Phys.Lett. 60 (1992) 1027-1029
2.28 Greulich, K.O.
Moving Particles by Light: No longer Science Fiction, Proc.RMS 27 (1992) 3-8
2.29 Weber, G. und K.O. Greulich
Manipulations of cells, organelles, and genomes by laser microbeam and optical trap, Int.Rev.Cytol. 133 (1992) 1-41 (Übersicht mit 175 Zitaten)
2.30 Misawa, H., K. Sasaki, M. Koshioka, N. Kitamura und H. Masuhara
Multibeam laser manipulation and fixation of microparticles, Appl.Phys.Lett. 60 (1992) 310-312
2.31 Sasaki, K., M. Koshioka, H. Misawa, N. Kitamura und H. Masuhara
Optical trapping of a metal particle and a water droplet by a scanning laser beam, Appl.Phys.Lett. 60 (1992) 807-809
2.32 Ashkin, A. und J.M. Dziedzic
Optical Trapping and Manipulation of Single Living Cells Using Infra-Red Laser Beams, Ber.Bunsenges.Phys.Chem. 93 (1989) 254-260
2.33 Hänsch, T.W., A.L. Schawlow und G.W. Series
Das Spektrum des atomaren Wasserstoffs, in "Anwendungen des Lasers", Spektrum der Wissenschaft 1988, S. 22-36
2.34 Rempe, G., R.J. Thompson und H.J. Kimble
Vakuum-Rabi-Aufspaltung einzelner Atome - ein neues "Molekül" stellt sich vor, Phys.Bl. 48 (1992) 923-925
2.35 Wagner, C., R.J. Brecha, A. Schenzle und H. Walther
Phasendiffusion und Meßprozeß im Ein-Atom-Maser, Phys.Bl. 48 (1992) 465-468
2.36 Letokhov, V.S.
Laser Selective Detection of Single Atoms, in "Chemical and Biochemical Applications of Lasers", Herausgeber C.B. Moore, Band V, Academic Press, New York 1980, S. 1-38
2.37 Martin, P.J., P.L. Gould, B.G. Oldaker, A.H. Miklich und D.E. Pritchard
Diffraction of atoms moving through a standing light wave, Phys.Rev. A36 (1987) 2495-2498
2.38 Ertmer, W., J. Nellessen, J.H. Müller, K. Sengstock und J. Werner
Lasermanipulation freier Atome, Laser und Optoelektronik 23/5 (1991) 62-69
2.39 Balykin, V.O., V.S. Letokhov und A.I. Sidorov
Intense Stationary Flow of Cold Atoms Formed by Laser Deceleration of Atomic Beam, Opt.Commun. 49 (1984) 248-252
2.40 Chu, S., J.E. Bjorkholm, A. Ashkin und A. Cable
Experimental Observation of Optically Trapped Atoms, Phys.Rev.Lett. 57 (1986) 314-317

2.41 Phillips, W.D. und H.J. Metcalf
Kühlen und Einfangen von Atomen, in "Anwendungen des Lasers", Spektrum der Wissenschaft 1988, S. 50-57

2.42 Cohen-Tannoudji, C.N. und W.D. Phillips
New Mechanisms for Laser Cooling, Physics Today, Oktober 1990, S. 33-40

2.43 Wallis, H. und W. Ertmer
Fortschritte in der Laserkühlung von Atomen, Phys.Bl. 48 (1992) 447-451

2.44 Diedrich, F., E. Peik, J.M. Chen, W. Quint und H. Walther
Observation of a Phase Transition of Stored Laser-Cooled Ions, Phys.Rev.Lett. 59 (1987) 2931-2934

2.45 Diedrich, F., E. Peik, J.M. Chen, W. Quint und H. Walther
Ionenkristalle und Phasenübergänge in einer Ionenfalle, Phys.Bl. 44 (1988) 12-15

2.46 Levi, B.G.
Clouds of Trapped Couled Ions Condense into Crystals, Physics Today, September 1988, S. 17-20

2.47 Levy, D.H.
Laser Spectroscopy of Cold Gas-Phase Molecules, Ann.Rev.Phys.Chem. 31 (1980) 197-225

2.48 Nibler, J.W. und J.J. Yang
Nonlinear Raman Spectroscopy of Gases, Ann.Rev.Phys.Chem. 38 (1987) 349-381

2.49 Ito, M., T. Ebata und N. Mikami
Laser Spectroscopy of Large Polyatomic Molecules in Supersonic Jets, Ann.Rev.Phys.Chem. 39 (1988) 123-147

2.50 Bitto, H. und J.R. Huber
Molecular Quantum Beat Spectroscopy, Opt.Commun. 80 (1990) 184

2.51 Bitto, H. und J.R. Huber
Molecular Quantum Beats. High-Resolution Spectroscopy in the Time Domain, Acc.Chem.Res. 25 (1992) 65-71

2.52 Bergmann, K., S. Schiemann und A. Kuhn
Zustandsbesetzung nach Maß, Phys.Bl. 48 (1992) 907-912

2.53 Felker, P.M.
Rotational Coherence Spectroscopy: Studies of the Geometries of Large Gas-Phase Species by Picosecond Time-Domain Methods (Feature Article), J.Phys.Chem. 96 (1992) 7844-7857

2.54 Neusser, H.J. und E.W. Schlag
Hochauflösungsspektroskopie unter der Dopplerbreite, Angew.Chem. 104 (1992) 269-280

2.55 Herzberg, G.
Molecular Spectra and Molecular Structure I. Diatomic Molecules, Prentice Hall, New York 1939
II. Infrared and Raman Spectra of Polyatomic Molecules, Van Nostrand Reinhold, New York 1945
III. Electronic Spectra of Polyatomic Molecules, Van Nostrand Reinhold, New York 1966

2.56 Friedrich, D.M. und W.M. McClain
Two-Photon Molecular Electronic Spectroscopy, Ann.Rev.Phys.Chem. 31 (1980) 559-577

2.57 Isenor, N.R. und M.C. Richardson
Dissociation and Breakdown of Molecular Gases by Pulsed CO_2 Laser Radiation, Appl.Phys.Lett. 18 (1971) 224-226 sowie
Opt.Commun. 3 (1971) 360

2.58 Isenor, N.R., V. Merchant, R.S. Hallsworth und M.C. Richardson
CO_2 Laser-Induced Dissociation of SiF_4 Molecules into Electronically Excited Fragment, Can.J.Phys. 51 (1973) 1281-1287

2.59 Ambartzumian, R.V., Yu.A. Gorokhov, V.S. Letokhov und G.N. Makarov
Zh.ETF Pis.Red. 21 (1975) 375 bzw. JETP Lett. 21 (1975) 171

2.60 Lyman, J.L., R.J. Jensen, J.P. Rink, C.P. Robinson und S.D. Rockwood
Isotopic enrichment of SF_6 in S^{34} by multiple absorption of CO_2 laser radiation, Appl.Phys.Lett. 27 (1975) 87-89

2.61 Bachmann, H.R., H. Nöth, R. Rink und K.L. Kompa
Infrared Laser Specific Reactions of Boranes. Conversion of Diborane to Icosaborane(16), $B_{20}H_{16}$, Chem.Phys.Lett. 29 (1974) 627-629

2.62 Bachmann, H.R., H. Nöth, R. Rink und K.L. Kompa
Infrared Laser Specific Reactions of Boranes. CO_2 Laser Control of the Exchange Reactions $B(CH_3)_n Br_m + HBr -> B(CH_3)_{n-1} Br_{m+1} + CH_4$, Chem.Phys.Lett. 33 (1975) 261-264

2.63 Fuß, W. und K.L. Kompa
The Importance of Spectroscopy for Infrared Multiphoton Excitation, Prog.Quant.Electr. 7 (1981) 117-151

2.64 Lupo, D.W. und M. Quack
IR-Laser Photochemistry, Chem.Rev. 87 (1987) 181-216

2.65 Kuritsyn, Yu.A., G.N. Makarov, V.R. Mironenko und I. Pak
Collisionless Excitation of NH_3 Molecules via One- and Two-Photon Transitions by Multimode Radiation of TEA CO_2-Laser, Appl.Phys. B53 (1991) 58-64

2.66 Fuß, W. und J. Hartmann
IR absorption of SF_6 excited up to the dissociation threshold, J.Chem.Phys. 70 (1979) 5468-5476

2.67 Alimpiev, S.S., W. Fuß, K.L. Kompa, C. Schwab und Wan Chong-Yi
Multiphoton Absorption of Broad-Band CO_2 Laser Radiation by SF_6, Appl.Phys. B35 (1984) 1-5

2.68 Abel, B., H. Hippler und J. Troe
Infrared multiphoton excitation dynamics of CF_3I. I. Populations and dissociation rates of highly excited rovibrational states, J.Chem.Phys. 96 (1992) 8863-8871 sowie
II. Collisional effects on vibrational and rotational state distributions, ibid. 8872-8876

2.69 Quack, M., R. Schwarz und G. Seyfang
Time-resolved infrared-spectroscopic observation of relaxation and reaction processes during and after infrared-multiphoton excitation of $^{12}CF_3I$ and $^{13}CF_3I$ with shaped nanosecond pulses, J.Chem.Phys. 96 (1992) 8727-8740

2.70 Tambay, R. und R.K. Thareja
Laser-induced breakdown studies of laboratory air at 0.266, 0.355, 0.532 and 1.06 µm, J.Appl.Phys. 70 (1991) 2890-2892

2.71 Flynn, G.W.
Energy Flow in Polyatomic Molecules, in "Chemical and Biochemical Applications of Lasers", Herausgeber C.B. Moore, Band I, Academic Press, New York 1974, S. 163-201

2.72 Franko, M. und C.D. Tran
Thermal lens technique for sensitive kinetic determinations of fast chemical reactions. Part I. Theory, Rev.Sci.Instrum.62 (1991) 2430-2437 und Part II. Experiment, ibid. S. 2438-2442 sowie
Thermal Lens Effect in Electrolyte and Surfactant Media, J.Phys.Chem. 95 (1991) 6688-6696

2.73 Harith, M.A., V. Palleschi, A. Salvetti, D.P. Singh, M. Vaselli, G.V. Dreiden, Yu.I. Ostrovski und I.V. Semenova
Dynamics of laser-driven shock waves in water, J.Appl.Phys. 66 (1989) 5194-5197

2.74 Zimmermann, E.C. und J. Ross
Light induced bistability in $S_2O_6F_2$ <=> $2SO_3F$: Theory and experiment, J.Chem.Phys. 80 (1984) 720-729

2.75 Zimmermann, E.C., M. Schell und J. Ross
Stabilization of instable states ans oscillatory phenomena in an illuminated thermochemical system: Theory and experiment, J.Chem.Phys. 81 (1984) 1327-1336

2.76 Andrews, L.
Spectroscopy of Molecular Ions in Noble Gas Matrices, Ann.Rev.Phys.Chem. 30 (1979) 79-101

2.77 Brenton, A.G., R.P. Morgan und J.H. Beynon
Unimolecular Ion Decomposition, Ann.Rev.Phys.Chem. 30 (1979) 51-78

2.78 Moseley, J. und J. Durup
Fast Ion Beam Photofragment Spectroscopy, Ann.Rev.Phys.Chem. 32 (1981) 53-76

2.79 Saykally, R.J. und R.C. Woods
High Resolution Spectroscopy of Molecular Ions, Ann.Rev.Phys.Chem. 32 (1981) 403-431

2.80 Miller, T.A.
Light and Radical Ions, Ann.Rev.Phys.Chem. 33 (1982) 257-282

2.81 Friedrich, J. und D. Haarer
Photochemisches Lochbrennen und optische Relaxationsspektroskopie in Polymeren und Gläsern, Angew.Chem. 96 (1984) 96-123

2.82 Campion, A.
Raman Spectroscopy of Molecules Adsorbed on Solid Surfaces, Ann.Rev.Phys.Chem. 36 (1985) 549-572

2.83 Rondelez, F., D. Ausserre und H. Hervet
Experimental Studies of Polymer Concentration Profiles at Solid-Liquid and Liquid-Gas Interfaces by Optical and X-Ray Evanescent Wave Techniques, Ann.Rev.Phys.Chem. 38 (1987) 317-347

2.84   Haarer, D. und R. Silbey
       Hole-Burning Spectroscopy of Glasses, Physics Today, Mai 1990, S. 58-65
2.85   Personov, R.I.
       Luminescence line narrowing and persistent hole burning in organic materials: principles and new results, J.Photochem.Photobiol. A: Chem. 62 (1992) 321-332
2.86   Asher, S.A.
       UV Resonance Raman Studies of Molecular Structure and Dynamics in Physical and Biophysical Chemistry, Ann.Rev.Phys.Chem. 39 (1988) 537-588
2.87   Flynn, G.W.
       Energy Flow in Polyatomic Molecules, in "Chemical and Biochemical Applications of Lasers", Herausgeber C.B. Moore, Band I, Academic Press, New York 1974, S. 163-201
2.88   Shoemaker, R.L.
       Coherent Transient Effects in Optical Spectroscopy, Ann.Rev.Phys.Chem. 30 (1979) 239-270
2.89   Fayer, M.D.
       Dynamics of Molecules in Condensed Phases: Picosecond Holographic Grating Experiments, Ann.Rev.Phys.Chem. 33 (1982) 63-87
2.90   Hirota, E. und K. Kawaguchi
       High Resolution Infrared Studies of Molecular Dynamics, Ann.Rev.Phys.Chem. 36 (1985) 53-76
2.91   Fleming, G.R.
       Subpicosecond Spectroscopy, Ann.Rev.Phys.Chem. 37 (1986) 81-104
2.92   Dovichi, N.J.
       Laser-based microchemical analysis (Review Article), Rev.Sci.Instrum. 61 (1990) 3653-3667
2.93   Masuhara, H., N. Kitamura, H. Misawa, K. Sasaki und M. Kochioka
       Laser spectroscopy and photochemistry in micrometre small volumes, J.Photochem.Photobiol. A:Chem. 65 (1992) 235-247
2.94   Masuhara, H.
       Space- and time-resolved laser spectroscopy and photochemistry of organic solids, J.Photochem.Photobiol. A:Chem. 62 (1992) 397-413
2.95   Petry, H.
       Schichtdicken mit dem Laser prüfen, Laser-Praxis, Juni 1990, S. LS 60-63
2.96   Anderson, J.G.
       Free Radicals in the Earth's Atmosphere: Their Measurement and Interpretation, Ann.Rev.Phys.Chem. 38 (1987) 489-520
2.97   Sonderheft von Appl.Phys. B: LIDAR Monitoring of the Atmosphere Recent Developments, Band B55, Heft 1, Juli 1992
2.98   Rothberg, L.
       Pulsed Laser Optoacoustic Spectroscopy in the Study of Surface Adsorbate Structure and Dynamics (Feature Article), J.Phys.Chem. 91 (1987) 3467-3474
2.99   Neubrand, A. und P. Hess
       Laser generation and detection of surface acoustic waves: Elastic properties of surface layers, J.Appl.Phys. 71 (1992) 227-238

2.100 Durst, F., M. Stieglmeier und M. Ziema
Strömungs- und Teilchenmessung mittels Doppler-Anemometrie, Physik in unserer Zeit 24 (1993) 15-23

2.101 Altkorn, R. und R.N. Zare
Effects of Saturation on Laser-Induced Fluorescence Measurements of Population and Polarization, Ann.Rev.Phys.Chem. 35 (1984) 265-289

2.102 Lin, M.C. und G. Ertl
Laser Probing of Molecules Desorbing and Scattering from Solid Surfaces, Ann.Rev.Phys.Chem. 37 (1986) 587-615

2.103 Hsu, D.S.Y.
Laser probing of nascent gaseous product species formed in chemical reactions on surfaces, Opt.Engin. 29 (1990) 1494-1503

2.104 Schmidtke, G., R. Grisar und M. Tacke
Gasmessungen mit Infrarot-Diodenlasern, Opto Elektronik Magazin 5 (1989) 433-436

2.105 Steinfeld, J.I.
Optical Analogs of Magnetic Resonance Spectroscopy, in "Chemical and Biochemical Applications of Lasers", Band I, Herausgeber C.B. Moore, Academic, New York 1974, S.103-138

2.106 Flynn, G.W. und N. Sutin
Kinetic Studies of Very Rapid Chemical Reactions in Solution, in "Chemical and Biochemical Applications of Lasers", Band I, Herausgeber C.B. Moore, Academic, New York 1974, S. 309-338

2.107 Laubereau, A. und W. Kaiser
Picosecond Investigations of Dynamic Processes in Polyatomic Molecules in Liquids, in "Chemical and Biochemical Applications of Lasers", Band II, Herausgeber C.B. Moore, Academic, New York 1977, S. 87-143

2.108 Druet, S. und J.-P. Taran
Coherent Anti-Stokes Raman Spectroscopy, in "Chemical and Biochemical Applications of Lasers", Band IV, Academic, New York 1979, S. 187-252

2.109 Hirota, E.
Structural Studies of Transient Molecules by Laser Spectroscopy, in "Chemical and Biochemical Applications of Lasers", Band V, Academic, New York 1980, S. 39-93

2.110 Evenson, K.M., R.J. Saykally, D.A. Jennings, R.F. Curl, Jr. und J.M. Brown
Far Infrared Laser Magnetic Resonance, in "Chemical and Biochemical Applications of Lasers", Band V, Academic, New York 1980, S. 95-138

2.111 Reisler, H., M. Mangir und C. Wittig
Laser Kinetic Spectroscopy of Elementary Processes, in "Chemical and Biochemical Applications of Lasers", Band V, Academic, New York 1974, S. 139-174

2.112 Elsaesser, T. und W. Kaiser
Vibrational and Vibronic Relaxation of Large Polyatomic Molecules in Liquids, Annu.Rev.Phys.Chem. 42 (1991) 83-107

2.113 Heilweil, E.J., M.P. Casassa, R.R. Cavanagh und J.C. Stephenson
Picosecond Vibrational Energy Transfer Studies of Surface Adsorbates, Annu.Rev.Phys.Chem. 40 (1989) 143-171

Kapitel 3

3.1 Steinfeld, J.I. (Herausgeber)
Laser-Induced Chemical Processes, Plenum, New York 1981

3.2 Horsley, J.A., P. Rabinowitz, A. Stein, D.M. Cox, R.O. Brickman und A. Kaldor
Laser Chemistry Experiments with UF_6, IEEE J.Quant.Electron., QE-16 (1980) 412-419

3.3 Laser chemistry, Sonderheft von Physics Today,
November 1980, Am.Phys.Soc., S.25-59

3.4 Yablonovitch, E.
Infrared Laser Chemistry, Springer Series in Solid State Sciences 18 (1980) 197-205

3.5 Danen, W.C. und J.C. Jang
Multiphoton Infrared Excitation and Reaction of Organic Compounds, Kapitel 2 in "Laser-Induced Chemical Processes", Herausgeber J.I. Steinfeld, Plenum, New York 1981, S.45-164

3.6 Galbraith, H.W. und J.R. Ackerhalt
Vibrational Excitation in Polyatomic Molecules, Kapitel 1 in "Laser-Induced Chemical Processes", Herausgeber J.I. Steinfeld, Plenum, New York 1981, S.1-44

3.7 Ben-Shaul, A., Y. Haas, K.L. Kompa und R.D. Levine
Lasers and Chemical Change, Springer Series in Chemical Physics, Band 10, Springer, Berlin 1981

3.8 Boscher, J.
Infrarotlaser induzieren chemische Reaktionen, Chemie-Technik 10 (1981) 1217-1222

3.9 Fuß, W. und K.L. Kompa
The Importance of Spectroscopy for Infrared Multiphoton Excitation, Prog.Quant.Electr. 7 (1981) 117-151

3.10 Golden, D.M., M.J. Rossi, A.C. Baldwin und J.R. Barker
Infrared Multiphoton Decomposition: Photochemistry and Photophysics, Acc.Chem.Res. 14 (1981) 56-62

3.11 Jortner, J., R.D. Levine und S.A. Rice (Herausgeber)
Photoselective Chemistry, Teil 1 und 2, Band 47 von "Advances in Chemical Physics", Wiley, New York 1981

3.12 Quack, M.
Photochemistry with Infrared Radiation, Chimia 35 (1981) 463-475

3.13 Duxbury, G.
Laser Chemistry, Kapitel 3 in Annu.Rep.Prog.Chem.Sect.C 78 (1982) 31-61

3.14 Hall, R.B.
Lasers in Industrial Chemical Synthesis, Laser Focus, September 1982, S.57-62

3.15 Stafast, H. und J.R. Huber
Laseranwendungen in Chemie und Analytik, Chimia 36 (1982) 109-118

3.16 Letokhov, V.S.
Nonlinear Laser Chemistry, Springer Ser.Chem.Phys., Band 22, Springer, Berlin 1983

3.17 Letokhov, V.S.
Laser-induced chemistry, Nature 305 (1983) 103-108

3.18 Bloembergen, N., I. Burak und T.B. Simpson
Infrared Multiphoton Excitation of Small Molecules, J.Mol.Struct. 113 (1984) 69-82

3.19 Bloembergen, N. und A.H. Zewail
Energy Redistribution in Isolated Molecules and the Question of Mode-Selective Laser Chemistry Revisited (Feature Article), J.Phys.Chem. 88 (1984) 5459-5465

3.20 Imre, D., J.L. Kinsey, A. Sinha und J. Krenos
Chemical Dynamics Studied by Emission Spectroscopy of Dissociating Molecules (Feature Article), J.Phys.Chem. 88 (1984) 3956-3964

3.21 Miller, T.A.
Chemistry and Chemical Intermediates in Supersonic Free Jet Expansions, Science 223 (1984) 545-553

3.22 Simons, J.P.
Photodissociation: A Critical Survey, J.Phys.Chem. 88 (1984) 1287-1293

3.23 Stafast, H. und J.R. Huber
Kalte Moleküle und schmalbandige Laser, Chimia 38 (1984) 1-8

3.24 Flynn, G.W. und R.E. Weston
Hot Atoms Revisited: Laser Photolysis and Product Detection, Ann.Rev.Phys.Chem. 37 (1986) 551-585

3.25 Miller, R.E.
Infrared Laser Photodissociation and Spectroscopy of van der Waals Molecules (Feature Article), J.Phys.Chem. 90 (1986) 3301-3313

3.26 Reisler, H. und C. Wittig
Photo-Initiated Unimolecular Reactions, Ann.Rev.Phys.Chem. 37 (1986) 307-349

3.27 Wolfrum, J.
Laser Stimulation and Observation of Bimolecular Reactions, J.Phys.Chem. 90 (1986) 375-383

3.28 Andrews, D.L.
Lasers in Chemistry, Springer, Berlin 1986, 2. Auflage 1991

3.29 Herschbach, D.R.
Molekulare Dynamik chemischer Elementarreaktionen (Nobel-Vortrag), Angew.Chem. 99 (1987) 1251-1275

3.30 Lee, Y.T.
Molekularstrahluntersuchungen chemischer Elementarprozesse (Nobel-Vortrag), Angew.Chem. 99 (1987) 967-980

3.31 Ashfold, M.N.R. und J.E. Baggott (Herausgeber)
Molecular Photodissociation Dynamics, Band aus der Serie "Advances in Gas-Phase Photochemistry and Kinetics", The Royal Society of Chemistry, London 1987

3.32 Bersohn, R.
Photodissociation Dynamics, Kapitel 1 in "Molecular Photodissociation Dynamics", Herausgeber M.N.R. Ashfold und J.E. Baggott, Band aus der Serie "Advances in Gas-Phase Photochemistry and Kinetics", The Royal Society of Chemistry, London 1987, S. 1-30

3.33 Wodtke, A.M. und Y.T. Lee
High-Resolution Photofragmentation-Translational Spectroscopy, Kapitel 2 in "Molecular Photodissociation Dynamics", Herausgeber M.N.R. Ashfold und J.E.

Baggott, Band aus der Serie "Advances in Gas-Phase Photochemistry and Kinetics", The Royal Society of Chemistry, London 1987, S.31-59

3.34 Andresen, P. und R. Schinke
Dissociation of Water in the First Absorption Band: A Model System for Direct Photodissociation, Kapitel 3 in "Molecular Photodissociation Dynamics", Herausgeber M.N.R. Ashfold und J.E. Baggott, Band aus der Serie "Advances in Gas-Phase Photochemistry and Kinetics", The Royal Society of Chemistry, London 1987, S.61-113

3.35 Docker, M.P., A. Hodgson und J. Simons
High-Resolution Photochemistry: Quantum-State Selection and Vector Correlations in Molecular Photodissociation, Kapitel 4 in "Molecular Photodissociation Dynamics", Herausgeber M.N.R. Ashfold und J.E. Baggott, Band aus der Serie "Advances in Gas-Phase Photochemistry and Kinetics", The Royal Society of Chemistry, London 1987, S.115-137

3.36 Reisler, H., M. Noble und C. Wittig
Photodissociation Process in NO-Containing Molecules, Kapitel 5 in "Molecular Photodissociation Dynamics", Herausgeber M.N.R. Ashfold und J.E. Baggott, Band aus der Serie "Advances in Gas-Phase Photochemistry and Kinetics", The Royal Society of Chemistry, London 1987, S.139-176

3.37 Crim, F.F.
The Dissociation Dynamics of Highly Vibrationally Excited Molecules, Kapitel 6 in "Molecular Photodissociation Dynamics", Herausgeber M.N.R. Ashfold und J.E. Baggott, Band aus der Serie "Advances in Gas-Phase Photochemistry and Kinetics", The Royal Society of Chemistry, London 1987, S. 177-210

3.38 Powis, I.
Characterization and Uses of Ions Generated by Multi-Photon Ionization, Kapitel 7 in "Molecular Photodissociation Dynamics", Herausgeber M.N.R. Ashfold und J.E. Baggott, Band aus der Serie "Advances in Gas-Phase Photochemistry and Kinetics", The Royal Society of Chemistry, London 1987, S.211-243

3.39 Hirschfelder, J.O., R.E. Wyatt und R.D. Coalson (Herausgeber)
"Lasers, Molecules and Methods", Band 73 in "Advances in Chemical Physics", Wiley, New York 1987

3.40 Kleinermanns, K. und J. Wolfrum
Laser in der Chemie - wo stehen wir heute ?, Angew.Chem. 99 (1987) 38-58

3.41 Lupo, D.W. und M. Quack
IR-Laser Photochemistry, Chem.Rev. 87 (1987) 181-216

3.42 Polanyi, J.C.
Einige Konzepte der Reaktionsdynamik (Nobel-Vortrag), Angew.Chem. 99 (1987) 981-1001

3.43 Letokhov, V.S.
Laser-Induced Chemistry - Basic Nonlinear Processes and Applications, Appl.Phys. B46 (1988) 237-251

3.44 Ronn, A.M.
Chemie mit Laserstrahlung, in "Anwendungen des Lasers", Herausgeber A. Müller, Spektrum der Wissenschaft, Heidelberg 1988, S.116-121

3.45 Schäfer, F.P.
Lasers for Chemical Applications, Appl.Phys. B46 (1988) 199-208

3.46 Stafast, H.
State and perspectives of laser applications in advanced chemistry, Commission of the European Communities, EUR 11795 EN, Brüssel 1988

3.47 Evans, D.K. (Herausgeber)
Laser Applications in Physical Chemistry, Band 20 der Serie "Optical Engineering", Dekker, New York 1989

3.48 Evans, D.K., R.D. McAlpine und M. Ivanco
Parametric Dependencies and Interactions in Infrared Laser-Induced Photochemistry, Kapitel 3 in "Laser Applications in Physical Chemistry", Herausgeber D.K. Evans, Band 20 der Serie "Optical Engineering", New York 1989, S.63-87

3.49 Nelson, K.A. und E.P. Ippen
Femtosecond Coherent Spectroscopy, Adv.Chem.Phys. 75 (1989) 1-35

3.50 Khundkar, L.R. und A.H. Zewail
Ultrafast Molecular Reaction Dynamics in Real Time: Progress Over a Decade, Ann.Rev.Phys.Chem. 41 (1990) 15-60

3.51 Wolfrum, J.
Chemical Reactions and Lasers: Elementary Steps and Complex Systems, Spectrochim. Acta 46 A (1990) 567-575

3.52 Lin, S.H., B. Fain und N. Hamer
Ultrafast Processes and Transition State Spectroscopy, Adv.Chem.Phys. 79 (1990) 133-267

3.53 Müller, A.
Laser in der Chemie, Chemie in unserer Zeit, 24 (1990) 280-291

3.54 Rubahn, H.-G. und J.P. Toennies
Reaktionsdynamik in den Neunzigern, Nachr.Chem.Tech.Lab. 38 (1990) 1040-1048

3.55 Rubahn, H.-G.
Isolierte heiße Moleküle in definierten Zuständen, Physik in unserer Zeit 21 (1990) 202-208

3.56 Simons, J.P.
Laser beams and molecular dreams, Chem.Brit. Januar 1981, S.32-36

3.57 Dixon, R.N.
Dynamical and Stereochemical Aspects of Photodissociation, Acc.Chem.Res. 24 (1991) 16-21

3.58 Ashfold, M.N.R., I.R. Lambert, D.H. Mordaunt, G.P. Morley und C.M. Western
Photofragment Translational Spectroscopy, J.Phys.Chem. 96 (1992) 2938-2949

3.59 Gruner, D., P. Brumer und M. Shapiro
Laser-Induced Unimolecular Isomerization: Theory and Model Applications, J.Phys.Chem. 96 (1992) 281-290

3.60 Zewail, A.H., M. Dantus, R.M. Bowman und A. Mokhtari
Femtochemistry: recent advances and extension to high pressures, J.Photochem.Photobiol. A: Chem. 62 (1992) 301-319

3.61 Benson, S.W.
Thermochemical Kinetics, 2. Auflage, Wiley, New York 1976

3.62 Kneba, M. und J. Wolfrum
Bimolecular Reactions of Vibrationally Excited Molecules, Ann.Rev.Phys.Chem. 31 (1980) 47-79

3.63 Nikitin, E.E.
Theory of Energy Transfer in Molecular Collisions, in Physical Chemistry, Band VI A, Kinetics of Gas Reactions, H. Eyring, D. Henderson und W. Jost (Herausgeber), Academic Press, New York 1974

3.64 Troe, J.
Unimolecular Reactions: Experiments and Theories, in Physical Chemistry, Band VI B, Kinetics of Gas Reactions, H. Eyring, D. Henderson und W. Jost (Herausgeber), Academic Press, New York 1975

3.65 Yardley, J.T.
Introduction to Molecular Energy Transfer, Academic Press, New York 1980

3.66 Manz, J. und C.S. Parmenter (Gastherausgeber)
Mode selectivity in unimolecular reactions, Sonderheft von Chem.Phys. 139 (1989) 1-238

3.67 Schulz, P.A., Aa.S. Sudbo, D.J. Krajnovich, H.S. Kwok, Y.R. Shen und Y.T. Lee
Multiphoton Dissociation of Polyatomic Molecules, Ann.Rev.Phys.Chem. 30 (1979) 379-409

3.68 Schulz, P.A., Aa.S. Sudbo, E.R. Grant, Y.R. Shen und Y.T. Lee
Multiphoton dissociation of SF_6 by a molecular beam method, J.Chem.Phys. 72 (1980) 4985-4995

3.69 Krajnovich, D., F. Huisken, Z. Zhang, Y.R. Shen und Y.T. Lee
Competition between atomic and molecular chlorine elimination in the infrared multiphoton dissociation of CF_2Cl_2, J.Chem.Phys. 77 (1982) 5977-5989

3.70 Butler, L.J., R.J. Buss, R.J. Brudzynski und Y.T. Lee
Energy Partitioning to Product Translation in the Infrared Multiphoton Dissociation of Diethyl Ether, J.Phys.Chem. 87 (1983) 5106-5113

3.71 Herman, I.P., F. Magnotta, R.J. Buss und Y.T. Lee
Infrared laser multiple-photon dissociation of $CDCl_3$ in a molecular beam, J.Chem.Phys. 79 (1983) 1789-1794

3.72 Schmoltner, A.-M., D.S. Anex und Y.T. Lee
Infrared Multiphoton Dissociation of Anisole: Production and Dissociation of Phenoxy Radical, J.Phys.Chem. 96 (1992) 1236-1240

3.73 Robinson, P.J. und K.A. Holbrook
Unimolecular Reactions, Wiley, New York 1972

3.74 Tsang, W. und J.T. Herron
Kinetics and thermodynamics of the reaction $SF_6 \iff SF_5 + F$, J.Chem.Phys. 96 (1992) 4272-4282

3.75 Dietrich, P. und P.B. Corkum
Ionization and dissociation of diatomic molecules in intense infrared laser fields, J.Chem.Phys. 97 (1992) 3187-3198

3.76 Barker, J.R.
Direct Measurements of Energy Transfer Involving Large Molecules in the Electronic Ground State (Feature Article), J.Phys.Chem. 88 (1984) 11-18

3.77 Nakashima, N. und K. Yoshihara
Role of Hot Molecules Formed by Internal Conversion in Single-Photon and Multiphoton Chemistry (Feature Article), J.Phys.Chem. 93 (1989) 7763-7771

3.78   Brand, U., H. Hippler, L. Lindemann und J. Troe
        C-C and C-H Bond Splits of Laser-Excited Aromatic Molecules. 1. Specific and
        Thermally Averaged Rate Constants, J.Phys.Chem. 94 (1990) 6305-6316
3.79   Luther, K., J. Troe und K.-M. Weitzel
        C-C and C-H Bond Splits of Laser-Excited Aromatic Molecules. 2. In situ Measurements of Branching Ratios, J.Phys.Chem. 94 (1990) 6316-6320
3.80   Hippler, H., Ch. Riehn, J. Troe und K.-M. Weitzel
        C-C and C-H Bond Splits of Laser-Excited Aromatic Molecules. 3. UV Multiphoton Excitation Studies, J.Phys.Chem. 94 (1990) 6321-6326
3.81   Kittrell, C., E. Abramson, J.L. Kinsey, S.A. McDonald, D.E. Reisner und R.W. Field
        Selective vibrational excitation by stimulated emission pumping, J.Chem.Phys. 75 (1981) 2056-2059
3.82   Reisner, R.E., P.H. Vaccaro, C. Kittrell, R.W. Field, J.L. Kinsey und H.-L. Dai
        Selective vibrational excitation of formaldehyde $X^1 A_1$ by stimulated emission pumping, J.Chem.Phys. 77 (1982) 573-575
3.83   Hamilton, C.E., J.L. Kinsey und R.W. Field
        Stimulated Emission Pumping: New Methods in Spectroscopy and Molecular Dynamics, Ann.Rev.Phys.Chem. 37 (1986) 493-524
3.84   Crim, F.F.
        Selective Excitation Studies of Unimolecular Reaction Dynamics,
        Ann.Rev.Phys.Chem. 35 (1984) 657-691
3.85   Crim, F.F.
        State- and Bond-Selected Unimolecular Reactions, Science 249 (1990) 1387-1392
3.86   Jasinski, J.M., J.K. Frisoli und C.B. Moore
        High Vibrational Overtone Photochemistry of 1-Cyclopropylcyclobutene,
        J.Phys.Chem. 87 (1983) 3826-3829
3.87   Luo, X. und T.R. Rizzo
        Product energy partitioning in the unimolecular decomposition of vibrationally and rotationally state-selected hydrogen peroxide, J.Chem.Phys. 96 (1992) 5129-5136
3.88   Tardy, D.C. and B.S. Rabinovitch
        Intermolecular Vibrational Energy Transfer in Thermal Unimolecular Systems,
        Chem.Rev. 77 (1977) 369-408
3.89   Oref, I. und B.S. Rabinovitch
        Do Highly Excited Reactive Polyatomic Molecules Behave Ergodically?,
        Acc.Chem.Res. 12 (1979) 166-175
3.90   Tardy, D.C. und B.S. Rabinovitch
        Calculation of Vibrational-Energy-Transfer Quantities at High Temperatures.
        Energy and Temperature Dependence, J.Phys.Chem. 94 (1990) 1876-1881
3.91   Pritchard, H.O. und S.R. Vatsya
        Shapes of Unimolecular Fall-Off Curves, J.Phys.Chem. 96 (1992) 172-179
3.92   Zavelovich, J. und J.L. Lyman
        Photochemical Synthesis of Disilane from Silane with Infrared Laser Radiation,
        J.Phys.Chem. 93 (1989) 5740-5745
3.93   Ambartzumian. R.V. und V.S. Letokhov
        Multiple Photon Infrared Laser Photochemistry, in "Chemical und Biochemical

Applications of Lasers", Band III, Herausgeber C.B. Moore, Academic Press, New York 1977, S. 167-316

3.94 Sinha, A., M.C. Hsiao und F.F. Crim
Bond-selected bimolecular chemistry: H + HOD($4\nu_{OH}$) → OD + H_2, J.Chem.Phys. 92 (1990) 6333-6335

3.95 Zare, R.N. et al., Bericht über Ergebnisse in Laser Focus World, Januar 1992, S. 9

3.96 Turro, N.J.
Modern Molecular Photochemistry, Benjamin/Cummings, Menlo Park, 1978

3.97 Coyle, J.D. (Herausgeber)
Photochemistry in Organic Synthesis, The Royal Society of Chemistry, London 1986

3.98 Moore, C.B. und J.C. Weisshaar
Formaldehyde Photochemistry, Annu.Rev.Phys.Chem. 34 (1983) 525-55

3.99 Brumer, P. und M. Shapiro
Coherence Chemistry: Controlling Chemical Reactions with Lasers,
Acc.Chem.Res. 22 (1989) 407-413

3.100 Klessinger, M. und J. Michl
Lichtabsorption und Photochemie organischer Moleküle, Band 3 der Reihe "Physikalische organische Chemie", VCH Verlag, Weinheim 1990

3.101 Comes, F.J.
Molecular Reaction Dynamics - Subdoppler and Polarization Spectroscopy,
Ber.Bunsenges.Phys.Chem. 94 (1990) 1268-1277

3.102 Braun, A.M., M.-T. Maurette und E. Oliveros
Photochemical Technology, Wiley, Chichester 1991

3.103 Formosinho, S.J. und L.G. Arnaut
A Unified View of Ketone Chemistry, Adv.Photochem. 16 (1991) 67-111

3.104 Becker, H.G.O. (Herausgeber)
Einführung in die Photochemie, Deutscher Verlag der Wissenschaften, Berlin 1991

3.105 Bitto, H., I-Chia Chen und C.B. Moore
Rotational state distribution of CO photofragments from triplet ketene,
J.Chem.Phys. 85 (1986) 5101-5106

3.106 Keller, B.A., P. Felder und J.R. Huber
Photodissociation of Methyl Nitrite at 248 and 350 nm in a Molecular Beam,
Chem.Phys.Lett. 124 (1986) 135-139

3.107 Pfab, J., D.M. Wetzel und V.M. Young
The Photodissociation of Jet-Cooled Methyl Thionitrite in the Visible, Ber.Bunsenges.Phys.Chem. 94 (1990) 1322-1326

3.108 Zhang, L., W. Fuß und K.L. Kompa
Bond-Selective Photodissociation of CX (X = Br,I) in $XC_2H_4C_2F_4X$, Chem.Phys. 144 (1990) 289-297

3.109 Haas, B.-M., T.K. Minton, P. Felder und J.R. Huber
Photodissociation of Acrolein and Propynal at 193 nm in a Molecular Beam.
Primary and Secondary Reactions, J.Phys.Chem. 95 (1991) 5149-5159

3.110 Baum, G., C.S. Effenhauser, P. Felder und J.R. Huber
Photofragmentation of Thionyl Chloride: Competition between Radical, Molecular, and Three-Body Dissociations, J.Phys.Chem. 96 (1992) 756-764

3.111 Stolow, A., B.A. Balko, E.F. Cromwell, Jingsong Zhang und Y.T. Lee
The dynamics of H_2 elimination from ethylene, J.Photochem.Photobiol.A:Chem. 62 (1992) 285-300

3.112 Andresen, P., G.S. Ondrey, B. Titze und E.W. Rothe
Nuclear and electron dynamics in the photodissociation of water, J.Chem.Phys. 80 (1984) 2548-2569

3.113 Schinke, R.
Semiclassical Analysis of Rotational Distributions in Scattering and Photodissociation (Feature Article), J.Phys.Chem. 90 (1986) 1742-1751

3.114 Gruebele, M. und A. Zewail
Ultrafast Reaction Dynamics, Ber.Bunsenges.Phys.Chem. 94 (1990) 1210-1218 sowie Physics Today, May 1990, 24-33

3.115 Comes, F.J.
Experimente zur molekularen Reaktionsdynamik mit ausgerichteten Molekülen, Angew.Chem. 104 (1992) 529-541

3.116 Engel, V., V. Staemmler, R.L. Vander Wal, F.F. Crim, R.J. Sension, B. Hudson, P. Andresen, S. Hennig, K. Weide und R. Schinke
Photodissociation of Water in the First Absorption Band: A Prototype for Dissociation on a Repulsive Potential Energy Surface (Feature Article), J.Phys.Chem. 96 (1992) 3201-3213

3.117 Nesbitt, D.J. und S.R. Leone
Laser-Initiated Cl_2/Hydrocarbon Chain Reactions: Time-Resolved Infrared Emission Spectra of Product Vibrational Excitation, J.Phys.Chem. 86 (1982) 4962-4973

3.118 Leone, S.R.
Infrared Fluorescence: A Versatile Probe of State-Selected Chemical Dynamics, Acc.Chem.Res. 16 (1983) 88-95

3.119 Stein, L., J. Wanner und H. Walther
Laser-induced fluorescence study of the reactions of F atoms with CH_3I and CF_3I, J.Chem.Phys. 72 (1980) 1128-1137

3.120 Trickl, T. und J. Wanner
The dynamics of the reactions $F + IX \rightarrow IF + X$ (X=Cl,Br,I): A laser-induced fluorescence study, J.Chem.Phys. 78 (1983) 6091-6101

3.121 Umstead, M.E., J.W. Fleming und M.C. Lin
Photonitration of Hydrocarbons with Lasers, IEEE J.Quant.Electron. QE-16 (1980) 1227-1229

3.122 Zhang Linyang, W. Fuß und K.L. Kompa
KrF Laser Induced Telomerization of Bromides with Olefins. Part 1: Self Inhibition and Kinetic Analysis, Ber.Bunsenges.Phys.Chem. 94 (1990) 867-874
Part 2: BrC_2F_4Br and $BrC_2F_4C_2H_4Br$ with C_2H_4 and C_2F_4, ibid., 874-882

3.123 Gong Mengxiong, W. Fuß und K.L. Kompa
CO_2 Laser Induced Chain Reaction of $C_2F_4 + CF_3I$, J.Phys.Chem. 94 (1990) 6332-6337

3.124 Grieneisen, H.P., H. Xue-Jing und K.L. Kompa
Collision Complex Excitation in Chlorine-Doped Xenon, Chem.Phys.Lett. 82 (1981) 421-426

3.125 Experiments on Clusters, Sonderheft der Ber.Bunsenges.Phys.Chem. 88, Heft No.3 (März 1984)

3.126 Loo, R.O., H.-P. Haerri, G.E. Hall und P.L. Houston
Methyl rotation, vibration, and alignment from a multiphoton ionization study of the 266 nm photodissociation of methyl iodide, J.Chem.Phys. 90 (1989) 4222-4236

3.127 Ray, U., Hui Qi Hou, Zh. Zhang, W. Schwarz und M. Vernon
A crossed laser-molecular beam study of the one and two photon dissociation dynamics of ferrocene at 193 and 248 nm, J.Chem.Phys. 90 (1989) 4248-4257

3.128 Venkataraman, B., Hui-qi Hou, Zh. Zhang, S. Chen, G. Bandukwalla und M. Vernon
A molecular beam study of the one, two, and three photon photodissociation mechanism of the group VIB (Cr, Mo, W) hexacarbonyls at 248 nm, J.Chem.Phys. 92 (1990) 5338-5362

3.129 Boesl, U., R. Weinkauf, K. Walter, C. Weickhardt und E.W. Schlag
Multiphoton Dissociation of Organic Molecules: Step by Step Investigation with Laser Tandem Mass Spectrometry, Ber.Bunsenges.Phys.Chem. 94 (1990) 1357-1362

3.130 Boesl, U.
Multiphoton Excitation and Mass-Selective Ion Detection for Neutral and Ion Spectroscopy (Feature Article), J.Phys.Chem. 95 (1991) 2949-2962

3.131 Neusser, H.J. und E.W. Schlag
Hochauflösungsspektroskopie unter der Dopplerbreite, Angew.Chem. 104 (1992) 269-280

3.132 Sonderheft der Ber.Bunsenges.Phys.Chem. im März 1992 (Heft 3), Physics and Chemistry of the Atmosphere, Diskussionstagung vom 7.-9.10.1991

3.133 Wayne, R.P.
Atmospheric chemistry: the evolution of our atmosphere, J.Photochem.Photobiol.A:Chem. 62 (1992) 379-396

3.134 Becker, F.S. und K.L. Kompa
The Practical and Physical Aspect of Uranium Isotope Separation with Lasers, Nuclear Technology 58 (1982) 329-353

3.135 Outhouse, A., P. Lawrence, M. Gauthier und P.A. Hackett
Laboratory Scale-up of Two-Stage Laser Chemistry Separation of ^{13}C from CF_2HCl, Appl.Phys. B36 (1985) 63-75

3.136 Clerc, M. und P. Plurien
Advanced Uranium Enrichment Processes, Commission of the European Communities, Report EUR 10743 EN, Brüssel 1986

3.137 Keller, C.
Zur Trennung der Uranisotope durch Laserstrahlung, GIT Fachz.Lab. 6/88, S.676-683

3.138 Herman, I.P., K. Takeuchi und Y. Makide
Laser Separation of Tritium, Kapitel 5 in "Laser Applications in Physical Chemistry", Herausgeber D.K. Evans, Marcel Dekker, New York 1989, S.173-270

3.139 Stuke, M.
Isotopentrennung mit Laserlicht, Spektrum der Wissenschaften, April 1982, S.76-89

3.140 Clark, R.S.
GE Shows Diamond of High Heat Conductivity, Lasers & Optronics, September 1990, S. 22-23

3.141 Waggoner, J.
GE Produces a Better Diamond, Photonics Spectra, August 1990, S. 35-36

3.142 Vanderleeden, J.C.
Generalized concepts in large-scale laser isotope separation, with application to deuterium, J.Appl.Phys. 51 (1980) 1273-1285

3.143 Hackett, P.A., C. Willis, M. Gauthier und A.J. Alcock
Viable commercial ventures involving laser chemistry production: two medium-scale processes, Proc.Soc.Photo-Opt.Instr.Eng. (SPIE) 458 (1984) 65-74

3.144 McAlpine, R.D. und D.K. Evans
Laser Isotope Separation by the Selective Multiphoton Decomposition Process in "Photodissociation and Photoionization", Herausgeber K.P. Lawley, Wiley, New York 1985, S.31-98

3.145 Letokhov, V.S. und C.B. Moore
Laser Isotope Separation, in "Chemical and Biochemical Applications of Lasers", Herausgeber C.B. Moore, Band III, Academic Press, New York 1977, S. 1-165

3.146 Paisner, J.A.
Atomic Vapor Laser Isotope Separation, Appl.Phys. B 46 (1988) 253-260

3.147 Majima, T., K. Sugita und S. Arai
The ^{18}O Separation by IRMPD of Ethers, Chem.Phys.Lett. 163 (1989) 29-33

3.148 Okada, Y., S. Kato, S. Satooka und K. Takeuchi
Laser isotope separation of heavy elements by infrared multiphoton dissociation of metal alkoxides, Spectrochim. Acta 46 A (1990) 643-646

3.149 Del Bello, U., V. Churakov, W. Fuß, K.L. Kompa, B. Maurer, C. Schwab und L. Werner
Improved Separation of the Rare Sulfur Isotopes by Infrared Multiphoton Dissociation of SF_6, Appl.Phys. B 42 (1987) 147-153

3.150 Sarkar, S.K., A.K. Nayak, K.V.S. RamaRao und J.P. Mittal
Isotope selective IR multiphoton dissociation in an efficient laser waveguide reactor, J.Photochem.Photobiol. A: Chem. 54 (1990) 159-169

3.151 D'Ambrosio, C., W. Fuß, K.L. Kompa und W.E. Schmid
Isotopenselektive Dissoziation von SF_6 mit einem Dauerlicht-CO_2-Laser, Ber. Bunsenges.Phys.Chem. 92 (1988) 646-652

3.152 Phillipoz, J.-M., B. Calpini, R. Monot und H. van den Bergh
Laser Isotope Separation by Combining Isotopically Selective Condensation with Infrared Vibrational Predissociation, Ber.Bunsenges.Phys.Chem. 89 (1985) 291-293

3.153 Schindewolf, U.
Isotopentrennung, Ber.Bunsenges.Phys.Chem. 83 (1979) 1067-1074

3.154 Scholz, M.
Laser Induced Thermal Diffusion, Ber.Bunsenges.Phys.Chem. 91 (1987) 1054-1059

3.155 Hedges, R.E.M., P. Ho und C.B. Moore
Enrichment of Carbon-14 by Selective Laser Photolysis of Formaldehyde, Appl.Phys. 23 (1980) 25-32

3.156 Zittel, P.F. und V.I. Lang
Isotopically selective photodissociation of gas phase OCS at low temperatures, J.Photochem.Photobiol. A: Chem. 56 (1991) 149-158

3.157 Stuke, M. und E.E. Marinero
Isotope Selective Photoaddition of Iodinechloride to Acetylene, Ber.Bunsenges.Phys.Chem. 84 (1980) 657-666

3.158 Letokhov, V.S.
Laser-induced chemical processes, Physics Today, November 1980, S. 34-41

3.159 Zhang Linyang, Zhang Yunwu, Ma Xingxioa, Yuan Peng, Xu Yan, Gong Mengxiong und W. Fuß
Deuterium Separation by Multiphoton Dissociation of Dichlorofluoromethane, Appl.Phys. B 39 (1986) 117-129

3.160 Ivanco, M., D.K. Evans, R.D. McAlpine, G.A. McRae und A.B. Yamashita
Infrared Multiphoton Decomposition and Possibilities of Laser-Based Heavy Water Processes, Spectrochim.Acta 46 A (1990) 635-642

3.161 Sugita, K., P. Ma, Y. Ishikawa und S. Arai
Enrichment of ^{13}C by IRMPD of CF_2Br_2, Appl.Phys. B 52 (1991) 266-272

3.162 Fuß, W. und W.E. Schmid
Präparative und analytische Anwendung der isotopenselektiven Vielfotendissoziation, Ber.Bunsenges.Phys.Chem. 83 (1979) 1148-1150

3.163 Arai, S., H. Kaetsu und S. Isomura
Practical Separation of Silicon Isotopes by IRMPD of Si_2F_6, Appl.Phys. B 53 (1991) 199-202

3.164 Xu Baoyu, Cheng Daming und Li Tinghua
The Laser-Induced Photodecomposition of Solid State Uranyl Formiate Monohydrate and its Application to Uranium Isotope Separation, Kexue Tongbao 32 (1987) 300-303

3.165 Forrest, G.T.
Three-photon absorption enriches uranium, Laser Focus World, März 1989, S. 32-33

3.166 Fürsich, M. und K.L. Kompa
Excitation and dissociation of hydrogen fluoride by high power HF-laser irradiation under collision dominated conditions: A fluorescence study, J.Chem.Phys. 75 (1981) 763-774

3.167 Judd, O.P.
A quantitative comparison of multiple-photon absorption in polyatomic molecules, J.Chem.Phys. 71 (1979) 4515-4530

3.168 Stafast, H., W.E. Schmid und K.L. Kompa
Absorption of CO_2 Laser Pulses at Different Wavelengths by Ground-State and Vibrationally Heated SF_6, Opt.Commun. 21 (1977) 121-126

3.169 Fuß, W. und T.P. Cotter
Energy and Pressure Dependence of the CO_2 Laser Induced Dissociation of Sulfur Hexafluoride, Appl.Phys. 12 (1977) 265-276

3.170 Fuß, W., K.L. Kompa und F.M.G. Tablas
Wavelength Dependence of Multiphoton Absorption and Dissociation of Hexafluoroacetone, Faraday Disc. 67 (1979) 180-187

3.171   Lyman, J.L., W.C. Danen, A.C. Nilsson und A.V. Nowak
Multiple-photon excitation of difluoroaminosulfur pentafluoride: A study of absorption and dissociation, J.Chem.Phys. 71 (1979) 1206-1210

3.172   Guckert, J.R. und R.W. Carr
Thermalization in Infrared Multiple Photon Induced Reactions. The Pressure Dependence of the trans → cis Isomerization of Crotonitrile, Laser Chem. 10 (1990) 227-238

3.173   Raffel, B. und J. Wolfrum
Infrared Laser Induced Ignition of Gas Mixtures, Ber.Bunsenges.Phys.Chem. 90 (1986) 997-1001

3.174   Raffel, B. und J. Wolfrum
Pulsed CO_2-Laser Excitation of O_3/O_2 Mixtures at Pressures from 0.16 to 1.20 Bar, Laser Chem. 10 (1990) 207-226

3.175   Hartford, A. und J.H. Clark
Laser Purification of Materials, in "Chemical and Biochemical Applications of Lasers", Band V, C.B. Moore (Herausgeber), Academic, New York 1980, S. 217-237

3.176   Hartford, A., E.J. Huber, J.L. Lyman und J.H. Clark
Laser purification of silane: impurity reduction to the sub-part-per-million level, J.Appl.Phys. 51 (1980) 4471-4474

3.177   Chen, H.-L. und C. Borzileri
Laser Cleanup of H_2S from Synthesis Gas, IEEE J.Quant.Electron. QE-16 (1980) 1229-1232

3.178   Clark, J.H. und R.G. Anderson
Silane purification via laser-induced chemistry, Appl.Phys.Lett. 32 (1978) 46-49

3.179   Merritt, J.A. und L.C. Robertson
Removal of phosgene impurity from boron trichloride by laser radiation, J.Chem.Phys. 67 (1977) 3545-3548

3.180   Zhang Yunwu, W. Fuß, K.L. Kompa und F. Rebentrost
Generation of Ketene with High Quantum Yield by a KrF Laser, Laser Chem. 5 (1985) 257-273

3.181   Bachmann, H.R., R. Rinck, H. Nöth und K.L. Kompa
Infrared Laser Specific Reactions Involving Boron Compounds. Trimerization of Tetrachloro Ethylene Sensitized by Boron Trichloride, Chem.Phys.Lett. 45 (1977) 169-171

3.182   Bachmann, H.R., H. Nöth, R. Rinck und K.L. Kompa
Infrared Laser Specific Reactions of Boranes. Conversion of Diborane to Icosaborane(16), $B_{20}H_{16}$, Chem.Phys.Lett. 29 (1974) 627-629

3.183   Yogev, A. und R.M.J. Benmair
Photochemistry in the Electronic Ground State. Quantitative Electrocyclic Isomerization Induced by Multiphoton Absorption of Infrared Laser Radiation, Chem.Phys.Lett. 46 (1977) 290-294

3.184   Stafast, H., R. Pfister und J.R. Huber
Comparative Pulsed CO_2 Laser Pyrolysis. The Decarbonylation Reaction of Propynal, J.Phys.Chem. 89 (1985) 5074-5078

3.185   McMillen, D.F., K.E. Lewis, G.P. Smith und D.M. Golden
Laser-Powered Homogeneous Pyrolysis. Thermal Studies under Homogeneous

Conditions, Validation of the Technique, and Application to the Mechanism of Azo Compound Decomposition, J.Phys.Chem. 86 (1982) 709-718
3.186 Dai, H.-L., E. Specht, M.R. Berman und C.B. Moore
Determination of Arrhenius parameters for unimolecular reactions of chloroalkanes by IR laser pyrolysis, J.Chem.Phys. 77 (1982) 4494-4506
3.187 Nigenda, S.E., D.F. McMillen und D.M. Golden
Thermal Decomposition of Dimethylnitramine and Dimethylnitrosamine by Pulsed Laser Pyrolysis, J.Phys.Chem. 93 (1989) 1124-1130
3.188 Tsang, W. und A. Lifshitz
Shock Tube Techniques in Chemical Kinetics, Ann.Rev.Phys.Chem. 41(1990) 559-599
3.189 Bachmann, H.R., N. Nöth, R. Rinck und K.L. Kompa
Infrared Laser Specific Reactions of Boron Compounds. CO_2 Laser Control of the Exchange Reactions $B(CH_3)_nBr_m + HBr \rightarrow B(CH_3)_{n-1} Br_{m+1} + CH_4$, Chem.Phys.Lett. 33 (1975) 261-264
3.190 Tonokura, K., Y. Mo, Y. Matsumi und M. Kawasaki
Doppler Spectroscopy of Hydrogen and Chlorine Atoms from Photodissociation of Silane, Germane, Chlorosilanes, and Chloromethanes in the Vacuum Ultraviolet Region, J.Phys.Chem. 96 (1992) 6688-6693
3.191 Horn, W.P., M.S. Sheldon und P.C.T. de Boer
Flow and Temperature Fields of the Sample Gas in Laser-Powered Homogeneous Pyrolysis, J.Phys.Chem. 90 (1986) 2541-2548
3.192 Ma, P.H., K. Sugita und S. Arai
Production of Highly Concentrated ^{13}C by Continuous Two-Stage IRMPD. CBr_2F_2/HI, CCl_2F_2/HI, and $CBrClF_2$/HI Mixtures, Appl.Phys. B 49 (1989) 503-512

Kapitel 4

4.1 Coxon, J.M. und B. Halton
Organic Photochemistry, Cambridge University Press, Cambridge 1974
4.2 Fischer, M.
Photochemische Synthesen in technischem Maßstab, Angew.Chem. 90 (1978) 17-27
4.3 Turro, N.J.
Modern Molecular Photochemistry, Benjamin/Cummings, Menlo Park 1978
4.4 Sauer, K.
Photosynthesis - The Light Reactions, Ann.Rev.Phys.Chem. 30 (1979) 155-178
4.5 Mauzerall, D. und S.G. Ballard
Ionization in Solution by Photoactivated Electron Transfer, Ann.Rev.Phys.Chem. 33 (1982) 377-407
4.6 Adam, W. und T. Oppenländer
185-nm-Photochemie von Olefinen, gespannten Kohlenwasserstoffen und Azoalkanen in Lösung, Angew.Chem. 98 (1986) 659-670

4.7　Coyle, J.D. (Herausgeber)
Photochemistry in Organic Synthesis, The Royal Society of Chemistry, London 1986

4.8　Rettig, W.
Ladungstrennung in angeregten Zuständen entkoppelter Systeme - TICT-Verbindungen und Implikationen für die Entwicklung neuer Laserfarbstoffe sowie für den Primärprozeß von Sehvorgang und Photosynthese, Angew.Chem. 98 (1986) 969-986

4.9　Bonacic-Koutecky, V., J. Koutecky und J. Michl
Neutrale und geladene Diradikale, Zwitterionen, Trichter auf der S_1-Hyperfläche und Protonentranslokation; ihre Bedeutung für den Sehvorgang und andere photophysikalische und photochemische Prozesse, Angew.Chem. 99 (1987) 216-236

4.10　Lippert, E., W. Rettig, V. Bonacic-Koutecky, F. Heisel und J.A. Miehe
Photophysics of Internal Twisting, Adv.Chem.Phys. 68 (1987) 1-173

4.11　Hennig, H. und D. Rehorek
Photochemische und photokatalytische Reaktionen von Koordinationsverbindungen, Teubner Studienbücher, Stuttgart 1988

4.12　Klessinger, M. und J. Michl
Lichtabsorption und Photochemie organischer Moleküle, Band 3 der Reihe "Physikalische organische Chemie", VCH Verlag, Weinheim 1990

4.13　Becker, H.G.O. (Herausgeber)
Einführung in die Photochemie, Deutscher Verlag der Wissenschaften, Berlin 1991

4.14　Braun, A.M., M.-T. Maurette und E. Oliveros
Photochemical Technology, Wiley, Chichester 1991

4.15　Buschmann, H., H.-D. Scharf, N. Hoffmann und P. Esser
Das Isoinversionsprinzip - ein allgemeines Selektionsmodell in der Chemie, Angew.Chem. 103 (1991) 480-518

4.16　Rettig, W.
Anwendungsaspekte adiabatischer Photoreaktionen, Nachr.Chem.Tech.Lab. 39 (1991) 398-406

4.17　Donohue, T.
Applied Laser Photochemistry in the Liquid Phase, Kapitel 4 in "Laser Applications in Physical Chemistry", D.K. Evans (Herausgeber), Marcel Dekker, New York 1989, S. 89-172

4.18　Adam, W., S. Grabowski und H. Platsch
UV Laser Photochemistry of Azoalkanes: Surprising Effects of Phenyl Substitution on the Lifetimes of 1,3-Cyclopentadiyl and 1,4-Cyclohexadiyl Triplet Radicals, J.Amer.Chem.Soc. 111 (1989) 751-753

4.19　Hynes, J.T.
Chemical Reaction Dynamics in Solution, Ann.Rev.Phys.Chem. 36 (1985) 573-597

4.20　Fleming, G.R.
Subpicosecond Spectroscopy, Ann.Rev.Phys.Chem. 37 (1986) 81-104

4.21　Peters, K.
Picosecond Organic Photochemistry, Ann.Rev.Phys.Chem. 38 (1987) 253-270

4.22   Fleming, G.R. und P.G. Wolynes
       Chemical Dynamics in Solution, Physics Today, May 1990, 36-43
4.23   Zewail, A.H., M. Dantus, R.M. Bowman und A. Mokhtari
       Femtochemistry: recent advances and extension to high pressures, J.Photochem.Photobiol.A:Chem. 62 (1992) 301-319
4.24   Schoenlein, R.W., L.A. Peteanu, R.A. Mathies und C.V. Shank
       The First Step in Vision: Femtosecond Isomerization of Rhodopsin, Science 254 (1991) 412-415
4.25   Rohr, M., W. Gärtner, G. Schweitzer, A.R. Holzwarth und S.E. Braslavska
       Quantum Yields of the Photochromic Equilibrium between Bacteriorhodopsin and Its Bathointermediate K. Femto- and Nanosecond Optoacoustic Spectroscopy, J.Phys.Chem. 96 (1992) 6055-6061
4.26   Harris, A.L., J.K. Brown und C.B. Harris
       The Nature of Simple Photodissociation Reactions in Liquids on Ultrafast Time Scales, Ann.Rev.Phys.Chem. 39 (1988) 341-366
4.27   Kosower, E.M. und D. Huppert
       Excited State Electron and Proton Transfer, Ann.Rev.Phys.Chem. 37 (1986) 127-156
4.28   Rettig, W., W. Majenz, R. Lapouade und G. Haucke
       Multidimensional photochemistry in flexible dye systems, J.Photochem.Photobiol.A:Chem. 62 (1992) 415-427
4.29   Ingold, K.U., J. Lusztyk und K.D. Raner
       The Unusual and the Unexpected in an Old Reaction. The Photochlorination of Alkanes with Molecular Chlorine in Solution, Acc.Chem.Res. 23 (1990) 219-225
4.30   Flynn, G.W. und N. Sutin
       Kinetic Studies of Very Rapid Chemical Reactions in Solution, in "Chemical and Biochemical Applications of Lasers", Band I, C.B. Moore (Herausgeber), Academic, New York 1974, S. 309-338
4.31   Frisch, W., A. Schmidt, J.F. Holzwarth und R. Volk
       Laser T-Jump Arrangement with Time Resolution in the Second to Picosecond Range, in "Techniques and Applications of Fast Reactions in Solution", W.J. Getins und E. Wyn-Jones (Herausgeber), D. Reidel, Dordrecht 1979, S. 61-70
4.32   Chen, S., I.-Y.S. Lee, W.A. Tolbert, X. Wen und D.D. Dlott
       Applications of Ultrafast Temperature Jump Spectroscopy to Condensed Phase Molecular Dynamics (Feature Article), J.Phys.Chem. 96 (1992) 7178-7186
4.33   Rubalcava, H. und D.J. Fitzmaurice
       Photochemistry with circularly polarized light: A new method, J.Chem.Phys. 92 (1990) 5975-5987
4.34   Drexhage, K.H.
       Structure and Properties of Laser Dyes, Kap. 4 in "Dye Lasers", F.P. Schäfer (Herausgeber), Band 1 von Topics in Applied Physics, Springer, Berlin 1973, S. 144-193
4.35   Donohue, T.
       Photochemical Separation of Elements in Solution, in "Chemical and Biochemical Applications of Lasers", Band V, C.B. Moore (Herausgeber), Academic Press, New York 1980, S.239-273

4.36 Kleinermanns, K. und J. Wolfrum
Laser in der Chemie - wo stehen wir heute?, Angew.Chem. 99 (1987) 38-58

4.37 Schäfer, F.P.
Lasers for Chemical Applications, Appl.Phys. B 46 (1988) 199-208

4.38 Stafast, H.
State and perspectives of laser applications in advanced chemistry, Commission of the European Communities, EUR 11795 EN, Brüssel 1988

4.39 Donohue, T.
Photochemical separation of europium from lanthanide mixtures in aqueous solution, J.Chem.Phys. 67 (1977) 5402-5404

4.40 Donohue, T.
Photochemical Separation from Rare Earth Mixtures in Aqueous Solution, Chem.Phys.Lett. 61 (1979) 601-604

4.41 Braun, M., W. Fuß, K.L. Kompa und J. Wolfrum
Improved photosynthesis of previtamin D by wavelengths of 280-300 nm, J.Photochem.Photobiol.A:Chem. 61 (1991) 15-26

4.42 Gottfried, N., W. Kaiser, M. Braun, W. Fuß und K.L. Kompa
Ultrafast Electrocyclic Ring Opening in Previtamin D Photochemistry, Chem.Phys.Lett. 110 (1984) 335-339

4.43 Malatesta, V., C. Willis und P.A. Hackett
Laser Photochemical Production of Vitamin D, J.Amer.Chem.Soc. 103 (1981) 6781-6783

4.44 Hackett, P.A., C. Willis, M. Gauthier und A.J. Alcock
Viable commercial ventures involving laser chemistry production: two medium-scale processes, Proc.Soc.Photo-Opt.Instr.Eng. (SPIE) 458 (1984) 65-74

4.45 Wilson, R.M.
The trapping of laser-generated biradicals with molecular oxygen: the synthesis of peroxides related to Vitamin K, insect pheromones and prostaglandins, Proc.Soc.Photo-Opt.Instr.Eng. (SPIE) 458 (1984) 58-64

4.46 Adam, W., M. Dörr und P. Hössel
UV/VIS-Laserphotochemie: Intermediäre Bildung von Diazoalkanen statt direkter S_0, T_1-Übergänge bei der Photolyse von Azoalkanen, Angew.Chem. 98 (1986) 820-822

4.47 Kaupp, G. und O. Sauerland
Preparative laser photochemistry of perfluoroazoethane, J.Photochem.Photobiol.A:Chem. 56 (1991) 375-380

4.48 Kaupp, G., O. Sauerland, T. Marquardt und M. Plagmann
Oligomers via preparative laser photolysis, J.Photochem.Photobiol.A:Chem. 56 (1991) 381-385

4.49 Brackmann, U. und F.P. Schäfer
Photocyclization of Carvone to Carvone Camphor Using Rare Gas Halide Lasers, Chem.Phys.Lett. 87 (1982) 579-581

4.50 Khorochilova, E.V., N.P. Kuzmina, V.S. Letokhov und Yu.A. Mateveetz
Nonlinear Laser UV Photochemistry of Maleic Acid in Aqueous Solution, Appl.Phys. B 31 (1983) 145-151

4.51 Letokhov, V.S. Laser-induced chemistry (review article), Nature 305 (1983) 103-108

4.52 Adam, W., K. Hannemann, E.-M. Peters, K. Peters, H.G. von Schnering und R.M. Wilson
Laserphotolyse des Bisazoalkans 7-syn,7'-anti-Bi-2,3Diazobicyclo[2.2.1]hept-2-en, Angew.Chem. 97 (1985) 417-418

4.53 Wilson, R.M., K.A. Schnapp, K. Hannemann, D.M. Ho, H.R. Memarian, A. Azadnia, A.R. Pinhas und T.M. Figley
High Intensity, Argon Ion Laser-Jet Photochemistry, Spectrochim.Acta 46A (1990) 551-558

4.54 Gutierrez, A.R., J. Friedrich, D. Haarer und H. Wolfrum
Multiple Photochemical Hole Burning in Organic Glasses and Polymers: Spectroscopy and Storage Aspects, IBM J.Res.Develop. 26 (1982) 198-208

4.55 Rebane, L.A., A.A. Gorokhovskii und J.V. Kikas
Low-Temperature Spectroscopy of Organic Molecules in Solids by Photochemical Hole Burning, Appl.Phys. B 29 (1982) 235-250

4.56 Friedrich, J. und D. Haarer
Photochemisches Lochbrennen und Relaxationsspektroskopie in Polymeren und Gläsern, Angew.Chem. 96 (1984) 96-123

4.57 Kämpf, G.
Polymere als Träger und Speicher von Informationen, Ber.Bunsenges.Phys.Chem. 89 (1985) 1179-1190

4.58 Völker, S.
Hole-Burning Spectroscopy, Ann.Rev.Phys.Chem. 40 (1989) 499-530

4.59 Haarer, D. und L. Kador
Optischer Nachweis einzelner Moleküle in einem Festkörper: ein Meilenstein in der optischen Spektroskopie?, Angew.Chem. 103 (1991) 553-555

4.60 Bräuchle, C.
Spektrales Lochbrennen bei Raumtemperatur und mit einem Einzelmolekül - zwei neue Perspektiven, Angew.Chem. 104 (1992) 431-435

4.61 Personov, R.I.
Luminescence line narrowing and persistent hole burning in organic materials: principles and new results, J.Photochem.Photobiol.A:Chem. 62 (1992) 321-322

4.62 Bogner, U., K. Beck und M. Maier
Electric field selective optical data storage using persistent spectral hole burning, Appl.Phys.Lett. 46 (1985) 534-536

4.63 Lee, H.W.H., M. Gehrtz, E.E. Marinero und W.E. Moerner
Two-colour, photon-gated spectral hole-burning in an organic material, Chem.Phys.Lett. 118 (1985) 611-616

4.64 Winnacker, A., R.M. Shelby und R.M. Macfarlane
Photon-gated hole burning: a new mechanism using two-step photoionization, Opt.Lett. 10 (1987) 350-352

4.65 Furusawa, A. und K. Horie
High-temperature photochemical hole burning and laser-induced hole filling in dye-doped polymer systems, J.Chem.Phys. 94 (1991) 80-85

4.66 Ogawa, M., T. Handa, K. Kuroda, C. Kato und T. Tani
Photochemical Hole Burning of 1,4-Dihydroxy-Anthraquinone Intercalated in a Pillared Layered Clay Mineral, J.Phys.Chem. 96 (1992) 8116-8119

4.67 Bräuchle, C., U.P. Wild, D.M. Burland, G.C. Bjorklund und D.C. Alvarez
A New Class of Materials for Holography in the Infrared, IBM J.Res.Develop. 26 (1982) 217-227

4.68 Bräuchle, C. und D.M. Burland
Holographische Methoden zur Untersuchung photochemischer und photophysikalischer Eigenschaften von Molekülen, Angew.Chem. 95 (1983) 612-629

4.69 Renn, A., A.J. Meixner, U.P. Wild und F.A. Burkhalter
Holographic Detection of Photochemical Holes, Chem.Phys. 93 (1985) 157-162

4.70 Bräuchle, C., N. Hampp und D. Oesterhelt
Optical Applications of Bacteriorhodopsin and Its Mutated Variants, Adv.Mater. (1991) 420-428

4.71 Russu, A.N., E. Vauthey, C. Wei und U.P. Wild
Photon-Gated Holography: Triphenylene in a Boric Acid Glass, J.Phys.Chem. 95 (1991) 10496-10503

4.72 Wild, U.P., A. Rebane und A. Renn
Dye-Doped Polymer Films: From Supramolecular Photochemistry to the Molecular Computer, Adv.Mater. 3 (1991) 453-456

4.73 Loppnow, G.R., R.A. Mathies, T.R. Middendorf, D.S. Gottfried und S.G. Boxer
Photochemical Hole-Burning Spectroscopy of Bovine Rhodopsin and Bacteriorhodopsin, J.Phys.Chem. 96 (1992) 737-745

4.74 Zeisel, D. und N. Hampp
Spectral Relationship of Light-Induced Refractive Index and Absorption Changes in Bacteriorhodopsin Films Containing Wildtype BR_{WT} and the Variant BR_{D96N}, J.Phys.Chem. 96 (1992) 7788-7792

4.75 Meixner, A.J., A. Renn, S.E. Bucher und U.P. Wild
Spectral Hole Burning in Glasses and Polymer Films: The Stark Effect, J.Phys.Chem. 90 (1986) 6777-6785

4.76 De Caro, C., A. Renn und U.P. Wild
Spectral Hole-Burning: Applications to Optical Image Storage, Ber.Bunsenges. Phys.Chem. 93 (1989) 1395-1398

4.77 Meixner, A.J., A. Renn und U.P. Wild
Spectral hole-burning and Stark effect: a centrosymmetric molecule in polymers of different dielectric constants, Chem.Phys.Lett. 190 (1992) 75-82

4.78 Poliakoff, M.
Infrared Laser-Induced Photochemistry in the Solid State, in "Laser-Induced Processes in Molecules", K.L. Kompa und S.D. Smith (Herausgeber), Springer Series in Chemical Physics, Band 6, Springer, Berlin 1979, S. 304-310

4.79 Poliakoff, M. und J.J. Turner
Infrared Laser Photochemistry in Matrices, in "Chemical and Biochemical Applications of Lasers", C.B. Moore (Herausgeber), Band V, Academic, New York 1980, S. 175-216

4.80 Shirk, J.S. und C.L. Marquardt
Vibrational selectivity in the single-photon infrared photochemistry of matrix-isolated 2-fluoroethanol, J.Chem.Phys. 92 (1990) 7234-7240

4.81 Frei, H. und G.C. Pimentel
Infrared Induced Photochemical Processes in Matrices, Ann.Rev.Phys.Chem. 36 (1985) 491-524

4.82   Müller, R.P. und J.R. Huber
       Light Induced Transformations of Small Nitroso Compounds in Low Temperature Rare Gas Matrices, Rev.Chem.Intermed. 5 (1984) 423-457
4.83   Adam, W., K. Hannemann und R.M. Wilson
       UV Laser Photochemistry: Triplet Biradical Trapping Efficiencies and Lifetimes, J.Amer.Chem.Soc. 108 (1986) 929-935
4.84   Berkovic, G., Th. Rasing und Y.R. Shen
       Study of monolayer polymerization using nonlinear optics, J.Chem.Phys. 85 (1986) 7374-7376
4.85   Hussla, I.
       Infrared Laser-Induced Photodesorption of Adsorbed and Condensed Phases, J.Electr.Spectrosc.Rel.Phenom. 38 (1986) 65-74
4.86   Hall, R.B.
       Pulsed-Laser-Induced Desorption Studies of the Kinetics of Surface Reactions (Feature Article), J.Phys.Chem. 91 (1987) 1007-1015
4.87   Kwasniewski, V.J. und L.D. Schmid
       Steps in the Reaction $H_2 + O_2 \Longleftrightarrow H_2O$ on Pt(111): Laser Induced Thermal Desorption at Low Temperature, J.Phys.Chem. 96 (1992) 5931-5938
4.88   Beavis, R.C., J. Lindner, J. Grotemeyer und E.W. Schlag
       Resonance Enhanced Multiphoton Ionization of Biological Molecules, Ber.Bunsenges.Phys.Chem. 93 (1989) 365-370
4.89   Letokhov, V.S.
       Recent Results in Laser Biomedicine and Some Prospects of the Future, Ber.Bunsenges.Phys.Chem. 93 (1989) 233-238
4.90   Spengler, B., M. Karas, U. Bahr und F. Hillenkamp
       Laser Mass Analysis in Biology, Ber.Bunsenges.Phys.Chem. 93 (1989) 396-402
4.91   Goncher, G.M., C.A. Parsons und C.B. Harris
       Photochemistry on Rough Metal Surfaces (Feature Article), J.Phys.Chem. 88 (1984) 4200-4209
4.92   Barnes, J.A., J.C. Polanyi, W. Reiland und D.F. Thomas
       Product vibrational and rotational state distributions from the surface reaction $F(ad) + H_2(ad) \rightarrow HF(g)\ (v',J') + H(ad,g)$, J.Chem.Phys. 82 (1985) 3824-3830
4.93   Wokaun, A., A. Baiker, S.K. Miller und W. Fluhr
       Adsorption on Catalyst Surfaces Studied by Enhanced Raman Scattering, J.Phys.Chem. 89 (1985) 1910-1914
4.94   Houston, P.L. und R.P. Merrill
       Gas-Surface Interactions with Vibrationally Excited Molecules, Chem.Rev. 88 (1988) 657-671
4.95   Liberman, V., G. Haase und R.M. Osgood, Jr.
       Ultraviolet photon-induced interaction of Cl_2 with GaAs (110): Dissociation by means of charge transfer, J.Chem.Phys. 96 (1992) 1590-1601
4.96   Trentelman, K.A., D.H. Fairbrother, P.G. Strupp, P.C. Stair und E. Weitz
       257 nm photoinduced chemistry of methyl iodide adsorbed on MgO(100), J.Chem.Phys. 96 (1992) 9221-9232
4.97   Hoheisel, W., M. Vollmer und F. Träger
       Laser-Stimulated Desorption of Potassium Atoms, Appl.Phys. A 52 (1991) 445-447

4.98   Geyer, J., H. Stülpnagel und K. Rademann
        Photoselektive Prozesse in Cyclooctaschwefel-Schichten: Desorption contra
        Polymerisation, Angew.Chem. 104 (1992) 894-896
4.99   Vollmer, M., R. Weidenauer, W. Hoheisel, U. Schulte und F. Träger
        Size manipulation of metal particles with laser light, Phys.Rev. B40 (1989)
        12509-12512
4.100   Hoheisel, W., U. Schulte, M. Vollmer und F. Träger
        Metal Particles on Surfaces - Desorption, Optical Spectra, and Laser-Induced Size
        Manipulation, Appl.Phys. A51 (1990) 271-280
4.101   Masuhara, H., N. Kitamura, H. Misawa, K. Sasaki und M. Koshioka
        Laser spectroscopy and photochemistry in micrometre small volumes, J.Photo-
        chem.Photobiol.A:Chem. 65 (1992) 235-247
4.102   Masuhara, H.
        Space- and time-resolved laser spectroscopy and photochemistry of organic solids,
        J.Photochem.Photobiol.A:Chem. 62 (1992) 397-413
4.103   Goodall, D.M. und R.C. Greenhow
        Ionization of Water Induced by Vibrational Excitation Using a Neodymium:Glass
        Laser, Chem.Phys.Lett. 9 (1971) 583-586
4.104   Natzle, W.C., C.B. Moore, D.M. Goodall, W. Frisch und J.F. Holzwarth
        Dissociative Ionization of Water Induced by Single-Photon Vibrational Excitation,
        J.Phys.Chem. 85 (1981) 2882-2884
4.105   Nikogosyan, D.N. und D.A. Angelov
        Formation of Free Radicals in Water Under High-Power Laser UV Irradiation,
        Chem.Phys.Lett. 77 (1981) 208-210
4.106   Rofer-Depoorter, C.K. und G.L. Depoorter
        Laser Photochemical Enrichment of Oxygen Isotopes in Methanol Solution,
        Chem.Phys.Lett. 61 (1979) 605-607
4.107   Zipin, H. und S. Speiser
        Ruby Laser-Induced Two-Photon Photolysis of Ferrioxalate, Chem.Phys.Lett.
        31 (1975) 102-103
4.108   Letokhov, V.S., Yu.A. Matveetz, V.A. Semchishen und E.V. Khoroshilova
        UV Picosecond Laser-Induced Formation of Amino Acids from Aqueous Solu-
        tions of Ammonic Salts of Dicarboxylic Acids, Appl.Phys. B 26 (1981) 243-245
4.109   Mitchener, J.C. und M.S. Wrighton
        Photogeneration of Very Active Homogeneous Catalysts Using Laser Light
        Excitation of Iron Carbonyl Precursors, J.Amer.Chem.Soc. 103 (1981) 975-977
4.110   Matheson, I.B.C. und J. Lee
        Reaction of Chemical Acceptors with Singlet Oxygen Produced by Direct Laser
        Excitation, Chem.Phys.Lett. 7 (1970) 475-476
4.111   Blumenstock, T., F.J. Comes, R. Schmidt und H.-D. Brauer
        Picosecond Laser Photolysis Study of the Photocycloreversion of Heterocoer
        dianthrone Endoperoxide, Chem.Phys.Lett. 127 (1986) 452-455
4.112   Schmidt, R. und E. Afshari
        Collisional Deactivation of $O_2(^1\Delta_g)$ by Solvent Molecules. Comparative Experi-
        ments with $^{16}O_2$ and $^{18}O_2$, Ber.Bunsenges.Phys.Chem. 96 (1992) 788-794
        sowie
        Schmidt, R.

Collisional Deactivation of $O_2(1\Delta_g^+)$ by Small Polyatomic Molecules, ibid. 794-799

4.113 Bray, R.G. und M.S. Chou
Laser-Initiated Free Radical Chain Reactions: Synthesis of Hydroperoxides, Proc.Soc.Photo-Opt.Instr.Eng. (SPIE) 458 (1984) 75-81

4.114 Umstead, M.E. und M.C. Lin
Laser-Induced Reactions of NO_2 in the Visible Region, Appl.Phys. B 39 (1986) 61-63

4.115 Plaas, D. und F.P. Schäfer
Laser Photochemistry of Aromatic Substituted Cyclobutanes and Cyclobutenes, Chem.Phys.Lett. 131 (1986) 528-533

4.116 Schwebel, A., M. Brestel und A. Yogev
Site-Selective Liquid-Phase Vibrational Overtone Photochemistry of Hydroxyhexadiene, Chem.Phys.Lett. 107 (1984) 579-584

4.117 Gutow, J.H., D. Klenerman und R.N. Zare
Comparison of Overtone-Induced and Electronic Photochemistry of Liquid tert-Butyl Hydroperoxide: Supporting Evidence for Vibrational Mode Selectivity, J.Phys.Chem. 92 (1988) 172-177

4.118 Irion, M.P., W. Fuß und K.L. Kompa
UV-Laser Induced Photo-Oxidation of Aqueous Benzene Solutions: Formation of Phenol, Appl.Phys. B 27 (1982) 191-194

4.119 Stewart, D.C. und D. Kato
Analysis of Rare Earth Mixtures by a Recording Spectrophotometer, Anal.Chem. 30 (1958) 164-172

4.120 Hasselbrink, E.
Photostimulated Chemistry at the Metal-Adsorbate Interface, Appl.Phys. A53 (1991) 403-409

4.121 Kompa, K.L.
Laser-Photochemie an Oberflächen - laserinduzierte Gasphasenabscheidung und verwandte Phänomene, Angew.Chem. 100 (1988) 1287-1299

Kapitel 5

5.1 Burdett, J.K.
From Bonds to Bands and Molecules to Solids, Prog.Solid St.Chem. 15 (1984) 173-255

5.2 Cowan, D.O. und F.M. Wiygul
The Organic Solid State, Special Report, C&EN, Juli 21, 1986, S. 28-45

5.3 Hoffmann, R.
Die Begegnung von Chemie und Physik im Festkörper, Angew.Chem. 99 (1987) 871-906

5.4 Poate, J.M. und J.W. Mayer (Herausgeber)
Laser Annealing of Semiconductors, Academic Press, New York 1982

5.5 Mordike, B.L. (Herausgeber)
Laser Treatment of Materials, DGM Informationsgesellschaft, Oberursel 1986

5.6 Gasser, A., K. Wissenbach, A. Gillner und E.W. Kreutz
Laser Surface Alloying of Cr_3C_2, Cr_3C_2/NiCr and WC/Co Layers on Low Carbon Steel, Opto Elektronik Magazin 3 (1987) 690-693

5.7 Mordike, B.L.
Einsatz von Lasern bei der Oberflächenbehandlung von Materialien, Laser Market 87, Optronics Buyers Guide, S. 24-32

5.8 Alavi, M. und S. Büttgenbach
Löten von Feindrähten auf Cu-Anschlußflächen mit Laserstrahl, Laser und Optoelektronik, Nr.2/1988 S. 52-54

5.9 Amende, W.
Die Veredelung metallischer Randschichten mit dem CO_2-Hochleistungslaser, Laser und Optoelektronik, Nr. 2/1988, S. 44-47

5.10 Bergmann, H.W., S.Z. Lee und J. Breme
Laser Hardfacing by Melt Bath Reactions, FBM FertigungsTechnologie 65 (1988) 176-188

5.11 Feigelson, R.S
Growth of Single Crystal Fibres, MRS Bulletin, Oktober 1988, S. 47-55

5.12 König, W., C. Schmitz-Justen, L. Rosnoki und F. Treppe
Oberflächenveredeln mit Laserstrahlen - Eine Abgrenzung der Verfahrensvarianten, Laser und Optoelektronik, Nr. 2/1988, S.74-77

5.13 Lee, S.Z., H.W. Bergmann und B. Juckenath
Behandlung von Metallen mit einem Excimer-Laser, Optoelektronik Magazin 4 (1988) 380-393

5.14 Mazumder, J. und A. Kar
Nonequilibrium Processing with Lasers, Opto Elektronik Magazin 4 (1988) 261-269

5.15 Van der Poel, C.J
Rapid crystallization of thin solid films, J.Mater.Res. 3 (1988) 126-132

5.16 Ong, E., H. Chu und S. Chen
Metal Planarization with an Excimer Laser, Solid State Technology, August 1991, S. 63-68

5.17 Wang, S.-Q. und E. Ong
Properties of Cu film under XeCl excimer laser irradiation, J.Vac.Sci.Technol. B 10 (1992) 149-159

5.18 Wang, S.-Q. und E. Ong
Filling of contacts and interconnects with Cu under XeCl excimer laser irradiation, J.Vac.Sci.Technol. B 10 (1992) 160-165

5.19 Schüssler, A., P.H. Steen und P. Ehrhard
Laser surface treatment dominated by buoyancy flows, J.Appl.Phys. 71 (1992) 1972-1975

5.20 Belforte, D. und M. Levitt (Herausgeber)
The Industrial Laser Handbook, 1992-1993 Edition, Springer, New York 1992

5.21 Sievers, E.-R. (Redaktion)
Fügen mit CO_2-Hochleistungslasern, VDI-TZ Physikalische Technologien, Düsseldorf 1992 sowie
3D-Bearbeiten mit CO_2-Hochleistungslasern, VDI-TZ Physikalische Technologien, Düsseldorf 1992

5.22 Hontzopoulos, E. und E. Damingos
Excimer Laser Surface Treatment of Bulk Ceramics, Appl.Phys. A 52 (1991) 421-424
5.23 Bostanjoglo, O. und E. Endruschat
Kinetics of Laser-Induced Crystallization of Amorphous Germanium Films, Phys.Stat.Sol. (a) 91 (1985) 17-28
5.24 Bostanjoglo, O., W. Marine und P. Thomsen-Schmidt
Laser-induced nucleation of crystals in amorphous Ge films, Appl.Surf.Sci. 54 (1992) 302-307
5.25 Sameshima, T. und S. Usui
Pulsed laser-induced amorphization of silicon films, J.Appl.Phys. 70 (1991) 1281-1289
5.26 Shimizu, K., H. Hosoya, O. Sugiura und M. Matsumura
High-Mobility Bottom-Gate Thin-Film Transistors with Laser-Crystallized and Hydrogen-Radical-Annealed Polysilicon Films, Jpn.J.Appl.Phys. 30 (1991) 3704-3709
5.27 De Unamuno, S. und E. Fogarassy
A Thermal Description of the Melting of c- and a-Silicon Under Pulsed Excimer Lasers, Appl.Surf.Sci. 36 (1989) 1-11
5.28 Mathe, E.L., A. Naudon, M. Elliq, E. Fogarassy und S. de Unamuno
Influence of hydrogen on the structure and surface morphology of pulsed ArF excimer laser crystallized amorphous silicon thin films, Appl.Surf.Sci. 54 (1992) 392-400
5.29 Kuriyama, H., S. Kiyama, S. Noguchi, T. Kuwahara, S. Ishida, T. Nohda, K. Sano, H. Iwata, H. Kawata, M. Osumi, S. Tsuda, S. Nakano und Y. Kuwano
Enlargement of Poly-Si Film Grain Size by Excimer Laser Annealing and Its Application to High-Performance Poly-Si Thin Film Transistor, Jpn.J.Appl.Phys. 30 (1991) 3700-3703
5.30 Winer, K., G.B. Anderson, S.E. Ready, R.Z. Bachrach, R.I. Johnson, F.A. Ponce und J.B. Boyce
Excimer-laser-induced crystallization of hydrogenated amorphous silicon, Appl.Phys.Lett. 57 (1990) 2222-2224
5.31 Tamir, S., S. Altshunin und J. Zahavi
Laser-Induced Nickel Silicide Formation, Thin Solid Films 202 (1991) 257-266
5.32 Celis, J.P., M. Franck, J.R. Roos, E.W. Kreutz, A. Gasser, M. Wehner, K. Wissenbach und N. Pattyn
Potential of photon and particle beams for surface treatment of thin ceramic coatings, Appl.Surf.Sci. 54 (1992) 322-329
5.33 D'Anna, E., A.V. Drigo, G. Leggieri, A. Luches, G. Majni und P. Mengucci
Synthesis of Chromium Silicides with Laser Pulses, Appl.Phys. A 50 (1990) 411-415
5.34 Geiler, H.-D., E. Glaser, G. Götz und M. Wagner
Explosive crystallization in silicon, J.Appl.Phys. 59 (1986) 3091-3099
5.35 Götz, G.
Explosive Crystallization Processes in Silicon, Appl.Phys. A40 (1986) 29-36

5.36 Zeiger, H.J., J.C.C. Fan, B.J. Palm, R.L. Chapman und R.P. Gale
Amorphous-crystalline boundary dynamics in cw laser crystallization, Phys.Rev. B25 (1982) 4002-4018

5.37 Kurtze, D.A., W. van Saarloos und J.D. Weeks
Front propagation in self-sustained and laser-driven explosive crystal growth: Stability analysis and morphological aspects, Phys.Rev. B30 (1984) 1398-1415

5.38 Bensahel, D. und G. Auvert
Explosive Crystallization in a-Ge and a-Si: A Review, Mat.Res.Soc.Symp.Proc. 13 (1983) 165-176

5.39 Weissmantel, S., G. Reisse und S. Schulze
Laser-induced structural phase changes in i-carbon films, Appl.Surf.Sci. 54 (1992) 317-321

5.40 Schumann, M., R. Sauerbrey und M.C. Smayling
Permanent increase of the electrical conductivity of polymers induced by ultraviolet laser radiation, Appl.Phys.Lett. 58 (1991) 428-430

5.41 Bütje, R., L. Dorn, S. Hohmann und W. Wahono
Klebflächenvorbehandlung von Kunststoffen durch Excimer-Laser, Laser u. Optoelektronik, 21 (1989) 62-66

5.42 Klein, R., E.W. Kreutz, H. Pütz und H. Rest
Schmelzen von thermoplastischen Kunststoffen mit IR-Laserstrahlung, Vorträge des 9. Internat. Kongresses "Laser-Optoelektronik in der Technik", Herausgeber W. Waidelich, Springer, Berlin 1989, S. 728-733

5.43 Elias, H.-G.
Makromoleküle, Hüthig & Wepf, Basel 1981

5.44 Kesting, W., D. Knittel, T. Bahners und E. Schollmeyer
Pulse- and time-dependent observation of UV-laser-induced structures on polymer surfaces, Appl.Surf.Sci. 54 (1992) 330-335

5.45 Dyer, P.E. und R.J. Farley
Periodic surface structures in the excimer laser ablative etching of polymers, Appl.Phys.Lett. 57 (1990) 765-767

5.46 Arenholz, E., V. Svorcik, T. Kefer, J. Heitz und D. Bäuerle
Structure Formation in UV-Laser Ablated Poly-Ethylene-Terephtalate (PET), Appl.Phys. A 53 (1991) 330-331

5.47 Arenholz, E., M. Wagner, J. Heitz und D. Bäuerle
Structure Formation in UV-Laser-Ablated Polyimide Foils, Appl.Phys. A 55 (1992) 119-120

5.48 Bäuerle, D.
Chemical Processing with Lasers, Springer Series in Materials Science, Band 1, Springer, Berlin 1986

5.49 Boyd, I.W.
Laser Processing of Thin Films and Microstructures, Springer Series in Materials Science, Band 3, Springer, Berlin 1987

5.50 von Allmen, M.
Laser Beam Interactions with Materials, Springer Series in Materials Science, Band 2, Springer, Berlin 1987

5.51 Boyd, I.W.
Doping and Oxidation, in "Laser Microfabrication", Herausgeber D.J. Ehrlich und J.Y. Tsao, Academic Press, New York 1989, S. 539-580

5.52 D'Anna, E., G. Leggieri, A. Luches, M. Martino, A.V. Drigo, I.N. Mihailescu und S. Ganatsios
Synthesis of pure titanium nitride layers by multiple excimer laser irradiation of titanium foils in a nitrogen containing atmosphere, J.Appl.Phys. 69 (1991) 1687-1696

5.53 Sugioka, K. und K. Toyoda
Self-Aligned Microfabrication of Metal-Semiconductor Contacts by Projection-Patterned Excimer Laser Doping, Jpn.J.Appl.Phys. 29 (1990) 2255-2259

5.54 Sugioka, K. und K. Toyoda
Resistless Microfabrication of Cu Thin Films on n-Type GaAs by Projection Patterned Excimer Laser Doping, Lasers Engin. 1 (1991) 1-11

5.55 Sugioka, K. und K. Toyoda
Selective Deposition of Au Films on GaAs by Projection-Patterned Excimer Laser Doping Combined with Electroless Plating, Appl.Phys.A 54 (1992) 380-383

5.56 Okada, N., Y. Katsumura und K. Ishigure
Improvement of Corrosion Resistance of Carbon Steel Using Chemical Vapor Deposition from $Cr(CO)_6$ with an ArF Excimer Laser, Appl.Phys. A 55 (1992) 207-212

5.57 Licata, T.J., D.V. Podlesnik, H. Tang, I.P. Herman, R.M. Osgood Jr. und S.A. Schwarz
Continuous-wave laser doping of micrometer-sized features in gallium arsenide using a dimethylzinc ambient, J.Vac.Sci.Technol. A 8 (1990) 1618-1622

5.58 Ehrlich, D.J., R.M. Osgood, Jr., und T.F. Deutsch
Laser photochemical microalloying for etching of aluminum thin films, Appl.Phys.Lett. 38 (1981) 399-401

5.59 Badini, C., M. Bianco, S. Talentino, X.B. Guo und C. Gianoglio
Laser boronizing of some titanium alloys, Appl.Surf.Sci. 54 (1992) 374-380

5.60 Fisanick, G.J., J.B. Hopkins, M.E. Gross, M.D. Fennell und K.J. Schnoes
Laser-initiated microchemistry: Dynamic probes of metallopolymer thin-film decomposition, Appl.Phys.Lett. 46 (1985) 1184-1186

5.61 Fisanick, G.J., M.E. Gross, J.B. Hopkins, M.D. Fennell, K.J. Schnoes und A. Katzir
Laser-initiated microchemistry in thin films: Development of new types of periodic structure, J.Appl.Phys. 57 (1985) 1139-1142

5.62 Gross, M.E., G.J. Fisanick, P.K. Gallagher, K.J. Schnoes und M.D. Fennell
Laser-initiated deposition reactions: Microchemistry in organo gold polymer films, Appl.Phys.Lett. 47 (1985) 923-925

5.63 Gemmler, A. und J.L. Jostan
Laser-Bildübertragung zur Herstellung von Leiterplatten in Volladditivtechnik, Galvanotechnik 77 (1986) 51-60

5.64 Gross, M.E.
Laser direct-write metallization in thin metallorganic films, Chemtronics 4 (1989) 197-201

5.65 Lu, Y.-F., M. Takai, S. Nagamoto, K. Kato und S. Namba
Direct Writing of Ag-Lines on Mn-Zn Ferrite by Laser-Induced Thermal Decomposition by CH_3COOAg, Appl.Phys. A 54 (1992) 51-56

5.66 Gupta, A. und C.J. Chen
High-conductance customized copper interconnections produced by laser seeding and selective electrodeposition, Appl.Phys.Lett. 56 (1990) 2516-2518

5.67 Liu, Y.S. und H.S. Cole
Laser Surface Modification for Copper Deposition on Polyimide, Mat.Res.Soc.Symp.Proc. 129 (1989) 579-584

5.68 Hirsch, T.J., R.F. Miracky und C. Lin
Selective-area electroless copper plating on polyimide employing laser patterning of a catalytic film, Appl.Phys.Lett. 57 (1990) 1357-1359

5.69 Gottsleben, O., H.W. Roesky und M. Stuke
Two-Step Generation of Aluminum Microstructures on LaserGenerated Pd Prenucleation Patterns Using Thermal CVD from (Trimethylamine)trihydroaluminum, Adv.Mater. 3 (1991) 201-202

5.70 Yabe, A. und H. Niino
Excimer Laser Polymer Ablation: Formation of Positively Charged Surface and its Application into Metallization of Polymer Films, Vortrag B-I.1, E-MRS Frühjahrstagung, Strasbourg 1992, Appl.Surf.Sci., im Druck

5.71 Preuss, S. und M. Stuke
Suitable precursor/solvent systems for laser-induced surface prenucleation, Appl.Surf.Sci. 54 (1992) 308-310

5.72 Lee, H.W. und S.D. Allen
High deposition rate laser direct writing of Al on Si, Appl.Phys.Lett. 58 (1991) 2087-2089

5.73 Karlicek, R.F., V.M. Donnelly und G.J. Collins
Laser-induced metal deposition on InP, J.Appl.Phys. 53 (1982) 1084-1090

5.74 Malba, V. und A.F. Bernhardt
Laser surface modification for selective electroplating of metal: A 2.5 m/s laser direct write process, Appl.Phys.Lett. 60 (1992) 909-911

5.75 Jervis, T.R., M. Nastasi und K.M. Hubbard
Excimer laser mixing of Ti layers on Si_3N_4 ceramic substrates, Appl.Phys.Lett. 60 (1992) 912-914

5.76 Serna, R., C.N. Afonso, F. Catalina, N. Teixeira, M.F. da Silva und J.C. Soares
Interdiffusion at Sb/Ge Interfaces Induced in Thin Multilayer Films by Nanosecond Laser Irradiation, Appl.Phys. A 54 (1992) 538-542

5.77 Jadin, A., M. Wautelet und L.D. Laude
Excimer laser induced surface modification of thin Ge-Se films, Appl.Surf.Sci. 54 (1992) 345-348

5.78 Kolev, K. und L.D. Laude
CW-laser-induced synthesis of Sb_2Se_3 thin films, Appl.Surf.Sci. 54 (1992) 358-361

5.79 Craciun, V., D. Craciun, N. Chitica, I.N. Mihailescu und M. Bertolotti
Laser self-aligned synthesis of $TiSi_2$, Appl.Surf.Sci. 54 (1992) 362-365

5.80 Wuyts, K., J. Watte und R.E. Silverans
Intriguing properties of pulsed laser beam mixed Au/Te/Au/GaAs ohmic contacts, Appl.Surf.Sci. 54 (1992) 366-373

5.81 Weber, B., K. Gärtner, A. Witzmann, C. Kaschner und I. Kasko
Non-equilibrium epitaxial silicides - a special effect of silicide formation by ns-laser irradiation, Appl.Surf.Sci. 54 (1992) 381-385

5.82 Hanus, F. und M. Wautelet
Kinetics of cw laser-assisted synthesis of thin Cu_xTe_y films, J.Appl.Phys. 68 (1990) 3307-3312

5.83 Galindo, H., F. Hanus, M.C. Joliet, A.B. Vincent und L.D. Laude
Laser induced synthesis of $CuInTe_2$, Symp.Proc.Soc.Photo Opt. Inst. Eng. (SPIE) 1022 (1988) 77-80

5.84 Petit, E.J. und R. Caudano
Chemical reactions at metallic and metal/semiconductor interfaces stimulated by pulsed laser annealing, Appl.Surf.Sci. 54 (1992) 405-409

5.85 Wautelet, M.
Laser-Assisted Reaction of Metals with Oxygen, Appl.Phys. A 50 (1990) 131-139

5.86 Wautelet, M. und F. Hanus
Thickness-dependent kinetics of laser-induced oxidation of thin copper films, Appl.Phys.Lett. 58 (1991) 1355-1356

5.87 Vega, F., C.N. Afonso, J. Solis, R. Serna und C. Ortiz
UV-laser-induced oxidation kinetics of c-Ge: transient reflectivity study, Appl.Surf.Sci. 54 (1992) 341-344

5.88 Howe, A.T., K.V. Reddy, D.L. Wuensch, J.T. Niccum und G.W. Zajac
Patterned tungsten chemical vapor deposition on amorphous silicon by excimer laser modification of the native oxide, Appl.Phys.Lett. 56 (1990) 2322-2324

5.89 Kapenicks, A., M. Eyett und D. Bäuerle
Laser-Induced Surface Metallization of Ceramic PLZT, Appl.Phys. A41 (1986) 331-334

5.90 Jones, S.C., P. Braunlich, R.T. Casper, X.-A. Shen und P. Kelly
Recent progress on laser-induced modifications and intrinsic bulk damage of wide-gap optical materials, Opt.Eng. 28 (1989) 1039-1068

5.91 Awazu, K. und H. Kawazoe
O_2 molecules dissolved in synthetic silica glasses and their photochemical reactions induced by ArF excimer laser radiation, J.Appl.Phys. 68 (1990) 3584-3591

5.92 Chase, L.L., A.V. Hamza und H.W.H. Lee
Investigation of optical damage mechanisms in hafnia and silica thin films using pairs of subnanosecond laser pulses with variable time delay, J.Appl.Phys. 71 (1992) 1204-1208

5.93 Cohen, S.S., J.B. Bernstein und P.W. Wyatt
The effect of multiple laser pulses on damage to thin metallic films, J.Appl.Phys. 71 (1992) 630-637

5.94 Liu, Y.S.
Sources, Optics, and Laser Microfabrication Systems for Direct Writing and Projection Lithography, in "Laser Microfabrication", Herausgeber D.J. Ehrlich und J.Y. Tsao, Academic Press, New York 1989, S. 3-84

5.95 Bendig, J. und H.J. Timpe
Photostructuring, in "Technical Applications of Photochemistry", Herausgeber H. Böttcher, Deutscher Verlag für Grundstoffindustrie, Leipzig 1991, S. 172-252

5.96 Böttcher, H.
Optical Information Recording, in "Technical Applications of Photochemistry", Herausgeber H. Böttcher, Deutscher Verlag für Grundstoffindustrie, Leipzig 1991, S. 118-171

5.97 Kämpf, G.
Datenspeichertechnik und Chemie, Nachr.Chem.Tech.Lab. 35 (1987) 255-262

5.98 Jüptner, W.P.O.
Holography Techniques and Applications, Symp.Proc.Soc.Photo-Opt.Instrum.Eng. (SPIE), Band 1026 (1988)

5.99 Chersakov, J.A., E.L. Alexandrova, P.A. Burov und E.I. Snetkov
Real-time optical information recording using molecular photothermoplastic heterostructures, Opt.Eng. 31 (1992) 668-677

5.100 Fukumura, H., N. Mibuka, S. Eura und H. Masuhara
Pophyrin-Sensitized Laser Swelling and Ablation of Polymer Films, Appl.Phys. A 53 (1991) 255-259

5.101 Ravich, L.E.
New "paper" multiplies optical-storage potential, Laser Focus World, November 1989, S. 46, 51-54

5.102 Schmidt, H.-W.
Dichroich Dyes and Liquid Crystalline Side Chain Polymers, Angew.Chem.Adv. Mater. 101 (1989) 964-970

5.103 Menzel, H.
Selbstorganisation und photochemische Beeinflussung, Nachr.Chem.Tech.Lab. 39 (1991) 636-647

5.104 Tomlinson, W.J. und E.A. Chandross
Organic Photochemical Refractive-Index Image Recording System, Adv.Photochem. 12 (1980) 201-281

5.105 Elliott, D.J., C.P. Penelli und K.K. Sengupta
Recent advances in an excimer laser source for microlithography, J.Vac.Sci.Technol. B 9 (1991) 3122-3125

5.106 Rubner, R.
Photoreactive Polymers for Electronics, Adv.Mater. 2 (1990) 452-457

5.107 Lamola, A.A., C.R. Szmanda und J.W. Thackerey
Chemically Amplified Resists, Solid State Technology, August 1991, S. 53-60

5.108 Grünewald, M.
Miniaturisierung von Schaltkreisen - Phasenmasken erweitern Einsatzbereich der optischen Lithographie, Spektrum der Wissenschaft, Oktober 1991, S. 24-28

5.109 Okazaki, S.
Lithographic Technology for Future ULSIs, Solid State Technology, November 1991, S. 77-82

5.110 Lingnau, J., R. Dammel und J. Theis
Recent Trends in X-Ray Resists: Part I, Solid State Technology, September 1989, S. 105-112

5.111 Rensch, C., S. Hell, M.v.Schickfus und S. Hunklinger
Laser scanner for direct writing lithography, Appl.Opt. 28 (1989) 3754-3758

5.112 Lawes, R.A.
Submicron Lithography for Semiconductor Device Fabrication, in "Photochemical

5.113 Horn, M.W.
Processing of Electronic Materials", Herausg.: I.W. Boyd und R.B. Jackman, Academic Press, London 1992, S. 83-104

5.113 Horn, M.W.
Antireflection Layers and Planarization for Microlithography, Solid State Technology, November 1991, S. 57-62

5.114 Goodall, F.N.
Deep-UV Optics for Excimer Lasers, in "Photochemical Processing of Electronic Materials", Herausg.: I.W. Boyd und R.B. Jackman, Academic Press, London 1992, S. 67-82

5.115 Tague, T.J.Jr., P.M. Kligman, C.P. Collier, M.A. Ovchinnikov und C.A. Wight
Laser-Initiated Chain Reactions and Microexplosions in Solid Solutions of Simple Alkenes and Chlorine, J.Phys.Chem. 96 (1992) 1288-1293

5.116 Ovchinnikov, M.A. und C.A. Wight
Isomeric Product Distributions from Solid-State Chain Reactions and Low-Temperature Microexplosions of Acetylene and Chlorine, J.Phys.Chem. 96 (1992) 5411-5414

5.117 Tsao, J.Y. und D. Ehrlich
UV laser photopolymerization of volatile surface-adsorbed methyl methacrylate, Appl.Phys.Lett. 42 (1983) 997-999

5.118 Buback, M., H. Brackemann, B.V. Von der Linden, R. Casper und W. Obrecht (Erfinder)
Verfahren zur Polymerisation von Ethylen und Acrylnitril mit Hilfe von Laserstrahlen, Europ.Patentveröffentlichung 0 380 938 A2 sowie Deutsches Patent DE 390 1902

5.119 Brackemann, H., M. Buback und H.-P. Vögele
Exciplex laser-induced polymerization of pure ethylene at high pressure, Makromol.Chem. 187 (1986) 1977-1992

5.120 Nuyken, O. und R. Bussas
Polymerisation mit hochintensiver Strahlung (Laser-Polymer-Chemie), in "Methoden der organischen Chemie (Houben-Weyl)", Band E20, Makromolekulare Stoffe, Georg Thieme, Stuttgart 1987, S. 80-89

5.121 Schwerzel, R.E., V.E. Wood, V.D. McGinnis und C.M. Verber
Three-dimensional photochemical machining with lasers, Proc.Soc.Photo-Opt.Instr.Eng. (SPIE) 458 (1984) 90-97

5.122 Belforte, D.A.
Laser modeling reduces engineering time, Laser Focus World, Juni 1989, S. 103-108

5.123 Dötsch, E.
Mit Stereolithographie Modelle und Teile ohne Form, Kunststoffberater 10/1989, S. 66-70

5.124 Carts, Y.A.
Lasers prove integral to desktop manufacturing, Laser Focus World, Dezember 1990, S. 32 u. 34

5.125 Kaplan, H.
Stereolithography: A Marriage of Technologies, Photonics Spectra, Juni 1990, S. 74 u. 76

5.126 Wu, D.S.
Optical-scanner design impacts rapid laser prototyping, Laser Focus World, November 1990, S. 99-106

5.127 Epler, J.E., R.D. Burnham und T.L. Paoli
Low-threshold gain-guided coupled-stripe quantum well diode lasers by laser-assisted processing, Appl.Phys.Lett. 51 (1987) 558-560

5.128 Shimizu, K., O. Sugiura und M. Matsumura
On-Chip Bottom-Gate Polysilicon and Amorphous Silicon Thin-Film Transistors Using Excimer Laser Annealing, Jpn.J.Appl.Phys. L29 (1990) 1775-1777

5.129 Juang, M.H., F.S. Wan, H.W. Liu, K.L. Cheng und H.C. Cheng
Suppression of anomalous diffusion of ion-implanted boron in silicon by laser processing, J.Appl.Phys. 71 (1992) 3628-3630

5.130 Forrest, G.T.
Pulse shaping moves into electronics processing, Laser Focus World, März 1990, S. 32, 34, 38

5.131 Sercel, J. und U. Sowada
Why Excimer Lasers Excel in Marking, Lasers&Optronics, Sept. 1988, S. 69-72

5.132 Brinkmann, U.
Frequency-doubled YAG lasers write on plastics, Laser Focus World European Supplement, Autumn 1990, S. 77, 78, 80

5.133 Hampden-Smith, M.J., T.T. Kodas und R.R. Rye
New Routes to Cu-Patterned Teflon Substrates, Adv.Mater. 4 (1992) 524-526

5.134 Shafeev, G.A. und M. Wautelet
Holograms obtained by laser-assisted oxidation of thin tellurium films, J.Appl.Phys. 71 (1992) 1638-1640

5.135 Rozgonyi, G.A.
Laser Annealing of Semiconductors, Festkörper XX (1980) 229-257

5.136 Roth, W., H.-J. Henkel, K.W. Hoffmann und H. Markert
Laser-Induced Polymerization of Siloxanes without Photoinitiators, Adv.Mater. 2 (1990) 497-489

5.137 Alavi, M., S. Büttgenbach, A. Schumacher und H.-J. Wagner
New Microstructures in Silicon Using Laser Machining and Anisotropic Etching, in "Micro System Technologies 91", Herausgeber R. Krahn und H. Reichl, VDE-Verlag, Berlin 1991, S. 322-324

5.138 Notizen in "Laser-Praxis", Carl Hauser, München, Mai 1992, S. LS6, 46, 58-60

5.139 D'Anna, G. Leggieri und A. Luches
Synthesis of thin films of semiconductors and refractory metal nitrides by laser irradiation of solid samples in ambient gases, Thin Solid Films 218 (1992) 219-230

5.140 Zhou Guosheng, P.M. Fauchet und A.E. Siegman
Growth of spontaneous periodic surface structures on solids during laser illumination, Phys.Rev. B 26 (1982) 5366-5381

5.141 Niino, H. und A. Yabe
Excimer laser ablation of polyethersulfone derivatives: periodic morphological micro-modification on ablated surface, J.Photochem.Photobiol. A: Chem. 65 (1992) 303-312

Kapitel 6

6.1 Tam, A., G. Moe und W. Happer
Particle Formation by Resonant Laser Light in Alkali-Metal Vapor, Phys.Rev.Lett. 35 (1975) 1630-1633 sowie
Happer, W., Opt.Commun. 18 (1976) 93

6.2 Ernst, K.
Laser snow, chemistry, kinetics, applications, in "Photon-assisted collisions and related topics", Herausg. N.K. Rahman et al., Chur 1982, S. 321-341

6.3 Gianinoni, I. und M. Musci
Laser Materials Production, Nucl.Instr.Methods Phys.Res. A 239 (1985) 406-413 sowie
Curcio, F., G. Ghiglione, M. Musci und C. Nannetti
Synthesis of Silicon Carbide Powders by a cw CO_2 Laser, Appl.Surf.Sci. 36 (1989) 52-58

6.4 Borsella, E. und R. Fantoni
Synthesis and Characterization of Laser Driven Powders, pres. at Workshop on Emerging Technologies, Cargese, May 4-8, 1987, ENEA Report RT/TIB/87/25; ISSN/0393-6333 sowie
Borsella, E., L. Caneve und R. Fantoni
Pulsed CO_2 Laser Driven Production of Si, Si_3N_4 and SiC Powders, ENEA Report RT/TIB/87/26

6.5 Suyama, Y., R.M. Marra, J.S. Haggerty und H. K. Bower
Synthesis of Ultrafine SiC Powders by Laser Driven Gas Phase Reactions, Am.Ceram.Soc.Bull. 64 (1985) 1356-1359

6.6 Haggerty, J.S. und W.R. Cannon
Sinterable Powders from Laser-Driven Reactions, in "Laser-Induced Chemical Processes", Herausg. J.I. Steinfeld, Plenum, New York 1981, S. 165-241

6.7 Frurip, D.J., P.R. Staszak und M. Blander
J.Non-Cryst.Solids 68 (1984) 1

6.8 Gupta, A., A. West und J.P. Donlan
Proc.Soc.Photo-Opt.Instr.Eng.(SPIE) 458 (1984) 61

6.9 Gupta, A., K.W. Beeson, J.P. Donlan und G.A. West
Titanium silicide ultrafine powder: CO_2 laser generation and thin film applications, J.Appl.Phys. 61 (1987) 1162-1167

6.10 Rice, G.W. und R.L. Woodin
Laser synthesis of powders from large molecules, Proc.Soc.Photo-Opt.Instr.Eng. (SPIE) 458 (1984) 98

6.11 Cannon, W.R., S.C. Danforth, J.H. Flint, J.S. Haggerty und R.A. Marra
Sinterable Ceramic Powders from Laser Driven Reactions: I. Process, Description and Modeling, J.Am.Ceram.Soc. 65 (1982) 324-330

6.12 Cannon, W.R., S.C. Danforth, J.S. Haggerty und R.A. Marra
Sinterable Ceramic Powders from Laser Driven Reactions: II. Powder, Characteristics and Process Variables, J.Am.Ceram.Soc. 65 (1982) 330-335

6.13 Flint, J.H. und J.S. Haggerty
Ceramic Powders from Laser Driven Reactions, Proc.Soc.Photo-Opt.Instr.Eng. (SPIE) 458 (1984) 108

6.14 Gupta, A. und J.T. Yardley
Production of light olefins from synthesis gas using catalysts prepared by laser pyrolysis, Proc.Soc.Photo-Opt.Instr.Eng.(SPIE) 458 (1984) 131

6.15 Shimo, N. und K. Yoshihara
Fine Metal Particle Formation from Organometallic Compounds by Laser Ignited Mild Explosive Reaction, Mat.Res.Soc.Symp.Proc. 129 (1989) 99-104

6.16 Buerki, P.R. und S. Leutwyler
Homogeneous nucelation of diamond powder by CO_2-laser-driven gas-phase reactions, J.Appl.Phys. 69 (1991) 3739-3744

6.17 Gonsalves, K.E., P.R. Strutt und T.D. Xiao
Synthesis of Ceramic Nanoparticles by the Ultrasonic Injection of an Organosilazane Precursor, Adv.Mater. 3 (1991) 202-204

6.18 Cauchetier, M., O. Croix, M. Luce, M. Michon, J. Paris und S. Tistchenko
Laser synthesis of ultrafine powders, in "High Tech Ceramics", Herausgeber P. Vincenzini, Elsevier, Amsterdam 1987, S. 545-553; ebenso veröffentlicht in Ceramics International, Band 13, No. 1

6.19 Chorley, R.W. und P.W. Lednor
Synthetic Routes to High Surface Area Non-Oxide Materials, Adv.Mater. 3 (1991) 474-485

6.20 Shimo, N., N. Nakashima und K. Yoshihara
Laser-Ignited Explosive Decomposition of Organometallic Compounds, Chem. Phys.Lett. 156 (1989) 31-34

6.21 Shimo, N. und K. Yoshihara
Laser Production of Metal Fine Particles from Organometallic Compounds, High.Temp.Sci. 27 (1990) 89-95

6.22 Shimo, N., M. Fujita und H. Kuma
Highly efficient formation of metal and metal alloy particles from methyl metal compounds by a single pulse laser irradiation, Appl.Organomet.Chem. 5 (1991) 303-307

6.23 Ho, P., M.E. Coltrin, J.S. Binkley und C.F. Melius
A Theoretical Study of the Heats of Formation of Si_2H_n (n = 0-6) Compounds and Trisilane, J.Phys.Chem. 90 (1986) 3399-3407

6.24 Willwohl, H. und J. Wolfrum
Excimer laser photolysis of metalorganic complexes of platinum and palladium in the gas phase, Appl.Surf.Sci. 54 (1992) 89-94

6.25 Gleiter, H.
Nanostrukturierte Materialien, Phys.Bl. 47 (1991) 753-759 sowie Nanocrystalline Materials, in "Advanced Structural and Functional Materials", Herausgeber W.G.J. Bunk, Springer, Berlin 1991, S. 1-37

6.26 Göbel, E.
Künstliche Übergitter in Festkörpern (Einführung), Phys.Bl. 45 (1989) 435-436

6.27 Döhler, G.H.
Künstliche Übergitter in Halbleitern, Phys.Bl. 45 (1989) 436-441

6.28 Ley, L.
Amorphe Übergitter, Phys.Bl. 45 (1989) 442-446

6.29 Hillebrands, B. und G. Güntherodt
Metallische Übergitter, Phys.Bl. 45 (1989) 447-452

6.30 Siegel, R.W.
Cluster-Assembled Nanophase Materials, Ann.Rev.Mater.Sci. 21 (1991) 559-578
6.31 Opitz, J. Conference Report: Ceramic Powder Processing in San Diego, Adv. Mater. 2 (1990) 499-501
6.32 Jasinski, J.M., B.S. Meyerson und B.A. Scott
Mechanistic Studies of Chemical Vapor Deposition, Ann.Rev.Phys.Chem. 38 (1987) 109-140
6.33 Bäuerle, D.
Chemical Processing with Lasers, Springer Series in Materials Science, Band 1, Springer, Berlin 1986
6.34 Boyd, I.W.
Laser Processing of Thin Films and Microstructures, Springer Series in Materials Science, Band 3, Springer, Berlin 1987
6.35 Ehrlich, D.J. und J.Y. Tsao (Herausgeber)
Laser Microfabrication - Thin Film Processes and Lithography, Academic Press, Boston 1989
6.36 Johnson, A.W., G.L. Loper und T.W. Sigmon (Herausgeber)
Laser- and Particle-Beam Chemical Processes on Surfaces, Mat.Res.Soc.Symp. Proc., Band 129, Pittsburgh 1989
6.37 Osgood, R.M. Jr.
Laser Microchemistry and Its Application to Electron-Device Fabrication, Ann. Rev.Phys.Chem. 34 (1983) 77-101
6.38 Ehrlich, D.J. und J.Y. Tsao
A review of laser-microchemical processing, J.Vac.Sci.Technol. B 1 (1983) 969-984
6.39 Bäuerle, D.
Laser-Induced Chemical Vapor Deposition, Springer Series in Chemical Physics, Band 39, Springer, Berlin 1984, S. 166-182
6.40 Osgood, R.M. Jr. und H.H. Gilgen
Laser Direct Writing of Materials, Ann.Rev.Mater.Sci. 15 (1985) 549-576
6.41 Solanki, R., C.A. Moore und G.J. Collins
Laser-Induced Chemical Vapor Deposition, Solid State Technology, Juni 1985, S. 220-227
6.42 Rytz-Froidevaux, Y., R.P. Salathe und H.H. Gilgen
Laser Generated Microstructures, Appl.Phys. A 37 (1985) 121-138
6.43 Bernhardt, A.F., B.M. McWilliams, F. Mitlitsky und J.C. Whitehead
Laser Microfabrication Technology and Its Application to High Speed Interconnect of Gate Arrays, Mat.Res.Soc.Symp.Proc. 75 (1987) 633-644 sowie ibid. 76 (1987) 223-234
6.44 Hanabusa, M.
Photoinduced Deposition of Thin Films, Mat.Sci.Rep. 2 (1987) 51-98
6.45 Stafast, H.
State and perspectives of laser applications in advanced chemistry, Commission of the European Communities, Report EUR 11795 EN, Brüssel 1988
6.46 Bäuerle, D.
Chemical Processing with Lasers: Recent Developments, Appl.Phys. B 46 (1988) 261-270

6.47 Reiße, G., S. Weißmantel und K. Zimmer
Laserinduzierte Abscheidung, Erzeugung und Modifizierung von Schichten, in KDT-Lehrgang "Lasertechnik", Lehrmaterial 1: Zum Stand der Lasermaterialbearbeitung, G. Zscherpe, G. Reiße und A. Fischer (Herausgeber), Kammer der Technik, Berlin 1988, S. 19-55

6.48 Herman, I.P.
Laser-Assisted Deposition of Thin Films from Gas-Phase and Surface-Adsorbed Molecules, Chem.Rev. 89 (1989) 1323-1357, Übersichtsartikel mit 376 Zitaten

6.49 Kompa, K.L.
Laser-Photochemie an Oberflächen - laserinduzierte Gasphasenabscheidung und verwandte Phänomene, Angew.Chem. 100 (1988) 1287-1299

6.50 Bäuerle, D., B. Luk'yanchuk und K. Piglmayer
On the Reaction Kinetics in Laser-Induced Pyrolytic Chemical Processing, Appl.Phys. A 50 (1990) 385-396

6.51 Baum, T.H. und P.B. Comita
Laser-induced chemical vapor deposition of metals for microelectronics technology, Thin Solid Films 218 (1992) 80-94

6.52 Yabuzaki, T., T. Sato und T. Ogawa
Laser production of NaH crystalline particles, J.Chem.Phys. 73 (1980) 2780

6.53 Scholz, M., W. Fuß und K.-L. Kompa
Chemical Vapor Deposition of Silicon Carbide Powders Using Pulsed CO_2 Lasers, Adv.Mater. 5 (1993) 38-40

6.54 Coltrin, M.E., R.J. Kee und J.A. Miller
A Mathematical Model of the Coupled Fluid Mechanics and Chemical Kinetics in a Chemical Vapor Deposition Reactor, J.Electrochem.Soc. 131 (1984) 425-434
sowie
Patnaik, S. und R.A. Brown
Convection and Mass-Transport in Laser-Induced Chemical Vapor Deposition, J.Electrochem.Soc. 135 (1988) 697-706

6.55 Heywang, W. und R.D. Plättner
Amorphes Silizium - ein neues Halbleitermaterial für Solarzellen, Metall 37 (1983) 49

6.56 Joannopoulos, J.D. und G. Lukovsky (Herausgeber)
The Physics of Hydrogenated Amorphous Silicon, I und II, Topics in Applied Physics, Band 55 und 56, Springer, Berlin 1984

6.57 Pankove, J.I. (Herausgeber)
Hydrogenated Amorphous Silicon, Semiconductors and Semimetals, Band 21, Academic, Orlando 1984

6.58 Winterling, G.
Amorphes Silizium (a-Si), Physik in unserer Zeit 16 (1985) 50-62

6.59 Takahashi, K. und M. Konagai
Amorphous Silicon Solar Cells, Academic, Oxford 1986

6.60 Böhm, M.
Advances in Amorphous Silicon Based Thin Film Microelectronics, Solid State Technology, September 1988, S. 125-131

6.61 Le Comber, P.G.
Present and Future Applications of Amorphous Silicon and Its Alloys, J.Non-Cryst.Solids 115(1989) 1-13

6.62 Elliot, S.R.
The structure of amorphous hydrogenated silicon and its alloys: A review, Adv.Phys. 38 (1989) 1-88; detaillierte Beschreibung

6.63 Stafast, H.
Initial Steps in the Photochemical Vapour Deposition of Amorphous Silicon, Appl.Phys. A 45 (1988) 93-102

6.64 Meunier, M., J.H. Flint, J.S. Haggerty und D. Adler
Laser-Induced Chemical Vapor Deposition of Hydrogenated Amorphous Silicon. I. Gas-Phase Process Model, J.Appl.Phys. 62 (1987) 2812-2821

6.65 Itoh, U., Y. Toyoshima, H. Onuki, N. Washida und T. Ibuki
Vacuum Ultraviolet Absorption Cross Sections of SiH_4, GeH_4, Si_2H_6, and Si_3H_8, J.Chem.Phys. 85 (1986) 4867-4872

6.66 Tanaka, H., L. Boesten, M. Kimura. M.A. Dillon und D. Spence
Observation of the Lowest Triplet State in Silane by Electron Energy Loss Spectroscopy, J.Chem.Phys. 92 (1990) 2115-2116

6.67 Curcio, F., I. Gianinoni und M. Musci
CO_2 Laser-Assisted Deposition of Amorphous Semiconductors, in "Laser Processing and Diagnostics (II)", E-MRS Spring Conf. Proceed., Strasbourg, Juni 1986, D. Bäuerle, K.L. Kompa, und L.D. Laude (Herausgeber), Edit. de Physique, Les Ulis 1986, S. 117-123

6.68 Branz, H.M., L.K. Liem, C.J. Harris, S. Fan, J.H. Flint, D. Adler und J.S. Haggerty
Laser-Induced Chemical Vapor Deposition of Hydrogenated Amorphous Silicon: Photovoltaic Devices and Material Properties, Solar Cells 21 (1987) 177-188

6.69 Golusda, E., R. Lange, G. Mollekopf und H. Stafast
On the Role of the Substrate Position in the CO_2 Laser CVD of Amorphous Hydrogenated Silicon, Appl.Surf.Sci. 46 (1990) 230-232

6.70 Golusda, E., R. Lange, K.-D. Lühmann, G. Mollekopf, M. Wacker und H. Stafast
CW CO_2 laser CVD of amorphous hydrogenated silicon (a-Si:H): influence of the deposition geometry, Appl.Surf.Sci. 54 (1992) 30-34

6.71 Metzger, D., K. Hesch und P. Hess
Process Characterization and Mechanism for Laser-Induced Chemical Vapor Deposition of a-Si:H from SiH_4, Appl.Phys. A 45 (1988) 345-353

6.72 Veprek, S., F.-A. Sarrot, S. Rambert und E. Taglauer
Surface hydrogen content and passivation of silicon deposited by plasma induced chemical vapor deposition from silane and the implications for the reaction mechanism, J.Vac.Sci.Technol. A 7 (1989) 2614-2624

6.73 Meunier, M., J.H. Flint, J.S. Haggerty und D. Adler
Laser-Induced Chemical Vapor Deposition of Hydrogenated Amorphous Silicon. II. Film Properties, J.Appl.Phys. 62 (1987) 2822-2831

6.74 Roth, A., S. Chiussi, T.R. Dietrich und F.-J. Comes
Hydrogenated Amorphous Silicon by Infrared Multiphoton Absorption with a Pulsed CO_2-Laser, Ber.Bunsenges.Phys.Chem. 94 (1990) 1105-1110

6.75 Yamada, A., M. Konagai und K. Takahashi
Excimer-Laser-Induced Chemical Vapor Deposition of Hydrogenated Amorphous Silicon, Jpn.J.Appl.Phys. 24 (1985) 1586-1589

6.76 Tanaka, K. und A. Matsuda
Glow-Discharge Amorphous Silicon: Growth Process and Structure, Mat.Sci.Rep. 2 (1987) 139-184

6.77 Dietrich, T.R., S. Chiussi, H. Stafast und F.J. Comes
ArF Laser CVD of Hydrogenated Amorphous Silicon: The Role of Buffer Gases, Appl.Phys. A 48 (1989) 405-414

6.78 Hesch, K., P. Hess. H. Oetzmann und C. Schmidt
Precision Surface Temperature Measurement and Film Characterization for LICVD of a-Si:H from SiH_4, Appl.Surf.Sci. 36 (1989) 81-88

6.79 Golusda, E., P. Hessenthaler, G. Mollekopf und H. Stafast
SF_6 sensitized CO_2 laser CVD of amorphous silicon, Appl.Surf.Sci., im Druck

6.80 Barth, M., P. Hess, G. Mollekopf und H. Stafast
in Vorbereitung

6.81 Martin, J.G., H.E. O'Neal und M.A. Ring
Thermal Decomposition Kinetics of Polysilanes: Disilane, Trisilane, and Tetra-silane, Int.J.Chem.Kinet. 22 (1990) 613-632

6.82 Dietrich, T.R., S. Chiussi, M. Marek, A. Roth und F.J. Comes
Role of Silylene in the Deposition of Hydrogenated Amorphous Silicon, J.Phys.Chem. 95 (1991) 9302-9310

6.83 Zavelovich, J. und J.L. Lyman
Photochemical Synthesis of Disilane from Silane with Infrared Laser Radiation, J.Phys.Chem. 93 (1989) 5740-5745

6.84 Bayer, E., W. Kusian und G. Schneider
ArF Laser Photochemical Vapor Deposition of Si Films with Various Carrier Gases, Siemens Forsch.- u. Entwickl.-Ber. 17 (1988) 190-194

6.85 Lowndes, D.H., D.B. Geohegan, D. Eres, S.J. Pennycook, D.N. Mashburn und G.E. Jellison Jr.
Low Temperature Photon-Controlled Growth of Thin Films and Multilayered Structures, Appl.Surf.Sci. 36 (1986) 56-69 sowie
Lowndes, D.H., D.B. Geohegan, D. Eres, S.J. Pennycook, D.N. Mashburn und G.E. Jellison Jr.
Photon-controlled fabrication of amorphous superlattice structures using ArF (193 nm) excimer laser photolysis, Appl.Phys.Lett. 52 (1988) 1868-1870

6.86 Hess, P.
Chemical vapor deposition of amorphous hydrogenated silicon: Chemistry-structure-performance relationships, J.Vac.Sci.Technol. B10 (1992) 239-247

6.87 Hesch, K., H. Karstens und P. Hess
Chemical vapour deposition of amorphous hydrogenated silicon with a CO_2 laser: chemical mechanism, Thin Solid Films 218 (1992) 29-39

6.88 Burke, H.H., I.P. Herman, V. Tavitian und J.G. Eden
Laser photochemical deposition of germanium-silicon alloy thin films, Appl.Phys. Lett. 55 (1989) 253-255

6.89 Uwasawa, K., F. Ishihara und S. Matsumoto
X-ray photoelectron spectroscopy analysis of photostimulated chemical vapor

deposition hydrogenated amorphous silicon/amorphous aluminum oxide, Appl. Phys.Lett. 60 (1992) 1208-1210
6.90 Zarnani, H., H. Demiryont und G.J. Collins
Optical properties of UV laser photolytic deposition of hydrogenated amorphous silicon (a-Si:H), J.Appl.Phys. 60 (1986) 2523-2529
6.91 Toyoshima, Y., K. Kumata, U. Itoh und A. Matsuda
Hydrogenated amorphous silicon prepared by ArF and F_2 excimer laser-induced photochemical vapor deposition, Appl.Phys.Lett. 51 (1987) 1925-1927
6.92 Skouby, D.C. und K.F. Jensen
Modeling of pyrolytic laser-assisted chemical vapor deposition: Mass transfer and kinetic effects influencing the shape of the deposit, J.Appl.Phys. 63 (1988) 198-206
6.93 Christensen, C.P. und K.M. Lakin
Chemical vapor deposition of silicon using a CO_2 laser, Appl.Phys.Lett. 32 (1978) 254-256
6.94 Tonneau, D., J. Pauleau und G. Auvert
Chemical processes promoted by CO_2 laser-assisted decomposition of silane on silica substrates, J.Appl.Phys. 65 (1989) 4410-4413
6.95 Auvert, G., D. Tonneau und Y. Pauleau
Evidence of a photon effect during the visible laser-assisted deposition of polycrystalline silicon from silane, Appl.Phys.Lett. 52 (1988) 1062-1064
6.96 Yamada, A., A. Satoh, M. Konagai und K. Takahashi
Low-temperature (600-650°C) silicon epitaxy by excimer laser-assisted chemical vapor deposition, J.Appl.Phys. 65 (1989) 4268-4272
6.97 Zenobi, R., J.H. Hahn und R.N. Zare
Surface Temperature Measurement of Dielectric Materials Heated by Pulsed Laser Radiation, Chem.Phys.Lett. 150 (1988) 361-365
6.98 Preuß, S.
Experimente zur laserchemischen Abscheidung von Metallen, Diplomarbeit, Universität Frankfurt, 1990
6.99 Hollemann, A.F. und E. Wiberg
Lehrbuch der anorganischen Chemie, Walter de Gruyter, 57.-70. Auflage, Berlin 1964, S. 557
6.100 Schmidt, M.
Anorganische Chemie 2, B.I. Hochschultaschenbücher, Band 150, B.I. Wissenschaftsverlag, Mannheim 1969, S. 65
6.101 Schröder, H., S. Metev, W. Robers und B. Rager
Photochemistry of Surface Metallization with Excimer Lasers, in "Laser Processing and Diagnostics (II)", D. Bäuerle, K.L. Kompa, und L.D. Laude (Herausgeber), Edit. de Physique, Les Ulis 1986, S. 71-77
6.102 Schröder, H., B. Rager, S. Metev, N. Rösch und H. Jörg
Photochemistry of Transition Metal Complexes, in "Interfaces Under Laser Irradiation", Conf.Proceed. NATO Advanced Study Institute, 14.-26.Juli 1986, Maraka, Italien, Herausg. L.D. Laude, D. Bäuerle und M. Wautelet, Martinus Nijhoff, Boston 1987, S. 255-276
6.103 Rager, B., W. Robers, H. Schröder und K.L. Kompa
Beam Studies of LCVD, in "Lasers Processing and Diagnostics (II)", D. Bäuerle,

K.L. Kompa und L.D. Laude (Herausgeber), Edit. de Physique, Les Ulis 1986, S. 101-106

6.104 Schröder, H., K.L. Kompa, D. Masci und I. Gianinoni
Investigation of UV-Laser Induced Metallization: Platinum from $Pt(PF_3)_4$, Appl.Phys. A 38 (1985) 227 - 233

6.105 Stevens, A.E., C.S. Feigerle und W.C. Lineberger
Laser photoelectron spectrometry of $Ni(CO)_n^-$, n = 1-3, J.Amer.Chem.Soc. 104 (1982) 5026-5031

6.106 Rösch, N., M. Kotzian, H. Jörg, H. Schröder, B. Rager und S. Metev
On Visible Transients in Gas Phase UV Photolysis of Transition Metal Compounds: Experimental and Theoretical Results for $Ni(CO)_4$, J.Amer.Chem.Soc. 108 (1986) 4238-4239

6.107 Kräuter, W., D. Bäuerle und F. Fimberger
Laser Induced Chemical Vapor Deposition of Ni by Decomposition of $Ni(CO)_4$, Appl.Phys. A 31 (1983) 13-18

6.108 Petzoldt, F., K. Piglmayer, W. Kräuter und D. Bäuerle
Lateral Growth Rates in Laser CVD of Microstructures, Appl.Phys. A 35 (1984) 155-159

6.109 Allen, S.D., R.Y.Jan, R.H. Edwards, S.M. Mazuk und S.D. Vernon
Optical and Thermal Effects in Laser Chemical Vapor Deposition, Proc.Soc.Photo-Opt.Instr.Eng. (SPIE) 459 (1984) 42-48

6.110 Allen, S.D.
Laser chemical vapor deposition: A technique for selective area deposition, J.Appl.Phys. 52 (1981) 6501-6505

6.111 Brueck, S.J.R. and D.J. Ehrlich
Stimulated Surface-Plasma-Wave Scattering and Growth of a Periodic Structure in Laser-Photodeposited Metal Films, Phys.Rev.Lett. 48 (1982) 1678-1681

6.112 Du, Y.C., U. Kempfer, K. Piglmayer, D. Bäuerle und U.M. Titulaer
New Types of Periodic Structures in Laser-Induced Chemical Vapor Deposition, Appl.Phys. A 39 (1986) 167-171

6.113 Preuß, S. und H. Stafast
CO_2 Laser CVD of Copper Lines with Twofold Periodic Structures, Appl.Phys. A 54 (1992) 152-157

6.114 Bezuk, S.J., R.J. Baseman, C. Kryzak, K. Warner und G. Thomes
Pyrolytic Laser Direct Writing of Nickel over Polyimides, Mat.Res.Soc.Symp.Proc. 75 (1987) 75-81

6.115 Wedler, G.
Lehrbuch der Physikalischen Chemie, 3. Auflage, VCH, Weinheim 1987, S. 390

6.116 Kazmierzki, K.L.
Analysis and Characterization of Thin Films: A Tutorial, Solar Cells 24 (1988) 387-418

6.117 Feldman, L.C. und J.M. Mayer
Fundamentals of Surface and Thin Film Analysis, North-Holland, New York 1986

6.118 Ertl, G. und J. Küppers
Low Energy Electrons and Surface Chemistry, VCH, Weinheim 1985

6.119   Campion, A.
Raman Spectroscopy of Molecules Adsorbed on Solid Surfaces, Ann.Rev.Phys. Chem. 36 (1985) 549-572
6.120   Lin, M.C. und G. Ertl
Laser Probing of Molecules Desorbing and Scattering from Solid Surfaces, Ann.Rev.Phys.Chem. 37 (1986) 587-615
6.121   Ceyer, S.T.
Dissociative Chemisorption: Dynamics and Mechanisms, Ann.Rev.Phys.Chem. 39 (1988) 479-510
6.122   Steinfeld, J.I.
Reactions of Photogenerated Free Radicals at Surfaces of Electronic Materials, Chem.Rev. 89 (1989) 1291-1301
6.123   Oehr, C. und H. Suhr
Deposition of Silver Films by Plasma-Enhanced Chemical Vapor Deposition, Appl.Phys. A 49 (1989) 691-696
6.124   Hess, P.
IR and UV Laser-Induced Chemical Vapor Deposition: Chemical Mechanism for a-Si:H and Cr(O,C) Film Formation, Spectrochim.Acta 46A (1990) 489-497
6.125   Deutsch, T.F. und D.D. Rathman
Comparison of Laser-Initiated and Thermal Chemical Vapor Deposition of Tungsten Films, Appl.Phys.Lett. 45 (1984) 623-625
6.126   Gottsleben, O., H.W. Roesky und M. Stuke
Two-Step Generation of Aluminum Microstructures on Laser Generated Pd Prenucleation Patterns Using Thermal CVD from (Trimethylamine)trihydroaluminum, Adv.Mater. 3 (1991) 201-202
6.127   Oprysko, M.M. und M.W. Beranek
Nucleation Effects in Visible-Laser Chemical Vapor Deposition, J.Vac.Sci.Technol. B5 (1987) 496-503
6.128   Doll, J.D. und A.F. Voter
Recent Developments in the Theory of Surface Diffusion, Ann.Rev.Phys.Chem. 38 (1987) 413-443
6.129   Katsuhiko, M., Y. Yamada, T. Iwabuchi und T. Miyata
Tungsten-carbon multilayers for X-ray optics prepared by ArF excimer-laser-induced chemical vapor deposition, J.Appl.Phys. 68 (1990) 1361-1363
6.130   Solanki, R., W.H. Ritchie und G.J. Collins
Photodeposition of aluminum oxide and aluminum thin films, Appl.Phys.Lett. 43 (1983) 454-456
6.131   Chen, Q., J.S. Osinski und P.D. Dapkus
Quantum well lasers with active region grown by laser-assisted atomic layer epitaxy, Appl.Phys.Lett. 57 (1990) 1437-1439
6.132   Hopfe, V., A. Tehel, A. Baier und J. Scharsig
IR-laser CVD of TiB_2, TiC_x, and TiC_xN_y coatings on carbon fibres, Appl.Surf.Sci. 54 (1992) 78-83
6.133   Tsao, J.Y., R.A. Becker, D.J. Ehrlich und F.J. Leonberger
Photodeposition of Ti and application to direct writing of $Ti:LiNbO_3$ waveguides, Appl.Phys.Lett. 42 (1983) 559-561

6.134 Lavoie, C., M. Meunier, R. Izquierdo, S. Boivin und P. Desjardins
Large Area Excimer Laser Induced Deposition of Titanium from Titanium Tetrachloride, Appl.Phys. A 53 (1991) 339-342

6.135 Katayama, H., T. Norimatsu, S. Nakai und C. Yamanaka
Hydrocarbon coating by laser-induced chemical vapor deposition onto microsphere target levitated by a viscous gas jet, J.Vac.Sci.Technol. A 8 (1990) 855-860

6.136 Sugimura, A., Y. Fukuda und M. Hanabusa
Selective area deposition of silicon-nitride and silicon-oxide by laser chemical vapor deposition and fabrication of microlenses, J.Appl.Phys. 62 (1987) 3222-3227 sowie
Kubo, M. und M. Hanabusa
Fabrication of Microlenses by Laser Chemical Vapor Deposition, Appl.Opt. 29 (1990) 2755-2759

6.137 Corning Glass Works
Tiny CCD Lenses, Photonics Spectra, November 1987, S. 34-35

6.138 Yamada, Y., K. Mutoh, T. Iwabuchi und T. Miyata
Laser-Beam-Scanning Chemical Vapor Deposition Technique for Controlling the Spatial Thickness Distribution of Thin Films, Jpn.J.Appl.Phys. 30 (1991) 1740-1741

6.139 Tanaka, T., T. Fukuda, Y. Nagasawa, Miyazaki und M. Hirose
Atomic layer growth of silicon by excimer laser induced cryogenic chemical vapor deposition, Appl.Phys.Lett. 56 (1990) 1445-1447

6.140 Horiike, Y., T. Tanaka, M. Nakano, S. Iseda, H. Sakane, A. Nagata, H. Shindo, S. Miyazaki und M. Hirose
Digital chemical vapor deposition and etching technologies for semiconductor processing, J.Vac.Sci.Technol. A 8 (1990) 1844-1850

6.141 Westberg, H. F. Ericson, J. Engquist, M. Boman und J.-O. Carlsson
Laser-Induced Chemical Vapour Deposition of $TiSi_2$: Aspects of Deposition Process, Microstructure and Resistivity, Thin Solid Films 198 (1991) 279-292

6.142 Yamada, T., R. Iga und H. Sugiura
GaAs Corrugation pattern with submicron pitch grown by Ar ion laser-assisted metalorganic molecular beam epitaxy, Appl.Phys.Lett. 59 (1991) 958-960

6.143 Ehrlich, D.J. und J.Y. Tsao
UV laser photodeposition of patterned catalyst flms from adsorbate mixtures, Appl.Phys.Lett. 46 (1985) 198-200

6.144 Lehmann, O. und M. Stuke
Generation of Three-Dimensional Free-Standing Metal Micro-Objects by Laser Chemical Processing, Appl.Phys. A 53 (1991) 343-345

6.145 Ganz, J. und E. Köhler
Strukturierung von Oberflächen durch Laser-CVD, in "Dünnschichttechnologien '90", Band I, VDI-Verlag GmbH, Düsseldorf 1990, S. 184-207

6.146 Goto, J., T. Yagi und H. Nagai
Synthesis of Diamond Films by Laser-Induced Chemical Vapor Deposition, Mat.Res.Soc.Symp.Proc. 129 (1989) 213-217

6.147 Hussien, S.A., A.A. Fahmy, N.A. El-Masry und S.M. Bedair
A criterion for the suppression of plastic deformation in laser-assisted chemical vapor deposition of GaAs, J.Appl.Phys. 67 (1990) 3853-3857

6.148 Auvert, G., D. Tonneau, Y. Guern und G. Pelous
A repair machine for VLSI using laser induced micro-chemistry, Proc.Soc.Photo-Opt.Instr.Eng. (SPIE) 1022 (1988) 58-64

6.149 Fa. Kammerer GmbH, Postfach 130120, D-Pforzheim-Huchenfeld, Firmenmitteilung Nr.8, März 1988/2

6.150 LABEL, Laser Applications Belgium, Site du Grand-Hornu, Sainte-Louise, B-7320 Boussu, Prospekt Juni 1990

6.151 Heck, S., Th. Kruck und Th. Sassen
MOCVD - Basis für neue Schichttechnologien, Magazin für Neue Werkstoffe 3/90,
S. 9-11

6.152 Bagratashvili, V.N., A.F. Banishev, S.A. Gnedoy, V.I. Emelyanov, A.N. Jerikhin, K.S. Merzljakov, V.Ya. Panchenko und V.N. Seminogov
Formation of Periodic Ring Structures of Relief and Voids Under Laser Vapor Deposition of Metallic Films, Appl.Phys. A 52 (1991) 438-444

6.153 Ward, T.L., T.T. Kodas und R.L. Jackson
Kinetics of laser-photochemical deposition by gas-phase dissociation, J.Appl.Phys. 69 (1991) 1000-1007

6.154 Hiura, Y., Y. Morishige und S. Kishida
Laser chemical vapor deposition direct patterning of insulating film, J.Appl.Phys. 69 (1991) 1744-1747

6.155 Liu, H., J.C. Roberts, J. Ramdani und S.M. Bedair
Laser selective area epitaxy of GasAs metal-semiconductor-field-effect transistor, Appl.Phys.Lett. 58 (1991) 1659-1661

6.156 Flint, E.B., J. Messelhäuser und H. Suhr
Laser-Induced CVD of Rhodium, Appl.Phys. A 53 (1991) 430-436 sowie
Messelhäuser, J., E.B. Flint und H. Suhr
Direct Writing of Pure Rhodium Lines by Laser Induced Chemical Vapor Deposition, Adv.Mater. 4 (1992) 347-349

6.157 Henley, F.J.
Early Detection and Repair of AMLCD Defects, Solid State Technology, April 1992, S. 65-68

6.158 Elders, J.
Laser-Induced Chemical Vapor Deposition of Titanium Diboride, Dissertation, Universität Amsterdam 1992

6.159 Gross, M.E., K.P. Cheung, C.G. Fleming, J. Kovalchick und L.A. Heimbrook
Metalorganic chemical vapor deposition of aluminum from trimethylamine alane using Cu and TiN nucleation activators, J.Vac.Sci.Technol. A 9 (1991) 57-64

6.160 Comita, P.B.
Surface Modification with Lasers, Adv.Mater. 2 (1990) 82-90

6.161 Boman, M., H. Westberg, S. Johansson und J.-A. Schweitz
Helical Microstructures Grown by Laser Assisted Chemical Vapor Deposition, in "Micro Electro Mechanical Systems", Herausgeber W. Benecke und H.C. Petzold, IEEE Proceed., Travemünde, 4.-7. Februar 1992, S. 162-167

6.162 Roth, W. und K.W. Hoffmann
Laserinduzierte Erzeugung hochreiner siliziumorganischer Schichten aus der

Gasphase (LCVD), Präsentation auf der Diskussionstagung "Photochemie" der GDCh, Aachen, 20. November 1991

6.163 Gottsleben, O. und M. Stuke
Selective amplification of self-resistively heated laser-direct-written tungsten lines, Appl.Phys.Lett. 52 (1988) 2230-2232

6.164 Houle, F.A., T.H. Baum und C.R. Moylan
Laser deposition of films from acetylacetonate complexes, Cambridge Stud.Mod.Opt. 7 (1989) 25-60

6.165 Kammerer GmbH
Strukturierung von Oberflächen durch Laser-CVD, in "Statusseminar 1988 Dünnschichttechnologien", Herausgeber VDI-TZ, Düsseldorf, S. 23.1-23.7

6.166 Black, J.G., S.P. Doran, M. Rothschildt und D.J. Ehrlich
Low-temperature laser deposition of tungsten by silane- and disilane-assisted reactions, Appl.Phys.Lett. 56 (1990) 1072-1074

6.167 Kollia, Z., V. Zafiropulos, C. Fotakis und J.A.D. Stockdale
Laser induced clustering in thiophenol, J.Chem.Phys. 94 (1991) 2374-2375

6.168 Johansson, S., J.-A. Schweitz, H. Westberg und M. Boman
Microfabrication of three-dimensional boron structures by laser chemical processing, J.Appl.Phys. 72 (1992) 5956-5963

6.169 Eres, D., D.B. Geohegan, D.H. Lowndes und D.N. Mashburn
ArF Laser Photochemical Deposition of Amorphous Silicon from Disilane: Spectroscopic Studies and Comparison with Thermal CVD, Appl.Surf.Sci. 36 (1989) 70-80

Kapitel 7

7.1 Hamann, C.H. und W. Vielstich
Elektrochemie I, 2., überarbeitete Auflage, VCH, Weinheim 1985

7.2 von Gutfeld, R.J.
Lasers for Interconnections, Circuit Fabrication and Repair, Am.Inst.Phys.Conf. Proc. 122 (1984) 56-62

7.3 Friedrich, F. und Ch.J. Raub
Zur Möglichkeit der laserinduzierten Elektrolyse, Metalloberfläche 38 (1984) 237-242

7.4 von Gutfeld, R.J.
A Review of Laser Enhanced Plating and Etching for Electronic Materials, Denki Kagaku 52 (1984) 452-459,

7.5 Raub, Ch.J., M. Baumgärtner und H.R. Khan
Laserunterstützte elektrolytische Abscheidung aus Goldelektrolyten, Metalloberfläche 40 (1986) 371-374

7.6 Gilgen, H.H., D.V. Podlesnik, C.J. Chen und R.M. Osgood Jr.
Direct Holographic Processing Using Laser Chemistry, Mat.Res.Soc.Symp.Proc. 29 (1984) 139-144

7.7 Podlesnik, D.V., H.H. Gilgen und R.M. Osgood Jr.
Direct, Maskless Fabrication of Submicrometer Gratings on Semiconductors, Proc.Soc.Photo-Opt.Instr.Eng. (SPIE) 560 (1985) 82-88

7.8   Podlesnik, D.V., H.H. Gilgen und R.M. Osgood, Jr.
      Waveguide Effects in Laser-Induced Aqueous Etching of Semiconductors, Appl. Phys.Lett. 48 (1986) 496-498
7.9   Podlesnik, D.V., H.H. Gilgen und R.M. Osgood, Jr.
      Deep-UV, Light-Assisted, Wet Etching of Compound Semiconductors, Mat.Res. Soc.Symp.Proc. 29 (1984) 161-165
7.10 Podlesnik, D.V., H.H. Gilgen und R.M. Osgood, Jr.
      Deep-Ultraviolet Induced Wet Etching of GaAs, Appl.Phys.Lett. 45 (1984) 563-565
7.11 Podlesnik, D.V., H.H. Gilgen, A.E. Willner und R.M. Osgood Jr.
      Interaction of Deep-Ultraviolet Laser Light with GaAs Surfaces in Aqueous Solutions, J.Opt.Soc.Am. B 3 (1986) 775-784
7.12 Tenne, R., V. Marcu und Y. Prior
      Photoelectrochemical Etching of Compound Semiconductors: Wavelength Dependence, Appl.Phys. A 37 (1985) 205-209
7.13 Willner, A.E., D.V. Podlesnik und R.M. Osgood, Jr.
      600 µm/min Laser-Induced Nonthermal Etching of GaAs in an HF Solution, Electronics Lett. 26 (1990) 568-569
7.14 Lee, C., M. Takai, T. Yada, K. Kato und S. Namba
      Laser-Induced Trench Etching of GaAs in Aqueous KOH Solution, Appl.Phys. A 51 (1990) 340-343
7.15 Ostermayer, F.W.Jr., P.A. Kohl und R.M. Lum
      Hole transport equation analysis of photochemical etching resolution, J.Appl.Phys. 58 (1985) 4390-4396
7.16 Svorcik ,V. und V. Rybka
      Effect of Laser Light on n-GaAs Photoetching, Appl.Phys. A 51 (1990) 61-63
7.17 Nagahara, L.A., T. Thundat und S.M. Lindsay
      Nanolithography on Semiconductor Surfaces under an Etching Solution, Appl. Phys.Lett. 57 (1990) 270-272
7.18 Yokoyama, H., S. Kishida und K. Washio
      Laser induced metal deposition from organometallic solution, Appl.Phys.Lett. 44 (1984) 755-757
7.19 Nanai, L., I. Hevesi, F.V. Bunkin, B.S. Luk'yanchuk, M.R. Brook, G.A. Shafeev, D.A. Jelski, Z.C. Wu und T.F. George
      Laser-Induced Metal Deposition on Semiconductors from Liquid Electrolytes, Appl.Phys.Lett. 54 (1989) 736-738
7.20 Brook, M.R., K.I. Grandberg und G.A. Shafeev
      Kinetics of Laser-Induced Au Pyrolytic Deposition from the Liquid Phase, Appl. Phys. A 52 (1991) 78-81
7.21 Park, S.-M. und M.E. Barber
      Thermodynamic Stabilities of Semiconductor Electrodes, J.Electroanal.Chem. 99 (1979) 67-75
7.22 von Gutfeld, R.J., E.E. Tynan, R.L. Melcher und S.E. Blum
      Laser Enhanced Electroplating and Maskless Pattern Generation, Appl.Phys.Lett. 35 (1979) 651-653
7.23 von Gutfeld, J.R. und R.T. Hodgson
      Laser Enhanced Etching in KOH, Appl.Phys.Lett. 40 (1982) 352-354

7.24 Jacobs, J.W.M.
Photochemical Nucleation and Growth of Pd on TiO_2 Films Studied with Electron Microscopy and Quantitative Analytical Techniques, J.Phys.Chem. 90 (1986) 6507-6517

7.25 Ruberto, M.N., A.E. Willner, D.V. Podlesnik und R.M. Osgood, Jr.
Photogenerated Carrier Confinement During the Laser-Controlled Aqueous Etching of GaAs/AlGaAs Multilayers, Mat.Res.Soc.Symp.Proc. 129 (1989) 279-290

7.26 Nagatomo, S., M. Takai, Y.F. Lu und S. Namba
Laser Induced Chemical Etching of Composite Structure of Ferrite and Sendust, Mat.Res.Soc.Symp.Proc. 129 (1989) 333-337

7.27 Lu, Y.F., M. Takai, S. Nagatomo und S. Namba
Laser Induced Wet-Chemical Etching of Mn-Zn Ferrite in H_3PO_4, Mat.Res.Soc. Symp.Proc. 129 (1989) 339-344

7.28 von Gutfeld, R.J.
Laser Enhanced Plating and Etching: A Review, Springer Series in Chemical Physics, Band 39, Springer, Berlin 1984, S. 323-331

7.29 Donohue, T.
Laser Surface Modification Below a Liquid Layer, Springer Series in Chemical Physics, Band 39, Springer, Berlin 1984, S. 332-336

7.30 Bjorkholm, J.E. und A.A. Ballman
Localized wet-chemical etching of InP induced by laser heating, Appl.Phys.Lett. 43 (1983) 574-576

7.31 Moutonnet, D., S. Mottet, D. Riviere und J.P. Mercier
Photochemical Microetching of InP, Springer Series in Chemical Physics, Band 39, Springer, Berlin 1984, S. 339-342

7.32 Ritsko, J.J.
Laser Etching, in "Laser Microfabrication - Thin Film Processes and Lithography", Herausg. D.J. Ehrlich und J.Y. Tsao, Academic Press, Boston 1989, S. 333-383

7.33 Bäuerle, D.
Chemical Processing with Lasers, Springer Series in Materials Science, Band 1, Springer, Berlin 1986, S. 61, 106-108, 162-187

7.34 Osgood, R.M.Jr.
Laser Microchemistry and Its Applications to Electron-Device Fabrication, Annu.Rev.Phys.Chem. 34 (1983) 77-101

7.35 Ehrlich, D.J. und J.Y. Tsao
A Review of Laser-Microchemical Processing, J.Vac.Sci.Technol. B1 (1983) 969-984

7.36 Osgood, R.M.Jr.
An Overview of Laser Chemical Processing, Mat.Res.Soc.Symp. Proc. 75 (1987) 3-15

7.37 Zahavi, J. und P.E. Pehrsson
UV Laser-Induced Metal Deposition on Semiconductors from Electroplating Solutions, Mat.Res.Soc.Symp.Proc. 75 (1987) 173-178

7.38 Willner, A.E., D.V. Podlesnik, H. Gilgen und R.M. Osgood, Jr.
Ultrafast Aqueous Etching of Gallium Arsenide, Mat.Res.Soc. Symp.Proc. 75 (1987) 403-410

7.39 Brown, R.T., J.F. Black, R.N. Sacks, G.G. Peterson und F.J. Leonberger
Laser-Assisted Selective Chemical Etching of GaAs/AlGaAs Layered Structures, Mat.Res.Soc.Symp.Proc. 75 (1987) 411-417

7.40 Matz, R.
Holographic Photoetching of High-Quality Diffraction Gratings in p-GaAs for Distributed Feedback Lasers, Mat.Res.Soc.Symp.Proc. 75 (1987) 657-664

7.41 Tyagai, V.A., V.A. Sterligov und G.Ya. Kolbasov
Photoelectrochemical Processes at Semiconductor-Electrolyte Interfaces and Its Utilization for Hologramm Recording, Electrochim.Acta 22 (1977) 819-821

7.42 Lu, Y.-F., M. Takai, T. Nakata, S. Nagatomo und S. Namba
Laser-Induced Deposition of Ni Lines on Ferrite in $NiSO_4$ Aqueous Solution, Appl.Phys. A 52 (1991) 129-134

7.43 van der Putten, A.M.T.P., J.W.M. Jacobs, J.M.G. Rikken und K.G.C. de Kort
Laser-Induced Metal Deposition from the Liquid Phase, Proc.Soc.Photo-Opt. Instr.Eng. (SPIE) 1022 (1988) 71-76

7.44 Zysset, B., R.P. Salathe, J.L. Martin, R. Gotthardt und F.K. Reinhart
Characterization of Laser Induced Defects in (Al, Ga)As by Photoetching and TEM Measurements, Springer Series in Chemical Physics, Band 39, Springer, Berlin 1984, S. 469- 474

7.45 Wedler, G.
Lehrbuch der Physikalischen Chemie, dritte durchgesehene Auflage, VCH Verlagsgesellschaft, Weinheim 1987

7.46 Puippe, J.C., R.E. Acosta und R.J. von Gutfeld
Investigation of Laser-Enhanced Electroplating Mechanisms, J.Electrochem.Soc. 128 (1981) 2539-2545

7.47 von Gutfeld, R.J., M.H. Gelchinski, L.T. Romankiw und D.R. Vigliotti
Laser-Enhanced Jet Plating: A Method of High-Speed Maskless Patterning, Appl.Phys.Lett. 43 (1983) 876-878

7.48 Weast, R.C. (Herausgeber)
Handbook of Chemistry and Physics, 59. Auflage, CRC Press, Boca Raton 1978-1979, S. D-62 ff.

7.49 Morita, N., S. Ishida, Y. Fujimori und K. Ishikawa
Pulsed laser processing of ceramics in water, Appl.Phys.Lett. 52 (1988) 1965-1966

7.50 von Gutfeld, R.J., R.E. Acosta und L.T. Romankiw
Laser-Enhanced Plating and Etching: Mechanisms and Applications, IBM J.Res. Develop. 26 (1982) 136-144

7.51 Al-Sufi, A.K., H.J. Eichler, J. Salk und H.J. Riedel
Laser-Induced Copper Plating, J.Appl.Phys. 54 (1983) 3629-3631

7.52 Hussey, B.W. und A. Gupta
Laser assisted etching of $YBa_2Cu_3O_{7-\delta}$, Appl.Phys.Lett. 54 (1989) 1272-1274

7.53 Kuiken, H.K., F.E.P. Mikkers und P.E. Wierenga
Laser-Enhanced Electroplating on Good Heat-Conducting Bulk Materials, J.Electrochem.Soc. 130 (1983) 554-558

7.54 Alkire, R.C. und T.-J. Chen
High-Speed Selective Electroplating with Single Circular Jets, J.Electrochem.Soc. 129 (1982) 2424-2432

7.55 Ruberto, M.N., X. Zhang, R. Scarmozzino, A.E. Willner, D.V. Podlesnik und R.M. Osgood, Jr.
The Laser-Controlled Micrometer-Scale Photoelectrochemical Etching of III-V Semiconductors, J.Eletrochem.Soc. 138 (1991) 1174-1185

7.56 Reiss, H.
The Fermi Level and the Redox Potential (Feature Article), J.Phys.Chem. 89 (1985) 3783-3791

7.57 Zouari, I., M. Calvo, F. Lapicque und M. Cabrera
Influence of laser assistence on the nucleation and growth processes occuring during the electrodeposition of zinc, Appl.Surf.Sci. 54 (1992) 311-316

7.58 Rytz-Froidevaux, Y., R.P. Salathe und H.H. Gilgen
Laser Generated Microstructures, Appl.Phys. A 37 (1985) 121-138

7.59 Cheng, J. und P.A. Kohl
The Resolution of Photoelectrochemically Etched Features, Mat.Res.Soc.Symp. Proc. 29 (1984) 127-132

7.60 Daneu, V., J. Peers und A. Sanchez
Laser Fabrication of Micro-Size Structures on CdS, Mat.Res.Soc.Symp.Proc. 29 (1984) 133-137

7.61 Johnson, A.W. und G.C. Tisone
Laser Photochemical Etching of GaP in KOH Aqueous Solutions, Mat.Res.Soc. Symp.Proc. 29 (1984) 145-150

7.62 Kavassalis, C.A., D.H. Longendorfer, R.A. LeLievre und R.D. Rauh
Localized Photoprocesses at Semiconductor-Electrolyte Interfaces Using a Programmable Laser Spot Scanner, Mat.Res.Soc.Symp.Proc. 29 (1984) 151-159

7.63 Lu, Y.-F., M. Takai, S. Nagatomo und S. Namba
Wet-Chemical Etching of Mn-Zn Ferrite by Focused Ar^+- Laser Irradiation in H_3PO_4, Appl.Phys. A 47 (1988) 319-325

7.64 von Gutfeld, R.J., M.H. Gelchinski, D.R. Vigliotti und L.T. Romankiw
Recent Advances in Laser-Enhanced Plating, Mat.Res.Soc.Symp.Proc. 29 (1984) 325-332

7.65 Kaminsky, G.
Micromachining of Silicon Mechanical Structures, Mat.Res.Soc.Symp.Proc. 76 (1987) 111-121

7.66 Houle, F.A.
Laser-Assisted Chemical Etching, Proc.Soc.Photo- Opt.Instr.Eng. (SPIE) 459 (1984) 110-114

7.67 Tisone, G.C. und A.W. Johnson
Laser-Controlled Etching of Chromium-Doped (100)GaAs, Appl.Phys.Lett. 42 (1983) 530-532

7.68 Haynes, R.W., G.M. Metze, V.G. Kreismanis und L.F. Eastman
Laser-Photoinduced Etching of Semiconductors and Metals, J.Appl.Phys. 37 (1980) 344-346

7.69 Krimmel, E.F., A.G.K. Lutsch, R. Swanepoel und J. Brink
Contribution to Time-Resolved Enhanced Chemical Etching and Simultaneous Annealing of Ion Implantation Amorphized Silicon under Intense Laser Irradiation, Appl.Phys. A 38 (1985) 109-115

7.70 Tsao, J.Y. und D.J. Ehrlich
Laser-Controlled Chemical Etching of Aluminum, Appl.Phys.Lett. 43 (1983) 146-148

7.71 Podlesnik, D.V., H.H. Gilgen, R.M. Osgood, Jr. und A. Sanchez
Maskless, Chemical Etching of Submicrometer Gratings in Single-Crystalline GaAs, Appl.Phys.Lett. 43 (1983) 1083-1085

7.72 Ando, K., N. Takeda und N. Koshizuka
New Flattening Technique of Iron Garnet Films by Laser Etching, Appl.Phys.Lett. 46 (1985) 1107-1109

7.73 von Gutfeld, R.J. und D.R. Vigliotti
High-Speed Electroplating of Copper Using the Laser Jet Technique, Appl.Phys. Lett. 46 (1985) 1003-1005

7.74 Osgood, R.M.Jr., A. Sanchez-Rubio, D.J. Ehrlich und V. Daneu
Localized Laser Etching of Compound Semiconductors in Aqueous Solution, Appl.Phys.Lett. 40 (1982) 391-393

7.75 Ostermayer, F.W.Jr. und P.A. Kohl
Photoelectrochemical Etching of p-GaAs, Appl.Phys.Lett. 39 (1981) 76-78

7.76 Gerischer, H.
Über den Mechanismus der anodischen Auflösung von Galliumarsenid, Ber.Bunsenges.Phys.Chem. 69 (1965) 578- 583

7.77 Podlesnik, D.V., H.H. Gilgen, R.M. Osgood, A. Sanchez und V. Daneu
High Resolution Etching of GaAs and CdS Crystals, Mat.Res.Soc.Symp.Proc. 17 (1983) 57-63

7.78 Yu, C.F., D.V. Podlesnik, M.T. Schmidt, H.H. Gilgen und R.M. Osgood Jr.
Ultraviolet-Light-Enhanced Oxidation of Gallium Arsenide Surfaces Studied by X-Ray Photoelectron and Auger Electron Spectroscopy, Chem.Phys.Lett. 130 (1986) 301-306

7.79 Jacobs, J.W.M. und C.J.C.M. Nillesen
Repair of transparent defects on photomasks by laser- induced metal deposition from an aqueous solution, J.Vac.Sci.Technol. B8 (1990) 635-642

7.80 Tamir, S. und J. Zahavi
Laser-induced gold deposition on a silicon substrate, J.Vac.Sci.Technol. A3 (1985) 2312-2315

7.81 Boyd, I.W.
Laser Processing of Thin Films and Microstructures: Oxidation, Deposition and Etching of Insulators, Springer Series in Materials Science, Band 3, Springer, Berlin 1987, Kap. 7

7.82 Reiße, G., S. Weißmantel und K. Zimmer
Laserinduzierte Abscheidung, Erzeugung und Modifizierung von Schichten, KDT-Lehrgang "Lasertechnik", Lehrmaterial 1: Zum Stand der Lasermaterialbearbeitung, Kammer der Technik, Berlin (Ost) 1988, S. 19-55

7.83 Hussa, B.W., B. Haba und A. Gupta
Role of bubbles in laser-assisted wet etching, Appl.Phys.Lett. 58 (1991) 2851-2853

7.84 Moutonnet, D.
Photochemical Wet Etching of MBE Epitaxial $Ga_{0.47}In_{0.53}As$ on InP, in "Laser Processing and Diagnostic (II)", EMRS Spring.Conf.Proceed., Strasbourg, Juni 1986,

D. Bäuerle, K.L. Kompa und L.D. Laude (Herausg.), Edit. de Physique, Les Ulis 1986, S. 173-175

7.85 Hamann, C.H. und W. Vielstich
Elektrochemie II, VCH, Weinheim 1981

7.86 Sorg, N. , W. Kautek und W. Paatsch
Etching Pretreatment and Galvanic Cu Enhancement of Laser-Deposited Ultrathin Ni-Structures on p-Si, Ber.Bunsenges.Phys.Chem. 95 (1991) 1501-1507

7.87 Butler, M.A.
Photoelectrochemical Imaging, J.Electrochem.Soc. 131 (1984) 2185-2190

7.88 Shukla, D., T. Wines und U. Stimming
Photoelectrochemical Surface Imaging of Titanium Corroding in 0.5M HBr, J.Electrochem.Soc. 134 (1987) 2086-2087

7.89 Sakata, T., E. Janata, W. Jaegermann und H. Tributsch
Time-Resolved Photocurrent of WSe_2 Photoanode Studied with a Nanosecond Pulse Laser, J.Electrochem.Soc. 133 (1986) 339-345

7.90 Willig, F.
Laser Induced Electrical Transients at Semiconductor Electrodes, Ber.Bunsenges.Phys.Chem. 92 (1988) 1312-1319

7.91 Schultze, J.W., K. Bade und A. Michaelis
Laser Induced Reactions in and at Thin Semiconductor Films, Ber.Bunsenges.Phys.Chem. 95 (1991) 1349-1361

7.92 Karlsson, K. und A. Kirsch-De Mesmaeker
Pulsed Laser Induced Photoelectrochemistry of Polypyridinic Ru(II) Complexes in Water and in Acetonitrile, J.Phys.Chem. 95 (1991) 10681-10688

Kapitel 8

8.1 Herziger, G. und E.W. Kreutz
Fundamentals of Laser Micromachining of Metals, Springer Series of Chemical Physics 39 (1984) 90-106

8.2 Kreutz, E.W., M. Krösche, H.G. Treusch und G. Herziger
Surface Modelling During Laser Microprocessing, Springer Series of Chemical Physics 39 (1984) 107-113

8.3 Schuöcker, D.
Dynamic Phenomena in Laser Cutting and Cut Quality, Appl.Phys. B 40 (1986) 9-14 und
Physikalische Aspekte des Schneidens mit gepulsten Lasern, Laser und Optoelektronik, Nr.1/1986, S. 55-60

8.4 Poprawe, R., M. Wehner, G. Brown und G. Herziger
Plasma-Spectra in Materials Processing by Excimer Lasers, Proc.Soc.Photo-Opt.Instr.Eng. (SPIE) 801 (1987) 191-197

8.5 von Allmen, M.
Laser-Beam Interactions with Materials, Springer Series in Materials Science, Band 2, Springer, Berlin 1987

8.6 Laude, L.D. und G. Rauscher (Herausgeber)
Laser Assisted Processing, Proc.Soc.Photo-Opt.Instr.Eng. (SPIE), Band 1022, Washington 1989

8.7 Pert, G.J.
Models of laser-plasma ablation, J.Plasma Physics 35 (1986) 43-74
Models of laser-plasma ablation. Part 2. Steady-state theory: self-regulating flow J.Plasma Physics 36 (1986) 415-446
Models of laser-plasma ablation. Part 3. Steady-state theory: deflagration flow J.Plasma Physics 39 (1988) 241-276

8.8 Chan, C.L. und J. Mazumder
One-dimensional steady state model for damage by vaporization and liquid expulsion due to laser-material interaction, J.Appl.Phys. 62 (1987) 4579-4586

8.9 Singh, R.K. und J. Narayan
Pulsed-laser evaporation technique for deposition of thin films: Physics and theoretical model, Phys.Rev.B 41 (1990) 8843-8859

8.10 Singh, R.K., O.W. Holland und J. Narayan
Theoretical model for deposition of superconducting thin films using pulsed laser evaporation technique, J.Appl.Phys. 68 (1990) 233-247

8.11 Araya, T., A. Matsunawa, S. Katayama, S. Hioki, Y. Ibaraki und Y. Endo
Japan.Patent # 4,616,691; vgl. auch Lasers & Applications, April 1987

8.12 Singh, R.K., D. Bhattacharya und J. Narayana
Subsurface heating effects during pulsed laser evaporation of materials, Appl.Phys.Lett. 57 (1990) 2022-2024

8.13 Bhattacharya, D., R.K. Singh und P.H. Holloway
Laser-target interactions during pulsed laser deposition of superconducting thin films, J.Appl.Phys. 70 (1991) 5433-5439

8.14 Dyer, P.E., S.R. Farrar und P.H. Key
Fast time-response photoacoustic studies and modelling of KrF laser ablated $YBa_2Cu_3O_7$, Appl.Surf.Sci. 54 (1992) 255-263

8.15 Veiko, V.P., S.M. Metev, A.I. Kaidanov, M.N. Libenson und E.B. Jakovlev
Two-phase mechanism of laser-induced removal of thin absorbing films:
I. Theory, J.Phys. D: Appl.Phys. 13 (1980) 1565-1570

8.16 Viswanathan, R. und I. Hussla
Ablation of metal surfaces by pulsed ultraviolet lasers under ultrahigh vacuum, J.Opt.Soc.Am. B 3 (1986) 796-800

8.17 Neifeld, R.A., E. Potenziani, W.R. Sinclair, W.T. Hill III, B. Turner und A. Pinkas
Properties of the Ablation Process for Excimer Laser Ablation of $Y_1Ba_2Cu_3O_7$, J.Appl.Phys. 69 (1991) 1107-1109

8.18 Stafast, H. und M. von Przychowski
Evaporation of Solids by Pulsed Laser Irradiation, Appl.Surf.Sci. 36 (1989) 150-156

8.19 Ihlemann, J.
Excimer laser ablation of fused silica, Appl.Surf.Sci. 54 (1992) 193-200 sowie
Ihlemann, J., B. Wolff und P. Simon
Nanosecond and Femtosecond Excimer Laser Ablation of Fused Silica, Appl.Phys. A 54 (1992) 363-368

8.20 Küper, S. und M. Stuke
Ablation of UV-Transparent Materials with Femtosecond UV Ecximer Laser Pulses, Mat.Res.Soc.Symp.Proc. 129 (1989) 375-384

8.21 Poprawe, R., W. Schulze und M. Wehner
Materialbearbeitung mit Excimer-Lasern, Opto Elektronik Magazin 6 (1990) 70-74

8.22 Akademie der Wissenschaften der DDR, Zentralinstitut für Isotopen- und Strahlenforschung, Leipzig
Beiträge zur Clusterforschung, ZfI-Mitteilungen, Nr.134, 1987, S. 5-174 (10 Übersichtsartikel verschiedener Autoren)

8.23 Parks, E.K., G.C. Nieman, L.G. Pobo und S.J. Riley
The reaction of iron clusters with ammonia. I. Compositions of the ammoniated products and their implications for cluster structure, J.Chem.Phys. 88 (1988) 6260-6272

8.24 Kappes, M.M.
Experimental Studies of Gas-Phase Main-Group Metal Clusters, Chem.Rev. 88 (1988) 369-389

8.25 Pettiette, C.L., S.H. Yang, M.J. Craycraft, J. Conceicao, R.T. Laaksonen, O. Chesnovsky und R.E. Smalley
Ultraviolet photoelectron spectroscopy of copper clusters, J.Chem.Phys. 88 (1988) 5377-5382

8.26 Geusic, M.E., R.R. Freeman und M.A. Duncan
Neutral and ionic clusters of antimony and bismuth: A comparison of magic numbers, J.Chem.Phys. 89 (1988) 223-229

8.27 Moini, M. und J.R. Eyler
Formation of small negative and positive cluster ions of gold, silver, and copper by direct laser vaporization, J.Chem.Phys. 88 (1988) 5512-5515

8.28 Cole, S.K. und K. Liu
Metastable decay of photoionized niobium clusters: Clusters within a cluster?, J.Chem.Phys. 89 (1988) 780-789

8.29 Duncan, M.A. und D.A. Rouvray
Mikrocluster, Spektrum der Wissenschaft, Februar 1990, S. 62-68

8.30 Martin, T.P., T. Bergmann, H. Göhlich und T. Lange
Shell Structure of Clusters (Feature Article), J.Phys.Chem. 95 (1991) 6421-6429

8.31 Meiwes-Broer, K.H. und H.O. Lutz
Cluster - Zwischen Atom und Festkörper, Phys.Bl. 47 (1991) 283-288

8.32 Sell, J.A., D.M. Heffelfinger, P.L.G. Ventzek und R.M. Gilgenbach
Photoacoustic and photothermal beam deflection as a probe of laser ablation of materials, J.Appl.Phys. 69 (1991) 1330-1336

8.33 Sone, Y., K. Hoshino, T. Naganuma, A. Nakajima und K. Kaya
Production of Bimetallic Clusters Containing Manganese Atoms by Laser-Vaporization Method, J.Phys.Chem. 95 (1991) 6830-6832

8.34 Gilgenbach, R.M. und P.L.G. Ventzek
Dynamics of Excimer Laser-Ablated Aluminum Neutral Atom Plume Measured by Dye Laser Resonance Absorption Photography, Appl.Phys.Lett. 58 (1991) 1597-1599

8.35 Wang, H.X., A.P. Salzberg und B.R. Weiner
Laser Ablation of Aluminium at 193, 248, and 351 nm, Appl.Phys.Lett. 59 (1991) 935-937

8.36 Kools, J.C.S., S.H. Brongersma, E. Vanderiet und J. Dieleman
Concentrations and Velocity Distributions of Positive Ions in Laser Ablation of Copper, Appl.Phys. B 53 (1991) 125-130

8.37 Dreyfus, R.W.
Cu^0, Cu^+, and Cu_2 from excimer-ablated copper, J.Appl.Phys. 69 (1991) 1721-1729

8.38 Viswanathan, R. und I. Hussla
Laser Vaporization of Clean and CO-Covered Polycrystalline Copper Surfaces, Springer Series in Chemical Physics 39 (1984) 148-153

8.39 Sappey, A.D. und T.K. Gamble
Laser-Fluorescence Diagnostics for Condensation in Laser-Ablated Copper Plasmas, Appl.Phys. B 53 (1991) 353-361

8.40 Bohandy, J., B.F. Kim und F.J. Adrian
Metal deposition from a supported metal film using an excimer laser, J.Appl.Phys. 60 (1986) 1538-1539

8.41 Adrian, F.J., J. Bohandy, B.F. Kim, A.N. Jette und P. Thompson
A study of the mechanism of metal deposition by the laser-induced forward transfer process, J.Vac.Sci.Technol. B 5 (1987) 1490-1494

8.42 Bohandy, J., B.F. Kim, F.J. Adrian und A.N. Jette
Metal deposition at 532 nm using a laser transfer technique, J.Appl.Phys. 63 (1988) 1158-1162

8.43 Mogyorosi, P., T. Szörenyi, K. Bali, Z. Toth und I. Hevesi
Pulsed Laser Ablative Deposition of Thin Metal Films, Appl.Surf.Sci. 36 (1989) 157-163

8.44 Schultze, V. und M. Wagner
Blow-off of Aluminium Films, Appl.Phys. A 53 (1991) 241-248

8.45 Kantor, Z., Z. Toth und T. Szörenyi
Laser Induced Forward Transfer: The Effect of Support-Film Interface to Film-to-Substrate Distance on Transfer, Appl.Phys. A 54 (1992) 170-175

8.46 Xia, Y., L. Mei, C. Tan, X. Liu, Q. Wang und S. Yue
Laser Ablation of Copper and Aluminium in Air, Appl.Phys. A 52 (1991) 425-432

8.47 Cheung, J.T.
Mechanism of Laser-Assisted Evaporation of II-VI Semiconductors, Mat.Res.Soc. Symp.Proc. 29 (1984) 301-309

8.48 Canivez, Y., A. Jadin, R. Andrew, L.D. Laude und M. Wautelet
Excimer Laser Effects on Thin Ge/Se Sandwich Films, in "Laser Processing and Diagnostics (II)", Herausg. D. Bäuerle, K.L. Kompa und L. Laude, Les Editions de Physique, Les Ulis 1986, S. 153-155

8.49 Mandich, M.L., W.D. Reents Jr. und V.E. Bondybey
Reactions of Bare Silicon Cluster Ions: Prototypical Deposition and Etching versus Cluster Size, Mat.Res.Soc.Symp.Proc. 75 (1987) 467-475

8.50 Jarrold, M.F. und J.E. Bower
Collision-Induced Dissociation of Silicon Cluster Ions, J.Phys.Chem. 92 (1988) 5702-5705

8.51 Bostanjoglo, O., J. Karnitzky und R.P. Tornow
High-speed electron microscopy of laser-induced vaporization of thin films, J.Appl.Phys. 69 (1991) 2581-2583

8.52 Simpson, J. und J.O. Williams
Laser Ablation of ZnSe Using Pulsed 193-nm Irradiation, J.Appl.Phys. 70 (1991) 2001-2008

8.53 Namiki, A., K. Katoh, Y. Yamashita, Y. Matsumoto, H. Amano und I. Akasaki
Dynamics of Laser Sputtering at GaN, GaP, and GaAs Surfaces, J.Appl.Phys. 70 (1991) 3268-3274

8.54 Wang, L., I.S. Borthwick, R. Jennings, P.T. McCombes, K.W.D. Ledingham, R.P. Singhal und C.J. McLean
Observations and Analysis of Resonant Laser Ablation of GaAs, Appl.Phys. B 53 (1991) 34-38

8.55 Wang, L., K.W.D. Ledingham, C.J. McLean und R.P. Singhal
Laser-Induced Collisional Processes in Resonant Laser Ablation of GaAs, Appl. Phys. B 54 (1992) 71-75

8.56 Heinricht, F. und O. Bostanjoglo
Laser ablation processes imaged by high-speed reflection electron microscopy, Appl.Surf.Sci. 54 (1992) 244-254

8.57 Radi, P.P., T.L. Bunn, P.R. Kemper, M.E. Molchan und T. Bowers
A new method for studying carbon clusters in the gas phase: Observation of size specific neutral fragment loss from metastable reactions of mass selected C_n^+, $n \leq 60$, J.Chem.Phys. 88 (1988) 2809-2814

8.58 Yang, S., K.J. Taylor, M.J. Craycraft, J. Conceicao, C.L. Pettiette, O. Chesnovsky und R.E. Smalley
UPS of 2-30-Atom Carbon Clusters: Chains and Rings, Chem.Phys.Lett. 144 (1988) 431-436

8.59 Creasy, W.R. und J.T. Brenna
Large carbon cluster ion formation by laser ablation of polyimide and graphite, Chem.Phys. 126 (1988) 453-468

8.60 Cox, D.M., K.C. Reichmann und A. Kaldor
Carbon clusters revisited: The "special" behavior of C_{60} and large carbon clusters, J.Chem.Phys. 88 (1988) 1588-1597

8.61 Lange, T., T. Bergmann, H. Göhlich, H. Schaber und T.P. Martin
Atom-Cluster, Physik in unserer Zeit 20 (1989) 172-177

8.62 Kroto, H.W.
C_{60}: Buckminsterfulleren, die Himmelssphäre, die zur Erde fiel, Angew.Chem. 104 (1992) 113-252

8.63 Special Issue on Buckminsterfullerenes, Acc.Chem.Res. 25 (1992) No.3 (March 1992)

8.64 Wiedeman, L. und H. Helvajian
Laser photodecomposition of sintered $YBa_2Cu_3O_{6+x}$: Ejected species population distributions and initial kinetic energies for the laser ablation wavelengths 351, 248, and 193 nm, J.Appl.Phys. 70 (1991) 4513-4523

8.65 Jette, A.N. und W.J. Green
Modeling of Pulsed Laser Etching of High-T_c Superconductors, J.Appl.Phys. 68 (1990) 5273-5277

8.66   Dyer, P.E., P.H. Key und P. Monk
        Ablation studies of Y-Ba-Cu-oxide in oxygen using a pulsed CO_2 laser, Appl.Surf. Sci. 54 (1992) 160-165
8.67   Christen, D., J. Narayan und L. Schneemeyer (Herausgeber)
        High-Temperature Superconductors: Fundamental Properties and Novel Materials Processing, Mat.Res.Soc.Symp.Proc., Band 169, Pittsburgh 1990
8.68   Zimmermann, J.A., C.E. Otis und W.R. Creasy
        Morphology and Reactivity of Ions and Cluster Ions Produced by the Laser Ablation of $YBa_2Cu_3O_{7-\delta}$ Superconductor, J.Phys.Chem. 96 (1992) 1594-1597
8.69   Marine, W., M. Gerri, J.M. Scotto d'Aniello, M. Sentis, P. Delaporte, B. Forestier und B. Fontaine
        Analysis of the plasma expansion dynamics by optical time-of-flight measurements, Appl.Surf.Sci. 54 (1992) 264-270
8.70   Scheibl, H.-J., A.A. Gorbunov, G.K. Baranova, N.V. Klassen, V.I. Konov, M.P. Kulakov, W. Pompe, A.M. Prokhorov und H.-J. Weiss
        Thin Film Deposition by Excimer Laser Evaporation, Thin Solid Films 189 (1990) 283-291
8.71   Chrisey, D.B., J.S. Horwitz und R.E. Leuchtner
        Excimer laser ablation of a $YBa_2Cu_3O_{7-\delta}$ target in a vacuum: characterization of the mass and energy of ejected material, Thin Solid Films 206 (1991) 111-115
8.72   Hoffmann, A., R. Manory, A. Bourdillon und G.L. Paul
        A comparative study of the ArF laser-ablation-induced plasma plume of Y, YO, Cu, CuO, YCuO and YBaCuO by fluorescence spectroscopy, Supercond.Sci.Technol. 3 (1990) 395-403
8.73   Garrison, B.J. und R. Srinivasan
        Laser ablation of organic polymers: Microscopic models for photochemical and thermal processes, J.Appl.Phys. 57 (1985) 2909-2914
8.74   Srinivasan, R.
        Ablation of Polymers and Biological Tissue by Ultraviolet Lasers, Science 234 (1986) 559-565
8.75   Znotins, T.A., D. Poulin und J. Reid
        Excimer Lasers: An Emerging Technology in Materials Processing, Laser Focus/Electro-Optics, May 1987, S. 54-70
8.76   Brannon, J.H. und J.R. Lankard
        Pulsed CO_2 Laser Etching of Polyimide, Appl.Phys.Lett. 48 (1986) 1226-1228
8.77   Braun, R., R. Nowak, P. Hess, H. Oetzmann und C. Schmidt
        Photoablation of Polyimide with IR and UV Laser Radiation, Appl.Surf.Sci. 43 (1989) 352-357
8.78   Boyd, I.W.
        Laser Processing of Thin Films and Microstructures, Springer Series in Materials Science, Band 3, Springer, Berlin 1987
8.79   Hess, P.
        Mechanism of IR and UV Laser-Induced Evaporation and Ablation from Condensed Molecular Systems, Mat.Res.Soc.Symp.Proc. 75 (1987) 583-590
8.80   Küper, S. und M. Stuke
        Femtosecond UV Excimer Laser Ablation, Appl.Phys. B 44 (1987) 199-204

8.81 Srinivasan, R. und B. Braren
Ultraviolet Laser Ablation of Organic Polymers, Chem.Rev. 89 (1989) 1303-1316

8.82 Hohensee, V. und K.J. Schmatjko
Schneiden faserverstärkter Kunststoffe mit dem Excimer-Laser, Laser-Magazin 1/87, S. 31-34 und 39

8.83 Holzer, P. und F. Bachmann
Excimerlaser-Anwendungen in der Chemie- und Kunststoffindustrie, Kunststoffe 79 (1989) 485-490

8.84 Elias, H.-G.
Makromoleküle, 4. Auflage, Hüthig & Wepf, Basel 1981

8.85 Larciprete, R. und M. Stuke
Direct Observation of Excimer-Laser Photoablation Products from Polymers by Picosecond-UV-Laser Mass Spectrometry, Appl.Phys. B 42 (1987) 181-184

8.86 Kelly, R. und B. Braren
On the Direct Observation of the Gas-Dynamics of Laser-Pulse Sputtering of Polymers: 1. Analytical Considerations, Appl.Phys. B 53 (1991) 160-169

8.87 Zweig, A.D. und T.F. Deutsch
Shock Waves Generated by Confined XeCl Excimer Laser Ablation of Polyimide, Appl.Phys. B 54 (1992) 76-82

8.88 Ventzek, P.L.G., R.M. Gilgenbach, D.M. Heffelfinger und J.A. Sell
Laser-Beam Deflection Measurements and Modeling of Pulsed Laser Ablation Rate and Near Surface Plume, J.Appl.Phys. 70 (1991) 587-593

8.89 Paraskevopoulos, G., D.L. Singleton, R.S. Irwin und R.S. Taylor
Time Resolved Reflectivity as a Probe of the Dynamics of Laser Ablation of Organic Polymers, J.Appl.Phys. 70 (1991) 1938-1946

8.90 Lazare, S. und V. Granier
Ultraviolet Laser Ablation of Polymers: Yield and Spatial Distribution of Products Deposition, Chem.Phys.Lett. 168 (1990) 593-597

8.91 Srinivasan, R., E. Sutcliffe und B. Braren
Ablation and etching of polymethylmethacrylate by very short (160 fs) ultraviolet (308 nm) laser pulses, Appl.Phys.Lett. 51 (1987) 1285-1287

8.92 Frisoli, J.K., Y. Hefetz und T.F. Deutsch
Time-Resolved UV Absorption of Polyimide, Appl.Phys. B 52 (1991) 168-172

8.93 Fukumura, H., N. Mibuka, S. Eura und H. Masuhara
Porphyrin-Sensitized Laser Swelling and Ablation of Polymer Films, Appl.Phys. A 53 (1991) 255-259

8.94 Davis, C.R., F.D. Egitto und S.L. Buchwalter
Dopant-Induced Excimer Laser Ablation of Poly(tetrafluoroethylene), Appl.Phys. B 54 (1992) 227- 230

8.95 Phillips, H.M., D.L. Callahan, R. Sauerbrey, G. Szabo und Z. Bor
Sub-100 nm lines produced by direct laser ablation in polyimide, Appl.Phys.Lett. 58 (1991) 2761-2763

8.96 Phillips, H.M., D.L. Callahan, R. Sauerbrey, G. Szabo und Z. Bor
Direct Laser Ablation of Sub-100 nm Line Structures into Polyimide, Appl.Phys. A 54 (1992) 158-165

8.97 Cullmann, E., Karl Süss KG, GmbH & Co, D-8046 Garching,
Excimer Laser Applications for Resist Patterning in Semiconductor Device Manu-

facturing, Präsentation auf der E-MRS Frühjahrstagung, Strasbourg 1987 und
Cullmann, E. und P. Pithayachariyakul
Excimer laser printing with 193 nm wavelength, Lambda Highlights No.4, Veröffentlichung von Lambda Physik, Göttingen 1987

8.98 Liu, Y.S.
Sources, Optics, and Laser Microfabrication Systems for Direct Writing and Projection Lithography in "Laser Microfabrication", Herausg. D.J. Ehrlich und J.Y. Tsao, Academic, San Diego 1989, S. 1-84

8.99 Srinivasan, R.
Etching polyimide films with continuous-wave ultraviolet lasers, Appl.Phys.Lett. 58 (1991) 2895-2897

8.100 Srinivasan, R.
Photokinetic etching of polymethyl methacrylate films by continuous wave ultraviolet laser radiation, J.Appl.Phys. 70 (1991) 7588-7593

8.101 Koren, G.
Ar Ion Laser Assisted Chemical Etching of Via Holes in Tungsten Sheets in Air, Appl.Phys. A 40 (1986) 215-217

8.102 Chuang, T.J.
Laser-enhanced gas-surface chemistry: Basic processes and applications, J.Vac.Sci.Technol. 21 (1982) 798-806

8.103 Chuang, T.J.
Laser-Stimulated Molecular Processes on Surfaces in "Laser Microfabrication", Herausg. D.J. Ehrlich und J.Y. Tsao, Academic, San Diego 1989, S. 85-162

8.104 Ritsko, J.J.
Laser Etching, in "Laser Microfabrication", Herausg. D.J. Ehrlich und J.Y. Tsao, Academic Press, Boston 1989, Kap.6, S. 333-383

8.105 Tyndall, G.W. und C.R. Moylan
Laser-Induced Etching of Titanium by Br_2 and CCl_3Br at 248 nm, Appl.Phys. A 50 (1990) 609-615

8.106 Foulon, F., M. Green, R.A. Lawes, J. Baker, F.N. Goodall und G. Arthur
Laser projection patterned processing of semiconductors, Appl.Surf.Sci. 54 (1992) 291-297

8.107 Arikado, T., M. Sekine, H. Okano und Y. Horiike
Single-Crystal Silicon Etching Characteristics Using Excimer Laser Cl_2 Gas, Mat.Res.Soc.Symp.Proc. 29 (1984) 167-172

8.108 Osgood Jr., R.M.
An Overview of Laserchemical Processing, Mat.Res.Soc.Symp.Proc. 75 (1987) 3-15

8.109 Houle, F.A.
Mechanism of Laser-Enhanced Etching of Silicon, Mat.Res.Soc.Symp.Proc. 29 (1984) 203-209

8.110 Ehrlich, D.J., T.F. Deutsch, R.M. Osgood, Jr. und D.J. Silversmith
Laser Photochemical Processing for Microelectronics, Jpn.J.Appl.Phys. 22 (1983), Supplement 22-1, S. 161-166

8.111 Brewer, P.D., G.M. Reksten und R.M. Osgood, Jr.
Laser-Assisted Dry Etching, Solid State Technology, April 1985, S. 273-278

8.112 Bäuerle, D.
Chemical Processing with Lasers, Springer Series in Materials Science, Band 1, Springer, Berlin 1986

8.113 Rothschild, M.
Spectroscopy and Photochemistry of Gases, Adsorbates, and Liquids in "Laser Microfabrication", Herausg. D.J. Ehrlich und J.Y. Tsao, Academic, San Diego 1989, S. 163-230

8.114 Steinfeld, J.I.
Reactions of Photogenerated Free Radicals at Surfaces of Electronic Materials, Chem.Rev. 89 (1989) 1291-1301

8.115 Horiike, Y., N. Hayasaka, M. Sekine, T. Arikado, M. Nakase und H. Okano
Excimer-Laser Etching on Silicon, Appl.Phys. A 44 (1987) 313-322

8.116 Lu, Y.-F., M. Takai, S. Nagamoto und S. Namba
Laser-Induced Dry Chemical Etching of Mn-Zn Ferrite in CCl_2F_2 Atmosphere, Appl.Phys. B 53 (1991) 39-45

8.117 Treyz, G.V., R. Scarmozzino, H.H. Burke und R.M. Osgood Jr.
Laser-Induced Atomic Chlorine Etching of Silicon, Mat.Res.Soc.Symp.Proc. 129 (1989) 291-297

8.118 Treyz, G.V., R. Beach und R.M. Osgood Jr.
Direct-Writing of High-Aspect-Ratio Trenches in Silicon, Mat.Res.Soc.Symp.Proc. 75 (1987) 377-383

8.119 Hirose, M. und T. Ogura
Surface Processes in Laser-Induced Etching of Silicon Studied by X-Ray Photoelectron Spectroscopy, Mat.Res.Soc.Symp.Proc. 75 (1987) 357-367

8.120 Yokoyama, S., Y. Yamakage und M. Hirose
Laser-induced photochemical etching of SiO_2 studied by X-ray photoelectron spectroscopy, Appl.Phys.Lett. 47 (1985) 389-391

8.121 Hirose, M., S. Yokoyama und Y. Yamakage
Characterization of photochemical processing, J.Vac.Sci.Technol. B 3 (1985) 1445-1449

8.122 Berman, M.R.
Laser-Assisted Etching of Gallium Arsenide in Chlorine at 308 nm, Appl.Phys. A 53 (1991) 442-448

8.123 Loper, G.L. und M.D. Tabat
Fluorine Atom Production Mechanisms from COF_2 and NF_3 in UV Laser Etching of Poly-Silicon and Molybdenum, Mat.Res.Soc.Symp.Proc. 75 (1987) 385-393

8.124 Reichelt, K. und X. Jiang
Review: The Preparation of Thin Films by Physical Vapour Deposition Methods, Thin Solid Films 191 (1990) 91-126

8.125 Fogarassy, E., A. Slaoui, C. Fuchs und J.P. Stoquert
Synthesis of SiO_2 thin films by reactive excimer laser ablation, Appl.Surf.Sci. 54 (1992) 180-186

8.126 Afonso, C.N., F. Vega, J. Solis, F. Catalina, C. Ortega und J. Siejka
Laser ablation of Ge in an oxygen environment: plasma and film properties, Appl.Surf.Sci. 54 (1992) 175-179

8.127 Endres, G., B. Roas, K.J. Schmatjko und L. Schultz
Laserdeposition von supraleitenden YBaCuO-Dünnfilmen mit dem Excimer-Laser, Opto Elektronik Magazin 6 (1990) 66-69

8.128 Saenger, K.L., R.A. Roy, J. Gupta, J.P. Doyle und J.J. Cuomo
Laser Interferometric Temperature Measurement of Heated Substrates Used for High T_c Superconductor Deposition Mat.Res.Soc.Symp.Proc. 169 (1990) 1161-1164

8.129 Norton, M.G., L.A. Tietz, S.R. Summerfelt und C.B. Carter
Direct Observation by Transmission Electron Microscopy of the Early Stages of Growth of Superconducting Thin Films, Mat.Res.Soc.Symp.Proc. 169 (1990) 509-512 sowie
Norton, M.G. und C.B. Carter
On the optimization of the laser ablation process for the deposition of $YBa_2Cu_3O_{7-\delta}$ thin films, Physica C 172 (1990) 47-56

8.130 Habermeier, H.-K., A.A.C.S. Lourenco, B. Friedl und J. Kircher
Präparation dünner Y-Ba-Cu-O Filme mit ausgerichteter C-Achse in der Filmebene in "Supraleitung und Tieftemperaturtechnik", VDI, Düsseldorf 1991, S. 288-291

8.131 Stritzker, B., P. Leiderer, R. Feile, U. Krüger und W. Zander
Macroscopic Persistent Currents in Laser Ablated $YBa_2Cu_3O_{7-x}$ Films, Mat.Res.Soc.Symp.Proc. 169 (1990) 899-902

8.132 Venkatesan, T., X.D. Wu, R. Muenchausen und A. Pique
Pulsed Laser Deposition: Future Directions, Mat.Res.Soc.Bull. 17 (1992) 54-58

8.133 von der Burg, E., W. Grill, M. Diegel und H. Stafast
Continious-wave CO_2 laser-assisted high temperature superconducting film deposition by excimer laser ablation, Mat.Sci.Engin. B 13 (1992) 25-28 sowie
von der Burg, E., M. Diegel, H. Stafast und W. Grill
$Y_1Ba_2Cu_3O_{7-\delta}$ Thin Films from KrF Laser Ablation with Substrate Heating and in situ Patterning by CO_2 Laser Radiation, Appl.Phys. A 54 (1992) 373-379

8.134 Chrisey, D.B. und A. Inam
Pulsed Laser Deposition of High T_c Superconducting Thin Films for Electronic Device Applications, Mat.Res.Soc.Bull. 17 (1992) 37-43

8.135 Deneffe, K., P. van Mieghem, B. Brijs, W. Vandervorst, R. Mertens und G. Borghs
As-Deposited Superconducting Thin Films by Electron Cyclotron Resonance-Assisted Laser Ablation for Applications in Micro-Electronics, Jpn.J.Appl.Phys. 30 (1991) 1959-1963

8.136 Schwab, P., A. Kochemasov, R. Kullmer und D. Bäuerle
The Influence of Photodissociated N_2O in Pulsed-Laser Deposition of Y-Ba-Cu-O Films, Appl.Phys. A 54 (1992) 166-169

8.137 Singh, R.K., C.B. Lee, P. Tiwari und J. Narayan
In-situ Patterning and Critical Current Density Measurements in Laser Deposited High-T_c Superconducting Thin Films, Mat.Res.Soc.Symp.Proc. 169 (1990) 887-890

8.138 Lemoine, P. und W. Blau
Photoablation of polymers, Appl.Surf.Sci. 54 (1992) 240-243

8.139 Herminghaus, S. und P. Leiderer
Nanoseconed time-resolved study of pulsed laser ablation in the monolayer regime, Appl.Phys.Lett. 58 (1991) 352-354

8.140 Hunger, E., H. Pietsch, S. Petzoldt und E. Matthias
Multishot ablation of polymer and metal films at 248 nm, Appl.Surf.Sci. 54 (1992) 227-231

8.141 Goodwin, P.M. und C.E. Otis
Ultraviolet photoablation of p-tetrafluoroethylene: Rotational energy distributions of the CF radical and time resolved mass spectra, J.Appl.Phys. 69 (1991) 2584-2588

8.142 Cheung, J. und J. Horwitz
Pulsed Laser Deposition History and Laser-Target Interactions, Mat.Res.Soc.Bull. 17 (1992) 30-36

8.143 Hansen, S.G. und T.E. Robitaille
Formation of polymer films by pulsed laser evaporation, Appl.Phys.Lett. 52 (1988) 81-83

8.144 Saba, F.M., J.A. Kilner, P. Sagov, A. Sajjadi, F. Beech und I.W. Boyd
Target phase composition effect on Bi-Pb-Sr-Ca-Cu-O thin films deposited by laser ablation, Mat.Sci.Engin. B 13 (1992) 63-66

8.145 Blank, D.H.A., R.P.J. Ijsselsteijn, P.G. Out, H.J.H. Kuiper, J. Flokstra und H. Rogalla
High T_c thin films prepared by laser ablation: material distribution and droplet problem, Mat.Sci.Engin. B 13 (1992) 67-74

8.146 Yilmaz, S., T. Venkatesan und R. Gerhard-Multhaupt
Pulsed laser deposition of stoichiometric potassium-tantalate-niobate films from segmented evaporation targets, Appl.Phys.Lett. 58 (1991) 2479-2481

8.147 Davis, M.F., J. Wosik, K. Forster, S.C. Deshmukh, H.R. Rampersad, S. Shah, P. Siemsen, J.C. Wolfe und D.J. Economou
Deposition of high quality $YBa_2Cu_3O_{7-\delta}$ thin films over large areas by pulsed laser ablation with substrate scanning, J.Appl.Phys. 69 (1991) 7182-7188

8.148 Greer, J.A. und H.J. Van Hook
Uniformity Considerations for "in situ" Laser-Ablated $Y_1Ba_2Cu_3O_{7-x}$ Films over Three Inch Substrates, Mat.Res.Soc.Symp.Proc. 169 (1990) 463-468

8.149 Bachmann, F.
Excimer Laser Drill for Multilayer Printed Circuit Boards: From Advanced Development to Factory Floor, Mat.Res.Soc. Bulletin, Dezember 1989, S. 49-53

8.150 Golusda, E., Battelle-Institut e.V., Frankfurt, persönliche Mitteilung

8.151 Gauthier, M., R. Bourret, C.-K. Jen und E.L. Adler
Excimer Laser Thin Metallic Film Patterning on Polyvinylidene Difluoride, Mat.Res.Soc.Symp.Proc. 129 (1989) 399-404

8.152 More, R.
Atoms in plasmas, Physics World, 5 (1992) 38-42

8.153 Xenakis, D., M.H.R. Hutchinson, F. O'Neill und I.C.E. Turcu
Laser-plasma X-ray generation using an injection-mode-locked XeCl excimer laser, J.Appl.Phys. 71 (1992) 85-93

8.154 Lambda Highlights No. 4, Veröffentlichung von Lambda Physik, Göttingen 1987

8.155 Kubiak, G.D., D.A. Outka und J.M. Zeigler
X-Ray Lithography Studies of Polysilane Using a Laser Plasma X-Ray Source, Mat.Res.Soc.Symp.Proc. 129 (1989) 615-620

8.156 Lambda Highlights No. 27/28, Veröffentlichung von Lambda Physik, Göttingen 1991

8.157 Gauthier, M., R. Bourret, G. Gavrel und R. Carnegie
Laser Trim Revisited in the Light of an Excimer Laser, Mat.Res.Soc.Symp.Proc. 129 (1989) 621-626

8.158 Carts, Y.A.
Lucrative niches await lasers in semiconductor processing, Laser Focus World, May 1989, S. 105-118

8.159 Pummer, H.
Der Excimerlaser - ein nützliches Werkzeug?, Phys.Bl. 41 (1985) 199-203

8.160 Elliot, D.J. und B.P. Piwczyk
Single & Multiple Pulse Ablation of Polymeric and High Density Materials with Excimer Laser Radiation at 193 nm and 248 nm, Mat.Res.Soc.Symp.Proc. 129 (1989) 627-636

8.161 Jungbluth, E.D.
Laser cleaning renews art objects, Laser Focus World, September 1992, S. 38 oder direkte Auskunft von Prof. Dr. C. Fotakis, F.O.R.T.H.-Hellas, P.O. Box 1527, GR-71110 Heraklion

8.162 Combined Electron and UV Beams: A New Tool for Ultra-Precision ?
Lambda Highlights, No. 33, Veröffentlichung von Lambda Physik, Göttingen 1992 , S. 3

8.163 Wittekoek, S., M. van den Brink und J. Greeneich
Wafer steppers for 64 Mbit DRAM production, Europ.Semiconductor, Februar 1992, S. 21-25

8.164 Sheats, J.R.
Photoresists for Deep UV Lithography, Solid State Technology, June 1989, S. 79-86

8.165 Elliott, D.J., C.P. Pennelli und U.K. Sengupta
Recent advances in an excimer laser source for microlithography, J.Vac.Sci. Technol. B 9 (1991) 3122-3125

8.166 Brannon, J.H., A.C. Tam und R.H. Kurth
Pulsed Laser Stripping of Polyurethane-Coated Wires - A Comparison of KrF and CO_2 Lasers, J.Appl.Phys. 70 (1991) 3881-3886

8.167 Klimt, B.H.
Review of Laser Marking and Engraving, Lasers & Optotronics, September 1988, S. 61-67

8.168 Sowoda, U., H.-J., Kahlert, D. Basting und H. Gerhardt
Excimerlaser für die Materialbearbeitung - Verfahren und Anwendungen, Laser und Optoelektronik 20(2) (1988)96 sowie
Lambda Industrial No. 2, Veröffentlichung von Lambda Physik, Göttingen 1988, S.1-6

8.169 Sowada, U., H.-J. Kahlert, H. Gerhardt und D. Basting
Excimerlaser für die Materialbearbeitung - Verfahren und Resultate, Laser und Optoelektronik, Nr. 2/1988, S. 96-101

8.170 Sigrist, M.W. und F.K. Tittel
Excimer Laser Processing of Embedded Fibers, Appl.Phys. A 52 (1991) 418-420

8.171 Held, K., G. Pfeifer und G. Reiße
Strukturierung von Polymerfolien mit Excimerlasern, Feingerätetechnik, Berlin 39 (1990) 341-344

8.172 Flottmann, T. und J. Tretzel (Erfinder), Akzo Patente GmbH (Anmelder), Offenlegungsschrift DE 3742770 A 1, Deutsches Patentamt

8.173 Peyre, J.-L., D. Riviere, C. Vanuier und G. Villela
Excimerlaser-induziertes Ätzen von Halbleitern und Metallen, Elektrisches Nachrichtenwesen 62 (1988) 222-228

8.174 Takai, M., Y.F. Lu, T. Koizumi, S. Namba und S. Nagamoto
Thermochemical Dry Etching of Single Crystal Ferrite by Laser Irradiation in CCl_4 Gas Atmosphere, Appl.Phys. A 46 (1988) 197-205

8.175 Maki, P.A. und D.J. Ehrlich
Patterned Excimer Laser Etching of GaAs within a Molecular Beam Epitaxy System, Mat.Res.Soc.Symp.Proc. 129 (1989) 585-590

8.176 Daginnus, M., J. Richter und H.J. Hinken
Investigation of step-edge microbridges for application as microwave detectors, Supercond.Sci.Technol. 4 (1991) 482-484 und
Daginnus, M. und J. Richter
Ein Konzept für definierte HT_c-Josephson-Elemente für Mikrowellenanwendungen in "Supraleitung und Tieftemperaturtechnik", VDI, Düsseldorf 1991, S. 424-427

8.177 Bowman, R.M., C.M. Pegrum, S.W. Goodyear und J.A. Edwards
Laser-ablated $SrTiO_3$-$YBa_2Cu_3O_{7-x}$ multilayers, Supercond.Sci.Technol. 4 (1991) 427-429

8.178 Lal, R., R. Grover, R.D. Vispute, R. Viswanathan, V.P. Godbole und S.B. Ogale
Sensor activity in pulsed laser deposited and ion implanted tin oxide thin films, Thin Solid Films 206 (1991) 88-93

8.179 Kuhn, M., R. Horn, M. Klinger und H.J. Hinken
HTSC microstrip UHF filter at 2 GHz, Supercon.Sci.Technol. 4 (1991) 471-472

8.180 Bogner, G. und H.E. Hoenig
High-T_c Superconductors, Adv.Mater. 2 (1990) 473-477

8.181 Schultz, L., G. Sölkner, H. Schmidt, G. Gieres, G. Friedl, M. Römheld, R. Seeböck, B. Roas und H.E. Hoenig
Hochfrequenz-Devices und Grundelemente zur Anwendung der Hochtemperatur-Supraleitung in der Mikroelektronik in "Supraleitung und Tieftemperaturtechnik", VDI, Düsseldorf 1991, S. 488-493

8.182 Siegel, M., F. Schmidl, W. Michalke, K. Zach, E. Heinz, J. Borck und P. Seidel
DC-SQUID auf der Basis von $Y1Ba_2Cu_3O_{7-x}$-Schichten in "Supraleitung und Tieftemperaturtechnik", VDI, Düsseldorf 1991, S. 494-497

8.183 Dössel, O.
Funktionsdiagnostik mit SQUID-Matrizen in "Supraleitung und Tieftemperaturtechnik", VDI, Düsseldorf 1991, S. 428-433

8.184 Baeri, P., L. Torrisi, N. Marino und G. Foti
Ablation of hydroxyapatite by pulsed laser irradiation, Appl.Surf.Sci. 54 (1992) 210-214

8.185 Sangeeta, K., M. Swaminathan und S.B. Ogale
Degradation of $Y_1Ba_2Cu_3O_{7-x}$ thin epitaxial films in aqueous medium and control of degradation using polymer overlayers deposited by pulsed excimer laser, Thin Solid Films 206 (1991) 161-164

8.186 Mai, H. und W. Pompe
Manufacture and characterization of soft X-ray mirrors by laser ablation, Appl.Surf.Sci. 54 (1992) 215-226

8.187 Macquart, Ph., F. Bridou und B. Pardo
Carbon/Tungsten Multilayers for X-Ray-UV Optics Deposited by Laser Evaporation: Preparation and Interface Characterization, Thin Solid Films 203 (1991) 77-86

8.188 Adrian, G., R. Fischer und R. Schneider
Hochtemperatur-Supraleiter für Mikroelektronik und Energietechnik, EPP, Juli/August 1991, S. 64-67 sowie
Hochtemperatur-Supraleiter für die Mikroelektronik in "Supraleitung und Tieftemperaturtechnik", VDI, Düsseldorf 1991, S. 253-256

8.189 Gitay, M., B. Joglekar und S.B. Ogale
Synthesis of polymer-metal composite thin films by pulsed excimer laser coablation, Appl.Phys.Lett. 58 (1991) 197-199

8.190 Norton, M.G., P.G. Kotula und C.B. Carter
Oriented Aluminum Nitride Thin Films Deposited by Pulsed-Laser Ablation, J.Appl.Phys. 70 (1991) 2871-2873

8.191 Youden, K.E., R.W. Eason, M.C. Gower und N.A. Vainos
Epitaxial Growth of $Bi_{12}GeO_{20}$ Thin-Film Optical Waveguides Using Excimer Laser Ablation, Appl.Phys.Lett. 59 (1991) 1929-1931

8.192 Dubowski, J.J., A.P. Roth, Z.R. Wasilewski und S.J. Rolfe
$CdTe-Cd_{1-x}Mn_xTe$ Multiple Quantum Well Structures Grown by Pulsed Laser Evaporation and Epitaxy, Appl.Phys.Lett. 59 (1991) 1591-1593

8.193 Fork, D.K., D.B. Fenner und T.H. Geballe
Growth of Epitaxial PrO_2 Thin Films on Hydrogen Terminated Si(111) by Pulsed Laser Deposition, J.Appl.Phys. 68 (1990) 4316-4318

8.194 Martin, J.A., L. Vazquez, P. Bernard, F. Comin und S. Ferrer
Epitaxial Growth of Crystalline, Diamond-Like Films on Si(100) by Laser Ablation of Graphite, Appl.Phys.Lett. 57 (1990) 1742-1744

8.195 Dai, C.M., C.S. Su und D.S. Chuu
Growth of Highly Oriented Tin Oxide Thin Films by Laser Evaporation, Appl. Phys.Lett. 57 (1990) 1879-1881

8.196 Paul, T.K., P. Bhattacharya und D.N. Bose
Characterization of pulsed laser deposited boron nitride films on InP, Appl.Phys. Lett. 56 (1990) 2648-2650

8.197 Paul, T.K., P. Bhattacharya und D.N. Bose
Laser-Assisted Deposition of BN Films on InP for MIS Applications, Electron.Lett. 25 (1989) 1602-1603

8.198 Sankur, H.
Properties of thin PbF_2 films deposited by cw and pulsed laser assisted evaporation, Appl.Opt. 25 (1986) 1962-1965

8.199 Renk, K.F.
Ferninfrarot-Resonatoren und -Detektoren aus Hochtemperatursupraleitern in "Supraleitung und Tieftemperaturtechnik", VDI, Düsseldorf 1991, S. 483-487

8.200 Zheng, J.P., Q.Y. Yung und H.S. Kwok
High Speed Infrared Detectors Using Y-Ba-Cu-O Thin Films, Mat.Res.Soc.Symp. Proc. 169 (1990) 1121-1124

8.201 Ramesh, R., A. Inam, W.K. Chan, B. Wilkens, K. Myers, K. Remschnig, D.L. Hart und J.M. Tarascon
Epitaxial Cuprate Superconductor/Ferroelectric Heterostructures, Science 252 (1991) 944-946

8.202 Myers, E.R. und A.I. Kingon (Herausgeber)
Ferroelectric Thin Films, Mat.Res.Soc.Symp.Proc., Band 200, Pittsburgh 1990

8.203 Roy, R.A., K.F. Etzold und J.J. Cuomo
Ferroelectric Film Synthesis, Past and Present: A Select Review, Mat.Res.Soc. Symp.Proc. 200 (1990) 141- 152

8.204 Vogel, E.M., E.W. Chase, J.L. Jackel und B.J. Wilkens
Fabrication of thin nonlinear optical glasses using pulsed excimer laser deposition, Appl.Opt. 28 (1989) 649-651

8.205 Saenger, K.L.
On the origin of spatial nonuniformities in the composition of pulsed-laser-deposited films, J.Appl.Phys. 70 (1991) 5629-5635

8.206 Lynds, L., B.R. Weinberger, D.M. Potrepka, G.G. Peterson und M.P. Lindsay
High Temperature Superconducting Thin Films: The Physics of Pulsed Laser Ablation, Physica C 159 (1989) 61-69

8.207 Chen, C.H., T.M. Murphy und R.C. Phillips
Laser desorption mass spectra of $YBa_2Cu_3O_{7-x}$, Appl.Phys.Lett. 57 (1990) 937-939

8.208 Scott, K., J.M. Huntley, W.A. Phillips, J. Clarke und J.E. Field
Influence of oxygen pressure on laser ablation of $YBa_2Cu_3O_{7-x}$, Appl.Phys.Lett. 57 (1990) 922-924

8.209 Riley, S.J.
Gas Phase Reactions of Transition Metal Clusters, Ber.Bunsenges.Phys.Chem. 96 (1992) 1104-1113

8.210 Athanassenas, K., T. Leisner, U. Frenzel und D. Kreisle
Delayed Ionization of Photoexcited Niobium and Niobium Oxide Clusters, Ber. Bunsenges.Phys.Chem. 96 (1992) 1192-1194

8.211 Pellarin, M., J. Lerme, B. Baguenard, M. Broyer, J.L. Vialle und A. Perez
Shell Structure in Photoionization Spectra of Trivalent Metal Clusters, Ber.Bunsenges.Phys.Chem. 96 (1992) 1212-1215

8.212 Becker, J.A. und W.A. de Heer
The Ferromagnetism of Iron and Nickel Clusters in a Molecular Beam, Ber.Bunsenges.Phys.Chem. 96 (1992) 1237-1243

8.213 Hertel, I.V., E.E.B. Campbell und H.-G. Busmann
Freie C_{60}-"Cluster": Grundlagenforschung an einem faszinierenden neuen Molekül, Phys.Bl. 48 (1992) 91-95

8.214 Fojtik, A. und A. Henglein
Laser Ablation of Films and Suspended Particles in a Solvent: Formation of Cluster and Colloid Solutions, Ber.Bunsenges.Phys.Chem. 97 (1993) 252-254

8.215 Wester, R.
Laserinduziertes Abdampfen als Basisprozeß des Bohrens, Fräsens und Schneidens, Laser und Optoelektronik 23(4) (1991) 60-63
8.216 Herziger, G., R. Wester und D. Petring
Abtragen mit Laserstrahlung, Laser und Optoelektronik, 23(4) (1991) 64-69
8.217 Holtmeier, G.M., D.R. Alexander und J.P. Barton
High-intensity ultraviolet laser interaction with a metallic filament, J.Appl.Phys. 71 (1992) 557-563
8.218 Teubner, U., G. Kühnle und F.P. Schäfer
Detailed Study of the Effect of a Short Prepulse on Soft X-Ray Spectra Generated by a High-Intensity KrF* Laser Pulse, Appl.Phys. B 54 (1992) 493-499
8.219 Sakeek, H.F., T. Morrow, W.G. Graham und D.G. Walmsley
Optical absorption spectroscopy study of the role of plasma chemistry in the $YBa_2Cu_3O_7$ pulsed laser deposition, Appl.Phys.Lett. 59 (1991) 3631-3633
8.220 Bjorkholm, J.E., L. Eichner, J.C. White, R.E. Howard und H.G. Craighead
Direct writing in self-developing resists using low-power cw ultraviolet light, J.Appl.Phys. 58 (1985) 2098-2101
8.221 Lazare, S. und V. Granier
Ultraviolet Laser Photoablation of Polymers: A Review and Recent Results, Laser Chem. 10 (1989) 25-40
8.222 Preuß, S., H.-C. Langowski, T. Damm und M. Stuke
Incubation/Ablation Patterning of Polymer Surfaces with sub-µm Edge Definition for Optical Storage Devices, Appl.Phys. A 54 (1992) 360-362
8.223 Huadong Gai und G.A. Voth
A computer simulation method for studying the ablation of polymer surfaces by ultraviolet laser radiation, J.Appl.Phys. 71 (1992) 1415-1420
8.224 Srinivasan, R.
Photokinetic Etching of Polyethylene Terephtalate Films by Continuous Wave Ultraviolet Laser Radiation, Appl.Phys. A 55 (1992) 269-273
8.225 Menger-Hammond, E.L. und M. Novotny
Laser-Synthesized Catalysts, U.S. Patent 4,472,513 (18.9.1984)
8.226 High precision drilling of ceramics, Lambda Highlights No. 34, Veröffentlichung von Lambda Physik 1992, S. 2-5
8.227 Foulon, F., M. Green, F.N. Goodall und S. De Unamuno
Laser-projection-patterned etching of GaAs in a chlorine atmosphere, J.Appl.Phys. 71 (1992) 2898-2907
8.228 Paine, D.C. und J.C. Bravman (Herausg.)
Laser Ablation for Materials Synthesis, Mat.Res.Soc.Symp.Proc. 191, Pittsburgh 1990
8.229 Boyd, I.W. und Habermeier (Gast-Herausgeber)
Laser Ablation of Superconductors, Sonderheft von Mat.Sci.Engin. B 13 (1992) Heft 1
8.230 Beech, F. und I.W. Boyd
Laser Ablation of Electronic Materials, in "Photochemical Processing of Electronic Materials", Herausgeber I.W. Boyd und R.B. Jackman, Academic, London 1992, S. 387-432

8.231 Dyer, P.E.
Laser Ablation of Polymers, in "Photochemical Processing of Electronic Materials", Herausgeber I.W. Boyd und R.B. Jackman, Academic, London 1992, S. 359-385

8.232 Zhou Guosheng, P.M. Fauchet und A.E. Siegman
Growth of spontaneous periodic surface structures on solids during laser illumination, Phys.Rev. B 26 (1982) 5366-5381

8.233 Niino, H. und A. Yabe
Excimer laser ablation of polyethersulfone derivatives: periodic morphological micro-modification on ablated surface, J.Photochem.Photobiol.A: Chem. 65 (1992) 303-312

8.234 Bolle, M., S. Lazare, M. Le Blanc und A. Wilmes
Submicron periodic structures produced on polymer surfaces with polarized excimer laser ultraviolet radiation, Appl.Phys.Lett. 60 (1992) 674-676

8.235 Kools, J.C.S., T.S. Baller und J. Dieleman
Excimer Laser Chemical Etching of Silicon and Copper, in "Photochemical Processing of Electronic Materials", Herausgeber I.W. Boyd und R.B. Jackman, Academic, London 1992, S. 339-357

8.236 Zeiger, H.J. und D.J. Ehrlich
Transport and Kinetics, in "Laser Microfabrication", Herausg. D.J. Ehrlich und J.Y. Tsao, Academic, San Diego 1989, S. 285-330

8.237 Mogro-Campero, A.
A review of high-temperature superconducting films on silicon, Supercond.Sci.Technol. 3 (1990) 155-158

8.238 Baller, T.S., G.N.A. van Veen und H.A.M. van Hal
The Influence of Substrate Material and Annealing Procedure on the Properties of Superconducting Thin Films, Appl.Phys. A 46 (1988) 215-220

8.239 Krebs, H.-U. und M. Kehlenbeck
In-Situ Preparation of C-Axis Oriented Y-Ba-Cu-O and Bi-Sr-Ca-Cu-O Films on Si-Substrates by Laser Ablation, Physica C 162-164 (1989) 119-120

8.240 Blank, D.H.A., D.J. Adelerhof, J. Flokstra und H. Rogalla
Preparation of YBaCuO Thin Films on Various Substrates by Laser Ablation, Physica C 167 (1990) 423-432

8.241 Fork, D.K., D.B. Fenner, R.W. Barton, J.M. Phillips, G.A.N. Connell, J.B. Boyce und T.H. Geballe
High critical currents in strained epitaxial $YBa_2Cu_3O_{7-\delta}$ on Si, Appl.Phys.Lett. 57 (1990) 1161-1163

8.242 Kumar, A., L. Ganapathi, S.M. Kanetkar und J. Narayan
Synthesis of superconducting $YBa_2Cu_3O_{7-\delta}$ thin films on nickel-based superalloy using *in situ* pulsed laser deposition, Appl.Phys.Lett. 57 (1990) 2594-2596

8.243 Narumi, E., L.W. Song, F. Yang, S. Patel, Y.H. Kao und D.T. Shaw
Superconducting $YBa_2Cu_3O_{6.8}$ films on metallic substrates using *in situ* laser deposition, Appl.Phys.Lett. 56 (1990) 2684-2686

8.244 Rao, M.R., E.J. Tarsa, L.A. Samoska, J.H. English, A.C. Gossard, H. Kroemer, P.M. Petroff und E.L. Hu
Superconducting YBaCuO thin films on GaAs/AlGaAs, Appl.Phys.Lett. 56 (1990) 1905-1907

8.245 Saitoh, J., M. Fukutomi, Y. Tanaka, T. Asano, H. Maeda und H. Takahara
Deposition of $YBa_2Cu_3O_y$ Thin Films on Metallic Substrates by Laser Ablation, Jpn.J.Appl.Phys. 29 (1990) L 1117-L 1119

8.246 Tiwari, P., S.M. Kanetkar, S. Sharan und J. Narayan
In situ single chamber laser processing of $YBa_2Cu_3O_{7-\delta}$ superconducting thin films on Si (100) with yttria-stabilized zirconia buffer layers, Appl.Phys.Lett. 57 (1990) 1578-1580

8.247 Wiener-Avnear, E., G.L. Kerber, J.E. McFall, J.W. Spargo und A.G. Toth
In situ laser deposition of $YBa_2Cu_3O_{7-x}$ high T_c superconducting thin films with $SrTiO_3$ underlayers, Appl.Phys.Lett. 56 (1990) 1802-1804

8.248 Shi, L., Y. Hashishin, S.Y. Dong, J.P. Zheng und H.S. Kwok
Laser deposition of CdS/Y-Ba-Cu-O heterostructures, Appl.Phys.Lett. 59 (1991) 1377-1379

8.249 Wu, X.D., R.E. Muenchausen, S. Foltyn, R.C. Estler, R.C. Dye, C. Flamme, N.S. Nogar, A.R. Garcia, J. Martin und J. Tesmer
Effect of deposition rate on properties of $YBa_2Cu_3O_{7-\delta}$ superconducting thin films, Appl.Phys.Lett. 56 (1990) 1481-1483

8.250 Foltyn, S.R., R.E. Muenchausen, R.C. Dye, X.D. Wu, L. Luo, D.W. Cooke und R.C. Taber
Large-area, two-sided superconducting $YBa_2Cu_3O_{7-x}$ films deposited by pulsed laser deposition, Appl.Phys.Lett. 59 (1991) 1374-1376

8.251 Kwok, H.S., H.S. Kim, S. Witanachchi, E. Petrou, J.P. Zheng, S. Patel, E. Narumi und D.T. Shaw
Plasma-assisted laser deposition of $YBa_2Cu_3O_{7-\delta}$, Appl.Phys.Lett. 59 (1991) 3643-3645

8.252 Misra, D.S. und S.B. Palmer
Laser ablated thin films of $Y_1Ba_2Cu_3O_{7-\delta}$: the nature and origin of the particulates, Physica C 176 (1991) 43-48

8.253 Rückle, B., P. Lokai, H. Rosenkranz, B. Nikolaus, H.-J. Kahlert, B. Burghardt, D. Basting und W. Mückenheim
Wavelength Stabilized and Computer Controlled 248.4 nm Excimer Laser for Microlithography, Lambda Industrial No. 1, Veröffentlichung von Lambda Physik, Göttingen 1988, S. 1-4

8.254 Momma, C., M. Hube, A. Tümmermann, K. Mossavi und B. Wellegehausen
Infrared Recombination Lasers Pumped by Low Energy Nd:YAG and Excimer Lasers, Appl.Phys. B 54 (1992) 234- 238

8.255 Sercel, J. und U. Sowada
Why Excimer Lasers Excel in Marking, Laser & Optoelectronics, September 1988, S. 69-72

8.256 Cros, A., H. Dallaporta, S. Lazare, H. Hiroaka, N. Merk und W. Marine
Properties of Au and Cu layers deposited on photoablated polyphenylquinoxaline surfaces, Appl.Surf.Sci. 54 (1992) 278-283

8.257 Hillenkamp, F., E. Unsöld, R. Kaufmann und R. Nitsche
Laser microprobe mass analysis of organic materials, Nature 256 (1975) 119-120

8.258 Habermeier, H.-U., E. Kaldis und J. Schoenes (Herausgeber)
High T_c-Superconductor Materials, J.Less Common Metals, Band 164&165 (1991)

8.259 Cotell, C.M. und K.S. Grabowski
Novel Materials Applications of Pulsed Laser Deposition, Mat.Res.Soc.Bull. 17 (1992) 44-53

8.260 Venkatesan, T.
Epitaxial metal oxide films, a leading candidate for 21st Century thin film technology, Thin Solid Films 216 (1992) 52-58

8.261 Craciun, D. und V. Craciun
Reactive pulsed laser deposition of TiN, Appl.Surf.Sci. 54 (1992) 75-77

8.262 Pompe, W., H.-J. Scheibe, P. Siemroth, R. Wilberg, D. Schulze und B. Bücken
Film deposition by laser-arcs, Thin Solid Films 208 (1992) 11-14

8.263 Scheibe, H.-J. und P. Siemroth
Lasergestützte Bogenbeschichtung (LASER-ARC), Jahrbuch der Oberflächentechnik, Band 48, Metall-Verlag, Berlin/Heidelberg 1992, S. 329-359

8.264 Mineta, S., M. Kohata, N. Yasunaga und Y. Kikuta
Preparation of Cubic Boron Nitride Film by CO_2 Laser Physical Vapour Deposition with Simultaneous Nitrogen Ion Supply, Thin Solid Films 189 (1990) 125-138

8.265 Al-Dhahir, R.K., P.E. Dyer, J. Sidhu, C. Foulkes-Williams und G.A. Oldershaw
Dual Excimer and CO_2 Laser Etching Studies of Polyethylene Terephtalate, Appl.Phys. B 49 (1989) 435-440

8.266 Kinsman, G. und W.W. Duley
CO_2 Laser Drilling of Copper Following Excimer Laser Pretreatment, Appl.Phys.Lett. 56 (1990) 996-998

8.267 Material Processing Using 157 nm, Lambda Highlights No. 25, Veröffentlichung von Lambda Physik 1990, S. 1-2

8.268 Clean Holes in Polymers under a Helium Stream, Lambda Highlights No. 24, Veröffentlichung von Lambda Physik 1990, S. 5-6

8.269 Lankard, J.R. und G. Wolbold
Excimer Laser Ablation of Polyimide in a Manufacturing Facility, Appl.Phys. A 54 (1992) 355-359

8.270 Messenger, H.W.
Excimer laser marks $LiNbO_3$ for fiberoptic devices, Laser Focus World, Mai 1990, S. 227

8.271 Forrest, G.T.
Nd:YAG lasers strip paint effectively, Laser Focus World, Oktober 1992, S. 18-21

8.272 Lu, Y.-F., M. Takai, A. Kinomura, H. Sanda und S. Namba
Laser Induced Chemical Etching of Mn-Zn Ferrite and Simultaneous Deposition of Silicon Dioxide, Laser Engin. 1 (1991) 13-25

8.273 Hiroako, H., S. Lazare und A. Cros
Photochemical and photothermal reactions on polymer surfaces, J.Photochem.Photobiol. A: Chem. 65 (1992) 293-302

8.274 Fischer, R. und R. Schneider
Supraleiter/Halbleiter - Kombinationen, Phys.Bl. 48 (1992) 184-186

8.275 Hott, R., H. Rietschel und M. Sander
Hoch-T_c-Supraleiter: Wie steht es mit den Anwendungen ?, Phys.Bl. 48 (1992) 355-358

8.276 Scheibe, H.-J., P. Siemroth, B. Schöneich, A. Mucha und G. Kluge
DLC film preparation by LASER-ARC and properties study, Diamond Relat. Ma-

ter. 1 (1992) 98-103 sowie
Scheibe, H.-J., P. Siemroth, B. Schöneich und A. Mucha
Diamond-like carbon film preparation by laser arc, Surf.Coat.Technol. 52 (1992) 129-133

8.277 von Przychowski, M., M. Hepp und H. Stafast, Battelle-Institut e.V., unveröffentlichte Ergebnisse

8.278 Furzikov, N.P.
Approximate Theory of Highly Absorbing Polymer Ablation by Nanosecond Pulses, Appl.Phys.Lett. 56 (1990) 1638-1640

8.279 Yeh, J.T.C.
Laser ablation of polymers, J.Vac.Sci.Technol. A 4 (1986) 653-658

8.280 M. Diegel, Battelle-Institut e.V., private Mitteilung

8.281 Tang, H. und I.P. Herman
Laser-Induced and Room Temperature Etching of Copper Films by Chlorine with Analysis by Raman Spectroscopy, J.Vac.Sci.Technol. A 8 (1990) 1608-1617

8.282 Takai, M., J. Tsuchimoto, J. Tokuda, H. Nakai, K. Gamo und S. Namba
Laser-Induced Thermochemical Maskless-Etching of III-V Compound Semiconductors in Chloride Gas Atmosphere, Appl.Phys. A 45 (1988) 305-312

8.283 Joyce, S. und J.I. Steinfeld
Reactions of Fluorine-Containing Compounds on Thermal SiO_2, Mat.Res.Soc.Symp.Proc. 75 (1987) 477-482

8.284 Durose, K., J.P.L. Summersgill, M.R. Aylett und J. Haigh
High Resolution Direct-Write Photochemical Etching of InP Using Methyl Iodide, Mat.Res.Soc.Symp.Proc. 129 (1989) 285-290

8.285 Brannon, J.H.
Glass Etching Initiated by Excimer Laser Photolysis of CF_2Br_2, J.Phys.Chem. 90 (1986) 1784-1789

8.286 Pan, B.T. Dai, B.S. Agrawalla, K. Imen und S.D. Allen
Etching of SiO_2 with CO_2 and $CO_2 + Ar^+$ Lasers, Mat.Res.Soc.Symp.Proc. 75 (1987) 395-401

8.287 Tyndall, G.W. und C.R. Moylan
KrF* Laser-Induced Etching of Nickel with Br_2, Mat.Res.Soc.Symp.Proc. 129 (1989) 327-332

8.288 Langan, J., J.A. Shorter, X. Xin und J.I. Steinfeld
Reactions of Photogenerated CF_2 and CF_3 on Silicon and Silicon Oxide Surfaces, Mat.Res.Soc.Symp.Proc. 129 (1989) 311-314

8.289 Murahara, M., H. Arai und T. Matsumura
Excimer Laser Induced Etching of Silicon Carbide, Mat.Res.Soc.Symp.Proc. 129 (1989) 315-319

8.290 Beeson, K.W. und N.S. Clements
Comparison of CW and Pulsed UV Laser Etching of $LiNbO_3$, Mat.Res.Soc.Symp.Proc. 129 (1989) 321-326

8.291 Richter, A.
Characteristic Features of Laser-Produced Plasmas for Thin Film Deposition, Thin Solid Films 188 (1990) 275-292

8.292 Brannon, J.H.
Micropatterning of Surfaces by Excimer Laser Projection J.Vac.Sci.Technol. B 7 (1989) 1064-1071
8.293 Sesselmann, W., E. Hudeczek und F. Bachmann
Reaction of Silicon with Chlorine and Ultraviolet Laser Induced Chemical Etching Mechanisms, J.Vac.Sci.Technol. B 7 (1989) 1284-1294
8.294 Ebben, M., G. Meijer und J.J. Termeulen
Laser Evaporation as a Source of Small Free Radicals, Appl.Phys. B 50 (1990) 35-38
8.295 Singleton, D.L., G. Paraskevopoulos und R.S. Taylor
Dynamics of Excimer Laser Ablation of Polyimide Determined by Time-Resolved Reflectivity, Appl.Phys. B 50 (1990) 227-230
8.296 Hansen, S.G.
Wavelength Effects in the Ultraviolet-Laser Ablation of Polycarbonate and Poly(Alpha-Methylstyrene) Examined by Time-of-Flight Mass Spectroscopy, J.Appl.Phys. 68 (1990) 1878-1882
8.297 Srinivasan, R., B. Braren und K.G. Casey
Nature of "incubation pulses" in the ultraviolet laser ablation of polymethyl methacrylate, J.Appl.Phys. 68 (1990) 1842-1847
8.298 van Saarloos, P.P. und I.J. Constable
Quantitative measurement of the ablation rate of poly (methyl methacrylate) with 193-nm excimer laser Radiation, J.Appl.Phys. 68 (1990) 377-379
8.299 Sonnenschein, M.F. und C.M. Roland
High-Resolution Ablation of Amorphous Polymers Using CO_2 Laser Irradiation, Appl.Phys.Lett. 57 (1990) 425-427
8.300 Srinivasan, R., K.G. Casey, B. Braren und M. Yeh
The Significance of a Fluence Threshold for Ultraviolet Laser Ablation and Etching of Polymers, J.Appl.Phys. 67 (1990) 1604-1606
8.301 Rytz-Froideveaux, Y., R.P. Salathe und H.H. Gilgen
Laser Generated Microstructures, Appl.Phys. A 37 (1985) 121-138
8.302 Osgood, R.M. und T.F. Deutsch
Laser - Induced Chemistry for Microelectronics, Science 227, No. 4688 (1985) 709-714
8.303 Cotell, C.M. und K.S. Grabowski
Novel Materials Applications of Pulsed Laser Deposition, Mat.Res.Soc.Bull. 17, No. 2 (1992) 44-53

Kapitel 9

9.1 Kleinermanns, K. und J. Wolfrum
Laser in der Chemie - wo stehen wir heute?, Angew.Chem. 99 (1987) 38-58
9.2 Tron, J.
Augenschaden trotz Laserschutzbrille - wegen falscher Auswahl, Laser und Optoelektronik 24/4 (1992) 32-35

9.3 Brackmann, U.
Gas lifetime of excimer lasers depends on operating conditions, Laser Focus World, September 1992, S. 63

9.4 Hecht, J.
Excimer lasers produce powerful ultraviolet pulses, Laser Focus World, Juni 1992, S. 63-72

9.5 Karwacki, E.J. und S.D. Hanton
Better gas handling boosts performance of excimer lasers, Laser Focus World, März 1992, S. 81-88

9.6 Holmes, L.M.
Excimer Laser Suppliers Address Reliability and Lifetime Issues, Laser Focus, May 1988, S. 80-85

9.7 Stereolithographie beschleunigt Bauteilentwicklungen drastisch, Laserpraxis, Carl Häuser, München, Mai 1992, LS 58-59

9.8 "Hardware-Plotter" für CAD, Zeitschrift LASER, Oktober 1992, S. 32-34

Sachverzeichnis

Ablation 227, 298
Abscheidegeometrie 152, 191, 240, 263
Abscheidung, galvanische 191, 198
Absorption 11, 20, 24, 38, 53, 57, 66, 74, 76, 81, 91, 93, 110, 151, 213, 229, 242, 255, 284
Absorption, transiente 249
Abstimmung 3
Abtragrate 235, 245
Abtragtiefe 235, 242, 246
Adsorbatchemie 98, 300
Aktivierungsenergie 1, 24, 30, 100, 115
Alan 178
Alan, Trimethylamin- 120, 178
Aluminium 5, 120, 121, 124, 177, 204, 237, 254
Aluminium, Triisobutyl- 121
Amorphes Germanium 112, 158
Amorphes Silizium 113, 148
Amorphisieren 111, 297
Anharmonizität 14, 25
Anharmon. VV-Pumpen 25
Anreicherungskoeffizient 51
Anthron 89
ArF-Laser 3, 291
Argon(ionen)laser 3, 291
Arrhenius-Parameter 36, 50, 70
ASIC 186, 224, 278
a-Si:H 113, 148
Ätzen, korrosives 253
Ätzen, naß 204, 212, 301
Ätzen, passives 253
Ätzen, photolytisch 203, 210
Ätzen, photothermisch 203, 252
Ätzen, spontanes 253
Ätzen, trocken 227, 252, 254, 271, 278, 299
Ätzgase 254
Ätzprofil 215, 260
Ätzrate 209, 213, 218, 256
Aufheizung 16, 18, 26, 36, 70, 90, 99, 110, 220

Aufrauhen 113, 116, 236, 296
Ausgangsverbindungen 178
Ausheilen 111, 133, 296
AVLIS 51
Azoalkane 82, 103

Bandverbiegung 210
Beschriften 276
Biacetyl 96
Biradikale 39, 63, 82, 88, 155
Bistabilität 10, 19
Blasenbildung 125, 195, 202, 232, 249, 296
Bohren 13, 218, 226, 276, 277, 278
Bor 175
Butler-Volmer-Gleichung 189

Carbazol 95
Carvon 84
Carvoncampher 84
CF_3Br 40
CF_3I 40
$CHClF_2$ 63
CH_3I 48
C_2H_2 46
$C_2H_2Cl_2$ 41, 42, 44
$(CF_3)_2CO$ 68
C_3H_6 41
C_4F_6 41
$(CF_3)_3CBr$ 40
$(CF_3)_3CI$ 40
$C_6D_6H_4$ 41
Charge-Transfer-Bande 78
Chemical Vapor Deposition (CVD) 145
Cluster 56, 101, 237, 241
CO_2-Laser 3, 284, 291
COS 66
Cu-Dampf-Laser 3, 291
CVD 145, 301
Cyclo-Octaschwefel 101

Dehydrocholesterin 79
Depolymerisieren 130, 252, 300
Desorption 100, 156, 298
DHO 43
Dickenprofil 149, 163, 167, 169, 172
Diffusion 118
Dihydroanthron 88
Direkte Laser-CVD 146, 158, 177, 182
Disilan 38, 151
Dotierung 118, 210, 251, 257, 299
Dünnschicht 112, 119, 177, 262
Dünnschichtabscheidung 145, 197, 262, 301

Edelgashalogenide 3
Edelgasionenlaser 3, 291
Edukt 1
Eiffelturm 5
Eindiffusion 118
Einstein(Def.) 283
Einwirktiefe 110
Eisencarbonyle 98, 103
Elektrische Aufladung 121, 134, 296
Elektrochemisches Potential 188
Elektroneneinfang 160, 168
Endotherme Reaktion 1
Entgasen 299
Epitaxie 165, 184, 264, 301
EuSO$_4$ 78
Excimerlaser 3, 284, 291
Exciplex
Exotherme Reaktion 1
Expansion 55, 229, 240, 245
Explosion 45, 114, 115, 128, 138, 232, 297, 298

Farbstofflaser 4
Farbumschlag 300
Fernzündung 69
Ferrit 119, 225, 255, 261
Festkörperabtragung 226
Festkörperlaser 4
Festkörperverdampfung 227, 233, 262
F$_2$-Laser 3
Fluorethanol 98
Flüssigkeitsstrahl 86, 191
Flüssigkristall 127, 296
Formaldehyd 58
Frontalin 82
Fumarsäure 85

Gasphasenabscheidung 139
Gast-Wirt-System 90

Germanium 112, 158
Geschwindigkeitskonstanten 100
Gitterstrukturen 217
Glätten 113, 296
Gruppenfrequenzen 38

Helium-Cadmium-Laser 3
Hg-Sensibilisierung 157
Hochtemperatursupraleiter 241, 263
Hologramm 96
Homogene Linienbreite 91
Hydrazin, Tetrakis(Pentafluorethyl)- 83
Hysterese 11, 19

ICl 46
Indirekte Laser-CVD 146, 177, 182
Inhomogene Linienbreite 91
Inkubation 250
Interferenz 217
Ionenlaser 3, 291
IR-Laserchemie 5, 24
IR-Multiphotonanregung(IRMPA) 14, 66
IR-Multiphotondissoziation(IRMPD) 16, 24, 29, 33, 39, 53, 59
Isomerisierung 41, 80, 82, 83, 84, 85, 88, 98, 300
Isotopenanreicherung 53, 58, 98
Isotopeneffekt 58
Isotopentrennung 57

Kondensation 56
Kosten, Betriebs- 286
Kosten, Kapital- 286
Kosten, Licht- 284, 288, 291
Kosten, Photonen- 284, 288, 291
Kosten, Produktions- 291
Kosten, Wartungs- 286
KrF-Laser 3, 284, 291
Kristallisieren 112, 114, 297
Kristallwachstum 173, 265
Krypton(ionen)laser 3
Kupferabscheidung 173, 194, 197
Kupferdampflaser 3, 291

Laser 2
Laseranalytik 22
Laser-Arc 267
Laserchemie (Def.) 2
Laserchemie, Flüssigphase 104
Laserchemie, Gasphase 23
Laser-CVD 145
Laserdeposition 262

Laserdiagnostik 22
Laserfernerkundung 22
Lasergalvanik 7, 190, 198, 301
Laserkühlung 13, 18
Laserisotopenseparation(LIS) 50
Laserisotopentrennung 14, 50, 54, 59, 98
Laserlichteigenschaften 8, 20
Laserlithographie 127, 251
Lasermikrochemie 21
Laserpinzette 12
Laserpyrolyse 37, 70, 300
Laserschnee 139
Laserschreiben 6, 21, 95, 119, 121, 127, 158, 172, 190
Laserspektroskopie 22
Lasersputtern 262
Laserstrahlverformung 18
Laserthermolyse 37
Legieren 114, 122, 297
Lichtwellenleiter 191, 219
LIFT-Technik 239
Linienbreite 91
Lithographie 127, 251
Lochbrennen 92, 101, 108
Lösungsmittel 74
Lumisterin 80

Maleinsäure 85
Markieren 276
Maskenreparatur 185, 197, 278
Materialabtragung 130, 204, 236, 298, 299, 301
Matrixkäfig 90
Mesoskopische Systeme 158
Metallabscheidung 118, 119, 166, 173, 191, 198, 240, 281
Metalldampflaser 3, 291
Methanol 100
Methylbenzophenon 88
Methylmethacrylat 244
Mikrolinsen 184
Mikropumpe 12
Mikrorührung 209
MLIS 51
Modenselektivität 28, 43, 98
Monoradikal 39, 44, 45, 155
Monosilan 140, 149, 151
Multiphotonionisierung (MPI) 17, 23, 49, 51, 60
Mustererzeugung 96, 117, 120, 134, 170, 217, 233, 240, 267, 301

Nanopulver 6, 140, 181
Nanostrukturierte Materialien 144
Nd-YAG-Laser 4
Nernst'sche Gleichung 188
Nickel 114, 167, 173, 195, 200, 235
Null-Phononen-Linie 91

Oberflächenbeweglichkeit 156, 179, 265
Oberflächenstrukturierung 7, 117, 118, 120, 134, 169, 215, 233, 276, 277, 296
Oberflächentemperatur, virtuell 156, 266
Obertonanregung 35
Oligomere 84
Optische Datenspeicherung 6, 94, 125
Oxidation 123, 124, 299

Perfluorazoalkane 83
Perylen 95
PET 116, 244, 248
Pheromone 83
Phononenflügel 92
Phononenlinie 91
Phononenseitenbande 91
Photoaddition 46
Photoakustik 22
Photochemie (Def.) 2
Photochlorierung 45
Photo-CVD 145
Photoionisierung 17, 23, 49, 51, 60
Photolithografie 127, 251
Photolytische Reaktion 58, 144, 159, 192, 203, 210, 243, 253
Photonitrierung 46
Photopolymerisierung 6, 98, 128, 129, 130, 141, 300
Photoredoxreaktionen 77, 188
Photothermische Reaktion 101, 123, 125, 144, 159, 192, 203, 243, 252
Plasma 48, 228, 239, 263, 298
PMMA 244, 248
Polarisation 194
Polyamid 116
Polyethylenglykolterephtalat 116, 244, 248
Polyimid 245, 248
Polymerisieren 98, 128, 129, 141, 300
Polymethylmethacrylat 244, 248
Polysilan 141
Potentialenergiekurven 1, 23, 30, 35, 42, 57, 151
Primärschritt 31, 39, 44, 151, 159
Prostaglandine 83
Provitamin D 80

Pulver 119, 132, 139
PVD 262
Pyrolyse 37, 70, 119, 300

Quantenausbeute 44, 77, 283
Quasikontinuum 16

Radikale 39, 63, 82, 83, 88, 155
Randschärfe 220
Redoxreaktionen 77, 188
Reduktion 77, 123, 188, 299
Relaxation 25, 37
REMPI 17, 49, 51
Rhodopsin 74
Rollenstruktur 117
Rotations-Schwingungs-Zustand 13, 15, 27
Rovibronische Anregung 14
RRKM 30
Rundumbeschichtung 184
Rydbergatome 239

S_8 101
Schweissen 111, 116
Selektive Kondensation 56
Selektivität 19, 28, 43, 51, 78, 98, 260, 298
Selektivität, intermolekulare 20, 28, 43, 51, 78
Selektivität, intramolekulare 20, 28, 43, 98
Sensibilisierung 38, 70, 154, 251
SEP 14, 34, 36
SF_6 31, 54, 66, 67, 68, 154, 252
S_2F_{10} 40, 66
SF_5NF_2 40, 68
SFO_3 19
$S_2F_2O_6$ 19
Silan 38, 141, 148, 162, 164
Silberacetat 119
Silizium 113, 142, 150, 162, 169, 175, 257
Siliziumwasserstoffe 151
Stark-Effekt 97
Stereolithographie 130
Stöchiometrie 263
Stoßfreiheit 27, 33
Strahlverformung 18
Strukturierung 117, 120, 134, 170, 217, 233, 267
Substrattemperatur 154, 156, 264
Supergitter 158

Tachysterin 80
TEA-Laser 3, 154, 291
Telomerisierung 46
Temperaturprofil 18, 99, 153, 161
Temperatursprung 99, 110
Thermobatterie 195
Thermoneutrale Reaktion 1
Titan-Saphir-Laser 4
TREANOR-Pumpen 25
Trioxan 82
Trisilan 151

Übergangszustand 30
Überspannung 194
Ultrafeine Pulver 6, 140, 181
Umkristallisieren 297
Unterätzen 299
Unterlegieren 114, 297
UV-Laserchemie 23, 34, 43

Verdampfung 227, 237, 298
Verfahrenskombinationen 302
Verteilungsfunktion 27
Vibronischer Übergang 92
Vinylchlorid 44
Vitamin D 79
Vitamin K 82
Vorschubgeschwindigkeit 121, 122, 182, 209, 215, 216, 256
V-RT-Relaxation 25, 37
Vulkanbildung 166
VV-Pumpen 25

Wachstumsgeschwindigkeit 128, 164, 172, 182, 197
Wachstumszone 147, 172
Wärmeleitung 110, 192
Wellenleiter 191, 219
Wirtsgitter 90
Wolfram 175

XeCl-Laser 3, 291
XeF-Laser 3

YAG-Laser 4
$YBa_2Cu_3O_{7-x}$ 208, 234, 242, 263

Zellenstrom 194
Zinn, Tetramethyl- 167
Zustandsselektive Photochemie 13

Springer-Verlag und Umwelt

Als internationaler wissenschaftlicher Verlag sind wir uns unserer besonderen Verpflichtung der Umwelt gegenüber bewußt und beziehen umweltorientierte Grundsätze in Unternehmensentscheidungen mit ein.

Von unseren Geschäftspartnern (Druckereien, Papierfabriken, Verpackungsherstellern usw.) verlangen wir, daß sie sowohl beim Herstellungsprozeß selbst als auch beim Einsatz der zur Verwendung kommenden Materialien ökologische Gesichtspunkte berücksichtigen.

Das für dieses Buch verwendete Papier ist aus chlorfrei bzw. chlorarm hergestelltem Zellstoff gefertigt und im pH-Wert neutral.

Laser in Technik und Forschung
Herausgeber G. Herziger, H. Weber

V. Klein, Ch. Werner
Fernmessung von Luftverunreinigungen
mit Lasern und anderen spektroskopischen Verfahren
1993. IX, 254 S. 115 Abb., 23 Tab. Brosch. DM 88,–
ISBN 3-540-55079-8

N. Hodgson, H. Weber
Optische Resonatoren
Grundlagen, Eigenschaften, Optimierung
1992. XI, 393 S. 312 Abb. DM 128,– ISBN 3-540-54404-6

J. Eichler, T. Seiler
Lasertechnik in der Medizin
Grundlagen, Systeme, Anwendungen
1991. XV, 330 S. 146 Abb. Brosch. DM 138,–
ISBN 3-540-52675-7

J. Eichler, H.-J. Eichler
Laser Grundlagen, Systeme, Anwendungen
2., korr. Aufl. 1991. XIV, 391 S. 192 Abb. Brosch. DM 58,–
ISBN 3-540-54200-0

R. Iffländer
Festkörperlaser zur Materialbearbeitung
1990. XI, 242 S. 165 Abb.
Brosch. DM 128,–
ISBN 3-540-52150-X

Preisänderungen vorbehalten.

MIX
Papier aus verantwortungsvollen Quellen
Paper from responsible sources
FSC® C105338

If you have any concerns about our products,
you can contact us on
ProductSafety@springernature.com

In case Publisher is established outside the EU,
the EU authorized representative is:
**Springer Nature Customer Service Center GmbH
Europaplatz 3, 69115 Heidelberg, Germany**

Printed by Libri Plureos GmbH
in Hamburg, Germany